Biotechnologie

Elizabeth A. H. Hall

Biosensoren

Aus dem Englischen
übersetzt und aktualisiert von
Dr. Gisela Hummel

Mit 181 Abbildungen und 24 Tabellen

 Springer

Dr. Elizabeth A. H. Hall
Institute of Biotechnology
Cambridge University
Cambridge, UK

Dr. Gisela Hummel
Claudiusstraße 11
D - 52445 Titz

Originalausgabe: Elizabeth A. H. Hall, Biosensors, First published 1990 by Open University Press.
© 1990 E. A. H. Hall. All rights reversed.
Authorized Translation from English language edition published by John Wiley & Sons Ltd.

ISBN-13: 978-3-540-57478-1   e-ISBN-13: 978-3-642-78660-0
DOI: 10.1007/978-3-642-78660-0

DieWiedergabe von Gebrauchsnamen, Handelsnamen, Warenbezeichnungen usw. in diesem Werk berechtigt auch ohne besondere Kennzeichnung nicht zu der Annahme, daß solche Namen im Sinne der Warenzeichen- und Markenschutz-Gesetzgebung als frei zu betrachten wären und daher von jedermann benutzt werden dürften.

Produkthaftung: Für Angaben über Dosierungsanweisungen und Applikationsformen kann vom Verlag keine Gewähr übernommen werden. Derartige Angaben müssen vom jeweiligen Anwender im Einzelfall anhand anderer Literaturstellen auf ihre Richtigkeit überprüft werden.

Datenkonvertierung:
SPIN: 10076435   02/3020 - 5 4 3 2 1 0 - Gedruckt auf säurefreiem Papier

Vorwort

Jeder, der sich mit Biosensorik beschäftigt, hat seinen eigenen Zugang zu diesem Gebiet. Jeder wird sich aber auch in andere, ihm fremde Fachgebiete einarbeiten müssen, damit die Verständigung untereinander und eine sinnvolle Zusammenarbeit möglich sind; der Physiker muß sich mit den spezifischen Eigenschaften der biologischen Komponenten eines Biosensors vertraut machen, der Biologe sich mit Problemen der Datenverarbeitung befassen, der Organiker die Möglichkeiten der Zellzüchtung kennen und berücksichtigen.

Das Buch von Elizabeth A. H. Hall trägt diesen unterschiedlichen Bedürfnissen Rechnung, indem in einem ersten Teil wichtige Grundlagen der beteiligten Fachrichtungen verständlich dargestellt werden und die Einarbeitung für Fachfremde erleichtern. Dieser Teil ist auch zum Nachschlagen geeignet.

Der zweite Teil ist eher als „Lesebuch" konzipiert; hier sind Entwicklungen und Erfahrungen aus der angewandten Forschung zusammenhängend dargestellt. Der Leser kann einen Überblick über das Gebiet und den Stand der Technik gewinnen, auch ohne sich sofort intensiv mit den theoretischen Grundlagen befassen zu müssen. Es ist durchaus möglich, mit dem Lesen hier zu beginnen und nur bei Bedarf in den entsprechenden Abschnitt des ersten Teils zurückzublättern, da beide Teile durchgehend parallel aufgebaut sind.

Das englischsprachige Original berücksichtigt die Entwicklung bis 1988; bei der Bearbeitung sind Publikationen bis Ende 1994 herangezogen worden. Die meisten Ergänzungen aus jüngeren Forschungsarbeiten sind im zweiten Teil zu finden; darüberhinaus habe ich das letzte Kapitel mit einem Abschnitt über thermometrische Biosensoren erweitert. Besonderer Wert wurde darauf gelegt, neue Entwicklungen aufzuzeigen und die vielen ungelösten Probleme und offenen Fragen in den verschiedenen Anwendungsbereichen deutlich zu machen. Damit sollte ein Aufreihen von Funktionsmustern und Modellen vermieden werden.

Das Buch will nicht nur fortgeschrittenen Studenten der verschiedenen angesprochenen Fachrichtungen einen Einblick in die Biosensorik geben, sondern darüberhinaus auch den besonderen Reiz einer multidisziplinären Forschungsrichtung vermitteln.

Tits, Dezember 1994   G. Hummel

Inhaltsverzeichnis

Teil II. Biosensoren in der Praxis

Einführung

Der „Biosensor" stand bereits als faszinierender Begriff im Raum, als sich Wissenschaft, Handel und Industrie noch fragten, wie er mit Inhalt zu füllen sei und welche Entwicklung sich mit ihm anbahne. Marktanalysen und -voraussagen erschienen, die Berichterstattung in den Medien wurde auf die diagnostischen Möglichkeiten von Biosensoren aufmerksam, aber es blieb die Frage: Werden Biosensoren die Analytik tatsächlich revolutionieren, und können Sensoren für alle denkbaren Analyten zu jeder Zeit und an jedem Ort die Methode der Wahl sein?

Dieses Buch versucht, einen möglichst übersichtlichen, umfassenden und aktuellen Überblick über den Wissensstand zu geben und damit die Biosensorik verständlich zu machen. Es richtet sich mit der Art der Darstellung im wesentlichen an Hochschulabsolventen ohne weitere fachspezifische Qualifikation.

Die Entwicklung von Biosensoren soll zu reagenzlosen Meßfühlern führen, die auch ohne eine spezielle Ausbildung angewendet werden können. Je nach dem Verwendungszweck werden sie als kontinuierlich arbeitende on-line-Sonden oder als Einweg-Meßfühler konzipiert. Die Planung und Fertigung solcher Sensoren erfordert multidisziplinäre Forschungen, und jedes Buch über dieses Gebiet muß dieser Zusammenarbeit Rechnung tragen. Dennoch bleiben unweigerlich viele Aspekte dieses expandierenden Forschungsgebietes ausgeklammert oder werden nicht ausreichend ausführlich dargestellt. Die Beschränkung ist unvermeidlich, da jeder einzelne Forschungszweig in der Entwiclung von Biosensoren einen eigenen Band füllen könnte.

Mit diesem Text wird also keineswegs eine vollständige Abhandlung beabsichtigt, eher ist er als Einführung in das Gebiet zu sehen. Dem Leser werden Theorie und Praxis der Biosensorforschung in ihren Grundlagen vorgestellt; darüberhinaus sind einige ausgewählte Beispiele ausführlicher behandelt, an denen die Möglichkeiten und Grenzen der Anwendung deutlich werden. Vertiefende Informationen zu speziellen Themen kann der Leser der Spezialliteratur bzw. Originalpublikationen entnehmen.

Teil I

Sensortechniken: Konzepte und Analysenprinzipien

1. Einführung in die Biosensorik

1.1 Der Markt für diagnostische Methoden

Diagnostische Methoden bilden einen ausgedehnten und stabilen Markt, der stetig expandiert. Insbesondere im heutigen Umfeld, in dem nach dem Grundsatz „Prävention ist besser als Heilung" verfahren wird, sind neben den fortlaufenden Anforderungen an die Überwachung und Kontrolle in traditionellen Bereichen zusätzliche Nachweismethoden notwendig, von denen immer größere Empfindlichkeit und immer breitere Anwendungsmöglichkeiten erwartet werden. Zwar sind Marktanalysen und die Einschätzung zukünftiger Entwicklungen häufig schwierig und ungenau, aber klinische Tests stellen zweifellos einen der größten Marktanteile dar, und allein auf diesem Gebiet zeichnet sich für die Zukunft ein beträchtlicher Aufwärtstrend ab. Zahlen zum Ausmaß dieses Trends variieren allerdings je nach der Erhebung.

Indikatoren für die Bedeutung der Sensorik als Schlüsseltechnologie der 90er Jahre sind die Wachstumsraten für Fachpublikationen und Patentanmeldungen sowie Marktanalysen. Bis zum Jahr 2000 werden weltweit jährliche Umsatzsteigerungen von etwa 9 % erwartet, wobei physikalische Sensoren ebenfalls einbezogen sind. Allein für Biosensoren werden Zuwachsraten bis zu 20 % erwartet. Ein sehr hohes Marktpotential für Biosensoren liegt im Bereich der medizinischen Diagnostik; auch die Umweltanalytik gewinnt zunehmend an Bedeutung. Ein jüngeres Anwendungsfeld ist die Erfassung von Steuergrößen für künstliche Organe.

Bei solchen Prognosen muß jedoch berücksichtigt werden, daß zur Zeit noch ein deutliches Mißverhältnis zwischen den zahlreichen in der Forschung entwickelten und publizierten Problemlösungen und Funktionsmustern einerseits und den auf dem Markt angebotenen Biosensoren andererseits besteht [1-6].

Vor diesem Hintergrund sollen Biosensoren definiert und die für ihre Anwendung wichtigsten diagnostischen Möglichkeiten aufgezeigt werden.

1.2 Das Prinzip des Biosensors

Die charakteristische Eigenschaft eines Biosensors besteht darin, daß in einem einzigen Gerät ein biologisch sensitives Element mit dem Signalwandler (Transducer) integriert oder zumindest in engster Nachbarschaft gekoppelt vorliegt (Abb. 1.1), so daß ein reagenzloses Meßsystem mit hoher Spezifität für den Analyten entsteht. Mit der Verwendung des biologischen Elements macht man sich die einzigartige Spezifität biologischer Moleküle für bestimmte Analyten zunutze. Das vom Transducer übertragene Signal ist also eigentlich ein sekundäres Signal, das aufgrund der Reaktion zwischen der Biokomponente und dem zu bestimmenden Analyten entsteht, und nicht ein direktes Signal des Analyten selbst. Eine solche indirekte Meßmethode bedeutet, daß strukturell ähnliche, gelöste Verbindungen über ihre biospezifische Reaktion mit einem immobilisierten Biomolekül – wie z.B. einem Enzym, Antikörpern, Nucleinsäuren u.a. – identifiziert werden können.

Wegen der unmittelbaren Nähe zwischen der immobilisierten Biokomponente und dem Transducer werden nur geringste Mengen Biomaterial benötigt. Damit ein Sensor zuverlässig arbeitet, müssen dabei jedoch folgende Eigenschaften vorhanden sein (Abb. 1.2):
- hohe Spezifität;
- gute Stabilität unter Betriebsbedingungen (geeignete Temperatur, pH, Ionenstärke usw.);

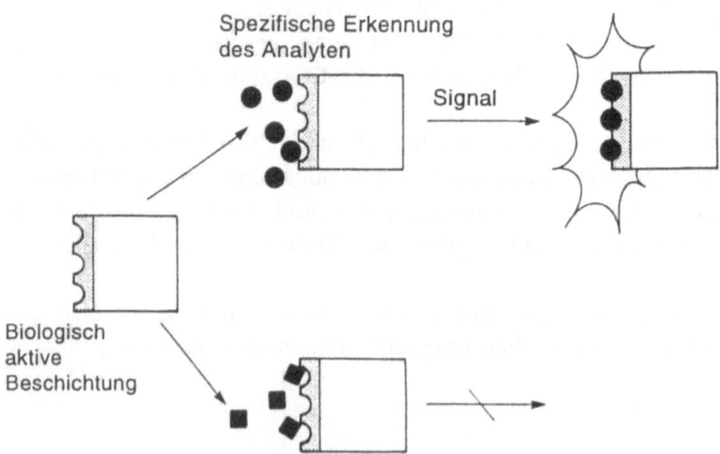

Abb. 1.1. Der Biosensor: Die Oberfläche des Transducers wird derart modifiziert, daß er für einen bestimmten Analyten spezifisch wird.

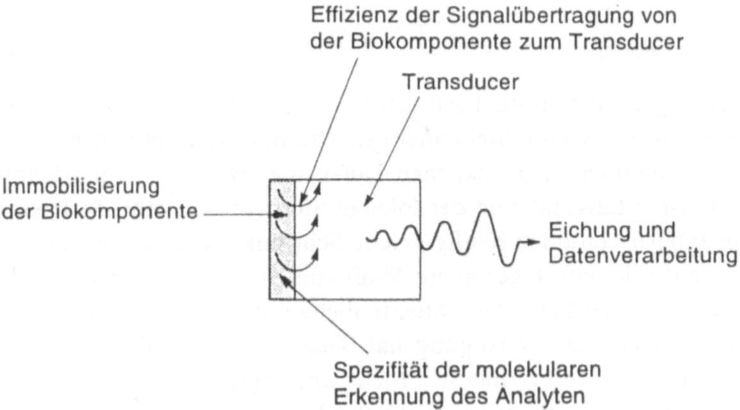

Abb. 1.2. Die Komponenten eines Biosensors: Typische Probleme, die beim Zusammenfügen auftreten.

– Erhalt der biologischen Aktivität auch in immobilisiertem Zustand;
– keine unerwünschte Kontamination der Probe.

Im allgemeinen sind die für einen Biosensor erforderlichen Eigenschaften weitgehend identisch mit denen eines normalen Sensors (Tab. 1.1). Man muß jedoch berücksichtigen, daß auch nach erfolgreicher Forschung und Entwicklung die Verwendung eines bestimmten Sensors letztlich von der Akzeptanz durch den Anwender abhängt – selbst wenn der Sensor eine gesuchte, aber bis dahin unerreichte Analytik bietet.

Tabelle 1.1. Anforderungen an einen kommerziellen Sensor.

– Relevanz des Signals bei vorgegebenen Testbedingungen
– Genauigkeit und Reproduzierbarkeit des Signals
– Empfindlichkeit und Auflösung
– Meßbereich
– kurze Ansprechzeit
– Temperaturunabhängigkeit oder Kompensation von Temperaturschwankungen
– Unempfindlichkeit gegen elektrische oder andere Störungen im Test
– Eignung für den Test und Eichung
– Zuverlässigkeit und Eigenkontrolle
– Robustheit des Gerätes
– Wartungsbedarf
– Grundkosten
– laufende Kosten und Lebensdauer
– Akzeptanz durch den Anwender
– Produktsicherheit (der Sensor darf keine Kontaminationsquelle sein)

1.3 Anwendungsbereiche

1.3.1 Klinische Diagnostik

Der erste und wichtigste Anstoß für Fortschritte in der Sensortechnologie kam von Entwicklungen in der Gesundheitsfürsorge. Die Bestimmung von Blutgasen, Ionen und Metaboliten ist in manchen Fällen unverzichtbar und erlaubt zumindest eine bessere Einschätzung des lokalen Stoffwechselstatus. So treten bei Patienten in Intensivstationen häufig rasche Schwankungen der biochemischen Meßwerte auf, die sofort geeignete Maßnahmen erfordern. Aber auch in weniger schweren Fällen kann die Patientenbehandlung erfolgreicher sein, wenn man Echtzeit-Werte zur Verfügung hat. Gegenwärtig ist die Liste der am häufigsten benötigten Sofortanalysen nicht umfangreich (Abb. 1.3), obwohl hierbei wahrscheinlich die augenblickliche Verfügbarkeit von Sensoren eine Rolle spielt. In der Praxis werden diese manchmal wenigstens zum Teil realisiert, indem man Labors für Analysen vor Ort einrichtet, in denen einzelne Proben analysiert werden können, jedoch oft nur mit herkömmlichen Analysemethoden.

Die verwendeten Sensoren sind als Hilfsmittel der diagnostischen und prognostischen Medizin von unschätzbarem Wert, aber es besteht eine ständig weiter ansteigende Nachfrage nach kostengünstigen und zuverlässigen Sensoren für weitere Analyte, damit nicht nur Routineüberwachungen in Zentral-

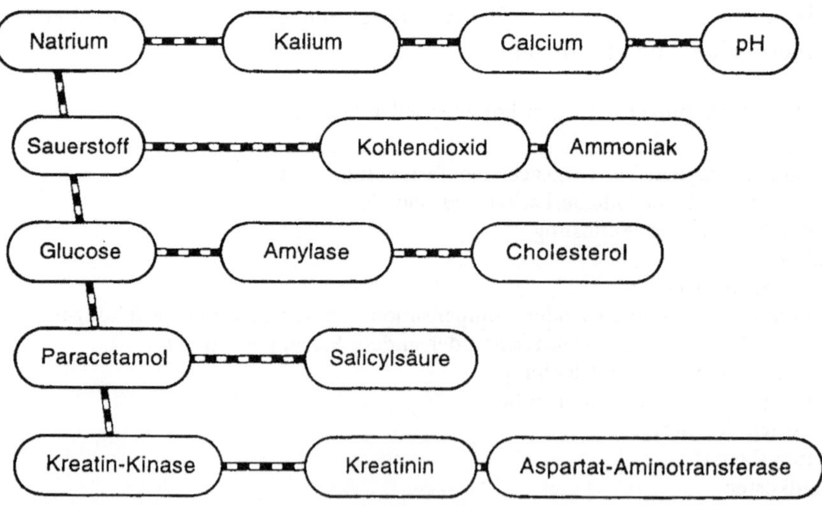

Abb. 1.3. Schnelltests, für die gegenwärtig Bedarf im medizinisch-diagnostischen Bereich besteht.

oder Zweiglabors durchgeführt werden können, sondern auch Analysen, die eher den direkten Patientenkontakt erfordern, also auf der Krankenhausstation, in der Unfallabteilung, im Sprechzimmer des Arztes oder bei den Patienten selbst, wenn es sich um die Überwachung und Kontrolle eines behandlungsbedürftigen Zustandes wie z.B. Diabetes handelt. Vermutlich ist der wesentliche Markt für Biosensoren dort zu finden, wo ein Sofort-Test erforderlich ist, ohne daß eine Laborausrüstung unmittelbar zur Verfügung steht. Berücksichtigt man jedoch unter ökonomischen Gesichtspunkten die Kosten für den Betrieb eines Labors zusammen mit den direkten Kosten der Analyse, so sind kostengünstige Biosensoren im gesamten Anwendungsbereich von der Klinik bis zur Patienten-Selbstkontrolle anzustreben [7].

Ein weiteres Ziel ist die kontinuierliche, in vivo durchgeführte Echtzeit-Messung, vor allem bei der Behandlung chronischer Zustände, mit der über eine direkte Rückkopplung in einem closed-loop Verfahren mit einem kontrollierten System zur Freisetzung eines Medikamentes eine bessere Therapie der Patienten möglich wird. Nach weiterer Miniaturisierung und Signaloptimierung ist darum zu erwarten, daß das Gebiet der on-line Anwendungen sich weiter ausweitet [8, 9].

1.3.2 Künstliche Bauchspeicheldrüse

Das klassische Beispiel der Medikamentenkontrolle in einem closed-loop Verfahren, das auch am besten untersucht ist, ist vermutlich die Entwicklung einer künstlichen Bauchspeicheldrüse. Diabetes-Patienten leiden an einem Mangel oder völligen Fehlen von Insulin, einem Polypeptidhormon, das in den B-Zellen der Bauchspeicheldrüse produziert wird und für den Abbau einer Reihe von Kohlenstoffquellen im Stoffwechsel essentiell ist. Verschiedene Stoffwechselstörungen werden durch diesen Mangel hervorgerufen, darunter übernormale Glucosekonzentrationen im Blut. Wenn die Insulin-produzierenden Langerhansschen Inseln vollständig zerstört sind, müssen die betroffenen Patienten mit Insulin versorgt werden. Die übliche Methode ist die subcutane Injektion, dabei ist die Feinkontrolle aber schwierig und eine Hyperglycämie kann nicht absolut vermieden werden. Manchmal wird sogar Hypoglycämie verursacht, die Bewußtseinsstörungen und schwere Langzeitschäden in dem Gewebe hervorrufen, das von dem zeitweilig niedrigen Glucosespiegel betroffen ist.

Bei der Suche nach besseren Behandlungsmethoden zur Insulinversorgung bei Diabetes-Patienten sind Infusionssysteme zur kontinuierlichen Insulinversorgung entwickelt worden. Aber welche Methode auch immer zur Insulintherapie eingesetzt wird, immer werden Informationen über den aktuellen Glucosespiegel im Blut des Patienten als Bezug benötigt. Drei Systeme können eingesetzt werden (Abb. 1.4); die ersten beiden beruhen auf Glucose-Einzelmessungen per Hand, die dritte auf einem closed-loop Verfahren, bei

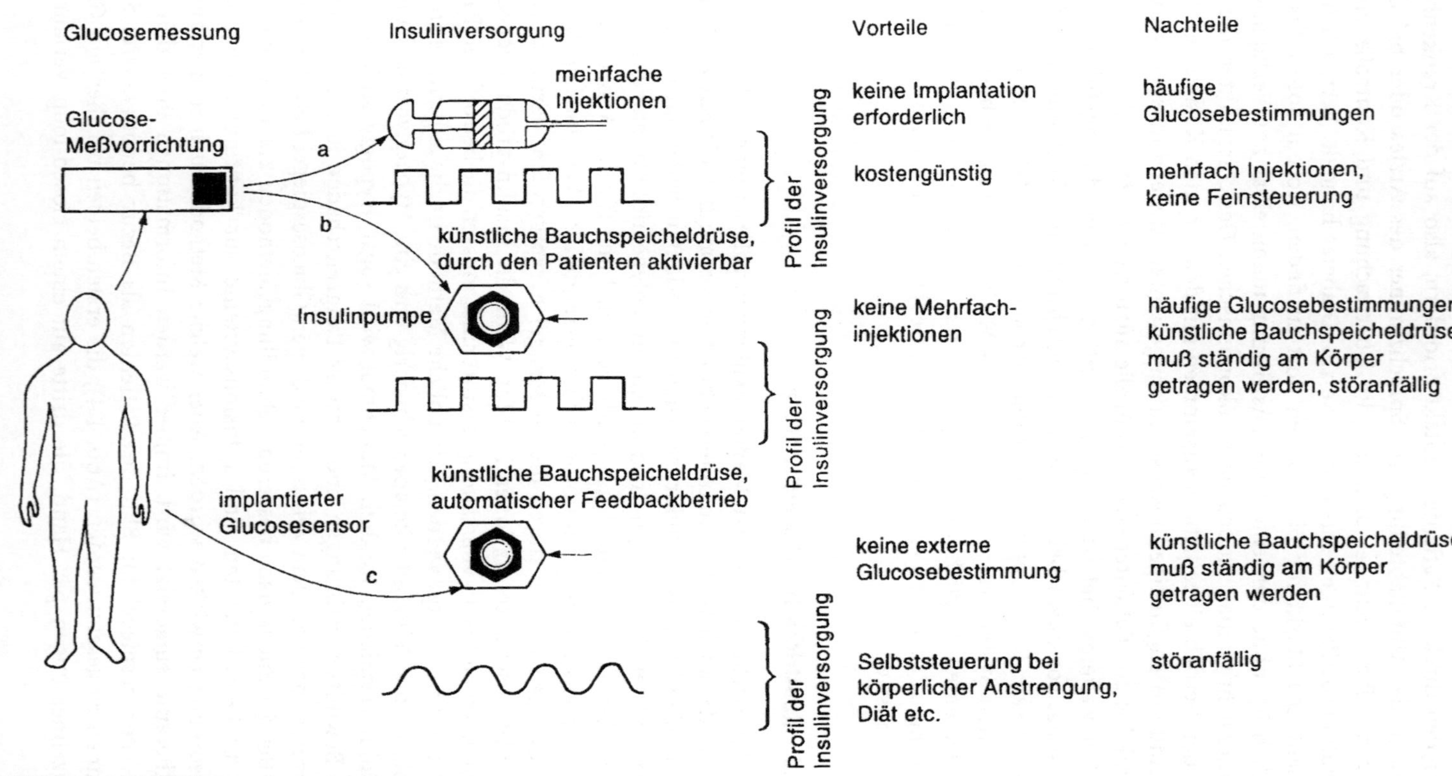

Abb. 1.4. Möglichkeiten der Insulintherapie.

dem die Freisetzung von Insulin von dem Ausgangssignal eines integrierten Glucosesensors kontrolliert wird. Im ersten Fall wird Glucose in Blutproben aus der Fingerspitze mit einem kolorimetrischen Test auf Teststreifen bestimmt, neuerdings auch vom Patienten selbst mit einem amperometrischen Biosensorgerät von der Größe eines Kugelschreibers. Diese diagnostischen Hilfsmittel müssen selbstverständlich leicht zu transportieren und sehr einfach in der Handhabung sein; außerdem dürfen sie nur minimale Fachkenntnisse bei der Interpretation der Ergebnisse voraussetzen. Aber selbst wenn der aktuelle Glucosespiegel bestimmt werden kann, erfordert die herkömmliche intensive Insulintherapie täglich mehrere Injektionen und bietet keine Möglichkeit, den Glucosespiegel zwischen den einzelnen Insulingaben im voraus abzuschätzen, da Ernährung und körperliche Bewegung eine Änderung der Insulindosis nötig machen können. Die beste Glucose/Insulin-Regulierung wird erreicht, wenn Insulin 60 min vor einer Mahlzeit subcutan injiziert wird [10].

Ein closed-loop Verfahren, bei dem integrierte Glucosebestimmungen die Feedback-Kontrolle übernehmen und die vorprogrammierte Insulinbehandlung ersetzen, die sich auf Gewohnheitswerte für den Bedarf stützt [55], befreit den Patienten also von der Notwendigkeit häufiger Tests und – vielleicht noch wichtiger – von den häufigen Injektionen.

Letztlich wird das closed-loop System zu einem künstlichen Pankreas, in dem die Kontrolle des Blutzuckerspiegels mit einem implantierbaren Glucosesensor vorgenommen wird. An einen solchen Sensor werden völlig andere Anforderungen gestellt als an Einweg-Kits für Einzelmessungen; sie sind in Tab. 1.2 zusammengestellt. Die bedeutendsten Unterschiede gegenüber den Anforderungen an ex vivo Einweggeräte liegen in der verlängerten Lebensdauer und der Biokompatibilität.

Die Suche nach biokompatiblen Materialien, die als Enzymmatrices eingesetzt werden können, und ihre Charakterisierung sind weiterhin eines der schwierigsten Probleme, die vor der Realisierung implantierbarer Biosensoren gelöst werden müssen [12].

Tabelle 1.2. Anforderungen an einen implantierbaren Glusosesensor.

- lineare Reaktion im Bereich von 0-20 mmol L^{-1} mit einer Auflösung von 1 mmol L^{-1}
- spezifisch für Glucose; kein Einfluß von Konzentrationsänderungen anderer Metabolite oder von Umgebungsfaktoren
- biokompatibel
- kleine Abmessungen, damit Gewebeschädigungen bei der Implantation gering bleiben und die Akzeptanz durch den Patienten erhöht wird
- externe Kalibrierung, weniger als 10 % Drift in 24 h
- Ansprechzeit unter 10 min
- möglichst lange Lebensdauer, mindestens mehrere Tage, möglichst Wochen

1.3.3 Sensoren für die Prozeßkontrolle

Die verschiedenen Möglichkeiten beim Betrieb eines Sensors gelten nicht nur für die Gesundheitsfürsorge (Abb. 1.5b), sondern sind für das sich ständig ausweitende Gebiet der Biosensor-Anwendungen allgemein von Bedeutung. Echtzeit-Überwachung von Kohlenstoffquellen, gelösten Gasen, Produkten usw. in Bioreaktorprozessen (Abb. 1.5a) ermöglicht die Optimierung des Verfahrens auf höhere Ausbeuten bei niedrigeren Materialkosten. Obwohl Echtzeitmessungen unter Feedback-Kontrolle in automatisierten Systemen möglich sind, werden zur Zeit nur wenige, allgemeine Variablen on-line bestimmt, die oft mit dem zu kontrollierenden Prozeß nur indirekt zusammenhängen, so z.B. pH-Wert, Temperatur, CO_2 oder O_2.

In der Bioreaktorkontrolle lassen sich drei Einflußbereiche unterscheiden:
- Bereich 3: off-line, räumlich entfernt = Grobkontrolle im Zentrallabor mit deutlicher zeitlicher Verzögerung;
- Bereich 2: off-line, lokal = Feinkontrolle mit geringer zeitlicher Verzögerung;
- Bereich 1: on-line = Echtzeit-Überwachung und -kontrolle.

Eine größere Zahl von Anwendungsmöglichkeiten ist natürlich vor allem im Bereich 1 zu wünschen, wodurch letztlich erreicht würde, daß ein Verfahren einem idealen, vorprogrammierten Fermentationsprofil folgt und so optimale Ergebnisse erzielt werden. Mit on-line Messungen sind jedoch zahlreiche Probleme verbunden; dazu gehören die in-situ Sterilisation, die Lebensdauer des Sensors, Ablagerungen auf dem Sensor usw. Einige dieser Probleme sind dadurch zu bewältigen, daß die Probe nach der Messung verworfen wird. Allerdings entsteht dadurch ein Volumenverlust, der bei Bioreaktoren mit geringen Volumina problematisch werden kann.

Auch wenn ein Betrieb im Bereich 1 letztlich anzustreben ist, sind auch schon beträchtliche Vorteile mit einem Übergang von Bereich 3 zu Bereich 2 zu verzeichnen, insbesondere die rasche Analyse und damit eine genauere Bioreaktorkontrolle. Die Bedingungen für einen Sensoreinsatz sind hier vielleicht nicht so zwingend wie im Bereich 1, dennoch entspricht die Verwendung hier eher dem Patienten unter selbstkontrollierter Therapie, und bei der Sensorentwicklung muß sowohl die Umgebung der Probe als auch der potentielle Anwender berücksichtigt werden.

Die Vorteile der prozeßkontrollierten Technologie sind erheblich:
- Bessere Qualität der Produkte, daher geringere Ausschußrate nach der Fertigung;
- Höhere Produktausbeuten; das Verfahren wird mit Echtzeit-Messungen geregelt, so daß optimale Bedingungen über die Gesamtdauer und nicht nur für begrenzte Zeiträume eingehalten werden;

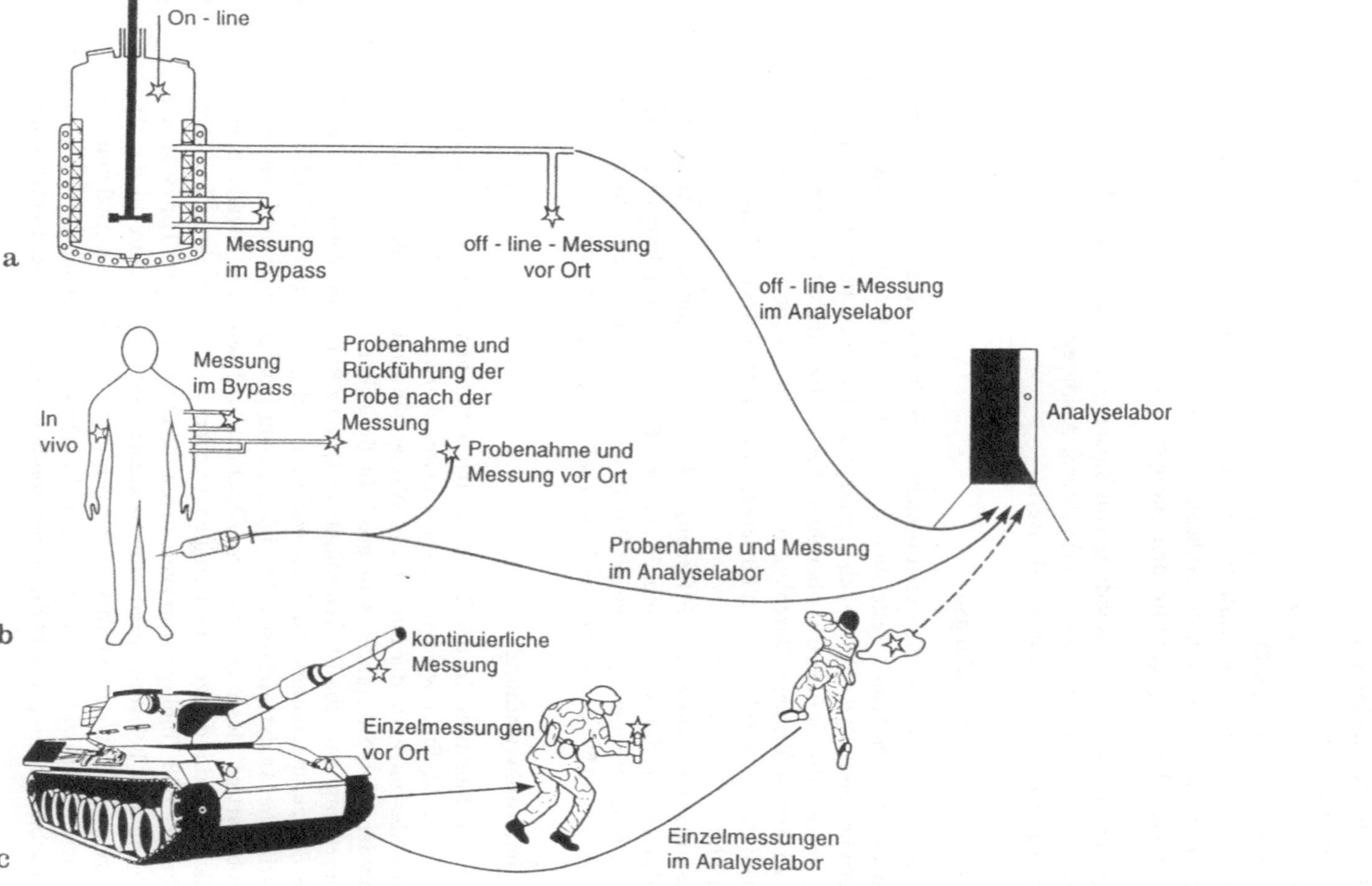

Abb. 1.5. Anwendungsmöglichkeiten und Probenahmesituationen: **a** Bioreaktor; **b** klinische Diagnostik; **c** militärische Anwendung oder Umweltüberwachung.

- Größere Toleranz gegenüber Qualitätsschwankungen mancher Rohmaterialien; die Schwankungen können mit den Verfahren der Prozeßkontrolle ausgeglichen werden;
- Der menschliche „7. Sinn" braucht nicht die alleinige Verantwortung für die Prozeßkontrolle zu übernehmen;
- Bessere Anlagenleistung; Aufarbeitung und Prozeßfluß automatisiert, d.h. keine unnötigen Totzeiten der Anlage;
- Optimierter Wirkungsgrad für den Energieverbrauch.

Im allgemeinen kann die Verwendung von Biosensoren in der Prozeßkontrolle die Automatisierung von Anlagen erleichtern, Analysekosten senken und die Qualitätskontrolle des Produkts verbessern.

1.3.4 Militärische Anwendungen

Die Notwendigkeit rascher Analysen besteht auch für militärische Anwendungen. So hat die US-Armee Teststäbchen geprüft, die auf monoklonalen Antikörpern beruhen. Diese Teststäbchen sind zwar stabil und hochspezifisch (Q-Fieber, Nervengifte, Soman u.a.), beruhen aber häufig auf Zweischrittanalysen, die bis zu 20 min für einen Durchlauf benötigen. Eine solche zeitliche Verzögerung während eines militärischen Einsatzes ist nicht akzeptabel; Konsequenzen sind in Abb. 1.5c angegeben.

Einen besseren Ansatz zur Erfassung solcher unbekannten Gefahrenstoffe bietet das System des Acetylcholin-Rezeptors. Bei der Verwendung dieses Systems als Biokomponente mit einer Matrix von 13-20 Proteinen sollten nach Berechnungen 95 % aller Toxine nachgewiesen werden können.

1.3.5 Umweltüberwachung

Eine weitere Situation, in der Tests mit beträchtlichem Anteil unbekannter Faktoren durchgeführt werden, ist die Umweltüberwachung. Primär geht es dabei um Messungen in der Luft und in Wasser, jedoch ist hier die Anzahl der zu analysierenden Substanzen sehr groß. In Bereichen, wo eine kontinuierliche Freisetzung von Schadstoffen möglich ist, wie z.B. in Fabrikabwasser, sind on-line Echtzeitmessungen zur Überwachung und Alarmierung erforderlich, die spezifische Analyte erfassen. In vielen Fällen genügen aber auch einzelne stichprobenartige Messungen von spezifischen Analyten oder allgemein von gefährlichen Verbindungen. Erfassungen reichen von dem Biologischen Sauerstoffbedarf BSB (biological oxygen demand, BOD), der gute Hinweise auf den allgemeinen Belastungsgrad von Gewässern gibt, über Säure in der Atmosphäre und pH-Wert von Vorflutern bis hin zu spezifischeren Analyten wie Detergenzien, Herbiziden und Düngemitteln (Organophosphate, Nitrate etc.). Aus Marktbeobachtungen geht die zunehmende Bedeutung dieses Gebietes hervor; bestätigt wird dies durch das steigende industrielle Interesse an Verfahren, die eine Umweltüberwachung ermöglichen.

1.3.6 Sensoranpassung für spezielle Anwendungen

Die vielseitigen Möglichkeiten der Sensortechnologie werden wahrscheinlich die Analytik und Kontrolle biologischer Systeme völlig neu gestalten und breite Auswirkungen haben (Tab. 1.3). Man kann daher sehr unterschiedliche Anforderungen für die Analytik definieren, und die Entwicklungsmöglichkeiten der Biosensoren müssen unter Berücksichtigung dieser Einschränkung beurteilt werden. Oft ist man versucht, von einem einzigen Sensor für einen spezifischen Analyten zu erwarten, daß er gleichermaßen für on-line Verfahren in einem Bioreaktor und auch für Blutproben aus der Fingerspitze eingesetzt werden kann. In der Praxis ist es jedoch realistischer, eine parallele Entwicklung mehrerer Sensortypen zu verfolgen, in denen häufig ganz unterschiedliche Parameter zur Messung herangezogen werden. Dieses Vorgehen wird auch in den nachfolgenden Kapiteln deutlich; ein einzelner Analyt kann mit mehreren unterschiedlichen Sensortypen erfaßt werden.

1.3.7 Betriebsarten für Analysensysteme

Es können einzelne Betriebsarten unterschieden werden, je nach der Verfügbarkeit eines zentralen Analyselabors: entweder als off-line Gerät für Analysen in unterschiedlicher Entfernung zur Quelle der Probe, das einzelne Meßwerte ergibt, oder aber als on-line Gerät, das einzelne oder kontinuierliche Echtzeit-Messungen liefert, entweder in einem closed-loop System oder in einem open-loop System.

Tabelle 1.3. Anwendungsmöglichkeiten für Biosensoren.

- klinische Diagnostik, Biomedizin
- Analysen im landwirtschaftlichen Bereich, Gartenbau und der Veterinärmedizin
- Prozeßkontrolle:
  Bioreaktorkontrolle und -analytik
  Lebensmittelproduktion und -analytik
- Mikrobiologie: bakterielle und virale Diagnostik
- Analysen von Pharmazeutika und Drogen
- Überwachung von Industrieabwasser
- Kontrolle und Überwachung von Umweltbelastungen
- Industrieabgase und toxische Gase im Bergbau
- militärische Anwendungen

1.3.8 Anforderungen an die Empfindlichkeit

Auch die verschiedenartigen Analyten und ihre Meßbereiche lassen sich nicht pauschal betrachten. Der jeweils zu erfassende Konzentrationsbereich hängt letztlich von der Anwendung ab; aber zunächst kann man die erforderliche Konzentration aus der Art des zu bestimmenden Analyten abschätzen. Metabolite liegen z.B. gewöhnlich im Bereich von über 10^{-6} mol L^{-1} vor, während Hormone bis in den Konzentrationsbereich von 10^{-10} bis 10^{-5} mol L^{-1} hinabreichen; sogar Nachweisverfahren für Konzentrationen bis 10^{-20} mol L^{-1} hinab wären wünschenswert, für Viren auf alle Fälle bis 10^{-12} mol L^{-1}. Die ausgedehnten Konzentrationsbereiche sind in Abb. 1.6 aufgelistet. Daraus geht hervor, daß allein aufgrund der Nachweisgrenzen sehr unterschiedliche Ansätze erforderlich sind, je nachdem, ob ein Antigen-Sensor oder ein Sensor zur Messung von Ionenkonzentrationen entworfen werden soll.

1.4 Die ersten Biosensoren

Clark und Lyons beschrieben 1962 als erste einen Biosensor [6], wobei sie den Ausdruck „Enzymelektrode" verwendeten. In dieser ersten Enzymelektrode ist eine Oxidoreduktase in einer Membran-Sandwichanordnung unmittelbar an einer Platinelektrode fixiert (Abb. 1.7). Die auf $+1,6$ V polarisierte Platinelektrode reagiert auf Peroxid, das durch die Reaktion des Enzyms mit dem Substrat entsteht. Das primäre Substrat zur Bestimmung mit diesem System ist Glucose:

$$\text{Glucose} + O_2 \xrightarrow{\text{Glucose−Oxidase}} \text{Gluconsäure} + H_2O_2$$

Hieraus ist der erste Glucosesensor für die Bestimmung von Glucose in Vollblut entwickelt worden. Das Gerät (Yellow Springs Instrument Model 23YSI) kam 1974 auf den Markt, und die hier verwendete Technik ist auf viele andere, mit Sauerstoff gekoppelte Oxidoreduktase-Systeme angewendet worden (s. Kap. 8).

Bei der Entwicklung des YSI-Sensors spielte die Nutzung der Membrantechnologie eine entscheidende Rolle, da hiermit Störungen durch andere elektroaktive Verbindungen eliminiert werden können. Häufigster Störfaktor der Peroxidmessung bei der Polarisierung auf $+0,6$ V ist Ascorbinsäure. Mehrere Membran-Enzym-Sandwichstrukturen erfüllen die folgenden Kriterien:

- die Membran zwischen Elektrode und Enzymschicht erlaubt den Durchtritt von H_2O_2, verhindert aber die Passage von Ascorbat oder anderen Störfaktoren;
- die Membran zwischen Enzymschicht und Probe erlaubt die Passage des Substrats (d.h. des Analyten) in die Enzymschicht.

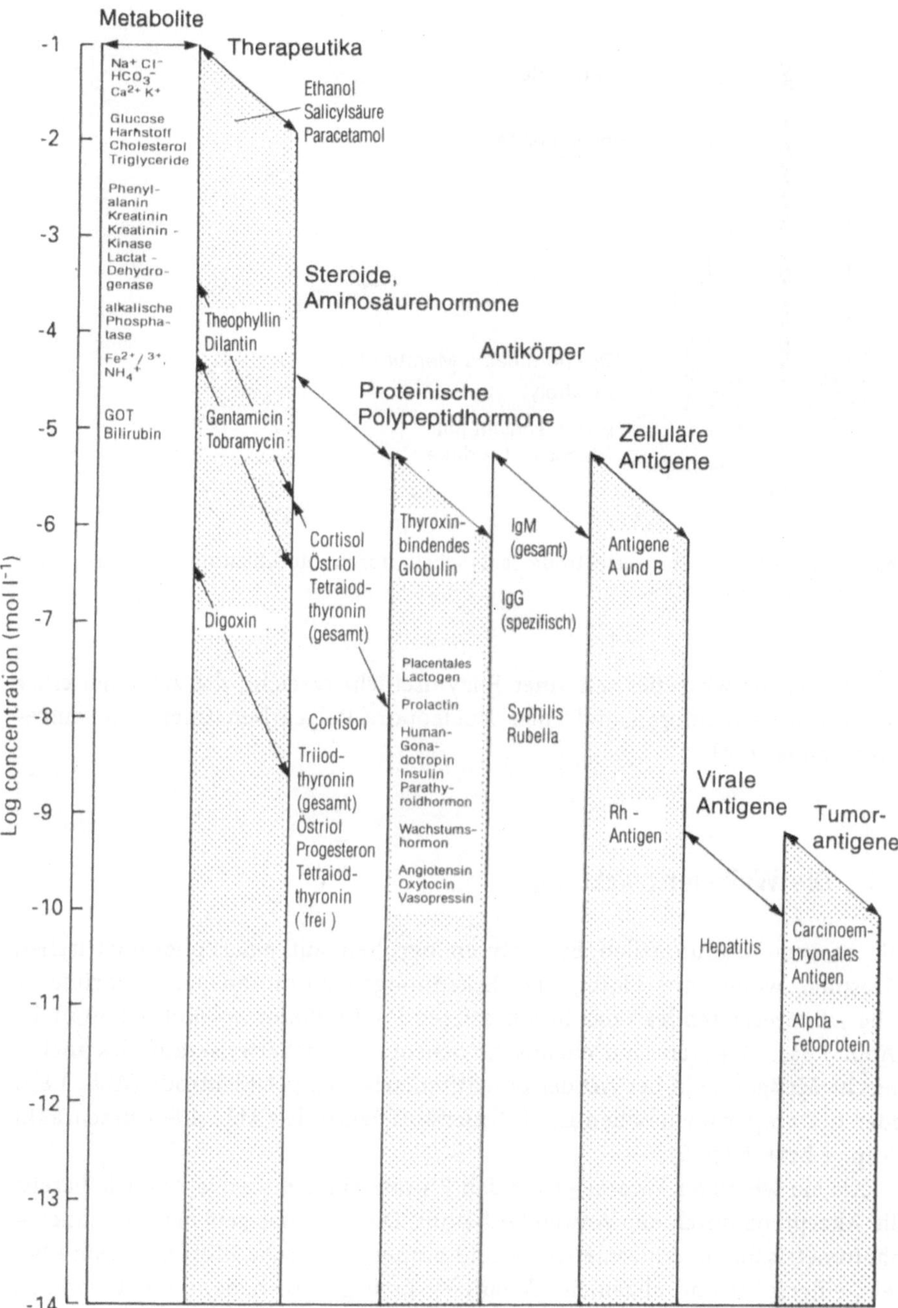

Abb. 1.6. Geforderte Nachweisbereiche für Analyten mit klinischer Bedeutung.

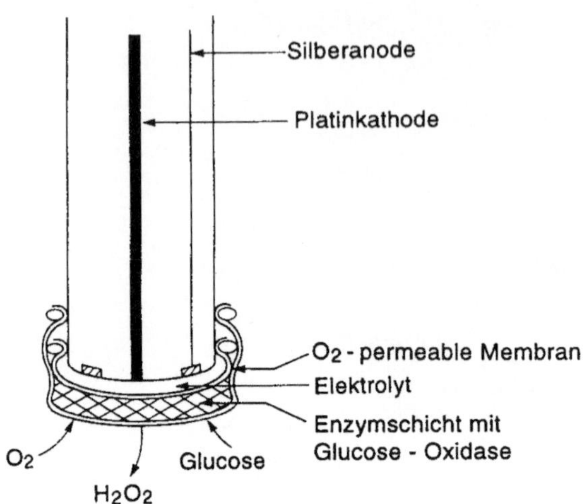

Abb. 1.7. Clarksche Enzymelektrode, entwickelt durch Modifikation der Clarkschen Sauerstoffelektrode.

Im YSI-Sensor wird dies mit einer Enzymschicht erreicht, die zwischen einer Celluloseacetatmembran und einer Nucleopore-Polycarbonatmembran eingeschlossen ist [14].

1.5 Die Weiterentwicklung

Die meisten traditionellen Bioanalysen beruhen auf einer photometrischen Messung, wobei die biologische Erkennungsreaktion an ein colorimetrisches, fluoreszierendes oder lumineszierendes Indikatormolekül geknüpft ist (Abb. 1.8a). Dagegen sind chemische Sensoren üblicherweise auf elektrochemische Meßgeräte in der Art der potentiometrischen pH-Elektrode (Abb. 1.8b) oder der amperometrischen Clark-Sauerstoffelektrode (Abb. 1.8c) beschränkt (Kap. 3 bzw. Kap. 5).

Als ein wichtiger Parameter für den Einsatz eines Biosensors wurde bereits die Akzeptanz durch den Anwender betont. Die drei angegebenen Methoden – photometrische, potentiometrische und amperometrische Messung – sind bereits eingeführt und allgemein akzeptiert. Es liegt also nahe, diese Techniken auch für die Entwicklung eines reagenzlosen Biosensors mit hoher Spezifität und Selektivität zu übernehmen und zu nutzen.

Allgemein ist es notwendig, bei der Entwicklung eines erfolgreichen Biosensors insbesondere zwei Anforderungen im Auge zu behalten, wobei ein

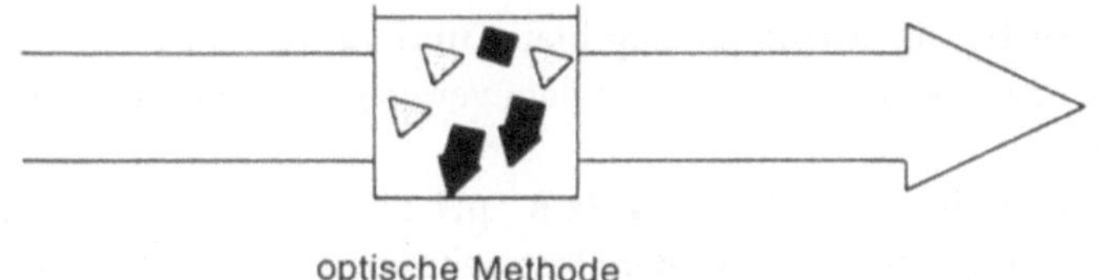

b Schema einer pH-Glaselektrode   **c** Radiometer-Elektrode nach Clark

Abb. 1.8. Die Entwicklung von Biosensoren aus herkömmlichen Analysemethoden: **a** photometrischer Test mit optisch aktiven Verbindungen; **b** potentiometrischer Test mit einer pH-Elektrode; **c** amperometrischer Test mit der Clarkschen Sauerstoffelektrode.

Biosensor als System aus mehreren Komponenten betrachtet werden kann, das für beide Anforderungen eine Lösung bietet und sie verbindet:

- Charakterisierung des Meßprinzips, das dem verwendeten biologischen Test zugrundeliegt;
- Charakterisierung des Grundsensors (z.B. pH-Elektrode, Sauerstoffelektrode usw.), der mit dem biologischen Test gekoppelt werden kann.

Im Hinblick auf diese Unterteilung und auf die Bedeutung der einzelnen Komponenten behandelt der erste Teil dieses Buches die einzelnen Bereiche, der zweite Teil befaßt sich mit deren Verbindung.

1.6   Neue multidisziplinäre Technologien

Natürlich sind erfolgreiche Biosensoren nicht auf die Verwendung dieser drei oben beschriebenen Wege beschränkt. Grundsätzlich kann jede beliebige, mit der biologischen Erkennungsreaktion zusammenhängende Variable ein Signal des Transducers hervorrufen.

Das Gebiet der Biosensoren entwickelt sich im Grenzbereich von bestehenden und entstehenden Technologien, die physikalische und biologische Disziplinen mit dem neuesten Stand der elektronischen Technik verbinden. Jüngste Erfolge in der Siliciumtechnik, der Herstellung von Polymeren, in der Optik, der Aufarbeitungs- und Nachrichtentechnik haben zu neuen Materialien und Methoden geführt, die für Biosensoren genutzt werden können. Künftig werden immer mehr unterschiedliche Meßparameter in Biosensorgeräten erfaßt und neue Techniken herangezogen werden, die bisher nicht in der reagenzfreien Diagnostik angewendet wurden.

Mit piezoelektrischen Materialien und Geräten, die mit akustischen Oberflächenwellen arbeiten, stehen Verfahren zur Verfügung, mit denen eine Massenänderung erfaßt werden kann (Kap. 11), während die Plasmonanregung eines dünnen Metallfilms oder eines anderen Plasmonmaterials insbesondere gegenüber der Dielektrizitätskonstante der unmittelbar an diesen Film angrenzenden Schicht empfindlich ist (Kap. 10). Bei der Verwendung solcher physikalischen Techniken in der Diagnostik werden die Bemühungen multidisziplinärer Forschungen deutlich, an denen alle Wissenschaftszweige beteiligt sind.

Unter den schon früher entwickelten technologischen Verfahren lassen sich ebenfalls Methoden finden, die in Biosensoren übertragen werden können. Die Aufzeichnung des elektrischen Leitwertes einer Lösung wurde ursprünglich als Methode zur Bestimmung von Reaktionsgeschwindigkeiten eingesetzt. Mit dieser Technik wird eine Änderung des Leitwertes durch sich bewegende Ionen gemessen. Viele enzymkatalysierte Reaktionen führen zu einer Änderung der

Gesamtionenkonzentration und sind darum für konduktometrische Biosensoren geeignet. In Kap. 11 wird dieses Verfahren vorgestellt.

Auch thermodynamische Daten können genutzt werden: Chemische Reaktionen absorbieren Wärme oder setzen Wärme frei (endotherme bzw. exotherme Reaktion). Die Messung der Reaktionsenthalpie $\Delta\underline{H}$ bei verschiedenen Temperaturen ermöglicht die Berechnung von $\Delta\underline{S}$ (Entropie) und $\Delta\underline{G}$ (Gibbs Freie Energie) der Reaktion und damit die Erfassung der zugrundeliegenden thermodynamischen Daten.

Ein Beispiel ist die Hydrolyse von ATP, die nach der Reaktion

$$ATP^{4-} + H_2O \longrightarrow ADP^{3-} + HPO_4^{2-} + H^+$$

$$\Delta H_{298} \; = \; -22,2\,kJ \; (pH\,7)$$

verläuft. Die Immunreaktion von Anti-HSA und dem zugehörigen Antigen HSA ergibt $-30,5\,kJ\cdot mol^{-1}$ [15, 16, 17]. In dieser zweiten Reaktion liegt der gesamte Temperaturanstieg bei der Umsetzung von $1\,\mu mol$ Antikörper im Bereich von $10^{-5}\,K$ (gemessen als Verbrennungswärme), enzymkatalysierte Reaktionen erreichen $\Delta\underline{H}$-Werte von etwa $20\text{-}100\,kJ\cdot mol^{-1}$ und verursachen erst nach Verstärkung mit gekoppelten Reaktionen leichter meßbare Temperaturänderungen.

In einem Biosensor im eigentlichen Sinn muß die Biokomponente an einem Temperatur-empfindlichen Element immobilisiert sein, das zudem auch sehr kleine Temperaturänderungen noch erfaßt. Ursprünglich wurden Enzyme wie Glucose-Oxidase oder Penicillinase an einer kleinen Säule immobilisiert und Temperaturänderungen im Eluat der Säule über Thermistoren erfaßt, so daß auf diese Weise Enzymthermistoren zur Bestimmung von Glucose bzw. Penicillin entstanden. Diese Technik wird inzwischen auch auf andere Substrate und auf Immuntests mit Enzym-markiertem Antigen angewendet [18, 19, 60].

Bei der Anwendung eines Enzymthermistors zur Überwachung der Glucosekonzentration in einem komplexen Kulturmedium unter Computerkontrolle [21] zeigen die Ergebnisse einer off-line Bestimmung im Kulturmedium von *Cephalosporium acremonium* eine gute Korrelation zur Glucosebestimmung mit dem YSI-Gerät. Die entsprechenden on-line Messungen zeigen diese Ergebnisse in den ersten 60 min, werden danach aber durch Veränderungen in der Enzymsäule und dem Probenahmesystem stark beeinträchtigt. Im wesentlichen gehen diese Veränderungen auf Proteinablagerungen zurück. Solche Probleme sind typisch für den Betrieb im 1. Bereich.

Das gleiche Prinzip läßt sich auf die Modifikation eines Thermosensors mit integriertem Schaltkreis anwenden, der dadurch zu einem Biosensor für Glucose wird [22]. Die Sensitivität für Glucose wird erreicht, indem über einen thermometrischen Sensor eine Membran aus Cellulosetriacetat/1,8-Diamino-4-aminomethyloctan aufgebracht wird, an die das Enzym Glucose-Oxidase über eine Vernetzung mit Glutardialdehyd kovalent gebunden ist. Die Ausgangsspannung des modifizierten Sensors wurde im Vergleich zu der des nicht-modifizierten Sensors gemessen und auf diese Weise zur Enthalpieänderung bei der Enzymreaktion in Beziehung gesetzt. Nach Fourier-Transformation des Signals zum Ausgleich des Hochfrequenzrauschens ergibt sich eine Nachweisgrenze von 2 mM; allerdings ist eine wesentliche Verbesserung durch die Verwendung von Verstärkertechniken zu erwarten.

Die Fachkenntnisse, die für die Entwicklung von Biosensoren benötigt werden, müssen also durch die Zusammenarbeit auf vielen Gebieten der akademischen und industriellen Forschung aufgebracht werden (Abb. 1.9). Die Ergebnisse dieser Zusammenarbeit werden in vielen Fällen nur langsam fortschreiten; vermutlich ist dies aber der einzig realistische Weg zu einer weiteren erfolgreichen Entwicklung [23, 24, 25].

1.7   Immuntests und DNA-Sonden

Eine wichtige Entwicklungsrichtung der Analytik, die ebenfalls breite Anwendung findet, betrifft Methoden für Immuntests und DNA-Sonden. Das Hauptproblem bei diesen Tests, denen eine biologische Erkennungsreaktion zugrundeliegt, ist das Auffinden eines physikochemischen Parameters, der zunächst einmal meßbar ist und der zudem mit der Bindungsreaktion zwischen Antikörper und Antigen bzw. mit der Hybridisierung der DNA-Stränge korreliert ist. Beide Reaktionen sind sowohl durch eine Zunahme der molekularen Masse als auch eine Vergrößerung des Volumens gekennzeichnet. Die laufenden Forschungen an Biosensoren befassen sich zwar mit der Transduktion eines geeigneten Parameters, aber der Verlauf der Bindungsreaktion ist bisher üblicherweise mit einem photometrischen, radioaktiven oder auch enzymatischen Marker verfolgt worden.

Eine Reihe von wesentlichen und aktuellen Gründe sprechen dafür, radioaktive Isotope als Marker durch nicht-radioaktive zu ersetzen. Die unmittelbare Verwendung von photometrischen Indikatoren ergibt allerdings selten eine vergleichbare Empfindlichkeit, und bis jetzt haben sich häufig Enzyme als die vielversprechendsten Marker erwiesen. Das Prinzip des Marker-gekoppelten Tests ist für einen Immuntest und für eine DNA-Sonde das gleiche (s. Kap. 2).

Beide Techniken sind heterogene Tests, sind also bereits gemäß dem Konzept eines Biosensors entwickelt. Um schließlich einen reagenzlosen Biosensor zu erhalten, ist die Integration des Transducers der entscheidende Schritt.

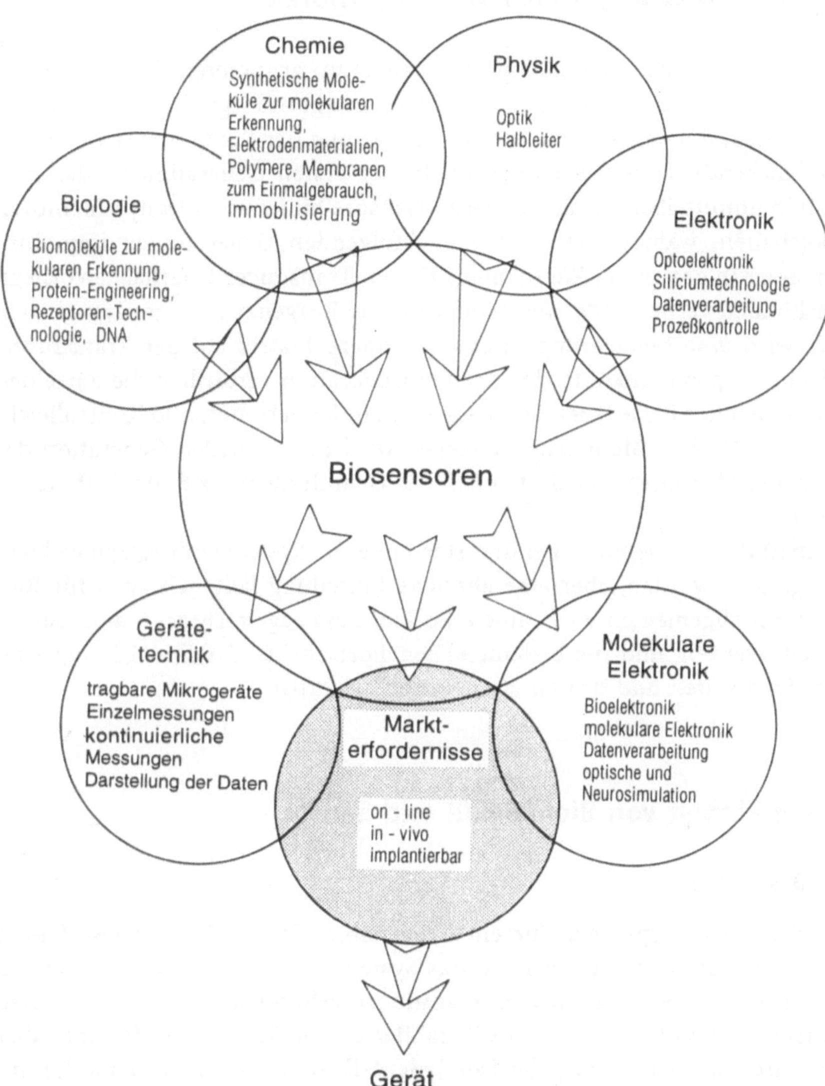

Abb. 1.9. Fachübergreifende Disziplinen und ihre Bedeutung für die Entwicklung von Biosensoren.

1.8 Die Entwicklungsstufen von Biosensoren

Mit einer Biokomponente gekoppelte Sensoren gruppieren Scheller et al. [26, 27] in drei Generationen, je nach dem Integrationsgrad ihrer einzelnen Komponenten, d.h. je nach der Art der Anbindung der Biokomponente an das zugrundeliegende Transducer-Element. In der ersten Generation ist das Biomolekül in unmittelbarer Nähe des Grundsensors hinter einer Dialysemembran zurückgehalten, während es in den nachfolgenden Generationen immobilisiert an einer in geeigneter Weise modifizierten Transducer-Oberfläche vorliegt; hierfür können vernetzende oder bifunktionelle Reagenzien eingesetzt werden, oder es wird eine Einlagerung in eine polymere Matrix auf der Transducer-Oberfläche vorgenommen. In der zweiten Generation verbleiben die einzelnen Komponenten des Biosensors deutlich voneinander getrennt, also Kontrollelektronik – Elektrode – Biomolekül. Dagegen wird in der dritten Generation das Biomolekül selbst integraler Bestandteil des Grundsensors (z.B. im CHEMFET, s. Kap. 4).

Zwar sind diese Definitionen in erster Linie für Systeme mit Enzymelektroden eingeführt worden, aber eine ähnliche Einteilung läßt sich auch für Biosensoren im allgemeinen vornehmen. So kann ein regelrechter „Stammbaum" entwickelt werden, und die bedeutendsten Fortschritte der Entwicklung sind jetzt in der zweiten und dritten „Generation" sichtbar.

1.9 Die Einheit von Biomolekül und Sensor

1.9.1 Das Design

Zahlreiche Vorteile sprechen für ein irreversibles Immobilisierungsverfahren für das Biomolekül. Vor allem kann das System mehrfach verwendet werden, wenn die Biokomponente an den Transducer gebunden bleibt. In manchen Fällen ist das immobilisierte Molekül stabiler als die Substanz in Lösung, aber dies ist durchaus nicht immer der Fall. Jedenfalls wird aber die Kinetik der immobilisierten Verbindung sicher von der Mikroumgebung beeinflußt und kann beträchtlich von der Kinetik in Lösung abweichen. So müssen beispielsweise sowohl der externe Massentransfer in Lösung als auch der interne Massentransfer in der immobilisierten Schicht bei der Anwendung der kinetischen Gleichungen berücksichtigt werden. Die Form dieser Gleichungen hängt von der Natur der Immobilisierungsmatrix und ihren Abmessungen ab (d.h. eindimensionale Diffusion, röhrenförmig, kugelförmig etc.). Ein langsamer Massentransfer erhöht z.B. in jedem Fall die scheinbare Michaeliskonstante K_M^{app} eines immobilisierten Enzyms. Dadurch wird oft ein analytischer Vorteil erreicht, nämlich daß der lineare dynamische Bereich von Enzym-gekoppelten Tests vergrößert wird. Wenn allerdings der Massentransfer so langsam abläuft, daß die Reaktionsgeschwindigkeit von der Diffusion begrenzt wird, so arbeitet das Enzym nicht effizient und das Ausgangssignal wird schwächer. Es sind verschiedene Modelle zur Berechnung spezifischer immobilisierter Systeme vorgeschlagen worden, die später detailliert besprochen werden.

Die erfolgreiche Integration der Biokomponente in das Sensorelement durch Immobilisierung des Biomoleküls an der Sensoroberfläche hängt nicht nur von der Natur des Biomoleküls oder den Eigenschaften der Transducer-Grenzfläche ab; darüberhinaus muß auch die effiziente Übertragung des vom Analyten verursachten Signals gewährleistet sein. Wenn z.B. der pH-Wert überwacht werden soll, muß das immobilisierte Molekül unempfindlich gegenüber den pH-Schwankungen in der Mikroumgebung sein, die in der immobilisierten Schicht durch die biologisch gekoppelte Reaktion hervorgerufen werden. Wenn andererseits ein Redoxsystem verwendet wird und das übertragene Signal der Elektronentransfer bei der Enzym-Substrat-Reaktion

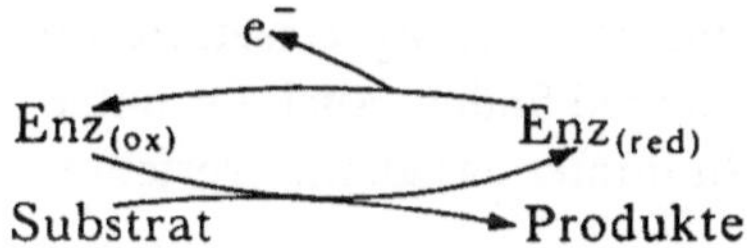

ist, so muß ein effizienter Elektronentransfer zwischen Enzym und Transducer möglich sein. Normalerweise kann dies nicht einfach durch unmittelbaren Kontakt zwischen einer unmodifizierten Elektrodenoberfläche und dem Redoxprotein erreicht werden. Die Verwendung eines Mediators in Sandwich-Bauweise (Elektrode – Mediator – Enzym) erleichtert den Übergang der Elektronen vom Enzym zur Elektrode. Der Mediator ist ein niedermolekularer Baustein mit einem Redoxpotential in der Nähe der prosthetischen Gruppe des Enzyms (s. Kap. 8). Bereits beim Immobilisierungsverfahren muß die Notwendigkeit eines Mediators berücksichtigt werden.

1.9.2 Immobilisierungsverfahren

Allgemeine Immobilisierungsverfahren lassen sich in fünf Hauptgruppen gliedern und beschreiben:
- Rückhaltung hinter einer inerten Membran;
- Physikalische Adsorption an einer festen Grenzfläche;
- Vernetzung mit bifunktionellen Agenzien;
- Einschluß in polymere Matrizes;
- Kovalente Bindung an einen Träger mit funktionellen Gruppen.

Die erste Gruppe entspricht der bereits definierten ersten Generation der Biosensoren. Der Schwerpunkt soll im folgenden auf den anderen Methoden liegen.

Kovalente Bindung an einen Träger mit funktionellen Gruppen. Die kovalente Bindung der Biokomponente an die Sensoroberfläche ist im allgemeinen am wenigsten reversibel. In einem Protein muß die Bindung durch die nucleophilen funktionellen Gruppen der Aminosäuren bewirkt werden, die nicht an der Funktion oder der Aktivität des aktiven Zentrums selbst beteiligt sind. Unterstützend wirkt dabei manchmal während des Immobilisierungsprozesses das Substrat der Biokomponente; das aktive Zentrum wird dadurch besetzt und die Bindung des Moleküls an die Matrix wird an anderen Stellen begünstigt.

Im wesentlichen handelt es sich bei den Techniken, die zur Anbindung eingesetzt werden, um klassische Methoden für Kopplungssynthesen (Abb. 1.10). Unterschiedliche Reaktionsmechanismen erlauben eine gezielte Auswahl der geeigneten Reaktion für ein spezielles biologisches System, über die das Biomolekül ohne Aktivitätsverlust gebunden werden kann. Keine einzelne Kopplungsreaktion läßt sich jedoch universell zur Immobilisierung einsetzen; die jeweils am besten geeignete läßt sich nur experimentell finden. Auch für untereinander ähnliche biologische Systeme kann nicht immer das gleiche Verfahren angewendet werden [28–30].

Die Immobilisierung einsträngiger DNA für Hybridisierungssonden wird überwiegend an Celluloseträgern oder Nylonfiltern vorgenommen. Die synthetischen Verfahren gleichen jedoch weitgehend den Immobilisierungsverfahren für Proteine (Abb. 1.11). An einem Nylonträger können z.B. die Aminogruppen der Membran unmittelbar mit Thyminresten der Nucleinsäure Wechselwirkungen eingehen.

Unter kommerziellen Gesichtspunkten betrachtet ist allerdings nicht in jedem Fall eine dieser kovalenten Kopplungsmethoden empfehlenswert; einerseits können sie als allgemeine Methode nur begrenzt verwendet werden und andererseits erfordern diese Immobilisierungen häufig Mehrschrittreaktionen. Der Vorteil einer irreversiblen Immobilisierung muß kritisch gegen die Vorteile und Schwächen anderer Methoden abgewogen werden.

Vernetzung mit bifunktionellen Agenzien. In einem speziellen Fall der chemischen Immobilisierung werden bifunktionelle Agenzien verwendet (Tab. 1.4), mit denen Vernetzungen von Protein zu Protein erzielt werden, in manchen Fällen auch zum Träger. Insbesondere Glutardialdehyd wird häufig als vernetzendes Agenz eingesetzt. Es reagiert mit Aminogruppen des Lysins im Enzym. Eine Überladung der Oberfläche mit der biologischen Komponente muß jedoch vermieden werden; obwohl zunächst die Aktivität mit der Beladung ansteigt, so wird die Gesamtaktivität bei hoher Beladung durch eingeschränkte Zugänglichkeit der Biomoleküle und andere Inhibierungseffekte herabgesetzt. In der

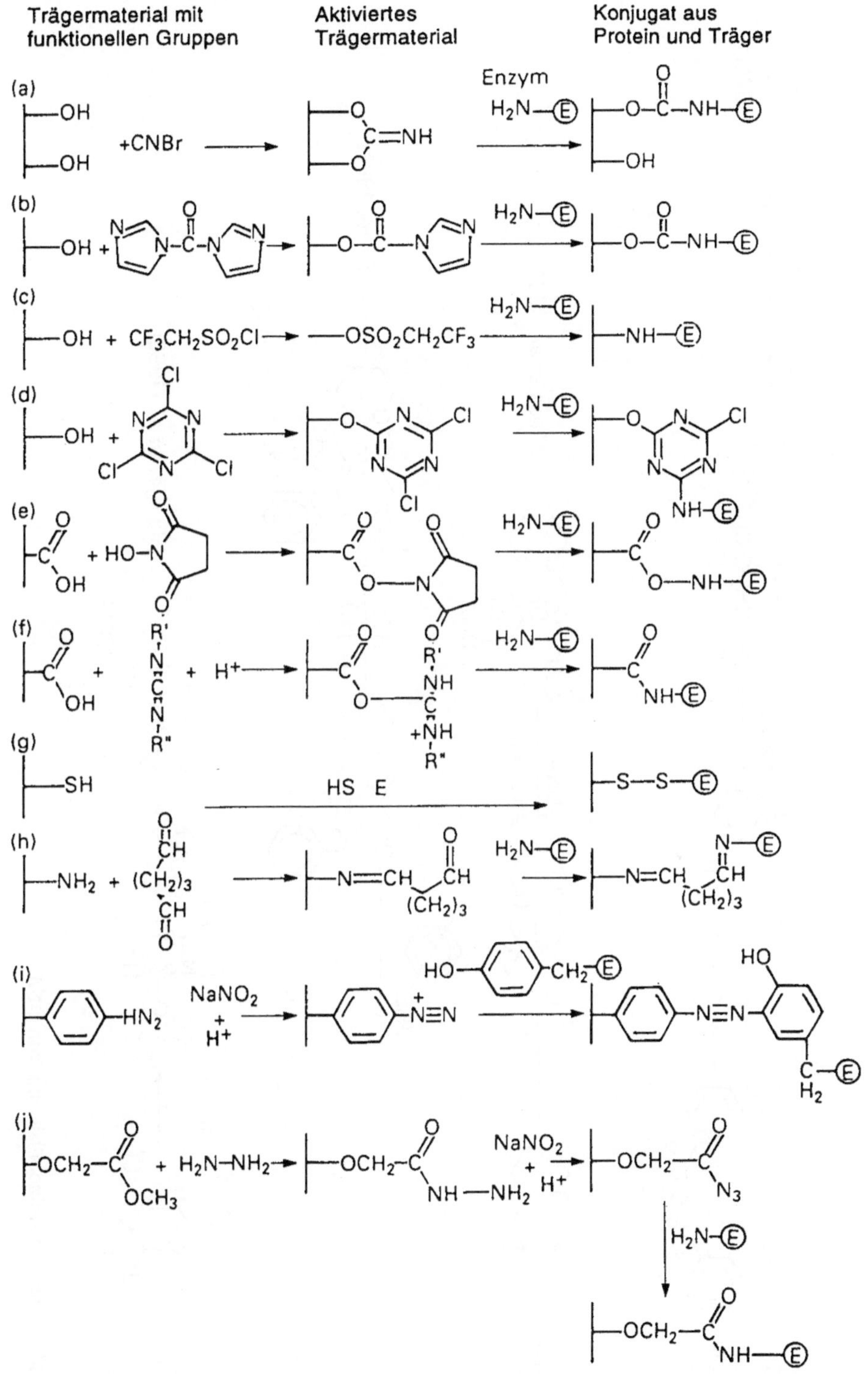

Abb. 1.10. Zusammenstellung gebräuchlicher Methoden zur kovalenten Immobilisierung von Proteinen an funktionalisierte Träger.

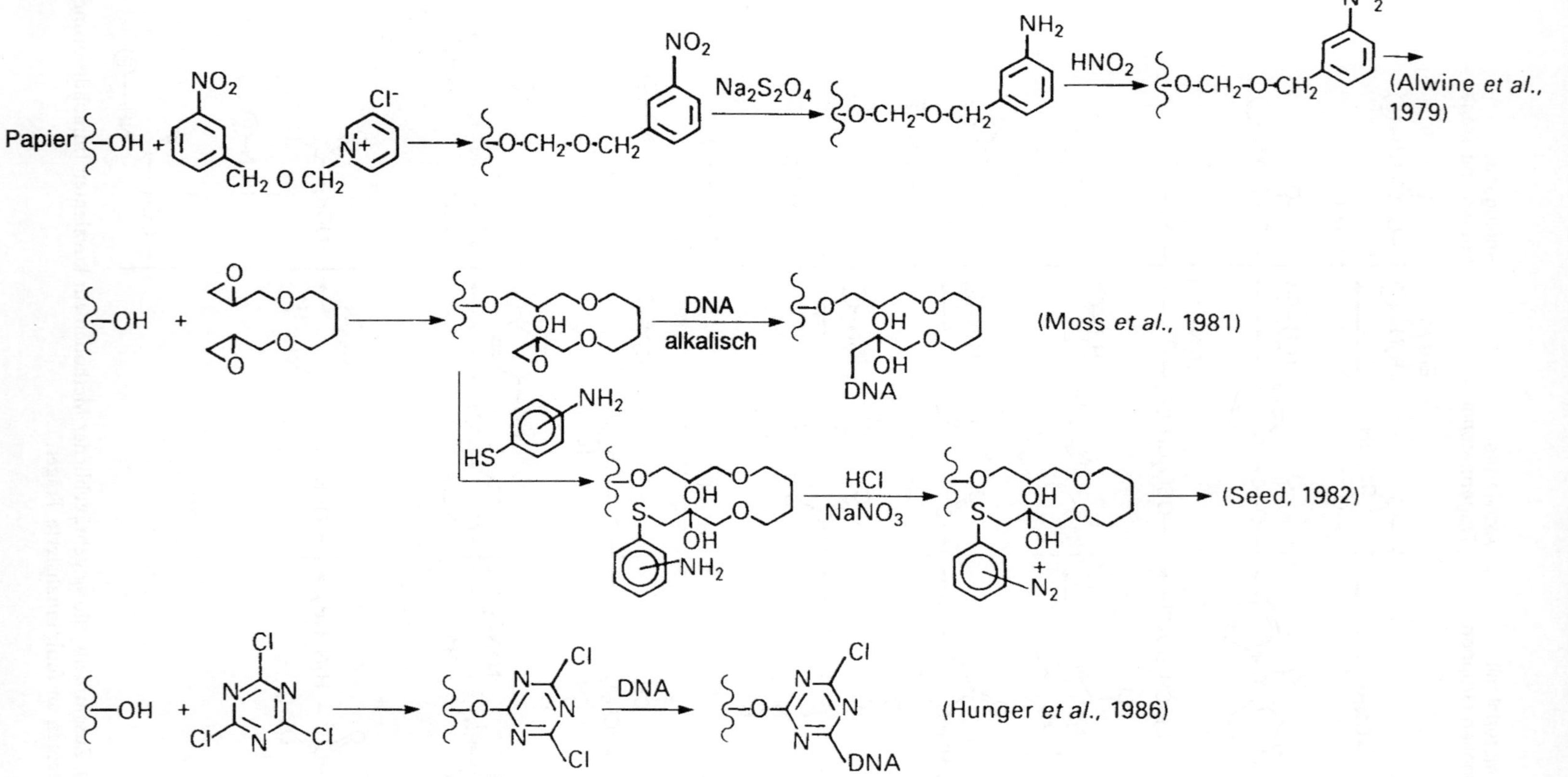

Abb. 1.11. Methoden zur Immobilisierung von DNA.

Tabelle 1.4. Gebräuchliche bifunktionelle Agenzien zur Vernetzung von Proteinen.

Glutaraldehyd

Hexamethylen-diisocyanat

Toluylen-2-isocyanat-4-isothiocyanat

1, 5-Difluor-2, 4-dinitrobenzol

Bisdiazobenzidin-2, 2′-disulfonsäure

N-Ethyl-5-phenylisoxazolium 3′-sulfonat

Praxis wird eine günstige Aktivität dadurch eingestellt, daß ein inertes Protein gleichzeitig co-immobilisiert wird. Die physikalischen Eigenschaften der immobilisierten Schicht (Stärke, Porosität usw.) hängen von den jeweiligen Reaktionsbedingungen ab, sie wird aber in jedem Fall beträchtlich stärker sein als eine monomolekulare Schicht [31].

Physikalische Adsorption an einer festen Grenzfläche. Der große Vorteil der physikalischen Adsorption liegt darin, daß keine Reagenzien für die Immobilisierung benötigt werden. Zwischen dem Träger und dem Biomolekül finden nur geringe Wechselwirkungen statt, die auf Van-der-Waals-Kräfte, Dipol-Dipol-Wechselwirkungen, Wasserstoffbrückenbindungen oder die Formation von Elektronentransferkomplexen zurückgehen. Außer in diesem letzten Fall wird jedoch die reversible Natur des Bindungsgleichgewichtes dadurch deutlich, daß es gegenüber Änderungen in den Umgebungsbedingungen (pH, Ionenstärke, Temperatur usw.) empfindlich reagiert. Wenn z.B. ein Protein an einer festen Oberfläche adsorbiert ist, wird diese Bindung durch hydrophobe, hydrophile, ionische und polare Wechselwirkungen zwischen Oberfläche und Protein beeinflußt. Mit der Oberfläche kann das Protein auf unterschiedliche Weise in Wechselwirkung stehen, je nach der räumlichen Orientierung in Bezug zur Oberfläche.

In einer unbewegten Lösung ist der Adsorptionsprozeß vom Massentransport kontrolliert, so wie auch der umgekehrte Prozeß der Desorption. Unter der Voraussetzung, daß jedes Molekül, das auf die Oberfläche auftrifft, auch adsorbiert wird, baut sich an der Oberfläche wegen der Verarmung in der unmittelbar benachbarten Schicht rasch ein Konzentrationsgradient auf. Die Adsorptionsrate wird dann proportional zur Diffusionsrate [32]:

$$\frac{\mathrm{d}n}{\mathrm{d}t} = C_0 \left(\frac{D}{\pi t} \right)^{1/2}$$

wobei n die Anzahl der Moleküle, C_0 die Gesamtkonzentration der Lösung und D der Diffusionskoeffizient ist. In diesem Modell nicht erfaßt ist die Situation, wo die Schicht in unmittelbarer Nähe der Grenzfläche nur zum Teil gesättigt ist und die Adsorptionsrate unter die Diffusionsrate fällt. Tatsächlich wird immer dann die Desorption vorherrschen, wenn die immobilisierte Verbindung nicht mehr in der umgebenden Lösung vorhanden ist (und in einem Sensor wird dies immer der Fall sein). Die biologische Schicht an der Oberfläche zerfällt dann in gleichem Maß, wie die immobilisierte Verbindung in die Meßlösung verloren geht.

Dennoch ist diese Methode wegen der leichten Immobilisierung und der generellen Anwendbarkeit für viele Oberflächen besonders attraktiv für Pilotprojekte oder für Geräte, die keine Langzeitstabilität aufweisen müssen. Aber eine solche Methode kann auch so weit entwickelt werden, daß ein bestimmtes Maß an Langzeitstabilität erreicht wird. Ein Beispiel ist Nitrocellulose, ein klassisches Trägermaterial für die Immobilisierung von DNA [33, 34]. Einsträngige DNA wird über nicht-kovalente Wechselwirkungen an den Träger gebunden, und dennoch kann die zu analysierende DNA-Sequenz thermisch eluiert und die immobilisierte DNA bis zu sechsmal wiederverwendet werden [35].

Einschluß in polymere Matrizes. Ein Biomolekül läßt sich in eine dreidimensionale Matrix einschließen, die mit einer Reihe verschiedener Polymerisationsmethoden hergestellt werden und unterschiedliche Eigenschaften aufweisen kann. Das Polymer kann ein inerter Träger sein oder auch selbst essentiell an der Transduktion des vom Analyt ausgehenden Signals beteiligt sein. Im ersten Fall werden Polymere wie Polystyren, PVC, Polyacrylamid usw. auf der Sensoroberfläche zusammen mit dem Erkennungsmolekül aufgelagert; im zweiten Fall kann die Trägermatrix modifiziert werden, indem eine chemisch aktive funktionelle Gruppe (z.B. eine Redoxfunktion) eingeschlossen wird oder am Aufbau beteiligt ist.

Besondere Bedeutung haben leitende Polymere und besonders elektrochemisch aufgelagerte Polymere als Trägermatrizes erlangt, vor allem in elektrochemischen Sensoren, wo sie in situ unter leicht kontrollierbaren elektrochemischen Bedingungen erzeugt werden können (s. Kap. 8). Die Fähigkeit dieser Polymere zum Elektronentransport kann in manchen Fällen für die Signalübertragung im Biosensor genutzt werden.

Immobilisierung an biologischen Oberflächen. Die äußeren Zellschichten mancher Bakterien bestehen aus homogenen, kristallin zusammengesetzten Protein- oder Glycoproteinen, deren funktionelle Gruppen eine definierte Anordnung aufweisen (S-Layer). Diese Schichten sind ideale Matrizes zur Immobilisierung von Makromolekülen für Biosensoren. Fragmente einer solchen Kristallmembran aus *Clostridium* spec. können z.B. zur Präparation eines Saccharosesensors mit mehreren Enzymen beladen werden, wobei Asparaginsäure als Spacer dient. Die enzymbeladenen Membranfragmente werden an eine Mikrofiltermembran gekoppelt und in dieser Form als Multienzymmembran für den Sensor eingesetzt. Sputtern mit Gold verbessert den Kontakt zwischen Membran und Elektrodenoberfläche [36].

1.10 Zukünftige Entwicklungen

In einem Vergleich zu natürlich vorkommenden „Biosensoren" läßt sich nur feststellen, daß die Evolution der vom Menschen produzierten Biosensoren gerade erst beginnt. Die gegenwärtig bestehenden Anlagen sind sehr roh im Vergleich zu der Komplexität von biologischen Systemen wie z.B. der Nase oder dem Transport des Lichtreizes im Auge. Die in diesen Systemen vorhandenen Biokomponenten sind nicht unbedingt hochspezifisch, aber die Signalübertragung über integrierte Schaltkreise aus Biomolekülen ist derart hoch entwickelt, daß man von einem Nachbau zur Zeit nur träumen kann. Die Spezifität wird anscheinend durch datenverarbeitende Prozesse und Mustererkennung mit Hilfe kontinuierlicher Lernprozesse erreicht. Vermutlich lassen sich auf diesem letzten Gebiet der Datenverarbeitungstechniken in naher Zukunft deutliche Fortschritte erzielen, die in Biosensoren Anwendung finden können.

Der Wunsch nach immer größerer Dichte der elektronischen Bausteine zur Konstruktion immer kleinerer Gehäuse stößt bald an Grenzen, nicht durch die mikrolithographischen Techniken für ihre Fertigung, sondern durch die minimale Größe eines Transistors, bei der kein Elektronenverlust auftritt. Viele biologische Moleküle können komplexe, selbst-organisierende Makromoleküle mit offensichtlich genau den erforderlichen elektronischen Eigenschaften bilden; eine Lösung des Problems könnte darum möglicherweise der Ersatz des Siliciums durch biomolekulare Bausteine sein.

Sehr dünne, geordnete Schichten organischer Moleküle lassen sich auf feste Träger mit dem Langmuir-Blodgett-Verfahren auftragen. Die entstehenden Doppelschichten aus Phospholipiden sind wie biologische Cytoplasmamembranen strukturiert (BLM; von bilayer membrane oder: SPB; von supported phospholipid bilayer) und erlauben eine mechanisch und elektrochemisch stabile Immobilisierung der Biokomponente, die zudem kompatibel mit der Mikroelektronik-Technologie ist [37, 38, 39, 40, 41]. Dieses Ziel, die geordnete Beschichtung mikroelektronischer Bauteile zur Fertigung von Mikrosensoren, wird auch bei der direkten elektrochemischen Auflagerung von Enzymen auf die Elektrodenoberfläche angestrebt [42].

In gleicher Weise wie leitende Polymere und Halbleiterpolymere, die ursprünglich für die Mikroelektronik synthetisiert und entwickelt wurden, in der Sensorentwicklung genutzt wurden, können alle zukünftigen Entwicklungen auf dem Gebiet der molekularen Elektronik oder neue Kenntnisse der biologischen Signalübertragung in die Biosensorik Eingang finden.

Literatur

[1]   Vadgama P (1990) Sensors and Actuators B 1:1
[2]   Cammann K, Lemke U, Rohen A, Sander J, Wilken H, Winter B (1991)
       Angew. Chem. 103:519
[3]   Scheller FW, Hintsche R, Pfeiffer D, Schubert F, Riedel K, Kindervater
       R (1991) Sensors and Actuators B 4:197
[4]   Scheller F, Schubert F, Pfeiffer D (1992) Spektr. Wiss. 9:99
[5]   Karube I, Yokoyama K (1993) Sensors and Actuators B 13-14:12
[6]   Sethi R (1994) Biosens. Bioelectr. 9:243
[7]   Urban G, Jobst G, Aschauer E, Tilado O, Svasek P, Varahram M (1994)
       Sensors and Actuators B 18-19:592
[8]   Mascini M (1992) Sensors and Actuators B 6:79
[9]   Owen VM (1994) Biosens. Bioelectr. 9:xxix
[10]   Dimitriadis GD, Gerich JE (1983) Diabetes Care 6:374
[11]   Calabrese G, Bueti A, Zega G, Giombolini A, Bellomo G, Antonella MA,
       Massi-Benedetti M, Brunetti P (1982) Horm. Metabol. Res. 14:505
[12]   Mannhalter C (1993) Sensors and Actuators B 11:273
[13]   Clark Jr. LC, Lyons C (1962) Ann. N.Y. Acad. Sci. 102:29
[14]   Grooms TA, Clark LC, Weiner BJ (1980) in: Weetal HH, Royer GR (eds)
       Enzyme Engineering Vol. 5. Plenum Press, New York, p 217
[15]   Benzinger TH, Kitzinger L (1960) Methods Biochem. Anal. 8:309

[16] Sturtevant JM, Lyons PA (1969) J. Chem. Thermodyn. 1:201
[17] Menkins RM, Watt GD, Sturtevant JM (1969) Biochemistry 8:1874
[18] Mosbach K, Danielsson B (1981) Anal. Chem. 53:1
[19] Danielsson B, Mattiasson B, Mosbach K (1981) Appl. Biochem. Bioeng. 3:97
[20] Danielsson B, Mosbach K, Winquist F, Lundström I (1988) Sensors and Actuators 13:139
[21] Wehnert G, Sauerbrei A, Bayer T, Scheper T, Schügerl K, Herold T (1987) Anal. Chim. Acta 200:73
[22] Muramatsu H, Dicks JM, Karube I (1987) Anal. Chim. Acta 197:347
[23] Cammann K, Ross B, Hasse W, Dumschat C, Katerkamp A, Reinbold J, Steinhage G, Gründig B, Renneberg R, Buschmann N (1994) Ullmann's Encyclopedia of Industrial Chemistry, Vol. B 6:121
[24] Renneberg R, Gründig B (1994) Nachr. Chem. Tech. Lab. 42:42
[25] Schmid RD, Scheller F (eds) (1992) Biosensors: Fundamentals, Technologies and Applications, GBF-Monograph Vol. 17, VCH, Weinheim
[26] Scheller FW, Schubert F, Renneberg R, Muller HG, Janchem M, Weise H (1985) Biosensors 1:135
[27] Scheller FW, Schubert F (1987) Bioengineering 3:30
[28] Williams RA, Blanch HW (1994) Biosens. Bioelectr. 9:159
[29] Moser I, Schalkhammer T, Mann–Buxbaum E, Hawa G, Rakohl M, Urban G, Pittner F (1992) Sensors and Actuators B 7:356
[30] Bhatia SK, Cooney MJ, Shriver–Lake LC, Fare TL, Ligler FS (1991) Sensors and Actuators B 3:311
[31] Hansen EH, Mikkelsen HS (1991) Anal. Lett. 24:1419
[32] Macritchie F (1978) Adv. Protein Chem. 32:283
[33] Denhardt DT (1966) Biochem. Biophys. Res. Commun. 23:641
[34] Southern EM (1975) J. Molec. Biol. 98:503
[35] Meinkoth J, Wahl G (1984) Anal. Biochem. 138:267
[36] Neubauer A, Hödl C, Pum D, Sleytr UB (1994) Anal. Letters 27:849
[37] Karymov MA, Kruchinin AA, Tarantov YA, Balova IA, Remisova LA, Sukhodolov NG, Yanklovich AI, Yorkin AM (1992) Sensors and Actuators B 6:208
[38] Lee S, Anzai J, Osa T (1993) Sensors and Actuators B 12:153
[39] Anzai J, Hoshi T, Lee S, Osa T (1993) Sensors and Actuators B 13-14:73
[40] Striebel Ch, Brecht A, Gauglitz G (1994) Biosens. Bioelectr. 9:139
[41] Nikolelis DP, Tzanelis MG, Krull U (1994) Biosens. Bioelectr. 9:179
[42] Strike DJ, de Rooij NF, Koudelka-Hep M (1993) Sensors and Actuators B 13-14:61

2. Biomoleküle im Überblick

2.1 Die Hierarchie der Biomoleküle [1, 2]

Die meisten chemischen Bausteine der Lebewesen sind organische Kohlenstoffverbindungen; viele enthalten auch Stickstoff. Zwar ist jede lebende Art aus der ihr eigenen, nur für sie typischen Kombination von Biomolekülen aufgebaut, aber die Vielfalt läßt sich dennoch auf wenige Bausteine mit allgemein übereinstimmender Struktur reduzieren. Man kann diese Bausteine in einer hierarchischen Ordnung sehen, angeordnet wie auf einer Leiter entsprechend ihrem Molekulargewicht (Abb. 2.1.).

Auf der untersten Stufe stehen die niedermolekularen Gase (Sauerstoff, Stickstoff und Kohlendioxid) und Wasser. Zusammen mit einatomigen Ionen (vor allem Na^+, K^+, Mg^{2+}, Ca^{2+} und Cl^-) und mit Verbindungen von P, S, Mn, Fe, Co, Cu und Zn spielen diese Moleküle bei der weiteren Entwicklung und fortschreitendem Ansteigen auf der Leiter eine wichtige Rolle. Meistens werden eben diese Ionen auch analytisch überwacht, üblicherweise mit ionenselektiven Sensoren, um beispielsweise den Stoffwechselstatus eines Patienten zu verfolgen, der unter Beobachtung steht. Hierbei wird die selektive Erkennung durch eine Membran auf der Sensoroberfläche bewirkt, die für das zu bestimmende Ion spezifische Verbindungen enthält oder selektive physikalische Eigenschaften besitzt (Kap. 3). Die Sauerstoffelektrode (Kap. 5) und die Kohlendioxidelektrode (Kap. 3) sind zwei bereits gut eingeführte Sensoren, bei denen Makromoleküle eine spezifische Reaktion mit dem Analyten eingehen und ihn auf diese Weise erkennen.

Einige der größeren Biomoleküle aus Abb. 2.1 werden aufgrund ihrer Fähigkeit, Moleküle zu erkennen, häufig in den folgenden Kapiteln auftauchen. Im Hinblick auf den schematisch dargestellten Biosensor in Abb. 1.3 wird deutlich, daß eben diese Fähigkeit genutzt werden soll und daß es daher wichtig ist, diese Bausteine zu kennen und ihr Potential zur Molekülerkennung zu untersuchen.

In diesem Kapitel wird eine Zusammenstellung der biochemischen Fachbegriffe gegeben, darüberhinaus eine kurze Darstellung einiger typischer physikochemischer Eigenschaften derjenigen Biomoleküle, die in immobilisierter Form für eine Erkennungsoberfläche in Frage kommen und die ein Analytabhängiges Signal an einen reagenzienfreien Biosensor übertragen.

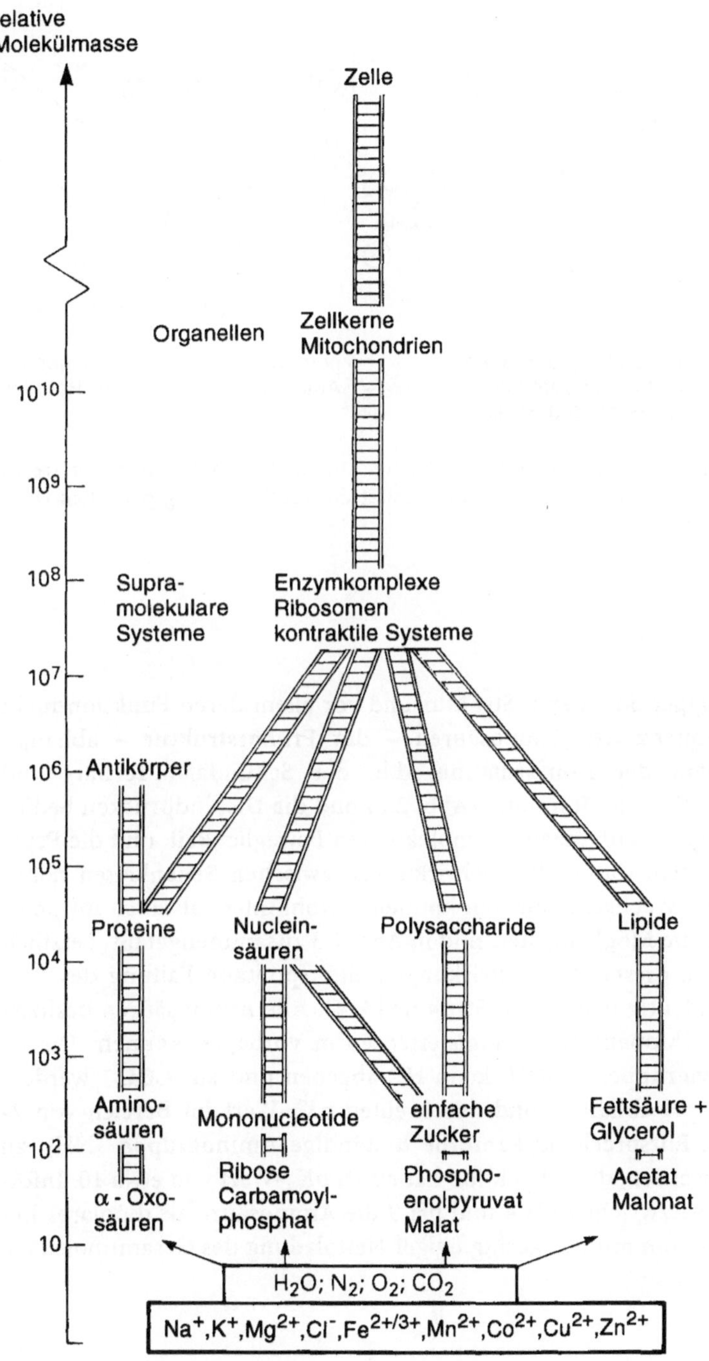

Abb. 2.1. Die Leiter der Biomoleküle.

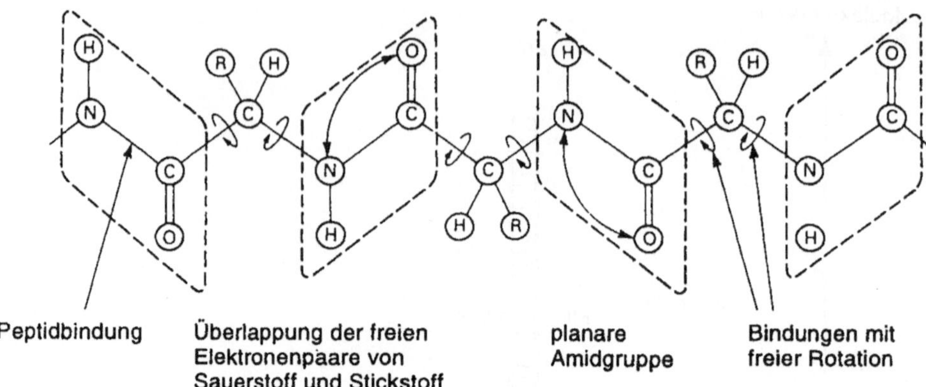

Abb. 2.2. Eingeschränkte Rotation der Peptidkette. Durch die Konjugation der freien Elektronenpaare am Stickstoff und Sauerstoff besitzt die Peptidbindung partiellen Doppelbindungscharakter.

2.2 Proteine

Proteine sind Polypeptide, deren Struktur und vor allem deren Funktion nicht nur von der Sequenz der Aminosäuren – der Primärstruktur – abhängt, sondern auch von der Konformation, d.h. der Sekundär-, Tertiär- und Quartärstruktur. Die Peptidbindung (Abb. 2.2) und die Disulfidbrücken bedingen bestimmte Einschränkungen der molekularen Beweglichkeit, und die Peptidstränge sind zudem durch Wechselwirkungen zwischen Seitenketten höher organisiert. Solche Wechselwirkungen können sowohl inter- als auch intramolekular auftreten; die Möglichkeiten sind in Abb. 2.3 zusammengefaßt. Letztlich ist das Resultat all dieser Wechselwirkungen eine spontane Faltung des Proteins zu einer eindeutig definierten Struktur [3, 4]. Alle Aminosäuren besitzen zumindest zwei Gruppen, die in ionisierter Form vorliegen können. Die α-ständige Carboxylgruppe, -COOH, kann H^+ abgeben und zu -COO$^-$ werden. Die Reaktion ist pH-abhängig und durch einen pK_a-Wert im Bereich von 2-3 charakterisiert. Entsprechend kann die α-ständige Aminogruppe, -NH$_2$, zu NH$_3^+$ protoniert werden; diese Reaktion hat einen pK_a-Wert von etwa 10. Infolgedessen liegt etwa zwischen pH 4 und pH 9 die Aminosäure als dipolares Ion vor, d.h. als *Zwitterion* mit nur geringfügiger Nettoladung des Gesamtmoleküls:

$$H_2N—CH—COOH \;\rightleftharpoons\; H_3N^+—CH—COO^-$$

mit Rest R über den CH-Gruppen, und (Zwitterion) unter der rechten Form.

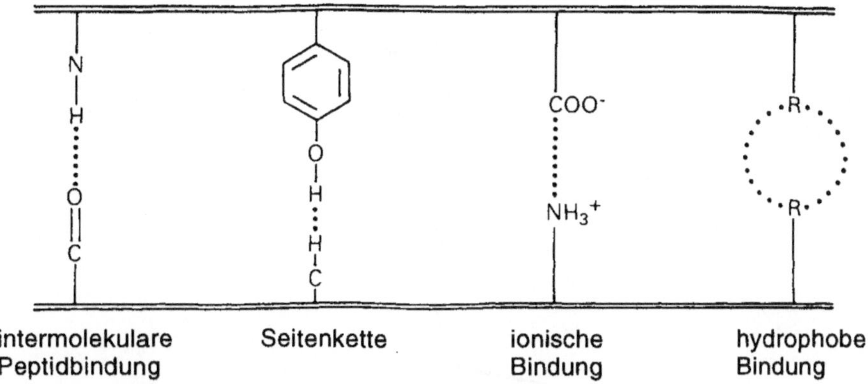

Abb. 2.3. Nicht-kovalente inter- und intramolekulare Bindungen von Peptidketten.

Am isoelektrischen Punkt pI ist das Molekül ungeladen und bewegt sich nicht in einem elektrischen Feld. Wenn R keine ionisierbaren Gruppen enthält, ergibt sich für pI

$$\mathrm{p}I = \frac{\mathrm{p}K_a^{NH_2} + \mathrm{p}K_a^{COOH}}{2}$$

Die Bewegung der Aminosäuren unter dem Einfluß eines elektrischen Feldes macht ihre Trennung und Identifizierung möglich, so daß mit dieser Technik eine wertvolle und vielseitige analytische Methode zur Verfügung steht.

Viele Eigenschaften der Aminosäuren erklären sich aus ihrer Polarität: z.B. ihre hohen Dipolmomente, die gute Löslichkeit in Wasser und die geringe Löslichkeit in organischen Lösemitteln.

Analog ist zu erwarten, daß jede Peptidkette ebenfalls mindestens zwei ionisierbare Gruppen enthält. Da aber die α-Carboxylgruppen und die α-Aminogruppen die Peptidbindung eingehen, sind sie nicht mehr ionisierbar. Als Zwitterionen liegen darum im wesentlichen nur die endständige Aminogruppe und die endständige Carboxylgruppe vor. Diese Gruppen sind allerdings wesentlich weiter voneinander entfernt, als sie es in einer freien Aminosäure wären. Die elektrostatischen Wechselwirkungen zwischen den beiden Gruppen sind darum abgeschwächt, und ihre pK_a-Werte liegen unter denen der freien α-Aminosäure. Folglich müssen es die R-Gruppen in den Seitenketten der Proteine sein, die am Säure-Base-Gleichgewicht beteiligt sind. Im Schnitt sind es 50–60 titrierbare Gruppen pro Molekulargewicht von 100 000 im Protein; die Titrationskurven von Proteinen sind daher kompliziert und schwierig zu interpretieren.

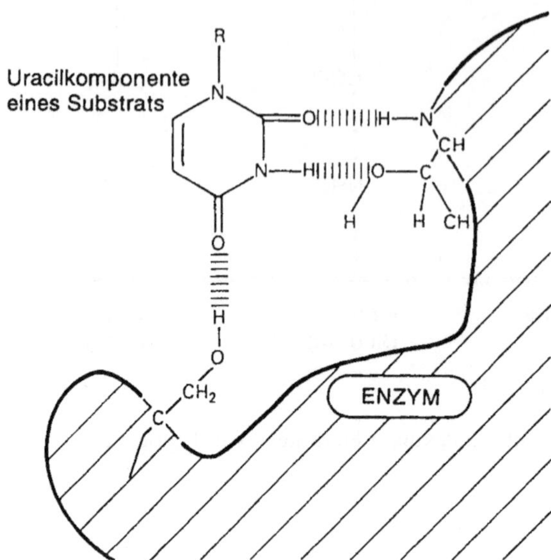

Abb. 2.4. Beispiel für die Wechselwirkung von Enzym und umzusetzendem Substrat.

Ob ein Proteinmolekül in der Lage ist, ein anderes Molekül zu „erkennen", hängt fast vollständig von den Aminosäuren an der offenliegenden Oberfläche des Proteinmoleküls ab.

Zwischen den Resten an der freien Oberfläche eines Proteins einerseits und Nichtproteinmolekülen andererseits können schwache, nicht-kovalente Wechselwirkungen auftreten (Abb. 2.4). Wenn eine ausreichend große Zahl solcher schwachen Bindungen gleichzeitig mit einem Molekül eingegangen wird, kann dieses Molekül fest an das Protein binden. Offensichtlich tritt dieser Fall nur dann ein, wenn das Molekül sehr genau zu dem *Bindungsort* der Proteinoberfläche paßt. Gleiches gilt auch für die Erkennungsoberfläche des Biosensor-Modells (Abb. 1.3).

2.3 Enzyme [5]

Eine der wichtigsten Funktionen vieler Proteine liegt in ihrer Wirkung als Katalysatoren in biochemischen Reaktionen; diese Proteine werden als Enzyme bezeichnet [25]. Die Enzyme haben sich als überaus wertvoll für die Entwicklung von Biosensoren erwiesen. Sie können das Übergangsstadium zwischen einem Substrat und seinen Produkten stabilisieren, indem sie wie oben beschrieben an den Bindungsorten Wechselwirkungen eingehen. Die Substratspezifität eines Enzyms ist die Folge von Wechselwirkungen an der Oberfläche, und diese dem Enzym eigene Spezifität kann für die Entwicklung von Biosensoren auf Enzymbasis genutzt werden. Die nicht-kovalente Bindung zwischen Enzym und Substrat im Übergangsstadium setzt die Aktivierungsenergie für die Reaktion herab und katalysiert auf diese Weise die Reaktion. In manchen Fällen fungiert eine Oberflächenvertiefung im Enzymmolekül erst dann als Ort der Katalyse, wenn sie durch ein zweites von außen kommendes Molekül modifiziert worden ist. Solche Moleküle werden als *Coenzyme* bezeichnet; es sind nichtpeptidische Moleküle, die den Bindungsort des Enzyms so komplettieren, daß der Übergangszustand erreicht werden kann.

Auch das Enzym selbst kann eine nichtpeptidische Komponente enthalten, die an der chemischen Funktion beteiligt ist, eine *prosthetische Gruppe*. Ein Enzym kann also in ein Protein (*Apoenzym*) und nichtpeptidische Bausteine (Coenzym oder prosthetische Gruppe) zerfallen.

Enzyme werden entsprechend ihrer Wirkungsweise klassifiziert, also je nach dem Reaktionstyp, den sie katalysieren. Die Enzymklassen sind für unterschiedliche Biosensor-Typen von Bedeutung, je nach ihrer Funktion. Insgesamt lassen sich sechs Hauptgruppen unterscheiden:

1. *Oxidoreduktasen* bewirken einen Elektronenübergang zur Oxidation oder Reduktion von chemischen Gruppen wie z.B.
   - >CH-OH
   - >C=O
   - -CH=CH-
   - >CH-NH$_2$
   - >CH-NH-
   Sie benötigen Coenzyme wie z.B. NADH und NADPH.

2. *Transferasen* übertragen funktionelle Gruppen wie z.B.
   - Aldehyde und Ketone
   - Glycosylreste
   - Acylreste
   - Phosphate
   - schwefelhaltige Gruppen

3. *Hydrolasen* hydrolysieren
   - Ester
   - Anhydride
   - Peptidbindungen
   - andere C-N-Bindungen
   - Glycoside

4. *Lyasen* addieren an Doppelbindungen, z.B.
   - >C=C<
   - >C=O
   - >C=N

5. *Isomerasen* isomerisieren z.B. optische Isomere.

6. *Ligasen* knüpfen Bindungen unter ATP-Verbrauch
   - C-O
   - C-S
   - C-N
   - C-C

2.4 Enzymkinetik

Das Übergangsstadium wird erreicht, indem das Substratmolekül mit dem Protein einen Komplex bildet. Es muß also eine maximale Substratkonzentration geben, bei der das gesamte Substrat auf einmal umgesetzt werden kann. Wenn das Enzym gesättigt ist, hängt die Reaktionsgeschwindigkeit nur von der *Wechselzahl* ab, die im typischen Fall etwa im Bereich von 1000 Substratmolekülen pro Sekunde liegt. Üblicherweise werden Enzyme durch diejenige Substratkonzentration charakterisiert, bei der die Hälfte dieser maximal erreichbaren Reaktionsgeschwindigkeit erzielt wird. Diese Konzentration läßt sich aus der Betrachtung der Enzymkinetik ableiten:

$$E + S \; \rightleftharpoons \; ES \; \rightarrow \; E + P$$

wobei E das Enzym, S das Substrat und P das Produkt sind. Unter der Voraussetzung, daß E + P → ES langsam genug verläuft und damit vernachlässigt werden kann, gilt für das Fließgleichgewicht

$$\frac{d[ES]}{dt} = k_1[E][S] - k_{-1}[ES] - k_2[ES] = 0$$

Wird die Reaktion durch die Geschwindigkeitskonstante K_m (*Michaeliskonstante*) beschrieben, nämlich

$$K_m = \frac{(k_{-1} + k_2)}{k_1}$$

und die Enzymgesamtkonzentration $[E_0]$ statt der Konzentration des ungebundenen Enzyms angegeben,

$$[E_0] = [E] + [ES]$$

so folgt daraus die Beziehung für [ES]:

$$[ES] = \frac{[E_0][S]}{K_m + [S]}$$

und die Geschwindigkeit der enzymkatalysierten Reaktion ergibt sich als *Michaelis-Menten-Gleichung*:

$$v = \frac{-d[S]}{dt} = k_2[ES] = \frac{k_2[E_0][S]}{K_m + [S]}$$

Wenn $[S] \gg K_m$ ist, wird eine maximale Geschwindigkeit V_{max} erreicht, so daß sich aus der angegebenen Gleichung

$$V_{max} = k_2[E_0]$$

ergibt. Für den Fall

$$[S] = K_m$$

ist dann die Geschwindigkeit

$$v = \frac{V_{max}}{2} \quad (Abb. 2.5).$$

In Biosensoren mit einem Enzym als Erkennungsmolekül muß dieses Enzym immobilisiert werden. Für Berechnungen zu kinetischen Daten des Sensors sind die unterschiedlichen Beschränkungen durch die Immobilisierungsmatrix

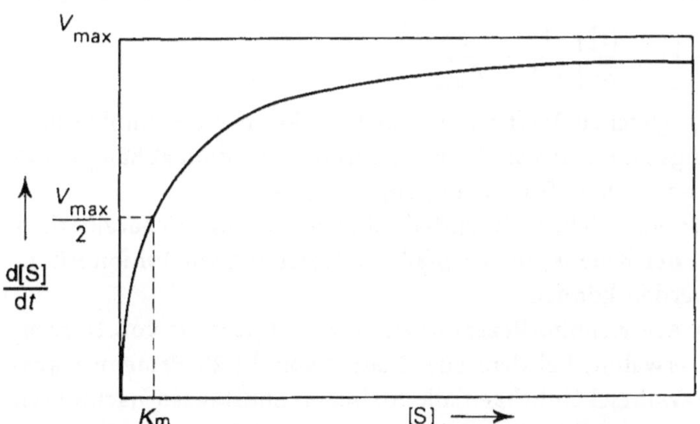

Abb. 2.5. Auftragung nach Michaelis-Menten. Bei der Substratkonzentration $[S] = K_m$ handelt es sich um diejenige Konzentration, bei der die Reaktionsgeschwindigkeit $-d[S]/dt$ gleich der halben Maximalgeschwindigkeit V_{max} ist.

zu berücksichtigen; sie werden für die einzelnen Sensormodelle in den entsprechenden Abschnitten abgeleitet.

Auch die kinetischen Eigenschaften selbst können vorteilhaft genutzt werden, wenn ein Testverfahren mit einem Biosensor entwickelt werden soll. Es sind verschiedene Arten der Enzyminhibierung untersucht worden, die von einer ganzen Reihe von Agenzien verursacht werden, darunter z.B. Pharmaka, Nervengase, Toxine, Insektizide u.a.

Einer Inhibierung können *kompetitive* oder *nicht-kompetitive* Mechanismen zugrunde liegen: Im Fall der nicht-kompetitiven Hemmung gibt es mehrere Möglichkeiten, wie der Inhibitor die Aktivität des aktiven Zentrums ändert, ohne es aber tatsächlich zu blockieren. Eine kompetitive Hemmung durch einen Wirkstoff I kann folgendermaßen beschrieben werden:

$$E + S \;\rightleftharpoons\; ES; (K_m)$$
$$E + I \;\rightleftharpoons\; EI; (K_I)$$
$$ES \;\rightarrow\; E + P$$

so daß

$$[E] = [E_0] - [ES] - [EI]$$

Daraus folgt für die Geschwindigkeitsrate:

$$v = \frac{V_{max}[S]}{[S] + K_m \{1 + ([I]/K_I)\}}$$

Die reziproke Auftragung dieser Beziehung (*Lineweaver-Burke-Auftragung*),

$$\frac{1}{v} = \frac{K_m}{V_{max}} \left[1 + \frac{[I]}{K_I}\right] \frac{1}{[S]} + \frac{1}{V_{max}}$$

zeigt für $1/V_{max}$ den gleichen Wert wie in einer Reaktion ohne Inhibierung. Die Steigung allerdings ist linear von der Inhibitorkonzentration abhängig und kann für einen diagnostischen Test herangezogen werden.

Auch Modelle für eine nicht-kompetitive Inhibierung zeigen charakteristische Veränderungen der Kinetik, die ebenfalls in Beziehung zur Inhibitorkonzentration gesetzt werden können.

In Kap. 1 ist ein Acetylcholin-Rezeptorsystem zum Nachweis von Nervengasen und Toxinen erwähnt, bei dem eine Matrix von 13-20 Proteinen ausreicht, um mit 95 % Wahrscheinlichkeit alle toxischen Substanzen nachweisen zu können. Die dabei verwendete Acetylcholinesterase gehört zu den Enzymen mit der höchsten Aktivität. Sie ist umfassend untersucht worden, nicht nur wegen ihrer physiologischen Bedeutung bei der Nervenreizleitung, sondern auch, weil sie von Stoffen wie Insektiziden und Nervengasen gehemmt wird.

Solche auf Enzyminhibierung beruhenden Testverfahren sind für die Überwachung und Kontrolle von Umweltgefährdung und -verschmutzung besonders interessant, weil hierbei die Wirkung einer Substanz erfaßt wird, auch wenn über ihre chemische Struktur zunächst nichts Näheres bekannt ist.

Enzyme können also als eine natürlich vorkommende Gruppe von Molekülen angesehen werden, deren Funktion in der hochspezifischen Erkennung und Veränderung von meist niedermolekularen Verbindungen liegt. Analog hierzu ist die Funktion der Oberfläche in einem modifizierten Transducer zu sehen, wie er für den Aufbau eines Biosensors benötigt wird (Abb. 1.3). Es ist durchaus vorstellbar, daß irgendein meßbarer physikochemischer Vorgang im Verlauf der Enzym-Substrat-Reaktion identifiziert werden kann; damit ließe sich dann die Biospezifität dieses Polypeptid-Makromoleküls nutzen, um einen Biosensor zu entwickeln. Der zu wählende Parameter wird in der Regel auch direkt an die spezielle Funktion des Enzyms gebunden sein; so ist die Funktion von Oxidoreduktasen mit einem Elektronentransport verbunden.

Ein Modell, das nur die Oberflächenvertiefung des Bindungsortes nachvollzieht, könnte – entsprechend dem bisher Gesagten – eine ähnliche Biospezifität aufweisen (M. Thompson, unveröffentlicht), selbst wenn es keine katalytische Funktion erfüllt. Solche selektiven Oberflächen mit Hilfe chemischer Synthesemethoden herzustellen, könnte für die Entwicklung von Biosensoren ebenfalls ein wichtiger Ansatz sein. Das gilt besonders dann, wenn sie mit verschiedenen Transducern als „prosthetische Gruppe" verknüpft werden können.

2.5 Die Proteine des Immunsystems [7]

Eine weitere wichtige Hauptklasse der Proteine sind die *Antikörper*; sie bilden etwa 20 % des gesamten Proteins im Plasma und werden mit der Sammelbezeichnung *Immunglobuline* (Ig) bezeichnet. Am einfachsten aufgebaut sind die Y-förmigen Moleküle mit zwei identischen Bindungsorten für *Antigene* (Abb. 2.6) [8]. Als Antigen kann nahezu jedes Makromolekül wirken, das in der Lage ist, eine Immunantwort hervorzurufen. Kleinere Moleküle, *Haptene*, können spezifisch an Antikörper binden, ohne selbst eine Immunreaktion hervorzurufen. Diese Moleküle können aber mit einem Protein so gekoppelt sein, daß sie dadurch Antigenwirkung bekommen.

Die strukturelle Grundeinheit eines Antikörpers besteht aus vier Polypeptidketten [9] [10] (Abb. 2.6), zwei leichten L-Ketten (L, von engl. „light") und zwei schweren H-Ketten (H, von engl. „heavy"), die etwa doppelt so lang sind wie die L-Ketten. Die Peptidketten sind wie oben beschrieben über kovalente Disulfidbrücken und nicht-kovalente Wechselwirkungen zwischen den Aminosäureresten benachbarter Ketten miteinander verknüpft.

Antikörper können als Moleküle mit der Fähigkeit zur spezifischen Erkennung anderer Moleküle – Antigene – betrachtet werden, mit denen sie eine reversible Bindung eingehen können. Die Kinetik dieser Bindung zwischen

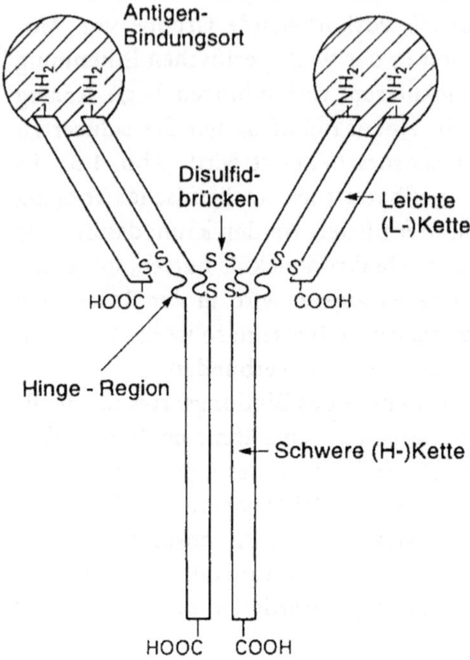

Abb. 2.6. Aufbau eines typischen Antikörpermoleküls mit zwei schweren und zwei leichten Ketten.

Antikörper (Ak) und Antigen (Ag) läßt sich mit der Affinitäts- oder Bindungskonstante K_a beschreiben:

$$Ak + Ag \rightleftharpoons AgAk$$

$$K_a = \frac{[AgAk]}{[Ag][Ak]}$$

Die K_a-Werte liegen im Bereich von etwa 10^4–10^{12} L mol^{-1}. Immunglobuline, deren K_a-Wert für ein bestimmtes Antigen unter 10^4 liegt, sind nicht mehr als Antikörper wirksam.

Anders als die Enzymproteine haben Antikörper in biologischen Systemen keine katalytische Wirkung, d.h. sie stabilisieren nicht das Übergangsstadium zwischen Substraten und Produkten. Ihre physiologische Aufgabe liegt vielmehr darin, Antigene, also körperfremde Substanzen, zu binden und sie so aus dem System zu entfernen. Wenn ein Antigenmolekül mehrere Orte mit Antigenwirkung aufweist, können sich Aggregate aus Antigenen und Antikörpern bilden, die rasch präzipitieren (Abb. 2.7). Eine maximale Präzipitation wird

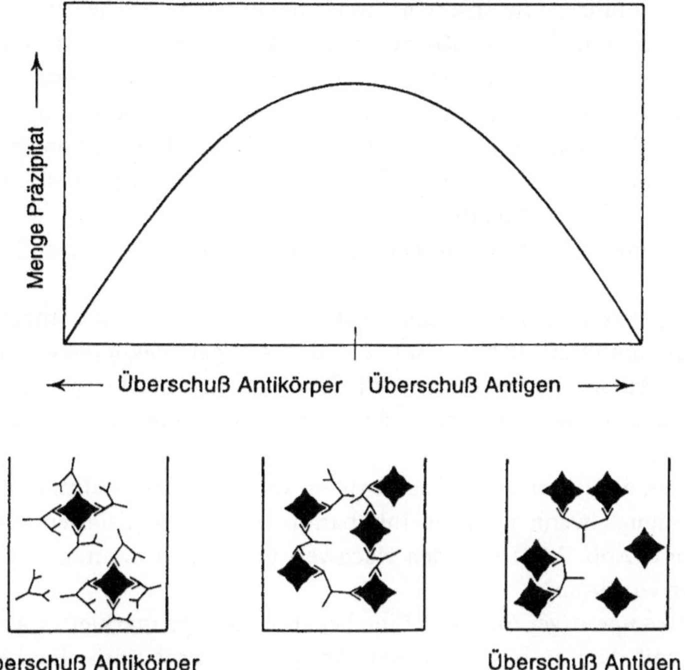

Abb. 2.7. Präzipitation von Antikörper-Antigen-Komplexen. Maximale Komplexierung wird bei äquimolaren Mengen von Antigen und Antikörpern erreicht.

normalerweise erreicht, wenn Antikörper und Antigen in äquivalenten Mengen vorliegen, da ein Überschuß einer der Komponenten die Ausbildung der Präzipitate stört.

2.6 Antikörper in analytischen Testsystemen

Wie Enzyme zeigen auch diese Biomoleküle eine hohe Spezifität, die eine der Voraussetzungen für Biosensoren ist. Allerdings besteht die biologische Funktion der Antikörper in der Entfernung von Fremdsubstanzen, und zwar häufig durch die Präzipitation in Form großer Aggregate, und nicht in einer katalytischen Umwandlung von Substrat zu Produkt. Das bedeutet, die die Reaktion begleitenden physikochemischen Vorgänge betreffen z.B. eher eine Änderung der Partikelgröße. Wenn man einen direkten Test aufbauen will, muß also ein Parameter im Biosensor erfaßt werden, der mit dieser Änderung zusammenhängt. Alternativ können Marker genutzt werden, wie sie in Kap. 1 angegeben sind. Immuntests mit Markern lassen sich entweder als heterogene oder als homogene Tests durchführen. In unserem Zusammenhang ist der heterogene Test interessanter, da er mehr dem Konzept eines Biosensortests entspricht. Im ELISA (= enzyme-linked immunosorbent assay) werden mehrere Enzyme eingesetzt, die sich auf einfache Weise mit Antigenen und Antikörpern koppeln lassen und deren Reaktionen einfachen kinetischen Gesetzen folgen. Von diesen Enzymen werden am häufigsten alkalische Phosphatase, β-d-Galactosidase und Meerrettich-Peroxidase verwendet.

Diese Tests sind immer indirekt, können aber ganz verschiedenartig aufgebaut werden:

Immuntest mit primärer Bindung. Eine Antiserumprobe wird mit immobilisiertem Antigen inkubiert (Abb. 2.8a). An das Antigen gekoppelte Antikörper aus diesem Antiserum werden anschließend mit Hilfe markierter Anti-Immunoglobuline nachgewiesen und über den Anteil fest gebundener Marker bestimmt.

Umgekehrt ist ein ähnlicher Versuchsaufbau zur quantitativen Bestimmung von Antigenen geeignet, wenn man die Inkubation mit immobilisierten Antikörpern vornimmt (Abb. 2.8b) und den Nachweis über einen zweiten, markierten Antikörper vornimmt.

Immuntest mit kompetitiver Bindung. Eine bekannte Menge markiertes Antigen konkurriert mit dem zu bestimmenden Antigen der Probe um eine begrenzte Menge Antikörper. Dieses Prinzip kann bei einer Reihe unterschiedlicher Versuchsaufbauten genutzt werden; auch die Konkurrenz mit markierten Antikörpern kann einbezogen werden. Abbildung 2.9 zeigt einige der Möglichkeiten, die in diesem Ansatz stecken.

Denkbar ist, daß ein Immuntest in Verbindung mit einem Enzymsensor auch als eine einzige Sonde geplant wird und so eine Weiterentwicklung des Enzymbiosensors ermöglicht.

2.6.1 Monoklonale Antikörper im Immuntest

In den letzten beiden Jahrzehnten ist eine deutliche Zunahme der Immuntechniken für diagnostische Tests zu verzeichnen. Diese Entwicklung ist der hohen Spezifität und der Empfindlichkeit des Antikörpermoleküls zuzuschreiben [11]. Sowohl *polyklonale Antikörper* als auch *monoklonale Antikörper* können produziert werden. Bei der Immunisierung eines Tieres werden unterschiedliche B-Zellen zur Antikörperproduktion angeregt. Die als Immunantwort gebildeten polyklonalen Antikörper sind eigentlich ein Gemisch, in dem nur bestimmte Antikörper für das gegebene Antigen spezifisch sind; die übrigen werden als Reaktion auf eine Reihe anderer Epitope gebildet. Dagegen sind monoklonale Antikörper spezifisch für ein einziges Epitop und nur in einer einzigen Immunantwort zu erwarten. Diese Eigenschaft kann Vorteile, aber auch Nach-

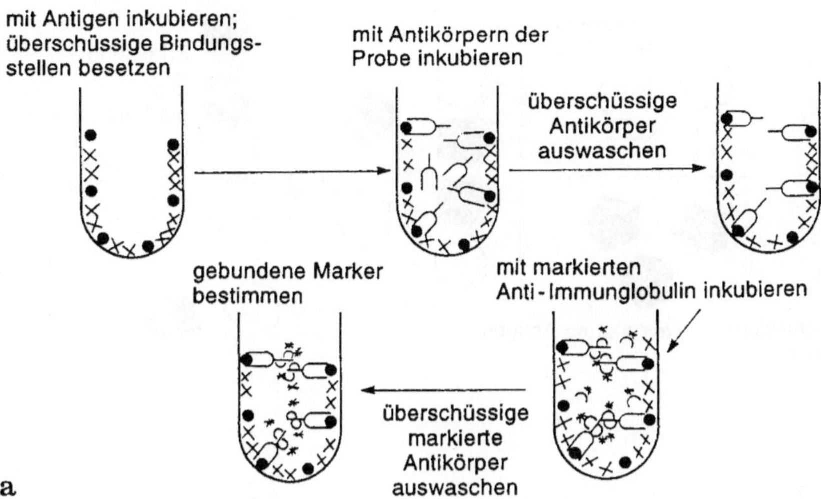

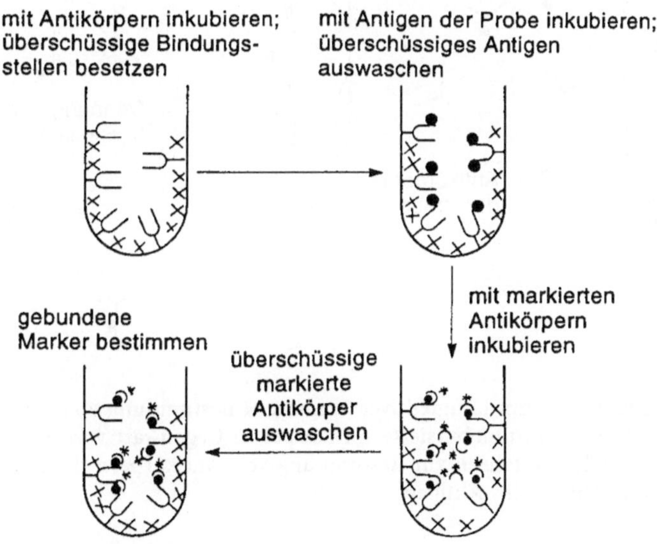

Abb. 2.8. Immuntest mit primärer Bindung. **a** Versuchsaufbau zur Bestimmung von Antikörpern; **b** entsprechendes Verfahren zur Bestimmung von Antigen.

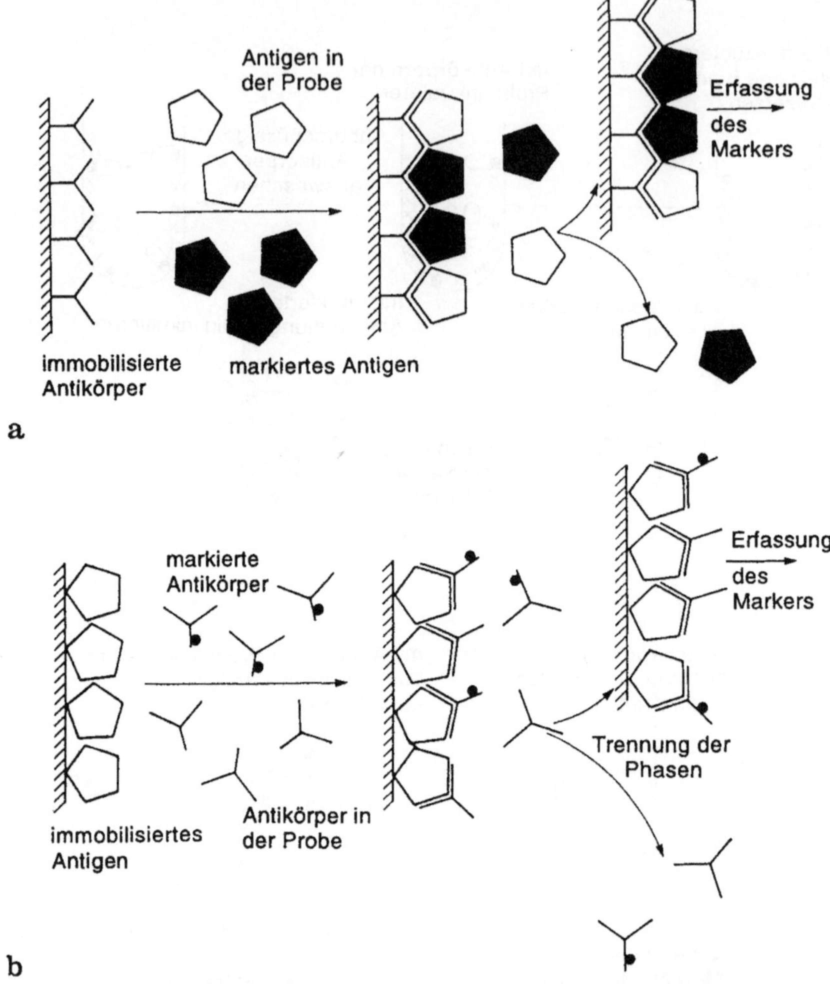

Abb. 2.9. Immuntest mit kompetitiver Bindung. a Bestimmung von Antigen durch kompetitive Bindung an immobilisierte Antikörper in Gegenwart von markiertem Antigen; b entsprechendes Verfahren zur Bestimmung von Antikörpern durch kompetitive Bindung an immobilisiertes Antigen.

teile mit sich bringen: Ein Antikörper zum Nachweis bestimmter Bakterien beispielsweise kann so spezifisch sein, daß nur ein bestimmter Stamm eines Bakteriums nachgewiesen wird und andere, ebenfalls relevante Stämme nicht erfaßt werden.

Wesentliche Vorteile beim Einsatz von monoklonalen Antikörpern sind allerdings die Anpassungsfähigkeit an ganz unterschiedliche Versuchsaufbauten und die einfache Kontrolle. So benötigt man für heterogene Sandwichtests Antikörper, die spezifisch für zwei unterschiedliche Epitope des gleichen Antigens sind, von denen eines markiert wird.

2.7 Nicht-peptidische Biomoleküle aus Aminosäuren

Aminosäuren sind Vorstufen verschiedener wichtiger Biomoleküle, z.B. Vitamine, Hormone, Coenzyme, Alkohole, Pigmente usw. In Tab. 2.1 sind Beispiele zusammengestellt, die die Bandbreite der unterschiedlichen Funktionen dieser Biomoleküle deutlich machen.

Besonders bemerkenswert sind die von der Aminosäure Glycin abgeleiteten Porphyrine. Sie sind Vorstufen für die prosthetischen Gruppen der *Cytochrome*, elektronenübertragender Proteine mit einem Eisen-Porphyrin-Komplex als Coenzym. Enzyme dieser Klasse sind immer an der Elektronenübertragung auf molekularen Sauerstoff oder andere Elektronenakzeptoren beteiligt.

Im Häm bilden die vier Liganden des Porphyrins einen gleichmäßigen, planaren Komplex mit einem sechsfach koordinierten Eisenatom. In den Cytochromen werden die fünfte und sechste Koordinationsstelle normalerweise von Proteinen besetzt (Abb. 2.10). Deutlich ist zu sehen, daß im Cytochrom c eines dieser Proteine außerdem kovalent an den Pyrrolkern gebunden ist, und zwar über die SH-Gruppe im Cystein, die an zwei Vinylseitenketten im Häm gebunden ist.

Im Hämoglobin ist die fünfte Koordinationsstelle durch eine Imidazolgruppe eines Histidinrestes besetzt; die sechste kann frei bleiben (Desoxyhämoglobin) oder mit Sauerstoff oder anderen Liganden wie Kohlenmonoxid, Cyanid o.ä. besetzt werden. Diese Komplexe fungieren als Sauerstoffüberträger, ohne daß – anders als bei den Cytochromen – der Oxidationszustand geändert wird.

2.8 Nucleinsäuren und ihre Derivate [12]

Die Molekülklasse der Nucleotide und Nucleoside umfaßt zwei Hauptgruppen: Moleküle, die Ribose, und solche, die statt dessen 2-Desoxyribose als Zuckerbaustein enthalten. Beide Mononucleotidtypen sind starke Säuren, da sie eine Phosphorsäuregruppe mit einem pK_a-Wert zwischen 1 und 6 enthalten.

Nucleotide können sowohl Mono- als auch Di- und Triphosphate bilden. Von besonderer Bedeutung sind die Derivate der Base Adenosin (AMP, ADP

Tabelle 2.1. Einige Aminosäuren und ihre Funktion als Vorstufen von Biomolekülen.

Arginin	*Serin*
Spermin	Sphingosin
Spermidin	
Putrescin	*Tyrosin*
	Epinephrin
Asparaginsäure	Noradrenalin
Pyrimidine	Melanin
	Thyroxin
Glutaminsäure	Mescalin
Glutathion	Tyramin
	Morphium
Glycin	Codein
Purine	Papaverin
Glutathion	
Kreatin	*Tryptophan*
Kreatinphosphat	Nicotinsäure
Tetrapyrrole	Serotonin
	Kynurensäure
Histidin	Indol
Histamin	Skatol
Ergothionin	Indolylessigsäure
	Ommochrome
Lysin	
Cadaverin	*Valin*
Anabasin	Pantothensäure
Coniin	Penicillin
Ornithin	
Atropin	

und ATP) als Überträger von Phosphatgruppen. Die Tri- und Diphosphate können darüberhinaus auch als Coenzym-ähnliche, aber kovalent gebundene Carrier für spezielle Bausteine fungieren. Ein Beispiel ist Uridindiphosphatglucose (Abb. 2.11), in der die Glucose über die β-Phosphatgruppe gebunden ist und die als Glucosedonor für die Glycogensynthese dient.

Polynucleotide werden über eine Phosphodiesterbindung gebildet, die die Zuckerreste jeweils zweier Mononucleotide verknüpft und so zu Desoxyribonucleinsäuren (DNA) oder Ribonucleinsäuren (RNA) führt. Die Nucleotidsequenzen in diesen vergleichsweise einfach aufgebauten Polymeren gehen auf nur vier verschiedene Basen zurück, nämlich Adenin (A), Cytosin (C), Guanin (G) und schließlich Thymin (T) in der DNA bzw. Uracil (U) in RNA.

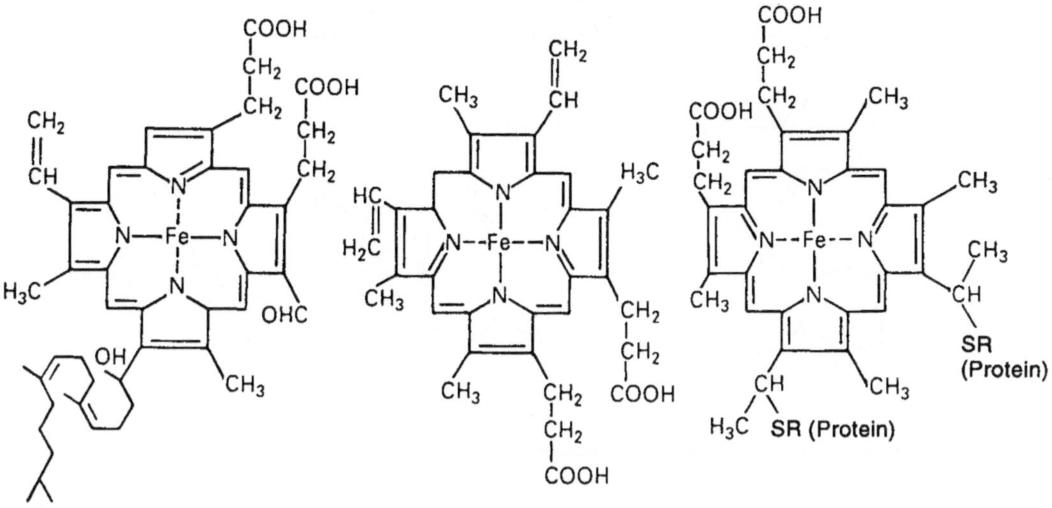

Häm A
prosthetische Gruppe
von Cytochrom A-Proteinen

Protohäm IX
prosthetische Gruppe
von Cytochrom B-Proteinen

Häm C
prosthetische Gruppe
von Cytochrom C-Proteinen

Abb. 2.10. Prosthetische Gruppen von Hämproteinen.

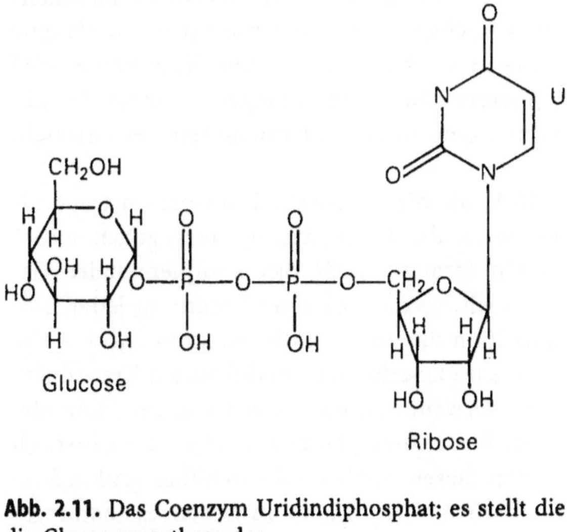

Abb. 2.11. Das Coenzym Uridindiphosphat; es stellt die aktivierte Form der Glucose für die Glycogensynthese dar.

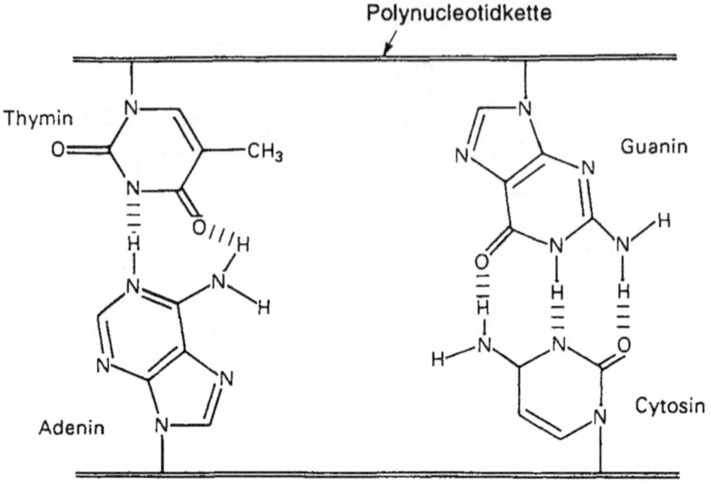

Abb. 2.12. DNA-Basenpaarung über Wasserstoffbrückenbindungen. Thymin und Adenin
bzw. Guanin und Cytosin bilden Basenpaare.

Die Sequenz kann als Träger der biologischen Information angesehen werden. Die Nucleotide sind in der Lage, über nicht-kovalente Wechselwirkungen
von Basen (Basenpaarungen) die jeweils komplementären Nucleotide zu erkennen. Diese Wechselwirkungen sind hochspezifisch, und zwar tritt jeweils eine
Purinbase mit einer Pyrimidinbase in Wechselwirkung. Auf diese Weise wird
die größtmögliche Anzahl von Wasserstoffbrückenbindungen zwischen Adenin
und Thymin einerseits und zwischen Cytosin und Guanin andererseits erreicht
(Abb. 2.12).

In den Chromosomen liegt DNA, die die genetische Information trägt, als
doppelsträngige Helix vor. Die durch die Basenpaarung vorgegebenen Ge-
setzmäßigkeiten bedingen, daß ein Strang jeweils das komplementäre Ge-
genstück zum anderen Strang darstellt, so daß bei einer Trennung jeder Ein-
zelstrang als Muster für die Replikation des anderen dienen kann (Abb. 2.13).

Einmal mehr wird die Analogie zum Oberflächen-modifizierten Transducer
in einem Biosensor deutlich. Die Verwendung einer einsträngigen, komplementären Polynucleotidmatrize zur Bestimmung eines Analyten, der genetisch
erfaßt werden kann, müßte für eben diesen Analyten die denkbar größte Spezifität aufweisen. Die physikochemischen Vorgänge, die in diesem Erkennungs-
prozeß ablaufen, weichen allerdings von den Transduktionsvorgängen ab, die
in der Zelle in situ stattfinden; sie entsprechen vielmehr der oben beschriebenen Wechselwirkung zwischen Antikörper und Antigen.

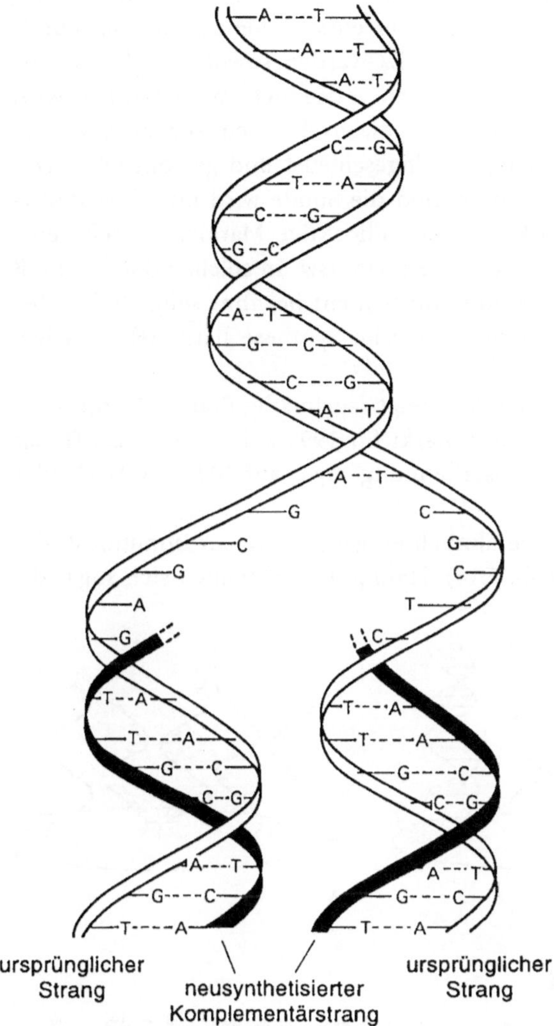

Abb. 2.13. DNA-Replikation. Jeder Strang dient als Matrize für die Synthese eines komplementären Stranges.

2.9 DNA im Test

Genetisch bedingte Erkrankungen des Menschen sind ein weltweites Problem. Bis zu einem Drittel der in pädiatrische Abteilungen eingewiesenen Kinder in westlichen Ländern leiden an angeborenen Erkrankungen. Wenn die Mutation bekannt ist, die zu einer bestimmten Erkrankung führt, kann der vorhandene Defekt diagnostiziert werden, indem der entsprechende Oligonucleotidabschnitt als DNA-Sonde eingesetzt wird. Es werden sowohl langkettige als auch kurzkettige Sequenzen für DNA-Sonden verwendet. Im ersten Fall wird das DNA-Fragment hergestellt, indem die gewünschte Sequenz in einen geeigneten Vektor – z.B. in ein Plasmid – eingeschleust und geklont wird. Das gewünschte Fragment wird so repliziert und die Sonde wird mit einer detektierbaren Gruppe markiert. Das kann eine radioaktive Markierung sein, eine photometrisch nachweisbare Gruppe, ein Enzym usw. In solchen Sonden muß die tatsächliche Sequenz des DNA-Abschnitts nicht bekannt sein. Anders bei den kurzkettigen Sonden, die durch chemische Synthese hergestellt werden: Hier muß die Sequenz bekannt sein.

Die Zahl der genspezifischen Sonden steigt regelmäßig (Tab. 2.2); für Tests auf genetische Erkrankungen wird der Markt für 1995 auf 150 Mio. US-Dollar prognostiziert, für Sonden zur Krebserkennung sogar auf 400 Mio. US-Dollar um die Jahrhundertwende [13].

Im Prinzip ist eine DNA-Sonde ähnlich aufgebaut wie ein Immuntest, der ja bereits beschrieben wurde (Abb. 2.14). Häufig überschneiden sich sogar die

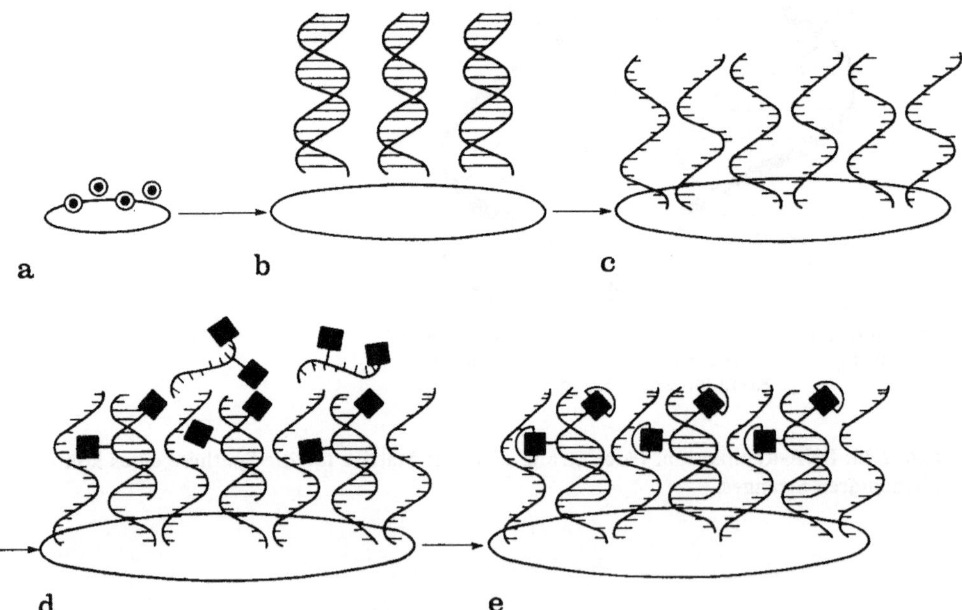

Abb. 2.14. Prinzip einer DNA-Sonde. **a** Der Testorganismus wird an einer Matrix immobilisiert; **b** Freisetzung der DNA; **c** Immobilisierung der DNA an einer Matrix und Separation der Einzelstränge; **d** markierte DNA-Sonden werden zugesetzt und reagieren mit der Test-DNA (Hybridisierung); **e** Bestimmung des Markers nach der Hybridisierung.

Tabelle 2.2. Gensonden für klinische Anwendungen.

Sonde	Erkrankung
Enzyme	
Glucose-6-phosphat-Dehydrogenase	Favismus
Ornithin-Transcarbamylase	OTC-Mangel
Hypoxanthin:Guanin-Phosphoribosyltransferase	Lesch-Nyhan-Syndrom
Phenylalanin-Hydroxylase	Phenylketonurie
3-Hydroxy-3-methylglutaryl-CoA-Reduktase	
Hormone	
Insulin	Diabetes mellitus
Wachstumshormon	Zwergwuchs
Gonadotropin	
Prolactin	
Rezeptoren der Zelloberfläche	
Acetylcholin-Rezeptor	
LD-Lipoprotein-Rezeptor	Ischämien bei Herzerkrankungen
Proteine des Blut- und Immunsystems	
Globine	Hämoglobinopathien
Gerinnungsfaktoren VIII, IX	Hämophilie A und B
Antithrombin III	erhöhtes Risiko für Thromboembolie
Histokompatibilitätsantigene	verschiedene
Komplementfaktoren	Immunschwäche-
Immunglobuline	erkrankungen
T-Zellen-Rezeptor	
andere genetische Faktoren	
Collagen	mehrere Collagen-Störungen
α_1-Antitrypsin	Emphysem, Lebererkrankungen
Onkogene	Krebs

Möglichkeiten, und die Anwendung einer DNA-Sonde und der monoklonale Antikörper-Immuntest konkurrieren miteinander.

Bei der Anwendung von Sonden für Infektionskrankheiten geht man davon aus, daß alle infektiösen Stämme des Erregers zumindest einen Abschnitt mit gemeinsamer DNA-Sequenz enthalten und so mit einer einzigen Sonde erfaßt werden können. Bei einer Verwendung von monoklonalen Antikörpern dagegen könnte die Erkennung anderer Stämme eines bestimmten Erregers fehlschlagen.

Eine naheliegende Anwendung von DNA-Sonden ist die Erkennung viraler Infektionen. Viren bestehen nahezu ausschließlich aus DNA oder RNA in einer äußeren Hülle aus Protein, einem Capsid. Die Zelle erkennt sie als Fremdkörper, und sie lösen die Bildung von Antikörpern als Antwort auf ihre Antigenwirkung aus. Sie lassen sich also auch in einem Immuntest nachweisen. Tatsächlich wird mit den zur Zeit im allgemeinen verwendeten Tests aber eher die Expression der genetischen Information erfaßt, nicht aber ihr Vorhandensein. Dadurch wird die Bestimmung zeitlich verzögert, ein Nachteil, der bei einem unmittelbaren Sensortest nicht auftritt.

2.10 Nucleotid-Coenzyme

Von besonderer Bedeutung für die Anwendung von Biosensoren ist eine Reihe sehr unterschiedlicher Nichtproteinkomponenten, die als Coenzyme fungieren. Häufig stellen sie das eigentliche Übertragungszentrum des Enzyms dar, und ihre biochemischen Eigenschaften stehen bei der Planung eines Biosensors im Mittelpunkt.

Als besonders wichtiger Cofaktor wurde bereits das ATP erwähnt, das für eine große Zahl von Enzymen essentiell ist. Viele Coenzyme enthalten Nucleotide als Bestandteil; darunter auch einige, die andere Stickstoffbasen als die Nucleotide in den Nucleinsäuren enthalten. Drei davon sind besonders wichtige Beispiele: *Coenzym A* (Abb. 2.15) ist ein Adeninribonucleotid, das in den 3'- und 5'- Positionen phosphoryliert ist. Die β-5'-ständige Phosphatgruppe ist zum Pantothenyl-β-mercaptoethylamin verestert, das in einer Sulfhydrylgruppe -SH endet. Diese Gruppe kann einen Thioester bilden, $-S-CO-CH_3$, der reaktiver ist als der entsprechende Sauerstoffester, $-O-CO-CH_3$. Diese Eigenschaft macht das Coenzym A zu einem wirkungsvollen Acylgruppenüberträger.

Nicotinamiddinucleotide waren die ersten Verbindungen, die als Coenzyme erkannt wurden (Abb. 2.16). Sie kommen in über 200 Enzymsystemen vor. Die beiden Coenzyme *NAD* (Nicotinamidadenindinucleotid) und sein 2'-Phosphorsäureester *NADP* (Nicotinamidadenindinucleotidphosphat) wirken als Redoxsysteme, wobei die Redoxreaktion an der Nicotinamidgruppe abläuft. NAD- und NADP-abhängige Reaktionen sind formal mit einer Übertragung von einem Hydridion (H^-) verbunden, wobei sich das Gleichgewicht

$$NAD^+ + H^- \rightleftharpoons NADH$$

einstellt. Normalerweise dissoziieren diese Nucleotide und ihr Apoenzym reversibel mit Dissoziationskonstanten zwischen 10^{-4} und 10^{-7} M. Im allgemeinen ist die reduzierte Form um den Faktor von etwa 10^2 fester gebunden als die oxidierte Form.

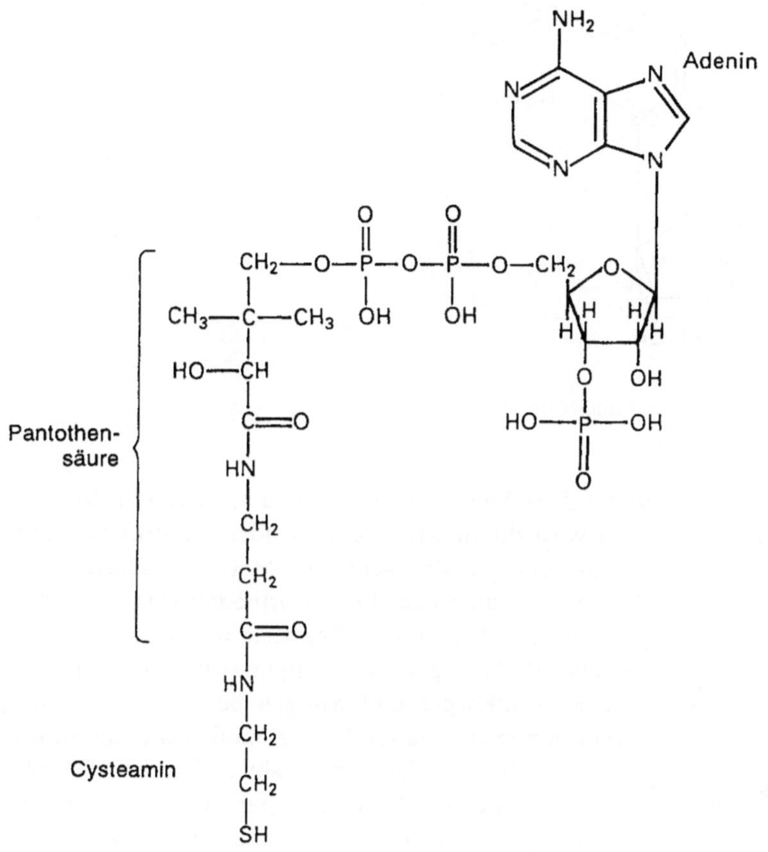

Abb. 2.15. Coenzym A

Das Redoxzentrum der Coenzyme *Flavinmononucleotid* (FMN) und *Flavinadenindinucleotid* (FAD) ist ein Isoalloxazinderivat. Eine große Anzahl von Enzymen nutzen FMN oder FAD; sie werden als Flavoproteine bezeichnet. Anders als Coenzym A oder NAD bilden diese Cofaktoren sehr häufig einen fest eingebauten, beständigeren Teil des Enzymkomplexes. Diese Nucleotide reagieren also weniger als frei dissoziierbare, externe Carrier, sondern eher intern als prosthetische Gruppen.

In den vorangegangenen Abschnitten wurden Verbindungen mit der Fähigkeit zur molekularen Erkennung vorgestellt und die Rolle von Wechselwirkungen an Oberflächen für das Erreichen von Spezifität diskutiert. Enzyme sind beispielsweise in der Lage, den Übergangszustand zwischen Substrat und Pro-

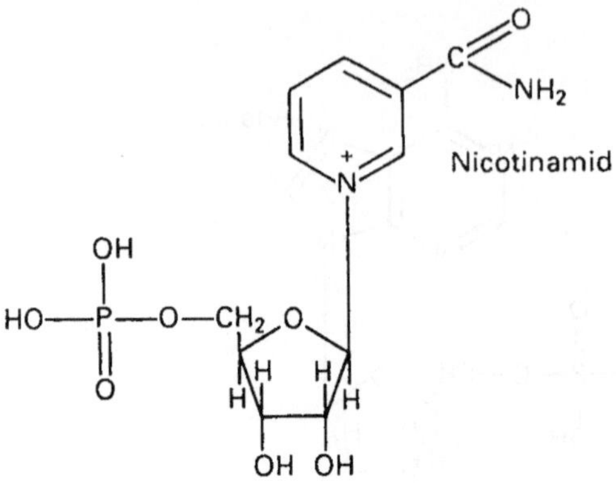

Abb. 2.16. Nicotinamidmononucleotid (NMN)

dukt zu stabilisieren und auf diese Weise die Reaktion zu katalysieren. Die Art und Weise dieser Reaktion wird durch das Coenzym oder die prosthetische Gruppe festgelegt, so daß das Coenzym als eigentlicher Motor des Enzyms betrachtet werden kann. In Analogie zu einem Biosensormodell sorgt also das Enzymprotein für die Spezifität einer bestimmten Reaktion, während die Coenzymkomponente als „Transducer" das Signal zur Analytmessung hervorruft.

Bei der Bindung zwischen Antikörper und Antigen oder zwischen einsträngiger DNA und ihrem komplementären Strang muß man allerdings berücksichtigen, daß es sich um eine Gleichgewichtsreaktion handelt. Bei der Signalübertragung muß die Änderung von Parametern berücksichtigt werden, die mit der Einstellung des Gleichgewichts verbunden sind, z.B. Partikelgröße, Brechzahl u.a.

Dies sind einige Beispiele für biologische Bausteine, die der Erkennung von Molekülen zugrundeliegen und die damit als Biokomponenten bei der Verknüpfung zwischen biologischer Reaktion und Sensorteil eine Rolle spielen. Ihre erfolgreiche Immobilisierung an einer Transduceroberfläche unter Erhalt der Aktivität und die effiziente Transduktion der Analyt-abhängigen Signale sind Voraussetzungen für die Entwicklung von Biosensoren.

Literatur

[1]   Stryer L (1985) Biochemie. Vieweg, Braunschweig
[2]   Alberts B, Bray D, Lewis J, Raff M, Roberts K, Watson JD (1983) Molecular Biology of the Cell. Garland, New York
[3]   Pauling L, Corey RB (1951) Proc. Natl. Acad. Sci. USA 37:729

[4]   Pauling L, Corey RB, Branson HR (1951) Proc. Natl. Acad. Sci. USA 37:205
[5]   Boyer PD (ed) (1975) The Enzymes Vol. I-XI. Academic Press, New York
[6]   Wolfenden R (1972) Acc. Chem. Res. 5:10
[7]   Kabat EA (1976) Structural Concepts in Immunology and Immunochemistry. Holt, Rinehart and Winston, New York
[8]   Nisonoff A, Hopper JE, Spring SB (1975) The Antibody Molecule. Academic Press, New York
[9]   Edelman GM (1970) Sci. Am. 223:34
[10] Porter RR (1973) Science 180:713
[11] Renneberg R (1992) Spektr. Wiss. 9:103
[12] Watson JD, Crick FHC (1953) Nature 171:737
[13] Frost and Sullivan Report No. 1479 (1986) DNA Probes in Medicine

3. Ionenselektive potentiometrische Messung

3.1 H⁺-Messung

Nach der Definition von Brønsted lassen sich Säuren als Protonendonoren und Basen als Protonenakzeptoren auffassen, also

$$HA \rightleftharpoons H^+ + A^-$$

$$(\text{Säure}) \rightleftharpoons (\text{Proton}) + (\text{Base})$$

Die Dissoziation schwacher Säuren und Basen ist ein Gleichgewichtsprozeß, für den das Massenwirkungsgesetz gilt:

$$\frac{[H^+][A^-]}{[HA]} = \text{Dissoziationskonstante } K$$

Für die Dissoziation von Wasser

$$H_2O \rightleftharpoons H^+ + OH^-$$

gilt

$$\frac{[H^+][OH^-]}{[H_2O]} = K$$

Da nur ein geringer Anteil Wasser dissoziiert vorliegt, kann $[H_2O]$ als konstant unter allen Bedingungen angesehen werden:

$$[H^+][OH^-] = k \cdot K = K_w$$

Leitfähigkeitsmessungen haben gezeigt, daß das Ionenprodukt des Wassers, K_w, $1 \cdot 10^{-4}\ \text{mol}^2\,\text{L}^{-2}$ beträgt. Die Azidität bzw. Basizität einer Lösung kann über die H⁺-Konzentration gemessen werden, es ist aber bequemer, den pH-Wert anzugeben:

$$pH = -\log[H^+]$$

Es zeigt sich, daß

$$pH + pOH = 14$$

Die Neutralität einer Lösung kann nun als diejenige Situation aufgefaßt werden, in der die Konzentration von $[H^+]$ und $[OH^-]$ gleich sind, d.h. der pH-Wert 7 beträgt.

Für die Dissoziation einer schwachen Säure gilt

$$pH = pK_a + \log(c_{A^-}/c_{HA})$$

wobei c_{A^-} und c_{HA} für die Konzentrationen stehen und pK_a für die Dissoziationskonstante der Säure, d.h. für den pH-Wert, bei dem die Säure zur Hälfte dissoziiert vorliegt. Aus der Nernstschen Gleichung ist ersichtlich, daß das Potential E eines einwertigen Ions mit dem Normalpotential E^0 in folgender Weise verknüpft ist:

$$E = E^0 + \frac{RT}{F} \ln(a_{\alpha/\beta})$$

wobei a für die relative Ionenaktivität in den Phasen α und β steht.

Wird eine ideal ionenselektive Grenzfläche – z.B. eine Membran – zwischen die zwei Phasen α und β eines Elektrolyten gelegt und die Ionenkonzentration in der einen Phase konstant gehalten, so baut sich eine Potentialdifferenz zwischen den beiden Phasen auf. Dieses *Membranpotential* ist gemäß der Nernstschen Gleichung mit der Ionenkonzentration in der zweiten Phase korreliert.

3.2 Ionenselektive Grenzflächen

Die Glaselektrode zur pH-Messung ist nur ein Beispiel für eine Grenzfläche zwischen Elektrolytphasen, die nur für ein bestimmtes Ion passierbar ist – in diesem Fall das H^+-Ion. Im Prinzip ist für jede Art von Ionen eine selektiv permeable Membran denkbar, wobei das Membranpotential die Ionenkonzentration in der Analytphase entsprechend der Nernstschen Verknüpfung angibt.

Die Effektivität eines solchen Membransystems hängt weitgehend davon ab, in welchem Ausmaß das gewählte Ion den Ladungstransport in der Membran bestimmt. In dem Beispiel der Glaselektrode entwickelt sich ein Membranpotential aufgrund der Affinität des Silikatnetzes für bestimmte Kationen.

Die Leistung einer ionenselektiven Membranelektrode wird von der Beziehung zwischen dem Elektrodenpotential und der Ionenaktivität des Ions bestimmt, für das die Elektrode selektiv ist (Abb. 3.1). Eine für das Ion „i" ideal ionenselektive Elektrode bewirkt ein Potential E gemäß der Nernstschen Gleichung:

$$E = E^0 \pm \frac{RT}{nF} \ln a_i$$

so daß die Empfindlichkeit – ausgedrückt in mV pro Dekade – durch die Steilheit der Kurve in Abb. 3.1 wiedergegeben wird und Abweichungen von dieser linearen Abhängigkeit bei sehr geringen Aktivitäten auftreten. Die Konzentration, bei der Nicht-Linearität beginnt, ist die Nachweisgrenze. Sie hängt

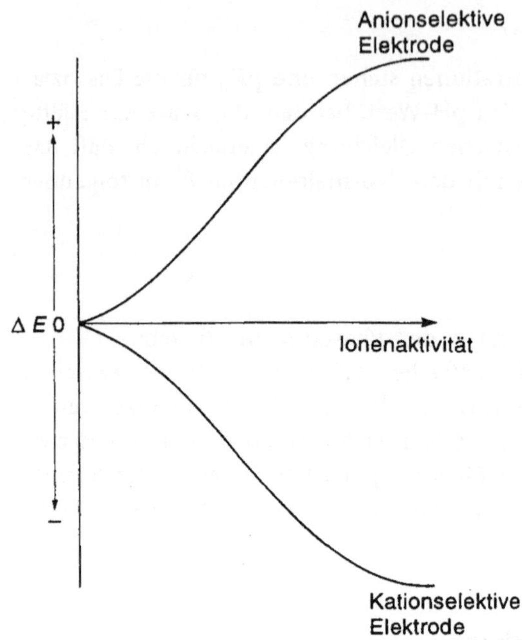

Abb. 3.1. Reaktion einer ionenselektiven Membranelektrode.

von mehreren Faktoren ab, darunter Verunreinigungen der Oberfläche, Art der Membran, Defekte in der Membran, Einfluß durch andere Elektrolyte und Selektivität.

Mit beträchtlichem Aufwand hat man sich bemüht, die Selektivität einer vorgegebenen ionenselektiven Elektrode (ISE) einzuschätzen und zu verbessern. Die Selektivität einer Membran für das Meßion „a" in Gegenwart von Störionen „b" wird durch die allgemeine Gleichung für das Elektrodenpotential angegeben:

$$E = E^0 \pm \frac{RT}{aF} \ln(a_{'a'} + \sum k_{ab} a_{'b'}^{a/b})$$

wobei k_{ab} die Selektivitätskonstante ist und a bzw. b die Ladungen für „a" bzw. „b" angeben.

Diese Gleichung ist für nahezu alle ISE anwendbar. Ist eine Elektrode hoch selektiv für das Ion „a" in Gegenwart von „b", so wird $k_{ab} \ll 1$. Umgekehrt wird $k_{ab} > 1$, wenn die ISE eine größere Selektivität für das Störion „b" aufweist als für das Meßion „a". Die Selektivität selbst und damit k_{ab} ist eine Funktion der relativen Ionenaktivität von „a" und „b" und ist daher keine Konstante. Der

Wert für k_{ab} wird vom Mechanismus der Elektrodenreaktion und auch von der wechselnden Umgebung der Ionen beeinflußt.

Hieraus wird deutlich, daß die Leistung einer bestimmten ISE – wie übrigens jeder beliebigen Sonde – für analytische Zwecke kritisch gewertet werden muß. Sie wird keineswegs allein von der Selektivität bestimmt, sondern von einer Vielzahl von Parametern:
- Selektivität;
- Steilheit und Reaktionsbereich;
- Stabilität und Reproduzierbarkeit;
- Ansprechzeit;
- Empfindlichkeit gegen Umgebungsfaktoren (z.B. Temperatur, Druck);
- leichte Wartung;
- leichte Handhabung;
- Verfügbarkeit;
- Kosten und Lebensdauer.

Alle angeführten Kriterien beeinflussen sich gegenseitig und hängen von den gewählten Einsatzbedingungen und von den Eigenschaften der ionenselektiven Membran ab.

3.2.1 Klassifizierung der ionenselektiven Elektroden (ISE)

Es gibt viele unterschiedliche Klassifizierungen der ionenselektiven Elektroden; hier sollen sie in erster Linie hinsichtlich der für die Membranen verwendeten Materialien betrachtet werden. Die ISE lassen sich unter diesem Aspekt folgendermaßen in Gruppen einteilen:

Glaselektroden leiten sich von der H^+-selektiven Elektrode ab, deren Eigenschaften vor allem wegen der großen Beweglichkeit der Wasserstoffionen gut untersucht sind. Es stehen Glasmaterialien mit $k_{H/Na} \approx 10^{-14}$ und einem weiten Ansprechbereich von pH 0-14 zur Verfügung. Von diesem Modell ausgehend sind auch Elektroden für andere Kationen entwickelt worden, so für Na^+, K^+ und NH_4^+.

Elektroden auf der Grundlage anorganischer Salze haben die Eigenschaft gemeinsam, daß sie mit anorganischen Halogeniden oder Sulfiden arbeiten, z.B. mit Silbersalzen, Lanthanfluorid oder Schwermetallsulfiden. Diese Membranen lassen sich auf verschiedene Weise herstellen, ausgehend von ganzen Kristallen bis hin zu dispergiertem Material in einer inerten Matrix wie Polythen oder Silicongummi. Die Elektroden messen Ionen wie Halogenide, CN^-, S^{2-}, Ag^+, Cu^{2+} und Pb^{2+}.

Elektroden auf der Grundlage von organischen Ionenaustauschern und neutralen Carriern. In dieser Gruppe zeigen die Elektroden mit neutralen Carriern im allgemeinen die höchste Selektivität. Aber auch Kationenaustauscher, Komplexbildner oder Anionenaustauscher sind erfolgreich als Festmembran oder flüssige Membran verwendet worden, um selektiv Kationen bzw. Anionen zu bestimmen.

Gas-Meßfühler sind eine Weiterentwicklung der ionenselektiven Meßverfahren, mit denen gasförmige Analyten erfaßt werden können. Sie sind als vollständige elektronische Zellen konstruiert, in denen sowohl die ionenselektive Elektrode als auch die Referenzelektrode untergebracht sind. Die Bestimmung der gasförmigen Probe wird nicht auf direktem Weg durchgeführt, sondern mit der Änderung eines Parameters verknüpft (meistens mit dem pH-Wert), der mit der ionenselektiven Elektrode erfaßt werden kann.

Jede dieser ISE-Anordnungen wird im folgenden detailliert behandelt.

3.3 Ionenselektive Elektroden

3.3.1 Glaselektroden

Bereits seit Beginn dieses Jahrhunderts ist bekannt, daß die Grenzfläche zwischen Glas und einem Elektrolyten eine spezielle Ionenselektivität aufweist [1–3]. Seit dieser Zeit werden Glaselektroden entwickelt und verwendet. Die Messungen werden vorgenommen, indem die Elektrode in die Probelösung eingetaucht wird, so daß die dünne Glasmembran vollständig in Kontakt mit der Probe steht und das Potential in bezug auf eine Referenzelektrode erfaßt wird.

Die Zelle ist folgendermaßen aufgebaut:

Hg/Hg$_2$Cl/KCl$_{sat}$	Testlösung	Glasmembran/HCl(0,1 M)	AgCl/Ag (innere Referenz)
Referenzelektrode (SCE)			Glaselektrode

Hier ist der schematische Aufbau der Glaselektrode in Abb. 1.8b gezeigt. Daraus ist zu erkennen, daß die Potentialdifferenz insgesamt die Summe zweier gekoppelter Potentiale ist. Das erste wird von der flüssigen Verbindung zwischen der Referenzelektrode und der Meßlösung verursacht; es muß niedrig und konstant sein, so daß das Zellenpotential bei einer für die Substanz „i" sensitiven Glasmembran mit der Beziehung

$$E = \text{constant} + \frac{RT}{nF} \ln a_{i_{Lsg}}$$

angegeben werden kann. Das Potential einer H^+-sensitiven Glaselektrode beträgt dann

$$E = \text{constant} + 0,059 \text{ pH (Volt)}$$

Daraus ist ersichtlich, daß sich das Zellenpotential in Abhängigkeit von der H^+-Ionenaktivität mit einer Steilheit von 59 mV pro Dekade ändert.

Bei der Titration einer schwachen Säure mit einer schwachen Base beträgt der pH-Wert am Gleichgewichtspunkt

$$\text{pH} = \frac{\text{p}K_\text{w}}{2} + \frac{\text{p}K_\text{a}}{2} - \frac{\text{p}K_\text{b}}{2}$$

so daß – anders als im System mit einer starken Säure und einer starken Base – der Äquivalenzpunkt nicht bei pH 7 liegt, sondern von den Dissoziationskonstanten der Säure und der Base, K_a bzw. K_b, beeinflußt wird.

Säure-Base-Farbstoffindikatoren sind vergleichsweise schwache Säuren oder Basen, die je nach Dissoziationsgrad verschiedene Farben haben:

$$\text{HInd} \rightleftharpoons \text{Ind}^- + \text{H}^+$$

undissoziierte Form   basische Form

so daß

$$\text{pH} = \text{p}K + \log(c_{\text{Ind}^-}/c_{\text{HInd}})$$
$$= \text{p}K + \log(\text{Farbintensität}_{\text{Ind}^-})/(\text{Farbintensität}_{\text{HInd}})$$

Der Quotient der Farbintensitäten der beiden Formen gibt den pH-Wert an, vorausgesetzt, K ist bekannt. In der Praxis ist der pH-Bereich, in dem ein Indikator sinnvoll verwendet werden kann, auf $\text{p}K_\text{a} \pm 1$ beschränkt. Allerdings sind pH-Indikatoren für die gesamte pH-Skala bekannt, so daß der Farbstoff im Prinzip an die jeweilige analytische Anwendung angepaßt werden kann (s. Kap. 6.9).

Selektivität. In einer Glaselektrode wird die Reaktion durch den Ionenaustausch innerhalb der Schicht auf der Glasoberfläche verursacht. Wenn das Glas in eine wäßrige Lösung eingetaucht wird, baut sich eine Hydratschicht an der Oberfläche auf, deren Schichtdicke von der Umgebung und vom Glasmaterial abhängt. So beträgt die Schichtdicke auf Natriumglas z.B. $< 10^{-2}$ μm, während die Schicht auf Lithiumglas bis zu 10 μm stark sein kann.

An der Grenzfläche zwischen Glas und Probe werden einwertige Ionen aus dem Glas (Na^+ oder Li^+) in einer Gleichgewichtsreaktion mit dem zu bestimmenden Ion ausgetauscht. Das Potential durch die Grenzschicht hindurch ändert sich gemäß der Nernstschen Gleichung mit der Aktivität des Meßions. Das Elektrodenpotential kann allerdings auch geringfügig durch Faktoren beeinflußt werden, die von dieser Aktivität weitgehend unabhängig sind.

Beispielsweise verursacht der Fluß einwertiger Kationen vom trockenen Glas aus – also hinter der Oberflächenschicht – eine sehr langsame Potentialverschiebung, und zwischen der inneren und der äußeren Oberfläche des Glases kann ein Fehler durch ein unsymmetrisches Potential auftreten, das auf die Fertigungsmethode oder auf ungleiche Alterungsprozesse an den beiden Glasflächen zurückzuführen ist.

In kommerziellen Sonden sind solche Fehler auf konstante Werte reduziert worden, so daß Potentialänderungen allein auf das Meßion zurückzuführen sind. Die Leistung einer pH-Sonde mit optimierter Selektivität kann wie bereits beschrieben mit der Selektivitätskonstante $k_{H/Na}$ angegeben werden, die sich aus der Nicolsky-Gleichung, einer Form der Nernstschen Gleichung, ergibt [4]:

$$E = E^0 + \frac{RT}{F}\ln(a_{H^+} + k_{H/Na}a_{Na^+})$$

Genau genommen, ist $k_{H/Na}$ keine Konstante, wie hier angegeben. Aber eine Auftragung von k_{ab} gegen $\ln(a_a/a_b)$ verläuft oft linear und kann wertvolle Information über die Reaktion geben [5].

Auch für andere Substanzen als H^+ sind ionenselektive Gläser entwickelt worden, wobei das Natrium-sensitive Glas die größte Bedeutung hat. In diesen Elektroden ist eine Nernstsche Abhängigkeit der Reaktion bis zu Konzentrationen von 10^{-4} bis 10^{-5} mol L^{-1} herunter möglich; manche Sonden reagieren sogar noch auf 10^{-8} mol L^{-1}, wenn sie in Durchflußsystemen eingesetzt werden, in denen Störungen von H^+ durch Verwendung eines geeigneten Puffers eliminiert sind. Die Störung durch das H^+-Ion ist tatsächlich eine der häufigsten Fehlerquellen; sie beschränkt den pH-Bereich, in dem die Na^+-sensitive Sonde erfolgreich eingesetzt werden kann. Umgekehrt hängt die Nachweisgrenze für die Reaktion auf Natrium vom pH der Meßlösung ab.

Im Vergleich zu den $k_{Na/H}$-Werten, die in der Größenordnung von 10^3 liegen, sind die Störungen durch K^+ ($k_{Na/K} < 3 \cdot 10^{-3}$) oder durch NH_4^+ ($k_{Na/NH_4^+} < 10^{-6}$) sehr gering. Allerdings sind alle Natrium-sensitiven Gläser sehr empfindlich gegenüber Silberionen ($k_{Na/Ag}$ 100 − 400), und diese Reaktion herrscht bei Anwesenheit von Silberionen häufig vor. Daher wird in einer Natriumsonde eher eine Kalomelreferenzelektrode verwendet anstelle einer Ag/AgCl-Referenzelektrode, bei der eine Freisetzung von Ag^+ durch die Referenzzelle zu beträchtlichen Störungen führt.

Anwendung der pH-Messung. pH-Messungen sind wohl die häufigsten elektrochemischen Tests. Die Anwendungsmöglichkeiten sind zu zahlreich, als daß sie hier detailliert behandelt werden könnten; pH-Messungen sind immer dann von Bedeutung, wenn die Konzentration der H^+-Ionen variieren kann. Beispielsweise liefert die klinische Bestimmung von pH-Wert-Änderungen in Körperflüssigkeiten wichtige Hinweise über den Zustand des Patienten.

Mit der Bestimmung wird die Gleichgewichtslage insgesamt angegeben, die als Summe verschiedener Gleichgewichtsreaktionen mit Protonenübergängen anzusehen ist. So ist der Transport von Kohlendioxid, dem Endprodukt der Atmung, mit einer Reaktion von CO_2 mit H_2O verbunden:

$$CO_2 + H_2O \rightleftharpoons H_2CO_3 \rightleftharpoons H^+ + HCO_3^-$$

Aminosäuren sind, wie bereits beschrieben, amphoterische Verbindungen mit einer α-Carboxylgruppe, deren pK_a-Wert typischerweise um 2 liegt, und einer α-Aminogruppe mit einem pK_a-Wert um 10. Ihr Säure-Base-Verhältnis läßt sich als Brønsted-Säure beschreiben und folgt den Gleichungen

$$^+NH_3CHRCOOH \overset{-H^+}{\rightleftharpoons} {}^+NH_3CHRCOO^- \overset{-H^+}{\rightleftharpoons} NH_2CHRCOO^-$$

Kation   Zwitterion   Anion

Die typische Titrationskurve ist daher biphasisch und zeigt deutlich definierte Stufen, jeweils mit einem eigenen Umschlagspunkt, der den beiden pK_a-Werten entspricht (Abb. 3.2). Ebenfalls aus Abb. 3.2 ist der isoelektrische Punkt ersichtlich, an dem die Krümmung zwischen den beiden Phasen auftritt und das Molekül keine Nettoladung trägt.

Fehlt im Aminosäuremolekül eine ionisierbare Gruppe R, so sind die Titrationskurven all dieser Aminosäuren weitgehend gleich. Ist eine Seitenkette mit einer zusätzlichen ionisierbaren Gruppe vorhanden, wird das Dissoziationsver-

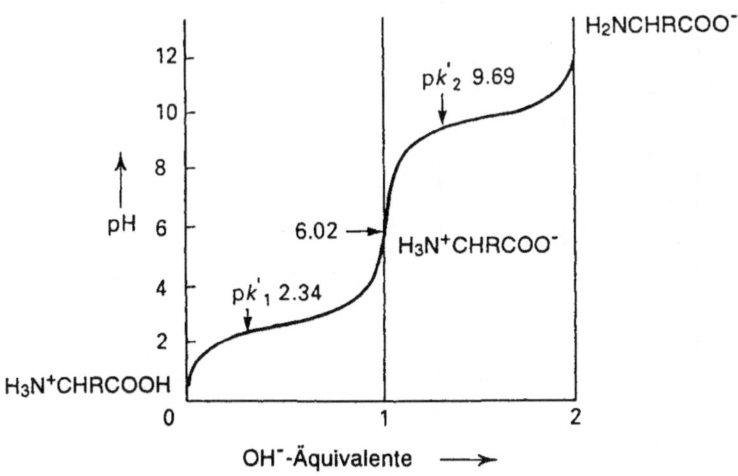

Abb. 3.2. Titrationskurve von Alanin. Angegeben sind die pK_a-Werte und der pH am isoelektrischen Punkt bei der Nettoladung Null.

halten komplizierter, wie Abb. 3.3 für Lysin, Histidin und Glutaminsäure zeigt.
Glutaminsäure dissoziiert beispielsweise in der folgenden Sequenz:

$$
\begin{array}{cccc}
\text{COOH} & \text{COOH} & \text{COO}^- & \text{COO}^- \\
| & | & | & | \\
(\text{CH}_2)_2 & (\text{CH}_2)_2 & (\text{CH}_2)_2 & (\text{CH}_2)_2 \\
| & | & | & | \\
\text{CHNH}_3^+ & \text{CHNH}_3^+ & \text{CHNH}_3^+ & \text{CHNH}_2 \\
| & | & | & | \\
\text{COOH} & \text{COO}^- & \text{COO}^- & \text{COO}^- \\
 & (\text{Zwitterion}) & &
\end{array}
$$

Übergänge: $\mathrm{p}K_a 2.1$, $\mathrm{p}K_a 4.1$, $\mathrm{p}K_a 9.5$

während die basische Seitengruppe in Lysin zur folgenden Sequenz führt:

$$
\begin{array}{cccc}
\text{NH}_3^+ & \text{NH}_3^+ & \text{NH}_3^+ & \text{NH}_2 \\
| & | & | & | \\
(\text{CH}_2)_4 & (\text{CH}_2)_4 & (\text{CH}_2)_4 & (\text{CH}_2)_4 \\
| & | & | & | \\
\text{CHNH}_3^+ & \text{CHNH}_3^+ & \text{CHNH}_2 & \text{CHNH}_2 \\
| & | & | & | \\
\text{COOH} & \text{COO}^- & \text{COO}^- & \text{COO}^- \\
 & & (\text{Zwitterion}) &
\end{array}
$$

Übergänge: $\mathrm{p}K_a 2.2$, $\mathrm{p}K_a 9.2$, $\mathrm{p}K_a 10.8$

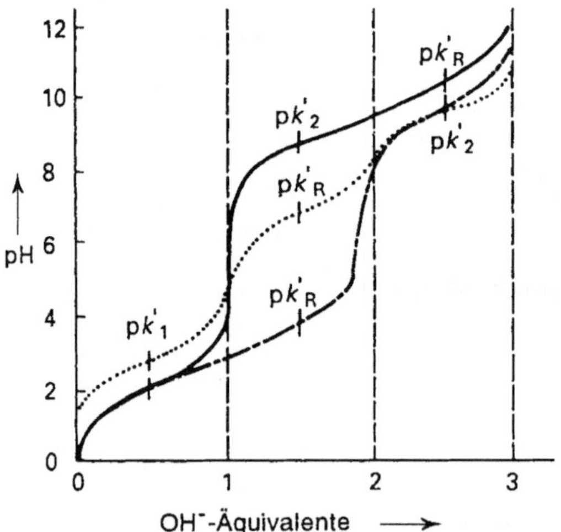

Abb. 3.3. Titrationskurven von Glutaminsäure (–·–·–), Lysin (———) und Histidin (·····). Die pK_a-Werte der R-Gruppen sind jeweils als pK'_R bezeichnet.

In jedem Polypeptid sind nur noch eine freie, endständige α-Aminogruppe und eine α-Carboxylgruppe vorhanden. Die Titrationskurve eines Proteins wird daher in erster Linie von Seitenkettengruppen bestimmt, die nach der Faltung der Polypeptidkette in die dreidimensionale Struktur an der Oberfläche des Moleküls liegen. Da der pH-Wert selbst aber die nicht-kovalenten Bindungen zwischen ionisierbaren Gruppen beeinflußt, wird wahrscheinlich auch diese dreidimensionale Struktur und damit die Stabilität des Polypeptids durch den pH-Wert beeinflußt. Die Titrationskurve eines Proteins, in der kein bestimmter Abschnitt der Dissoziation einer bestimmten Art von Seitenkettengruppen zugeordnet werden kann, macht diesen komplexen Einfluß deutlich. Ein solches Polymer wird am besten nur durch seinen isoelektrischen Punkt pI beschrieben:

$$\underset{\text{sauer}}{\overleftarrow{\text{Protein}^+}} \quad \rightleftharpoons \quad \underset{\text{p}I}{\text{Protein}^\pm} \quad \rightleftharpoons \quad \underset{\text{alkalisch}}{\overrightarrow{\text{Protein}^-}}$$

dessen Wert einen Hinweis auf den insgesamt sauren oder basischen Charakter der Seitenketten gibt.

pH-Messungen können also nur einen allgemeinen Schätzwert für das Verhalten eines Proteins als Säure oder als Base geben. Bezüglich der Anforderungen, die an einen Biosensor gestellt werden (Kap. 1), für den ein einziger sich ändernder und hoch selektiver Parameter als Signal für den Transducer definiert werden muß, haben pH-Messungen des Proteins geringen analytischen Wert.

Allerdings können Enzym-katalysierte Reaktionen eine pH-Änderung zur Folge haben, z.B.

$$\text{Penicillin} \xrightarrow{\text{Penicillinase}} \text{Penicilloinsäure}$$

oder

$$\text{Harnstoff} + 2\,H_2O \xrightarrow{\text{Urease}} 2\,NH_4^+ + CO_3^{2-}$$

so daß in Gegenwart des Enzyms das Substrat – Penicillin oder Harnstoff – dadurch bestimmt werden kann, daß die Reaktionsprodukte pH-Änderungen hervorrufen.

In diesem Fall ist die pH-Messung ausschließlich auf ein bestimmtes Substrat zurückzuführen und erfüllt damit den für ein Biosensor-Modell geltenden Anspruch der Spezifität. Dieses Verfahren wird genauer in Kap. 9 behandelt.

Natriumelektroden finden sowohl im Makro- als auch im Mikromaßstab breite Anwendung. Große Bedeutung hat die Routinebestimmung des Natriumspiegels in biologischen Flüssigkeiten, und mit der Entwicklung von Mikroelektroden werden zukünftig vor allem im klinischen Bereich wohl auch in-vivo-Messungen in den Bereich des Möglichen rücken.

Große Konzentrationsunterschiede sind in Bodenproben gemessen worden [6], aber auch Reinwasser und Abwasser enthalten Natrium in ganz unterschiedlichen Konzentrationen. Speziell für Abwasser ist eine automatisierte Methode entwickelt worden, mit der Messungen im Bereich von 0,1-100 mg L^{-1} durchgeführt werden können [7].

Eine interessante Variante ist die Bestimmung von Salz in Speck [8], für die der Natriumsensor in Proben von mazeriertem Speck oder in ein in den Speck gebohrtes Loch plaziert wird. Diese Methode ist darum besonders attraktiv, weil weder eine Aufbereitung der Probe noch eine Extraktion notwendig ist.

Da mit der Natriumelektrode derart geringe Nachweisgrenzen erreicht werden können, ist die Analyse von Wasser hoher Reinheit eine besonders wichtige Anwendung. Der Nachweis sehr niedriger Natriumkonzentrationen ist beispielsweise im Eluat von Mischbett-Ionenaustauschern oder bei der Wasserversorgung in Dampfkesseln (z.B. in Kraftwerken) erforderlich. Hier liegen die zu messenden Konzentrationen oftmals unter $5 \cdot 10^{-8}$ mol L^{-1}.

3.3.2 Elektroden auf der Basis anorganischer Salze

Diese Elektroden basieren überwiegend auf Silbersalzen, wobei die Membran je nach Bauart homogen oder heterogen sein kann. *Homogene Membranen* bestehen ausschließlich aus dem Salz, entweder als maschinell bearbeiteter Kristall oder in geeigneter gepreßter Form. *Heterogene Membranen* dagegen bestehen aus dem aktiven Salz, das in einer inerten Matrix wie z.B. PVC, Polythen oder Silicongummi suspendiert ist. Sehr oft spielt die Bauart aber praktisch keine Rolle für die Leistungsfähigkeit der Elektrode.

Steht eine Silberhalogenidmembran mit elementarem Silber in Kontakt, so entwickelt sich das Potential des Silbers als Folge des Elektronenaustausches zwischen Silbermetall und den Ionen im gesamten Metall sowie des Ionenaustauschs zwischen den Silberionen im Metall und den Silberionen an der Grenzschicht zwischen dem Silber und der Lösung. Das Löslichkeitsgleichgewicht von Halogenidionen und Silberionen an der Elektrodenoberfläche beträgt

$$a_{\mathrm{Ag^+/int}}\, a_{\mathrm{X^-/Lsg}} \;=\; K_{(\mathrm{AgX})}$$

wobei $a_{\mathrm{Ag^+/int}}$ die Aktivität von $\mathrm{Ag^+}$ an der Grenzschicht zwischen Silber und der Lösung angibt, $a_{\mathrm{X^-/Lsg}}$ die Aktivität von $\mathrm{X^-}$ in der Meßlösung und $K_{(\mathrm{AgX})}$ das Löslichkeitsprodukt von AgX. Nimmt man die Aktivität des Silbers an der Grenzfläche als Einheit an, so ergibt sich die Reaktion auf Halogenidionen als

$$E = E^0_{\mathrm{Ag^+/Ag}} + \frac{RT}{F} \ln K_{(\mathrm{AgX})} - \frac{RT}{F} \ln a_{\mathrm{X^-/Lsg}} - E_{\mathrm{Ref}}$$

und die entsprechende Reaktion der Elektrode auf $\mathrm{Ag^+}$- Ionen als

$$E = E^0_{\mathrm{Ag^+/Ag}} + \frac{RT}{F} \ln a_{\mathrm{Ag^+/int}} - E_{\mathrm{Ref}}$$

Diese Betrachtung läßt sich auf AgX-Membranen anwenden, die mit Silber in Kontakt stehen, so daß sich ein Gleichgewicht zwischen elementarem Silber und überschüssigem Halogenid in der Membran einstellt. Damit werden übereinstimmende Aktivitäten von Silber und Halogenid erreicht. Besteht Kontakt zu einem anderen Material als Silber, so wird die Aktivität der Ag^+-Ionen der Membran durch die Stöchiometrie des Silbersalzes festgelegt, und das Standardpotential ändert sich dementsprechend. Es sind unterschiedliche Theorien detailliert behandelt worden, um das Standardpotential von Silberhalogenid-Elektroden zur Stöchiometrie des aktiven Materials in Beziehung zu setzen [9] [10].

Der Einfluß der Silberionen-Fehlstellen wird besonders wichtig, wenn es um die Feststellung der Nachweisgrenzen einer Membran geht. Experimentelle Ergebnisse unterstützen die Theorie, daß das Verhalten der Membran sowohl von ihrem Zerfall als auch von den Silberionen-Fehlstellen beeinflußt wird [27]. Steigt diese Aktivität auf $z\,\text{mmol}\,g^{-1}$, dann gilt für eine Membran Ag_nX an der Grenzfläche von Membran und Lösung:

$$a_{Ag^+/\text{int}} - a_{Ag^+/\text{Lsg}} - z = n(a_{X^{n-}/\text{int}} - a_{X^{n-}/\text{Lsg}})$$

Da weiterhin

$$K_{(Ag_nX)} = a^n_{Ag^+/\text{int}}a_{X^{n-}}$$

erhält man durch Eliminieren und unter der Voraussetzung, daß $a_{X^{n-}/\text{Lsg}} = 0$ ist:

$$a^{(n+1)}_{Ag^+/\text{int}} - a^n_{Ag^+/\text{int}}(a_{Ag^+/\text{Lsg}} + z) = nK_{(Ag_nX)}$$

Die Auflösung nach $a_{Ag^+/\text{int}}$ für n $= 1$ ergibt

$$a_{Ag^+/\text{int}} = \{(a_{Ag^+/\text{Lsg}} + z) \pm \sqrt{[(a_{Ag^+/\text{Lsg}} + z)^2 - 4K_{(AgX)}]}\}/2$$

so daß das Elektrodenpotential in bezug auf eine gegebene Referenzelektrode durch zwei Grenzfälle beschrieben werden kann:
Für $z^2 \ll K_{(AgX)}$:

$$E = E_{Ag^+/Ag} + \frac{RT}{F}\ln\{a_{Ag^+/\text{Lsg}} + \sqrt{(a^2_{Ag^+/\text{Lsg}} - 4K_{(AgX)})}\}/2$$

wobei die Reaktion eine Nernstsche Abhängigkeit bei $a^2_{Ag^+/\text{Lsg}} \gg 4K_{(AgX)}$ zeigt, und im anderen Extremfall
für $z^2 \gg 4K_{(AgX)}$:

$$E = E_{Ag^+/Ag} + \frac{RT}{F}\ln(a_{Ag^+/\text{Lsg}} + z)$$

wobei eine Nernst-gemäße Reaktion nur zu erwarten ist, wenn $a_{Ag^+/\text{Lsg}} \gg z$ ist.

Die entsprechenden Berechnungen sind für die Reaktion von Ag_nX-Membranen gegenüber verschiedenen Anionen auf der Grundlage der Fehlstellen der Membran angestellt worden [27]. In gleicher Weise können auch Störungen der Elektrodenreaktion berechnet werden. Zwar reagieren nur sehr wenige Kationen mit den Silberverbindungen in der Membran, aber insbesondere Hg^{2+} stellt eine wichtige Ausnahme dar. An der Oberfläche von Silbersulfidelektroden baut sich ein Film aus Quecksilbersulfid auf, während an Halogenidelektroden lösliche Quecksilberhalogenidkomplexe gebildet werden, so daß Ag^+-Ionen freigesetzt werden, die von der Elektrode als Signal erfaßt werden:

$$Hg^{2+} + nAgI \rightleftharpoons HgI_n^{(2-n)} + nAg^+$$

Halogenid- und Sulfidelektroden können auch von Liganden oder Anionen gestört werden, die ein weniger lösliches Silbersalz bilden:

$$AgX + mL^{n-} \rightleftharpoons AgL_m^{(1-mn)} + X^-$$

$$nAgX + Y^{n-} \rightleftharpoons Ag_nY + nX^-$$

Die Elektrode erfaßt in diesem Fall die X^--Ionen als Signal, die sich an der Grenzfläche von Membran und Lösung entwickeln. In solchen Fällen muß das Löslichkeitsprodukt der störenden Verbindung in den theoretischen Berechnungen berücksichtigt und zu $K_{(AgX)}$ addiert werden. Innerhalb geeigneter Grenzen jedoch zeigt die Elektrode Nernstsche Abhängigkeit in ihrer Reaktion auf diese Störfaktoren, so daß sie erfolgreich auch für den Nachweis anderer Ionen als vorgesehen eingesetzt werden kann.

Bildet das Störion kein besser lösliches Salz, reagieren die Elektroden auf plötzliche Änderungen der Aktivität des Störions mit einem vorübergehenden „Überschwingen", bevor sie wieder langsamer zum Gleichgewichtszustand zurückkehren. Für den Fall, daß $k_{ab} \ll 1$ ist und das Störion in hohem Überschuß vorliegt, ist dieses Phänomen als Desorptions- /Adsorptionsprozeß und als Diffusionsprozeß in der Grenzschicht über der Membran beschrieben worden [12]. Das Überschwingen des Potentials wird besonders deutlich bei niedrigen Aktivitäten des primären Meßions und hohen Aktivitäten des Störions und tritt bei höheren Konzentrationen des Meßions weniger stark auf, weil so die relative Konzentrationsänderung des Störions weniger signifikant ist.

Anwendung von Elektroden auf der Basis anorganischer Salze. Unter diesen ISE wird die Fluoridelektrode am häufigsten angewendet. Sie läßt sich für viele Zwecke einsetzen; der wichtigste Einsatzbereich betrifft die Analyse von Wasser, sowohl Reinwasser als auch Abwasser, Trinkwasser, Meerwasser usw. In diesem Anwendungsbereich sind die Elektroden oft stabil genug, um in automatisierten Überwachungssystemen verwendet werden zu können [13].

Auch die ionensensitiven Chloridelektroden werden vor allem für Wasseranalysen eingesetzt, besonders in Dampfkesseln. Eine bedeutende medizinische Anwendung ist auch die Bestimmung von Chlorid in Schweiß, die bei einem Screening auf Mukoviszidose vorgenommen wird. Diese Methode ist so erfolgreich, daß die Firma Orion Research Inc. eine Elektrode speziell für diesen Zweck entwickelt hat. Schweißbildung wird durch elektrische Stimulierung der Schweißdrüsen hervorgerufen, und die Elektrode wird für eine direkten Messung der Chloridkonzentration auf die Haut plaziert [14].

3.3.3 Elektroden auf der Basis organischer Ionenaustauscher und neutraler Carrier

Diese Elektroden gehen auf Ionenaustauscherelektroden mit Flüssigmembranen zurück, bei denen der Ionenaustauscher in einem organischen Lösemittel vorliegt. Im allgemeinen ist es jedoch günstiger, den Ionenaustauscher in eine inerte Matrix wie PVC, Polythen oder Silicongummi einzulagern, so daß man eine Festkörpermembran erhält. Im Prinzip sind Ionenaustauscher für jedes beliebige Ion denkbar, wegen ihrer geringen Selektivität sind aber viele in der Praxis unbefriedigend.

Die gleiche Bauweise haben ionenselektive Elektroden mit Neutralcarriern als aktiver Substanz. Gewöhnlich sind solche Neutralcarrier Makrolid-Antibiotika, Depsipeptid-Antibiotika oder zunehmend auch cyclische Polyether (Kronenverbindungen) [15]. Allen diesen Carriern ist ein zentraler Hohlraum gemeinsam, der eine Komplexierung des Meßions ermöglicht. Neutralcarrier sind so zugeschnitten, daß die Größe dieses Hohlraums genau dem zu bestimmenden Ion angepaßt wird.

Modelling der Ionophore. Ursprünglich leiten sich Ionophore auf der Grundlage von Kronenethern von dem Kronenether 18-Krone-6 ab (Abb. 3.4), für die K^+ das Meßion ist. Eine wirksame Bindung des Ions wird von zwei Faktoren beeinflußt [16]: der Fähigkeit, stabile Komplexe zu bilden und der Fähigkeit, eine optimale Bindung mit nur minimalen Konformationsänderungen von Wirt, Meßion und Lösungsmittel einzugehen. Aus Abb. 3.4 ist zu erkennen, daß zwar das erste Kriterium mit dem Kronenether 18-Krone-6 erfüllt ist, die effektive Bindung aber mit starken Konformationsänderungen einhergeht. Verbessern läßt sich die Komplexbildung durch die Planung und Synthese von *Sphäranden* und *Hemisphäranden* (Abb. 3.5). Dabei bilden die Sphäranden oft so stabile Komplexe, daß die Dekomplexierung sogar zu langsam für eine Anwendung in ISE abläuft. Für die analytische Anwendung sind Moleküle wie die Hemisphäranden besser geeignet, die schon einen gewissen Organisationszustand aufweisen. Durch die Einführung unterschiedlicher Substituenten in das makrocyclische Molekül können seine Eigenschaften im „geschlossenen" und

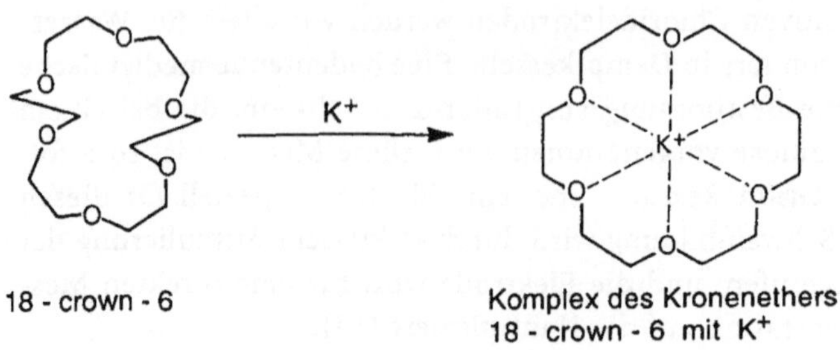

Abb. 3.4. Konformationsänderungen bei der Komplexierung des Kronenethers 18-Krone-6 mit K$^+$.

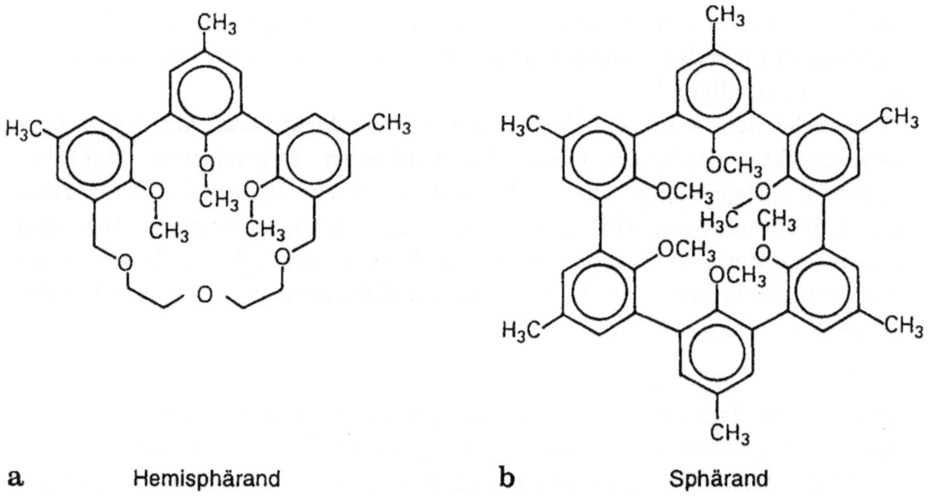

Abb. 3.5. Kronenverbindungen: **a** Hemisphärand; **b** Sphärand.

im dynamischen Zustand zweckmäßig angepaßt und die kinetischen Leistungen des Liganden kontrolliert werden [17].

Eine mehr dreidimensionale Struktur des Trägermoleküls läßt sich mit überbrückten polycyclischen Rezeptoren erreichen. Dadurch wird die Selektivität für Kationen sterisch oder sogar chiral weiter eingegrenzt. Tricyclische Rezeptoren mit der allgemeinen Struktur

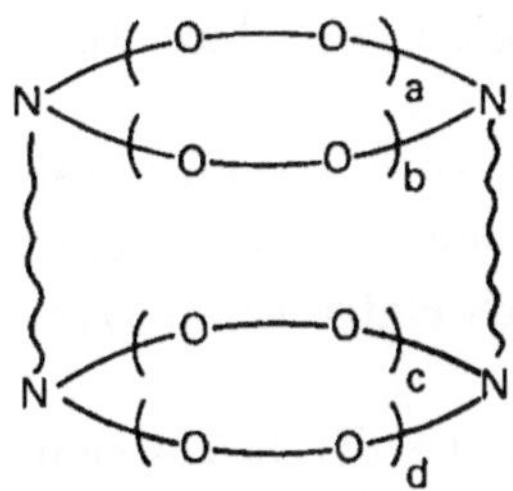

sind selektiv für das Dikation $NH_3^+(CH_2)_nNH_3^+$, wobei die Selektivität eine Funktion der Flexibilität des Wirts ist [45]. Daher sind flexible makrocyclische Verbindungen eher für eine Gruppe als für ein einzelnes Dikation selektiv. Die Selektivität ist umso höher, je besser der Abstand der beiden Rezeptororte zu den molekularen Eigenschaften des Dikations paßt, wobei noch der Unterschied von einer einzigen CH_2-Gruppe erkannt wird. Hier liegt das gleiche Prinzip der molekularen Erkennung des Gastes vor wie es auch bei den natürlich vorkommenden Biomolekülen, also Enzymen, Antikörpern usw. auftritt. Im Vergleich zu makrocyclischen Verbindungen stellt die Substraterkennung von Proteinen über aktive Bindungsstellen lediglich eine komplexe Version dieses Problems dar (Abb. 2.4). Synthetische polycyclische Rezeptorsysteme, die der einzigartigen Spezifität der Proteine möglichst nahe kommen, lassen sich am ehesten mit Hilfe von Ladungsberechnungen und Computergrafiken entwickeln (Modelling).

Nachweisgrenzen. Die Lebensdauer der Elektrode wird hauptsächlich dadurch begrenzt, daß der Ionenaustauscher oder der Neutralcarrier aus der Membran ausgewaschen wird. Die ionenselektiven Verbindungen sind schwach löslich in Wasser und diffundieren von der Membranoberfläche in die Lösung. Dadurch wird die Elektrode unbrauchbar.

Die Nachweisgrenze dieser Elektroden wird also einerseits von dem Verteilungskoeffizienten des Meßions bei der Verteilung zwischen Membran und Probe sowie andererseits von seiner Aktivität in der Membran im Gleichgewicht festgelegt. Die Selektivität der Membran ist eine Funktion der Stabilität der Komplexe, die die Membran mit dem Meßion bzw. dem Störion bildet. Bilden das Meßion A^+ und das Störion B^+ mit dem neutralen Liganden S Komplexe, so gilt

$$B_{Lsg}^+ + AS_{Membr}^+ \overset{k_{AB}}{\rightleftharpoons} BS_{Membr}^+ + A_{Lsg}^+$$

und

$$k_{AB} = \frac{K_{BS^+}\, k_{BS^+}}{K_{AS^+}\, k_{AS^+}}$$

wobei K_{AS^+} und K_{BS^+} die Stabilitätskonstanten in Lösung und k_{AS^+} bzw. k_{BS^+} ihre jeweiligen Verteilungskoeffizienten sind.

Der Verteilungskoeffizient für einwertige Kationen ist bei vielen Membranen auf der Basis von Antibiotika sehr ähnlich. Daher zeigen diese Systeme eine enge Korrelation zwischen k_{AB} und K_{BS^+}/K_{AS^+}. Auch einige Kronenverbindungen weisen diese Korrelation auf [19].

Im allgemeinen läßt sich eine Selektivität erreichen, die der Selektivität anderer ISE vergleichbar ist. Der wesentliche Vorteil dieser Membranen liegt aber darin, daß im Prinzip für jedes beliebige Kation eine Membran konstruiert werden kann, die auch in Elektroden unterschiedlicher Größen und Bauweisen eingesetzt werden kann.

Anwendungen. Die größte Bedeutung haben Calciumelektroden bei der Analytik von Serum und Plasma. Physiologisch aktiv sind nur die löslichen Calciumionen, aber unter normalen Bedingungen sind dies nur etwa 52 % des Gesamtcalciums (Abb. 3.6). Das Verhältnis von freiem zu gebundenem Calcium ist vom physiologischen Zustand des Patienten abhängig. So rufen Änderungen des CO_2- Spiegels z.B. pH-Änderungen hervor, die wiederum das Gleichgewicht zwischen gebundenem und löslichem Calcium stören. Nachgewiesen wird die-

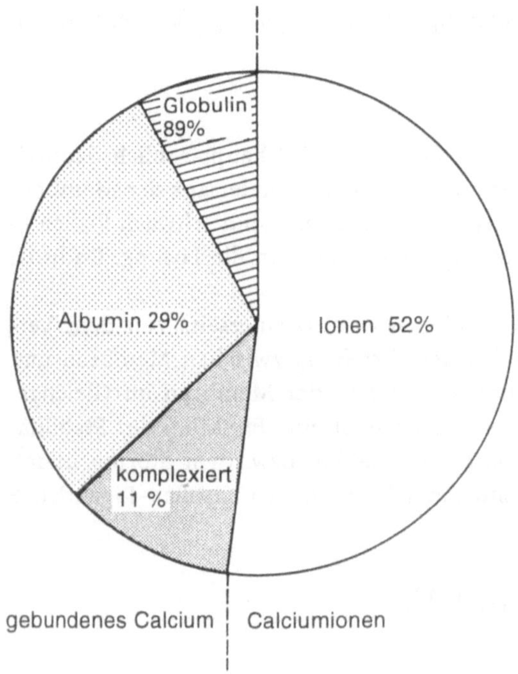

Abb. 3.6. Verteilung von Calcium im Plasma.

ser Effekt mit einer Calcium-selektiven Elektrode, die nur auf freies Calcium, d.h. auf Calciumionen reagiert.

In der Analytik von Körperflüssigkeiten werden auch Kalium-selektive Elektroden auf der Basis des Antibiotikums Valinomycin oder analoger Verbindungen mit Erfolg eingesetzt, und zwar im wesentlichen zur Bestimmung der Kaliumkonzentration in Körperflüssigkeiten.

Eine der am häufigsten verwendeten Ionenaustauscher-Elektroden ist die Nitratelektrode. Sie wird vor allem für die Analyse von Pflanzenmaterial, für Bodenuntersuchungen, Gewässeranalysen und Abwasseruntersuchungen eingesetzt. Die Elektroden sind allerdings störanfällig, in erster Linie durch Chlorid und Bicarbonat, wobei die Chloridreaktion im Vergleich zu Nitrat mit einer 10fach größeren Empfindlichkeit abläuft. Die Selektivität der Nitratelektrode ist also nicht besonders groß, aber dieser Nachteil wird häufig in Ermangelung einer besseren Methode zur Nitratbestimmung in Kauf genommen.

Eine Flüssigmembran-Elektrode auf der Basis eines lipophilen Derivats von Vitamin B_{12} zeigt eine vergleichbare Selektivität für Cl^- und NO_3^-. Die Empfindlichkeit gegenüber NO_2^- ist allerdings mehr als 10^4fach größer und ist mit der reversiblen Anlagerung des Anions an den lipophilen Co(III)-Komplex verbunden; SCN^- stellt hierbei die größte Störung dar [20]. Bei intensiver Nutzung wird die Lebensdauer der Elektrode auf über sechs Monate geschätzt. Für NO_2^--Tests in Fleischproben erhält man eine gute Korrelation mit anderen bestehenden Methoden.

3.3.4 Gassensitive Elektroden

Gas-Meßfühler sind auf der Grundlage von ionensensitiven Elektroden entwickelt worden und ergänzen sie. Die Sensoren haben normalerweise eine höhere Selektivität als die bisher beschriebenen Systeme. Sie messen eine Größe aber nicht direkt, sondern erfassen den Partialdruck eines Gases über die Änderung eines damit verknüpften Parameters, der mit einer ionenselektiven Elektrode bestimmt werden kann. Beispielsweise wird die Lösung von Kohlendioxid mit den folgenden Gleichgewichten beschrieben:

$$CO_2 + H_2O \rightleftharpoons H_2CO_3 \rightleftharpoons H^+ + HCO_3^-$$

und

$$K = \frac{[H^+][HCO_3^-]}{[H_2CO_3]}$$

oder

$$pH = pK + \log \frac{[HCO_3^-]}{[H_2CO_3]}$$

In der Praxis kann die Konzentration $[CO_2]$ für $[H_2CO_3]$ eingesetzt werden, wenn Gleichgewicht mit gasförmigem Kohlendioxid besteht:

$$pH = pK' + \log \frac{[HCO_3^-]}{[CO_2]}$$

Die Konzentration des gelösten Kohlendioxids kann daher in Beziehung zum pH gesetzt und, wie bereits beschrieben, mit einer pH-Elektrode überwacht werden.

Dieses Konzept zur Bestimmung des Partialdruckes eines Gases wurde zuerst von Stow et al. vorgeschlagen [21]. Weiterentwicklungen der Sonde führten zu der *Severinghaus-Elektrode* [11], die in Varianten noch immer zur Überwachung von CO_2 im Blut in Gebrauch ist. Nach dem gleichen Prinzip läßt sich jedes sauer oder basisch reagierende Gas bestimmen. Tatsächlich ist die Meßsonde einer ionenselektiven Gaselektrode fast immer eine pH-Elektrode. Im allgemeinen diffundiert das zu bestimmende Gas aus der Probe in einen dünnen Elektrolytfilm auf der Oberfläche der ionenselektiven Elektrode, bis sich ein Gleichgewicht zwischen den Gaskonzentrationen in der Probe und im Elektrolyten eingestellt hat (Abb. 3.7). Auf diesem Prinzip beruhen Sonden für CO_2, NH_3, SO_2 und Stickstoffoxide. Der Analyt verursacht eine Änderung der H^+-Konzentration, die von der Elektrode detektiert wird.

Wie zu erwarten ist, hängt die Ansprechzeit für diese Sonden von der Schichtdicke der verschiedenen Phasen sowie von den Membraneigenschaften ab [23]: Zum Zeitpunkt t=0 ändert sich die Konzentration von C_1 nach C_2, und unter der Voraussetzung, daß sich das Verteilungsgleichgewicht an der Membrangrenzfläche sehr schnell einstellt, ändert sich die Konzentration

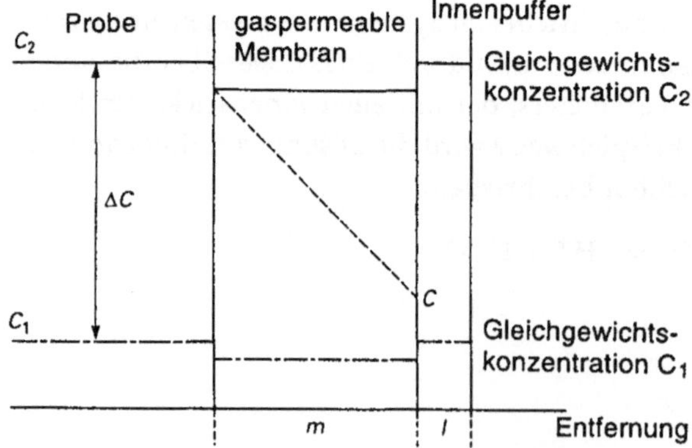

Abb. 3.7. Konzentrationsprofil eines gasförmigen Analyten in unmittelbarer Nähe zur Elektrode nach einem Konzentrationssprung.

in der Membrangrenzfläche, C_{Membr}, rasch unter Bildung eines Konzentrationsgradienten durch die Membran hindurch. Dadurch wird ein Nettofluß der diffundierenden Substanz durch die Membran verursacht, der für eine Elektrode mit der Fläche A

$$\mathrm{Flux} = -AD\Delta C_{\mathrm{Membr}}/m$$

beträgt (Abk. s.u.). Der Fluß hat eine Änderung der Gesamtkonzentration der diffundierenden Substanz im Innenpuffer zur Folge. Der Analyt kann in neutraler Form (C) oder in ionischer Form bzw. als Komplex (C_B) vorliegen, so daß

$$Al\left(\frac{dC_T}{dt}\right) = Flux$$
$$C_T = C + CB$$

Daraus ergibt sich

$$\frac{dC_T}{dt} = \frac{d(C + C_B)}{dt} = (1 + dC_B/dC)\frac{dC}{dt} = -(Dk/lm)(C_2 - C)$$

so daß

$$(1 + dC_B/dC)dC = -(Dk/lm)(C_2 - C)dt$$

Betrachtet man dt als differentielle Annäherung an das Gleichgewicht ε, so ergibt sich die Ansprechzeit durch Integration dieser Gleichung, wobei $C_2 - C_1$ klein genug ist, daß dC_B/dC als konstant angesehen werden kann oder $dC_B/dC \ll 1$ wird [23]:

$$t = lm/Dk(1 + dC_B/dC)\ln \Delta C/C_2\varepsilon$$

wobei

$l =$	Schichtdicke des dünnen Films
$m =$	Dicke der Membran
$k =$	Verteilungskoeffizient zwischen der dünnen Schicht und der Membran
$D =$	Diffusionskoeffizient in der Membran
$C =$	Konzentration der neutralen Substanz im Innenpuffer
$C_B =$	Konzentration von ionischer oder komplexierter Form im Innenpuffer
$C_T =$	Gesamtkonzentration der Substanz in allen Formen
$\Delta C =$	$C_2 - C_1$
$\Delta C_{\mathrm{Membr}} =$	Konzentrationsgradient durch die Membran
$\varepsilon =$	$|(C_2 - C)/C_2|$

Aus diesem Ausdruck ist ersichtlich, daß bei Konzentrationsänderungen unterschiedliche Ansprechzeiten zu erwarten sind, je nachdem, ob die Änderung von hoher zu niedriger Konzentration oder umgekehrt erfolgt. Bei $C_2 > C_1$ ist die Ansprechzeit unabhängig vom Ausmaß der Änderung und zudem kürzer als bei der entsprechenden Konzentrationsänderung bei $C_2 < C_1$. Diese Vorhersagen sind experimentell bestätigt worden.

Allgemein läßt sich das Elektrodenpotential eines Gas-Meßfühlers mit einer pH-Sonde mit einer Form der Nernst-Gleichung beschreiben:

$$E = E^0_{Gas} \pm k/n \ln C_{Gas}$$

wobei E^0_{Gas} alle Konstanten einschließt, (+) für sauer reagierende und (–) für basisch reagierende Gase gilt.

In aller Regel ist die Leistungsfähigkeit der Membran der begrenzende Faktor für die Effektivität dieser Gas-Meßsonden. Auflagerungen auf die Membran oder ihr Zerfall limitiert die Betriebszeit einer Elektrode, auch wenn die zugrundeliegende pH-Sonde immer noch funktionsfähig sein kann. Die Funktionsfähigkeit der Membran ist insbesondere für die Selektivität des Sensors ausschlaggebend. Diese gasdurchlässige Schicht ist die eigentliche Barriere für andere Substanzen in der Probe, die gegebenenfalls eine Reaktion der darunterliegenden Elektrode verursachen könnten. Selbst wenn die IES eine pH-Sonde ist, kann die Möglichkeit einer Störung durch Wasserstoffionen mit Sicherheit ausgeschlossen werden, es sei denn, sie verursachen eine Aktivitätsänderung der Meßsubstanz. Ein Gas-Meßfühler kann daher nur durch direkte Interferenz mit gelösten Gasen gestört werden, die ebenfalls durch die Membran diffundieren können und eine pH-Reaktion in vergleichbarer Größenordnung hervorrufen wie die Meßsubstanz selbst.

Solche zusammengesetzten Elektrodensysteme stellen ein Konzept von Sensoren dar, das dem der Biosensoren verwandt ist. Zugrunde liegt ein allgemeines Meßprinzip, das einen weiten Reaktionsbereich gegenüber Probensubstanzen aus verschiedenen Quellen zeigt. Diesem Grundelement werden weitere Elemente beigegeben, deren besondere Eigenschaften das übertragene Signal spezifisch machen. Diese zusätzlichen Elemente wirken als selektive Barriere für alle Substanzen außer der Meßsubstanz. In ionenselektiven Elektroden ist diese Barriere durch die ionenselektive Membran gegeben, während in Gas-Meßsonden die Bauelemente zusätzlich eine gasdurchlässige Membran enthalten müssen, damit der Analyt selektiv erfaßt werden kann. In späteren Kapiteln werden weitere synthetische und auch natürlich vorkommende Systeme zur molekularen Erkennung des Analyten beschrieben, die ganz unterschiedliche physikalische, chemische und biologische Eigenschaften haben.

Literatur

[1]   Dole M (1941) The Glass Electrode. Wiley, New York
[2]   Garrels RM (1967) in: Eisenman G (ed) Glass Electrodes for Hydrogen and Other Cations. Marcel Dekker, New York
[3]   Bates RG (1973) Determination of pH. 2nd edn. Interscience, Wiley, New York
[4]   Nicolsky BP (1937) Acta Physicochim. URSS 7:597
[5]   Buck RP (1974) Anal. Chim. Acta 73:321
[6]   Bower CA (1959) Soil Sci. Soc. Am. Proc. 23:29
[7]   Sekerka I, Lechner JF (1974) Anal. Lett. 7:463
[8]   Halliday JH, Wood FW (1966) Analyst 91:802
[9]   Marton A, Pungor E (1971) Anal. Chim. Acta 54:209
[10] Buck RP, Shephard VR (1974) Anal. Chem. 46:2097
[11] Morf WE, Kahr G, Simon W (1974) Anal. Chem. 46:1538
[12] Gratzl M, Linder E, Pungor E (1985) Anal. Chem. 57:1506
[13] Erdmann, DE (1975) Env. Sci. Technol. 9:252
[14] Kopito L, Scwachman H (1969) Pediatrics 43:794
[15] Izatt RM, Bradshaw JS, Nielsen SA, Lamb JD Christensen JJ (1985) Chem. Rev. 85:271
[16] Cram DJ, Trueblood KN (1981) Top. Curr. Chem. 98:43
[17] Lockhart JC (1986) J. Chem. Soc. 82:1161
[18] Sutherland IO (1986) J. Chem. Soc. 82:1145
[19] Rechnitz GA, Eyal E (1972) Anal. Chem. 44:370
[20] Schulthess P, Arumann D, Kräutler B, Carderas C, Stepanek R, Simon W (1985) Anal. Chem. 57:1397
[21] Stow RW, Baer RF, Randall BF (1957) Arch. Phys. Med. Rehabil. 38:646
[22] Severinghaus W, Bradley AF (1958) J. Appl. Physiol. 13:515
[23] Ross JW, Riseman JH, Krueger JA (1973) Pure Appl. Chem. 36:473

4. Halbleiterelektroden

4.1 Arbeitsweise von Halbleitern

Die elektronischen Eigenschaften von Feststoffen werden gewöhnlich mit der molekularen Orbitaltheorie als Bändermodell beschrieben, bei dem die Molekülorbitale so dicht angeordnet sind, daß sie eigentlich als kontinuierliche Bänder erscheinen. Die bindenden Energieniveaus sind aufgefüllt und bilden das *Valenzband*, während die nicht gefüllten, anti-bindenden Energieniveaus das *Leitungsband* bilden. Durch die Trennung dieser beiden Bänder, die *verbotene Zone*, ergibt sich ein Bandabstand mit der Energie E_g (Abb. 4.1).

In einem Metallgitter überlappen die bindenden und die nicht-bindenden Molekülorbitale (Abb. 4.2), so daß auch das Leitungsband zum Teil aufgefüllt ist und die lose gebundenen Elektronen ein bewegliches „Elektronengas" bilden, in der ein Elektron zwischen aufgefüllten und freien elektronischen Energieniveaus mit praktisch gleicher Energie beweglich ist. Diese Eigenschaft verleiht dem Festkörper die hohe Leitfähigkeit.

Bei größeren E_g-Werten überlappen die Bänder nicht, das Valenzband ist fast aufgefüllt und das Leitungsband fast leer. Ein Elektron kann hier aber durch thermische Anregung in das Leitungsband angehoben werden, wobei eine Lücke im Valenzband zurückbleibt (Abb. 4.3). Die Zahl der Elektronen in dem Leitungsband, n_i, wird angenähert durch den Ausdruck

$$n_i = p_i \approx 2,5 \times 10^{19} \exp(-E_g/2kT)\mathrm{cm}^{-3} \quad (25° \mathrm{C})$$

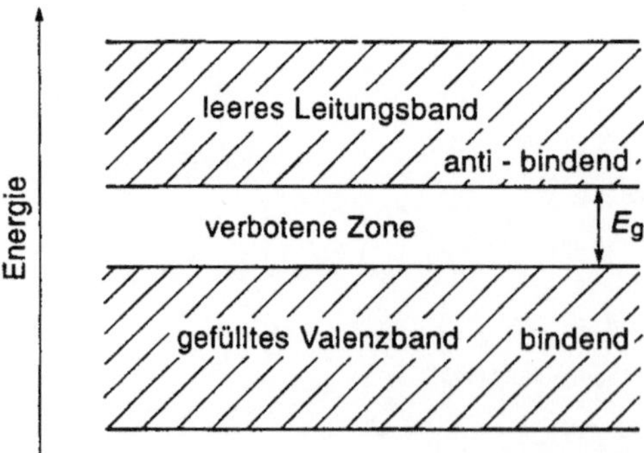

Abb. 4.1. Bandabstand im Bändermodell für einen Halbleiter.

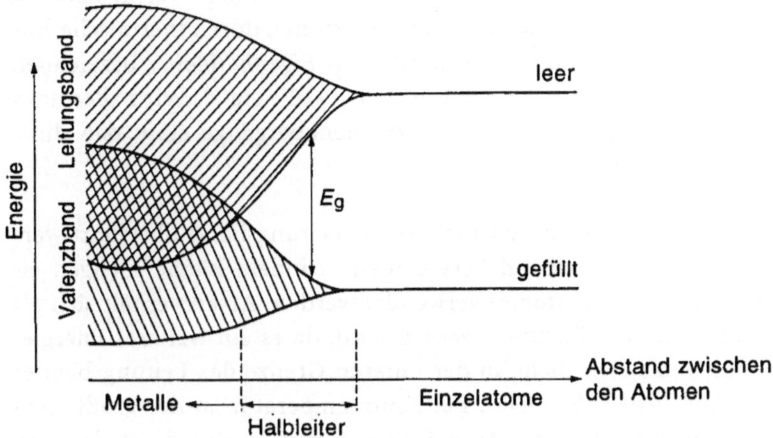

Abb. 4.2. Materialklassifizierung nach Energiebändern und Abstand zwischen den Atomen.

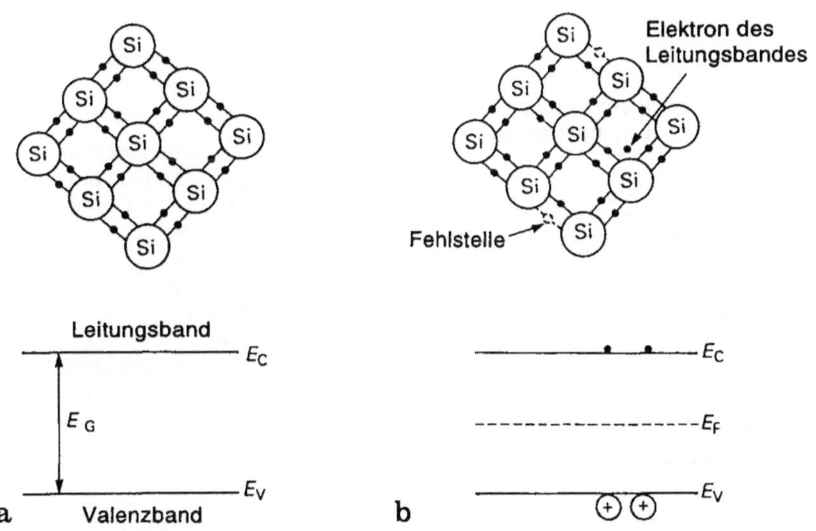

Abb. 4.3. Eigenhalbleiter. **a** Ein vollkommenes Gitter, in dem alle Elektronen auf das Valenzband beschränkt und keine Defektelektronen vorhanden sind, **b** bei erhöhter Temperatur sind einige Elektronen auf das Niveau des Leitungsbandes angehoben und hinterlassen Elektronenlücken im Valenzband; dadurch entstehen Fehlstellen im Gitter.

angegeben, wobei p_i die Anzahl der Elektronenlücken in dem Valenzband ist. Materialien, die solche Lücken und angeregte Elektronen durch thermische Anregung bei Raumtemperatur aufweisen, werden als *Eigenhalbleiter* bezeichnet. Für Silicium beträgt z.B. $E_g = 1,1\,\text{eV}$ und $n_i \approx 1,4 \cdot 10^{10}\,\text{cm}^{-3}$. Wird allerdings $E_g > 1,5\,\text{eV}$, finden so wenige solcher Elektronenübergänge statt, daß diese Festkörper praktisch Isolatoren sind.

n-Halbleiter. Elektronen können künstlich in das Leitungsband überführt werden – oder Lücken im Valenzband hervorrufen –, indem kleine Mengen eines Dotierungsmittels (Fremdatome) verwendet werden. Arsen verhält sich als Elektronendonor, wenn es Silicium zugesetzt wird, da es ein weiteres Energieniveau E_D einführt, das sehr dicht an der unteren Grenze des Leitungsbandes von reinem Silicium liegt (Abb. 4.4a). Bei Raumtemperatur ist der größte Anteil des Arsens ionisiert, und das freie Elektron tritt in das dicht daneben liegende Leitungsband ein. In diesem Fall gibt die Elektronendichte (n) im Leitungsband nicht die Dichte der Defektelektronen im Valenzband (p) wider, da die verbleibenden As^+-Ionen auf dem Energieniveau E_D, nicht auf E_V fixiert sind. Die Leitfähigkeit in diesem Material kann daher hauptsächlich auf die E_C-Elektronen zurückgeführt werden. Ein Material, das wie hier mit Elektronen-Donoren dotiert ist, wird als *n-Halbleiter* bezeichnet.

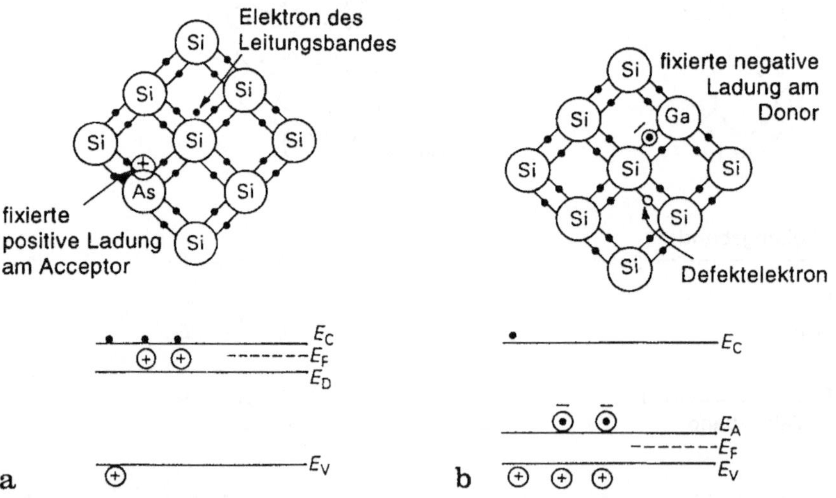

Abb. 4.4. Energiebänder und Gittermodell eines Störstellenhalbleiters. **a** n-dotierter Halbleiter, **b** p-dotierter Halbleiter.

p-**Halbleiter.** Wenn umgekehrt Silicium mit Gallium dotiert wird, entsteht ein Energieniveau E_A, das in der Nähe der oberen Grenze des Valenzbandes liegt (Abb. 4.4b). Elektronen können hier nach thermischer Anregung auf das neue, niedrigere Energieniveau E_A fallen und dabei Elektronenlücken (Defektelektronen) im Valenzband erzeugen. Die Leitfähigkeit geht in diesem Fall auf die Dichte der Defektelektronen zurück. Ein solches Material wird als *p-Halbleiter* bezeichnet.

Fermi-Niveaus. Das Energieniveau, das mit der Wahrscheinlichkeit von 0,5 aufgefüllt ist, wird als *Fermi-Niveau E_F* bezeichnet. In einem Eigenhalbleiter liegt es in der Mitte zwischen Leitungs- und Valenzband, wobei seine Lage in dotierten Materialien allerdings von der Art der Dotierung abhängt. In *p*-dotiertem Material liegt E_F näher am Valenzband, in *n*-dotiertem näher am Leitungsband.

4.2 Metall-Isolator-Halbleiter

Stehen Materialien mit unterschiedlicher Leitfähigkeit in unmittelbarem Kontakt, muß das Schema der Energiebänder so angepaßt werden, daß alle Merkmale der Grenzschichten berücksichtigt sind. Als Beispiel soll ein Metall-Isolator-Halbleiter dienen (MIS, von metal insulator semiconductor). Nimmt man ein ideales Verhalten an (Abb. 4.5a), so ist die Ablösearbeit der Elektronen im Metall und im Halbleiter äquivalent. Wird keine äußere Spannung angelegt, so befindet sich das System im Gleichgewicht, und die Fermi-Niveaus im Metall und im Halbleiter sind gleich.

Wenn zwischen Metall und Halbleiter eine Spannung angelegt wird, die in bezug auf den Halbleiter 0 V beträgt, so unterscheiden sich die Fermi-Niveaus der beiden Materialien um einen Betrag, der gleich der Potentialdifferenz ist. Das Gleichgewicht ist gestört, und es entsteht ein System, das sich ähnlich wie ein Kondensator verhält. Die Grenzflächen Metall-Isolator und Halbleiter-Isolator sind geladen.

Bei *p*-dotiertem Silizium als Halbleiter und einem angelegten negativen Potential baut sich ein Feld auf, das die Wanderung positiv geladener Defektelektronen zur Halbleiter-Isolator-Grenzfläche verursacht und dementsprechend eine Anhäufung von Elektronen an der Metall-Isolator-Grenzfläche. Die überschüssige Ladung im Halbleiter liegt nicht an der Oberfläche – wie es in einem Metall der Fall wäre –, sondern ist in einer *Raumladungszone* hinter der Grenzfläche verteilt. Diese Erscheinung ist analog der diffusen Doppelschicht, die sich in einer Lösung an der Grenzfläche zur Elektrode bildet.

Die steigende Konzentration von Defektelektronen an der Oberfläche des Halbleiters sollte dazu führen, daß das Fermi-Niveau an der Grenzfläche näher an das Valenzband rückt. Wenn das System sich aber im thermischen Gleich-

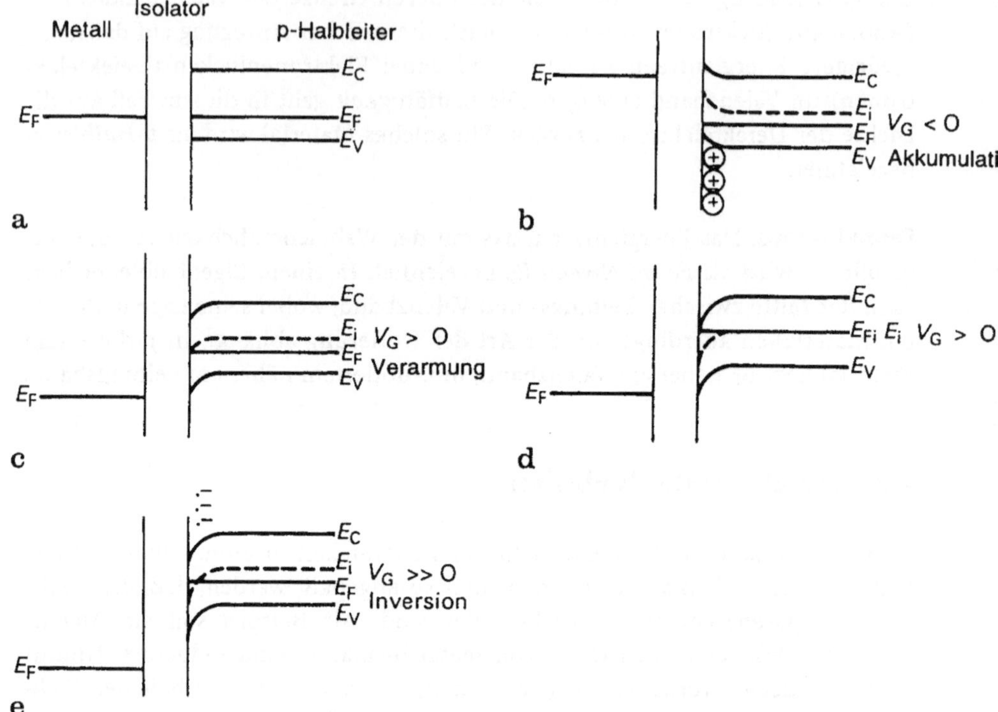

Abb. 4.5. Energiebänder im Verlauf einer MIS-Struktur als Funktion der angelegten Spannung V_G.

gewicht befindet, muß das Fermi-Niveau eben bleiben; der gleiche Effekt stellt sich aber dadurch ein, daß sich das Valenzband in Richtung des Fermi-Niveaus verbiegt, und zwar in Verbindung mit einer entsprechenden Verbiegung des Leitungsbandes (Abb. 4.5b). Wenn umgekehrt ein positives Potential zwischen Metall und Halbleiter angelegt wird, werden die positiv geladenen Defektelektronen von der Grenzfläche zwischen Halbleiter und Isolator abgestoßen; es entwickelt sich ein Elektronenmangel im Grenzbereich und die Valenz- und Leitungsbänder verbiegen sich dementsprechend (Abb. 4.5c).

Ein ansteigendes positives Potential führt schließlich zu einer Situation, wo sogar bei p-dotiertem Silizium die Konzentrationen der Elektronen und der Elektronenlücken in der Nähe der Grenzfläche gleich sind. An diesem Punkt wird das Fermi-Niveau wieder in der Mitte zwischen Valenz- und Leitungsband liegen (d.h. dem intrinsischen Niveau E_i entsprechen) (Abb. 4.5d). Eine weitere Erhöhung des Potentials führt im Bereich der Grenzfläche zu einem

Elektronenüberschuß, wodurch die *Inversion* zu einem n-Halbleiter verursacht wird (Abb. 4.5e).

In Wirklichkeit sind die Ablösearbeit für die Elektronen in Metall und im Halbleiter nicht äquivalent. Darum muß eine Nettospannung angelegt werden, um eine anfängliche Gleichgewichtssituation zu erreichen. Andere Abweichungen vom Idealverhalten in den drei Phasen werden insgesamt durch die angelegte Spannung ausgeglichen, mit der Flachbandbedingungen eingestellt werden. Diese Spannung wird daher als Flachband-Spannung V_{FB} bezeichnet.

4.3 Die Grenzfläche zwischen Halbleiter und Lösung

Besteht Kontakt zwischen einem Halbleiter und einer Lösung mit dem Redoxpaar O/R, errechnet sich das Fermi-Niveau in Lösung über das Redoxpotential E^0 (Abb. 4.6). Als Beispiel kann die Grenzfläche eines n-Halbleiters mit dem Redoxpaar O/R in Lösung dienen. Liegt das Energieniveau E_F des Halbleiters über dem der Lösung, tritt ein Nettoelektronenfluß in die Lösung auf, durch die Grenzfläche zwischen Halbleiter und Lösung hindurch. Analog zum MIS-Modell ist der positive Ladungsüberschuß an der Oberfläche des Halbleiters in einer Raumladungszone verteilt und verursacht dadurch die Verbiegung des Leitungsbandes weg von dem Fermi-Niveau. Das elektrische Feld in diesem Bereich verhält sich analog der diffusen Doppelschicht, so daß jeder Überschuß an Defektelektronen, der hier entsteht, an die Grenzfläche und überschüssige Elektronen in das Innere des Halbleiters abgeleitet werden.

Wird dieser Grenzflächenbereich mit Licht bestrahlt, dessen Energie über der des Bandabstandes E_g liegt, ruft die Absorption der Photonen die Trennung von Elektron/Defektelektron-Paaren hervor, wobei die Elektronen in das Innere des Halbleiters und in einen externen Stromkreis, die Defektelektronen dagegen an die Grenzfläche wandern. Das effektive Potential ist dem Valenzband äqivalent. Diese Defektelektronen sind es also, die die Oxidation von R zu O verursachen (Abb. 4.6c).

Entsprechend kann die Grenzfläche zwischen einem p-Halbleiter und dem Redoxpaar O/R in Lösung (Abb. 4.7) photoaktiviert werden und so die Reduktion von O zu R bewirken. Da sich aber an einer Grenzfläche von p-Halbleiter und Redoxpaar eine Schicht mit angehäuften Elektronenlücken (d.h. eine Schicht von Defektelektronen) bildet, wenn das Potential des Redoxpaares positiver als E_{FB} ist, bleiben diese Lichteffekte auf stärker negative Potentiale beschränkt.

Dies trifft auch für n-Halbleiter zu, bei denen Licht-induzierte Elektrodenreaktionen auf Redoxpaare mit einem positiveren Potential als E_{FB} beschränkt werden müssen.

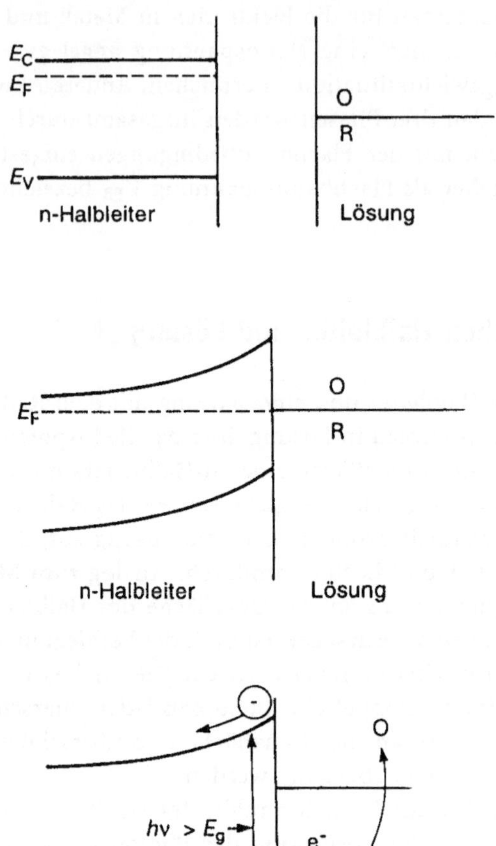

Abb. 4.6. Bildung eines Zonenübergangs zwischen einem *n*-Halbleiter und einer Lösung des Redoxpaares O/R vor dem Kontakt **a**, bei Gleichgewicht im Dunkeln **b**, nach Bestrahlung, wobei $h\nu > E_g$ **c**.

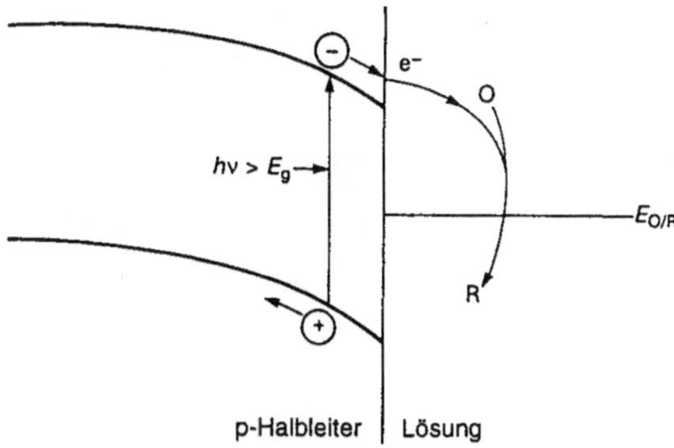

Abb. 4.7. Zonenübergang zwischen einem p-Halbleiter und einer Lösung des Redoxpaares O/R nach Bestrahlung, wobei $h\nu > E_g$.

4.4 Feldeffekttransistoren (FET)

Ein Feldeffekttransistor ist so konstruiert, daß Veränderungen an den MIS-Grenzflächen, wie sie oben beschrieben wurden, aufgezeichnet und kontrolliert werden können. So kann die Inversion an der Grenzfläche zwischen einem p-Halbleiter und einem Isolator über zwei n-Halbleiter-Sensoren aufgezeichnet werden, die auf beiden Seiten der p-Schicht liegen (Abb. 4.8, IGFET, von Insulated Gate FET, Isolierschicht-FET). Normalerweise gibt es keine leitende Verbindung zwischen diesen beiden Sensoren, aber unter Inversionsbedingungen für die p-Schicht führt der n-Inversionskanal an der Grenzfläche zu einem Verbindungskanal zwischen den beiden n-Sensorbereichen. Bei der Konstruktion von Feldeffekttransistoren werden die beiden Sensorbereiche vom n-Typ

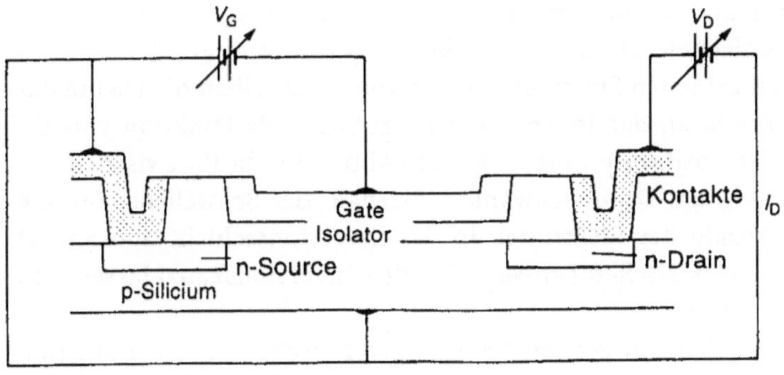

Abb. 4.8. Schema eines IGFET.

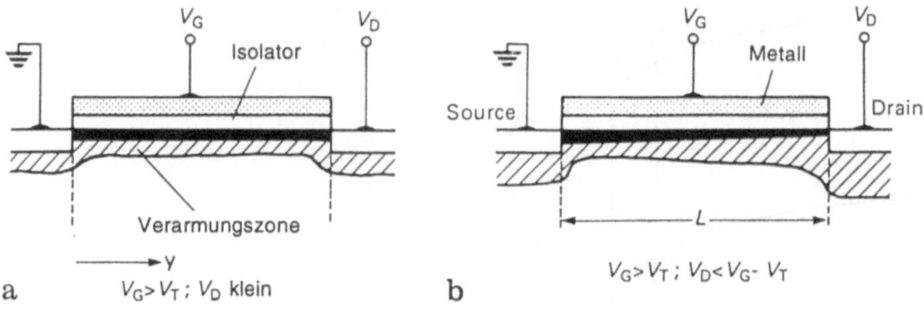

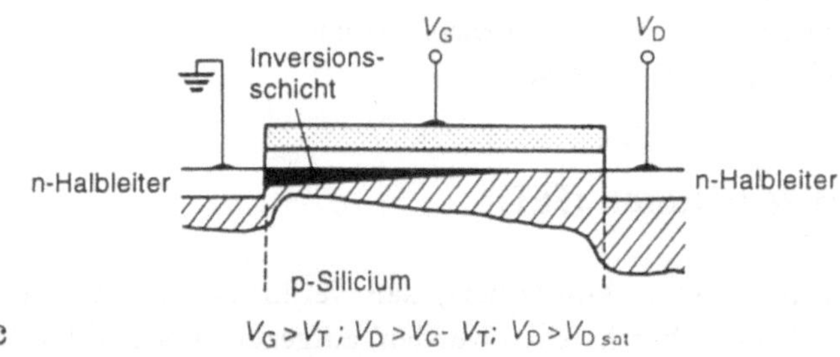

Abb. 4.9. IGFET-Kanal als Funktion von V_D, wenn $V_G > V_T$.

als Source und Drain bezeichnet. Am Drain wird eine Spannung V_D aufrechterhalten, im Vergleich zu 0 V an der Source. Zwischen Source und Drain fließt aber solange kein Strom, bis die Gatespannung V_G zwischen Metall und Halbleiter die Schwellenspannung V_T erreicht, bei der an der Grenzfläche zwischen Halbleiter und Isolator die Inversion eintritt. Dann wird der Drainstrom I_D zwischen Source und Drain vom elektrischen Widerstand der Inversionsschicht an der Oberfläche und von der Größe von V_D bestimmt.

Die Beziehungen zwischen Strom und Spannung beschreiben die Dichte der beweglichen Elektronen an der Inversions-Grenzschicht als Funktion von V_G und V_D und von der Position y in dem Kanal (Abb. 4.9), da V_y zwischen 0 V an der Source und V_D am Drain schwankt. Oberhalb der Schwellenspannung V_T regelt V_D die Anzahl der Elektronen in der Inversionsschicht und ändert damit den effektiven elektrischen Leitwert. Für den Inversionskanal lassen sich drei Grenzfälle betrachten:

1. V_D ist klein, so daß V_y keine großen Änderungen zwischen Source und Drain zeigt (Abb. 4.9a). In diesem Fall kann die Ladung im Kanal, hervorgerufen von den beweglichen Elektronen Q_n, als nahezu unabhängig von der Position

betrachtet werden. Für einen Kanal der Länge L und der Weite W gilt:

$$Q_n = -C_0(V_G - V_T)WL$$

wobei C_0 die Kapazität des Isolators ist. Bei einer gegebenen Ladung Q_n steht der durch die Inversionsschicht fließende Strom in Beziehung zur Weglänge L, der Elektronenbeweglichkeit μ_n und zum Feld V_D/L, dem die Elektronen ausgesetzt sind.

$$I_D = \frac{-Q_n(\mu_n V_D)}{L \quad L}$$

Substituiert man Q_n durch den oben angegebenen Ausdruck, erhält man

$$I_D = \frac{C_0 W \mu_n}{L}(V_G - V_T)V_D$$

2. Ist V_D gegenüber V_G nicht zu vernachlässigen, ändert sich V_y zwischen Source und Drain (Abb. 4.9b). Die effektive Vorspannung im Kanal ist in der Nähe des Drains wesentlich kleiner als in der Nähe der Source, wo V_y gegen Null geht. Dadurch nimmt die Elektronendichte von der Source zum Drain ab, aber die Sperrschicht wächst aufgrund der Spannung V_D am Drain in diesem Bereich an. Dieses Modell läßt sich angenähert mit $V_D/2$ als Durchschnittswert für V_y beschreiben; daraus ergibt sich für $V_D < V_{Dsat}$:

$$I_D = \frac{C_0 W \mu_n}{L}[V_G - (V_D/2) - V_T]V_D$$

3. Für den Fall $V_D > V_G - V_T$ ist die Elektronendichte in der Nähe des Drain auf Null reduziert. An der Grenzfläche zwischen Halbleiter und Isolator entsteht ein Elektronenmangel (Abb. 4.9c). In diesem Modell ist die Inversionsschicht nicht über die gesamte Länge L ausgedehnt, aber das starke elektrische Feld der Verarmungszone beschleunigt die Elektronen zwischen dem Kanalende und dem Drain, und zwar mit einer Geschwindigkeit, die von der Drainspannung unabhängig ist. Dieser Fall ist im Sättigungsbereich gegeben, d.h. wenn $V_D \geq V_{Dsat}$ ist. Daraus folgt

$$V_{Dsat} = (V_G - V_T)$$

I_D wird also

$$I_D = \frac{C_0 W \mu_n}{L}\frac{(V_G - V_T)^2}{2}$$

In Abb. 4.10 sind die gesättigten und die ungesättigten Bereiche für V_D als Funktion der angelegten Gatespannung V_G dargestellt. Obwohl sich keine genauen quantitativen Messungen mit der vereinfachten Berechnung oben erzielen lassen, werden doch die gegenseitigen Abhängigkeiten von V_G, V_T und V_D deutlich.

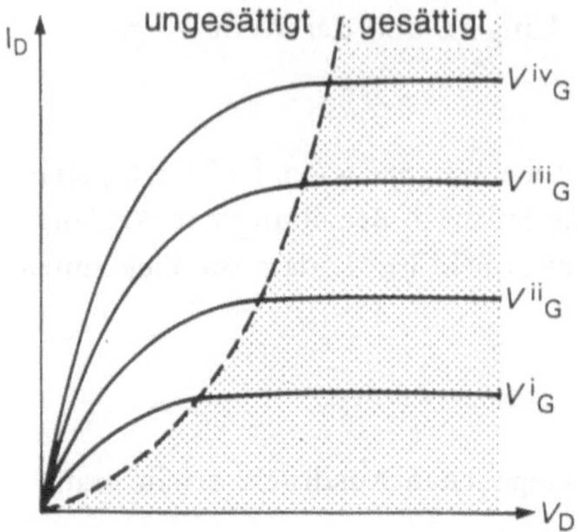

Abb. 4.10. V_D als Funktion der angelegten Gatespannung V_G. Dargestellt sind die gesättigten und ungesättigten Zonen für V_D. ($V^I_G < V^{II}_G < V^{III}_G < V^{IV}_G$).

Diese Einführung in Halbleiterstrukturen verdeutlicht die Analogie mit den Doppelschicht-Modellen in Flüssig-Elektrolyten und ihre mögliche Eignung für Elektroden.

4.5   Chemosensitive Feldeffekttransistoren (CHEMFET)

Für eine Umsetzung des beschriebenen IGFET in ein Sensorelement ist es erforderlich, daß ein Bauteil in dem FET als Sensoroberfläche fungieren kann. In vielen Fällen ist dafür die Metalleinheit eines MIS-Bauteils gut geeignet. Viele Übergangsmetalle sind in der Lage, an ihrer Oberfläche katalytisch und selektiv gasförmige Verbindungen zu adsorbieren. Wird dieses katalytische Metall in einer ausreichend dünnen Schicht als Gate eines IGFET eingebaut, so können an der Metall-Gas-Oberfläche dissoziierte Gasmoleküle durch die Metallschicht hindurch zur Metall-Isolator-Grenzfläche diffundieren. Dort werden sie polarisiert, bilden eine Schicht von Dipolen und verursachen einen Spannungsabfall quer durch die Grenzfläche hindurch (Abb. 4.11), der sich zu der angelegten Gatespannung V_G addiert. Die Spannungsverschiebung ΔV für eine Langmuir-Adsorption läßt sich durch den Ausdruck

$$\Delta V = \frac{\Delta V_{max} k p^{\frac{1}{2}}}{(1 + k p^{\frac{1}{2}})}$$

angeben, wobei p der Gasdruck ist, ΔV_{max} die beobachtete maximale Spannungsverschiebung und k eine Konstante für die gewählte Umgebung.

Wenn andernfalls das Metallgate durch eine chemosensitive Schicht ersetzt wird, deren Ladungsverteilung auf eine Verbindung in der Probe anspricht,

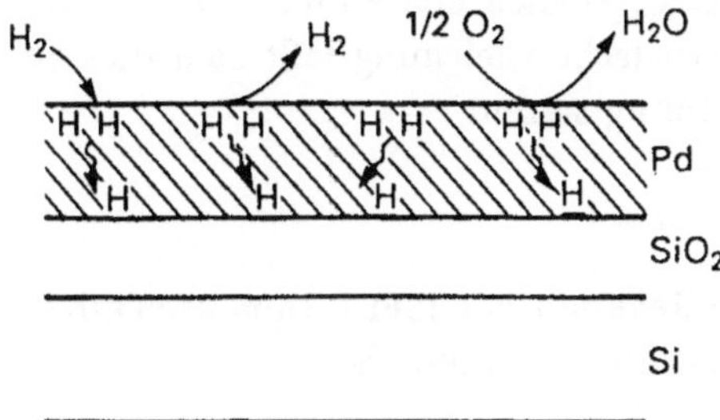

Abb. 4.11. Wanderung der H^+-Atome nach katalytischer Dissoziation von H_2 an der Oberfläche eines Metallgitters und die an der Oberfläche katalysierten Reaktionen.

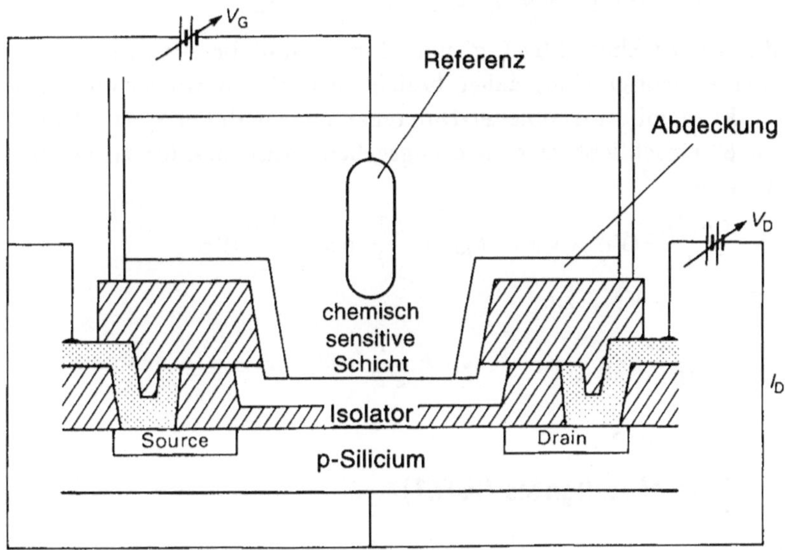

Abb. 4.12. Bauprinzip eines ISFET.

baut sich ein Potential V_G durch den Isolator hindurch in bezug zu einer Referenzelektrode in der Lösung auf (Abb. 4.12). Die für einen IGFET abgeleiteten Gleichungen müssen um das Grenzflächenpotential der Referenzelektrode E_{Ref} und um das Grenzflächenpotential von Membran und Lösung $\Phi_{Membr-Lsg}$ korrigiert werden. Für eine chemosensitive Membran, die auf das Ion „i" anspricht, ergibt sich:

$$\Phi_{Membr-Lsg} = \frac{1}{z^i F}(\mu^i_{Lsg} - \mu^i_{Membr})$$

wobei μ^i das chemische Potential in einer gegebenen Phase und z^i die Anzahl der Elementarladungen ist. Über die Nernstsche Gleichung läßt sich dies zu der Ionenaktivität a^i der Lösung in Beziehung setzen:

$$\frac{1}{z^i F}(\mu^i_{\text{Lsg}} - \mu^i_{\text{Membr}}) = E^0 + \frac{RT}{z^i F} \ln a^i$$

so daß sich für den Fall $V_D < V_{\text{Dsat}}$ die Reaktion des ISFET (ionenselektiver FET) auf eine Änderung der Aktivität des Ions „i" ergibt als:

$$I_D = \frac{C_0 W \mu_D}{L}(V_G - V_{T^*} - E_{\text{Ref}} - E^0 + \frac{RT}{z^i F} \ln a^i - \frac{V_D}{2})V_D$$

Anstelle von V_T wird hier besser V_{T^*} eingesetzt, das der unterschiedlichen Ablösearbeit in Metall und Halbleiter Rechnung trägt; in diesem Fall:

$$\Phi_{\text{Met/HL}} = \Phi_{\text{Met-Lsg}} + \Phi_{\text{Lsg-Membr}} + \Phi_{\text{Membr-HL}}$$

wobei aber die Grenzflächen „Met-Lsg" und „Lsg-Membr" bereits in E_{Ref} bzw. $\Phi_{\text{Lsg-Membr}}$ berücksichtigt sind; daher bezieht sich V_{T^*} normalerweise auf „Membr-HL" (die Membran-Halbleiter-Differenz), obwohl dieser Wert oft auch den Ausdruck E^0 einschließt. Der oben angegebene Ausdruck für I_D vereinfacht sich daher zu:

$$I_D = \frac{C_0 W \mu_n}{L}(V_G - V_{T^*} - E_{\text{Ref}} \pm \frac{RT}{z^i F} \ln a^i - \frac{V_D}{2})V_D$$

und für den Fall $V_D > V_{\text{Dsat}}$ zu:

$$I_D = \frac{C_0 W \mu_n}{2L}(V_G - V_{T^*} - E_{\text{Ref}} \pm \frac{RT}{z^i F} \ln a^i)^2$$

4.6   Gassensitive Metallgates (IGFET)

Der erste FET-Sensor dieses Typs enthielt ein katalytisches Metallgate aus Palladium (Pd), das an seiner Oberfläche die Dissoziation von H_2-Molekülen katalysiert [1]. Einige der so entstandenen Wasserstoffatome diffundieren durch die dünne Pd-Schicht ($< 300\,\text{nm}$) und werden an der Pd-SiO_2-Grenzfläche adsorbiert (Abb. 4.11). In Gegenwart von Sauerstoff laufen an der Oberfläche chemische Umsetzungen unter Bildung von Wasser ab; dadurch gehen die an der Oberfläche adsorbierten Wasserstoffatome verloren, so daß die Empfindlichkeit des Sensors für Wasserstoff von der Gegenwart oxidierender Gase abhängt und in einer inerten Atmosphäre am größten ist.

Normalerweise wird dieser Sensortyp bei erhöhten Temperaturen ($>100\,^\circ\text{C}$) betrieben, um die Reaktion an der Oberfläche zu beschleunigen. In einer inerten Atmosphäre liegt die Nachweisgrenze bei $0{,}01\,\text{ppm}$ H_2 oder $3 \cdot 10^{-5}\,\text{Pa}$ und in Luft bei $1\,\text{ppm}$ oder $5 \cdot 10^{-4}\,\text{Pa}$ [2]. Die maximale Spannungsverschie-

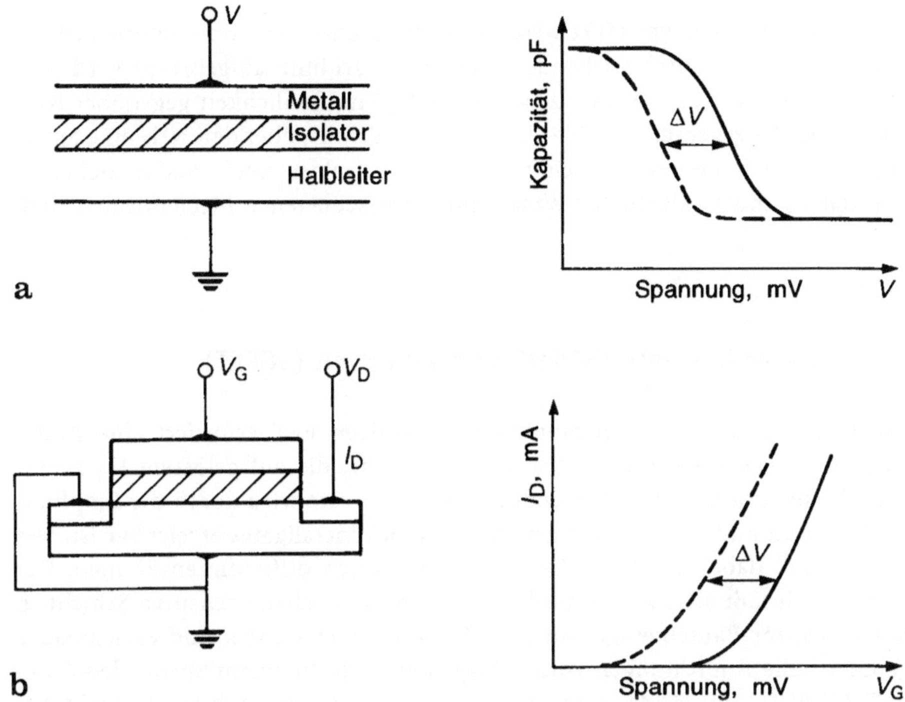

Abb. 4.13. Aufbau eines IGFET mit gassensitivem Metallgate als Kondensator **a**, bei dem durch den Analyten eine Verschiebung der Kapazität/Spannungskennlinie verursacht wird, als FET **b**, bei dem durch den Analyten eine Änderung der Strom/Spannungskennlinie verursacht wird.

bung durch die Adsorption von Wasserstoffatomen an der Metall-Isolator-Grenzfläche wird mit etwa 0,5 V angegeben, wobei die typische Spannungsänderung in einer inerten Atmosphäre angenähert

$$\Delta V \approx K p^{\frac{1}{2}}$$

beträgt. Bei niedrigem H_2-Level beträgt $K \approx 27\,\text{mV/ppm}$.

Die Pd-Gatestrukturen werden hergestellt, indem auf einen p-Siliciumchip, der mit einer 100 nm starken Oxidschicht überzogen ist, eine Pd-Schicht aufgedampft wird. Zwei Bauweisen sind möglich, die als Kondensator (Abb. 4.13a) oder als FET (Abb. 4.13b) wirken.

Der Pd-Katalysator zeigt auch eine gewisse Empfindlichkeit gegenüber anderen Gasen, die in der Atmosphäre der Umgebung vorhanden sein können, wie CO, NH_3, H_2S, CH_4 und C_4H_{10}. Bei Verwendung von ultradünnen Pd-Schichten (25-40 Å) liegt die lineare Reaktion auf CO in Luft im Bereich von 1 000-10 000 ppm [3]. Auch Ammoniak wird mit geringer Empfindlichkeit erfaßt, die aber verstärkt werden kann, indem eine zweite dünne Schicht (3 nm) eines katalytisch wirkenden Metalls wie Iridium aufgebracht wird. Das entstehende Hybridmetallgate zeigt eine hohe Empfindlichkeit gegenüber NH_3 und schwache gegenüber H_2 [4–6]. Der Mechanismus, über den NH_3 eine Spannungsverschiebung hervorrufen kann, ist im einzelnen noch unklar; sicher ist nur, daß es andere als die für Wasserstoff vorgeschlagenen Mechanismen sind.

4.7 Suspended-Gate-Feldeffekttransistoren (SGFET)

Die Funktion des zuvor erwähnten H_2-sensitiven FET erfordert eine Änderung der Elektronen-Ablösearbeit am Metallgate, die auf gelöstem H_2 in der Metallschicht beruht. Die Anwendung solcher Geräte wird durch die Empfindlichkeit bestimmt, die mit den gewählten Hybridmetallgates erreichbar ist. Der Analyt muß dabei durch die Gateschicht hindurch diffundieren können. Der Meßbereich läßt sich weiter ausdehnen, wenn eine chemosensitive Schicht in das Transistor-Bauteil eingebaut wird. Um dies zu erreichen, sind verschiedene geometrische Anordnungen vorgeschlagen worden. In einem Suspended-Gate-FET (SGFET, Abb. 4.14) steht das Metallgate nicht in direktem Kontakt mit dem Isolator, sondern bildet eine Netzstruktur über einem Spalt von ca. 2000 Å. Gasmoleküle mit einem Dipolmoment können durch das Netz diffundieren und an der inneren Oberfläche des Gates oder auch an der Oberfläche des Isolators adsorbiert werden, wo sie ein Dipolpotential hervorrufen, das sich zu der angelegten Spannung V_G addiert.

Die Empfindlichkeit von FET dieses Typs wird nicht mehr durch die katalytischen Eigenschaften des Gatematerials beschränkt; sie sind für die meisten polaren Verbindungen sensitiv. Durch Modifikation der Gatestruktur kann die Selektivität beeinflußt werden. Beispielsweise lassen sich chemoselektive Schichten auf elektrochemischem Weg auf das Gatemetall auftragen.

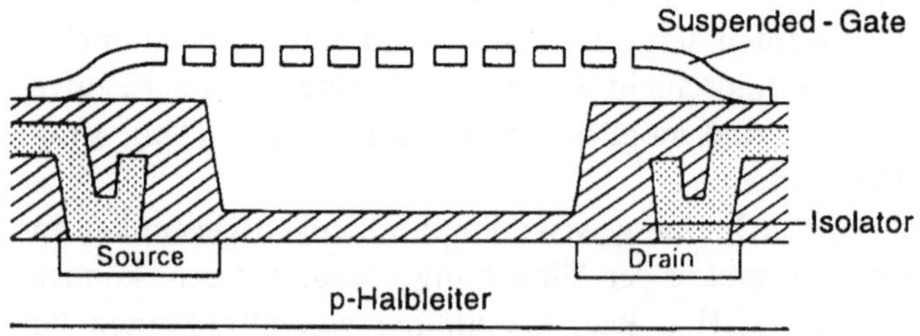

Abb. 4.14. Bauweise eines Suspended-Gate-FET.

Polypyrrol kann elektrochemisch als Schicht aufgelagert werden, die auf niedere aliphatische Alkohole reagiert [7]. Die resultierende Änderung der Ablösearbeit verursacht eine positive Verschiebung von V_T. Die Reaktion ist vermutlich mit Wechselwirkungen von Wasserstoffbrückenbindungen zwischen dem Pyrrolfilm und den Hydroxylgruppen des Alkohols verbunden und zeigt eine nahezu Nernst-gemäße Reaktion (60 mV/Dekade).

Polypyrrol ist auch eine geeignete Matrix für den Einschluß anderer chemisch aktiver Verbindungen oder für die Modifizierung von Oberflächen. Sowohl Nitrotoluen- als auch Nitrobenzen-Verbindungen sind in Polypyrrolfilme eingelagert worden [8]. Für den ersten Fall ist ein Copolymer mit dem Nitrotoluen-Radikal vorgeschlagen worden (Abb. 4.15). Nitrobenzen bildet jedoch nicht so leicht Copolymere, und es gibt Hinweise auf einen Ladungstransfer-Komplex zwischen dem Aromaten und dem Polymer. Indem Polymere auf diese Weise mit „Fingerprints" modifiziert werden, sind beide Filme für Aromate sensitiv gemacht worden. Ein unmodifizierter Polypyrrolfilm zeigt keine Empfindlichkeit gegenüber Toluen, wohl aber ein Copolymer mit Nitrotoluen oder ein Polymer mit eingeschlossenem Nitrobenzen.

4.8 Selektivität und Mustererkennung

Multikomponentenanalysen zur Auftrennung überlappender Signale gewinnen zunehmend an Bedeutung als Möglichkeit, die Selektivität zu erhöhen. Bei dieser Technik muß eine Messung im Hinblick auf mehr als eine Variable vorgenommen werden, so daß mit einem geeigneten Set von simultanen Gleichungen die Reaktion sowohl qualitativ als auch quantitativ in bezug auf die Konzentration eines Analyten erfaßt werden.

Diese Möglichkeit wurde in Zeolith-ummantelten MOS-Sensoren (von metal-oxide-semiconductor; der Isolator besteht aus einem Metalloxid) untersucht, die für Wasserstoff und eine Gruppe von Kohlenwasserstoffen sensitiv sind [9]. Werden sie dem Testgas ausgesetzt, ändert sich die Spannung V_G mit der Anfangsgeschwindigkeit $d(\Delta V_G)/dt$, bis sich ein stationärer Zustand mit dem Wert V'_G einstellt. In einem einfachen Modell [2] ist die Anfangsgeschwindigkeit bei der Änderung von $V_G(S_i)$ proportional der Konzentration und führt zu einem Endwert $V'_G(S_f)$, der angenähert der Quadratwurzel der Konzentration proportional ist. Der Wert $S_i/(S_f)^2$ ist darum für das Testgas charakteristisch und von der Konzentration unabhängig.

Die Abwandlung solcher Kennwerte mit zusätzlichen Parametern wie der Porengröße des Zeolithen und/oder der Temperatur liefert weitere Informationen und eine erhöhte Selektivität ein und desselben Sensormaterials.

An diesem Beispiel wird deutlich, wie mit Hilfe der Datenverarbeitung ein Sensorsignal selektiv gemacht werden kann. Leichte Veränderungen bei der

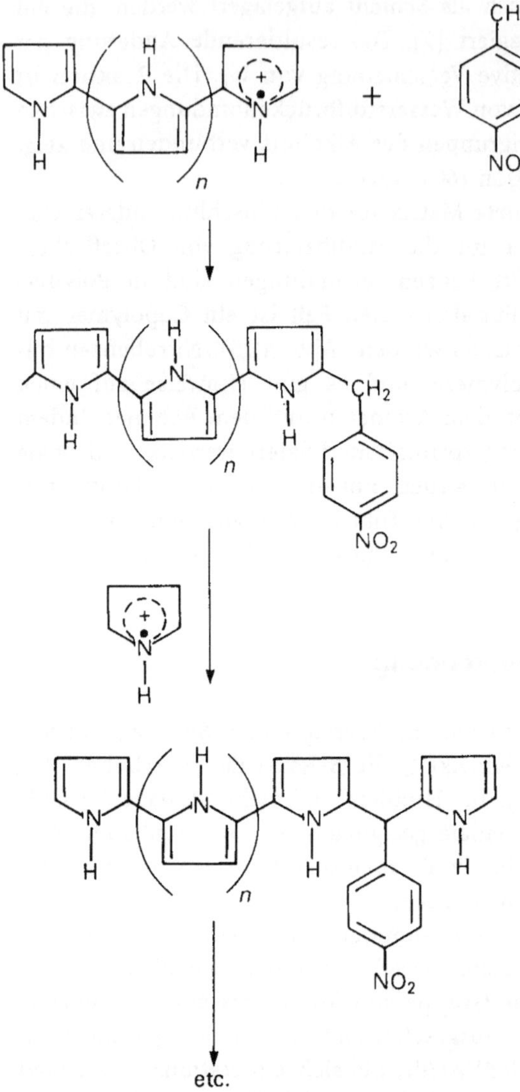

Abb. 4.15. Vorgeschlagener Mechanismus zur Inkorporierung von Nitrotoluen in das Pyrrol-Polymer.

Probenverarbeitung können das Signal, das dem Transducer zugeleitet wird, wesentlich verändern. Solche Veränderungen können gezielt eingesetzt werden, um mit Hilfe von Multikomponentenanalysen sowohl die Selektivität als auch die Empfindlichkeit zu verbessern. Es ist absehbar, daß diese Methoden zunehmende Bedeutung erlangen.

4.9 Ionenselektive Feldeffekttransistoren (ISFET)

Zur Erfassung ionischer Verbindungen wird am häufigsten ein Aufbau verwendet, bei dem der chemosensitive Film direkt auf dem Isolator aufgelagert ist und die Änderungen in diesem Film in bezug auf eine Referenzelektrode in der Lösung aufgezeichnet werden. Wie in ionenselektiven Elektroden ist eine chemosensitive Schicht mit Ionophoren für diese Anwendung besonders geeignet.

Der ionenselektive Feldeffekttransistor (ISFET) bietet eine Lösung für das Problem des Rauschens, das häufig bei der Verwendung von herkömmlichen ISE auftritt; die Ein-Chip-Bauweise für Sensor und Kontrollteil eliminiert die Verdrahtungen zwischen Bauteilen mit hoher Impedanz.

In ISFET werden gewöhnlich die gleichen Membranen eingesetzt wie in ISE; dazu kommen einige nur für ISFET geeignete Membransysteme.

4.9.1 Festkörpermembranen

Der erste pH-sensitive ISFET basierte auf den Ionenaustauschereigenschaften eines unbeschichteten Isolatorgates [10]. Der praktische Wert eines pH-ISFET mit einem SiO_2-Gate ist allerdings gering, da die Isolatoreigenschaften der Schicht verlorengehen, wenn der Sensor auch nur kurze Zeit in eine Lösung getaucht wird, weil das thermisch aufgebrachte SiO_2 hydratisiert wird.

Ein allgemein akzeptiertes Modell für die H^+-Wechselwirkungen geht von reversiblen Oberflächenreaktionen in Ampholyten aus [11] [49]:

$$Si - OH_2^+ \rightleftharpoons Si - OH + H^+ \qquad (K_1 = [Si - OH][H^+]/[SiOH_2^+])$$
$$Si - OH \rightleftharpoons Si - O^- + H^+ \qquad (K_2 = [Si - O^-][H^+]/[Si - OH])$$

so daß die Oberfläche bei niedrigen Werten für K_1 und K_2 gegenüber H^+ keine Nernstsche Abhängigkeit zeigt.

Systeme mit Siliciumnitrid (Si_3N_4) als Gatematerial weisen gute Isolatoreigenschaften auf, die bei Kontakt mit der wäßrigen Lösung nicht verlorengehen [13]. Si_3N_4 kann mit ausgezeichneter Reproduzierbarkeit aufgelagert werden und führt zu einer pH-sensitiven Grenzfläche mit Nernstscher Abhängigkeit der Reaktion gegenüber H^+ (50-60 mV/Dekade). Der weite Bereich, in dem diese Oberfläche pH-sensitiv ist, wird auf die Silanol-Gruppen zurückgeführt, die in der hydratisierten Schicht an der Grenzfläche verteilt sind.

Reaktionen auf den pH-Wert werden auch in anderen Halbleiter-Isolator-Strukturen gefunden, sofern H^+-Bindungsplätze auf der Oberfläche vorhanden sind. Beispiele dafür sind TiO_2-Elektrolyt- und Ge-Elektrolyt-Systeme, von denen das zweite System eine H^+-induzierte Verschiebung des Flachbandpotentials von 60 mV/Dekade ergibt.

Die Ablagerung von Festkörpermembranen für ISFET kann mit Techniken erreicht werden, die auch bei der Herstellung von integrierten Schaltkreisen gebräuchlich sind. Hierin liegt ein besonderer Vorteil der ISFET-Strukturen. Allerdings sind Festkörpermembranen für andere Substanzen als H^+ bisher nur mit wenig Erfolg entwickelt worden; lediglich Na^+-Sensoren konnten mit aufgelagertem Aluminiumsilicat- und Borsilicatglas ausschließlich mit Herstellungsverfahren für integrierte Schaltkreise produziert werden.

Ag_2S ist, abgesehen von der Verwendung in Silber- und Sulfid-sensitiven Elektroden (Kap. 3), eine Grundmatrix für mehrere andere Festkörpermembranen in ISE, kann aber leider nicht verdampft werden. Dissoziation oder andere chemische Veränderungen von Ag_2S und vielen anderen ionenselektiven Materialien können bei der Verwendung in solchen Hochvakuum-Verfahren allerdings nicht verhindert werden.

4.9.2 Polymere Membranen

Polymere Membranen werden gewöhnlich präpariert, indem sie über dem Gatebereich des FET aus einem flüchtigen organischen Lösungsmittel aufgebracht werden. Dies ist das gleiche Verfahren wie bei der Fertigung der schon beschriebenen ISE (Kap. 3). Anscheinend läßt sich jede beliebige, für ISE entwickelte polymere Membran mit Ionophoren auch direkt in ISFET verwenden. In Membranen, die dünner als $50\,\mu m$ sind, besteht die Tendenz zu Defekten in Form kleiner Löcher (Pinholes), die sich mit Elektrolytflüssigkeit füllen und schließlich die Membran unbrauchbar werden lassen. Die besten Ergebnisse werden mit Mehrschrittpräparationen erreicht, die eine Membranstärke über $100\,\mu m$ ergeben.

Erfolgreich sind ISFET mit solchen polymeren Membranen bereits für den Nachweis von Ionen wie K^+ und Ca^{2+} entwickelt worden. Als Ionophor für K^+ werden Valinomycin [14] [15] oder ähnliche, synthetische Kronenether verwendet, für Ca^{2+} ein Derivat der Phosphorsäure wie z.B. p-(1,1,3,3-Tetramethylbutylphenyl)phosphorsäure mit Ca^{2+}-Sensitivität [16]. In beiden Fällen ergeben Membranen, die dünner als $40\,\mu m$ sind, deutlich erniedrigte Signale ($<$ $40\,mV/pIon^+$) aufgrund der Pinholes. Dieser Effekt tritt nicht mehr auf, wenn die Membranen 80-$150\,\mu m$ stark sind. Während die Lebensdauer der Ca^{2+}-sensitiven Membran durch die allmählich fortschreitende Zersetzung begrenzt ist, zeigt der K^+- Sensor eine Lebensdauer von mehr als einem Monat.

Eine wesentliche Einschränkung bei der Anwendung eines Sensors besteht darin, daß das Ionophor aus der polymeren Membran ausgewaschen wird. Dieser Verlust reduziert nicht nur die effektive Lebensdauer des Gerätes, sondern macht es auch für einen eventuellen in-vivo-Gebrauch untauglich. Die chemische Modifikation von Valinomycin in der Weise, daß es mit dem Membranpolymer kovalent verknüpft werden kann, ist nicht leicht zu erreichen, ohne daß sich gleichzeitig die hohe Selektivität für K^+-Ionen ändert. Es sind darum verschiedene synthetische Hemisphäranden und Calix-Kronenverbindungen, die für eine Verknüpfung mit der Membran geeignet sein könnten, auf ihre Selektivität untersucht worden. Tabelle 4.1 zeigt z.B. die Strukturen einiger synthetischer Ionophoren mit vergleichbarer Selektivität [17–20] und mit reduzierter Selektivität. Kein Selektivitätsverlust ist festzustellen, wenn der 21gliedrige Hemisphärand vor der Bindung an die Membran mit funktionellen Gruppen versehen wird [20].

4.9.3 ISFET mit multipler Funktion

In einem ISFET mit vierfacher Funktion zur Erfassung von pH, Na^+, K^+ und Ca^{2+}, der in erster Linie für klinische Zwecke entwickelt wurde [21], werden Membranen auf der Grundlage von Glas, Phosphorsäure und Valinomycin für die Bestimmung von Na^+ bzw. K^+ verwendet, während die pH-Empfindlichkeit mit einem reinen Si_3N_4-Gate oder mit auf die Gateregion gesputtertem pH-sensitivem Glas erreicht wird.

Bei dieser Konstruktion wird besonders deutlich, daß spezifische Sensoren an die jeweilige geplante Anwendung angepaßt werden müssen. In diesem Fall soll der Multisensor zur kontinuierlichen Kontrolle von unverdünntem Blut am Patientenbett oder während Operationen eingesetzt werden. Im Laborbetrieb zeigt das Gerät in allen vier Funktionen gute Leistung. Bei der Analyse von unverdünntem Blut im klinischen Betrieb, wenn Änderungen der Elektrolytzusammensetzung im Blut auftreten [22, 23], stellen sich dann aber erhebliche Schwierigkeiten bei der Na^+-Bestimmung ein, die vor allem mit der Selektivität und der Empfindlichkeit der Na^+-sensitiven Membran zusammenhängen. Wenn sich die Membran auch für viele Na^+-Analysen eignet, ist sie in der speziellen Umgebung und dem Na^+-Konzentrationsbereich des unverdünnten Blutes unbrauchbar.

Für klinische Anwendungen müssen nicht immer die absoluten Konzentrationen des Analyten bestimmt werden, oft genügt es, die Konzentrationsänderungen zu erfassen. Im Idealfall ist eine Auflösung von 0,1 mV wünschenswert, was mit ISE schwierig, wenn nicht in manchen Fällen unmöglich zu erzielen ist. Auch ISFETs erreichen häufig nicht diese Auflösung, da beispielsweise allein durch die Hydratisierung des elektroaktiven Gates in den ersten zwölf Betriebsstunden eine Verschiebung von mehr als $0,2\,\text{mV}\,\text{h}^{-1}$ beobachtet wird.

4.9.4 Heterogene Membranen

Festkörpermembranen mit Halbleitersalzen können als heterogene Membranen hergestellt werden. Üblicherweise wird ein anorganisches Salz mit geringer Löslichkeit in einem geeigneten Polymer dispergiert [24]. Ein funktioneller Vergleich von Membranen, die aus verschiedenen Polymeren präpariert wor-

Tabelle 4.1. Struktur synthetischer Ionenphoren und ihre relative Selektivität gegenüber K^+ und Na^+.

	K^+/Na^+ (Näherungswerte)
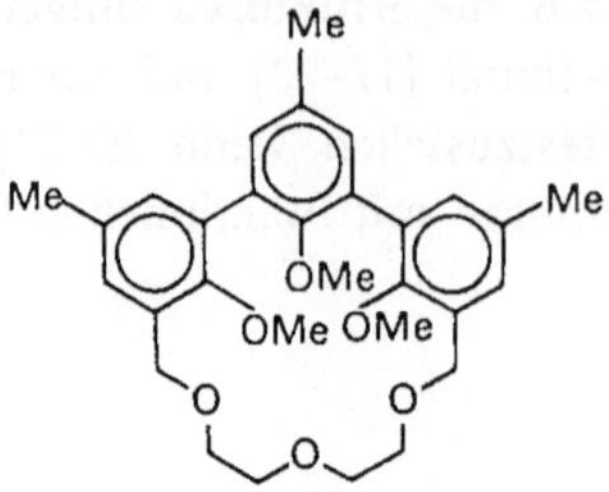 18 - gliedriger Hemisphärand	5×10^{-1}
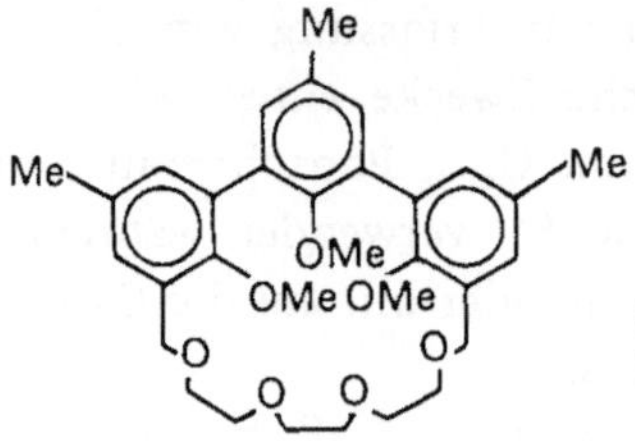 21 - gliedriger Hemisphärand	3.5×10^{-3}
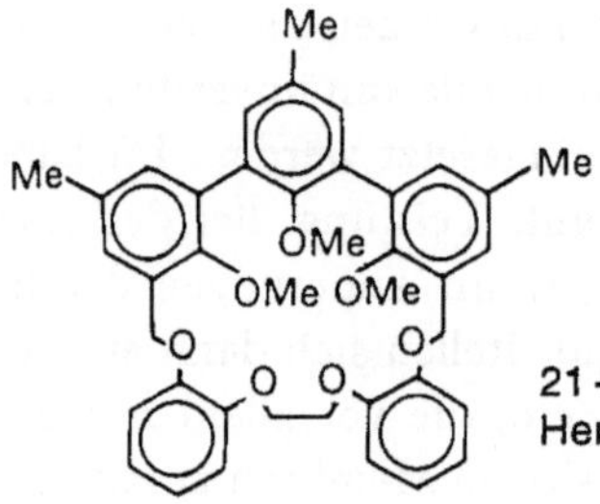 21 - gliedriger Dibenzo-Hemisphärand	1.5×10^{-3}
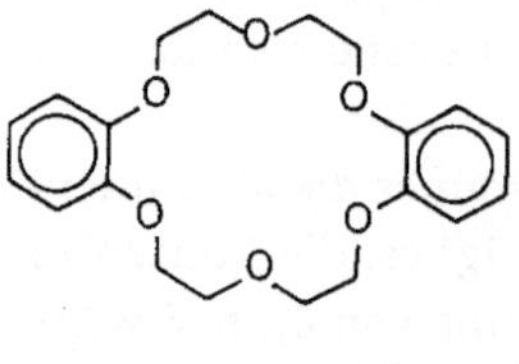 Dibenzo-18-krone-6	1×10^{-1}
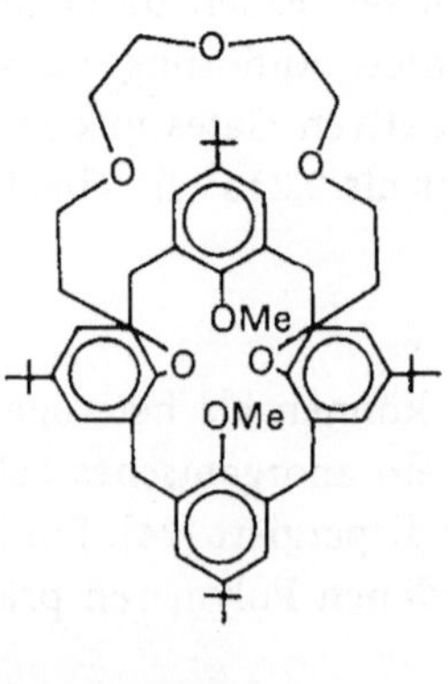 Dimethyl-calix-[4]-aren-krone-5	5×10^{-4}

Tabelle 4.2. Selektivitätskonstanten heterogener Membranen für einige anorganische Ionen.

Ion	Konzentration ($mol\,L^{-1}$)	Selektivitätskonstante $K_{Cl/i}$	
		AgCl:PNF (3:1)	AgCl:Ag$_2$S:PNF (12:3:5)
Br^-	$7,5 \cdot 10^{-5}$	1,87	5,4
I^-	$7,5 \cdot 10^{-6}$	–	0,42
SO_4^{2-}	0,01	0,01	$4,5 \cdot 10^{-3}$
NO_3^-	0,1	$1,3 \cdot 10^{-4}$	$5,1 \cdot 10^{-4}$

den sind, zeigt konzentrationsabhängig Reaktionen, die teilweise weit unterhalb des Nernstschen Verhaltens (5-27 mV/Dekade), für einige Polymere mit über 50 mV/Dekade aber auch im Bereich des Nernstschen Verhaltens liegen. Beispielsweise ist Silicongummi, dessen konzentrationsabhängige Reaktion weit unterhalb der Nernstschen Beziehung liegt, als Trägermaterial allgemein wenig geeignet. Polyfluoriertes Phosphazen (PNF) dagegen, ein in Ketonen und anderen üblichen organischen Lösungsmitteln leicht lösliches Elastomer, kann für die Herstellung von Membranen verwendet werden, die eine nahezu Nernstgemäße Reaktion zeigen. 75 % fein verteiltes Silberchloridpulver und 25 % PNF ergeben als Niederschlag aus Methylisobutylketon eine Membran, die auf Cl^- mit 52 mV/Dekade reagiert [25]. Ersetzt man das Silberchlorid in einem Verhältnis von 4:1 durch Silbersulfid, läßt sich die Selektivität für Cl^- erhöhen. In Tabelle 4.2 wird die Selektivität beider Membranen für einige anorganische Ionen verglichen.

Veränderungen der Silbersalzmischung können sich tatsächlich auf die Selektivität für bestimmte Anionen auswirken und gezielt vorgenommen werden, um eine Membran auf bestimmte Ionen abzustimmen. So erzielt man mit einem Präparat aus AgI und Ag$_2$S im Verhältnis 6:1 eine Empfindlichkeit gegenüber I^- in der Größenordnung von 60 mV/Dekade und gegenüber CN^- in der gleichen Größenordnung, aber mit den Selektivitätskonstanten für K_{I^-/Cl^-} von $1,14 \cdot 10^{-5}$ und K_{CN^-/Cl^-} von $2 \cdot 10^{-4}$.

4.10 Referenzsysteme für Feldeffekttransistoren

Für die Umsetzung eines IGFET in einen ISFET ist, wie auch bei den entsprechenden ISE-Geräten, eine Referenzelektrode erforderlich. Auch wenn teilweise ein Betrieb ohne Referenz beschrieben ist, wird eine Referenzelektrode allgemein für erforderlich gehalten. Wie in ISE wird üblicherweise eine Ag/AgCl-

Elektrode verwendet, die mit der Probe über einen Flüssigübergang gekoppelt wird.

Eine andere Möglichkeit bieten pH-Differenzmessungen zwischen zwei pH-sensitiven FET [26]. Dafür wird ein pH-FET in einer gepufferten Lösung mit konstantem pH über einen Flüssigübergang an einen zweiten pH-FET angeschlossen, der den pH der Testlösung erfaßt. Der Hauptvorteil dieses Referenzgates liegt darin, daß Temperaturveränderungen und Rauschen automatisch kompensiert werden. In ISFET können solche Umgebungsfaktoren auf direktem Wege durch die Verwendung gekoppelter Bauteile für die Referenzelektrode eliminiert werden. Weniger einfach ist dies in nicht gekoppelten Systemen wie einem IS-Gate und einer Ag/AgCl-Referenzelektrode.

Eine weitere Möglichkeit für einen Referenz-FET besteht darin, ein nicht-ionensensitives Gatematerial zu verwenden. So kann ein FET mit einem Gate aus dem nicht-ionensensitiven Polymer Parylen hergestellt werden, indem eine 1 000 Å starke Schicht aus Parylen C (Polymonochloro-p-xylen) auf Si_3N_4 aufgelagert wird. Für diese Auflagerung wird die Technologie zur Fertigung von integrierten Schaltkreisen genutzt [43]. Das Gerät zeigt nur eine geringe Ionenempfindlichkeit (etwa 0,5 mV/pH) und ist als Referenzsystem geeignet, sofern es auch unter Betriebsbedingungen gegenüber störenden Probensubstanzen nur wenig empfindlich ist.

4.11   Betrieb als CHEMFET

Bei Feldeffekttransistoren entsteht das Signal aus der Änderung des Drainstromes aufgrund der Aktivität im Gatebereich. Unter Inversionsbedingungen verursacht eine Aktivitätsänderung der Ionen in der Probelösung eine Änderung der Anzahl mobiler Carrier im Kanal. Bei einer vorgegebenen Drainspannung wird so eine Änderung des Drainstroms hervorgerufen.

Grundsätzlich gibt es zwei Betriebsmöglichkeiten:
- V_G und V_D sind konstant, I_D ist Meßgröße;
- I_D und V_D sind konstant, V_G ist Meßgröße.

Betrieb mit konstantem V_G. Bei dieser Betriebsart werden alle äußeren angelegten Spannungen (V_D und V_G) konstant gehalten. I_D wird über einen Operationsverstärker gemessen, der als Strom/Spannungs-Wandler arbeitet (Abb. 4.16a), wobei eine Verstärkungsregelung des Ausgangssignals mit einem Rückkopplungswiderstand R erreicht wird, so daß das Meßsignal

$$V_{out} = -I_D R$$

wird. In der Praxis geht V_{out} aber nicht direkt auf den Einfluß von I_D zurück, sondern schließt auch den Reihenwiderstand von Source und Drain ein, wo-

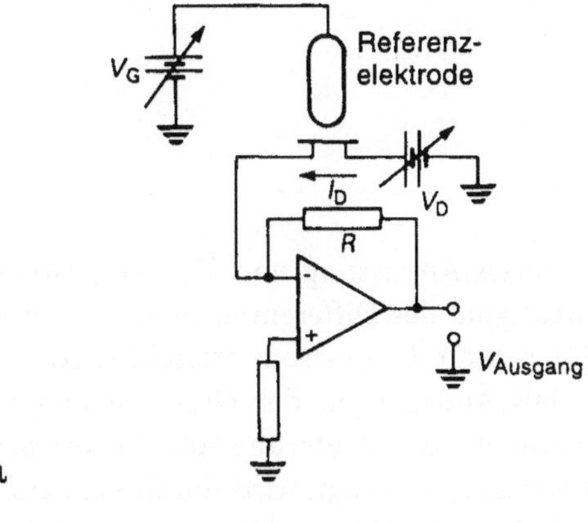

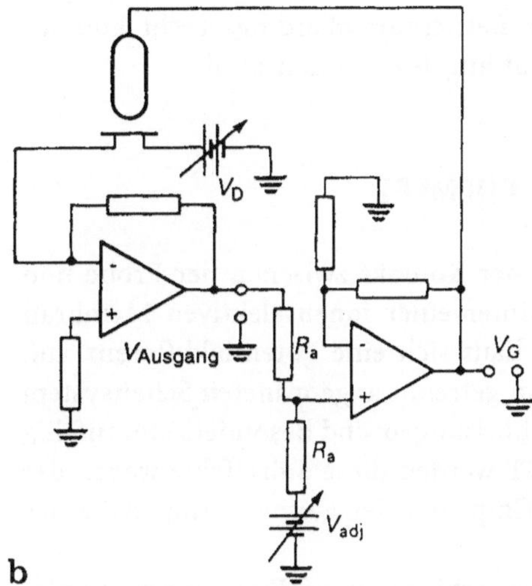

Abb. 4.16. Betriebsarten eines CHEMFET. **a** Basisschaltung für den Betrieb mit konstantem V_G; **b** Basisschaltung für den Betrieb mit konstantem I_D.

durch Abweichungen vom linearen Zusammenhang verursacht werden. Das Gerät muß daher über den gesamten Meßbereich kalibriert werden, um diesen Abweichungen Rechnung zu tragen.

Betrieb mit konstantem I_D. Der Schaltkreis kann in der Weise erweitert werden (Abb. 4.16b), daß V_G über das Ausgangssignal V_{out} kontrolliert und der Strom I_D konstant gehalten wird. V_{out} wird über einen Spannungsteiler in einen Differentialverstärker eingespeist, wobei V_{adj} auf einen Wert eingestellt wird, der V_{out} kompensiert:

$$V_{out} + V_{adj} = 0$$

und weil

$$I_D = -V_{out}/R$$

gilt, so ist

$$I_D = V_{adj}/R$$

und der erforderliche Strom I_D kann durch Anpassung von V_{adj} eingestellt werden. Damit kontrolliert das Ausgangssignal des Differentialverstärkers die Spannung V_G, so daß der gewünschte konstante Drainstrom erreicht wird.

Diese Betriebsart hat den Vorteil, daß Änderungen der Grenzflächenpotentiale direkt aufgezeichnet werden können. Jede Änderung des Wertes für den Ausdruck $\pm RT/z/F \ln a^i$, die zum Strom I_D beiträgt, wird durch eine aufgezeichnete Anpassung von V_G ausgeglichen. In FET-Geräten mit multipler Funktion wird das Schaltbild bei dieser Betriebsart allerdings recht kompliziert, da V_G für jede Gatefunktion separat angelegt werden muß.

4.12   Weitere Entwicklungen von CHEMFET

In einer ionenselektiven Elektrode wird der Kontakt zwischen der Probe und der Elektrode über eine Pufferlösung hinter einer ionenselektiven Membran erreicht. Durch die Membran hindurch baut sich eine Potentialdifferenz auf, die gegen eine Referenzelektrode in einem getrennt angeordneten Schaltsystem mit hoher Impedanz gemessen wird. Die Messungen sind besonders störanfällig durch Rauscheffekte. In einem CHEMFET werden diese Störeffekte wegen der Signalübertragung über einen einzigen Chip und der geringen Impedanz des Ausgangssignals unterdrückt.

Da CHEMFET sich mit Hilfe der bereits existierenden Fertigungstechnologie für Halbleiterbauteile herstellen lassen, können sie in großen Stückzahlen und mit geringen Kosten produziert werden. Zudem lassen sich mit der Anordnung multipler Gates auf einem Chip mehrere Analyte simultan bestimmen. Solche Geräte auf FET-Basis können inzwischen mit so kleinen Abmessungen produziert werden ($10 - 100\ \mu$m), daß multiple Sensoren auf Kathetern in den Bereich des Möglichen rücken.

Katheter mit pH-Sensoren an der Spitze sind für den Labor- und Klinikbetrieb bereits entwickelt worden [28, 29], und einige Geräte sind kommerziell verfügbar (Sentron, Holland). Ein Problem dieses Sensors und aller daraus abgeleiteten Sensoren ist allerdings die oft unzureichende Biokompatibilität über einen längeren Zeitraum.

Gegen die natürlichen Abwehrmechanismen des „Wirts" muß ausreichender Schutz vorhanden sein. Obwohl man mit beträchtlichem Aufwand versucht hat, dieses Problem zu lösen, stellten sich immer nur begrenzte Erfolge ein, und auch der pH-ISFET-Katheter fällt gelegentlich wegen mangelnder Biokompatibilität aus.

Selbst unter idealen Betriebsbedingungen treten Probleme durch Drifts auf. Sie können von verschiedenen Ursachen herrühren; der größte Fehler entsteht wahrscheinlich durch eine ungenügend definierte innere Referenz (Membran-Isolator-Grenzschicht) sowie durch fehlerhafte Verkapselung und Membranauflagerung. Flüssigkeiten, die aufgrund von Lecks an den Rändern der Verkapselung und durch Defekte in der Membran oder dem Gate-Isolator eindringen können, werfen ebenfalls Probleme auf, die noch gelöst werden müssen.

Eine ungenügend definierte innere Membran-Isolator-Grenzfläche kann Ursache für eine Störung des Signals durch CO_2-Gas in der Probelösung sein [30], wobei die Wechselwirkung von CO_2 mit Spuren von H_2O an der Grenzfläche zu Änderungen der H^+-Konzentration führt.

Eine der Wurzeln dieses Problems scheint in der schlechten Adhäsion zwischen Membran und FET zu liegen; wegen der allmählichen Ablösung der Membran kommt es zu elektrolytischen Nebenschlüssen an den Rändern. Ein ISFET mit einem speziell konstruierten Netz („suspended mesh") bietet die Möglichkeit zum Verankern der ionenselektiven Membran ([66] und ist ein Vorläufer des früher beschriebenen SGFET (Suspended-Gate-Fet). In dieser Konstruktion ist ein Polymerfilm als Netz mit regelmäßig im Abstand von 1 μm angeordneten, 10 μm großen quadratischen Löchern über den Gate-Isolator gelegt. Über diese Gateregion wird die polymere ionenselektive Membran aufgebracht. Das flüssige Polymer fließt unter das Netz, verdrängt die Luft und füllt den Spalt, so daß das Netz ein integraler Bestandteil der Membran wird. Geräte mit diesem Aufbau arbeiten über einen Zeitraum von mehr als sechzig Tagen ohne Abweichungen, während herkömmliche ISFET bereits nach 24 h nicht mehr störungsfrei sind.

In einer anderen Anordnung wird eine besser definierte Grenzfläche durch eine Zwischenschicht von Ag/AgCl zwischen Isolator und Membran erreicht [32]. Dafür ist allerdings freies Cl^- an der Membrangrenzfläche erforderlich, das in das Gleichgewicht eingeht.

Eine weitere Möglichkeit ist eine hydrophobe Zwischenschicht aus Poly-(hydroxyethylmethacrylat) (p-HEMA). Sie wird präpariert, indem das Monomer über ein Silan kovalent an die Isolatoroberfläche gebunden, anschließend photopolymerisiert und mit einem geeigneten Elektrolyten aufgefüllt wird [33]. Mit dieser aufliegenden Membran zeigt der ISFET (Abb. 4.17) eine verbesserte Stabilität und das Signal bleibt bei unterschiedlichen CO_2-Levels stabil, wenn der Puffer zum Auffüllen einen pH-Wert < 4 hat, bei dem keine Störung durch CO_2-induzierte Entwicklung von Protonen auftritt. Diese Anordnung entspricht mit ihrer internen Elektrolytfüllung eher der herkömmlichen ISE und erlaubt die Verwendung von eigentlich rauschanfälligeren Membranen mit einer polymeren Acrylat- und Siliciummatrix.

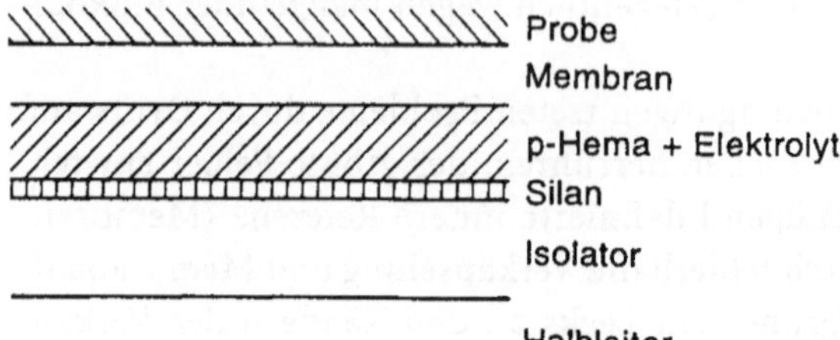

Abb. 4.17. Sandwichstruktur in einem ISFET mit verbesserter Stabilität [33] durch eine kovalent verknüpfte hydrophobe Zwischenschicht aus p-HEMA.

Auf diesem Gebiet ist bisher am meisten Entwicklungsarbeit geleistet worden, wahrscheinlich, weil ionenselektive Membranen leicht verfügbar sind. Aber auch die Verwendung von chemosensitiven Schichten, deren Ablösearbeit je nach Art der Wechselwirkung mit der Analytsubstanz variiert, ist ein weites Entwicklungsfeld und liefert ideale Bauteile für FET-Konstruktionen.

Literatur

[1]   Lundström I, Shivaraman MS, Svensson C (1975) J. Appl. Phys. 46:3876

[2]   Lundström I (1981) Sensors and Actuators 1:403

[3]   Jordan Maclay G, Jelly KW, Nowroozi-Esfahani S, Formosa M (1988) Sensors and Actuators 14:331

[4]   Spetz A, Lundström I, Danielsson B (1984) Anal. Chim. Acta 163:143

[5]   Spetz A, Armgarth M, Lundström I (1987) Sensors and Actuators 11:349

[6]   Lundström I, Danielsson B (1985) Sensors and Actuators 8:3876

[7]   Josowicz M, Janata J (1986) Anal. Chem. 58:514

[8]   Josowicz M, Janata J, Ashley K, Pons S (1987) Anal. Chem. 59:253

[9]   Müller R, Lange E (1986) Sensors and Actuators 9:39

[10]   Bergveld P (1970) IEEE Trans. Biomed. Eng. BME-17:70

[11]   Yates DE, Levine S, Healy TW (1974) J. Chem. Soc. Faraday Trans. 70:1807

[12]   Siu WM, Cobbold RSC (1979) IEEE Trans. Electron. Devices ED-26:1805

[13]   Esashi M, Matsuo T (1978) IEEE Trans. BME-25:184

[14]   Band DM, Kratochvil J, Treasure T (1977) J. Physiol. 265:5

[15]   Band DM, Kratochvil J, Poole Wilson PA, Treasure T (1978) Analyst 103:246

[16]   Griffiths GH, Moody GJ, Thomas JDR (1972) Analyst 97:420

[17]   Moody GJ, Thomas JDR (1972) Talanta 19:623

[18]   Dijkstra PJ, den Hertog Jr. HJ, van Steen BJ, Zijlstra S, Skowronska-

Ptasinska M, Reinhoudt DN, van Eerden J, Harkema S (1988) J. Org. Chem. 53:374

[19] Reinhoudt DN, Dijkstra PJ, In't Veld PJA, Bügge KE, Harkema S, Ungaro R, Ghidini E (1988) Pure and Appl. Chem. 60:477

[20] Van der Berg A (1988) Ion Sensors Based on ISFETs with Synthetic Ionophores. Thesis of the University of Twente

[21] Sibbald A, Covington AK, Carter RF (1985) Med. Biol. Eng. Comput. 23:329

[22] Sibbald A (1983) IEEE Proc. 130:233

[23] Sibbald A, Whalley PD, Covington AK (1984) Anal. Chim. Acta 159:47

[24] Pungor E (1967) Anal. Chem. 39:28

[25] Shiramizu BT, Janata J, Moss SD (1979) Anal. Chim. Acta 108:161

[26] Comte PA, Janata J (1978) Anal. Chim. Acta 101:247

[27] Matsuo T, Esashi M (1978) Proc. 153rd Annual Meeting of Electrochemical Society 78:202

[28] Schepel SJ, de Rooij NF, Koning G, Oeseburg B, Zijlstra WG (1984) Med. Biol. Eng. Comput. 22:6

[29] Kohama A, Nakamura Y, Nakamura M, Yano M, Shibatani K (1984) Crit. Care Med. 12:940

[30] Fogt EJ, Untereker DF, Norenberg MS, Meyerhoff ME (1985) Anal. Chem. 57:1995

[31] Blackburn GF, Janata J (1982) J. Electrochem. Soc. 129:2580

[32] Dror M, Bergs EA, Rhodes RK (1987) Sensors and Actuators 11:23

[33] Sudhölter EJR, Skowronska-Ptasinska M, van der Wal PD, van der Berg A, Reinhoudt DN (1986) Patent Ned. Oktrooiaanvrage NL 8602242

5. Amperometrische Meßtechniken

5.1 Messung von Ladungstransfer-Reaktionen

Eine gemeinsame Erscheinung vieler chemischer und biochemischer Reaktionen ist ein Wechsel des Oxidationszustandes, d.h. ein Ladungstransfer. Eine solche Übertragung von Ladungen kann allgemein mit dem Ausdruck

$$O + ne^- \rightleftharpoons R$$

beschrieben werden, wobei n die Zahl der Elektronen (e) ist, die vom Oxidans (O) zum Reduktans (R) übertragen werden. Mit dieser Gleichung ist auch eine einfache Elektrodenreaktion zu beschreiben, die mit einem Ladungstransfer einhergeht. Hierbei werden Elektronen zwischen der Elektrode und einer elektroaktiven Substanz an der Oberfläche der Elektrode übertragen.

Wie bei jedem chemischen Prozeß müssen auch hier Thermodynamik und Kinetik der Reaktion berücksichtigt werden. Der Gleichgewichtszustand, in dem kein Netto-Ladungstransfer mehr stattfindet, kann mit der *Nernstschen Gleichung* beschrieben werden:

$$E = E^0 + \frac{RT}{F} \ln \frac{[\text{Elektronenakzeptor}]}{[\text{Elektronendonor}]}$$

Wie in Kap. 3 erläutert, kann das Potential des Gleichgewichts (E) zum Standardelektrodenpotential (E^0) und zu den Konzentrationen der oxidierten bzw. reduzierten Substanz in Beziehung gesetzt werden.

Wird als Elektrodenpotential ein anderes als das Gleichgewichtspotential angelegt, kann sich das Gleichgewicht nur dadurch wieder einstellen, daß die Konzentrationen von Oxidans und Reduktans angeglichen bzw. korrigiert werden. Dazu ist ein Nettostrom – oder ein Ladungstransfer – erforderlich, dessen Größe von der Kinetik des Elektronenübergangs abhängt und der an der Elektrodenoberfläche einen Konzentrationsgradienten für Oxidans und Reduktans aufbaut.

In einem einfachen Modell für eine heterogene Elektronentransfer-Reaktion geht man davon aus, daß der Transfer nicht direkt an der Elektrodenoberfläche, sondern in der davorliegenden Helmholtz-Schicht stattfindet: Befindet sich eine Anode mit dem Potential E_1 in einer Elektrolytlösung, sammeln sich solvatisierte Anionen aus dem Elektrolyten in einer dicht gepackten, geordneten Schicht, der sogenannten Helmholtz-Schicht, unmittelbar vor der Elektrode

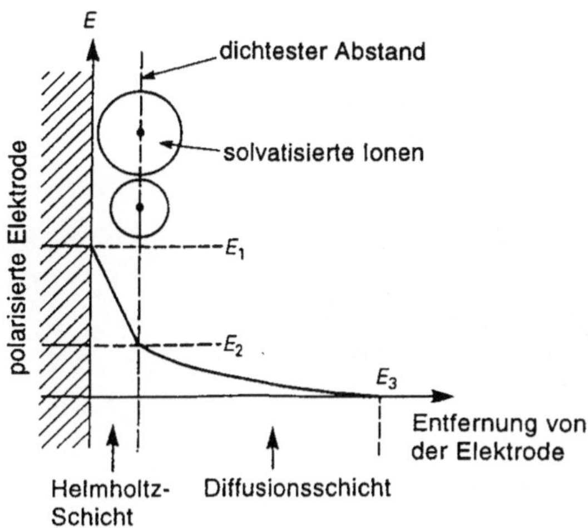

Abb. 5.1. Potentialprofil im Verlauf der Doppelschicht unmittelbar an der Elektrodenoberfläche.

(Abb. 5.1). Auf der der Lösung zugewandten Seite dieser Schicht befindet sich die Diffusionsschicht, in der die Anionen vorherrschen. Diese Schichtung an der Elektrode führt dazu, daß sich das Potential von E_1 an der Elektrode nach E_s in der Lösung ändert, wobei das Potential der Helmholtz-Schicht, E_2, die Diskontinuität dieser Potentialänderung darstellt.

Die Potentialdifferenz durch die Doppelschicht an der Elektrodenoberfläche hindurch unterstützt den Übergang eines Ions durch die Doppelschicht in einer Richtung, blockiert aber dessen Transfer in der entgegengesetzten Richtung. Als Folge davon steigt die potentielle Energie der elektroaktiven Reaktanden um den Betrag nEF, wobei n die Anzahl der übertragenen Elektronen angibt. Wenn allerdings im Maximum der freien Aktivierungsenthalpie der aktivierte Komplex erreicht ist, macht diese Differenz der potentiellen Energie nur einen Teil (β) der Energiedifferenz nEF aus, da sich E innerhalb der Doppelschicht ändert (Abb. 5.2). Die Geschwindigkeit des Elektronentransfers ist deshalb durch den Ausdruck

$$k_e = kT/h \exp\{-[\Delta G^{\ddagger} - \beta nEF]/RT\}$$

bestimmt, wobei k_e die intrinsische Geschwindigkeitskonstante für den Ladungstransfer ist (vergl. mit der Arrhenius-Gleichung, $k = A \exp\{-E_{act}/RT\}$).

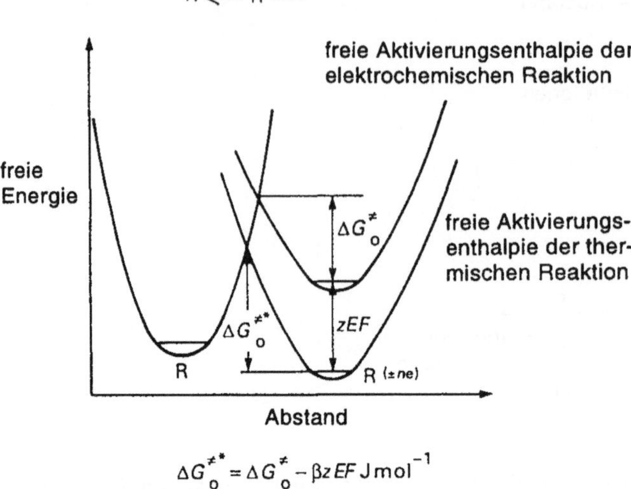

$$\Delta G^{\neq *}_{0} = \Delta G^{\neq}_{0} - \beta z\,EF\ \mathrm{J\,mol}^{-1}$$

Abb. 5.2. Freie Aktivierungsenthalpien für die thermische und die elektrochemische Reaktion $R \leftrightarrow R^{\pm ne}$.

5.2 Voltammetrie

5.2.1 Cyclische Voltammetrie

Die physikalischen Methoden zur Untersuchung von elektrochemischen Ladungstransfer-Reaktionen lassen sich allgemein unter dem Begriff Voltammetrie zusammenfassen. Insbesondere ist darunter die Aufnahme von Strom-Spannungs-Kurven zu verstehen.

Wird das Potential an einer Mikroelektrode in einer unbewegten Lösung linear mit der Zeit geändert, so ist die Strom-Spannungs-Kurve von der Geschwindigkeit des Elektronentransfers bestimmt, die mit dem Ausdruck für k_e gegeben ist. Die über die Zeit lineare Potentialänderung entlang einer dreieckigen Wellenform und die Aufzeichnung des Stroms ist eine Methode, die als cyclische Voltammetrie (CV) bezeichnet wird (Abb. 5.3).

Im einfachsten Fall liegt eine reversible Reduktion einer Substanz ohne begleitende chemische Reaktionen vor:

$$O \underset{-ne}{\overset{+ne}{\rightleftharpoons}} R$$

Beim „Sweepen" des Elektrodenpotentials (E) ändert sich die Oberflächenkon-

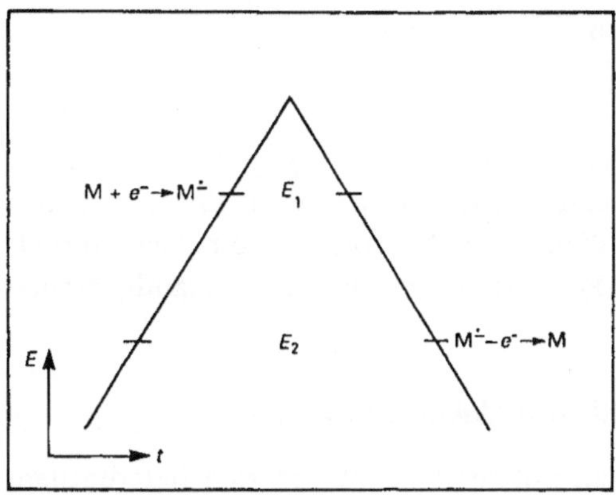

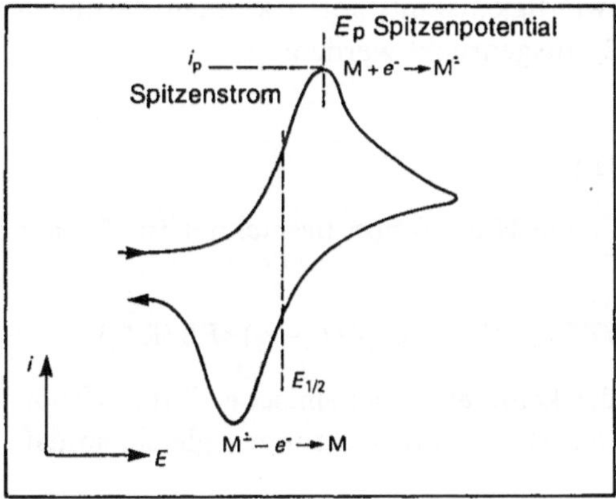

Abb. 5.3. *E-t-* und *E-i-*Profile bei der cyclischen Voltammetrie.

zentration von O entsprechend der Nernstschen Gleichung:

$$[O]/[R] \;=\; \exp[nF/RT(E - E^0)]$$

Verläuft die Reaktion diffusionskontrolliert, resultiert ein Strom proportional der Konzentration von O, und da O zu R reduziert wird, entwickelt sich in unmittelbarer Nähe zur Elektrode eine Schicht, in der O-Mangel herrscht (Diffusionsschicht). Dies verursacht einen Peak im CV-Diagramm. Der Rücklauf-Scan zeigt die Reoxidation von R. Die Spitzenstromstärke sollte für beide Peaks gleich sein und wird bei planarer Diffusion durch

$$i_{\mathrm{p}} \;=\; -0{,}4463\, nF(nF/RT)^{1/2}C_0 D^{1/2} v^{1/2}$$

angegeben. Dieser Ausdruck ist die *Randles-Sevčik-Gleichung*. Bei Raumtemperatur (26 °C) vereinfacht sie sich zu

$$i_\mathrm{p} = -2,69 \times 10^5\, n^{3/2} C_0 D^{1/2} v^{1/2}$$

und es wird deutlich, daß eine Auftragung von $v^{1/2}$ gegen die Spitzenstromstärke für einen solchen diffusionskontrollierten Prozeß linear verläuft. Bei einer gegebenen Scan-Geschwindigkeit ist die Spitzenstromstärke direkt proportional der Konzentration. Die Peak-Auflösung für ein vollständig reversibles Redoxpaar beträgt $57/n\,\mathrm{mV}$.

5.2.2 Geschwindigkeitskonstanten für den Elektronentransfer

Die Stromstärke bei einem gegebenen Potential hängt von den heterogenen Geschwindigkeitskonstanten (d.h. den Geschwindigkeiten des Elektronentransfers an der Elektrodengrenzfläche) für die Hin- und Rückreaktion bei diesem Potential ab (k_f bzw. k_b). Die Geschwindigkeitskonstanten können darum in bezug auf das Elektrodenpotential (E) ausgedrückt werden:

$$k_\mathrm{f} = k_\mathrm{f}^0 \exp[-\alpha nFE/RT]$$
$$k_\mathrm{b} = k_\mathrm{b}^0 \exp[(1 - \alpha)nFE/RT]$$

wobei mit α der Durchtrittsfaktor für die Hinreaktion bezeichnet ist. Daraus ergibt sich die Stromdichte, $i(\mathrm{A\,cm^{-2}})$,:

$$i = nF\{k_\mathrm{f}^0\,[\mathrm{O}]\,\exp[-\alpha nFE/RT] - k_\mathrm{b}^0\,[\mathrm{R}]\,\exp[(1 - \alpha)nFE/RT]\}$$

Beim Gleichgewichtspotential E_e findet keine elektrochemische Nettoreaktion statt und i_0, die Austauschstromdichte, ist in beide Richtungen gleich, so daß der Nettostrom i gleich Null ist.

5.2.3 Überspannung

Die Situation ändert sich, wenn das angelegte Potential von diesem Gleichgewichtspotential abweicht. Diese Potentialdifferenz wird als Überspannung η bezeichnet:

$$\eta = E - E^0$$

und i kann folgendermaßen formuliert werden (*Butler-Volmer-Gleichung*):

$$i = i_0\,[\exp(\alpha nF\eta/RT) - \exp((1 - \alpha)nF\eta/RT)]$$

Bei großen positiven und negativen Werten von η werden die Anoden- bzw. Kathodenreaktionen begünstigt. Die Änderungen des Austauschstroms allerdings, die bei kleinen Änderungen von η ($\pm RT/\alpha nF$) auftreten, sind ein Maß für die Leichtigkeit, mit der eine bestimmte Elektrodenreaktion auftritt. Eine Überspannung von $RT/\alpha nF$ führt also zu einer Stromdichte in der Größenordnung von

$$i \approx i_0\, nF\eta/RT$$

Hohe i_0-Werte weisen auf eine schnelle, reversible Reaktion hin, während für irreversible Systeme niedrige Werte beobachtet werden. Die Werte für den Austauschstrom variieren je nach der elektroaktiven Substanz und je nach Elektrodenmaterial. Diese letztgenannte Eigenschaft hat natürlich Auswirkungen auf die Wahl der Elektrode, wenn sie als Grundsensor für Analysen eingesetzt werden soll.

Wird die Überspannung in Richtung zur Anode oder zur Kathode erhöht, wird der Gesamtstrom von eben diesem Teilpotential bestimmt. Er steigt exponentiell an, bis die kinetischen Eigenschaften der Elektrode ausgeglichen sind und schließlich durch die Diffusionsbeschränkungen beim Transport des Reaktanden von der Lösung zur Elektrodenoberfläche bestimmt werden.

Allgemein ausgedrückt, ist der Gesamtstrom einer Elektrodenreaktion von folgenden Faktoren bestimmt (Abb. 5.4):
- Massentransfer von der Meßlösung zur Elektrodenoberfläche;
- Elektronentransfer an der Elektrodenoberfläche;
- vorangehende oder nachfolgende chemische Reaktionen;
- Oberflächenreaktionen wie z.B. Adsorption.

Die cyclische Voltammetrie stellt eine geeignete Methode dar, diese Reaktionen zu untersuchen.

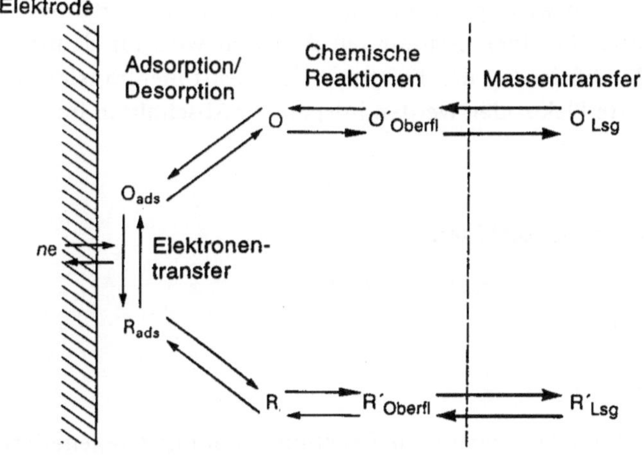

Abb. 5.4. Oberflächenprozesse einer Elektrodenreaktion.

5.2.4 Adsorptionseffekte

Wenn die Reaktanden oder Produkte nicht frei löslich sind, sondern an der Elektrodenoberfläche adsorbiert oder in irgendeiner Weise immobilisiert sind, haben die durch den Massentransfer hervorgerufenen Effekte nur noch geringe Bedeutung. Der wesentliche Unterschied im Vergleich zum Redoxpaar in Lösung besteht darin, daß die Peaks schärfer und symmetrisch sind und wenig oder gar nicht getrennt auftreten. Da zu Beginn des Scans eine bestimmte Menge des Reaktanden vorhanden ist, fällt der Strom hinter dem Peak auf Null zurück, während man bei der gelösten Substanz eher einen diffusionskontrollierten Wert erhält. In diesem Fall hängen Strom, Weite des Peaks und Potential von der Art der Immobilisierung an der Oberfläche ab. Viele können aber mit dem Modell der Langmuirschen Adsorptionsisotherme angenähert beschrieben werden, wobei $E_f = E_b$ ist und die Spitzenstromdichte mit

$$i_p = n^2 F^2 C_{ads} v / 4RT$$

angegeben ist. Dabei ist C_{ads} die Konzentration der adsorbierten Substanz, d.h. der Strom ist der Geschwindigkeit des „Sweepens" direkt proportional. Die Fläche unter dem Kathoden-Peak entspricht der Ladung, die mit der Reduktion des adsorbierten O verbunden ist. Entsprechend ist die Fläche unter dem Anoden-Peak auf die Oxidation der adsorbierten Verbindung zurückzuführen.

Mit solchen adsorbierten Verbindungen sind Systeme zu vergleichen, in denen eine elektroaktive Substanz durch chemische Reaktionen mit der Elektrode verknüpft ist; denn auch hier ist die Anzahl der Reaktionsorte auf der Oberfläche vorgegeben. Alle diese Elektroden – sie werden als modifizierte Elektroden bezeichnet – sind wichtige Grundlagen elektrochemischer Biosensoren; denn die Spezifität für einen bestimmten Analyten wird oft dadurch erreicht, daß mit der Modifizierung der Elektrode der Elektronentransfer erleichtert wird. Modifizierte Elektroden werden in späteren Abschnitten im einzelnen besprochen.

5.2.5 Gekoppelte katalytische Reaktionen

In einer gekoppelten chemischen Reaktion vom Typ

$$O + ne^- \rightleftharpoons R$$
$$R + A \overset{k}{\rightarrow} O + B$$

kann der Reaktand (O) durch eine chemische Reaktion von R mit A regeneriert werden. Die beiden Reaktionen stehen in Konkurrenz miteinander. Bei einer hohen Scan-Geschwindigkeit (v) und/oder kleinem Wert für k kann die chemische Reaktion ohne Auswirkung bleiben, und das CV-Diagramm zeigt das typische Bild einer reversiblen Reaktion wie in Abb. 5.3. Bei größeren Werten von k allerdings und/oder bei niedrigerer Geschwindigkeit v wird eine größere Menge O chemisch produziert, und das CV-Diagramm zeigt einen Rückgang des Stroms aufgrund der Reaktion

$$R \rightarrow O + ne^-$$

und – da effektiv mehr Reaktand produziert wird – einen Stromanstieg

$$O + ne^- \rightarrow R$$

und eine Abweichung von dem $i_p/v^{1/2}$-Verhalten, wie es oben beschrieben ist. Bei sehr niedrigen Scan-Geschwindigkeiten kann der Rücklauf-Peak völlig verschwinden. Der Kathodenstrom erreicht dann ein Grenzplateau, das von der Geschwindigkeit des „Sweepens" unabhängig und durch den Ausdruck

$$i = -nFC_0(DkC_A)^{1/2}$$

bestimmt ist.

Der Mechanismus der Katalyse kann leicht bestimmt werden, indem man den Wert $i_p/v^{1/2}$ analysiert, der bei sinkendem v einen charakteristischen Anstieg zeigt. Wie die oben angegebene Gleichung zeigt, können die Werte für k aus dem Stromplateau (i) abgeleitet werden. Bei einer anderen Methode [1] werden dagegen die Spitzenströme in Gegenwart (i_k) und Abwesenheit (i_d) von A verglichen und ergeben so Tabellen, aus denen k abgelesen werden kann.

Die oben beschriebenen Beziehungen für i_p können für zwei Grenzfälle untersucht werden:
- wenn i_p nahezu diffusionskontrolliert ist und durch die Randles-Sevčik-Gleichung angegeben wird;
- wenn i_p von der katalytischen Reaktion bestimmt wird und von v unabhängig ist.

Für eine bestimmte Konzentration von A sind i_k und i_d durch den Faktor

$$(kRT/nFv)^{1/2}$$

verknüpft. Der Ausdruck vereinfacht sich zu

$$(k/a)^{1/2}$$

wobei $a = nFv/RT$ ist. Die Auftragung von i_k/i_d für verschiedene Werte von v führt so zu dem kinetischen Parameter k/a, wenn man theoretische und experimentelle Werte vergleicht. Eine theoretische Kurve mit i_k/i_d gegen $(k/a)^{1/2}$ zeigt Abb. 5.5. Die i_k/i_d-Beziehungen lassen Bereiche für kinetische Kontrolle, Diffusionskontrolle und gemischte Kontrolle erkennen.

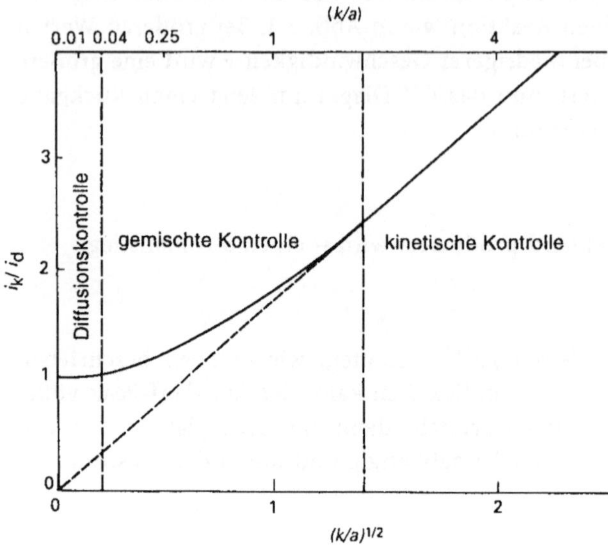

Abb. 5.5. Theoretischer Verlauf von i_k/i_d gegen $(k/a)^{1/2}$ mit den Bereichen kinetischer Kontrolle, gemischter Kontrolle und Diffusionskontrolle.

Für Werte von $(k/a) > 1$, d.h. wenn

$$k > nFv/RT$$

verläuft die Auftragung im wesentlichen linear und wird von dem katalytischen Prozeß beherrscht. In diesem Bereich kann $(k/a)^{1/2}$ zuverlässig aus dem i_k/i_d-Quotienten für verschiedene Werte von v bestimmt werden. Aus den oben gezeigten Beziehungen ist auch ersichtlich, daß eine Auftragung von k/a gegen $1/v$ eine Gerade mit der Steigung kRT/nF ergibt, aus der k entnommen werden kann.

Im allgemeinen würden die Reaktionen

$$O + ne^- \rightleftharpoons R$$

$$R + A \overset{k}{\rightarrow} O + B$$

die Betrachtung einer Reaktion zweiter Ordnung und der Diffusion von A erfordern. Wenn die Betriebsbedingungen aber so gewählt sind, daß man einen Überschuß von A annehmen kann, bleibt die Konzentration von A im wesentlichen unverändert. Das Experiment kann dann als Reaktion pseudo-erster Ordnung aufgefaßt werden. Der kinetische Parameter k ist daher dann die Geschwindigkeitskonstante pseudo-erster Ordnung. Eine Geschwindigkeitskonstante zweiter Ordnung, k_s, kann aus den Werten für k bei verschiedenen Konzentrationen von A bestimmt werden:

$$k_s = k/[A]$$

Eine vollständige Betrachtung der Kinetik dieser Redoxkatalyse geben [2–4].

5.3 Potentialsprung-Verfahren

Das Modell wurde bisher unter der Annahme beschrieben, daß eine lineare Diffusion in Richtung einer planaren Elektrode stattfindet. Diese Diffusion läßt sich unter Anwendung der Fickschen Gesetze zur eindimensionalen Diffusion näher beschreiben. Für den Fall eines einfachen Elektronentransfers

$$O + ne^- \rightarrow R$$

kann das zweite Ficksche Gesetz, das die Konzentrationsänderung über die Zeit beschreibt, auf eine planare Elektrode angewendet werden. Daraus ergibt sich ein Ausdruck für den Elektrodenstrom bei einem Potentialsprung von einem Potential, bei dem der Elektrodenprozeß zu vernachlässigen ist, zu einem Potential, bei dem dieser Prozeß diffusionskontrolliert ist (*Cottrell-Gleichung*):

$$I_t = \frac{nFD^{1/2}C_0}{\pi^{1/2}t^{1/2}}$$

Das heißt, der Strom nimmt in bezug auf $t^{1/2}$ ab, so daß eine Auftragung von I_t gegen $t^{1/2}$ linear ist, und für einen gegebenen Wert von t ist der Strom proportional zur Konzentration in der Meßlösung. Mit der Zeit breitet sich der Konzentrationsgradient des Reaktanden weiter von der Elektrodenoberfläche aus (s. Abb. 5.6). Langfristig stellt sich ein stationärer Zustand ein, der unabhängig von der Zeit ist und mit

$$I = \frac{-nFDC_0}{\delta}$$

angegeben werden kann, wobei δ die Grenzschichtdicke des Konzentrationsgradienten angibt:

$$\delta \propto (Dt)^{1/2}$$

und der Strom direkt proportional der Konzentration des Reaktanden O ist.
Bei der Redoxkatalyse

$$O + ne^- \rightarrow R$$
$$R + A \xrightarrow{k} O + B$$

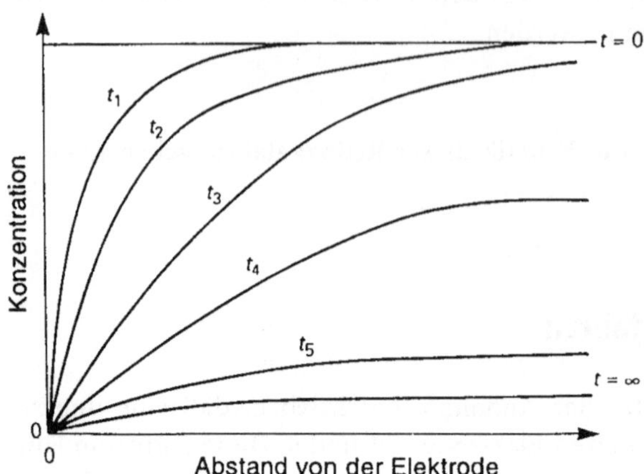

Abb. 5.6. Konzentrationsprofile einer elektroaktiven Verbindung zu unterschiedlichen Zeiten nach einem Potentialsprung vom inerten Potential zu einem Potential, bei dem Diffusionskontrolle eintritt. $t_1 < t_2 < t_3 < t_4 < t_5$.

hängt die Stärke der Grenzschicht von der Geschwindigkeit ab, mit der A mit dem elektrochemisch produzierten R reagiert. Für hohe Werte von k ist sie sehr dünn. Der Strom im Fließgleichgewicht hängt dann von der Geschwindigkeit der homogenen chemischen Reaktion ab und beträgt

$$I = -nFD^{1/2}k^{1/2}C_0$$

5.4   Messungen im nicht-stationären Bereich

Der Strom im stationären Bereich ist immer niedriger als der zeitabhängige Umschaltstrom, der zuvor nach einem Potentialsprung aufgezeichnet worden ist (Abb. 5.7). Man kann daher folgern, daß dieser Umschaltstrom wahrscheinlich ein besseres Signal/Rausch-Verhältnis aufweist als der Strom im stationären Bereich. Nutzt man diesen Umschaltstrom für die amperometrische Messung, kann dies zu einer verbesserten Auflösung und Nachweisgrenze führen [38].

Wie im folgenden gezeigt wird, kann die Art des Potentialsprungs – d.h. die Koordinaten der Wellenform – sorgfältig angepaßt werden, so daß sich auf diese Weise die Selektivität und die Empfindlichkeit des amperometrischen Grundsensors erhöhen lassen. So kann der Potentialsprung ausreichend langdauernd gewählt werden, daß ein stationärer Zustand erreicht wird, oder so kurz, daß der Konzentrationsgradient nur einen geringen Abstand von der Elektrodenoberfläche durchdringt. Die Spannung kann so abgestuft werden,

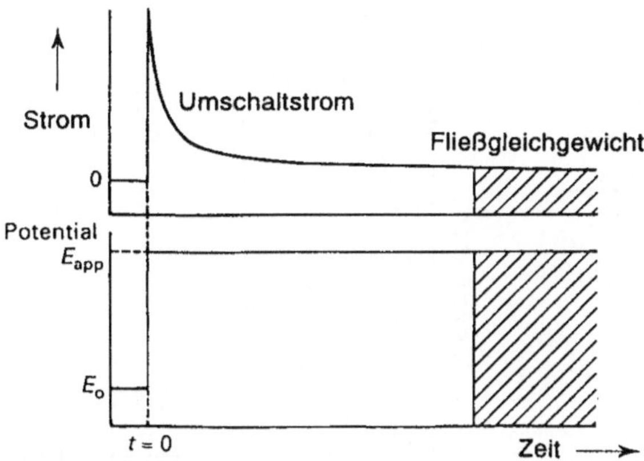

Abb. 5.7. i-t-Profil nach einem Potentialsprung.

daß ein Potential entsteht, bei dem die Elektrode entweder unter kinetischer Kontrolle durch den Ladungstransfer zwischen Elektrode und elektroaktiver Substanz arbeitet oder durch den Massentransport an die Elektrodenoberfläche limitiert wird oder aber einer gemischten Kontrolle unterliegt.

Der einfachste Fall liegt vor, wenn das angelegte Potential in dem Bereich liegt, in dem ein limitierter Strom zu beobachten ist; d.h. wenn alle elektroaktiven Verbindungen, die die Elektrode erreichen, elektrolysiert werden und die Oberflächenkonzentration Null wird. Der Konzentrationsgradient und die Stärke der Diffusionsschicht, δ, sind abhängig von der Zeit.

Bei amperometrischen Sensoren liegt die Elektrode häufig hinter einer Membran, deren Aufgabe es ist, eine selektive Diffusion des Analyten oder einer davon abhängigen elektroaktiven Substanz an die Elektrodenoberfläche zu erlauben. Gleichzeitig soll der Durchtritt von störenden Substanzen aus der Probelösung verhindert werden. In den folgenden Abschnitten wird deutlich, daß diese Membranen ihrer Natur nach sehr unterschiedlich sein können. So kann z.B. die Sauerstoffelektrode nur mit einer gasdurchlässigen Membran ausgestattet sein oder aber ein immobilisiertes Enzym enthalten und zur selektiven Bestimmung des Enzymsubstrats eingesetzt werden.

Ungeachtet der genauen Natur der Membran errichtet sie aber diskrete Diffusionsbarrieren an der Elektrode. Wenn man z.B. das Membran-ummantelte Elektrodensystem aus Abb. 5.8. betrachtet, wo die Membran mit der Stärke b von der Elektrodenoberfläche durch eine Elektrolytschicht mit der Stärke a getrennt ist, und nimmt man weiter an, daß an der Grenzschicht zwischen Membran und Lösung Gleichgewichtsbedingungen herrschen, so ist die Konzentration des Analyten in der Probelösung (C_s) mit der Konzentration in der

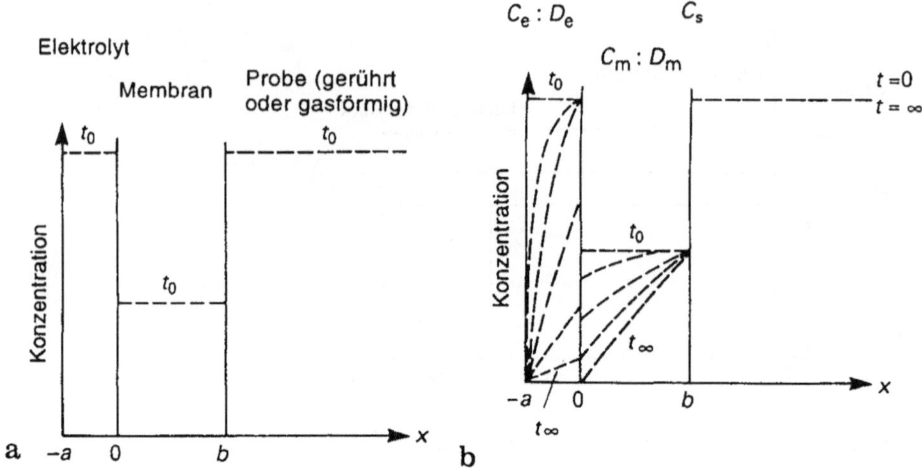

Abb. 5.8. Konzentrationsprofil einer Membran-ummantelten Elektrode. **a** Anfangsprofil; **b** Entwicklung der Konzentrationsgradienten in den verschiedenen Phasen bis zur Gleichgewichtseinstellung.

Membran (C_m) über den Verteilungskoeffizienten K verknüpft:

$$C_m = KC_s$$

Während die Elektrode im Fließgleichgewicht arbeitet, so daß die elektroaktive Substanz [O] diffusionskontrolliert reduziert wird, werden die Konzentrationsprofile kontinuierlich modifiziert, bis man schließlich ein Profil erhält, in dem $t \to \infty$ gilt (Abb. 5.8b, für ein System mit gerührter Probelösung).

Der von der Elektrode aufgezeichnete Strom wird von der Diffusionsgeschwindigkeit der elektroaktiven Substanz in Richtung Elektrodenoberfläche bestimmt; d.h. für das hier beschriebene System gilt:

$$i = nFD_e(dC_e/dx)_{x=-a}$$

Indem man geeignete Grenzbedingungen anlegt, kann die Stromdichte für drei Zeitbereiche berechnet werden:
- wenn die Diffusionsschicht innerhalb des Elektrolyten aufrechterhalten bleibt,

$$i \approx nFC_s(D_e/\pi t)^{1/2}$$

- wenn die Diffusionsschicht die Membran durchdringt und die Konzentration des Analyten an der inneren Membranoberfläche geringer ist als C_s,

$$i \approx nFC_s(P_m/\pi t)^{1/2}$$

$D_m K_m = P_m$, wobei P_m der Permeabilitätskoeffizient und K_m der Quotient C_s/C_m ist;
- wenn der stationäre Zustand erreicht ist,

$$i = nFC_s P_m/b$$

In wäßrigem Elektrolyt mit der typischen Schichtdicke von $10\,\mu$m erstreckt sich die erste Zeitzone auf einen Bereich unter 100 ms. Die Diffusionsbarriere der Membran hält dann die Diffusionsschicht innerhalb dieser Membranphase für einen Zeitraum zurück, der von ihrer Schichtdicke und dem Diffusionskoeffizienten abhängt.

Da im einfachsten Fall die Diffusion durch die Membran vermutlich der langsamste Teil des Gesamtprozesses ist, kann die Ansprechzeit (t_r) einer Membranelektrode angenähert als

$$t_r \approx b^2/D_m$$

beschrieben werden, wobei b für die Membranstärke steht. Daraus folgt, daß kleine Werte für b eine kürzere Ansprechzeit bedeuten. Oft ist es allerdings von Vorteil, b so zu erhöhen, daß der Konzentrationsgradient nicht die äußere Membrangrenzfläche durchdringt, wodurch ein lokaler Konzentrationgradient des Analyten in einer unbewegten Probe aufgebaut würde. In vielen Fällen muß darum ein Kompromiß zwischen diesen beiden gegensätzlichen Effekten gefunden werden.

Aus der vorangegangenen Diskussion geht hervor, daß der Betrieb im nicht-stationären Bereich nicht nur den Vorteil eines höheren Stromsignals hat. Darüberhinaus kann bei dieser Betriebsart die Dauer des Potentialsprungs frei gewählt werden, so daß die Diffusionsschicht zu jedem Zeitpunkt innerhalb der Membran liegt. Dabei ist zu beachten, daß zwischen den einzelnen Potentialsprüngen ausreichend Zeit verstreichen muß, damit sich das Konzentrationsprofil wieder auf seinen Wert bei $t = 0$ einstellen kann. Im folgenden wird die Einstellung dieser Parameter in speziellen Systemen für den Betrieb im nicht-stationären Bereich diskutiert.

5.5 Anwendung von Ladungstransfermessungen: Sauerstoffelektrode

Ein elektrochemischer Nachweis für Sauerstoff auf der Grundlage einer Membran-ummantelten Elektrode steht schon seit mehr als drei Jahrzehnten zur Verfügung [6], er wird aber dennoch ständig weiter entwickelt und verbessert.

Diese Methode ist für Biosensoren von grundlegender Bedeutung, sowohl für die Bestimmung von gasförmigem oder gelöstem Sauerstoff als auch in Verbindung mit Bakterien, Gewebeschnitten (Kap. 7) oder Enzymen (Kap. 8) als Monitor für den Status des dynamischen Gleichgewichtes, das zwischen dem Sauerstoffverbrauch des Systems und der erneuten Sauerstoffversorgung besteht. Dieses Gleichgewicht selbst hängt vom Vorhandensein oder Fehlen eines bestimmten Substrates ab, das für die jeweilige Biokomponente notwendig ist und kann als solches zur Bestimmung dieses Substrates im Test verwendet werden.

Eine der wesentlichen Anforderungen an einen Biosensor (und gleichzeitig typisches Merkmal) ist seine Selektivität für einen bestimmten Analyten, d.h. er sollte nicht auf andere, möglicherweise sogar ähnliche Substanzen in der Probe reagieren. Im allgemeinen versucht man, diesem Anspruch durch die Auswahl eines geeigneten biologischen Systems zu genügen, das den gewünschten Analyten erkennt, außerdem durch die Einstellung der geeigneten Parameter zur Kontrolle und zur Meßwerterfassung im Grundsensor. Im Fall der Sauerstoffelektrode wird die Selektivität für Sauerstoff gegenüber anderen elektroaktiven Substanzen, die durch die Membran diffundieren können, jedoch ausschließlich durch die gezielte Einstellung der Elektrodenparameter erreicht.

Es gibt zahlreiche Anwendungen für den Sauerstofftest. Ein besonders gutes Beispiel dafür, wie die Selektivität allein durch Kontrolle der Sensorparameter erreicht werden kann, ist die Messung von gelöstem Sauerstoff in Körperflüssigkeiten im medizinischen Bereich. Mittlerweile ist die Sauerstoffelektrode beträchtlich weiterentwickelt worden, damit unter den verschiedenen Bedingungen klinischer Tests eine optimale Leistung der Elektrode erzielt werden kann. Die hierfür angewendeten Techniken und Verfahren und der Umgang mit Störsignalen durch andere elektroaktive Substanzen in der Probe sollen daher als Beispiel für eine detaillierte Untersuchung dienen.

Die Reduktion von Sauerstoff ist ein komplexer Vorgang, der über eine Reihe verschiedener Mechanismen ablaufen kann, je nach den vorhandenen Reaktionsbedingungen (pH, Lösemittel u.a.). In aprotischen Lösemitteln läuft die Reaktion als Ein-Elektronenübergang über eine Reduktion zum Superoxid ab:

$$O_2 + e^- \longrightarrow O_2^-$$

während in wäßrigen, sauren Medien Zwei- oder Vier-Elektronenübergänge zu beobachten sind:

$$O_2 + 2\,H^+ + 2\,e^- \longrightarrow H_2O_2$$
$$O_2 + 4\,H^+ + 4\,e^- \longrightarrow 2\,H_2O$$

Entsprechend werden für neutrale oder alkalische pH-Werte Zwei- oder Vier-Elektronenübergänge in Ein- oder Zweischrittmechanismen vorgeschlagen, die ebenfalls vom Elektrodenmaterial und dem Elektrodenpotential abhängen:

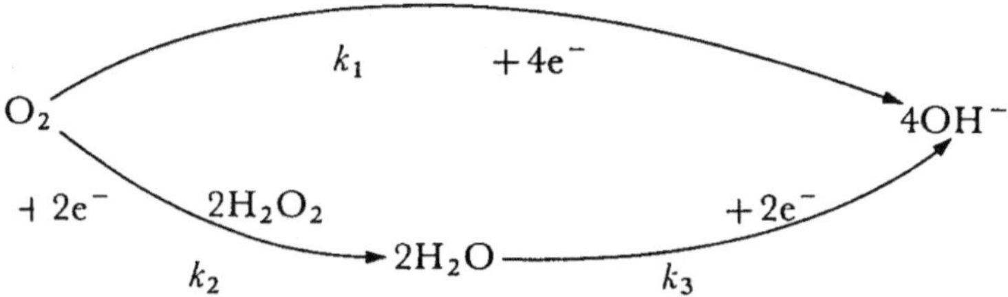

Selbstverständlich ist für eine Bestimmung von Sauerstoff der Vier-Elektronenübergang vorteilhaft, da aufgrund der höheren Stromdichte ein deutlicheres Signal verursacht wird.

Bei allen diesen Umsetzungen darf man aber nicht außer acht lassen, daß die Reaktion im wesentlichen irreversibel ist. Ein amperometrischer O_2-Test verursacht daher eine O_2-Verarmung der Probe; daraus resultierende Meßfehler können zu einem größeren Problem in Biosensoren werden, wenn eine O_2-Elektrode als Grundsensor dient.

Die Clark-Sauerstoffelektrode ist eine Membran-ummantelte Elektrode, in der der Elektrolyt hinter der Membran zurückgehalten wird und dort eine von der Probe unabhängige pH-Umgebung aufrechterhält. Die Sauerstoffpermeable Membran verhindert eine Verunreinigung durch elektroaktive oder oberflächenaktive Substanzen aus der Probe, die ein fehlerhaftes Signal geben oder die Elektrode schädigen könnten. Die Platinelektrode ist auf das diffusionskontrollierte Plateau der Sauerstoffreduktion polarisiert, und der aufgezeichnete Strom ist der Sauerstoffkonzentration in der Probe proportional. Der Sauerstoff diffundiert aus der Probe durch die Membran in den Elektrolyten und wird an der Elektrodenoberfläche reduziert.

Wie bereits festgestellt, beträgt der Strom im stationären Bereich

$$i = nF\alpha_m pP_s(D_m/b)$$

wobei pP_s der Sauerstoffpartialdruck in der Probe und α_m die Löslichkeit von Sauerstoff in der Membranphase ist. Diese Beziehung zeigt, daß die Messung umso empfindlicher ist, je dünner die Membran ist. Im Prinzip ließe sich eine Reihe von Membranen mit unterschiedlichen physikalischen Eigenschaften und Stärken verwenden; in der Praxis sind allerdings Membranen aus Teflon oder Silicon mit einer Stärke unter 25 μm am weitesten verbreitet, die mechanisch mit einem O-Ring oder einer Buchse an der Spitze des Elektrodenkörpers befestigt sind (Abb. 5.9).

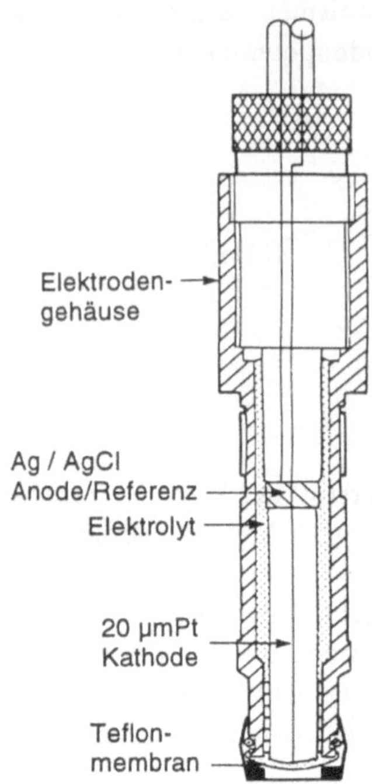

Abb. 5.9. Schnitt durch eine Clarksche Radiometer-Elektrode.

5.6 O_2-Verarmung der Probe als Fehlerquelle

Bei der theoretischen Betrachtung des Verhaltens einer Membran-ummantelten Sauerstoffelektrode geht man von der Voraussetzung aus, daß die Konzentration an der Außenseite der Membran (Membran/Probe-Grenzschicht) konstant bleibt und keine Verluste durch die Elektrodenreaktion auftreten. Diese Bedingung ist aber in einer unbewegten Probelösung nicht erfüllt, hier ist die Diffusionsschicht dicker und erstreckt sich über die Grenzschicht hinaus auch auf die Probe selbst. Der aufgezeichnete Elektrodenstrom spiegelt die Sauerstoffverluste an dieser Grenzfläche wider. Das Rühren der Probelösung kann mit einer Durchflußzelle simuliert werden, wobei die Fließgeschwindigkeit die Genauigkeit der Messung verändert: Der Effekt nimmt mit zunehmender Membranstärke ab. Im allgemeinen muß ein Kompromiß zwischen einer niedrigen Ansprechzeit (bei dünner Membran) und der Empfindlichkeit gegenüber der Fließgeschwindigkeit eingegangen werden.

In der Praxis – z.B. bei der Überwachung von Sauerstoff in Blut in vivo – kann dieser Verarmungseffekt schwerwiegende Folgen haben. Nicht nur der lokale O_2-Verlust kann sich nachteilig auf das umgebende Gewebe auswirken, man findet auch einen signifikanten Ablesefehler, da die Kalibrierung der Elektrode üblicherweise in der Gasphase (entsprechend einer gerührten Probe) vorgenommen wird, die Messung aber in der flüssigen Blutphase erfolgt. Dieser Fehler (Gas/Flüssig-Abweichung) liegt in einer Clarkschen Platinelektrode mit einem Durchmesser von 20 μm, ummantelt mit einer 12 μm starken Teflonmembran, in der Größenordnung von 5 %.

Mit verschiedenen Mitteln hat man versucht, diesen Fehler zu reduzieren. Die naheliegende Lösung, eine dickere Membran zu verwenden, führt allerdings auch dazu, daß die Ansprechzeit steigt und die Empfindlichkeit nachläßt.

Die Theorie für Messungen im nicht-stationären Zustand läßt sich auch auf Membran-ummantelte Sauerstoffelektroden anwenden [7, 8]. In der Folge ist diese Methode intensiv bearbeitet, erweitert und weiter verbessert worden.

Zunächst wird die Gleichung für den stationären Zustand angewendet

$$i = nF\alpha_m(D_m/b)pP_s$$

Falls die Messungen aber vorgenommen werden, solange die Diffusionsschicht noch auf den Bereich innerhalb der Membran beschränkt ist,

$$i \approx nF\alpha_m(D_m/\pi t)^{1/2}pP_s$$

oder noch günstiger der Elektrolyt

$$i \approx nF\alpha_e(D_e/\pi t)^{1/2}pP_s$$

so ergeben sich mehrere Vorteile:
- höhere Stromdichte in kürzerer Zeit, d.h. höhere Empfindlichkeit (Abb. 5.7);
- kein Durchtritt der Diffusionsschicht in die Probe, daher keine Gas/Flüssig-Abweichung und keine Probenverluste;
- Unabhängigkeit von Membraneigenschaften (für sehr kurze Zeiten);
- längere Lebensdauer der Elektrode wegen kürzerer Einschaltzeiten.

Der Betrieb im nicht-stationären Zustand wird erreicht, indem die Polarisationsspannung als Rechteckspannung an die Elektrode angelegt wird (Abb. 5.10a), abgestuft zwischen der Polarisationsspannung für die diffusionskontrollierte Sauerstoffreduktion (Impuls) und einem „Restpotential", bei dem Sauerstoff nicht elektroaktiv ist (Impulspause). Die Gas/Flüssig-Abweichung hängt nicht nur von der Impulsdauer ab, sondern auch von der Dauer der Impulspause, und bei einer gegebenen Dauer der Impulspause steigt die Abweichung mit steigender Impulsdauer [9]. Diese Wechselbeziehung kann mit dem zeitabhängigen Zerfall des Konzentrationsgradienten erklärt werden, der sich während des Meßimpulses aufgebaut hat. Allgemein ausgedrückt, muß die Impulspause ausreichend lang gewählt werden, so daß die Nachwirkung des vorangegangenen Impulses verschwunden ist.

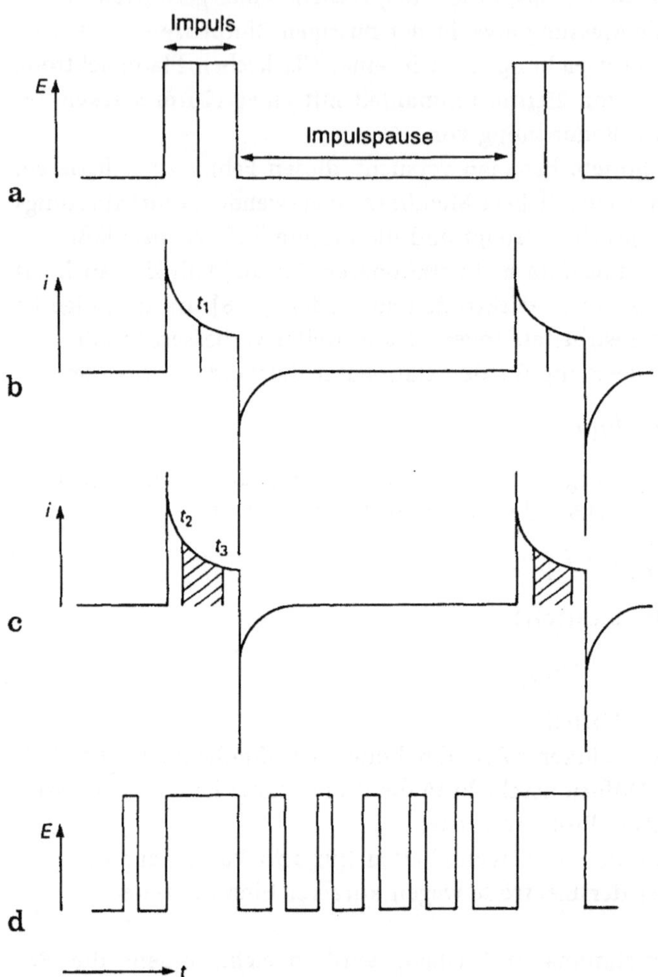

Abb. 5.10. Nichtstationäre Meßwerterfassung. **a** Polarisationsspannung als Rechteckwelle, angegeben als V_p (Impulsspannung), V_s (Spannung in der Impulspause), t_p (Impulsdauer) und t_s (Dauer der Impulspause); **b** und **c** Stromsignal als Reaktion auf das Potentialprofil in **a** bei Einpunktstrommessung zum Zeitpunkt t_1 **b** und integrierter Strommessung im Zeitraum t_2-t_3 **c**; **d** komplexe Kontrolle des Potentials zur Korrektur nicht-Faradayscher Fehler.

5.7 Fehler durch nicht-Faradaysche Ströme

Verschiedene Techniken sind zur Meßwerterfassung im nichtstationären Betrieb verwendet worden (Abb. 5.10b,c). Anstatt das gesamte Stromprofil aufzunehmen, wird besser eine Einzelmessung zu einer vorher bestimmten Zeit t_1 (Abb. 5.10b) nach Einsetzen des Potentialsprungs genommen. Ein besseres Signal/Rausch-Verhältnis läßt sich allerdings erreichen, wenn die Ladung zwischen t_2 und t_3 aufgezeichnet wird (Abb. 5.10c), also das zwischen zwei Zeitpunkten integrierte Stromsignal:

$$\int_{t_1}^{t_2} i\,dt \;=\; 2\,nFC_s(D/\pi)^{1/2}[t^{1/2}]_{t_1}^{t_2}$$

Aus Abb. 5.10c ist ersichtlich, daß die Strommessung nicht bei $t = 0$, unmittelbar nach dem Anlegen der Polarisationsspannung, beginnt. Um zuverlässige Strommeßwerte in Abhängigkeit von der elektroaktiven Substanz zu erhalten, muß die Messung vorgenommen werden, wenn der Ladestrom in der Doppelschicht auf Null zurückgegangen ist. Das dann verbleibende Stromsignal ist ein ausschließlich Faradayscher Strom. In Abb. 5.11 sind die Anteile von Faradayschem und nicht-Faradayschem Strom am Gesamtstrom nach einer stufenweisen Spannungsänderung dargestellt. Die Dauer des nicht-Faradayschen Stroms hängt von der Natur der Elektrode ab (auch ihrer Größe) und von der Zusammensetzung der Lösung, die die Doppelgrenzschicht an der Elektrode aufbaut.

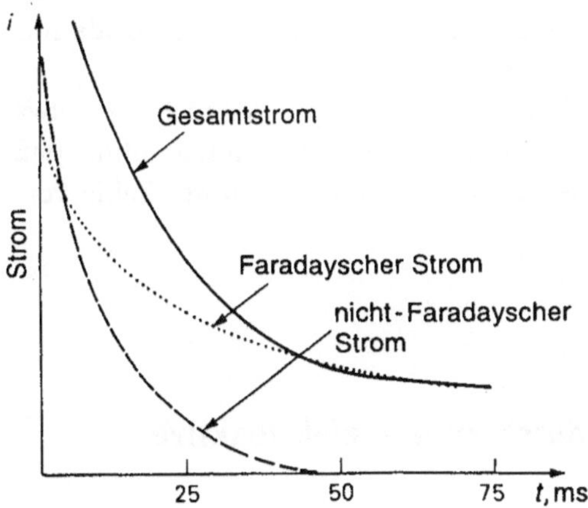

Abb. 5.11. Anteile von Faradayschem und nicht-Faradayschem Strom am gesamten Elektrodenstrom.

In einer stark vereinfachten Annäherung verhält sich die Doppelschicht wie ein Stromkreis aus Widerstand R und Kondensator C, so daß das Ergebnis eines Potentialsprungs der Höhe E mit dem Ausdruck

$$i = E/R \exp(-t/RC)$$

beschrieben werden kann; d.h. ein exponentiell abnehmender Strom mit über der Zeit konstantem RC, abhängig vom Potential.

Für eine Mikroelektrode ($100\,\mu$m) ist vermutlich eine Impulsdauer von weniger als 50 ms notwendig, damit der Elektrodenstrom unabhängig von der Membran- und der Probephase ist. Dagegen kann der anfängliche Fehler durch den nicht-Faradayschen Strom nur durch eine beträchtlich längere Impulsdauer vermieden werden, was für den Sensorbetrieb eine unerwünschte Zeitbeschränkung bedeutet.

Ihre Ursache hat diese Beschränkung in der Zeitkonstante für die Aufladung der Doppelschicht nach dem Potentialsprung. In einer neueren Entwicklung wurde bei der Kontrolle im nicht-stationären Zustand [10] versucht, die Doppelschichtstruktur auch während der nicht-aktiven Impulspause zu erhalten und so die benötigte Zeit für die Aufladung zu verringern. Dies ist anscheinend mit der komplexeren Potentialkontrolle über die Wellenform in Abb. 5.10d zu erreichen. Zuvor wurde die Kontrolle bei konstantem Potential während der Impulspause erreicht, bei welcher keine Elektroaktivität auftritt. In dieser komplexeren Wellenform wird die nicht-Faradaysche Konditionierung durch eine Impulsserie von 1 ms beim elektroaktiven Meßpotential aufrechterhalten; dieser Impuls ist wahrscheinlich zu kurz, um die elektrochemischen Prozesse in Gang zu setzen und sollte die Verluste an elektroaktiver Substanz an der Elektrodenoberfläche oder in der Elektrolytschicht verhindern. Bei diesem Verfahren kann mit wesentlich kürzeren Meßimpuls-Zeiten (20 ms) gearbeitet werden, und man findet für die Membran-Sauerstoffelektrode nur eine minimale Gas/Flüssig-Abweichung (Abb. 5.12).

Die Vorteile dieser Betriebsart gelten für kurze Impulszeiten bis zu etwa 100 ms. Wenn längere Impulszeiten verwendet werden können, ohne daß Meßfehler auftreten, hat diese komplexere Meßmethode allerdings keine Vorteile.

5.8   Verminderte Selektivität durch andere elektroaktive Substanzen

Eine wichtige Anwendung der Sauerstoffbestimmung liegt in der Umweltüberwachung. In Reinwasser oder Abwasser können Schwankungen des gelösten

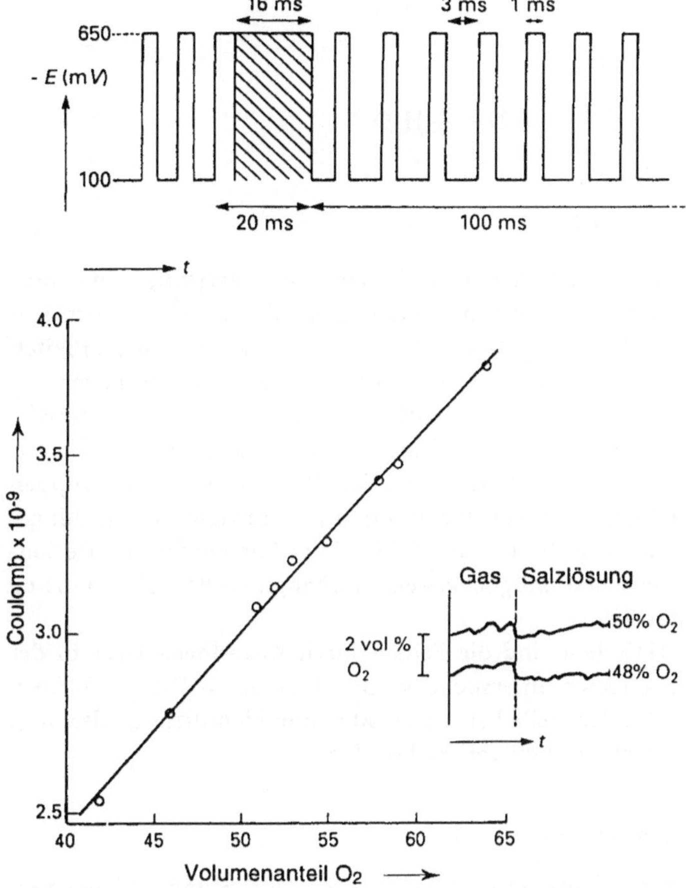

Abb. 5.12. Eliminierung der Gas/Flüssig-Abweichung bei der O_2-Messung an einer Silberelektrode (125 μm, mit einer 6 μm starken Teflonmembran) durch eine komplexe Impulsform (oben). Der Strom wird über 16 ms zwischen $t=4$ ms und $t=20$ ms bei einer Meßimpulsdauer von 20 ms gemessen. Die Gas/Flüssig-Abweichung (eingefügtes Diagramm) liegt unter 1 % (zum Vergleich: 5 % bei einer Platinelektrode von 20 μm mit einer 12 μm starken Teflonmembran).

Sauerstoffes die Schadstoffbelastung innerhalb sehr kurzer Zeit entscheidend verändern.

Die Selektivität der amperometrischen Sauerstoffelektrode wird in erster Linie durch die Wahl des Elektrodenmaterials und die Kontrolle der Polarisationsspannung erreicht. So verursacht SO_2, dem man sehr häufig in Umweltproben begegnet, mit seinem Redoxpotential von etwa 750 mV, also negativer als Sauerstoff, keine Störung der Messung:

$$H_2SO_3 + 4\,H^+ + 4\,e^- \longrightarrow S + 3\,H_2O$$

Allerdings können Gase wie NO

$$2\,NO + 2\,H^+ + 2\,e^- \longrightarrow N_2O + H_2O$$

oder Cl_2

$$Cl_2 + 2\,e^- \longrightarrow 2\,Cl^-$$

stören, deren Redoxpotential höher liegt als das von Sauerstoff, wenn auch diese Verbindungen gewöhnlich nur in Spuren vorhanden sind. In einem solchen Fall wird die Membran so gewählt, daß sie als selektiver Filter arbeitet, der das Sauerstoffmolekül leichter permeieren läßt als die Störsubstanzen.

Für manche Anwendungen reicht allerdings auch diese Membranfilterwirkung nicht aus. Die Katheter-Sauerstoffelektrode wird häufig bei der Überwachung des Sauerstoffgehaltes im Blut verwendet. Von vielen Arbeitsgruppen wurde jedoch auf die möglichen Störungen durch andere Gase im Blut hingewiesen, vor allem durch Anaesthesie-Gase. In der Folge können fehlerhafte Sauerstoffwerte zu einer falschen, möglicherweise verhängnisvollen Einschätzung des Patientenstatus führen.

Am Beispiel von Halothan sind die Fehler durch Anaesthesie-Gase in der Sauerstoffüberwachung näher untersucht worden [11]. Auch Distickstoffoxid wurde als signifikante Fehlerquelle bei der O_2-Messung identifiziert, allerdings nicht für alle kommerziell verfügbaren Elektroden.

5.8.1 Störungen durch Distickstoffoxid

Die Untersuchung der Stromspannungskurven für Distickstoffoxid bei verschiedenen Elektrodenmaterialien (Abb. 5.13a) zeigt den Einfluß der Elektrode auf die Reduktion

$$N_2O + H_2O + 2\,e^- \longrightarrow N_2 + 2\,OH^-$$

Während für die Clark-Elektrode ursprünglich Platin verwendet worden war, werden in kommerziell verfügbaren Sauerstoffsensoren für medizinische Zwecke sowohl Silber als auch Gold eingesetzt. Bei der Polarisierung auf -1 V gegen Ag/AgCl ist es daher nicht überraschend, daß die Silberelektrode auch auf N_2O reagiert. Bei Goldelektroden geben die Stromspannungskurven selbst nach Langzeitgebrauch keine Hinweise auf eine N_2O-Empfindlichkeit, eine Reaktion mit N_2O ist aber auf die Kontamination der Elektrode durch Migration von Silber aus der sekundären Ag/AgCl-Referenzelektrode, die in fast allen handelsüblichen Sauerstoffelektroden eingesetzt wird, zurückzuführen [12].

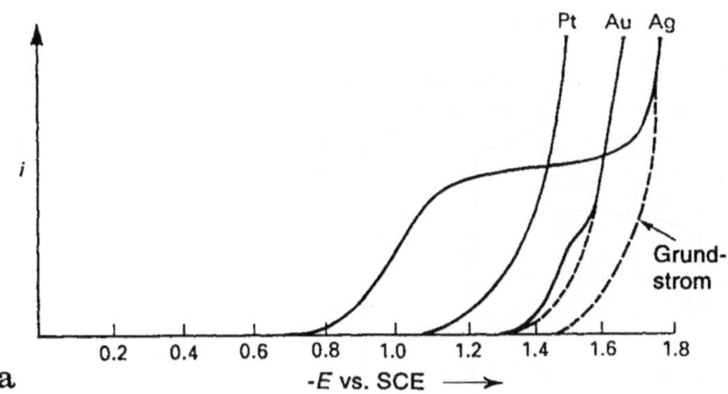

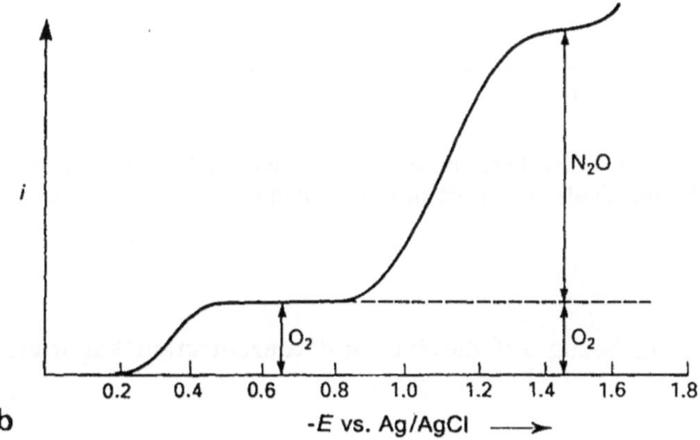

Abb. 5.13. a. Reduktion von N_2O an verschiedenen Elektrodenmaterialien; **b** Reduktion einer Mischung von O_2 und N_2O an einer Silberelektrode.

Störungen durch wandernde Ag^+-Ionen von der Referenzelektrode sind im übrigen auch in potentiometrischen, Natrium-sensitiven Glaselektroden nachgewiesen worden (s. Kap. 3).

Aus Abb. 5.13b geht hervor, daß eine Polarisationsspannung auf Werte positiver als -0,8 V gegen SCE eine einfache Lösung des N_2O-Problems darstellt. Man hat sogar die Möglichkeit, durch Wahl eines geeigneten Potentials einen simultanen Test von O_2 und N_2O mit einer einzigen Elektrode durchzuführen, indem als polarisierende Impuls-Spannung entweder -0,65 V oder -1,45 V gegen SCE angelegt werden [13].

Abbildung 5.14 zeigt diese Meßtechnik im nicht-stationären Betrieb, wie sie oben beschrieben wurde. Bei -0,65 V bezieht sich das Stromsignal ausschließlich

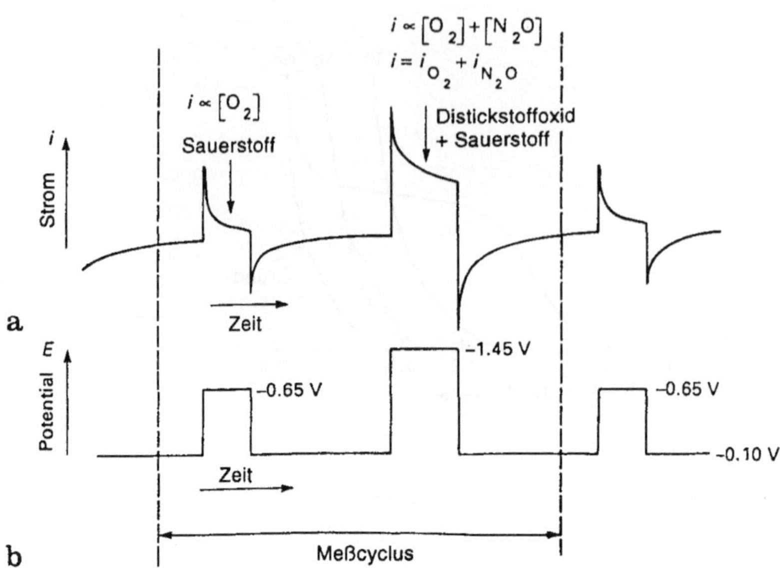

Abb. 5.14. Meßprinzip bei sequentieller Bestimmung von O_2 und N_2O an einer Silberelektrode. **a** Verlauf des Stromsignals, wenn die in **b** dargestellte Impulsform angelegt wird.

auf Sauerstoff und kann in bezug auf die Sauerstoffkonzentration kalibriert werden:

$$i_{-0,65} = I_{O_2}$$
$$i_{-0,65} \propto [O_2]$$

Bei -1,45 V gegen SCE, dem Grenzwert für N_2O, kann das Stromsignal sowohl auf N_2O als auch auf O_2 zurückgehen:

$$i_{-1,45} = i_{O_2} + i_{N_2O}$$

aber der N_2O-verursachte Strom kann durch Subtraktion des O_2-verursachten Stroms berechnet werden, der aus der vorhergehenden Messung bei -0,65 V bekannt ist.

5.8.2 Störungen durch Halothan

Ein ähnliches Problem wie die Störung durch Distickstoffoxid tritt bei der Reduktion von Halothan an der Sauerstoffelektrode auf. Abbildung 5.15 zeigt die Reduktion von Halothan an verschiedenen Metallen. Diese Untersuchungen

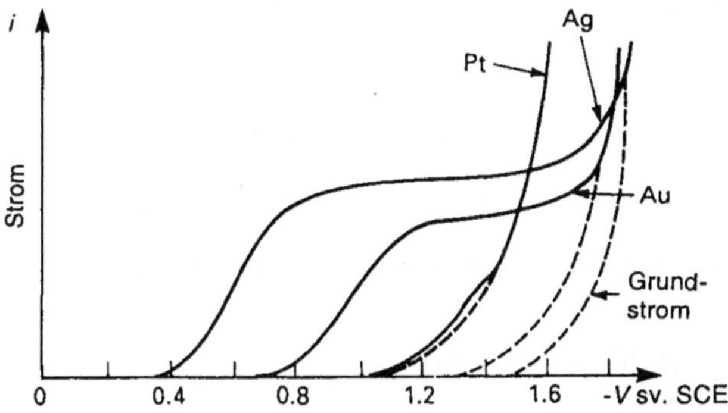

Abb. 5.15. Reduktion von Halothan an verschiedenen Elektrodenmaterialien.

deuten darauf hin, daß eine Trennung des Sauerstoff- und des Halothansignals an Silber sehr unwahrscheinlich ist, da ihre Halbwellenpotentiale zu dicht beieinander liegen (-0,43 V gegen SCE bzw. -0,56 V gegen SCE). Sogar an einer Goldelektrode, an der die Reduktionspotentiale tatsächlich getrennt sind, hat sich gezeigt, daß Halothan den Sauerstoffreduktionsstrom bei -0,65 V gegen SCE unterdrückt. Bestimmt man Sauerstoff bei diesem Potential, verursacht Halothan also deutlich zu niedrige Werte [14]. Das Sauerstoffsignal bei -1,45 V bleibt unbeeinflußt, aber bei diesem Potential wird auch Halothan reduziert, und bei Messungen im stationären Zustand können die beiden Signale nicht getrennt werden.

In Kap. 4 wurde auf die Möglichkeit hingewiesen, mit Hilfe einer mehrdimensionalen Analyse überlappende Signale zu trennen. Mit einigem Aufwand ist versucht worden, die Selektivität für Sauerstoff und Halothan an Gold zu verbessern. Eine Möglichkeit besteht darin, die zeitliche Dimension in die Analyse mit aufzunehmen und die Kinetik der Elektrode entlang der Zeitachse zu berücksichtigen.

Ist die Geschwindigkeitskonstante für den Elektronentransfer (k) sehr klein, verläuft die Elektrodenreaktion nicht diffusionskontrolliert. Normalerweise werden die kinetischen Eigenschaften der Elektrode bei steigender Überspannung durch die innere Diffusionslimitierung bestimmt, bei höheren Überspannungen dominieren Massentransfereffekte.

Wie oben erläutert, kann das 2. Ficksche Gesetz auf einen diffusionskontrollierten Prozeß angewendet werden, um die zeitabhängige Beziehung des Stromsignals zu erhalten (Cottrell-Gleichung). Für eine nicht diffusionskontrollierte, irreversible Elektrodenreaktion, beispielsweise vom Typ

$$Ag + e^- + CHClBrCF_3 \xrightarrow{\text{(langsam)}} (Ag \cdots Br \cdots CHClCF_3)^-$$
$$\text{(Halothan)}$$

$$\text{(schnell)} \downarrow H_2O, e^-$$

$$Ag + Br^- + CH_2ClCF_3 + OH^-$$

[15] kann die Gleichung für zwei Grenzformen aufgelöst werden. Bei kurzen Zeiten gilt

$$i_k \approx -nFkC_s\,[(1 - 2kt^{1/2})/(\pi^{1/2}D^{1/2})]$$

und bei längeren Zeiten reduziert sich die Lösung auf die Cottrell-Gleichung:

$$i_d \approx (-nFC_sD^{1/2})/(\pi^{1/2}t^{1/2})$$

Erfahrungsgemäß bedeutet dies, daß der Strom i_k bei kurzen Zeiten nur ein Teil des erwarteten, diffusionskontrollierten Stromes i_d für den gleichen Wert von t ist.

Wie lassen sich nun diese Kenntnisse bei der Auftrennung von zwei übereinanderliegenden amperometrischen Signalen anwenden, so wie sie für Sauerstoff und Halothan vorliegen? In einem früheren Beispiel wurden die Signale für O_2 und N_2O getrennt, indem zwei Bereiche für die Polarisationsspannung festgelegt wurden:

Bereich 1:   Reduktion von O_2 $(-0,65\,V)$
Bereich 2:   Reduktion von O_2 und N_2O $(-1,45\,V)$

In diesem Beispiel kann das Signal in zwei getrennte Zeitbereiche aufgetrennt werden:

Bereich 1: O_2 diffusionskontrolliert, Halothan kinetisch kontrolliert
              $(\leq 20\,ms)$
Bereich 2: O_2 und Halothan diffusionskontrolliert $(> 50\,ms)$

In der Praxis kann dieser Test mit einem einzigen Impuls durchgeführt werden (Abb. 5.16), wobei der Strom in den beiden Zeitbereichen aufgezeichnet wird und die Meßdaten unter Berücksichtigung der beiden Grenzfälle für i_d und i_k berechnet werden [10].

Die detaillierte Analyse von Fehlerquellen, die bei der Verwendung einer amperometrischen Sauerstoffelektrode auftreten können, hat dazu geführt, den Einfluß von Parametern zur Elektrodensteuerung auf die Stabilität, Empfindlichkeit und Selektivität zu untersuchen. In Sauerstoffelektroden, die in Verbindung mit biologischen Erkennungssystemen wie Enzymen oder ganzen Zellen arbeiten (Kap. 7 und 8), können diese Parameter einen anderen Bedeutungsgrad gewinnen, aber ihre Veränderung kann in jedem Fall das Ausgangssignal, den Meßbereich und die Selektivität des Biosensors entscheidend verändern.

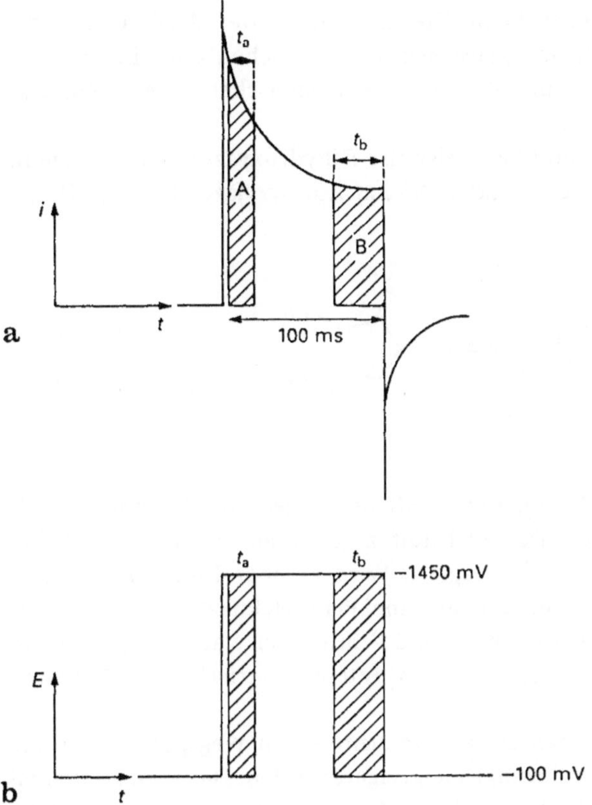

Abb. 5.16. Meßprinzip bei simultaner Bestimmung von O_2 und Halothan an Gold. **a** Verlauf des Stromsignals, wenn das in **b** dargestellte Stufenpotential angelegt wird; **b** Integrationszonen t_a und t_b, aus denen die Werte $\{i_{k(Hal)} + i_{d(O_2)}\}$ und $\{i_{d(Hal)} + i_{d(O_2)}\}$ zu bestimmen sind.

5.9 Amperometrische Elektroden zur Bestimmung von Ionenkonzentrationen

Ionenselektive Elektroden sind üblicherweise potentiometrische Elektroden. Mit der Einführung einer Indikatorsubstanz, deren elektrochemisches Verhalten sich bei der Reaktion mit einer bestimmten ionischen Verbindung ändert, läßt sich eine direkte Bestimmung der Ionenkonzentration jedoch auch an einer amperometrischen Elektrode durchführen. Ähnlich wie bei der Entwicklung ionensensitiver Membranen für potentiometrische Messungen wird die Elektrodenoberfläche mit einem polymeren Film modifiziert, der eine hohe

Affinität und Selektivität gegenüber dem Meßion zeigt. Für eine solche Anwendung muß sie allerdings zusätzlich auch Redoxaktivität aufweisen, damit sie als interner Standard dienen kann. Die Affinität für den Analyten ist entweder über das polymere Grundgerüst selbst zu erreichen oder indem eine Verbindung mit geeigneter Affinität über Ionenaustauscherprozesse eingelagert wird.

Geeignete Verbindungen sind beispielsweise Dihydroxyazofarbstoffe, die in der Lage sind, Metalloderivate zu bilden. So hat Antipyrylazo-III (AP-III)

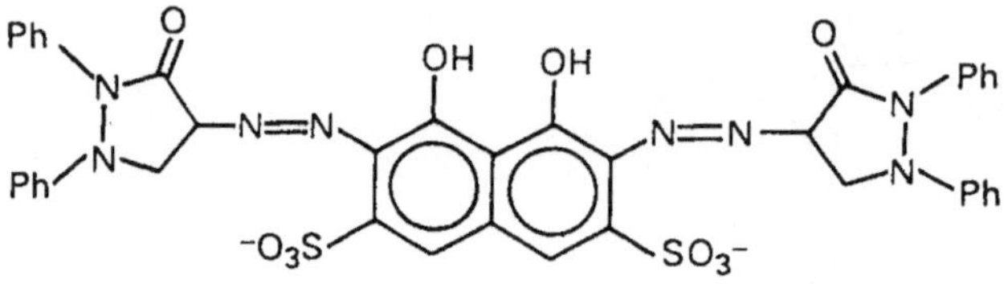

eine hohe Affinität für Calcium, ohne daß Störungen durch andere zweiwertige Ionen auftreten [16]. Der Farbstoff zeigt einen Oxidationspeak bei $+0{,}55$ V gegen SCE, der auf Ca^{2+} reagiert. Wird er über Ionenaustausch in ein Viologen-Polymer eingebaut und an eine Platinelektrode montiert, reagiert die so entstandene Elektrode bei $+0{,}55$ V mit einer Nachweisgrenze von etwa 10^{-7} mol L^{-1} auf Ca^{2+}. Das ist einem potentiometrischen Ca^{2+}-Sensor vergleichbar.

Auf Nickelelektroden können auf elektrochemischem Weg polymere Filme aus Hexacyanoferrat-haltigen Lösungen abgelagert werden. Das Redoxpotential des $Fe^{II/III}$-Redoxpaares variiert je nach der Gitterstruktur des Kristallgitters, welches das Eisenzentrum umgibt und das von der Art des Kations im Elektrolyten bestimmt wird.

Diese Eigenschaft kann zur Bestimmung der Ionenkonzentration genutzt werden, da die Oberflächenaktivität gegenüber verschiedenen Alkali-Kationen unterschiedlich ist, wobei Cs^+ die höchste Affinität erreicht [17]. Das Potential für das $Fe^{II/III}$-Redoxpaar verschiebt sich um $0{,}65$ V bei Na^+- bzw. Cs^+-Lösungen. Der durch Cs^+ verursachte Spitzenstrom für das $Fe^{II/III}$-Redoxpaar zeigt einen komplizierten Zusammenhang mit der Cs^+-Konzentration. Bei einer gegebenen Na^+-Konzentration schwächt sich der durch Na^+ verursachte Peak im Verhältnis zu $\log[Cs^+]$ mit einer Nachweisgrenze von 10^{-8} mol L^{-1} ab. Damit erreicht man eine Verbesserung gegenüber potentiometrischen Methoden, die den Nachweis nur bis herab auf 10^{-5} mol L^{-1} Cs^+ erlauben und zudem beträchtlichen Störungen durch andere Alkali-Kationen unterliegen. Für diese amperometrische Methode ist Na^+ erforderlich, aber bei Konzentrationen über $0{,}1$ mol L^{-1} Na^+ haben Änderungen der Na^+-Konzentration keinen Einfluß mehr, so daß beim Elektrodenbetrieb unter „Na^+-gesättigten" Bedingungen keine ernsthaften Kreuzreaktionen mit anderen ionischen Substanzen auftreten.

Es gibt noch viele Beispiele für amperometrische Nachweismethoden von Ionen. Inwiefern sie mit potentiometrischen Messungen vergleichbar sind, hängt im wesentlichen von der jeweiligen Anwendung ab.

5.10 Elektrochemisches Verhalten von Makromolekülen

Der Elektronentransfer auf biologische Makromoleküle wird in Kap. 8 im einzelnen behandelt; hier sollen aber schon einige Probleme und Grenzen der Methode aufgezeigt werden. Insgesamt wird die elektrochemische Analyse von Makromolekülen wegen ihrer kleinen Diffusionskoeffizienten schwierig. Zudem sind die elektroaktiven Gruppen für Elektrodenreaktionen oft unzugänglich; üblicherweise sind dies die Coenzyme.

In nichtwäßrigen Lösemitteln können zwar die Carboxylgruppen der Aminosäuren elektrochemisch reduziert werden, in wäßriger Lösung zeigt jedoch normalerweise nur Cystin Elektroaktivität. Man geht davon aus, daß dabei adsorbiertes Cystin an der Elektrode reduziert wird [8]:

$$(RSSR)_{ads} + 2\,H^+ + 2\,e^- \longrightarrow 2\,(RSH)_{Lsg}$$

Cystin-haltige Proteine verursachen ein schwaches Stromsignal aufgrund der elektrochemischen Reduktion ihrer Disulfidbrücken. Der analytische Wert ist im allgemeinen aber gering [19].

Besser ist der katalytische Strom zu nutzen, der in Kobalt- oder Nickel-haltigen Lösungen hervorgerufen wird. Dieser *Brdička-Strom* ist für die klinische Analytik vielfach genutzt worden [20] [21].

Ein ähnliches Bild ergibt sich auch bei den Nucleinsäuren, da nur Cytosin und Adenin in wäßriger Lösung reduziert werden können [22]. Das elektrochemische Verhalten der Nucleoside und Nucleotide hängt daher von ihrer Basenzusammensetzung und ihrem Adsorptionsverhalten ab. Polynucleotide, die Adenin und Guanin enthalten, können auch an Kohleelektroden oxidiert werden [23]. Sowohl RNA als auch DNA bilden zwei Peaks, wobei das flexiblere, einsträngige Polynucleotid einen höheren Peak ergibt als das zweisträngige. Das gleiche Verhalten gilt auch für ihre elektrochemische Reduktion. Diese letztere Eigenschaft könnte zum Nachweis der Wechselwirkung zwischen einer einsträngigen DNA-Matrize und ihrem Komplementärstrang ausgenutzt werden; die Messung kann allerdings nicht unmittelbar durchgeführt werden, da Polynucleotide an der Elektrodenoberfläche stark adsorbieren und damit ein wesentlicher Teil des Gesamtsignals auf Ablagerungen auf der Elektrode sowie auf unspezifische Adsorption und elektrochemische Reaktionen zurückzuführen ist.

Aufgrund des geringen Ladungstransfers auf Makromoleküle und der unspezifischen Adsorption sowohl elektroaktiver als auch nicht-elektroaktiver Substanzen an die Elektrodenoberfläche sind direkte elektrochemische Nachweismethoden kaum realisierbar; man ist daher auf indirekte Methoden ausgewichen, die im folgenden besprochen werden.

5.11 Redox-Enzyme

Oxidoreduktasen sind Enzyme, die Elektronen übertragen und in dieser Funktion Teil einer Kette von Ladungstransfer-Reaktionen sind, die beispielsweise bei den Oxidasen beim molekularen Sauerstoff endet. Solche Ladungstransfer-Enzyme sind besonders zur indirekten Analyse ihrer jeweiligen Substrate geeignet. Drei Hauptgruppen dieser Enzyme werden für die Analytik am häufigsten eingesetzt; sie werden über ihre prosthetischen Gruppen definiert:
- Pyridin-gekoppelte Dehydrogenasen, die NAD^+ oder $NADP^+$ erfordern;
- Flavin-gekoppelte Oxidasen, die FAD oder FMN enthalten;
- Cytochrome, die ein Porphyrinringsystem enthalten.

Auch Enzyme anderer Klassen werden mitunter verwendet, von denen die NAD^+-unabhängigen Chinoproteine den Vorteil haben, daß sie O_2-unabhängig sind.

Die Standardelektrodenpotentiale dieser Systeme sind in Abb. 5.17 aufgeführt und mit denen künstlicher Redoxkatalysatoren sowie einiger Enzymsubstrate verglichen. Deutlich ist die Analogie zu den bereits besprochenen katalytischen Systemen zu erkennen:

$$O + ne^- \;\rightleftharpoons\; R$$
$$R + A \;\longrightarrow\; O + B \qquad \text{oder}$$
$$O + A \;\longrightarrow\; R + B$$

wobei O und R sich nun auf die oxidierte bzw. reduzierte Form des Enzyms beziehen, A das Substrat (S) und B das Produkt (P) sind.

Die analoge Enzym-Substrat-Reaktion läßt sich also folgendermaßen schreiben:

$$R_{Enz} + S \;\longrightarrow\; O_{Enz} + P \qquad \text{oder}$$
$$O_{Enz} + S \;\longrightarrow\; R_{Enz} + P$$

Eine Untersuchung der Voltammogramme ihrer jeweiligen prosthetischen Gruppen zeigt die Elektrochemie der Redoxgruppen dieser Enzyme. FMN gehört z.B. zu einem pH-abhängigen Redoxpaar (Abb. 5.18):

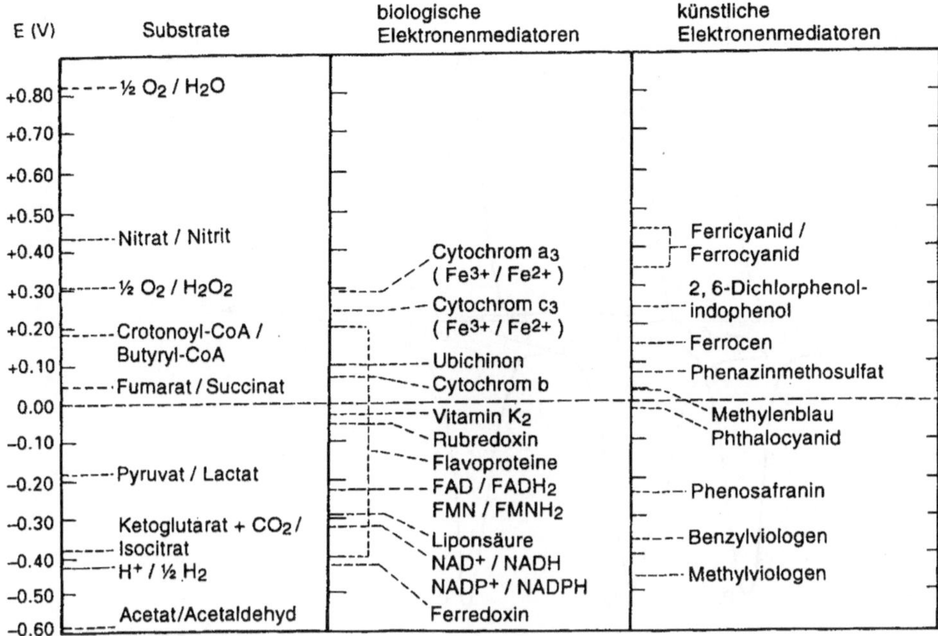

Abb. 5.17. Normalpotentiale E bei pH 7 und 298 K (25 °C) für einige wichtige Redoxpaare.

Der Prozeß läuft wohl in zwei Stufen über die Radikalstufe des Semichinoids als Zwischenprodukt ab. In neutraler Lösung zeigen die cyclischen Voltammogramme mit FMN zwei Peaks, was für einen zweistufigen Prozeß spricht.

Der Elektronentransfer auf die isolierten prosthetischen Gruppen ist zwar bei Potentialen in der Nähe des Standardelektrodenpotentials möglich, aber die Versuche, einen reversiblen Ladungstransfer zwischen Elektrode und Enzym zu erzielen, haben recht unterschiedliche Erfolge gezeigt; ein Problem dabei ist, daß üblicherweise große Überspannungen erforderlich sind. Im Enzym, wo der elektroaktive Cofaktor in ein Protein eingebettet ist, besteht nur eine begrenzte Zugänglichkeit zwischen Redoxzentrum und Elektrode, so daß der Elektronentransfer behindert ist und dadurch normalerweise ein begrenzter Stromfluß zu beobachten ist. An der sich erneuernden Oberfläche einer Quecksilbertropfelektrode wird ein Peak bei einem Potential von nur etwa 100 mV

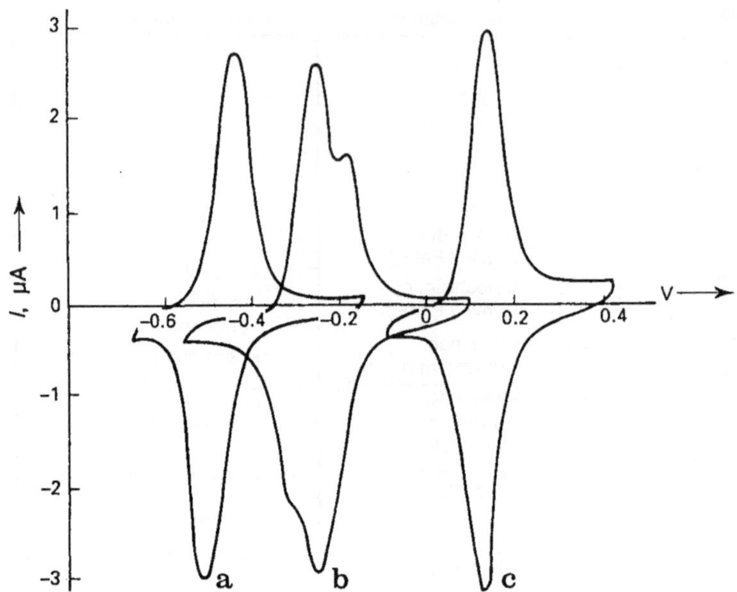

Abb. 5.18. Cyclische Voltammogramme für FMN bei pH 13,8 (a), pH 8,4 (b) und pH 0,94 (c).

positiver als für die gut handhabbare Elektrochemie von FAD gefunden. Ein Enzym, das in ein Polyacrylamidgel eingeschlossen und in eine Platinnetz-Elektrode oder in eine Graphitpastenelektrode eingefügt ist, weist jedoch mit einer sehr niedrigen und kaum definierten Stromdichte auf den schwachen Elektronentransfer zwischen Elektrode und Enzym hin. Mit Glucose-Oxidase, kovalent auf eine Platinelektrode aufgetragen, läßt sich tatsächlich kein Elektronentransport über die prosthetische Gruppe feststellen [24, 25]. Ein einfaches Elektrodenmaterial zur direkten Reoxidation – und damit Regeneration – des Enzyms nach der enzymatischen Oxidation des Enzymsubstrates kann wegen dieser Probleme nicht verwendet werden. Hierin liegt eine Beschränkung beim Aufbau Enzym-gekoppelter Tests, in denen der Ladungstransfer als Meßgröße verwendet werden soll.

Will man Enzyme in der Elektrokatalyse verwenden, muß dieses Problem durch eine Modifikation des Elektronentransportes an der Elektrode gelöst werden. Am häufigsten wird dies mit folgenden Methoden versucht:
–   Adsorption einer modifizierenden Verbindung an die Elektrode;
–   kovalente Bindung eines aktivierenden Reagenz an die Elektrode;
–   Auflagern eines polymeren Films;
–   Verwendung eines niedermolekularen Mediators.

5.12 Modifizierte Elektroden

In vielen wegweisenden Arbeiten werden die Elektroden modifiziert, indem man funktionelle organische Gruppen an der Oberfläche adsorbiert. So wird für Cytochrom C in Gegenwart von 4,4'-Bipyridyl an einer Goldelektrode eine erhöhte Redoxaktivität gefunden [44, 27]. In diesem Fall ist der Elektronen-Promoter reversibel an der Elektrode adsorbiert und steht mit seiner gelösten Form im Gleichgewicht. Irreversible Adsorption kann man mit Promotern erreichen, die in wäßriger Lösung unlöslich sind. Sie werden durch einen Tauchüberzug aus einem organischen Lösungsmittel auf die Elektrode aufgezogen oder aus der Dampfphase aufgelagert.

Üblicherweise haben Elektronen-Promoter ein elektronenreiches π-System, in dem leicht Ladungsverschiebungen auftreten können. Ebenso sind Kohleelektroden mit ihrem ausgedehnten π-System ausgesprochen wirksame Adsorptionsoberflächen. Die Reduktionsmechanismen des Sauerstoffs mit ihren Zwei- und Vierelektronenübergängen sind bereits besprochen worden. Ein gutes Beispiel für die Rolle des Promoters bei der Verstärkung des Elektronentransfers ist eine modifizierte Kohleelektrode, an deren Oberfläche ein Kobalt-haltiges Porphyrin adsorbiert ist (Abb. 5.19). Der Vierelektronenübergang bei der Reduktion von Sauerstoff wird dadurch bereits bei bedeutend niedrigerer Überspannung katalysiert [41].

Die Redoxchemie des Coenzyms $NAD^+/NADH$ findet besonderes Interesse, da es ein wichtiger Cofaktor für viele enzymatische Reaktionen ist. Die Oxidation von NADH kann zwar an unmodifizierten Elektroden ablaufen, dabei

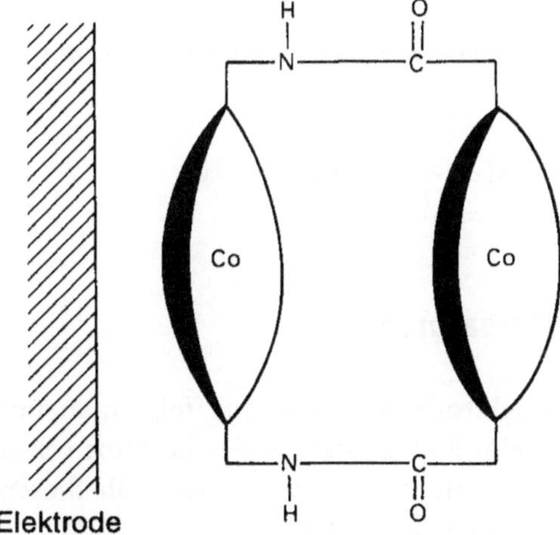

Abb. 5.19. An einer Elektrodenoberfläche adsorbiertes Kobalt-haltiges Porphyrin als Elektronenpromoter bei der O_2-Reduktion.

wird aber eine beträchtliche Überspannung benötigt. Zudem wird das Produkt bei dieser Oxidation an die Elektrode adsorbiert. Mit einem intermittierenden Reinigungsverfahren für Glaskohleelektroden, bei dem der Belag von den Elektroden entfernt wird, kann die benötigte Überspannung aber vermindert werden [23]. Die Methode wurde in der cyclischen Voltammetrie angewendet, läßt sich aber wohl ganz allgemein einsetzen: Eine periodisch wiederkehrende Rechteckwelle wird zwischen jedem voltammetrischen „Sweepen" angelegt. Im Fall des NADH sind die optimalen Parameter für dieses Verfahren 10 Hz-Wellen zwischen $\pm 1,8\,V$ für 15 s.

Darüberhinaus sind eine Reihe verschiedener Versuche unternommen worden, die Elektrode zu modifizieren, um den Elektronentransfer zu verbessern. So setzt z.B. an Graphit adsorbiertes Medolablau (7-Dimethylamino-1,2-benzophenoxazin) die Überspannung für den Elektronentransfer herab, indem es einen Ladungstransfer-Komplex eingeht [30].

Ein wesentlicher Nachteil bei der Adsorption von Mediatoren ist ihre Instabilität. Die Verknüpfung modifizierender Reagenzien über eine kovalente Bindung ist darum intensiv weiterentwickelt worden. In den meisten Fällen wurde versucht, geeignete aktivierte Metall- oder Kohleoberflächen zu verwenden, wie z.B. Metalloxide oder oxidierte Kohle. Die Oxidation von Kohle führt zu COOH-Gruppen in hoher Dichte, an die die π-reichen Promoter geknüpft werden können, so z.B.

Eine Bindung an Metalloxide kann z.B. über das reaktive Silan vorgenommen werden:

$$M\text{-}\text{-}\text{-}|\text{-}\text{-}\text{-OH} + XSiX_2R \longrightarrow M\text{-}\text{-}\text{-}|\text{-}\text{-}\text{-OSiX}_2R + HX$$

5.13   Elektronentransfer über Mediatoren

Einem ganz anderen Ansatz als der Elektrodenmodifizierung folgt man mit der Verwendung von Reagenzien, die beim Redoxpotential des Proteins selbst elektroaktiv sind. Das zuvor besprochene katalytische System kann für diesen mediatorgestützten Elektronentransfer angepaßt werden:

$$Bio_{red} + Med_{ox} \longrightarrow Bio_{ox} + Med_{red} \qquad \text{(chemisch)}$$

$$Med_{red} \rightleftharpoons Med_{ox} + ne^- \qquad \text{(elektrochemisch)}$$

wobei $Bio_{red} \longrightarrow Bio_{ox} + ne^-$ elektrochemisch langsam abläuft, Med für Mediator und Bio für Bioredoxsystem steht. Der Mediator ist ein niedermolekulares Redoxpaar mit schneller Elektrodenkinetik, das außerdem einen homogenen Elektronentransfer mit einer Substanz in der Lösung eingeht, in diesem Fall mit dem makromolekularen Redoxbiomolekül.

Unter den vielen getesteten Redoxmediatoren scheinen Chinone, Ferricyanid, organische Farbstoffe und Ferrocen-Derivate am besten geeignet zu sein. Die wesentlichen Eigenschaften eines geeigneten Mediators lassen sich folgendermaßen zusammenfassen:
- schnelle Kinetik des heterogenen Elektronentransfers;
- schneller homogener Elektronentransfer mit dem Redoxprotein;
- stabil in oxidierter und reduzierter Form;
- keine Reaktion mit anderen Substanzen der Lösung (vor allem O_2).

Anders als die bereits erwähnten Elektronenpromoter brauchen diese Mediatoren nicht an die Elektrodenoberfläche adsorbiert oder auf andere Weise mit ihr verbunden zu werden. Der homogene Elektronentransfer zwischen Protein und Mediator kann sogar in einiger Entfernung von der Elektrode vor sich gehen. Für einen Biosensor allerdings ist es unbefriedigend, ein Reagenz zur Lösung zusetzen zu müssen, bevor die eigentliche Messung vorgenommen werden kann. Für eine praktische Anwendung sind daher Mediatoren geeignet, die zusammen mit dem Enzym an der Elektrodenoberfläche immobilisiert werden können [31].

Verschiedene Ferrocenderivate fungieren entweder in Lösung oder in immobilisierter Form als Mediatoren. Wird Ferrocen z.B. durch Derivatisierung zum Trichlorosilylferrocen umgesetzt, reagiert es mit eloxiertem Platin oder Gold zu einer Elektrode mit einem Potential von etwa 0,45 V gegen SCE, welches dem Ferrocen zuzuschreiben ist. Das Präparat ist feuchtigkeitsempfindlich und muß unter nichtwäßrigen Bedingungen hergestellt werden, aber die entstandene Elektrode kann mit einer Lagerstabilität von über 8 Wochen als extrem langlebig angesehen werden.

Technisch ist allerdings die kovalente Modifizierung der Elektrodenoberfläche im allgemeinen schwieriger als ein Einschluß über Polymerisation. Daher wird die Polymerisationstechnik zunehmend beliebter. Polymere Filme haften oft gut an der Elektrode und bilden entweder eine einschichtige oder eine mehrschichtige Matrix, die elektroaktiv oder elektrochemisch inert sein kann. Es gibt drei Gruppen elektroaktiver Polymere:
- Ionenaustauscherpolymere;
- Redoxpolymere;
- leitende Polymere.

5.13.1 Polymere Ionenaustauscher

Polymere Filme mit Ionenaustauscher-Funktion werden, wenn sie mit elektroaktiven Ionen dotiert sind, selbst elektroaktiv. Beispielsweise ergibt der Austausch des ClO_4^--Anions durch $Fe(CN)_6^{3-}$ in einem Polyvinylpyridin-Film eine modifizierte Elektrode mit der Redoxaktivität des Ferricyanids [32].

Das Fluorpolymer Nafion ist ein Kationaustauscher mit hydrophilen und hydrophoben Bereichen. Ein Redoxpaar innerhalb der hydrophoben Zone ist dort zwar elektroaktiv, aber isoliert von der Elektrode. Es erfordert darum ein bewegliches Redoxkation als Elektronen-Carrier [33–35]:

$$-(CF_2CF_2)_x(CFCF_2)_y-$$
$$|$$
$$O-(C_3F_6)-O-CF_2CF_2-SO_3-Na^+$$
$$(Nafion)$$

Schleust man eine Reihe verschiedener Redoxsubstanzen durch Ionenaustausch in das Nafion-Polymer ein, erhält man ein Polymer mit Redoxaktivität, das sich diffusionskontrolliert verhält (d.h. $v^{1/2}$ ist dem Spitzenstrom proportional, s.o.: voltammetrische Verfahren). Allerdings wird der effektive Diffusionskoeffizient (D_{app}) innerhalb des Polymers vom Mechanismus des Elektronenaustausches beeinflußt [36]:

$$D_{app} = \frac{k\,\pi\,\delta^2\,C}{4}$$

wobei D der Diffusionskoeffizient, δ die Weglänge des Elektronentransfers, C die Konzentration der elektroaktiven Substanz und k die Geschwindigkeitskonstante für den Elektronentransfer ist. Der Gesamtdiffusionsprozeß innerhalb des Polymers kann als ein Positionswechsel der Elektronen innerhalb des Polymers von reduzierten zu oxidierten Orten beschrieben oder als Diffusionsprozeß aufgefaßt werden.

Mit $Ru(bpy)_3^{2+}$ dotiertes Nafion (bpy = 2,2'-Bipyridin) hat einen D_{app}, in dem ein erheblicher Anteil aus dem Elektronentransfer stammt [37, 38]. Für $Cp_2Fe - TMA^+$ (Trimethylammonium-methylferrocen) trifft dies nicht zu. Mit diesem Ergebnis scheinbar im Widerspruch ist allerdings die Unabhängigkeit des D_{app} von der Konzentration des $Ru(bpy)_3^{2+}$.

Im allgemeinen sind der anodische und der kathodische Peak der Redoxpaare deutlich voneinander getrennt. Dies geht üblicherweise mit einer heterogenen Geschwindigkeitskonstante einher, die niedriger ist als in wäßriger Lösung. Vermutlich geht dies allerdings zumindest zum Teil auf Wechselwirkungen zwischen verschiedenen elektroaktiven Sites zurück [38].

Ungeachtet des genauen Mechanismus des Elektronentransfers in dem Film würde allerdings durch die Ionenmigration insgesamt eine Elektroneutralität aufrechterhalten. Die Geschwindigkeitsbeschränkung durch diesen Prozeß ergibt sich als Funktion der Ionengröße und der Schichtdicke des Films und beeinflußt den Wert von D_{app} nur in Filmen, die über 20 μm stark sind. Für den Migrationsprozeß spielt die Art der Ionen zur Dotierung im Film allerdings keine Rolle.

Mit $Ru(bpy)_3^{2+}$ dotiertes Nafion steht mit dem $Ru(bpy)_3^{2+}$-freien Elektrolyt in einem stationären Gleichgewicht; wird dieses dotierte Nafion anschließend kurz mit $Os(bpy)_3^{2+}$ behandelt, entsteht ein Film mit gemischter Schicht [37]. Anfangs zeigt der Film nur einen sehr niedrigen $Os(bpy)_3^{2+}$-Peak und eine deutliche Zunahme des $Ru(bpy)_3^{2+/3+}$-Redoxpaares, die auf einer Elektronenmigration durch die äußere Schicht beruht und damit zu einem beschleunigten Elektronentransport führt. Die günstigen Eigenschaften solcher gemischten Filme sind allerdings nur von kurzer Dauer. Da sich bei weiteren Durchläufen die beiden Substanzen in dem Film ausgleichen, erhöht sich der $Os(bpy)_3^{2+}$-Peak und die Katalyse wird vermindert.

Diese Art der Modifikation eines Redoxfilmes wurde zur Katalyse der Sauerstoffreduktion [39] mit Kobalt(II)tetraphenyl-porphyrin als Redoxkatalysator verwendet:

$$Katalysator_{ox} + ne^- \; \rightleftharpoons \; Katalysator_{red}$$

$$Katalysator_{red} + O_2 \; \longrightarrow \; Katalysator_{ox} + OH^-$$

Der Redoxkatalysator ist innerhalb der hydrophoben Bereiche des Nafions fixiert; das Pendeln der Elektronen wird durch ein Ruthenium(III)-hexamin-Kation erreicht.

Mit der Entwicklung von Polyelektrolyt-Filmen wie Nafion erreicht man eine beträchtliche Flexibilität, da eine ganze Reihe elektroaktiver Gegenionen in solche Filme eingebracht werden können. Da es sich bei diesem Ionenaustausch aber um einen Gleichgewichtsprozeß handelt, läßt er langsam nach, wenn das Ion nicht in der Lösung vorhanden ist. Theoretisch ist daher die Elektroaktivität dieser Filme kurzlebiger, als wenn das Redoxpaar an der Elektrodenoberfläche fixiert ist.

5.13.2 Redoxpolymere

In einem polymeren System, in dessen Gerüst die elektroaktive Substanz fest verankert vorliegt, ist ein weniger rasches Auswaschen zu erwarten als wenn die Substanz nur durch elektrostatische Wechselwirkungen fixiert ist. Polyvinylferrocen ist ein typisches Beispiel für ein solches Polymer, in dem das Redoxzentrum integraler Bestandteil ist (Abb. 5.20). Hier ist die heterogene Geschwindigkeitskonstante für den Ladungstransfer im typischen Fall $10^2 - 10^3$fach kleiner als für die gelöste Substanz, Vinylferrocen. Im Vergleich zum Diffusionskoeffizienten (D) für die polymere Matrix ist aber der Wert $k^0/D^{1/2}$ vergleichbar

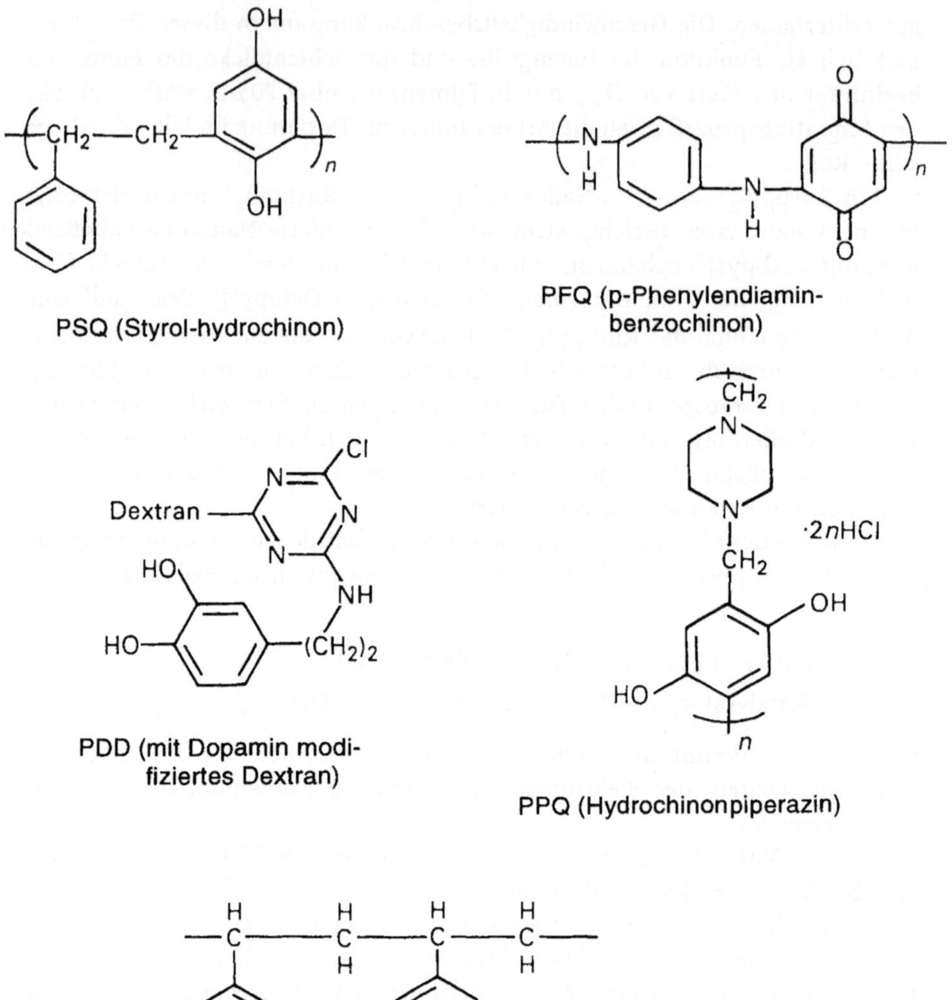

Abb. 5.20. Strukturformeln einiger synthetischer Redoxpolymere.

mit den Parametern der Lösung. Im wesentlichen sind es Änderungen der Viskosität, die im letzten Fall zu einer Änderung des effektiven Wertes von k^0 führen [40].

Auch die kovalente Verknüpfung von Mediatoren mit Polystyren, Cellulose oder anderen ähnlichen Trägern läßt sich unter zumindest teilweisem Erhalt ihrer katalytischen Aktivität durchführen. Die Kinetik des Elektronentransfers an der Elektrode ist allerdings im direkten Vergleich zur Reaktion in Lösung stark reduziert [41].

5.13.3 Leitende Polymere

Leitende Polymere sind vor allem deshalb attraktiv, weil viele sich leicht durch elektrochemische Polymerisation herstellen lassen. Diejenigen Polymere, die in wäßrigen Lösungen polymerisieren, wie Polypyrrol, Polyphenoxide und Polyanilin, können auch in Gegenwart eines Redoxenzyms präpariert werden. Alle diese Polymere schließen, werden sie in Gegenwart von Glucose-Oxidase elektropolymerisiert, das Enzym in die polymere Matrix ein [42, 43] (s. Kap. 8).

Polypyrrol entsteht z.B. überwiegend aus α, α'- verknüpften Pyrroleinheiten, was zu einer kationischen Struktur führt. Dieser Film ist seiner Natur nach elektroaktiv, wobei die Redoxreaktion die Oxidation des delokalisierten π-Systems einschließt. Das Polymer kann reversibel in den oxidierten Zustand (leitend) und den neutralen Zustand (isolierend) überführt werden.

Die elektrische Leitfähigkeit des Polymers hängt stark von den Bedingungen der Polymerisation ab. Polymerisation in wäßriger Lösung ergibt weniger dichte und hoch leitende Polymere als die nicht-wäßrige Präparation, ist dafür aber ein ideales Immobilisierungsverfahren für das Biomolekül.

Ein wirkungsvoller direkter Elektronentransfer auf das Redoxzentrum von Enzymen, die in Pyrrol-Polymeren immobilisiert sind, kann aus zwei Gründen nicht erwartet werden:
- das Redoxpotential des Films ist zu weit vom Redoxpotential des Enzyms entfernt;
- jeweils nur die oxidierte Form des Films ist leitend, so daß der Elektronentransfer durch den neutralen Film hindurch nicht verbessert wird.

Höhere Elektroaktivität des Films kann erreicht werden, wenn elektroaktive Seitengruppen eingeführt oder niedermolekulare Redoxsubstanzen eingeschlossen werden. So führt der Einschluß von Phthalocyanin zu einem elektroaktiven Film. Weitere Modifikationen, die besonders für Biosensoren geeignet sind, werden in Teil II behandelt.

5.14 Fertigung und Anwendung von Mikroelektroden

Amperometrische Sensoren erfordern – ob sie nun mit modifiziertem oder nicht-modifiziertem Elektrodenmaterial arbeiten – in erster Linie ein leitendes Material, das die Basiselektrode bildet. In der Elektrodenfertigung wird üblicherweise eine leitende Verbindung aus geeignetem Material und mit dem gewünschten Durchmesser in eine isolierende Ummantelung eingebettet (vergl. die Clark-Sauerstoffelektrode). Mit modernen Technologien lassen sich allerdings präzise, definierte Mikrostrukturen als Basiselektroden konstruieren. Die Entwicklung von Mikroelektroden hat besondere Bedeutung für in vivo-Sensoren, ist aber auch notwendig für Multi-Elektroden, die zur Messung mehrerer Analyten oder zur Mehrfachanalyse eines einzigen Analyten verwendet werden. Natürlich liegen auch Kostenvorteile darin, daß weniger Material für die Herstellung benötigt wird und daß – falls möglich – bestehende Technologien zur Massenproduktion genutzt werden können.

Mikroelektroden-Arrays, d.h. gruppierte Elektroden, sind mit regelmäßiger und unregelmäßiger Anordnung produziert worden, ursprünglich auf der Basis von Graphit- und Kohlefasern. Mit anderen Techniken als der Mikrolithographie erreicht man im allgemeinen eine vergleichsweise weniger präzise Geometrie und aktive Flächen nicht unter $0,1\ \mu m^2$. Lithographische Techniken erlauben dagegen kleinere Abmessungen und können bei der Herstellung von Elektroden aus Kohle, Metallen und Halbleitermaterialien auf verschiedenen Trägern wie Silicium, Glas, Kunststoffen und Keramik verwendet werden.

5.14.1 Herstellung dünner Schichten

Die photolithographische Herstellung von Dünnschichtelektroden ermöglicht große Flexibilität bei den geometrischen Abmessungen der Elektrode und ausgezeichnete Reproduzierbarkeit. Das Verfahren hängt im einzelnen vom Material des Substrates, vom Elektrodenmaterial und natürlich von der Anwendung ab. Das allgemeine Prinzip ist immer das gleiche, wenn auch einzelne Schritte variieren können; ein Beispiel ist das in Abb. 5.21 dargestellte Verfahren [44, 45]:

- Eine dünne Metallschicht (Au $\sim 0,1\ \mu$m) wird auf ein geeignetes Substrat (Glas) aufgedampft.
- Das Metall wird mit Photoresistlack beschichtet, der für sichtbares und UV-Licht, Röntgenstrahlen-Photonen oder Elektronenstrahlen empfindlich ist. Die Oberfläche wird den Strahlen durch eine Maske ausgesetzt, die das Elektroden- und Kontaktmuster ergibt. Es kann Positivlack oder Negativlack verwendet werden. Der unbeschichtete Metallfilm wird abgeätzt, so daß die gewünschten Elektrodenflächen zurückbleiben.

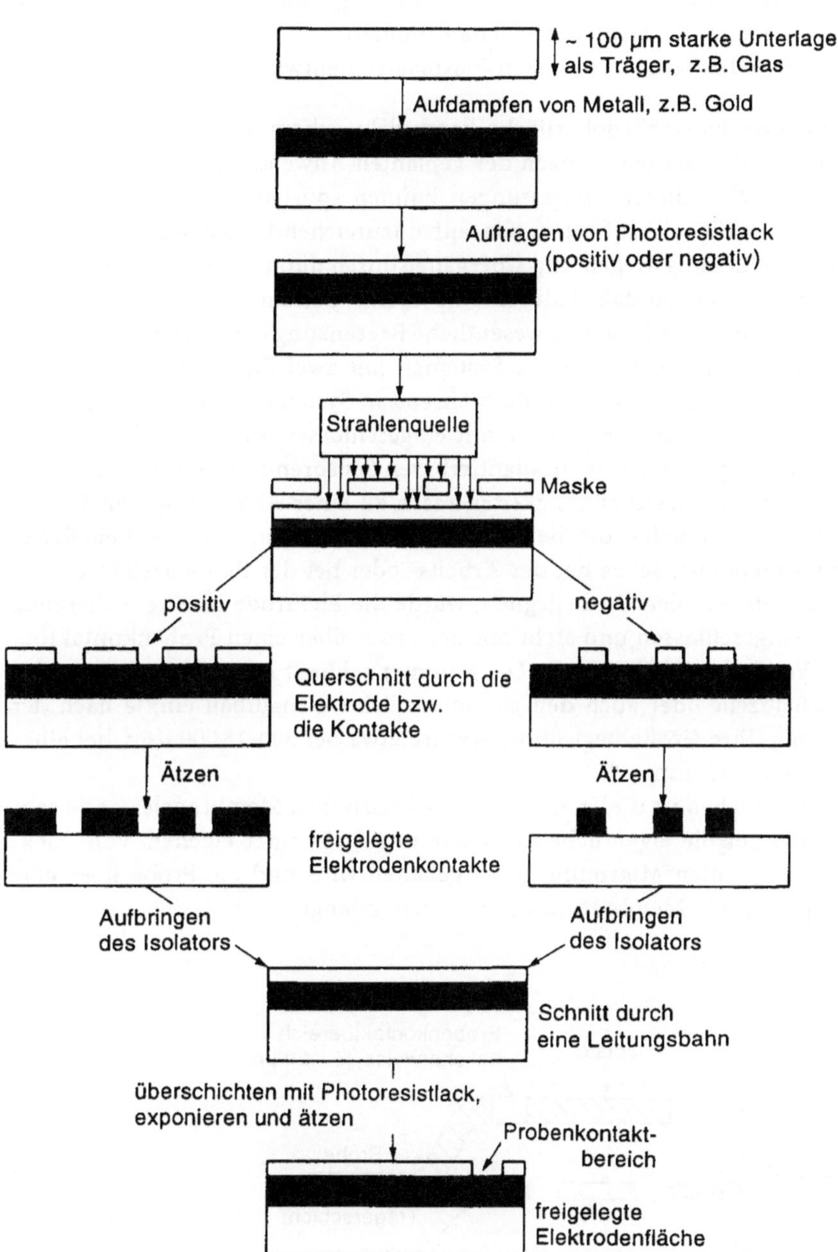

Abb. 5.21. Fertigungsschritte bei der Herstellung von dünnen Schichten.

- Eine dicke Schicht aus Si_3N_4 wird durch plasmaverstärkte Aufdampfung als Isolierschicht aufgebracht.
- Eine zweite Schicht Photoresistlack wird aufgebracht und die Oberfläche zur Freilegung der Elektrodenfläche exponiert.
- Die Elektrodenfläche wird durch Plasmaätzen entwickelt.

Die exponierte Elektrodenoberfläche kann elektrochemisch mit anderen Metallen beschichtet werden, je nach der geplanten Anwendung.

Bei Elektroden dieser Abmessungen können spürbare und unerwünschte Störungen des Signals auftreten, die auf unzureichende Isolierung zwischen benachbarten Leitungswegen und Übergänge durch dünne Isolierschichten hindurch zurückgehen, so daß dadurch eine Grenze bei der Miniaturisierung erreicht wird. Allerdings liegt eine wesentliche Begrenzung der Größe des Systems auch in der Referenzelektrode. In Systemen mit zwei Elektroden sollte diese größer sein als die Arbeitselektrode, während in Systemen mit drei Elektroden noch eine dritte, „große" Elektrode mit eingeschlossen werden muß.

Bei in vivo-Systemen oder implantierbaren Sensoren führt der Kontakt zwischen Sensor und Gewebeflüssigkeiten rasch zu einer Ablagerung von Proteinen auf der Oberfläche, die bei so kleinen Abmessungen der Arbeitsfläche immer nachteilig ist, sei es bei der Arbeits- oder bei der Referenzelektrode.

Um diesem Problem zu begegnen, wurde die Elektrode in eine isolierende Kammer eingeschlossen und steht mit der Probe über einen Probenkontaktbereich in Verbindung (Abb. 5.22). Die Kammer schließt entweder Arbeits- oder Referenzhalbzelle oder auch den gesamten Elektrodenaufbau ein, je nach der Anwendung. Ihre Größe liegt üblicherweise etwa bei 300-15 000 μm^2 bei einer Tiefe von etwa 1,5 μm.

Im wesentlichen ist dieser Aufbau einer klassischen Membranelektrode sehr ähnlich, bei der die eigentliche Elektrode innerhalb einer eigenen, vom Elektrolyten bestimmten Mikroumgebung gehalten wird und die Probe über eine selektiv permeable Membran in die Kammer gelangt.

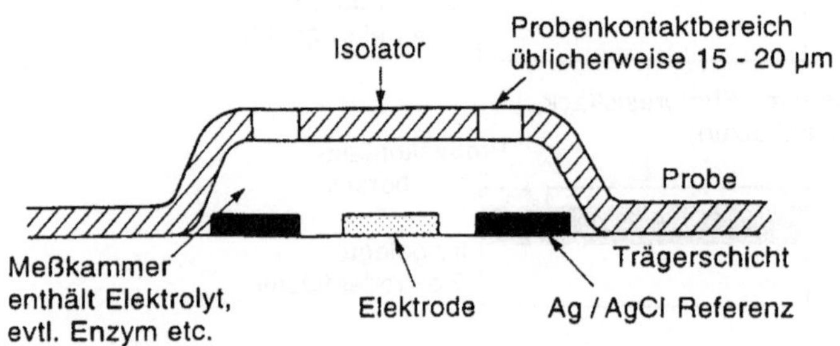

Abb. 5.22. Aufbau einer Kammerelektrode.

Auf diese Weise kann eine Sauerstoffelektrode konstruiert werden, in der eine Au-Arbeitselektrode zwischen zwei Ag/AgCl-Referenzelektroden in einer Kammer liegt, die mit dem Elektrolyt gefüllt ist. Wie bei der Membranummantelten Clark-Sauerstoffelektrode hängt die Ansprechzeit vom Diffusionskoeffizienten und von der Dicke der Elektrolytschicht ab. In diesem Fall liegt die Ansprechzeit, mit der die Elektrode auf eine stufenweise Konzentrationsänderung reagiert, in der Größenordnung von 10 s; wesentlich länger, als bei einem eindimensionalen Modell zur Beschreibung der Diffusion nach dem Fickschen Gesetz zu erwarten wäre [46]. In der Kammerelektrode, in der die 20 μm großen Probenkontaktbereiche nicht unmittelbar über der Arbeitselektrode liegen, ist der Diffusionsweg allerdings auch länger und weicht damit beträchtlich vom eindimensionalen Modell ab. Auch in anderer Hinsicht können Abweichungen von klassischen elektrochemischen Modellen beträchtlich sein. In Elektroden unter 20 μm^2 verläuft der Massentransport überwiegend über nicht-lineare Diffusion, so daß ein anderes Stromsignal als bei größeren Modellen zu erwarten ist.

Amperometrische Mikroelektroden für H_2O_2 und O_2 sind mit Hilfe bestehender Technologien zur Herstellung integrierter Schaltkreise entwickelt worden [47]. Auf eine Siliciumnitrid-Oberfläche, die z.T. mit einer isolierenden Schicht aus Ta_2O_5 beschichtet ist, wurden 100 μm große Goldelektroden aufgelagert. Wie bei ähnlichen geometrischen Anordnungen kann auch hier wegen der niedrigen Ströme und der dicht beieinander liegenden Elektroden die Konfiguration mit zwei Elektroden angewendet werden.

H_2O_2 kann an der Anode gemessen werden, die in bezug auf die Gegenelektrode auf 1,1 V polarisiert ist. Die Sauerstoffmessung wird an einer modifizierten Elektrode vorgenommen, einer Zelle vom Clark-Typ, in der 0,1 M KOH als wäßriger Elektrolyt hinter einer Teflonmembran an der Elektrode eingeschlossen ist (Abb. 5.23).

Von Messungen mit Ultra-Mikroelektroden sind beträchtliche meßtechnische Probleme zu erwarten, die die Empfindlichkeit betreffen: Die auftretenden Ströme liegen nämlich mit großer Wahrscheinlichkeit noch unterhalb des femtoAmpere-Bereichs. Allerdings lassen sich mit parallel geschalteten Mikroelektroden höhere Ströme erzielen als die Summe der einzelnen, getrennten Elemente beträgt, wenn der Abstand zwischen den Elektroden klein ist ($<$ 50 μm), die charakteristischen Kennzeichen der einzelnen Mikroelektrode aber erhalten bleiben. Anordnungen mit 100 oder mehr in gerader Linie parallel geschalteten Elektroden sind bereits getestet worden [48]. Die äquivalente Fläche müßte bei einer Scheibenelektrode einen Radius von 0,69-5 μm haben, aber die Parallelanordnung der Mikroelektroden ist mit wesentlich größeren Stromsignalen verbunden. Eine Multikathode in dieser geometrischen Anordnung wurde für einen O_2-Sensor verwendet [49].

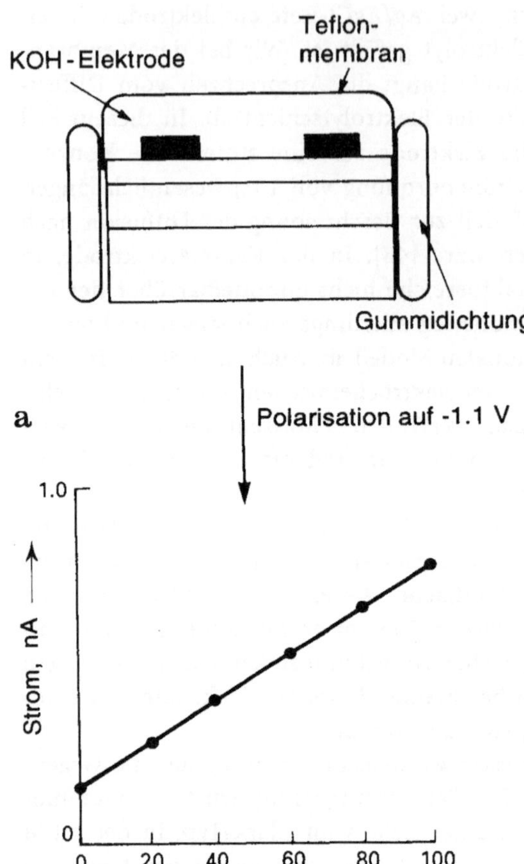

Abb. 5.23. Mikrozelle vom Clark-Typ [47].

Auch interdigitale Anordnungen sind produziert worden. Dazu werden in einer Fadenelektrode die beiden Elemente dieser Anordnung miteinander verzahnt und bei verschiedenen Potentialen getestet [50]. Das an einer der Elektroden elektrochemisch entstehende Oxidationsprodukt diffundiert durch den Raum und wird an der zweiten Elektrode reduziert. Die gegenüberliegende Elektrode begrenzt die maximale Stärke der Diffusionsschicht und verstärkt den Durchfluß auf diese Weise.

Gute Elektronentransporteigenschaften sind mit polymeren Redoxfilmen zu erreichen [51], die über einer interdigitalen Platin-Anordnung mit einem

Zwischenabstand von 2,5 μm auf ein Substrat aus Borosilikat aufgebracht sind. Solche Filme werden durch elektrochemische Polymerisation aus einer Lösung des Monomeren hergestellt und enthalten Substanzen, deren Anwendung in modifizierten Elektroden bereits in diesem Kapitel beschrieben worden sind, nämlich Poly[Os(bpy)$_2$(vpy)$_2$](ClO$_4$)$_2$ (bpy = 2,2'-Bipyridin; vpy = 4-Vinylpyridin), Poly[Ru(bpy)$_2$(vpy)$_2$](ClO$_4$)$_2$ und den Eisen-Cyano-Komplex Preussisch-Blau.

5.14.2 Dickschichtelektroden

Seit Beginn der 90er Jahre sind Techniken zur Fertigung miniaturisierter Enzymsensoren entwickelt worden, denen unterschiedliche Druckverfahren, in erster Linie Siebdruck, zugrunde liegen. Auf ein keramisches Substrat werden die Strukturen mit unterschiedlich zusammengesetzten Pasten aufgedruckt und anschließend gebrannt [52]. Dickschichtsensoren mit mehreren Lagen werden auf einem „green tape"-Keramiksubstrat gedruckt, gepreßt und gebrannt. Die einfache Produktionsweise reduziert die Kosten für die Sensoren so weit, daß sie für den Einmalgebrauch konzipiert werden können [53]. Auch Mehrkanalsysteme sind bei diesem Verfahren möglich, da mehrere Arbeits-, Referenz- und Meßelektroden auf einem Träger integriert werden können. Damit ist die simultane Detektion verschiedener Analyte möglich [54, 55].

Die Dickschichttechnologie hat sich in den letzten Jahren zu einem vielseitigen Verfahren entwickelt; die Systeme werden vor allem in der Lebensmittelanalytik, der Bioprozeßkontrolle und der Umweltanalytik eingesetzt [56, 57].

5.14.3 Festkörpertransistoren und molekulare Transistoren

Die Entwicklung von miniaturisierten amperometrischen Sensoren mit vollständiger Integration der Oberfläche des Meßfühlers mit dem integrierten Schaltkreis umfaßt zwei Abschnitte: Fertigung und anschließende Montage mit Verkapselung. Im ersten Teil geht es um die simultane Produktion vieler (mehrerer Tausend) Silicium-Wafer-Chips mit den erforderlichen p- und n-Regionen mit Hilfe photolithographischer Techniken und die Herstellung des Siliciumdioxid-Gateisolators durch thermische Oxidation der Silicium-Oberfläche. Siliciumnitrid oder weitere Schichten können durch Aufdampfen aufgebracht werden. Schließlich werden elektrische Kontakte an Source, Drain und Substrat gelegt und die gesamte Wafer als Abschluß der Mikrofabrikation in einzelne Chips gebrochen.

Im Rückblick auf die vorangegangene Diskussion der modifizierten Elektroden und das große Interesse an leitenden Polymeren als Immobilisierungsmatrix für die biologischen Erkennungsmoleküle wird die Ähnlichkeit vieler leitender Polymere mit Feststofftransistoren interessant, und die Frage, wie diese Eigenschaften in amperometrischen Tests genutzt werden könnten. Poly-

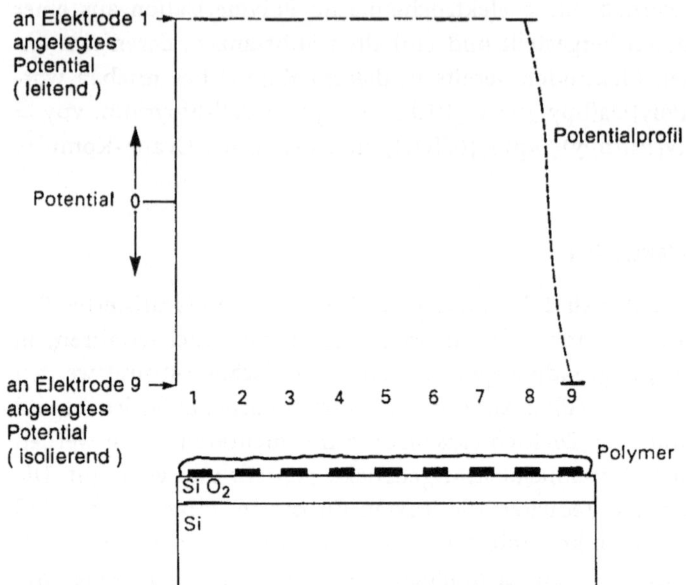

Abb. 5.24. Dioden-Verhalten leitender Schichten wie Polypyrrol. Das Potentialprofil über einer Anordnung von neun Elektroden unter einem Polymerfilm ergibt sich, wenn eine Potentialdifferenz zwischen Elektrode 1 und 9 angelegt wird. An Elektrode 1 liegt ein Potential an, bei dem das Polymer leitet, an Elektrode 9 ein Potential, bei dem das Polymer isoliert.

pyrrol ist z.B. in seiner oxidierten Form leitend, in der reduzierten Form jedoch isolierend. Die Leitfähigkeit der beiden Formen unterscheidet sich um einen Faktor von über 10^{10}.

Polypyrrol kann elektrochemisch über einer Anordnung von 3 μm großen Mikrosensoren aus Gold mit Zwischenabständen von 1,4 μm aufgelagert werden [58], die wie oben beschrieben auf einem Substrat aus Siliciumdioxid aufgebracht sind. Wird eine Potentialdifferenz an diese mit Polypyrrol beschichtete Anordnung angelegt, so daß dabei an einem Ende das negative isolierende Potential und am anderen das positive leitende Potential vorliegt, ergibt sich das Potentialprofil in Abb. 5.24. Ein plötzlicher Abfall des Potentials tritt in der engen Region unmittelbar zwischen der negativen Elektrode und der benachbarten Elektrode auf, während die übrigen Elektroden unbeeinflußt bleiben und ein Potential dicht bei dem des positiven angelegten Potentials aufweisen.

Dies steht im Gegensatz zu dem sich gleichmäßig ändernden Potentialprofil quer über ein sogenanntes Redox-Polymer, das maximale Leitfähigkeit bei [Ox] = [Red] aufweist. In diesem Fall ist eine lineare Änderung der Kon-

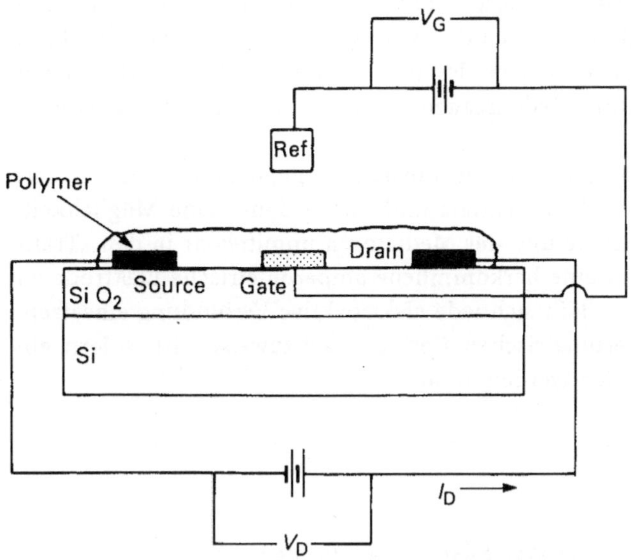

Abb. 5.25. Aufbau eines FET-Systems mit leitender Polymerschicht.

zentration von Redoxzentren zwischen den beiden gesteuerten Elektroden zu beobachten, entsprechend der Nernstschen Gleichung.

Die Elektrodenkonstruktion mit Polypyrrol verhält sich wie eine Diode; wenn an die eine Elektrode ein negatives isolierendes Potential (V_{set}) und an die andere Elektrode ein variierendes Potential (V_{app}) angelegt ist, so gibt es ein Schwellenpotential, unterhalb dessen kein Strom zwischen den beiden Elektroden fließt. Weiteres Ansteigen des V_{app} führt zu einem linearen Anstieg des Stroms.

Als Teil eines FET-Systems kann ein solches Gerät so konstruiert werden, daß es die typischen Eigenschaften eines Festkörpertransistors aufweist. Eine Anordnung von drei Au-Mikroelektroden liefert die Anschlüsse für Gate, Source und Drain (Abb. 5.25) [59], und über die gesamte Fläche wird Polypyrrol aufgelagert. Bei gegebenem V_G wird I_D eine Funktion von V_D:

$$V_G \text{ negativ (isolierend)} \qquad I_D \text{ klein für } V_D < 0,5\,\text{V}$$
$$V_G > -0,2\,\text{V (leitend)} \qquad I_D \text{ größer}$$
$$V_G > V_T \text{ (Redoxpotential)} \qquad I_D \text{ proportional } V_D$$

Solche Systeme weisen viele Ähnlichkeiten mit den Halbleiterelektroden (Kap. 4) auf; die vom Potential abhängige Änderung der elektrischen Leitungseigenschaften (d.h. des Ladungstransfers) in solchen Schichten ist z.B. in einem Gerät auf der Grundlage von Poly-(3-methyl-thiophen) genutzt worden. Das Schwellenpotential für dieses Polymer ist geeignet, den Film „an"- und „ab"-zuschalten, und zwar durch die Anwesenheit der oxidierenden bzw. reduzierenden Verbindungen O_2 bzw. H_2 [60]. In gleicher Weise arbeitet ein Polyanilinfilm [61], der durch Redoxreagenzien „an"- und „ab"-geschaltet werden kann.

Andere elektroaktive Materialien mit transistorähnlichen Eigenschaften zeigen unterschiedliche Schwellenpotentiale und bieten damit eine Möglichkeit, die Redoxsysteme der Enzyme und der Mediatoren unmittelbar in den „Transistor" zu integrieren, statt eine herkömmliche amperometrische Elektrode zu verwenden [62]. Im Prinzip läßt sich jede elektroaktive Verbindung einsetzen, die mit klassischen amperometrischen Geräten nachzuweisen ist, sofern ein geeignetes Polymer gefunden werden kann.

Literatur

[1]   Nicholson RS, Shain I (1964) Anal. Chem. 30:706
[2]   Savèant JM, Su KB (1984) J. Electroanal. Chem. 171:341
[3]   Savèant JM, Su KB (1985) J. Electroanal. Chem. 196:1
[4]   Nadjo L, Savèant JM, Su KB (1985) J. Electroanal. Chem. 196:23
[5]   Yamauchi S, Yaoita M, Matsumoto F, Yokoyama T, Ikariyama Y (1993) Sensors and Actuators B 13-14:79
[6]   Clark Jr. LC (1956) Trans. Am. Soc. Art. Int. Org. 2:41
[7]   Mancy KH, Okun DA, Reilley CN (1962) J. Electroanal. Chem. 4:65
[8]   Wise KD, Smart RB, Mancy KH (1980) Anal. Chim. Acta 116:297
[9]   Brooks WN (1980) Electroanalytical Techniques for Anaesthetic Gases. D. Phil. Thesis, Oxford
[10]   Hall EAH (1986) in: Rolfe P (ed) Neonatal Physiological Measurements. Butterworths, London, p 212
[11]   Severinghaus JW, Weiskopf RB, Nishimura M, Bradley AF (1971) J. Appl. Physiol. 31:640
[12]   Albery WJ, Brooks WN, Gibson SP, Hahn CEW (1978) J. Appl. Physiol. 45:637
[13]   Brooks WN, Hahn CEW, Foëx P, Maynard P, Albery WJ (1980) Br. J. Anaesth. 52:715
[14]   Hall EAH, Conhill EJ, Hahn CEW (1988) J. Biomed. Eng. 10:319
[15]   Albery WJ, Hahn CEW, Brooks WN (1981) Br. J. Anaesth. 53:447
[16]   Hurrell HC, Abruña HD (1988) Anal. Chem. 60:254
[17]   Amos LJ, Duggal A, Mirsky EJ, Ragonesi P, Bocarsly AB, Fitzgerald-Bocarsly PA (1988) Anal. Chem. 60:245
[18]   Stankovich MT, Bard AJ (1977) J. Electroanal. Chem. 85:173
[19]   Cecil R, Weitzman PGJ (1964) Biochem. J. 93:1

[20] Brdička R (1933) Collect. Czech. Chem. Commun. 5:112
[21] Brdička R (1933) Collect. Czech. Chem. Commun. 5:148
[22] Janik B, Elving PJ (1968) Chem. Rev. 68:2951
[23] Brabec V, Dryhurst G (1978) J. Electroanal. Chem. 89:161
[24] Bourdillon C, Bourgeous J, Thomas D (1979) J. Am. Chem. Soc. 102:4231
[25] Kamin R, Wilson G (1980) Anal. Chem. 52:1198
[26] Eddowes MJ, Hill HAO (1979) J.Am. Chem. Soc. 101:4461
[27] Albery WJ, Eddowes MJ, Hill HAO, Hillman AR (1981) J. Am. Chem. Soc. 103:3904
[28] Collman JP, Denisevich P, Konai Y, Morrocco M, Koval C, Anson FC (1980) J. Am. Chem. Soc. 102:6027
[29] Wang J, Lin MS (1988) Anal. Chem. 60:499
[30] Gorton L, Torstensson A, Jaegfeldt H, Johansson G (1984) J. Electroanal. Chem. 161:103
[31] Heller A, Maidan R, Wang DL (1993) Sensors and Actuators B 13-14:180
[32] Oyama N, Anson FC (1980) J. Electrochem. Soc. 127:247
[33] Oyama N, Sata K, Anson FC (1980) J. Electroanal. Chem. 115:149
[34] Oyama N, Shimomura T, Shigehara K, Anson FC (1980) J. Electroanal. Chem. 112:271
[35] Oyama N, Anson FC (1980) J. Electrochem. Soc. 127:640
[36] Ruff I, Friedrich VJ, Demeter K, Csillag K (1971) J. Phys. Chem. 75:3303
[37] White HS, Leddy J, Bard AJ (1982) J. Am. Chem. Soc. 104:4811
[38] Martin CR, Rubinstein I, Bard AJ (1982) J. Am. Chem. Soc. 104:4817
[39] Faulkner LR (1984) Chem. Eng. News, Feb 28
[40] Leddy J, Bard AJ (1985) J. Electroanal. Chem. 189:203
[41] Cenas NK, Pocius AK, Kulys JJ (1984) J. Electroanal. Chem. 173:583
[42] Iijima S, Mizutani F, Katsura T (1993) Sensors and Actuators B 13-14:667
[43] Cosnier S, Innocent C (1994) Anal. Letters 27:1429
[44] Prohaska OJ (1985) Transducers '85:402
[45] Prohaska OJ, Olcaytug F, Pfunder P, Dragaun M (1986) IEEE Trans. Biomed. Eng. BME 33:223
[46] Prohaska OJ, Kohl F, Goiser P, Olcaytug F, Urban G, Jachimowicz A, Pirker K, Chu W, Patil M, La Manna J, Vollmer P (1987) Transducers '87:187
[47] Karube I, Kubo I (1988) Analytical Uses of Biological Compounds for Detection, Medical and Industrial Uses. NATO ASI Series, Reidel Publishing Company p. 207
[48] Thorman W, van den Bosch P, Bond AM (1985) Anal. Chem. 57:2764
[49] Siu W, Cobbold RSC (1976) Med. Biol. Eng. 14:109
[50] Sanderson DG, Anderson LB (1985) Anal. Chem. 57:2388
[51] Chidsey CE, Feldman BJ, Lundgren C, Murray RW (1986) Anal. Chem. 58:601

[52] Bilitewski U, Rüger P, Schmid RD (1991) Biosens. Bioelectr. 6:369
[53] Bilitewski U, Chemnitius GC, Rüger P, Schmid RD (1992) Sensors and Actuators B 7:351
[54] Rüger P, Bilitewski U, Schmid RD (1991) Sensors and Actuators B 4:267
[55] Bilitewski U, Jäger A, Rüger P, Weise W (1993) Sensors and Actuators B 15-16:113
[56] Schmid RD et al. (1990) Wiss. Ergebnisbericht GBF 1990:65
[57] Bilitewski U et al. (1993) Wiss. Ergebnisbericht GBF 1993:118
[58] Kittlesen GP, White HS, Wrighton MS (1984) J. Am. Chem. Soc. 106:7389
[59] White HS, Kittlesen GP, Wrighton MS (1984) J. Am. Chem. Soc. 106:7389
[60] Thackeray JW, Wrighton MS (1986) J. Phys. Chem. 90:6674
[61] Paul EW, Ricco AJ, Wrighton MS (1985) J. Phys. Chem. 89:1441
[62] Yon Hin BFY, Sethi RS, Lowe CR (1990) Sensors and Actuators B 1:550

6. Photometrische Meßtechniken

6.1 Energieübergänge

Nach der Quantentheorie beträgt die Energieänderung ΔE in einem Molekül, in dem die innere Energie durch Absorption eines Quants elektromagnetischer Stahlung erhöht wird:

$$\Delta E = h\nu = hc/\lambda$$

wobei h die Plancksche Konstante, ν die Frequenz, λ die Wellenlänge und c die Geschwindigkeit der elektromagnetischen Strahlung im Vakuum ist. Die Beziehung gibt exakt die Differenz zwischen zwei Energieniveaus des Moleküls an. Betrachtet man die innere Energie als Summe der elektronischen Energie, Schwingungs- und Rotationsenergie, gilt

$$E_{\text{int}} = E_{\text{elek}} + E_{\text{vib}} + E_{\text{rot}}$$

Der Übergang zwischen zwei Energieniveaus kann mit Änderungen der Schwingungs- und Rotationsenergie einhergehen. Je nach Art der Absorption kann Energie im gesamten Bereich des elektromagnetischen Spektrums erforderlich sein. In der Praxis ist die Absorption jedoch auf bestimmte Bereiche konzentriert (Abb. 6.1).

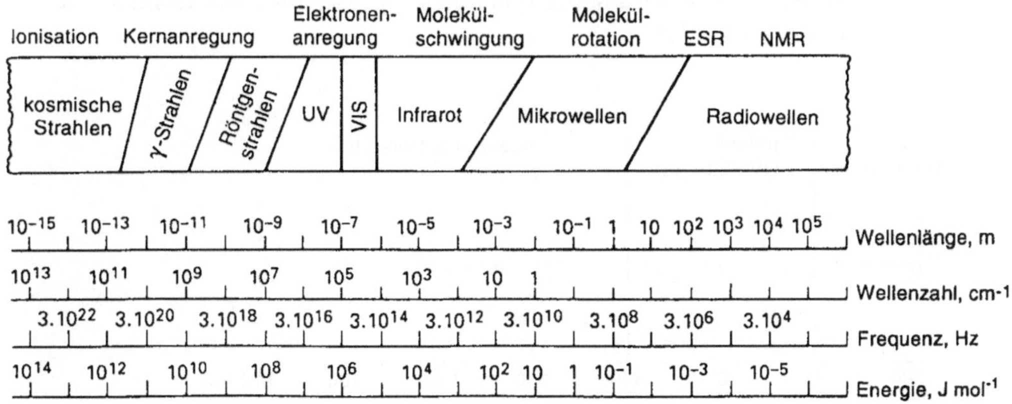

Abb. 6.1. Bereiche des elektromagnetischen Spektrums.

6.2 UV-Sichtbar-Absorptionsspektren

In Untersuchungen des Absorptionsverhaltens von Biomolekülen sind am häufigsten die Übergänge zwischen den elektronischen Energieniveaus verwendet worden. In organischen Molekülen treten die meisten dieser Übergänge innerhalb des UV- und des sichtbaren Bereiches auf. Die wichtigsten Anregungsarten sind:

- Anhebung von Elektronen aus bindenden in antibindende Orbitale: ($\sigma \rightarrow \sigma^*$) und ($\pi \rightarrow \pi^*$);
- Anhebung von Elektronen aus nicht-bindenden in antibindende Orbitale: (n $\rightarrow \sigma^*$) und (n $\rightarrow \pi^*$).

Die Anregung von Elektronen des σ-Niveaus erfordert die größte Energie (Abb. 6.2) und damit die niedrigste Wellenlänge. Gesättigte Verbindungen, die nur σ-Elektronen enthalten, absorbieren daher im entfernten UV-Bereich unter 190 nm.

Die elektronischen Absorptionsspektren ergeben für sich allein kaum eine vollständige Strukturanalyse. Wenn auch die Form und die Lage der Absorptionsbanden wertvolle diagnostische Hinweise geben, liegt die hauptsächliche Anwendung doch in quantitativen Bestimmungen nach dem *Lambert-Beerschen Gesetz*, das die Absorption mit der Konzentration verknüpft:

$$\log(I_0/I) = \varepsilon\, c\, l$$

wobei I die Intensität des durchgelassenen Lichtes ist, I_0 die Intensität des eingestrahlten Lichtes, ε der molare Extinktionskoeffizient, c die Konzentration und l die Länge des Lichtweges. Aus dieser Beziehung ergibt sich, daß Moleküle mit einem elektronischen Absorptionsspektrum in einer Lösung quantitativ bestimmt werden können; entsprechend kann ein Reaktionsweg verfolgt werden, bei dem eine Änderung der spektralen Eigenschaften von Reaktanden und Produkten stattfindet.

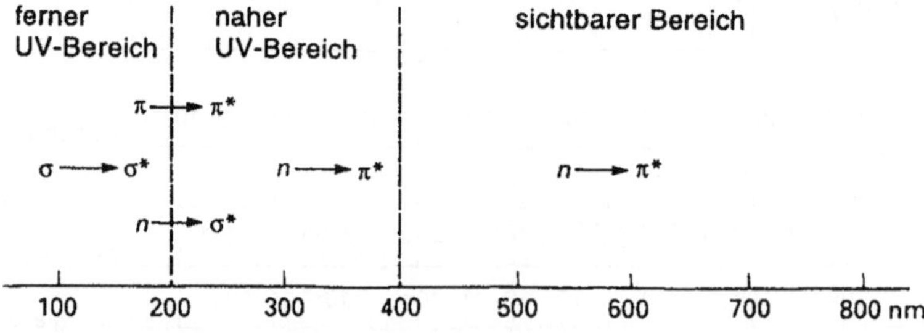

Abb. 6.2. Elektronenübergänge in den elektronischen Spektralbereichen.

6.3 Fluoreszenz und Phosphoreszenz

Wenn ein Molekül Licht absorbiert hat und in einen elektronisch angeregten Zustand übergegangen ist, kann eine Abstrahlung beim Übergang in den Grundzustand als Fluoreszenz oder als Phosphoreszenz erfolgen (Abb. 6.3). In den meisten Fällen führt die Absorption eines Quants zur Anregung vom Singulett-Grundzustand zum Singulett-Anregungszustand, unmittelbar darauf folgt ein rascher strahlungsloser Energieübergang, entweder intern zum niedrigsten angeregten Singulettzustand oder aber über Intersystem-crossing zum niedrigsten Triplettzustand. Das zunächst entstehende angeregte Molekül hat im typischen Fall eine Lebensdauer von 10^{-8} s und kann ein Quant der gleichen oder einer anderen Frequenz wieder abstrahlen. Bei dieser Abstrahlung handelt es sich entweder um *Fluoreszenz* oder um *Phosphoreszenz*.

Während der Lebensdauer des angeregten Moleküls kann es eine chemische Reaktion eingehen, dabei Energie an eine andere Substanz in Lösung abgeben und selbst in einen Grundzustand übergehen. Wird das Emissionsspektrum als analytisches Hilfsmittel genutzt, muß ein mögliches Quenching berücksichtigt werden; dies kann allerdings auch quantifiziert und analytisch genutzt werden.

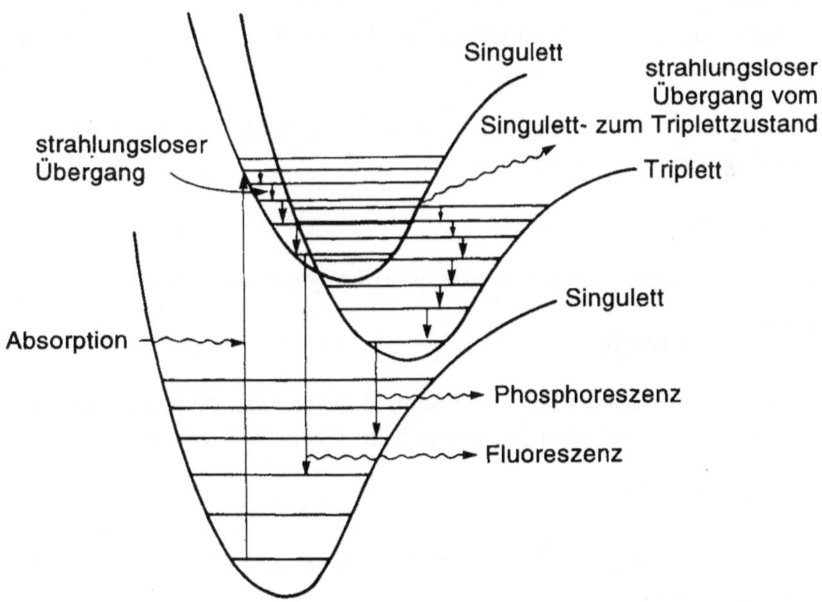

Abb. 6.3. Energetische Übergänge, die zu Phosphoreszenz und Fluoreszenz führen.

Die Kinetik der Fluoreszenzlöschung läßt sich als zwei miteinander konkurrierende Prozesse auffassen:

$$\text{Fluoreszenz } M^* \xrightarrow{k_f} M + h\nu$$

$$\text{Quenching } M^* + Q \xrightarrow{k_q} M + Q^*$$

Sie führen zu einer Desaktivierungsgeschwindigkeit von

$$\frac{-d[M^*]}{dt} = k_f[M^*] + k_q[M^*][Q]$$

und die Fluoreszenz bei einer anfänglichen Intensität der Absorption I_0 und der Intensität der Fluoreszenz I_f beträgt:

$$\frac{I_f}{I_0} = \frac{k_f[M^*]}{k_f[M^*] + k_q[M^*][Q]} = \frac{1}{1 + (k_q/k_f)[Q]}$$

6.4 Biolumineszenz und Chemolumineszenz

Es sind eine Reihe chemischer Umsetzungen bekannt, bei denen Licht abgestrahlt wird. Lumineszenz biologischer Quellen existiert in zwei Formen:
- starke, mit einer spezifischen Enzymreaktion verbundene Biolumineszenz, die Verbindungen wie ATP, FAD, NAD^+, O_2, H_2O und Ca^{2+} benötigt;
- nicht-spezifische, schwache Lumineszenz, die spontan oder von außen induziert auftritt.

Die Entstehung des Anregungszustandes und die nachfolgende Lichtemission können wie folgt beschrieben werden:

$$A + B \xrightarrow{k} P^* \xrightarrow{k_1} P + h\nu$$

Wenn der geschwindigkeitsbestimmende Schritt angegeben wird als

$$\frac{d[P^*]}{dt} = k\,[A][B]$$

so ergibt sich die Lichtintensität I in einem Biolumineszenztest als Funktion der Konzentration des Analyten (A, wobei B im Überschuß vorliegt):

$$I(t) = \Phi\,\frac{d[A_t]}{dt}$$

wobei Φ die Quantenausbeute der Biolumineszenz ist und $[A_t]$ die Konzentration von A zum Zeitpunkt t.

Da $I = f(t)$ ist, ist die Zeit eine wichtige Variable in der Analyse; für den Test können unterschiedliche Gruppen von Parametern gewählt werden (Abb. 6.4).

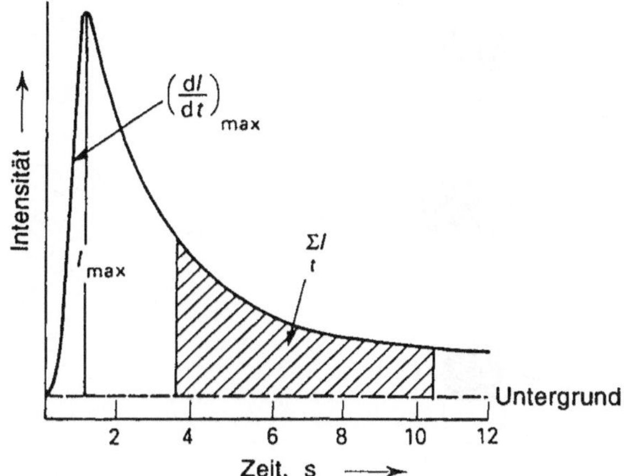

Abb. 6.4. Intensität der Lumineszenz als Funktion der Zeit. Im Diagramm werden die „Fenster" zur Signalerfassung deutlich.

6.5 Infrarot-Übergänge

Übergänge zwischen verschiedenen Niveaus der Schwingungsenergie in einem Molekül entsprechen der Absorption im Infrarotbereich. Die für ein einfaches harmonisches Schwingungsmodell erlaubten Energieniveaus gibt die *Schrödinger-Wellengleichung* an:

$$\varepsilon_\nu = (\nu + \frac{1}{2})\hbar\,\omega$$

oder in erster Annäherung für ein anharmonisches molekulares Modell:

$$\varepsilon_\nu = (\nu + \frac{1}{2})\hbar\,\omega - (\nu + \frac{1}{2})^2\hbar\,\omega_e\,x_e$$

wobei ω_e die Schwingungsfrequenz und x_e die anharmonische Konstante ist. Damit ein Molekül mit einfallender Strahlung in Wechselwirkung treten kann, muß es eine Momentänderung erfahren, um das Moment der einfallenden Energie anzupassen. Schwingungsänderungen sind nur dann IR-aktiv, wenn die Schwingung eine Änderung des Dipolmomentes im Molekül betrifft. So verursacht in dem linearen, dreiatomigen CO_2-Molekül die symmetrische Valenzschwingung keine Dipoländerung und ist also IR-inaktiv. Die asymmetrische Valenzschwingung dagegen ist IR-aktiv (Abb. 6.5).

Für ein nicht-lineares Molekül mit n Atomen gibt es theoretisch $(3n - 6)$ Grundschwingungsarten. Wenn auch nicht alle diese Schwingungsarten IR-aktiv sind, ist dennoch abzusehen, daß das IR-Spektrum eines großen Mo-

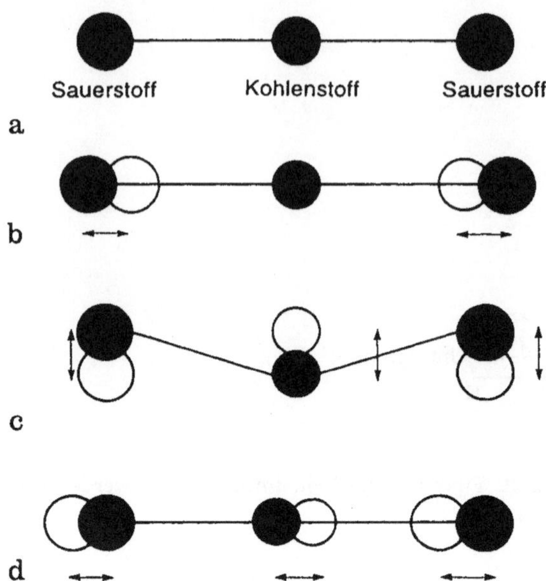

Abb. 6.5. a Schwingungsarten des Kohlendioxids; **b** symmetrische Valenzschwingung; **c** Deformationsschwingung; **d** asymmetrische Valenzschwingung.

leküls sehr komplex sein wird. Ausdruck dieser Komplexität ist die Tatsache, daß das Spektrum unverwechselbare Fingerprints der Bindungen im Molekül und ihrer Umgebung wiedergibt, so daß jede beliebige einzelne Schwingung theoretisch herangezogen werden kann, um eine Reaktion zu verfolgen, sofern Umgebungseinflüsse eliminiert werden können.

6.6 Lichtstreuung

Statische Lichtstreuung ist eine übliche Methode für Bestimmungen, die von der Partikelgröße abhängen, z.B. Mikroorganismen, zelluläre und subzelluläre Komponenten. Wenn gebündeltes, planar polarisiertes Licht auf ein Partikel trifft, induziert das einfallende Feld eine Dipolschwingung und das Licht wird senkrecht zur Dipolachse gestreut, und zwar in Richtungen, die von der Partikelgröße im Verhältnis zur Wellenlänge abhängen.

Ist die Wellenlänge (λ) groß im Vergleich zum Partikelvolumen (V), wird das gestreute Licht gleichmäßig in alle Richtungen abgestrahlt (*Rayleigh-*

Streuung) und die Intensität beträgt

$$I \propto V^2/\lambda^4$$

Ist jedoch die Partikelgröße vergleichbar oder größer als die Wellenlänge des einfallenden Lichtes, so reduziert sich das Streulicht durch Interferenz zwischen dem abgestrahlten Licht an verschiedenen Stellen des Partikels. Diese Interferenz verursacht Zonen mit hoher Intensität des Streulichts und Bereiche mit der Intensität Null (Abb. 6.6).

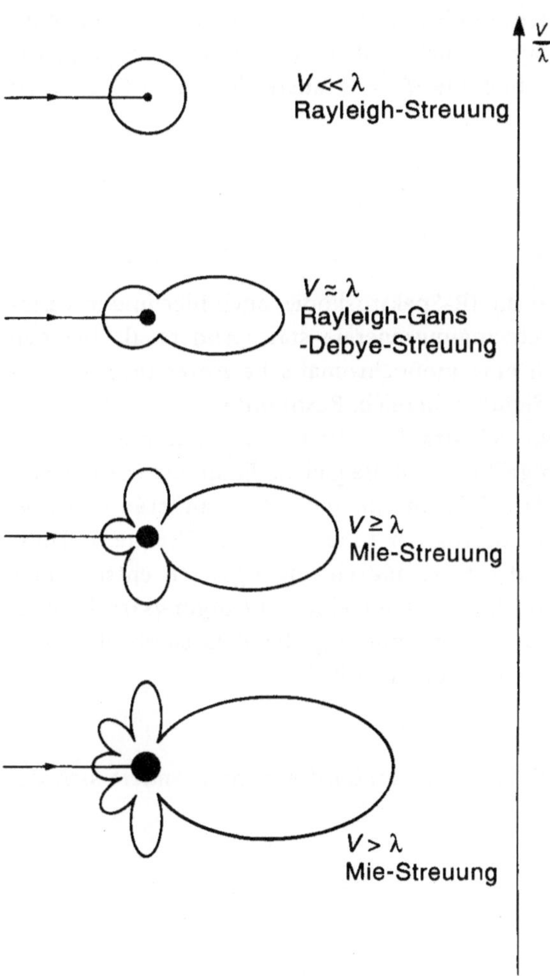

Abb. 6.6. Relative Lichtstreuung senkrecht zur Dipolachse in alle Richtungen als Funktion des Partikelvolumens (*V*).

Bei dynamischen Messungen, in denen die Partikel in Brownscher Bewegung sind, ändert sich die Intensität des unter einem bestimmten Winkel gesammelten Lichtes entsprechend dieser Bewegung, sie hängt von der Zeit ab, die das Partikel zur Diffusion einer Strecke benötigt, die der Wellenlänge vergleichbar ist. Das Licht kann daher mit der Partikelgröße korreliert werden.

Das Streulicht unter einem bestimmten Winkel hat eine Phasenverschiebung Φ und den Streuungsvektor

$$K = \frac{4 \pi n}{\lambda} \sin\left(\frac{\Theta}{2}\right)$$

wobei n die Brechzahl der Suspension ist und Θ der Winkel des gestreuten Lichtes. Die Intensität des detektierten Lichtes ändert sich entlang der Zeitachse um die Zeit, die ein Partikel zur Diffusion über eine Strecke benötigt, die zur Induktion einer Phasenverschiebung $\Phi = \pi$ ausreicht. Diese Strecke ist umgekehrt proportional zu K.

6.7 Ramanstreuung

Die Ramanspektroskopie ergänzt die IR-Spektroskopie; auch hier finden Übergänge zwischen Niveaus der Schwingungsenergie statt. Anders als bei den IR-Spektren wird hierbei jedoch eine monochromatische Anregungsfrequenz gewählt, normalerweise im UV-Sichtbar-Bereich. Bestimmt wird das Streulicht, das senkrecht zum einfallenden Lichtstrahl emittiert wird. Wie oben bereits erwähnt, hat das Streulicht zum größten Teil die gleiche Frequenz wie das einfallende Licht, aber ein kleiner Anteil des Streulichtes ist bei anderen Frequenzen wiederzufinden, und zwar beidseitig der ursprünglichen Frequenz. Diese Frequenzänderungen, die den $(3n - 6)$ Grundschwingungsarten entsprechen, werden als *Ramanstreuung* bezeichnet. Damit eine Schwingungsart Ramanaktiv ist, muß die Schwingung mit einer Änderung der Polarisierbarkeit verbunden sein. Für einen induzierten Dipol (μ) gilt:

$$\mu = \alpha E$$

wobei α die Polarisierbarkeit ist. Bei einer Einfallsfrequenz ν ändert sich das elektrische Feld (E) nach

$$E = E_0 \sin 2 \pi \nu t$$

so daß

$$\mu = \alpha E_0 \sin 2 \pi \nu t$$

Ein solcher oszillierender Dipol streut das Licht bei der um die Rayleigh-Streuung reduzierten Frequenz des einfallenden Lichtes, ν.

Erfährt das Molekül eine Änderung der Polarisierbarkeit, so gilt für eine Vibrationsschwingung ν_{vib}

$$\alpha = \alpha_0 + \beta \sin 2\pi \nu_{vib} t$$

wobei β die Geschwindigkeit der Polarisierbarkeitsänderung mit der Schwingung ist, so daß

$$\mu = (\alpha_0 + \beta \sin 2\pi \nu_{vib} t)\, E_0 \sin 2\pi \nu t$$
$$\mu = \alpha_0 E_0 \sin 2\pi \nu t + E_0 \beta/2 \{\cos 2\pi(\nu - \nu_{vib})\, t$$
$$- \cos 2\pi(\nu + \nu_{vib})\, t\}$$

Diese Beziehungen zeigen, daß für $\beta \neq 0$ Licht auch mit der Frequenz $(\nu \pm \nu_{vib})$ gestreut wird (Raman-Streuung).

Diese Änderung der Polarisierbarkeit kann im Sinn einer Änderung von Größe oder Form der Elektronenwolke betrachtet werden, die das Molekül umgibt. Das bedeutet, daß im Gegensatz zum IR-Spektrum bei dem oben erwähnten dreiatomigen Molekül die symmetrische Valenzschwingung Raman-aktiv ist, die asymmetrische dagegen Raman-inaktiv. Ein symmetrisches lineares Molekül oder ein Molekül mit einem Symmetriezentrum zeigt weder im IR-Spektrum noch im Raman-Spektrum eine Schwingung.

6.8 Anwendung der UV-Sichtbar-Spektroskopie

6.8.1 Proteine

Die Mehrzahl der Proteine zeigt, wie auch aufgrund ihrer σ-Bindungen zu erwarten, ähnliche Absorptionsspektren mit einem Maximum der Wellenlänge um 278 nm. Ausnahmen sind Proteine, die ungesättigte Aminosäurereste wie Tryptophan, Tyrosin und Phenylalanin enthalten und solche mit Disulfidbrücken. Merkliche Änderungen im Absorptionsspektrum sind also nur aufgrund dieser letztgenannten Reste mit π-Elektronen zu erwarten. Die Methode ist daher nicht unbedingt als ausreichend empfindlicher Transducer der Wechselwirkungen zwischen Polypeptiden geeignet.

6.8.2 Polynucleotide

Ähnliches gilt für die direkte Bestimmung von Polynucleotiden. Die Absorptionsspektren der einzelnen Basen haben getrennte und deutliche Maxima (Abb. 6.7, Tabelle 6.1). Diese Eigenschaft wird erfolgreich in enzymgekoppelten Tests genutzt, die ein Nucleotid als Coenzym benötigen (s.u.).

In einem polymeren Nucleotid wirkt jede monomere Einheit als Chromophor mit einer starken UV-Absorption. Sind alle vier Basen enthalten, zeigt

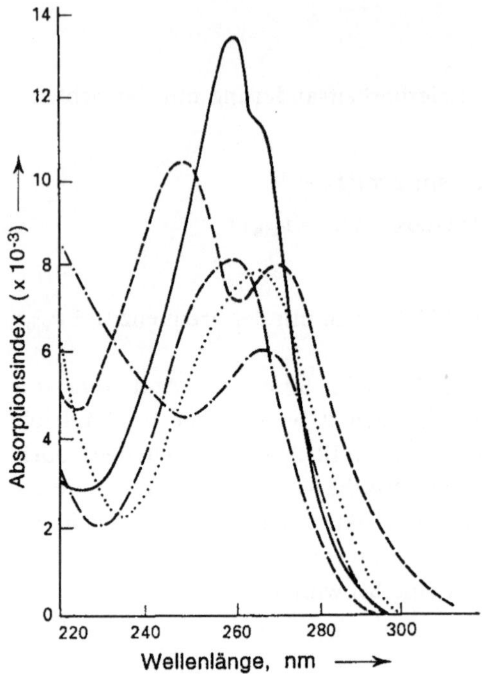

Abb. 6.7. UV-Sichtbar-Absorptionsspektren der DNA-Basen: Adenin (———), Guanin (- - - -), Uracil (— — · — — · ——), Thymin (· · · · · ·), Cytosin (— · — · —).

Tabelle 6.1. Molare Absorption der DNA-Basen.

Base	Absorptionsindex bei 260 nm
Adenin	$13{,}4 \cdot 10^3$
Guanin	$7{,}2 \cdot 10^3$
Cytosin	$5{,}55 \cdot 10^3$
Uracil	$8{,}2 \cdot 10^3$
Thymin	$7{,}4 \cdot 10^3$

das Polymer ein breites Absorptionsmaximum zwischen 256 nm und 265 nm und ein zweites Maximum im fernen UV-Bereich um 195 nm. Die Absorption ist geringer als die Summe der Absorption der einzelnen Basen, da zwischen benachbarten Basen eine Kopplung stattfindet (*Hypochromismus*). Einsträngige Polynucleotide zeigen aus diesem Grund geringeren Hypochromismus als doppelsträngige. Dieses Phänomen erschwert eine quantitative Analyse. Es ist allerdings vorstellbar, daß eine DNA-Sonde mit einem kurzen Abschnitt einsträngiger DNA, die als komplementäre „master"-Sequenz für ein Virus identifiziert ist, als Matrize dienen kann, um dieses Virus zu erkennen. Wenn keine störenden Basen und Polynucleotide vorhanden sind, kann die „Reaktion" über die Aufzeichnung des UV-Spektrums verfolgt werden. Aber obwohl das Erkennungssystem im Prinzip verfügbar ist, kann aus den zu erwartenden molaren Extinktionskoeffizienten (Tabelle 6.1) berechnet werden, daß die minimale Nachweisgrenze vermutlich über 10^{10} Molekülen μl^{-1} liegt; damit ist es für einen Virustest nicht mehr geeignet.

6.9 Mit Indikatoren gekoppelte Biotests

In Kap. 3 sind gefärbte pH-Indikatoren als Alternative zur pH-Elektrode erwähnt worden. Solche Indikatoren bzw. Marker mit ihren spezifischen spektralen Eigenschaften bilden die Grundlage herkömmlicher Testmethoden für Biomoleküle. pH-Indikatoren sind in erster Linie zur Analyse im UV-Sichtbar-Bereich des Spektrums geeignet; denn ihre protonierten und nicht-protonierten Formen haben normalerweise sehr unterschiedliche Absorptionsspektren in diesem Bereich (z.B. Methylrot, Abb. 6.8). Wird ein solcher Indikator mit einer Reaktion gekoppelt, die eine pH-Änderung einschließt, läßt sich mit ihm die Reaktion verfolgen.

Viele weitere colorimetrische Tests sind entwickelt worden, in denen der Indikatorfarbstoff mit einer funktionellen Gruppe des Analyten reagiert. Verbindungen mit Peptidgruppen z.B., die in alkalischer Lösung mit Kupfersulfat behandelt werden, bilden Komplexe mit Kupfer(II)-Ionen,

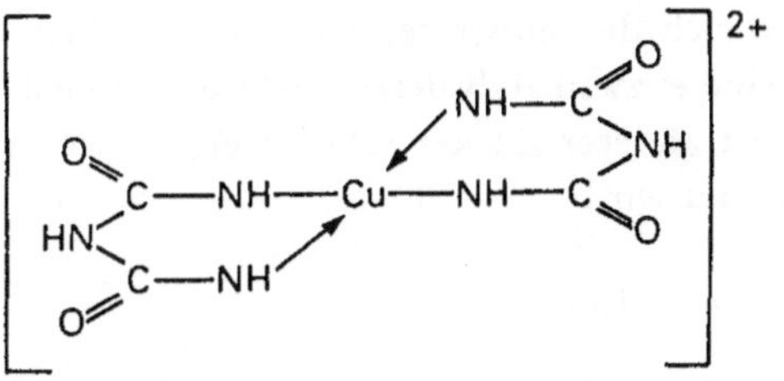

die purpurfarben sind und bei 540 nm bestimmt werden können [1]. Diese *Biuret-Methode* gibt einen Wert für das Gesamtprotein.

Glucose kann mit einer Kondensationsreaktion zwischen der Aldehydgruppe der Glucose und einem primären, aromatischen Amin, *o*-Toluidin, bestimmt werden. Die entstehende Verbindung hat eine stabile, blau-grüne Farbe, deren Intensität bei 630 nm bestimmt werden kann [2].

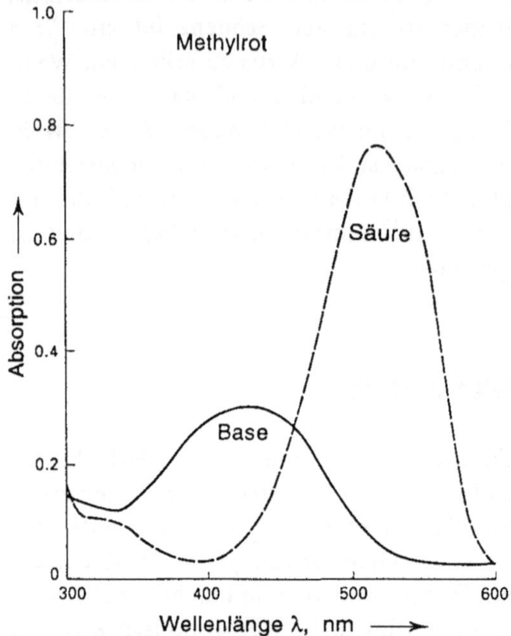

Abb. 6.8. UV-Sichtbar-Absorptionsspektren von Methylrot als Säure und als Base.

Beide Methoden sind nur wenig spezifisch. Die zweite erfaßt z.B. alle Aldo-hexosen und nicht nur Glucose. In Gegenwart von Galactose ergeben sich also falsch-positive Werte für Glucose. Spezifität für eine bestimmte Verbindung kann aber erreicht werden, wenn man sich die Substraterkennung von Enzy-men zunutze macht und den Test an eine enzymkatalysierte Reaktion koppelt. Glucose kann z.B. selektiv in Gegenwart anderer Zucker erfaßt werden, wenn sie mit Glucose-Oxidase (GOD) umgesetzt wird:

$$\text{Glucose} + O_2 \xrightarrow{\text{GOD}} \text{Gluconsäure} + H_2O_2$$

Die Bestimmung von Wasserstoffperoxid aus dieser Glucose-selektiven Reak-tion ist ein indirekter Test auf die Glucosekonzentration. H_2O_2 kann mit Hilfe einer Reaktion von 4-Aminoantipyrin in Gegenwart von Phenol und Pero-xidase durchgeführt werden; das gefärbte Reaktionsprodukt wird bei 500 nm bestimmt [11].

Enzymatische Reaktionen, an denen eine Nichtproteinkomponente als Coenzym oder prosthetische Gruppe beteiligt ist, können allerdings oft auch

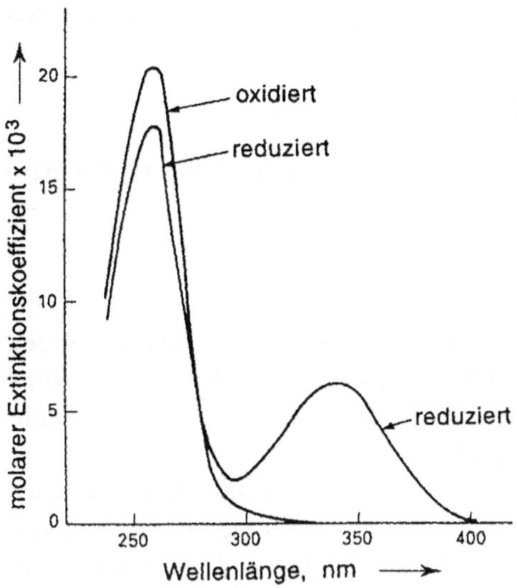

Abb. 6.9. Absorptionsspektren von NAD$^+$ und NADH.

verfolgt werden, indem man sich die optischen Eigenschaften des Coenzyms zunutze macht.

Das freie NADH weist z.B. ein Absorptionsmaximum bei 340 nm auf (Abb. 6.9) und eine starke Fluoreszenzbande bei 400 nm. Beide ändern sich sowohl in ihrer Größe als auch der Position bei der Bindung an ein Protein und/oder ein Substrat. Diese Veränderung der spektralphotometrischen Eigenschaften wird häufig in Tests mit Nicotinamidnucleotid-abhängigen Enzymen genutzt. So kann die Aktivität von Lactat-Dehydrogenase (LDH) in der Reaktion

$$\text{Pyruvat} + \text{NADH} + \text{H}^+ \xrightarrow{\text{LDH}} \text{L-Lactat} + \text{NAD}^+$$

bestimmt werden, indem die Oxidationsgeschwindigkeit von NADH gemessen wird [4, 5]. Entsprechend kann Glutamat-Pyruvat-Transaminase (GPT)

$$\alpha\text{-Oxoglutarat} + \text{L-Alanin} \xrightarrow{\text{GPT}} \text{L-Glutamat} + \text{Pyruvat}$$

an die gleiche, von Lactat-Dehydrogenase katalysierte Reaktion als Hilfsreaktion gekoppelt werden [6].

Von Glutamat-Oxalacetat-Transaminase (GOT) wird die Reaktion

$$\alpha\text{-Oxoglutarat} + \text{L-Aspartat} \xrightarrow{\text{GOT}} \text{L-Glutamat} + \text{Oxalacetat}$$

katalysiert. Die Enzymaktivität kann erfaßt werden, indem die Oxidation von NADH in einer sekundären, durch Malat-Dehydrogenase (MDH) katalysierten Reaktion bestimmt wird [5]:

$$\text{Oxalacetat} + \text{NADH} + \text{H}^+ \xrightarrow{\text{MDH}} \text{L-Malat} + \text{NAD}^+$$

Da es über 250 NADH/NAD$^+$-abhängige Enzyme gibt, findet dieses Meßprinzip breite Anwendung.

6.9.1 Lumineszenztest

Photometrische Tests von Biomolekülen können auch an Marker gekoppelt und über die Aufnahme ihrer Emissionsspektren durchgeführt werden. Eine besonders gut geeignete Alternative bietet sich durch lumineszierende Agenzien, da sie keine Anregungsquelle erfordern.

Die Lichtemission bei der Biolumineszenz ist ein vom amerikanischen Leuchtkäfer bekanntes Phänomen. Für die Entstehung des Lichtes können verschiedene biochemische Reaktionsfolgen verantwortlich sein. In seiner einfachsten Form läßt sich der Mechanismus als enzymkatalysierte Reaktion auffassen, bei der das Enzym *Luciferase* einen angeregten Zustand eines Biomoleküls herbeiführt, das dann unter Abstrahlung von Licht einer charakteristischen Wellenlänge wieder in den Grundzustand fällt. In vielen Fällen handelt es sich dabei um die enzymkatalysierte Oxidation eines heterocyclischen organischen Moleküls (eines *Luciferins*) zu einem angeregten Singulett-Zustand, durch den die Lichtemission hervorgerufen wird:

$$\text{Luciferin} \xrightarrow{\text{Luciferase, O}_2,\ \text{H}_2\text{O}} \text{Oxyluciferin}^* \rightarrow \text{Oxyluciferin} + h\nu$$
$$(\lambda = 562\ \text{nm})$$

Luciferine können die unterschiedlichsten Strukturen haben, wenn auch viele gemeinsame Merkmale vorhanden sind (Tabelle 6.2). Einige sind auch erfolgreich synthetisiert worden. Einige Luciferase-katalysierte Reaktionen benötigen Cofaktoren wie ATP, FMN oder NADH; eine Kopplung an andere Stoffwechselwege mit diesen Cofaktoren ist daher zu vermuten. Die Glühwürmchen-Luciferase z.B. konnte erfolgreich mit dem Nachweis von Analyten gekoppelt werden, die in enzymatischen Umsetzungen mit ATP als Cofaktor entstehen.

$$\text{ATP} + \text{Luciferin} + \text{O}_2 \xrightarrow{\text{Luciferase}} \text{AMP} + \text{PP} + \text{Oxyluciferin} + \text{CO}_2$$
$$+ \text{H}_2\text{O} + h\nu$$

Diese Methode ist hochempfindlich (Konzentrationen unterhalb des Femtomol-Bereiches sollen nachweisbar sein) und darum für die Analyse einer großen Zahl von Substanzen interessant. Die Bestimmung der Kreatin-Kinase ist bereits mit einem kommerziell produzierten Diagnose-Kit zur Herzinfarktbildung möglich [7]. Die Gesamtaktivität der Kreatin-Kinase im Serum steigt als Folge

Tabelle 6.2. Strukturformeln einiger Luciferine.

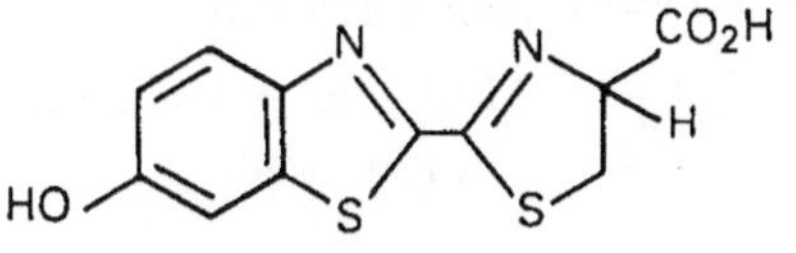

Glühwürmchen *(Coleoptera)*

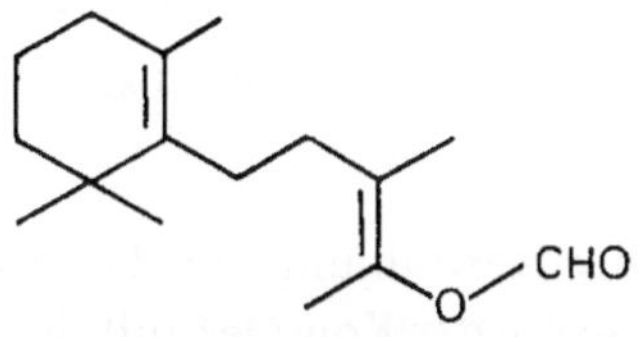

Süßwasserschnecke
(Latia neritoides)

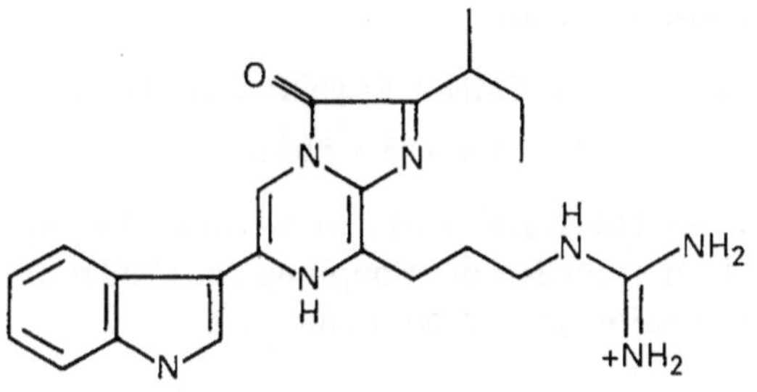

Cypridina hilgendorfii

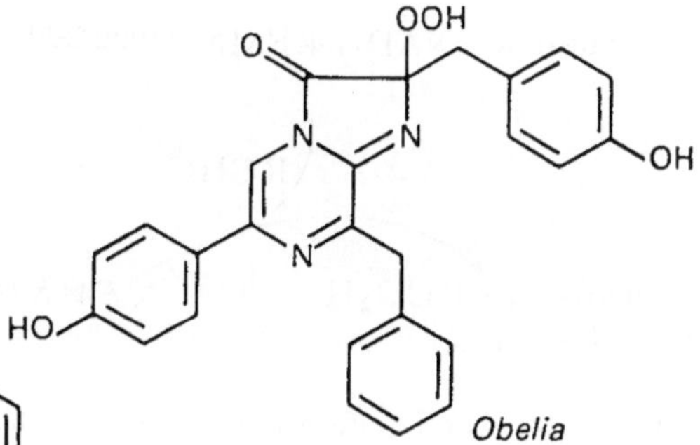

Obelia

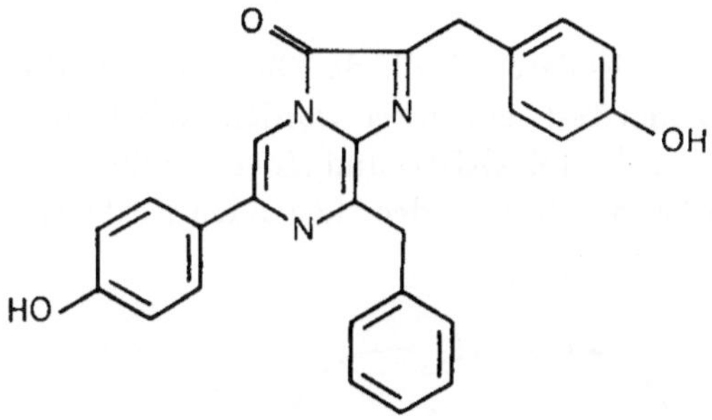

Renilla reniformis

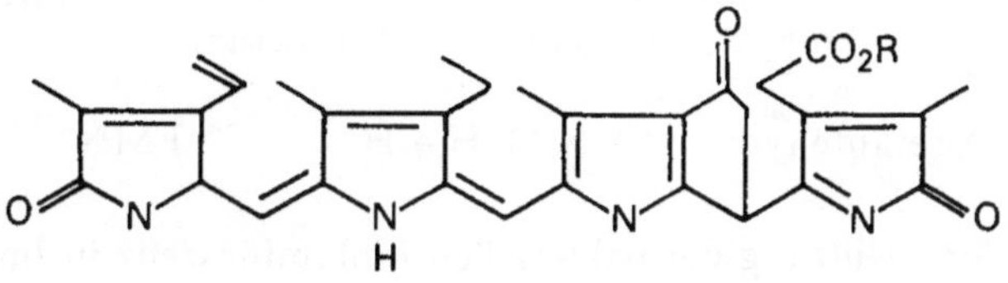

Pyrocystis lunula

unterschiedlicher Muskelschäden. Vor allem zur Diagnose von Herzinfarkten ist die Bestimmung der Enzymaktivität von Bedeutung. Das Testprinzip beruht auf der Messung von ATP aus der Kreatin-Kinase-Reaktion:

$$\text{AMP} + \text{Kreatinphosphat} \xrightarrow{\text{Kreatin-Kinase}} \text{ATP} + \text{Kreatin}$$

$$\text{ATP} + \text{Luciferin}_{red} + O_2 \xrightarrow{\text{Luciferase}} \text{AMP} + \text{PP} + \text{Luciferin}_{ox} + CO_2 + h\nu$$

Bei der Abstrahlung von Licht mit bakteriellen Luciferasen wird als Luciferin ein angeregter Komplex mit dem reduzierten Flavin-Cofaktor $FMNH_2$ gebildet. Man nimmt den folgenden Reaktionsweg an:

$$FMNH_2 + O_2 + RCHO \xrightarrow{\text{Luciferase}} FMN + RCOOH + H_2O + h\nu$$

$$(\lambda = 478 - 505 \,\text{nm})$$

Über diesen Weg kann jedes der Substrate analysiert werden. Die meisten analytischen Anwendungen jedoch schließen die Kopplung der Oxidation von Pyridinnucleotiden mit der Produktion von $FMNH_2$ ein:

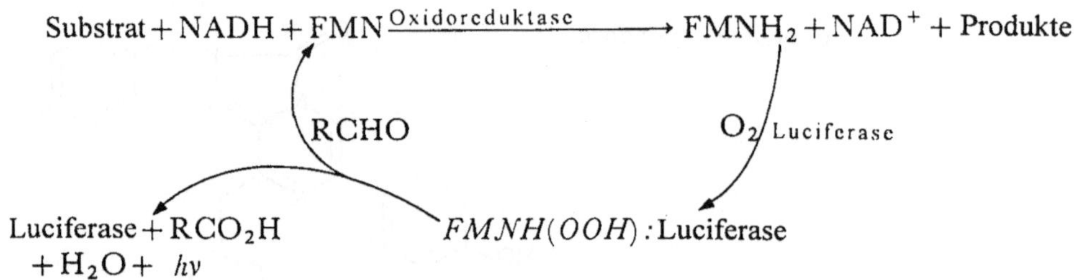

Die bakterielle Luciferase ist leichter zu isolieren als die des Glühkäfers, und es sind eine Reihe von NADH-gekoppelten Tests entwickelt worden (Tabelle 6.3), die sehr niedrige Nachweisgrenzen (10^{-15} Mol NADH) und Linearität über fünf Größenordnungen zeigen. Ethanol kann z.B. nach dem folgenden Reaktionsschema bestimmt werden [8]:

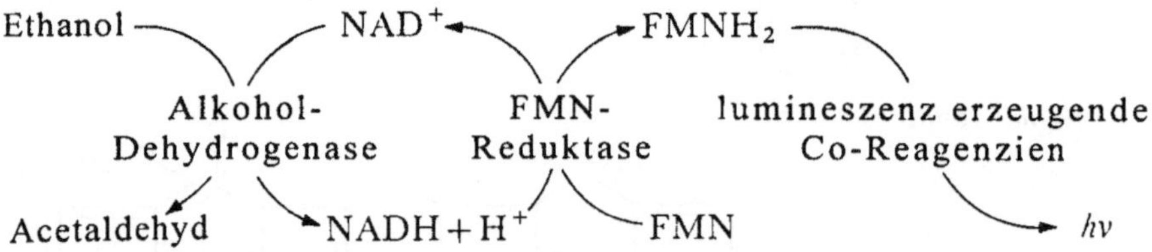

Eine Nutzung der bakteriellen Biolumineszenz in Immuntests zeigt der Nachweis von Attomol-Mengen ($10^{-18}\,\text{mol}\,L^{-1}$) von TNT [9]. Der Test beruht auf der kompetitiven Bindung zwischen TNT-Antikörper und Proben-TNT oder TNT-Antikörper und dem Konjugat aus Glucose-6-phosphat-Dehydrogenase

Tabelle 6.3. NADPH-abhängige in vitro-Tests mit bakterieller Biolumineszenz.

Analyt	Nachweisbereich
Substrate	
Acetylpyridin-NADH	0,1-1,4 pmol
Aldehyde	0,1-100 pmol
Ammoniak	0,05-0,6 mol
Androsteron	0,8-1000 pmol
Ethanol	0,003-0,012 %
FAD	0,01-100 pmol
Fettsäuren C_{14}-C_{18}	–
FMN	1 fmol
$FMNH_2$	1 fmol
Glucose	0,15-1,5 nmol
Glucose-6-phosphat	2-1000 pmol
Glycerol	0,3-15 pmol
Glycerol-1(3)-phosphat	–
Glycogen	–
3-Hydroxybutyrat	–
D-Lactat	0,5-15 nmol L^{-1}
Malat	0,2-2 pmol
Amethopterin	0,5-2 pmol
NAD^+	0,2-2,4 pmol
NADH	1 fmol - 0,1 μmol
$NADP^+$	15 fmol
NADPH	0,5-1000 pmol
Oxalacetat	–
Pyruvat	–
Testosteron	0,8-1000 pmol
TNT	10 amol (10^{-18} mol L^{-1})
Enzyme	
Alkohol-Dehydrogenase	0,01-10 pmol
ATP:NMN-Adenyltransferase	5 nmol - 1 μmol

und TNT (Abb. 6.10). Das gebundene enzymmarkierte TNT wird mit dem NAD/FMN/Luciferase-System getestet:

$$\text{G-6-P} + \text{NAD}^+ \xrightarrow{\text{G-6-PDH-TNT}} \text{Glucono-6'-lacton-6-P}$$
$$+\text{NADH} + \text{H}^+$$
$$\text{NADH} + \text{H}^+ + \text{FMN} \xrightarrow{\text{Oxidoreduktase}} \text{NAD}^+ + \text{FMNH}_2 \xrightarrow{\text{Luminophor}} h\nu$$

wobei G-6-P Glucose-6-phosphat ist und G-6-PDH die zugehörige Dehydrogenase.

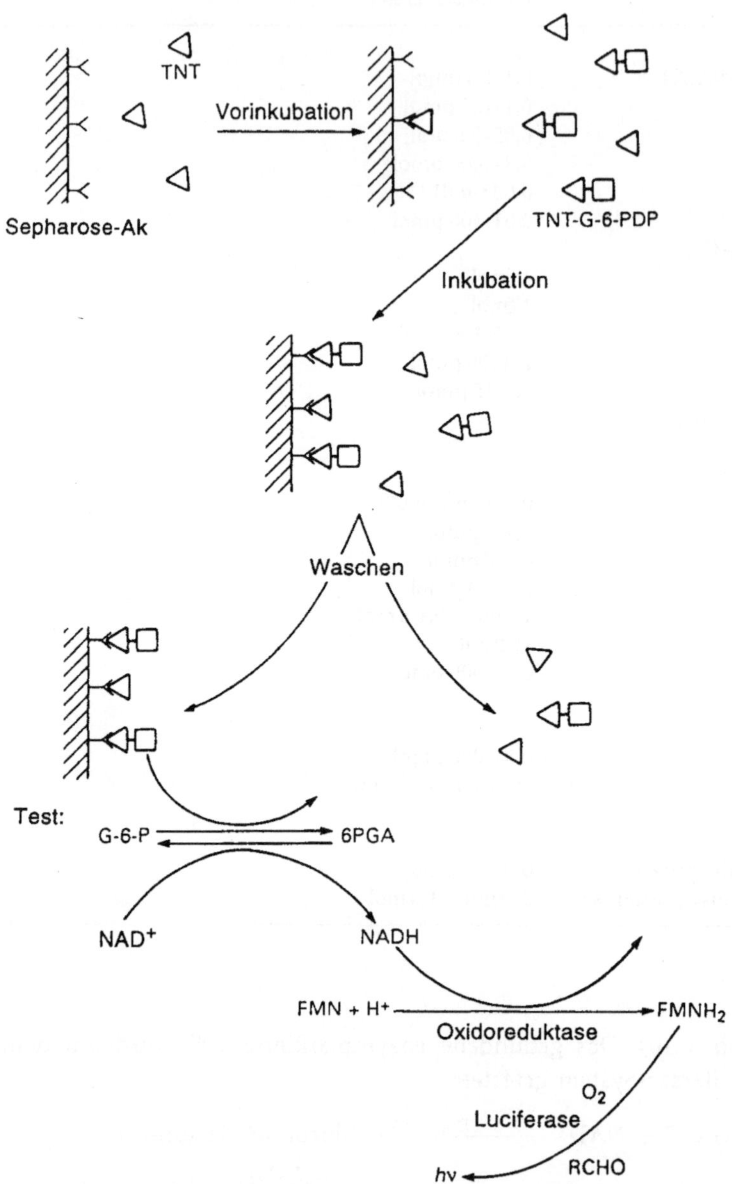

Abb. 6.10. Prinzip des verstärkten Biolumineszenz-Immuntests für TNT. Proben-TNT wird mit immobilisierten Antikörpern inkubiert, enzymmarkiertes TNT zugesetzt und erneut inkubiert. Gebundene Enzymmarker werden mit Substrat (Glucose-6-Phosphat) und NAD$^+$ aktiviert und mit dem bakteriellen Lumineszenz-System getestet.

6.9.2 Chemolumineszenztest

In ganz ähnlicher Weise wie andere optische Marker lassen sich auch Chemolumineszenz-Indikatoren verwenden [10]. Chemolumineszenz in Lösung ist fast ganz auf Oxidationsprozesse beschränkt, die normalerweise mit Peroxid und/oder Sauerstoff ablaufen. Die Quantenausbeute in wäßrigen Lösungen wird durch andere Moleküle gequencht und ist darum niedrig; nur cyclische Hydrazide und Acridinsalze bilden hiervon eine Ausnahme. Am häufigsten werden daher als chemolumineszierende Reagenzien von Luminol abgeleitete cyclische Hydrazide eingesetzt:

NH$_2$ O

N

N

O

Oxidierendes System

$\longrightarrow$

NH$_2$ O

O⁻

O⁻

O

+ $h\nu$

(5-Amino-2, 3-dihydrophthalazin-1, 4-dion)

Verschiedene oxidierende Systeme sind verwendet worden, am häufigsten jedoch Wasserstoffperoxid, das einen Katalysator wie das Enzym Peroxidase benötigt. Jedes an der Chemolumineszenzreaktion beteiligte Reagenz kann getestet werden; das trifft für eine große Anzahl von Analyten zu, die mit Peroxid oder Peroxidase gekoppelt sind. Natürlich kann auch Luminol selbst als Marker in einem Immuntest verwendet werden (Tabelle 6.4). Der Biotintest beruht auf einer Erhöhung der Chemolumineszenz, die bei der Bildung eines Konjugates aus Isoluminol und Protein zu beobachten ist. Normalerweise beträgt die

Tabelle 6.4. Beispiele für Chemolumineszenz-Immuntests.

Analyt	Marker	Reaktionssystem
Human-IgG	Luminol	Wasserstoffperoxid-Hämin
Testosteron	Luminolderivat	Wasserstoffperoxid-Cu(II)
Thyroxin	Luminolderivat	Microperoxidase
Biotin	Isoluminol	Wasserstoffperoxid-Lactoperoxidase oder Kaliumsuperoxid
Hepatitis B-Oberflächenantigen	Isoluminolderivat	Microperoxidase-Peroxid
Kaninchen-IgG	Isoluminol	Microperoxidase-Peroxid
Östriol-16α-glucuronid	Isoluminol	Microperoxidase-Peroxid
Cortisol	Isoluminol	Microperoxidase-Peroxid

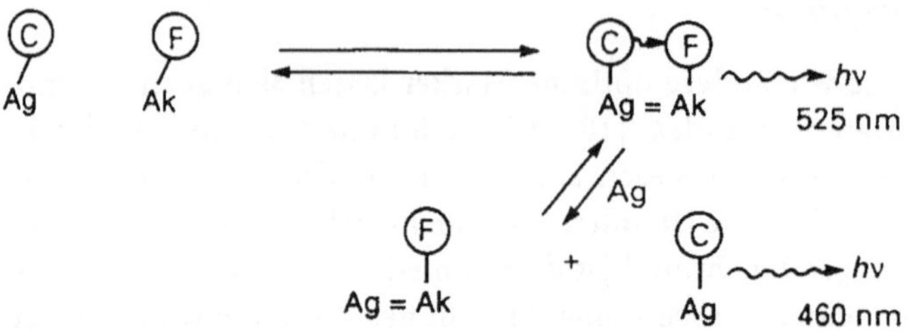

Abb. 6.11. Kompetitiver Immuntest mit fluoreszenzmarkierten Antikörpern und chemolumineszenzmarkiertem Antigen, wobei das Fluorophor als Akzeptor der Chemolumineszenzenergie des doppelmarkierten Antikörper-Antigen-Komplexes fungiert.

Quantenausbeute bei der Chemolumineszenz nur etwa 1 %, und die scheinbare Hemmung des Quenchings durch Proteinbindung ist ein erwünschter Effekt. In einem Versuchsaufbau für den Biotin-Avidin-Immuntest steigt das Signal um eine Größenordnung, und damit erübrigt sich ein Auftrennungs- oder Reinigungsschritt [11].

Eine größere Empfindlichkeit kann allerdings, wie bereits beschrieben, oft auch indirekt mit einer Enzymmarkierung erreicht werden. Dabei ist die Peroxidase wegen ihrer Beteiligung an der Chemolumineszenzreaktion ein idealer Enzymmarker.

Die niedrigen Quantenausbeuten bei Chemolumineszenzmessungen schränken die Anwendung der Methode allerdings ein. Es sind daher Techniken gesucht worden, die Ausbeuten zu erhöhen. Wesentliche Verluste werden durch Quenching-Effekte von gelösten Substanzen verursacht; wenn diese Verluste aufgefangen werden können, sollten höhere Ausbeuten zu finden sein. Mit einem Fluoreszenz-Akzeptor, der die Energie der Chemolumineszenz überträgt (Abb. 6.11) wird ein kompetitiver Immuntest zwischen fluoreszenzmarkiertem Antikörper und Probenantigen oder chemolumineszenzmarkiertem Antigen durchgeführt [12]. In dem Antikörper-Antigen-Komplex kann eine Energieübertragung zwischen den Markern stattfinden, und die Messung erfolgt bei der Wellenlänge, bei der Fluoreszenz auftritt. Dieses Verfahren erhöht nicht nur die Quantenausbeute, sondern erlaubt auch die getrennte Messung von gebundenem und ungebundenem markiertem Antigen.

6.9.3 Fluoreszenz

Fluoreszierende Indikatoren können auch unmittelbar verwendet werden. Viele biologische Moleküle zeigen eine Eigenfluoreszenz, die auf Derivate der Aminosäuren Tryptophan oder Tyrosin, auf Nucleinsäuren oder andere Metabolite wie Kohlenhydrate und Porphyrine zurückzuführen ist. Auch die reduzierte Form des Nicotinamid-Cofaktors NADH zeigt eine Fluoreszenzbande nach einer Anregung bei etwa 350 nm, ebenso wie das oxidierte Flavinnucleotid nach einer Anregung bei etwa 450 nm. Eine unmittelbare Nutzung dieser Eigenfluoreszenz für ein Testverfahren bietet sich allerdings nicht an, da die Emission schwach und oft schwer vom Hintergrundsignal zu unterscheiden ist. Einige Anwendungsbeispiele sind dennoch entwickelt worden.

Die Eigenfluoreszenz des Chlorophylls hängt von der Menge und dem physiologischen Zustand der photosynthetischen Biomasse ab. Jede Schädigung des photosynthetischen Systems ist sofort als Abnahme der Fluoreszenz mit einer langen Zeitkonstante zu erkennen (verzögerte Fluoreszenz) und als Zunahme der unmittelbar zu messenden Fluoreszenz. Unter Berücksichtigung des Zeitfaktors im Test kann die photosynthetische Biomasse unter unterschiedlichen Testbedingungen bestimmt werden. Die Auswirkungen der Umweltverschmutzung sind in vivo in Blättern und Bäumen untersucht worden [13–15] und das Verfahren wird zur Analyse von Umweltschäden in Betracht gezogen.

Im allgemeinen werden jedoch häufiger Fluoreszenzmarker verwendet. Wie andere in diesem Kapitel vorgestellte Indikatoren können sie mit Enzym- und Immuntests gekoppelt werden. Antikörper oder Antigene können mit Fluoreszenzindikatoren wie Fluoresceinisothiocyanat direkt markiert werden (Abb. 6.12a). In einer empfindlichen Technik wird ein enzymmarkiertes Antigen verwendet, dessen Substrat enzymatisch in ein Fluoreszenzerzeugendes Produkt umgesetzt wird (Abb. 6.12b) [16]. Die Verwendung von 4-Methyl-umbelliferyl-ß-D-galactopyranosid – einem fluorogenen Substrat der ß-Galactosidase – macht eine quantitative Bestimmung extrem kleiner Mengen Antigen oder Antikörper möglich. Jedes Enzymmolekül produziert im typischen Fall pro Minute 10^4 bis 10^5 fluoreszierende Moleküle.

Auch in diesen Beispielen kann die Empfindlichkeit noch gesteigert werden, indem die Lage des Meßsignals auf der Zeitachse berücksichtigt wird. Marker wie Europiumchelate mit Zerfallszeiten im Mikrosekundenbereich erlauben eine Trennung der Signale nach einem Impuls von einer Nanosekunde mit der Anregungsfrequenz. Mit diesem Verfahren wird die Hintergrundfluoreszenz mit ihrer kürzeren Zerfallszeit abgetrennt, und die Nachweisgrenzen werden um zwei Größenordnungen verbessert.

Die Verwendung von Fluoreszenzindikatoren ist ebenfalls durch Quenching durch gelöste Substanzen eingeschränkt. Dieser Effekt läßt sich aber auch gezielt nutzen, indem Messungen in Gegenwart einer quenchenden Verbindung durchgeführt werden [17]. Der Vorgang ist dem beschriebenen Energietransfer zwischen dem Chemolumineszenzmarker und dem Fluoreszenzmarker analog; er beruht darauf, daß sich die Effizienz der Energieübertragung bei einer engen räumlichen Nähe von Fluoreszens und Quencher erhöht, wie sie durch die Antigen-Antikörper-Bindung erreicht wird. So wirkt Rhodamin (Rh), dessen Absorptionsspektrum mit dem Fluoreszenzspektrum von Fluorescein (Fl)

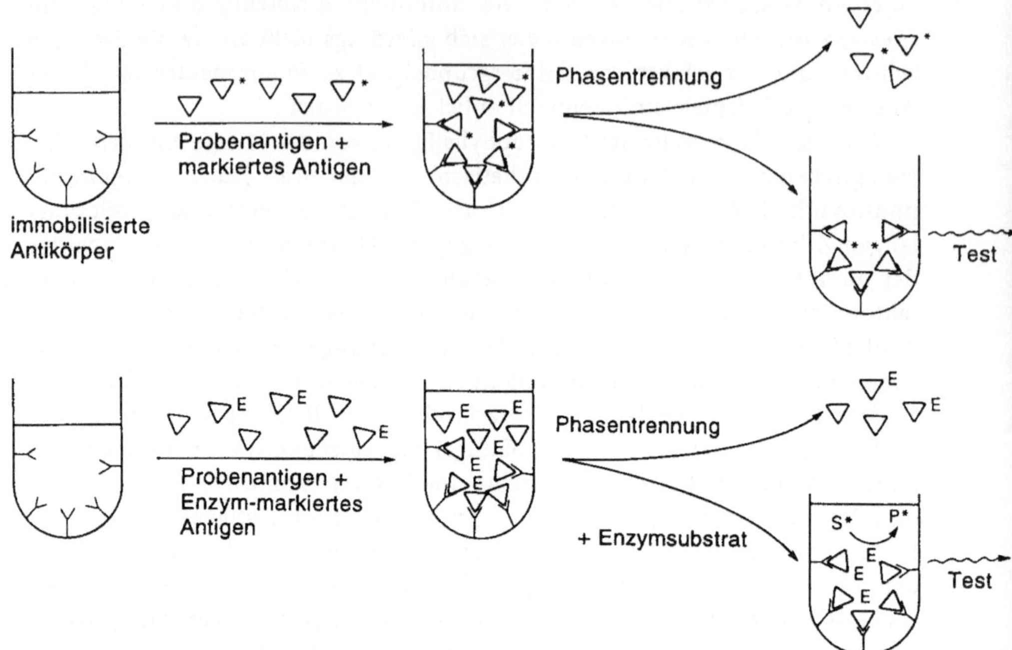

Abb. 6.12. Immuntest mit Fluoreszenzmarkern. a fluoreszenzmarkiertes Antigen; b enzymmarkiertes Antigen und fluoreszierendes Substrat.

überlappt, als Fluoreszenzlöscher. In der Immunreaktion

$$Ab\text{--}Fl + Ag\text{--}Rh \rightleftharpoons Fl\text{--}Ag : Ag\text{--}Rh$$

emittiert der freie markierte Antikörper (Ab–Fl) ein Fluoreszenzspektrum. Diese Fluoreszenz wird im Ab–Ag-Komplex gequencht, in dem das Rhodamin ausreichend dicht gebunden vorliegt, um den Energietransfer vom Fluorescein zu ermöglichen.

Auf der Grundlage dieser Technik kann auch ein kompetitiver Immuntest entwickelt werden, z.B.:

$$Ab\text{--}Fl \xrightarrow{\text{Proben}-Ag+Ag\text{--}Rh} Ag : Ab\text{--}Fl + Rh\text{--}Ag : Ab\text{--}Fl$$

fluoreszierend   fluoreszierend   gequencht

Im Prinzip erfüllen Testmethoden wie diese die grundsätzlichen Anforderungen an die Biokomponente in einem Biosensor. Jedes der beschriebenen Systeme könnte erneut daraufhin untersucht werden, ob die notwendigen Reagenzien an einen optischen Transducer immobilisiert werden können. Viele der gut eingeführten Testverfahren werden letztlich für die Übernahme in einen reagenzlosen Biosensor ungeeignet sein; trotzdem sind sie eine gute Ausgangsbasis für weitere Entwicklungen. Ihre mögliche Integration in einen Transducer, insbesondere die Kombination mit einem optischen Transducer, wird später behandelt.

6.10 Schwingungsspektroskopie

In der Vergangenheit sind schwingungsspektroskopische Techniken bei der quantitativen Analyse von Biomolekülen nur selten angewendet worden. Die Anregung einer bestimmten Schwingungsart als derjenige physikochemische Vorgang, der in einem optischen Biosensor übertragen wird, kann aber für manche Probleme hilfreich sein.

Polypeptide zeigen charakteristische Schwingungsspektren, die signifikant von der Sekundärstruktur des Proteins beeinflußt werden. Für analytische Anwendungen könnten daher Antikörper-Antigen-Wechselwirkungen oder Enzym-Substrat-Wechselwirkungen genutzt werden, mit denen Konformationsänderungen verbunden sind. Dabei sind im Infrarot-Bereich die Absorption der N–H-Valenzschwingung ($\sim 3290\,\mathrm{cm}^{-1}$), der C=O-Valenzschwingung ($\sim 1650\,\mathrm{cm}^{-1}$) sowie der N–H–Deformationsschwingung ($\sim 1535\,\mathrm{cm}^{-1}$) von besonderem Interesse. Diese Banden können als Folge von Wechselwirkungen zwischen benachbarten Peptidgruppen verschoben oder aufgespalten werden. Genauer lassen sie sich den Polypeptiden in verschiedenen Konformationen mit Hilfe von IR-Dichroismus zuordnen [18]. Maximale Absorption durch das Molekül tritt auf, wenn das Übergangsmoment der Schwingung parallel zum elektrischen Lichtvektor ausgerichtet ist. Die Bestrahlung eines fixiert ausgerichteten Moleküls mit planar polarisiertem Licht erhöht daher die Valenzschwingungsarten parallel zur Ebene des einfallenden Lichtes und löscht diejenigen senkrecht zur Ebene des einfallenden Lichtes.

Der ideale Biosensor (s. Abb. 1.3) erfordert eine Immobilisierung der Biokomponente an der Transduceroberfläche. Die räumliche Ausrichtung hängt von der Immobilisierungsmethode ab und ist im Idealfall unveränderlich. Bei derartigen, von der räumlichen Anordnung abhängigen Analysemethoden ist die geplante Anwendung von Bedeutung. Ähnliches gilt für Polynucleotide, bei denen die Schwingungsbanden der C = O-, C = N- und C = C-Gruppen besonderes Interesse finden.

Beträchtliche Verbesserungen bei der Signalverarbeitung und die Entwicklung von Verfahren wie der Fourier-Transformations-IR-Spektroskopie und der Multikanal-Raman-Spektroskopie haben neue analytische Möglichkeiten der Schwingungsspektroskopie eröffnet. Auch eine Methodik zur Überwachung der atmosphärischen Umweltbelastung mit Hilfe eines mobilen Analysesystems

ist entwickelt worden, das mit passiven Fourier-Transformations-IR-Interfero-
grammen arbeitet [19]. Durch die Verwendung geeigneter digitaler Filter mit
den charakteristischen Schwingungsfrequenzen des Analyten kann die Appa-
ratur an die Erfassung bestimmter Analyten angepaßt werden, z.B. SF_6. Auch
andere Meßfühler sind bekannt. Aromatische Kohlenwasserstoffe sind identifiziert und mit einer Nachweisgrenze von 20 ppb bei einer linearen Reaktion auf
die Intensität der Ramanstreuung über drei Größenordnungen erfaßt worden;
eine Nachweisgrenze von 20 ppt sollte hier erreichbar sein [20]. Bei der Reaktion von Cytochrom-Oxidase mit Sauerstoff mit nachfolgender zeitaufgelöster
Raman-Spektroskopie können Zwischenprodukte der Reaktion nachgewiesen
und Hinweise auf den Reaktionsmechanismus abgeleitet werden [21]. Diese Ex-
perimente zeigen, wie mit Hilfe der Schwingungsspektroskopie die Bindungs-
vorgänge zwischen biologischen Molekülen aufgedeckt werden können. Die
Ergebnisse sind hochspezifisch und vor allem für die Aufklärung der Komplexbildung zwischen Antikörper und Antigen bedeutsam, für die ein direkter
Test ohne Verwendung von Markern sehr erwünscht ist.

6.11 Optische Transducer

Zur Auslösung, Übertragung und Interpretation optischer Vorgänge im Verlauf
der beschriebenen Enzymtests wird herkömmlicherweise eine geeignete Lichtquelle eingesetzt, die eine Probelösung bestrahlt; die Probe muß in geeigneter
Weise vorbehandelt werden, um unerwünschte Effekte wie Streuung, Absorption oder andere optische Nebeneffekte zu verhindern. Diese Analyseverfahren
sind seit langem bewährte Methoden und stellen eher Biotests als Biosensoren dar, da Lichtquelle und Detektor nicht in unmittelbarem Kontakt mit den
Testreagenzien stehen. Um sie in einen Biosensor überführen zu können, ist es
notwendig, einen für optische Vorgänge geeigneten Transducer zu definieren.

6.11.1 Einfache Wellenleiter

Optische Fasern wurden zunächst in kaum mehr als zehn Jahren intensiver
Entwicklungsarbeit überwiegend für Kommunikationszwecke produziert. Erleichtert wurde diese Entwicklung durch die bessere Verfügbarkeit optisch
klarer polymerer Materialien, die für einen weiten Wellenlängenbereich zur
Verfügung stehen. Solche Fasern oder Wellenleiter im allgemeinen liefern ein
System optischer Transducer, die für die Entwicklung von Biosensoren gut
geeignet sind.

Die Ausbreitung von Licht durch diese Materialien erfolgt als gelenkte
Welle, die mit totaler interner Reflexion fortschreitet. An der Grenzfläche zwischen zwei optisch transparenten Medien mit unterschiedlichen Brechzahlen

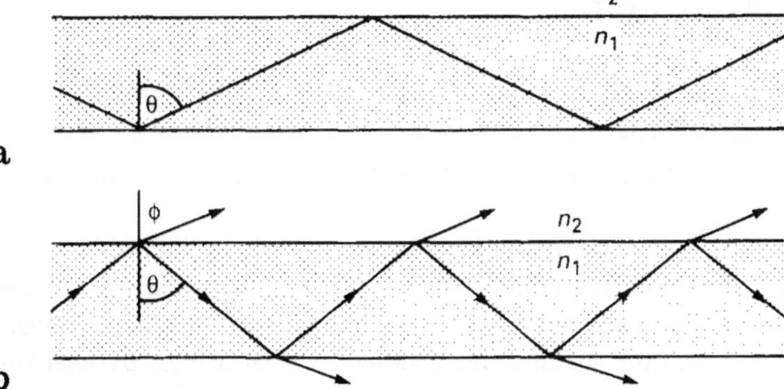

Abb. 6.13. Trajektorien in einem Stufenwellenleiter bei **a** gebundenen Strahlen; **b** gebrochenen Strahlen.

wird das Licht entsprechend dem Einfallswinkel an der Grenzfläche und den Brechzahlen der beiden Phasen gebrochen oder reflektiert.

Ein Strahlendiagramm wie in Abb. 6.13 stellt ein einfaches Modell eines planaren dielektrischen Stufenwellenleiters dar. Der Strahlenweg folgt zickzackartig verlaufenden Trajektorien, wobei der Strahl entweder bei jeder Reflexion total reflektiert wird, d.h. als gebundener Strahl vorliegt (Abb. 6.13a), oder zum Teil reflektiert und zum Teil gebrochen wird (Abb. 6.13b). Liegen einfallender, reflektierter und gebrochener Strahl coplanar in einer Ebene, so gilt:

$$\frac{\sin \Theta}{\sin \Phi} = \frac{n_2}{n_1} = n \qquad \text{(Snelliussches Brechungsgesetz)}$$

Für $\Phi = \pi/2$ verläuft der gebrochene Strahl entlang der Grenzfläche. Daraus folgt, daß der Kraftübertragungskoeffizient Null ist und

$$\sin \Theta = \frac{n_2}{n_1}$$

Dieser Winkel ist der Grenzwinkel (Θ_c); er bestimmt die totale interne Reflexion des Einfallsstrahls:

$$\sin \Theta \geq \frac{n_2}{n_1} \qquad \longrightarrow \qquad \text{totale interne Reflexion}$$

$$\sin \Theta < \frac{n_2}{n_1} \qquad \longrightarrow \qquad \text{Brechung und Reflexion}$$

Eine planare harmonische Welle kann mit drei Vektoren (**k**, **E**, **H**) vollständig beschrieben werden. Das elektrische Feld (**E**) und das magnetische Feld (**H**) stehen senkrecht zur Ausbreitungsrichtung; **k** ist der Wellenvektor. Für den Fall, daß unpolarisiertes Licht auf eine ebene Grenze zwischen zwei verschiedenen optischen Medien einfällt, haben die einfallende, die reflektierte und die weitergeleitete Welle folgende Form:

$$\text{einfallende Welle:} \quad \mathbf{E} = \mathbf{E_i} e^{-i\omega t} \exp\{ikn_1(-z \cos \Theta + x \sin \Theta)\}$$
$$\text{reflektierte Welle:} \quad \mathbf{E} = \mathbf{E_r} e^{-i\omega t} \exp\{ikn_1(z \cos \Theta + x \sin \Theta)\}$$
$$\text{weitergeleitete Welle:} \quad \mathbf{E} = \mathbf{E_t} e^{-i\omega t} \exp\{ikn_1(-z \cos \Phi + x \sin \Phi)\}$$

wobei $\omega = 2\pi\nu = $ Winkelfrequenz und $\mathbf{k} = 2\pi/\lambda = $ Winkelwellenzahl.

Der elektrische Feldvektor der einfallenden Welle kann parallel zu der Ebene der Grenzfläche verlaufen; es handelt sich dann um eine *elektrische Transversalwelle* oder TE-Polarisation. Verläuft der magnetische Feldvektor parallel zur Ebene der Grenzfläche, so handelt es sich um eine *magnetische Transversalwelle* oder TM-Polarisation. Abbildung 6.14 zeigt für diese beiden Fälle die Richtungen für elektrische und magnetische Feldvektoren der einfallenden, reflektierten und weitergeleiteten Wellen. Unter Grenzbedingungen ergeben sich die tangentialen Anteile des elektrischen und des magnetischen Feldes:

$$TE - Polarisation: \quad \mathbf{E_i} + \mathbf{E_r} = \mathbf{E_t}$$
$$TM - Polarisation: \quad \mathbf{H_i} - \mathbf{H_r} = \mathbf{H_t}$$

Der Quotient der Amplituden bei Reflexion für TE- bzw. TM-Polarisation beträgt:

$$r_s = \frac{\cos \Theta - n \cos \Phi}{\cos \Theta + n \cos \Phi}$$

$$r_p = \frac{-n \cos \Theta + \cos \Phi}{n \cos \Theta + \cos \Phi}$$

Eliminierung von Φ durch das Snelliussche Brechungsgesetz führt zu den *Fresnelschen Gleichungen*:

$$r_s = \frac{\cos \Theta - \sqrt{(n^2 - \sin^2 \Theta)}}{\cos \Theta + \sqrt{(n^2 - \sin^2 \Theta)}}$$

und

$$r_p = \frac{-n^2 \cos \Theta + \sqrt{(n^2 - \sin^2 \Theta)}}{n^2 \cos \Theta + \sqrt{(n^2 - \sin^2 \Theta)}}$$

Die *Reflektanz* ist definiert als der Anteil der einfallenden Lichtenergie, der reflektiert wird, wobei die Energie dem Quadrat der Feldamplitude proportional ist:

$$R_s = |r_s|^2$$
$$R_p = |r_p|^2$$

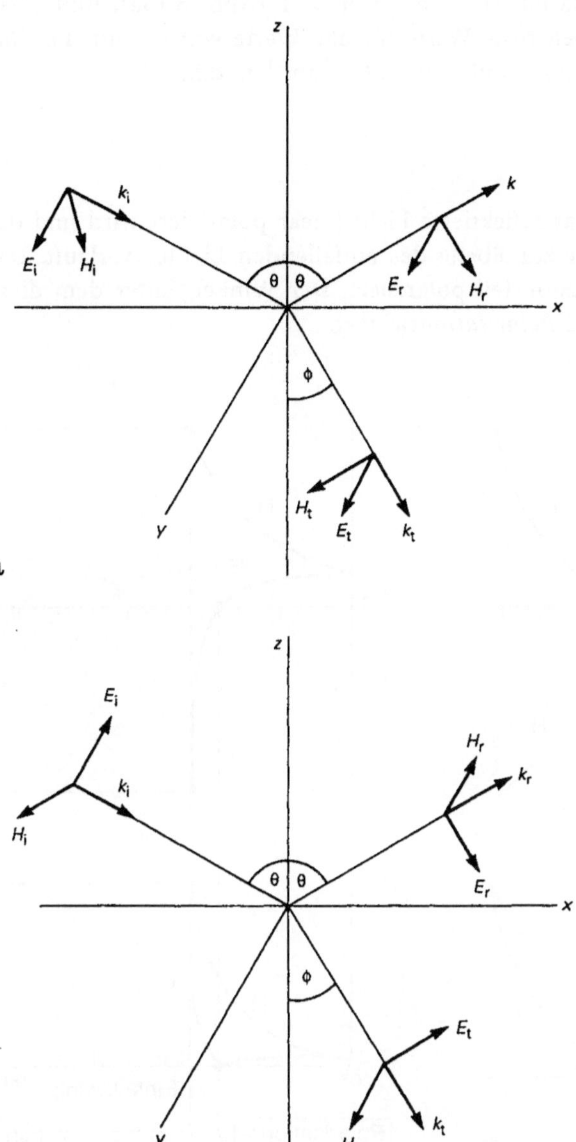

Abb. 6.14. Wellenvektoren und die zugehörigen Felder bei elektrischer Transversalpolarisierung (H-Welle) **a**; magnetischer Transversalpolarisierung (E-Welle) **b**.

6.11.2 Externe Reflexion

Im Fall der *externen Reflexion* ist $n_2/n_1 = n > 1$ (Abb. 6.15a), und diese Amplitudenquotienten haben reale Werte für alle Werte von Θ. Für die TM-Polarisation wird die Reflexion Null, wenn $\Theta = \tan^{-1} n$, d.h.

$$\sin \Theta = \cos \Phi$$
$$\Theta + \Phi = \pi/2$$

so daß an diesem Punkt das reflektierte Licht linear polarisiert wird und der elektrische Feldvektor quer zur Ebene des einfallenden Lichtes verläuft. Das weitergeleitete Licht wird zum Teil polarisiert. Der Winkel, unter dem diese Erscheinung auftritt, ist der *Polarisationswinkel*.

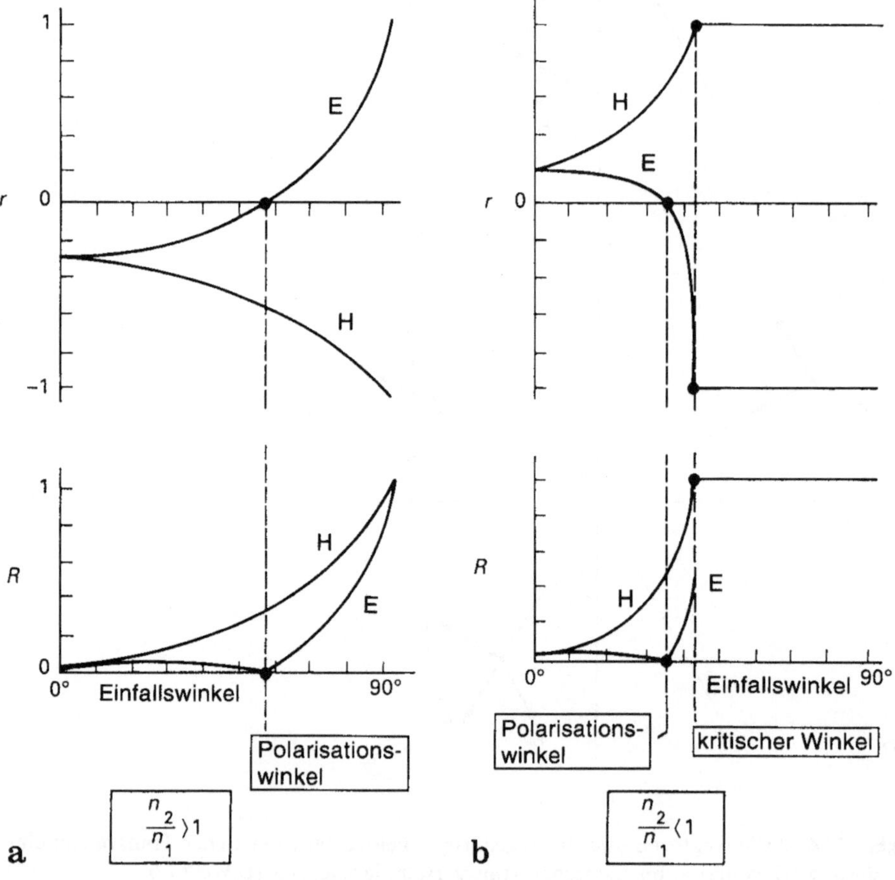

Abb. 6.15. Reflektanz als Funktion des Einfallswinkels bei externer **a** und interner Reflexion **b**.

6.11.3 Interne Reflexion

Im Fall der *internen Reflexion* ist $n < 1$ (Abb. 6.15b), und die Amplitudenquotienten haben reale Werte für $\sin \Theta < n$, d.h. wenn Θ kleiner ist als der Grenzwinkel. Überschreitet der Einfallswinkel den Grenzwinkel, werden die Quotienten komplex:

$$r_{\mathrm{s}} = \frac{\cos \Theta - i \sqrt{(\sin^2 \Theta - n^2)}}{\cos \Theta + i \sqrt{(\sin^2 \Theta - n^2)}}$$

$$r_{\mathrm{p}} = \frac{-n^2 \cos \Theta + i \sqrt{(\sin^2 \Theta - n^2)}}{n^2 \cos \Theta + i \sqrt{(\sin^2 \Theta - n^2)}}$$

In diesem besonderen Fall wird die Reflektanz $R = 1$, d.h. es liegt totale interne Reflexion vor, und die Phasenänderung zwischen einfallender und reflektierter Welle ergibt sich als:

$$TE: \qquad \Phi = \frac{2 \tan^{-1} (\sin^2 \Theta - n_2^2/n_1^2)^{\frac{1}{2}}}{\cos \Theta}$$

$$TM: \qquad \Phi = \frac{2 \tan^{-1} (\sin^2 \Theta - n_2^2/n_1^2)^{\frac{1}{2}}}{(n_2^2/n_1^2) \cos \Theta}$$

Unter diesen Bedingungen ist der Transmissionswinkel Φ durch den komplexen Ausdruck

$$\cos \Phi = (1 - \sin^2 \Phi)^{\frac{1}{2}} = \frac{i \, (n_1^2 \sin^2 \Theta - n_2^2)^{\frac{1}{2}}}{n_2}$$

angegeben. Die im Wellenleiter geführte Welle ist somit eine evaneszierende Welle senkrecht zur Grenzfläche, d.h.

$$E = E_{\mathrm{t}} \exp\{i\omega t + ikn_1 (\sin \Theta \, x + kn_1 (\sin^2 \Theta - n_2^2/n_1^2)^{\frac{1}{2}} z\}$$

wobei nur der z-Term real ist, so daß das Feld in der z-Richtung die Eindringtiefe d_{p} aufweist:

$$d_{\mathrm{p}} = \frac{-1}{kn_1 \sqrt{(\sin^2 \Theta - n_2^2/n_1^2)}}$$

6.11.4 Phasenänderung

Im ursprünglichen Modell der internen Totalreflexion geht die angenäherte Strahlenanalyse von dem Wert $\lambda = 0$ aus. Dadurch werden Phasenänderungen nicht berücksichtigt, und es wird angenommen, daß Energie nur entlang der geometrischen Trajektorien fließt. Bei genauerer Betrachtung ist der einfallende Lichtstrahl jedoch ein Bündel einzelner Strahlen, die alle leicht unterschiedliche

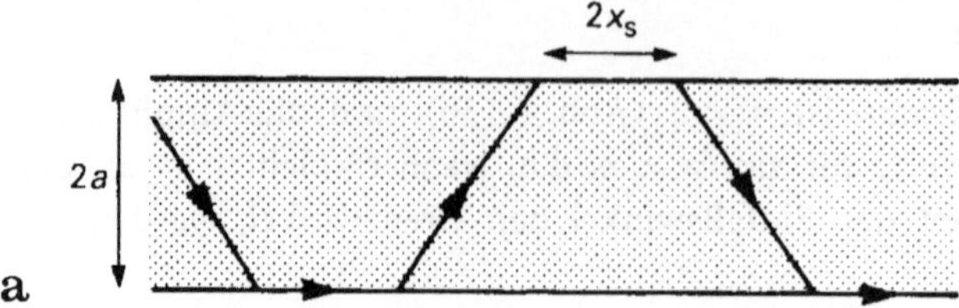

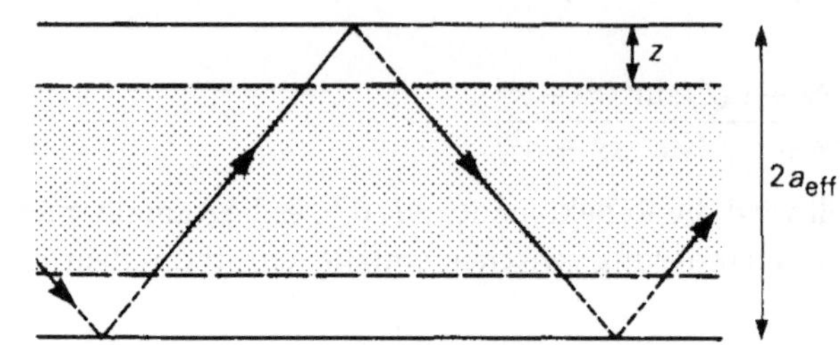

Abb. 6.16. Die laterale Verschiebung $2x_{rms}$ **a** des Strahlenganges entspricht einer effektiven Kernweite von $2a_{eff}$ **b.**

Einfallswinkel haben. Der Wert für Φ wird so auf alle Werte für Θ erweitert. Daraus erklärt sich ein Shift x_s in Richtung des reflektierten Lichtstrahls. In einem einfachen Strahlenmodell kann dies mit einem Wellenleiter dargestellt werden, dessen effektive Weite größer ist als die tatsächliche Weite und der den lateralen Shift x_s durch die Eindringtiefe ausgleicht (Abb. 6.16).

$$d_p = \frac{-1}{kn_1\sqrt{\{\sin^2\Theta - (n_2/n_1)^2\}}}$$

$$= \frac{-\lambda}{2\pi n_1\sqrt{\{\sin^2\Theta - (n_2/n_1)^2\}}}$$

und

$$x_s = \frac{d_p}{\cot\Theta}$$

$$= \frac{-1}{2kn_1\cos\Theta} \times \frac{2\sin\Theta}{\sqrt{\{\sin^2\Theta - (n_2/n_1)^2\}}}$$

$$= \frac{1}{2kn_1\cos\Theta} \times \frac{d\Phi}{d\Theta}$$

wobei Φ die oben definierte Phasenänderung ist.

Das Modell geht von einem Kontinuum aus, das jedoch nicht in sich beständig ist, so daß im Realfall nur diskrete Strahlenrichtungen erlaubt sind. Sie können beschrieben werden, indem man als Grenzbedingung vorgibt, daß die gesamte transversale Phasenverschiebung eines vollständigen Strahls ein ganzzahliges Vielfaches von 2π sein muß [22]. Dadurch werden die erlaubten Werte für Θ eingeschränkt.

In dem vereinfachten hypothetischen Modell mit einem einzelnen Strahl, dem elektrischen Feld = Null an der Grenzfläche und der transversalen Phasenänderung $4kn_1a\cos\Theta$ sind die erlaubten Richtungen erfüllt, wenn

$$\Longrightarrow \quad \begin{aligned} 4kn_1a\cos\Theta &= 2m\pi \\ 2a\cos\Theta &= m\lambda/2 \end{aligned}$$

wobei m eine geradzahlige Größe, die Modezahl, ist.

m erreicht ein Maximum, wenn $\sin\Theta = n_2/n_1$ ist:

$$m_{\mathrm{max}} = \left(\frac{4a}{\lambda}\right)\left[1-\left(\frac{n_2}{n_1}\right)^2\right]^{\frac{1}{2}}$$

Wenn $m_{\mathrm{max}} < 2$ ist, spricht man von einem Einmoden-Lichtleiter; ist $m_{\mathrm{max}} \geq 2$, von einem Multimoden-Lichtleiter. Damit wird angenähert die Beziehung zwischen der Kernweite des Wellenleiters, der Wellenlänge und der Ausbreitung der Welle in x-Richtung beschrieben. Die stehenden Wellen des elektrischen Feldes durch den Leiter hindurch, die die ersten Moden angeben, sind in Abb. 6.17 dargestellt.

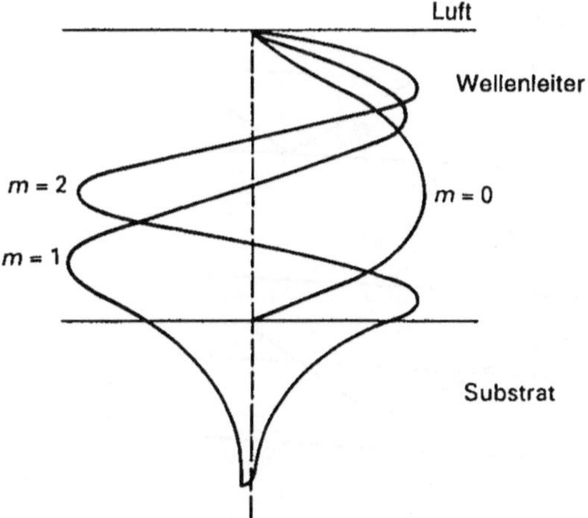

Abb. 6.17. Stehende Wellen der niedrigsten Schwingungsmoden mit leicht veränderten Amplituden beim Durchgang durch den Wellenleiter.

In der Praxis müssen die erlaubten Werte für Θ allerdings um die Phasenänderungen, die mit der Reflexion an den Grenzschichten verknüpft sind, korrigiert werden.

6.11.5 Fasern

Die vorangegangene Betrachtung planarer Wellenleiter läßt sich auf optische Fasern anwenden, wenn man eine dritte Dimension einführt. Ein Strahl kann nach jeder Reflexion die Faserachse schneiden (meridionaler Strahl) (Abb. 6.18a) oder aber einen helikalen Weg verfolgen, bei dem die Faserachse gar nicht geschnitten wird (Schraubenstrahl) (Abb. 6.18b). Im ersten Fall entspricht das Verhalten des Strahls dem in einem planaren Wellenleiter, aber im zweiten Fall liegt jeder Reflexionspunkt auf einer zylindrischen Oberfläche, so daß zusätzlich zum Winkel in axialer Richtung, β, der Winkel α zwischen dem Strahlenweg und einer Tangente zur Grenzfläche in dem Punkt der Reflexion herangezogen werden muß, um die Trajektorie zu beschreiben (Abb. 6.19). Die Abbildung zeigt, daß für Schraubenstrahlen $\Theta + \beta \neq \pi/2$ ist, so daß ein durch Θ und β beschriebener Einfallswinkel mit $\Theta > \Theta_c$ und $\beta < \beta_c$ nicht mit der Betrachtung planarer Wellenleiter berücksichtigt werden kann. Strahlen dieser Kategorie werden als *Leckstrahlen* bezeichnet.

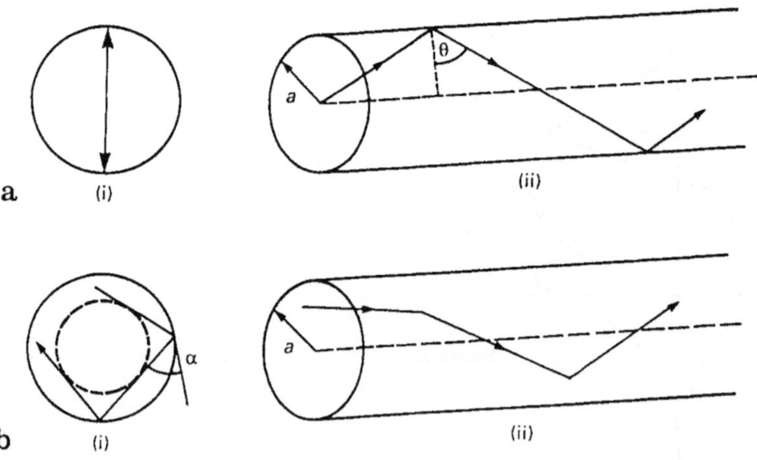

Abb. 6.18. Strahlungsgänge innerhalb des Faserkerns bei **a** meridionalem und **b** helicalem Weg des Schraubenstrahls.

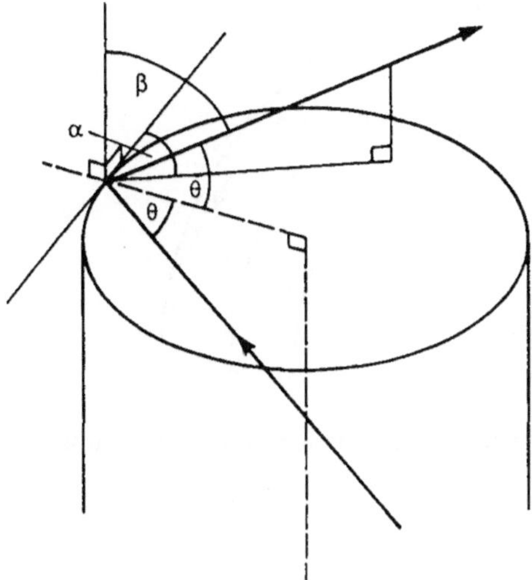

Abb. 6.19. Verhalten eines Strahls, der an der Grenzfläche eines Stufenwellenleiters mit dem Winkel α, β und Θ einfällt.

6.11.6 Gekrümmte Fasern

Geht ein gerader Abschnitt eines planaren Wellenleiters in einen deutlich gekrümmten Abschnitt über, werden alle im Bereich des geraden Abschnittes gebündelte Strahlen brechende oder tunnelnde Strahlen im Verlauf der Krümmung, analog zum Tunnelmodell für eine Faser. In der Krümmung folgt der Strahlengang zwischen den Reflexionspunkten geraden Linien (Abb. 6.20):
- abwechselnd zwischen inneren und äußeren Oberflächen und
- nur an der äußeren Oberfläche (Strahlen einer Flüstergalerie).

Wenn $\Theta < \Theta_c$ ist, wird der Strahl an der äußeren Oberfläche gebrochen, wenn $\Theta > \Theta_c$ und $\beta < \beta_c$ sind, durchtunnelt er die Faser. An der inneren Oberfläche wird der Strahl weitergeleitet, wenn $\Theta' < \Theta_c$ und $\beta' > \beta_c$ sind, da aber die Grenzfläche konvex gekrümmt ist, führt $\beta' > \Theta_c$ zu interner Totalreflexion.

6.12 Wellenleiter in Sensoren

Bei der Handhabung der verschiedenen Parameter, die die Fortpflanzung der Welle entlang des Wellenleiters beeinflussen, ging es zunächst um Verfahren zur optischen Telekommunikation. Es gibt aber unzählige Möglichkeiten, in Wellenleitern geführtes Licht mit Umgebungsparametern zu modulieren und

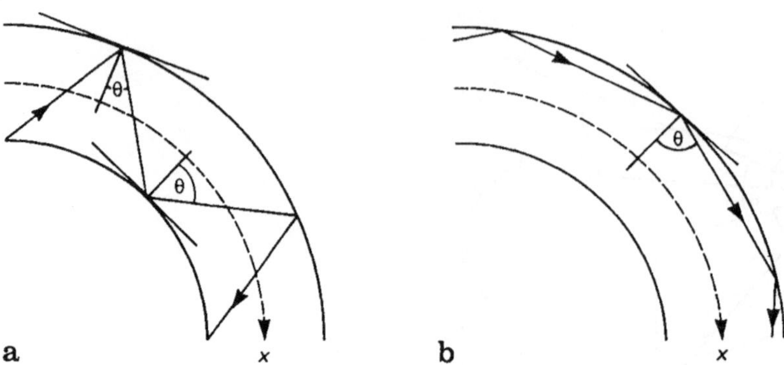

Abb. 6.20. Strahlungsgang an Krümmungen. **a** Reflexion zwischen innerer und äußerer Oberfläche; **b** „Flüstergalerie-Strahlen".

sowohl für Anwendungen in Meßfühlern als auch in der Signalverarbeitung zu nutzen. Man unterscheidet zwei Gruppen von Wellenleitern für Sensoren:

- Extrinsische Faseroptiken: Der Wellenleiter – üblicherweise eine Faser – dient als Lichtquelle und Lichtkollektor; der Modulationsprozeß findet außerhalb der Faser statt, normalerweise durch einen Dämpfungsprozeß, der durch den Analyten moduliert wird. So ist z.B. die Lichtabsorption einer Probe in einer integrierten Reagenzphase durch das Lambert-Beersche Gesetz gegeben, und die Wirkung wird durch die optischen Eigenschaften der Meßlösung und die Schichtdicke der Probe bestimmt. Das Licht wird über Fasern zur Meßzelle und von der Meßzelle zum Detektor geleitet.
- Intrinsische Faseroptiken: Die Meßlösung geht direkte Wechselwirkung mit dem Licht im Wellenleiter ein. Phase, Polarisation und Intensität können innerhalb des Lichtleiters durch die Meßlösung moduliert werden, die innerhalb der Eindringtiefe für das evaneszierende Feld in dem optisch dünneren, an den Wellenleiter angrenzenden Medium vorliegt. Die Amplitude des elektrischen Feldes, das an dem Punkt interner Totalreflexion weitergeleitet wird, beträgt

$$E = E_\mathrm{t} \exp\left(-z/d_\mathrm{p}\right)$$

Die Dämpfung des Signals wird darum unmittelbar an der Grenzfläche am größten sein. In einem Abstand von 20 % der Wellenlänge hat sich das Feld auf unter 70 % seiner Amplitude an der Grenzfläche abgeschwächt.

Die Empfindlichkeit kann erhöht werden, wenn man mit einem längeren Lichtwellenleiter die Wechselwirkungen mit der Probelösung verstärkt. In einem einfachen, angenäherten Strahlenmodell ist die Zahl der Reflexionen (N) (und damit die Wechselwirkungen mit der Probe) eine Funktion der

Länge (L), der Dicke des Wellenleiters ($2a$) und Θ:

$$N = \frac{L}{2a} \cot \Theta$$

Folglich gilt für das Reflexionsvermögen (R) bei jeder Reflexion, wenn d_e die effektive Dicke ist (d.h. die Filmdicke, bei der die gleiche Absorption bei der Transmission erreicht würde):

$$R = 1 - \alpha\, d_e$$

wobei α der Absorptionskoeffizient ist und für d_e gilt:

$$d_e = \frac{n_2\, E_t^2\, d_p}{2\, n_1\, \cos \Theta}$$

Die evaneszierende Welle kann also genutzt werden, um die spektralen Eigenschaften jedes beliebigen Moleküls im Feld bei einer bestimmten Wellenlänge aufzuzeichnen oder anzuregen.

6.13 Konstruktion eines optischen Sensors

Im Gegensatz zu elektrochemischen Sensoren benötigen optische Sensoren keinen Referenzsensor. Trotzdem können die Ansprecheigenschaften im allgemeinen erheblich verbessert werden, wenn man das Analyt-spezifische Signal mit einem „Leerwert" als Referenz vergleicht. Um das zu erreichen, sind mehrere Wege möglich:

- Schwankungen der Intensität der Lichtquelle werden direkt bei der für die Analyse verwendeten Wellenlänge aufgezeichnet und das erfaßte Signal entsprechend korrigiert.
- Die Lichtquelle kann in einen Proben- und einen Referenzanteil gesplittet werden, so daß eine relative Messung vorgenommen werden kann.
- Die Detektion wird bei einer Wellenlänge zur Analyse und einer anderen zur Referenz vorgenommen. Änderungen aufgrund von Streuung und Schwankungen der Lichtquelle können eliminiert werden, indem man den Quotienten aus beiden Signalen auswertet.

Die beiden letzten Verfahren sind für die Entwicklung von Sensoren die besten Lösungen. Der eigentliche Aufbau und das Material für den optischen Sensor hängen davon ab, ob ein extrinsisches oder ein intrinsisches Modell geplant ist, außerdem von der Wellenlänge für Lichtquelle und Detektor.

Für Wellenlängen über ca. 450 nm sind z.B. Kunststoffwellenleiter geeignet, über 350 nm kann Glas verwendet werden. Unterhalb dieser Wellenlänge werden normalerweise Leiter aus hochreinem Quarzglas, für IR-Messungen

Germaniumkristall-Leiter verwendet, was die Grundkosten des optischen Transducers erheblich in die Höhe treibt.

Bei Messungen im evaneszierenden Feld muß ein Teil der Grenzfläche mit der Probe in Kontakt stehen (Abb. 6.21a). Die Gestaltung eines extrinsischen Sensors kann jedoch unterschiedlich aussehen; z.B. zeigt Abb. 6.21b eine Anordnung, die dem üblichen Aufbau eines Spektralphotometers entspricht, wo das Licht direkt durch die Probe fällt und auf der anderen Seite gesammelt wird. In den Anordnungen in Abb. 6.21c und d werden lichtstreuende Kugeln verwendet, durch die ein Teil des Lichtes zurück in die Richtung der Lichtquelle gestreut wird. Abbildung 6.21c zeigt einen gegabelten Wellenleiter, der als Lichtquelle und Detektor dient. Wenn sich die Wellenlängen des einfallenden und des detektierten Lichtes unterscheiden (z.B. bei Fluoreszenzmessungen), kann eine einzige optische Faser das Licht zur Reagenzphase und zurück übertragen.

Für jeden optischen Biosensor ist eine immobilisierte Reagenzphase erforderlich, die nicht immer einfach zu definieren ist. Die meisten bisher entwickelten optisch-chemischen Sensoren verwenden einen Indikator. An ein solches Sensormodell können verschiedene Indikatorwirkungen angepaßt werden:
Der Analyt reagiert mit dem Indikator entsprechend dem Gleichgewicht

$$A + Ind \;\rightleftharpoons\; AInd$$

mit der Gleichgewichtskonstante

$$K = \frac{[AInd]}{[A]\,[Ind]}$$

Die Gesamtkonzentration des Indikators C_{ind} in der immobilisierten Phase beträgt

$$C_{ind} = [Ind] + [AInd]$$

Die Konzentration des freien Indikators ist daher

$$[Ind] = \frac{C_{ind}}{(1 + K\,[A])}$$

und die des Analyt-gekoppelten Indikators entsprechend

$$[AInd] = \frac{K\,[A]\,C_{ind}}{(1 + K\,[A])}$$

Es besteht also keine einfache lineare Beziehung zwischen dem Signal durch den freien Indikator und den Analyt [A] oder zwischen gekoppeltem Indikator und Analyt. Beide Messungen hängen von C_{ind} ab. Ein verbessertes Signal kann, wie oben erwähnt, erreicht werden, wenn Messungen bei zwei verschiedenen Wellenlängen gegen einen Referenzwert als Leerwert durchgeführt werden. In

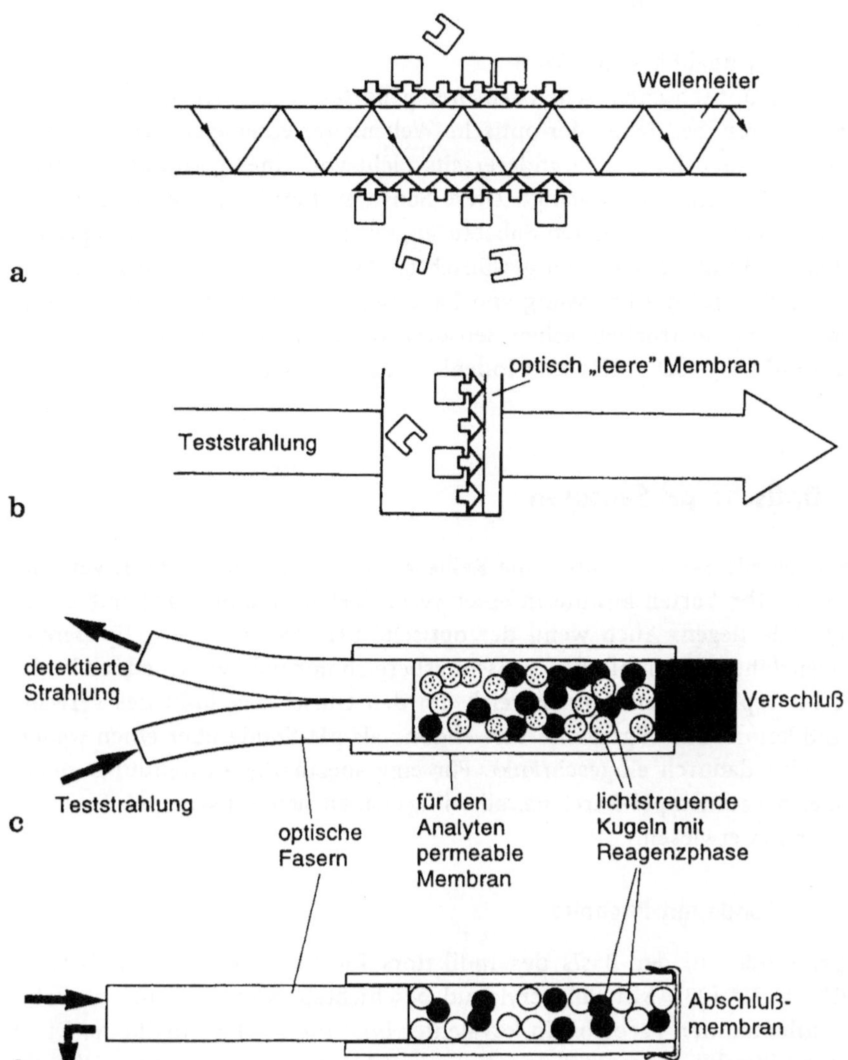

Abb. 6.21. Konfiguration optischer Sensoren. **a** Aufzeichnung des evaneszierenden Feldes; **b** optischer Festkörper-Sensor; **c** Streulicht-Sonde mit gemeinsamer Wellenlänge für Lichtquelle und Detektor; **d** Streulicht-Sensor mit unterschiedlicher Wellenlänge für Lichtquelle und Detektor.

diesem Fall gibt das Signal von [AInd], bezogen auf [Ind] als Referenz:

$$\frac{[\text{AInd}]}{[\text{Ind}]} = K\,[\text{A}]$$

einen von C_{ind} unabhängigen Wert.

Die ersten optisch-chemischen Sensoren gehörten zu der Gruppe der extrinsischen Sensoren, bei denen der optische Wellenleiter einerseits Licht zu einer Modulationseinheit leitet und andererseits Licht von einer getrennt arbeitenden Modulationseinheit empfängt. Diese Sensoren beruhen, wie die entsprechenden Testgeräte mit gelösten Substanzen, auf der Anpassung eines speziellen optischen Indikators an den gewünschten Analyten. Ursprünglich wurden sie im Hinblick auf die Erfassung von Parametern entwickelt, die bereits mit herkömmlichen elektrochemischen Sensoren bestimmt werden konnten, insbesondere pH, O_2, CO_2, NH_3 und Ionenkonzentrationen.

6.14   Optische pH-Sensoren

In optischen pH-Sensoren sind eine Reihe verschiedener Indikatoren verwendet worden. Ihr Vorteil könnte in einer verbesserten Stabilität gegenüber der pH-Elektrode liegen. Auch wenn der optische pH-Sensor im Prinzip bereits konkurrenzfähig ist, umfaßt der Erfassungsbereich normalerweise jedoch höchstens 1 bis 2 pH-Einheiten im Bereich um den Umschlagspunkt des verwendeten Indikators. Die allgemeine Verwendung als pH-Sonde über einen weiten Bereich wird dadurch eingeschränkt. Für eine spezifische Anwendung innerhalb eines bekannten pH-Bereiches allerdings haben sich optische pH-Sensoren als erfolgreich erwiesen.

6.14.1   pH-Sonde mit Phenolrot

Eine pH-Sonde auf der Basis des Indikators Phenolrot arbeitet im Bereich von pH 7,0–7,4 [23]. Mit Polyacrylamid beschichtete Mikrokugeln aus Polystyren enthalten den Farbstoff in kovalenter Bindung an die Vinylkette. Diese Indikator-Mikrokugeln werden zusammen mit 1 μm großen Polystyren-Kugeln in eine Celluloseröhre gepackt, die für H^+ permeabel ist, und bilden in dieser Form den pH-Modulator (Abb. 6.21c). Lichtleitfasern bilden die optischen Anschlüsse an die Zelle; das zur Lichtquelle zurückgelangende Licht wird nach vielfacher Streuung durch die Mikrokugeln erfaßt. Der Detektor mißt das Signal bei zwei Wellenlängen und vergleicht die Lichtübertragung bei 558 nm (wo die basische Form von Phenolrot absorbiert) mit einem Referenzwert bei 600 nm (wo weder die basische noch die saure Form absorbieren). Der pK_{a}-Wert des gebundenen Farbstoffes beträgt 7,57, der des gelösten Farbstoffes 7,9.

pH-Messungen im Bereich von pH 7,4–7,0 können so auf 0,01 pH-Einheiten genau durchgeführt werden. In Blutproben und bei in vivo-Messungen zeigt diese Sonde Vorteile gegenüber der pH-Elektrode.

In Verbindung mit Phenolrot als Indikator können kostengünstige Bauteile für Quelle und Detektor verwendet werden, um einen Sensor zur pH-Bestimmung zu konstruieren [44]. Als Lichtquelle wird eine grüne LED ($\lambda \sim$ 565 nm), als Referenz eine infrarote LED ($\lambda \sim$ 810 nm) eingesetzt. Die Detektion bei beiden Wellenlängen geschieht an einer Silicium-PIN-Diode. Durch den Einbau solcher kostengünstiger, miniaturisierter Bauteile in eine optische Sonde rückt die Entwicklung tragbarer Geräte und die Ausführung als Sensor in den Bereich des Möglichen.

6.14.2 Fluoreszenz-pH-Sonde

Der einfachste Fluoreszenz-pH-Sensor mißt bei nur einer Wellenlänge. Eine erhöhte Fluoreszenz mit steigendem pH zeigt z.B. Fluoresceinamin, das kovalent an Cellulose gebunden werden kann [25]. Fluorescein ist eine proteolytische Säure mit $pK_{a1} = 2{,}2$, $pK_{a2} = 4{,}4$ und $pK_{a3} = 6{,}7$. Die Absorptions- und Fluoreszenzspektren bei verschiedenen pH-Werten sind für die verschiedenen Dissoziationsstufen charakteristisch (Abb. 6.22). Bei hohem pH-Wert überwiegt das Dianion mit einem Absorptionsmaximum um 491 nm, und die bei 530 nm gemessene Fluoreszenz zeigt eine hohe Quantenausbeute (0,9). In diesem Bereich wird dagegen das Monoanion nicht angeregt, so daß über das pH-abhängige Signal zwei Bereiche bestimmt werden können: Zwischen pH 2,8–5,5 liegen das neutrale Molekül und das Monoanion vor, während zwischen pH 5,5–7,0 das Monoanion und das Dianion überwiegen.

Die spektralen Eigenschaften von Fluoresceinisothiocyanat (FITC) ähneln denen des Fluoresceins; die Isothiocyanatgruppe hat aber den zusätzlichen Vorteil der leichten Immobilisierbarkeit. Der Indikator kann an poröse Glaskugeln immobilisiert werden, die silanisiert sind und ein langkettiges Alkylamin enthalten [26]. Eine Kugel mit dem gleichen Durchmesser wie eine Multimodenfaser aus Quarz wird auf das Ende der Faser aufgekittet und bildet so einen pH-Sensor, dessen dynamischer Bereich zwischen pH 3 und 7 liegt und der zwei lineare pH-Bereiche von pH 2,8–5,0 und pH 5,5–7,0 aufweist.

Eine Schwierigkeit bei der Verwendung von Fluoreszenzindikatoren besteht in der Fluorszenzlöschung, die insbesondere durch die Immobilisierung wegen der räumlichen Nähe benachbarter Moleküle auftritt. Das Problem kann aber gelöst werden, indem man die Messungen bei zwei verschiedenen Wellenlängen durchführt und bestimmte Fluoreszenzindikatoren wie das Trinatriumsalz der 8-Hydroxy-1,3,6-trisulfonsäure (HPTS) verwendet [27] [28]. Die saure und die basische Form haben charakteristische Absorptionsspektren; die Wellenlängen zur Anregung liegen bei 405 nm bzw. 470 nm (Abb. 6.23). Im angeregten Zu-

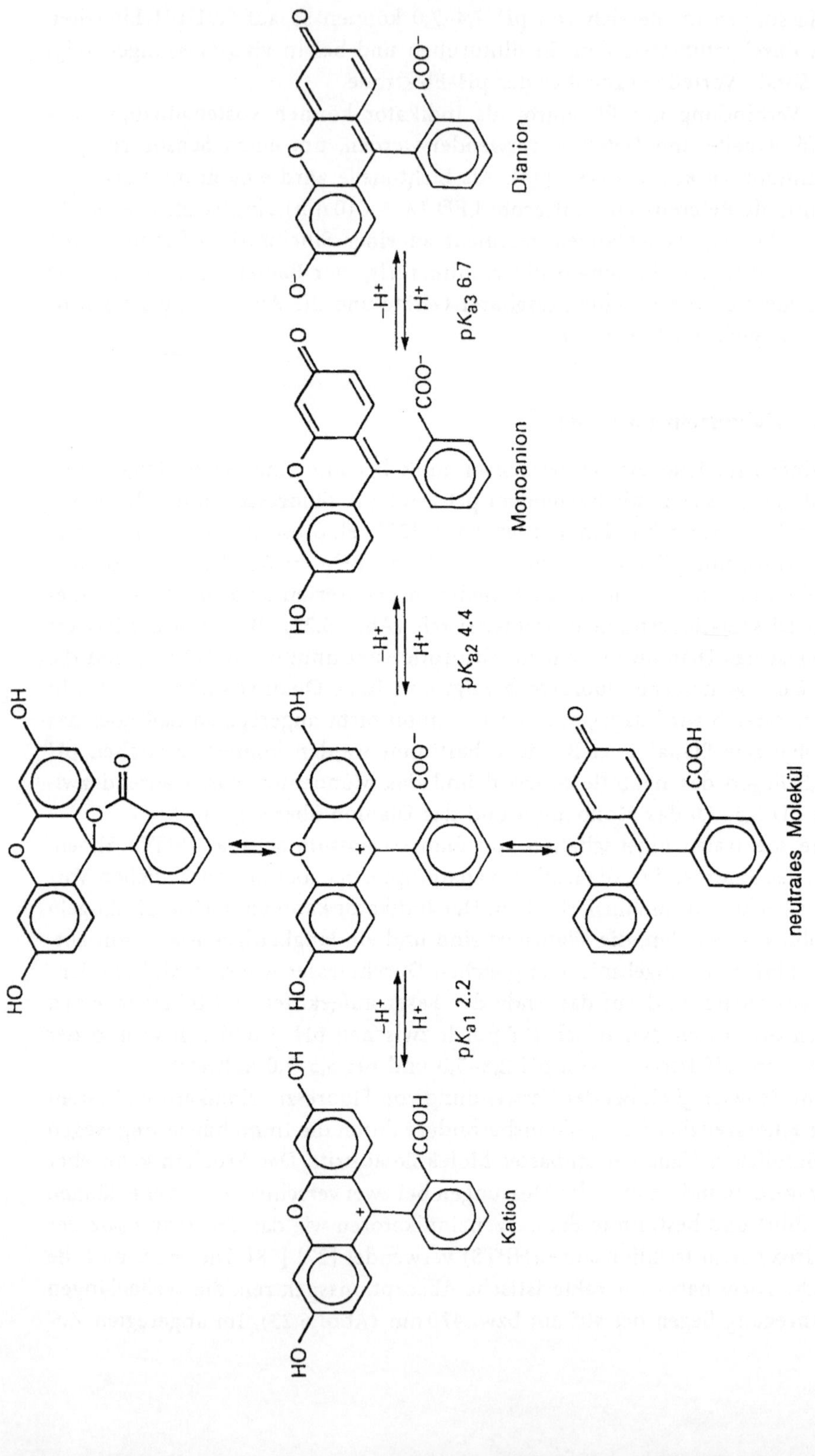

Abb. 6.22. Protonierte Formen des Fluoresceins.

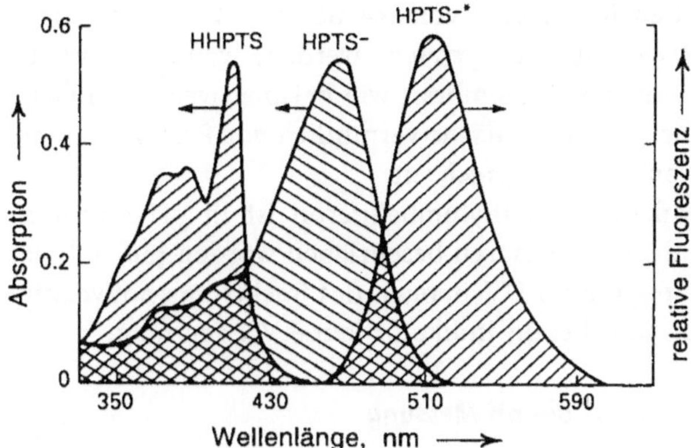

Abb. 6.23. Absorptionsspektren der 8-Hydroxy-1,3,6-trisulfonsäure (HPTS) in dissoziierter und undissoziierter Form und Fluoreszenzspektrum der dissoziierten Form.

stand unterliegt die saure Form jedoch einer raschen Deprotonierung zu dem ebenfalls angeregten basischen Zustand. Ein Emissionsspektrum der basischen Form ist also auch dann zu beobachten, wenn der Grundzustand in der sauren Form vorliegt:

$$\begin{array}{ccc} \text{HHPTS}^* & \longrightarrow & \text{HPTS}^{-*} \\ \uparrow & & \uparrow\downarrow \\ \text{HHPTS} & \rightleftharpoons & \text{HPTS}^- + \text{H}^+ \end{array}$$

Der pH-Wert ist daher mit dem Quotienten der Fluoreszenzintensitäten nach der Anregung bei 405 nm und 470 nm korreliert. Diese Quotientenmessung ist unempfindlich gegenüber Temperaturschwankungen, Quenching oder Schwankungen der Ionenstärke und daher praktischer als das vorangegangene Beispiel mit Fluorescein-Derivaten.

Auch einige Cumarine lassen sich mit ähnlichen Vorteilen verwenden. Sowohl HPTS als auch 7-Hydroxycumarin-3-carboxylsäure (HCC) sind an Glasmembranen immobilisiert und an das Ende einer gegabelten optischen Faser montiert worden, so daß ein indirekter pH-Meßfühler entsteht [29]. Die Anregung bei zwei Wellenlängen ist aber nur dann sinnvoll, wenn das Signal relativ schwach ist. Für einen allgemeinen, „routinemäßigen" Einsatz ist die größere Komplexität bei der Kontrolle und Handhabung der Signale nachteilig. Auch für die Anregung von HCC bei 405 nm und 360 nm würde eine kostenintensivere optische Ausrüstung benötigt, die wegen der Anregung bei 360 nm auch für den nahen UV-Bereich geeignet sein müßte.

Insbesondere der HPTS-Sensor zeigt eine gute Stabilität und eine Genauigkeit von $\pm\,0{,}01$ pH-Einheiten im Bereich von 6,4 bis 7,5. Allerdings kann die Leistung bei Messungen in Blut nur erreicht werden, wenn der sensitive Bereich mit einer H^+-permeablen Membran wie beispielsweise Cellulose geschützt wird. Sie schützt die Sensoroberfläche vermutlich vor Proteinen; dies allerdings auf Kosten einer längeren Ansprechzeit.

Auch der Fluoreszenzindikator 4-Methylumbelliferon ist in pH-Sensoren verwendet worden. Es sind mehrere Sensoren beschrieben worden [30, 31]; da für diesen Indikator eine Anregung im UV-Bereich des Spektrums notwendig (318 nm) ist, finden Sensoren mit diesem Indikator keine Verwendung.

6.14.3 Einfluß der Ionenstärke auf die pH-Messung

Bei der Verwendung von Indikatoren zur pH-Überwachung taucht ein Problem häufig auf: der Einfluß der Ionenstärke auf den pK_a und die Messung selbst. Die Ionenstärke (Ion) läßt sich aus dem Verhalten zweier Fluoreszenzindikatoren mit unterschiedlichen Ladungen (z) berechnen [31]:

$$pK_a^{\mathrm{Ion}} = \frac{pK_a + 0,512\,(z_B^2 - z_{HB}^2)\,\mathrm{Ion}^{\frac{1}{2}}}{(1 + 1,6\,\mathrm{Ion}^{\frac{1}{2}})}$$

In der Praxis hängt diese Funktion der Ionenstärke für einen immobilisierten Indikator von der Mikroumgebung an der Immobilisierungsfläche ab [32]. 7-Hydroxycumarin-3-carboxylsäure (HCC) wird an einer porösen Glasoberfläche immobilisiert, so daß entweder restliche geladene NH_3^+-Gruppen an der Oberfläche verbleiben oder die geladenen Gruppen zu NH-Acetyl umgesetzt werden. Im ersten Fall ist jedes Indikatormolekül von 2–3 NH_3^+-Gruppen umgeben, so daß Bedingungen hoher Ionenstärke simuliert werden und die Oberfläche unempfindlich für Schwankungen der Ionenstärke in der Meßlösung wird.

Diese beiden Sensoren ergeben bei Kontakt mit der gleichen Probelösung unterschiedliche pH-Ablesewerte: der erste mißt unabhängig, der zweite abhängig von der Ionenstärke. Die Differenz zwischen den beiden Meßwerten entspricht der Differenz der pK_a-Werte und kann mit der Ionenstärke in der Probelösung nach der oben angegebenen Gleichung korreliert werden. In dieser Versuchsanordnung lassen sich also gleichzeitig pH-Wert und Ionenstärke bestimmen.

6.15 Ionenselektive Sonden

Ein allgemeines Problem bei Fluoreszenztests ist die Eigenlöschung (Quenching) durch gelöste Substanzen. Für viele Analysen ergibt sich allerdings gerade dadurch die Möglichkeit, den Analyten mit einem reversiblen Fluoreszenzindikator zu verbinden.

Die Kinetik der Fluoreszenzlöschung im angeregten Zustand des Indikators steht in Konkurrenz zur Kinetik des natürlichen Zerfallsprozesses. Das Quenching ist somit proportional zur Lebensdauer des angeregten Zustandes und zur Häufigkeit des Zusammenstoßes von Quencher und fluoreszierender Verbindung. Diese Häufigkeit wiederum ist proportional zur Konzentration des Quenchers. Die Beziehung wird mit der *Stern-Volmer-Gleichung* beschrieben:

$$\frac{I_0}{I} = 1 + K\,\mathrm{pO_2}$$

wobei I und I_0 die jeweilige Fluoreszenzintensität in Gegenwart und Abwesenheit von Sauerstoff sind, $\mathrm{pO_2}$ der Sauerstoffpartialdruck und K die gesamte Quenchingkonstante einschließlich der Geschwindigkeitskonstanten für alle Zerfallsarten. Diese Gleichung entspricht der oben abgeleiteten Beziehung für immobilisierte Indikatoren

$$\frac{C_{\mathrm{ind}}}{[\mathrm{Ind}]} = 1 + K\,[\mathrm{A}]$$

unter der Annahme, daß die Fluoreszenzintensität dem ungequenchten Reagenz proportional ist.

In einem Fluoreszenzlöschungssensor zum Nachweis von Halogeniden werden Acridin- und Chinolinverbindungen als fluoreszierende Reagenzien verwendet [33]. Die Indikatoren sind kovalent über Carbodiimid an einen Glasträger gebunden, wobei der zuerst genannte Indikator eine größere Empfindlichkeit besitzt. Die Wirksamkeit der Fluoreszenzlöschung bei beiden Fluorophoren nimmt mit der Reihe $\mathrm{I^-} > \mathrm{Br^-} > \mathrm{Cl^-}$ ab, wobei die Nachweisgrenze mit dem Acridinfarbstoff für $\mathrm{I^-}$ $0{,}15\,\mathrm{mmol\,L^{-1}}$ und für $\mathrm{Cl^-}$ $10\,\mathrm{mmol\,L^{-1}}$ beträgt.

Obwohl die Sonde nicht auf Nitrat, Phosphat, Sulfat oder Perchlorat reagiert, ist ihre Spezifität mangelhaft. Störend wirken verschiedene Anionen wie Cyanid, Cyanat und Thiocyanat, letzteres mit einer ähnlichen Effizienz wie sie mit Jodid zu beobachten ist. Die Sonde ist darum eigentlich nur in gut charakterisierten Anwendungsgebieten einsetzbar, wo diese Störreaktionen keine Rolle spielen. Eine breite Anwendung ist nicht abzusehen.

Bei der Entwicklung ionenselektiver Membranen konnten mit Kronenverbindungen ionenselektive Elektroden konstruiert werden, die hohe Selektivität für bestimmte Ionenverbindungen als Analyten aufweisen (Kap. 3). Die Kombination von einem Ionophor mit einer Farbstoffreaktion erlaubt die gleiche Bestimmung auf spektralphotometrischem Weg.

Für eine $\mathrm{Na^+}$-selektive optische Sonde [34] wurde das Ionophor (Ion) an lichtstreuendem Quarzpulver am Ende einer gegabelten Lichtleitfaser immobilisiert und das Ganze in eine Reagenzlösung getaucht, die in eine Dialysemembran eingeschlossen wurde. Der optische Marker in dieser Reagenzlösung ist das anionische Fluorophor Fluor(8-anilino-1-naphthalin-sulfonsäure). Es bildet mit dem immobilisierten Ionophor-Na^+-Komplex Ionenpaare, wobei die Fluoreszenzintensität dieses Komplexes ein Maß für die Konzentration an Alkalimetallionen ist. Die Fluoreszenz von überschüssigem Marker in der Reagenzphase wird durch die Ausbildung von Ionenpaaren mit einem kationischen Polyelektrolyt (Poly), dem Kupfer(II)-polyethylenimin als Quencher unterdrückt:

$$\text{Ion} + \text{Poly-Fluor}_{\text{Lsg}} \underset{}{\overset{Na^+}{\rightleftharpoons}} \text{Ion-}Na^+\text{-Fluor} + \text{Poly}_{\text{Lsg}}$$
$$\text{gequencht} \qquad\qquad\qquad \text{fluoreszierend}$$

Der Testansatz basiert also auf der Konkurrenz zwischen dem immobilisierten Ionophor-Na^+-Komplex und dem polymeren Quencher in der Lösung um das Fluorophor. Die Meßwerte werden von den jeweiligen Affinitätskonstanten der beiden Ionenpaarkomplexe bestimmt. Das Meßprinzip ist ähnlich dem in Kap. 8 und 9 beschriebenen Prinzip im Bioaffinitätstest.

Ein besser integriertes chromogenes Ionophor bildet eine durch Licht aktivierte, für K^+ selektive Kronenverbindung, die durch Reaktion von 2-Hydroxy-1,3-xylyl-18-Krone-5 mit dem Diazoniumsalz des 4-Nitroanilins synthetisiert wird [36]. Das modifizierte Ionophor wird am Ende einer optischen Faser immobilisiert. Die Nachweisgrenze für K^+ liegt bei 0,5 mmol L^{-1}, was den Anforderungen einer klinischen Anwendung entspricht. Voraussetzung ist allerdings, daß das Wirtsionophor so verbessert werden kann, daß eine bessere Selektivitätskonstante k_{K^+/Na^+} erreicht wird. Da die Natriumkonzentration im Serum etwa 30fach größer ist als die Kaliumkonzentration, ist für einen genauen Nachweis eine hohe Selektivität für K^+ erforderlich. Die Selektivität für K^+ ist bei diesem Ionophor etwa 6fach größer als für Na^+, d.h. das Hintergrundsignal durch Na^+ ist etwa 4mal so hoch wie das K^+-Signal.

Selbst für $k_{ab} \ll 1$ kann darum die Relevanz dieses Wertes nur eingeschätzt werden, wenn man Informationen über die jeweiligen Konzentrationen von „a" und „b" in der Umgebung der Messung berücksichtigt.

6.16 Optische Gas-Meßfühler

6.16.1 Kohlendioxidsonden

Optische CO_2-Sensoren arbeiten auf der gleichen Grundlage wie die CO_2-Elektrode (s. Kap.3), nämlich mit einem inneren pH-empfindlichen Element, das mit einer HCO_3^--Lösung in Kontakt steht und von einer CO_2-permeablen Membran umschlossen ist. Die Konzentration des gelösten CO_2 in der Bicarbonatschicht bestimmt den pH-Wert der Schicht. Da das pH-empfindliche

Element nicht in direktem Kontakt mit der Probelösung steht, können diese Sonden weniger empfindlich gegen Schwankungen im Probenmilieu sein. Theoretisch könnte mit jeder beliebigen optischen pH-Sonde mit geeignetem pH-Bereich eine CO_2-Sonde konstruiert werden, aber die Leistungsfähigkeit wird letztlich – wie allgemein bei Membran-ummantelten Sensoren – von der Optimierung der Membraneigenschaften abhängen, mit der maximale Selektivität für CO_2 und minimale Ansprechzeit erreicht werden soll.

6.16.2 Ammoniaksonden

Für eine Ammoniaksonde müssen ähnliche Kriterien erfüllt sein wie sie bereits für die CO_2-Sonde beschrieben wurden, nur kann hier ein höherer pH-Wert erwartet werden. Ein geeigneter Indikator ist *p*-Nitrophenol. Die nicht-protonierte Form dieses Farbstoffes absorbiert bei 404 nm. In einem Versuchsaufbau für einen optischen Sensor, der über einen weiten Bereich auf Ammoniak reagiert [36], werden zwei Fasern für Lichtquelle und Detektor verwendet, die miteinander kontaktieren und in eine Ammoniumchloridlösung eintauchen, die *p*-Nitrophenol enthält (Abb. 6.24). Das Licht wird zum Detektor durch Reflexion der einfallenden Strahlung an einer Teflonmembran unter den beiden Fasern zurückgeworfen. Die Effizienz der Detektion hängt von der genauen geometrischen Gestaltung der Zelle ab.

Weder in diesem Beispiel noch in dem oben beschriebenen Konzept für die CO_2-Sonde reagiert der Indikator direkt auf den Analyten, sondern die Reaktion beruht auf dem Dissoziationsgleichgewicht, in diesem Fall:

$$NH_3 + H^+ \rightleftharpoons NH_4^+ \qquad\qquad K_a^{am} = \frac{[NH_4^+]}{[NH_3]\,[H^+]}$$

Hierdurch wird eine pH-Änderung der inneren Lösung verursacht, die vom Indikator angezeigt wird.

Die oben ausgeführte Ableitung der Reaktion zwischen Analyt (A) und Indikator (Ind) kann durch Substitution des Analyten (A) (hier: $[H^+]$) aus der oben angegebenen Gleichung erweitert werden:

$$K_a^{Ind} = \frac{K_a^{am}\,[NH_3]\,[HInd]}{[NH_4^+]\,[Ind^-]}$$

$$= \frac{K_a^{am}\,(C_{Ind} - [Ind^-])[NH_3]}{[Ind]\,(C_{am} - [NH_3])}$$

Hieraus ergibt sich der „freie" Indikator $[Ind^-]$ als:

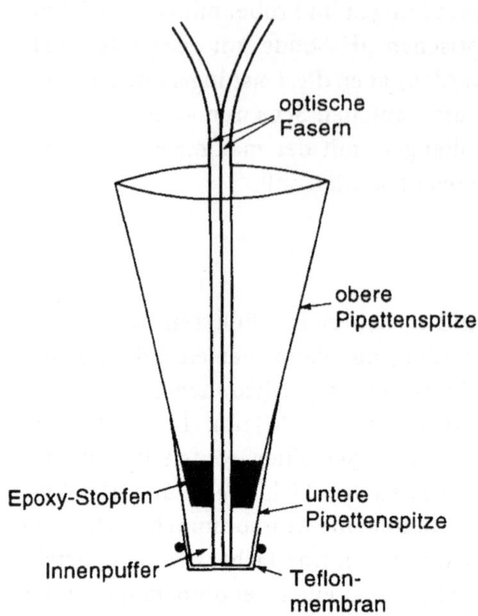

Abb. 6.24. Aufbau eines optischen NH_3-Fasersensors.

$$[\text{Ind}^-] = \frac{K_a^{am}\,[NH_3]\,C_{Ind}}{(K_a^{Ind}\,C_{am} - K_a^{Ind}\,[NH_3] + K_a^{am}\,[NH_3])}$$

Wenn $[NH_3] \ll C_{am}$ und $K_a^{Ind}\,[NH_3] < K_a^{Ind}\,C_{am}$ sind, vereinfacht sich die Beziehung zu:

$$[\text{Ind}^-] = \frac{K_a^{am}\,C_{Ind}\,[NH_3]}{K_a^{am}\,C_{Ind}}$$

so daß sich eine lineare Verknüpfung zwischen dem Partialdruck des Ammoniaks in der Probe und $[\text{Ind}^-]$ ergibt, also wie schon zuvor eine strenge Abhängigkeit von der Indikatorkonzentration.

In einem ganz anderen Ansatz [37] fungiert eine kapillare Röhre als Wellenleiter (Abb. 6.25). Sie wird durch Übersprühen mit einem Oxazinperchlorat-Farbstoff beschichtet. Dieser Farbstoff reagiert auf Ammoniak, indem seine Farbe rasch von Blau nach Rot wechselt. Die Absorption des Farbstoffes kann nach Bestrahlung mit einer LED bei 560 nm und mit einer Photodiode als Detektor zu der Ammoniakkonzentration in Relation gesetzt werden. Die untere Nachweisgrenze liegt im Bereich von 60 ppm. Dieser Versuchsaufbau ist ein Beispiel für einen intrinsischen optischen Sensor, in dem eine immobilisierte

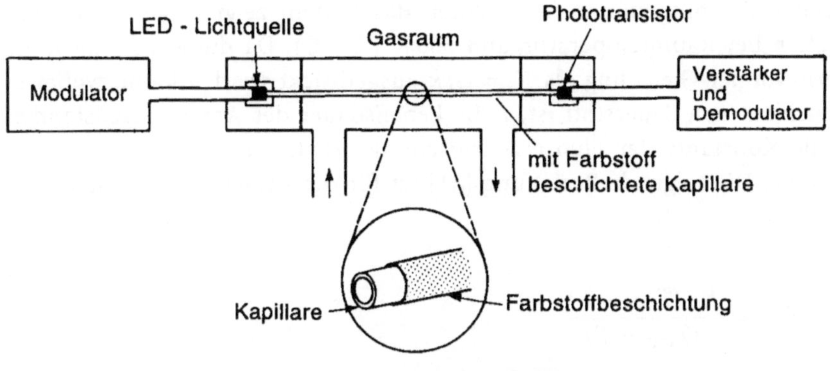

Abb. 6.25. Modifizierter optischer NH_3-Sensor mit kapillarem Wellenleiter.

Hilfsphase (in diesem Fall der Farbstoff) direkt mit dem Licht in Wechselwirkung tritt, das sich durch den Wellenleiter im evaneszierenden Feld ausbreitet.

6.16.3 Sauerstoffsonden

Für viele Aromaten ist Sauerstoff ein besonders effizienter Fluoreszenzlöscher. Dadurch steht eine Technik zur Verfügung, mit der Sauerstoff im Druckbereich von Millitorr nachgewiesen werden kann. Natürlich muß der Fluoreszenzindikator eine ausreichend lange Lebensdauer im angeregten Zustand haben, um mit Sauerstoff Wechselwirkungen eingehen zu können. Eine Auswahl unterschiedlicher Reagenzien ist untersucht worden; ein Beispiel [38] entspricht in der Konstruktion einer bereits beschriebenen pH-Sonde, wobei an dem polymeren Träger allerdings adsorbiertes Perylendibutyrat als Fluoreszenzindikator verwendet wird. Dieser Farbstoff geht bei 468 nm in den angeregten Zustand über, und die Fluoreszenz wird bei 514 nm bestimmt. Der Quotient I_0/I wird als $I_{<500\,nm}/I_{>500\,nm}$ bestimmt, d.h. als Quotient der Intensität im Blaubereich und im Grünbereich. Die Sonde reagiert im Bereich von 0-150 Torr auf Sauerstoff.

Auch Pyrenbuttersäure ist verwendet worden [39] [40]; hier muß allerdings mit Licht im UV-Bereich (342 nm) angeregt werden, so daß keine kostengünstigen optischen Fasern verwendet werden können. Dieser Indikator ist auch als fluoreszierende Schicht für die Verwendung bei erhöhter Temperatur (300-500 K; 27-227 °C) getestet worden, die für viele industrielle Anwendungen von

Interesse ist [41]. Das Ende eines Quarzwellenleiters wird mit einer Indikator-behandelten Siliconmembran beschichtet; das System zeigt vergleichbare Eigenschaften bei Raumtemperatur und 500 K (227 °C). Da die Konstante K in der Stern-Volmer-Gleichung als $K = \alpha \tau k$ ausgedrückt werden kann, wobei α die Löslichkeit von Sauerstoff ist, τ die Lebensdauer des Anregungszustandes und k die Konstante der Fluoreszenzlöschung, ist dieser Ausdruck temperaturabhängig. Die folgende Beziehung [41] ist für die Arbeitstemperatur korrigiert:

$$K_T = \frac{K_0 \, (T_{\text{crit}} + T)}{(T_{\text{crit}} - T)}$$

Wenn diese Korrektur gültig ist, können die Meßwerte bei Temperaturen deutlich unter C_{crit} im Prinzip auch für relativ große Abweichungen bei den Betriebstemperaturen korrigiert werden. In diesem Beispiel wurde C_{crit} experimentell als 700 K (427 °C) bestimmt, so daß ein Einsatz bis 500 K (227 °C) möglich ist.

Eine Alternative [42] besteht darin, im Test die Dauer der Fluoreszenz statt ihrer Intensität zu bestimmen. Die Stern-Volmer-Gleichung wird dann

$$\frac{\tau_0}{\tau} = 1 + K \, \text{pO}_2$$

wobei τ die Lebensdauer der Fluoreszenz ist. Der Ruthenium-Komplex Tris--(2,2'-bipyridyl)-ruthenium(II)-chlorid Hexahydrat zeigt eine relativ langlebige Fluoreszenz (>700 ns in Methanol, >1 μs in Ethanol) nach der Anregung bei 460 nm mit $\lambda_{\text{max}} = 610$ nm. Sauerstoff ist hierbei ein wirksamer Fluoreszenzlöscher. Liegt der Indikator an Kieselgel adsorbiert und in einer Siliconmembran eingeschlossen vor, so beträgt die Lebensdauer der Fluoreszenz in Abwesenheit von Sauerstoff 205 ns. Die Membran ist in einen O_2-Meßfühler mit einer blauen LED als Lichtquelle integriert; die Reaktion dieses Sensors mit Sauerstoff wurde hinsichtlich Intensität und Lebensdauer des Fluoreszenzsignals bestimmt. Die zweite Methode zeigt zwar einen erweiterten linearen Bereich, größere Bedeutung hat aber wohl die Langzeitstabilität. Da die Zerfallszeit von der Konzentration des Fluorophors unabhängig ist, zeigt die Sonde keine Drift durch Auswaschen oder Ausbleichen des Indikators.

Im Prinzip könnten Sensoren auch auf der Grundlage analytischer Reaktionen konstruiert werden, bei denen ein Reagenz durch die Reaktion verbraucht wird, auch wenn solche Geräte natürlich nur eine begrenzte Lebensdauer haben. Ein solcher sich verbrauchender Sensor [13] verwendet das chemolumineszierende Reagenz 1,1',3,3'-Tetraethyl-$\Delta^{2,2'}$bi(imidazolidin):

$$
\begin{array}{c}
CH_3 \qquad CH_3 \\
| \qquad\quad | \\
CH_2 \qquad CH_2 \\
| \qquad\quad | \\
CH_2\!-\!N \qquad N\!\!-\!\!-\!CH_2 \\
\diagdown \quad\; \diagup \qquad | \\
C\!=\!C \qquad\qquad |\quad +O_2 \longrightarrow \\
\diagup \quad\; \diagdown \qquad | \\
CH_2\!-\!N \qquad N\!\!-\!\!-\!CH_2 \\
| \qquad\quad | \\
CH_2 \qquad CH_2 \\
| \qquad\quad | \\
CH_3 \qquad CH_3
\end{array}
\qquad
2\;
\begin{array}{c}
CH_3 \\
| \\
CH_2 \\
| \\
CH_2\!-\!N \\
\diagdown \\
\quad O + h\nu \\
\diagup \\
CH_2\!-\!N \\
| \\
CH_2 \\
| \\
CH_3
\end{array}
$$

Sauerstoff diffundiert durch eine Membran aus einer Probe, die an der Meßzelle vorbeifließt. Diese Chemolumineszenz-Sauerstoffsonde ist zwar empfindlicher als die Standard-Sauerstoffelektrode nach Clark; sie kann aber nicht über längere Zeit verwendet werden, da sich ihre Reaktion wegen des Reagenzienverbrauches ändert.

6.16.4 Schwefeldioxidsonden

Sauerstoff ist für viele Fluoreszenzindikatoren ein effektiver Quencher. Die Quantenausbeute der Fluoreszenz mehrkerniger Kohlenwasserstoffe wie z.B. Benzo(b)-fluoranthen ist in Gegenwart von Sauerstoff erheblich reduziert. Dieses Fluorophor wird außerdem auch durch Schwefeldioxid gequencht und kann unter Sauerstoff-freien Testbedingungen – z.B. in Abgasen – zur Bestimmung von SO_2 verwendet werden. Die Nachweisgrenze liegt bei 84 ppm SO_2 [44]. Eine solche Sonde kann produziert werden, indem der Indikator vor der Polymerisation einer Vorstufe des Silicon-Polymeren zugesetzt wird und so eine fluoreszierende Membran gebildet wird, die wie beschrieben in eine optische Struktur montiert werden kann. Die Sonde reagiert auf SO_2, O_2 und halogenierte Kohlenwasserstoffe, aber nicht auf CO_2, CO oder CH_4.

6.17 Gedämpfte IR-Totalreflexion (ATR)

Bislang sind intrinsische optische Sensoren nur dann in Betracht gezogen worden, wenn sie im UV-Sichtbar-Bereich des Spektrums arbeiten. Im IR-Bereich geeignete Wellenleiter sind teuer im Vergleich zu den Kunststoffmaterialien, die für Licht kürzerer Wellenlängen verwendet werden können; dennoch ist die interne Totalreflexion zur Anregung verschiedener Schwingungsarten in oberflächenimmobilisierten Verbindungen eine attraktive Methode zur Untersuchung dünner Filme aus biologischem Material, da sie Aufschluß über die geometrische Anordnung gibt.

Eine frühe Studie zeigt beipielsweise, daß Konformationsänderungen bei der Wechselwirkung zwischen Hämoglobin und Arachidonsäure auftreten [45]. Auch Wechselwirkungen zwischen der Rezeptorsignal-Sequenz des λ-Phagen von *Escherichia coli* und einer Lipidphase sind mit dieser Methode aufgezeigt worden [46]. Bei Untersuchungen zur Wirkung eines lytischen Peptids konnten umfassende Konformationsänderungen durch die Schwingungsfrequenzen der symmetrischen CH_2-Valenzschwingungsarten erfaßt werden [47].

Arbeiten wie diese wurden zwar nicht im Hinblick auf mögliche analytische Anwendungen der IR-ATR unternommen, aber sie zeigen eine Empfindlichkeit und Selektivität dieser Methode für eine bestimmte Schwingungsfrequenz auf, die mit der UV-Sichtbar-Spektroskopie nicht zu erreichen sind. Selbst wenn die Methode der Fourier-Transformations-IR-Spektroskopie (FT-IR) gegenwärtig keine tragbaren Sensorgeräte in Aussicht stellt, hat die Entwicklung der IR-Interferogramme, wie sie für die direkte Analyse atmosphärischer Schadstoffe weiter oben beschrieben wurde, die prinzipiell mögliche Anwendung gezeigt. Die Aufnahme kompletter Spektren, wie sie für diese IR-ATR-Untersuchungen notwendig sind, erfordert jedoch eine wesentlich größere instrumentelle Ausrüstung, als sie für den engen Frequenzbereich eines Biosensors gebraucht wird. Die IR-ATR-Technik weist bereits viele der Merkmale auf, die auch für einen Biosensor gefordert werden, z.B. die integrierte Bauweise von signalgebendem Element und optischem Transducer. Eine Weiterentwicklung der Technik ist darum naheliegend.

6.18 Ellipsometrie

Das allgemeine Reflektanzverhalten eines einfallenden Lichtstrahls unterscheidet sich für den magnetischen und den elektrischen Feldanteil, TM bzw. TE (s. Abb. 6.15). Bei der H-Welle steigt die Reflektanz gleichmäßig vom Wert bei senkrechtem Einfall an, während die E-Welle ein Reflektanz-Minimum aufweist.

Ein einfallender Strahl mit gemischter TE- und TM-Polarisation wird bei der Reflexion darum elliptisch polarisiert. Die Intensität und die Polarisation des reflektierten Strahls können genaue Informationen über die Dicke und die Brechzahl von Schichten geben, die an der Grenzfläche, an der die Reflexion stattfindet, aufgelagert sind.

Diese Eigenschaften sind besonders für immunologische Messungen geeignet. Die Originalarbeit auf diesem Gebiet ist vor nahezu fünf Jahrzehnten entstanden [48], und seit den 50er Jahren ist die Methode für in situ-Messungen angewendet worden, um die Bildung biologischer Schichten an reflektierenden Grenzflächen zu untersuchen [49]. Verschiedene immunologische Systeme sind getestet worden; im allgemeinen wird das Antigen an der Grenzfläche immobilisiert, und Antikörper oder andere, nicht-spezifische Proteine bilden die Meßlösung.

Die Antigene sind an verschiedene reflektierende Trägermaterialien adsorbiert worden, und die Ergebnisse zeigen deutlich, daß der Träger bei der Interpretation der Messungen eine bedeutende Rolle spielt. Ein Beispiel ist Rinderserumalbumin (BSA), das an Nickel-beschichtete Glasträger bis zu einer Schichtdicke von 300 nm adsorbiert werden kann [50]. Diese Schicht wird durch Reaktion mit Anti-BSA auf 500 nm verstärkt. An Goldfilme kann BSA allerdings nur bis zu einer Schichtdicke von 60 nm adsorbiert werden, und die Reaktion mit Anti-BSA verstärkt die Schicht auf 70 nm [51]. Eine Chromgrenzfläche erlaubt eine Schichtdicke von 220 nm Albumin und die Bindung von Anti-Albumin bis zu einer 2700 nm starken Schicht [52]. Die räumliche Ausrichtung bei der Adsorption und das Ausmaß, in dem das Protein dabei denaturiert wird, spielen eine kritische Rolle, wenn die Messungen nur auf der absoluten Schichtdicke basieren. Die Spezifität der Messungen ist jedoch gesichert; spezifische Antikörper verursachen an einer Antigen-modifizierten Oberfläche eine Verstärkung der Schicht, die mindestens das Doppelte der Verstärkung durch nicht-spezifische Proteine beträgt [53].

Eine Verbesserung bei der Immobilisierung der Biokomponente an der Grenzfläche sollte einen sensitiven Immuntest möglich machen [54]. Für das humane Wachstumshormon konnte eine minimale Nachweisgrenze von 0,2 ng ml^{-1} erreicht werden. Für die Übernahme dieser Technik in Biosensoren bedeutet es allerdings eine starke Einschränkung, daß die Ausrüstung für die komplette ellipsometrische Messung komplex und teuer ist. Inzwischen sind aber mit Laserdioden als Lichtquellen und Photodioden als Detektoren auch miniaturisierte Systeme verfügbar.

Ähnliche diagnostische Informationen wie die klassische ellipsometrische Messung liefert ein „Einstrahl"-Interferometer mit einer Auflösung von 0,1 nm [55]. In diesem Interferometer werden eine doppelbrechende Linse und ein Mikroskopobjektiv verwendet, um die Brennebenen der beiden Polarisationen zu trennen. Die Oberflächenschicht mit dem Analyten liegt in einer der beiden Brennebenen, das anders polarisierte Licht liegt nicht in der Brennebene und wird von einer größeren Fläche reflektiert. Nach Reflexion und Rekombination wird die Phase der einen Komponente durch die Lage des fokussierten Punktes in bezug auf den nicht fokussierten Strahl bestimmt.

Diese und abgeleitete optische Oberflächentechniken sind ohne weiteres auf Biosensoren übertragbar. Ihre Entwicklung und Nutzung könnten sich neben den weiteren Fortschritten der notwendigen instrumentellen Ausrüstung als hervorragende Transducertechniken für Biosensoren erweisen [56–59].

6.19 Analyse der Lichtstreuung

Mit der dynamischen Lichtstreuung bei der Photonenkorrelationsspektroskopie (PCS) können Veränderungen der Lichtstreuung durch Makromoleküle in Brownscher Bewegung analysiert werden. Es ist eine Realzeit-Messung, die ohne Einfluß auf die Meßgrößen selbst eine genaue Bestimmung des Diffusionskoeffizienten und – bei globulären Proteinen – des Molekulargewichtes zuläßt. Die Technik kann z.B. in Durchflußsystemen zur Bestimmung von Eluaten aus der Säulenchromatographie angewendet werden [60]. Im Vergleich zum UV-Nachweis bei der Elution von Proteingemischen, mit dem man keine Hinweise auf die Natur des Eluats erhält, kann mit der PCS-Technik der hydrodynamische Durchmesser jeder einzelnen Substanz im Eluat bestimmt werden, und in Verbindung mit der Intensitätsmessung sollte auch die Anzeige der Konzentration der eluierten Substanz möglich sein.

Weitere Anwendungen dieser Technik sind möglich; z.B. kann bei Protein-Wechselwirkungen eine Änderung der Molekülgröße verfolgt werden (z.B. eine Antikörper-Antigen-Reaktion). Die allgemeine Anwendung als Routinemethode zur Analyse ist jedoch nicht zu erwarten, da PCS üblicherweise HeNe- oder Argonlaser und aufwendige Meßeinrichtungen benötigt. Ersatz für diese nicht-transportablen Bauteile könnte jedoch die Verwendung von Festkörper-Laserdioden, optischen Monomodenfasern und Lawinendioden bieten [61]. Damit können tragbare Geräte konstruiert werden, die mit Lithium-Batterien arbeiten. Sie sind kostengünstig, von hoher Qualität, klein und bereits in der Analyse von Eluaten erprobt. Es ist absehbar, daß sie den Einsatz der PCS-Technik – oder auch jeder anderen optischen Technik mit diesen Bauteilen – als diagnostisches Werkzeug weiter vorantreiben.

6.20 Das Potential optischer Biosensoren

Theoretisch ließe sich jeder in diesem Kapitel beschriebene biologische Test in eine faseroptische Konstruktion umwandeln. Die Möglichkeiten sind durchaus nicht auf den UV-Sichtbar-Bereich des Spektrums und auf die Verwendung sekundärer photometrischer Marker beschränkt, sondern können auf Schwingungsabsorption, lichtstreuende Phänomene und Oberflächenplasmoneffekte ausgedehnt werden. Alle diese Effekte können unmittelbar mit der Biokomponente in Verbindung gebracht werden, die innerhalb des evaneszierenden Feldes immobilisiert ist und mit dem Analyten wechselwirkt.

Optische Anregungstechniken zur Untersuchung von immobilisierten Substanzen an einer Grenzfläche sind für viele Anwendungsgebiete eingesetzt worden, sowohl für biologische als auch für nicht-biologische. Im Hinblick auf die Anforderungen, die an einen Biosensor gestellt werden, können alle diese Analysemethoden an Grenzflächen für ihre zukünftige – und gegenwärtige – Entwicklung von Bedeutung sein. Die optische Anregung einer Grenzfläche und ihre Detektion könnten auch für ein Konzept zur Realisation eines optischen Biosensors herangezogen werden. Die Diskussion dieser Möglichkeit gehört in den zweiten Teil dieses Buches und wird dort fortgeführt.

Literatur

[1]   Weichselbaum TE (1946) Am. J. Clin. Pathol. 7:40
[2]   Dubowski KM (1962) Clin. Chem. 8:215
[3]   Trinder P (1969) J. Clin. Pathol. 22:246
[4]   Wroblewski F, LaDue JS (1955) Proc. Soc. Exper. Biol. Med. 90:210
[5]   Deutsche Gesellschaft für Klinische Chemie (1972) Z. Klin. Chem. Clin. Biochem. 10
[6]   Wroblewski F, LaDue JS (1956) Proc. Soc. Exper. Biol. Med. 91:569
[7]   Lundin A (1982) in: Serio M, Pazzagli M (eds) Luminescent Assays: Perspectives in Endocrinology and Clinical Chemistry. Raven, New York, Ml p.29
[8]   Stanley PE (1978) in: Johnson P, Crook M (eds) Liquid Scintillation Counting 5. Heyden, London, p.79
[9]   Wannlund J, Egghart H, DeLuca M (1982) in: Serio M, Pazzagli M (eds) Luminescent Assays: Perspectives in Endocrinology and Clinical Chemistry 1. Raven, New York, p.125
[10]   Albrecht S, Brandl H, Adam W (1990) ChiuZ 5:227
[11]   Schroeder HR, Vogelhut PO, Carrico RJ, Boguslaski RC, Buckler RT (1976) Anal. Chem. 48:1933
[12]   Campbell AK, Patel A (1983) Biochem. J. 216:185
[13]   Schimazaki K, Sagahara K (1980) Plant Cell Physiol. 21:125
[14]   Critchley C, Smillic RM (1981) Austral. J. Plant Physiol. 8:133
[15]   Voss M, Renger G, Kötter C, Gräber P (1984) Weed Sci. 32:675
[16]   Hösli P, Avrameas S, Ullmann A, Vogt E, Rodrigot M (1978) Clin. Chem. 24:1325
[17]   Ullmann EF, Schwarzberg M, Rubenstein K (1976) J. Biol. Chem. 251:4172
[18]   Miyazawa T, Blout ER (1961) J. Am. Chem. Soc. 83:712
[19]   Small GW, Kroutil RT, Ditillo JT, Loerop WR (1988) Anal. Chem. 60:264
[20]   Campion A, Woodruff WH (1987) Anal. Chem. 59:1305A
[21]   Babcock GT, Jean JM, Johnston CN, Palmer G, Woodruff WH (1984) J. Am. Chem. Soc. 106:8305
[22]   Tien PK (1971) Appl. Opt. 10:2395

[23] Peterson JI, Goldstein SR, Fitzgerald RV, Buckhold DK (1980) Anal. Chem. 52:864

[24] Grattan KTV, Mouaziz Z, Palmer AW (1987/88) Biosensors 3:17

[25] Saari LA, Seitz WR (1982) Anal. Chem. 54:821

[26] Fuh SMR, Burgess LW, Hirschfeld T, Christian GD (1987) Analyst 122:1159

[27] Wolfbeis OS, Fuerlinger E, Kroneis H, Marsoner H (1983) Fres. Z. Anal. Chem. 314:119

[28] Zhujun Z, Seitz WR (1984) Anal. Chim. Acta 160:47

[29] Offenbacher H, Wolfbeis OS, Fuerlinger E (1986) Sensors and Actuators 9:73

[30] Opitz N, Lübbers DW (1983) Sensors and Actuators 4:473

[31] Lübbers DW, Opitz N (1983) Proc. Int. Meeting on Chem. Sensors Japan p.609, Elsevier Amsterdam

[32] Wolfbeis OS, Offenbacher H (1986) Sensors and Actuators 9:85

[33] Urbano E, Offenbacher H, Wolfbeis OS (1984) Anal. Chem. 56:427

[34] Zhujun Z, Mullin JL, Seitz WR (1986) Anal. Chim. Acta 184:251

[35] Alder JF, Ashworth DC, Narayanaswamy R, Moss RE, Sutherland IO (1987) Analyst 112:1191

[36] Arnold MA, Ostler TJ (1986) Anal. Chem. 58:1137

[37] Giuliani JF, Wohltjen H, Javis NL (1983) Optics Letters 8:54

[38] Peterson JL, Fitzgerald RV, Buckhold DK (1984) Anal. Chem. 56:62

[39] Lübbers DW, Opitz N (1975) Z. Naturforsch. (C) Biosci. 30C:532

[40] Wolfbeis OS, Offenbacher H, Kroneis H, Marsoner H (1984) Mikrochim. Acta p.153

[41] Opitz N, Graf HJ, Lübbers DW (1988) Sensors and Actuators 13:159

[42] Lippitsch ME, Pusterhofer J, Leiner MJP, Wolfbeis OS (1988) Anal. Chim. Acta 205:1

[43] Freeman TM, Seitz WR (1981) Anal. Chem. 53:98

[44] Wolfbeis OS, Sharma A (1988) Anal. Chim. Acta 208:55

[45] Fromherz P, Peters J, Muldner HG, Offing W (1972) Biochem. Biophys. Acta 274:644

[46] Briggs MS, Cornell DG, Dluhy RA, Gierasch LM (1986) Science 233:206

[47] Brauner A, Boeufgra JM, Jacobson SH, Kaijser B, Kaueniu G, Svenson SB, Wretlind B (1987) J. Gen. Microbiol. 133:2825

[48] Rothen A (1947) J. Biol. Chem. 168:75

[49] Trurnit HJ (1953) Arch. Biochem. Biophys. 48:176

[50] Giaever I (1974) Bull. Am. Phys. Soc. 19:564

[51] Azzam RMA, Rigby PG, Krueger JA (1977) Phys. Med. Biol. 22:422

[52] Cuypers PA, Hermens WT, Hemker HC (1978) Anal. Biochem. 84:56

[53] Poste G, Moss C (1972) The Study of Surface Reactions in Biological Systems by Ellipsometry. Pergamon Press, New York, p.206

[54] Rothen A, Mathot C, Thiele EH (1969) Experientia 25:420
[55] Downs MJ, McGivern WH, Ferguson HJ (1985) Precision Engineering 7:211
[56] Heideman RG, Kooyman RPH, Greve J (1991) Sensors and Actuators B 4:297
[57] Heideman RG, Kooyman RPH, Greve J (1993) Sensors and Actuators B 10:209
[58] Heideman RG, Kooyman RPH, Greve J (1994) Biosens. Bioelectr. 9:33
[59] Stamm C, Lukosz W (1994) Sensors and Actuators B 18-19:183
[60] Carr RJG, Rarity JG, Stansfield AG, Brown RGW, Clark DJ, Atkinson T (1988) Anal. Biochem.
[61] Brown RGW (1988) in: Abbiss JB, Smart AE (eds) PhotonCorrelation Techniques and Applications. American Institute of Physics

Teil II

Biosensoren in der Praxis

7. Sensoren mit ganzen Zellen und Geweben

7.1 Elektrochemische Meßprinzipien

Die bisher betrachteten Erkennungssysteme, die für die Verwendung in Sensoren gedacht sind, waren entweder Einzelmoleküle oder Molekülkomplexe. In diesem Kapitel soll es um komplexere Erkennungssysteme in Form von ganzen Zellen, Geweben und Organismen gehen. Die weiteren Kapitel werden dann mehr auf die Verwendung isolierter Zellbestandteile eingehen. Vor allem Entwicklungen der Elektrochemie trugen wesentlich dazu bei, Sensoren mit fixierten ganzen Zellen zu konstruieren; mikrobielle Sensoren weisen dabei einen wirtschaftlichen Vorteil auf, weil die Zellen billiger gewonnen werden können als einzelne Zellkomponenten. Häufig ist auch die Aktivität ganzer Zellen weniger anfällig gegenüber gelegentlichen Schwankungen der Umgebungsbedingungen als die isolierten Enzyme; dies kann zu einer längeren Lebensdauer mikrobieller Sensoren beitragen. Andererseits haben Systeme mit ganzen Zellen in der Regel eine längere Ansprechzeit als solche auf Enzymbasis. Dies hängt wahrscheinlich mit dem zusätzlichen Schritt des Transports durch die Zellwand zusammen.

Ist das aktive Erkennungssystem ein Enzym, so läßt sich der Aufbau eines elektrochemischen Biosensors mit einem allgemeinen Modell beschreiben. Es gilt unabhängig davon, ob in dem Sensor ganze Zellen oder Zellbestandteile verwendet werden. Im einfachsten Fall folgt die Kinetik des Enzyms dem folgenden Zusammenhang:

$$S + Enz \underset{k_{-1}}{\overset{k_1}{\rightleftharpoons}} SEnz \underset{k_{-2}}{\overset{k_2}{\rightleftharpoons}} PEnz \underset{k_{-3}}{\overset{k_3}{\rightleftharpoons}} P + Enz$$

Ist das Enzym in einer Schicht unmittelbar an der Elektrode immobilisiert (Abb. 7.1a), so ist der Massentransport für S und P durch die Grenzschicht zwischen Membran und Lösung und durch die Membran selbst durch die Verteilungskoeffizienten bzw. den Diffusionskoeffizienten der Membran gegeben. In einem solchen Sensor kann S durch die Messung von P erfaßt werden, beispielsweise mit einer potentiometrischen Elektrode, wobei hauptsächlich die Diffusion von P in die umgebende Lösung für die Erschöpfung des Systems verantwortlich ist. Handelt es sich um ein Redoxenzym, verursacht die Umsetzung von S zu P eine entsprechende Änderung des Redoxzustandes des Enzyms von Enz zu Enz'. Es gibt verschiedene natürlich vorkommende Elektronentransfer-

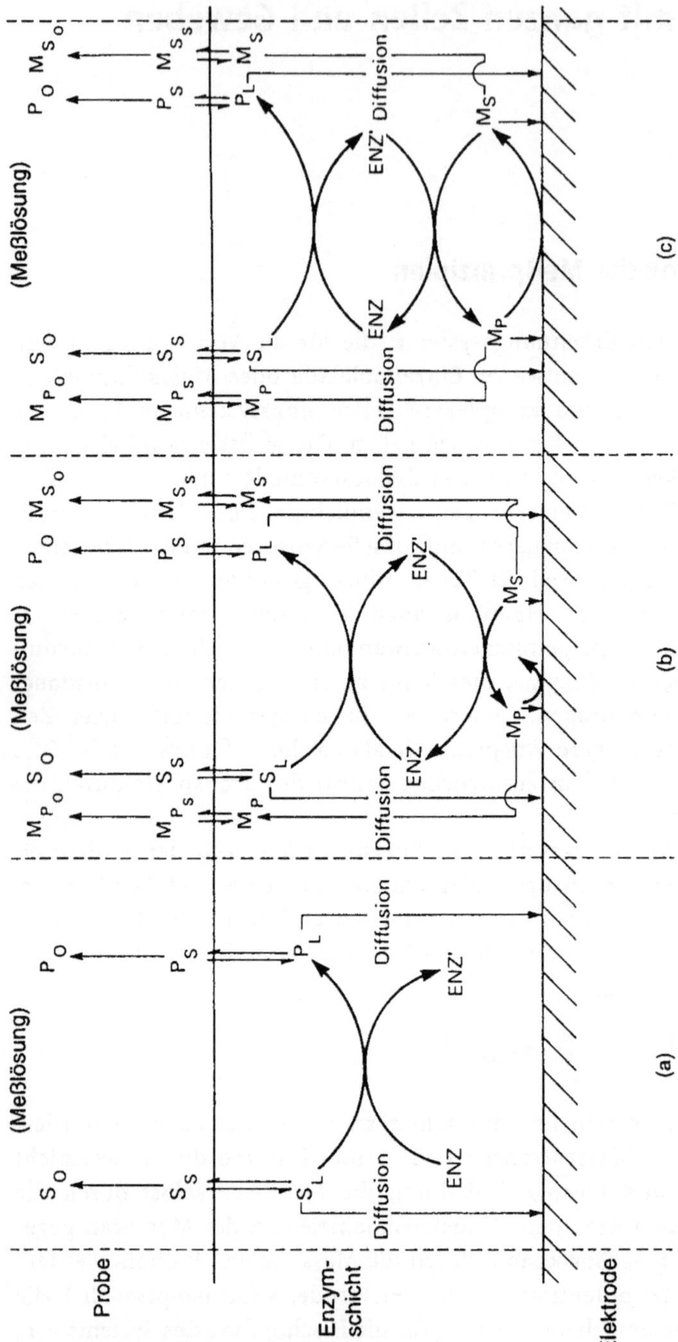

Abb. 7.1. Modelle für den Stofftransport durch die Enzymschicht in verschiedenen Enzymelektroden.

Systeme (allgemein auch als Mediatoren M bezeichnet), die den ursprünglichen Redoxzustand des Enzyms wiederherstellen und Enz' in Enz zurückführen, dabei selbst von M_S in M_P übergehen (Abb. 7.1b):

$$S + Enz \rightleftharpoons P + Enz'$$

$$M_S + Enz' \rightleftharpoons M_P + Enz$$

Hierbei muß ebenfalls der Massenübergang M_S zu M_P berücksichtigt werden. Die Bestimmung von S kann nun in Relation zu P, M_S oder M_P gesetzt werden. Wenn im letzteren Fall M_S oder M_P amperometrisch bestimmt werden, werden sie durch die Messung selbst verbraucht; dies und die Diffusion in die umgebende Lösung sind für ihren Verbrauch verantwortlich.

Wird als Enzym beispielsweise eine Oxidase eingesetzt, die O_2 als Mediator verwendet, ergibt der Elektronenübergang

$$
\begin{array}{ccc}
\begin{array}{ccc} M_S & \longrightarrow & M_P \\[-2pt] & \times & \\[-2pt] Enz' & \longrightarrow & Enz \end{array}
& \equiv &
\begin{array}{ccc} O_2 & \longrightarrow & H_2O_2 \\[-2pt] & \times & \\[-2pt] Enz_{(red)} & \longrightarrow & Enz_{(ox)} \end{array}
\end{array}
$$

so daß der Test über eine Peroxidmessung an der Elektrode durchgeführt werden kann. Dabei wird Peroxid verbraucht:

$$H_2O_2 - 2e^- \rightarrow 2H^+ + O_2$$

Künstliche Mediatoren zur Regenerierung des Enzyms (Abb. 7.1c) sollten im Idealfall zusammen mit dem Enzym in einer Schicht unmittelbar auf der Elektrode immobilisiert werden. Ist dies gewährleistet, und können weder M_S noch M_P in die umgebende Lösung diffundieren, wird der Verbrauch von M_P nur durch den Elektronenübergang an der Elektrode verursacht, durch den M_S regeneriert wird:

$$S + Enz \rightleftharpoons P + Enz'$$

$$M_S + Enz' \rightleftharpoons M_P + Enz$$

$$M_P \rightleftharpoons M_S \text{ (an der Elektrode)}$$

Die kinetischen Eigenschaften all dieser verschiedenen Gleichgewichte, die an dem jeweiligen Sensorsystem beteiligt sind, tragen zu dem Antwortsignal bei, das bei der Messung erfaßt werden soll.

Wie bei allen Biosensor-Typen ergeben sich für Sensorsysteme mit fixierten ganzen Zellen im wesentlichen die folgenden Probleme:

- die biologische Komponente zu immobilisieren,
- einen physikochemischen Parameter zu finden und zu identifizieren, der meßbar ist und die Konzentration des Analyten widergibt,
- ausreichende Selektivität und Empfindlichkeit der Messung des betreffenden Analyten zu erzielen.

Zur Immobilisierung ganzer Zellen werden häufig Matrizes aus Polysacchariden (z.B. Alginate) oder Proteinen verwendet. Eine bessere Adhäsion an Metalloberflächen, wie sie für die Chiptechnologie oft erforderlich ist, kann mit einem Latexfilm erreicht werden [1].

Über Mediatoren kann die zelluläre Reaktion selbst erfaßt werden – diese Möglichkeit wird später behandelt –, die überwiegende Mehrzahl von Biosensoren auf der Basis ganzer Zellen beruht jedoch auf der sekundären Messung von geeigneten niedermolekularen Bausteinen mit amperometrischen oder potentiometrischen Elektroden.

7.2 Amperometrische Sensoren mit ganzen Zellen

7.2.1 Mikrobielle Biosensoren

Ethanol. Der erste Sensor mit ganzen Zellen wurde 1975 entwickelt (Tab. 7.1) und diente zur Bestimmung von Ethanol [2]. In dem Sensor wurde ein Bakterium verwendet, das Ethanol als Substrat verwertet; die Alkoholkonzentration wurde über die Atmungsaktivität bestimmt. Dazu wurde das Bakterium *Acetobacter xylinium* an einer amperometrischen Sauerstoffelektrode immobilisiert (s. Kap. 5) und der Sauerstoffverbrauch durch die Bakterien zur Alkoholkonzentration in Beziehung gesetzt:

$$\text{Ethanol} + O_2 \longrightarrow \text{Essigsäure} + H_2O$$

Ein ähnlicher Sensor zur Ethanolbestimmung mit dem Bakterium *Trichosporon brassica* kam in Japan in den Handel [3–5]. Der Mikroorganismus wurde zwischen zwei gasdurchlässige Membranen an der Spitze einer Sauerstoffelektrode immobilisiert (Abb. 7.2). Störungen durch nicht-flüchtige Nährstoffe wie Glucose oder Phosphat wurden durch die äußere gasdurchlässige Membran verhindert.

Essigsäure. In Kulturmedien von Hefen mit einem pH > 6 spricht der Sensor nicht auf andere flüchtige Stoffe wie Essigsäure, Propionsäure, Ameisensäure oder Methanol an. Arbeitet der Sensor allerdings bei einem pH-Wert deutlich unter dem pK_a-Wert für Essigsäure (pH 4,75 bei 30 °C), so liegt das Gleichgewicht der Gleichung

$$CH_3COOH + H_2O \rightleftharpoons CH_3COO^- + H_3O^+$$

deutlich auf der linken Seite, und die – für Acetationen undurchlässige – Membran erlaubt die Messung von Essigsäure im Bereich von 5-72 mg L^{-1}.

Unter diesen Bedingungen ist dieser Sensor zwar auch für Propionsäure, n-Buttersäure und natürlich Ethanol sensitiv; aber beispielsweise bei der Pro-

Tabelle 7.1. Beispiele für amperometrische Sensoren mit ganzen Zellen als Biokomponente.

Analyt	Immobilisierte Biokomponente
Ethanol	*Acetobacter xylinum*
	Trichosporon brassicae
Essigsäure	*Trichosporon brassicae*
Methanol	nichtidentifizierte Bakterien
Glucose	*Pseudomonas fluorescens*
Gesamtzucker	*Brevibacterium lactofermentum*
Vitamin B_1	*Lactobacillus fermentum*
Stickstoffdioxid	nitrifizierende Bakterien, *Nitrobacter* sp.
Ammoniak	*Nitrosomonas europaea / Nitrobacter* sp.
	(nitrifizierende Bakterien)
Methan	*Methylomonas flagellata*
Mutagene	*Bacillus subtilis* rec$^-$
	Salmonella typhimurium TA 100
BSB	*Clostridium butyricum*
	Trichosporon cutaneum
Peroxid	Rinderleber
Dopamin	Fruchtfleisch aus Bananen
Tyrosin	Zuckerrübe
Cholesterol	*Nocardia erythropolis*

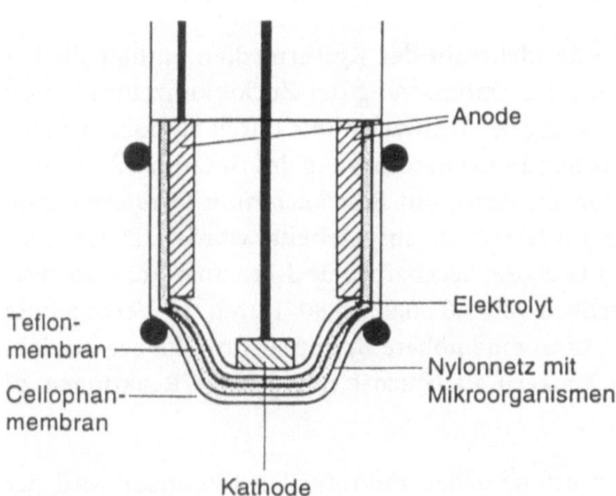

Abb. 7.2. Aufbau eines Sensors mit Mikroorganismen als Biokomponente. Meßelektrode ist eine O_2-Elektrode.

duktion von Glutaminsäure aus Essigsäure sind die Konzentrationen dieser Verbindungen in dem Kulturmedium zu gering, als daß die Messung beeinflußt würde. Tatsächlich ist die Anwendung dieser Meßmethode in Hefekulturen von besonderem Interesse: Die Optimierung der Essigsäurekonzentration ist ein kritischer Punkt beim Wachstum, wenn die Zellen auf Essigsäure als Kohlenstoffquelle wachsen, weil ein Überschuß an Essigsäure ihr Wachstum inhibiert.

In diesen beiden Sensoren war die Konzentration des Analyten korreliert mit der Abnahme des gelösten Sauerstoffs in der Elektrolytschicht in unmittelbarer Nähe der Elektrode (Abb. 7.3), damit also auch korreliert mit der Abnahme des Elektrodenstroms, der durch Sauerstoff bewirkt wird. Bei Gleichgewichtsmessungen kann es mehr als 10 min dauern, bis man einen Meßwert bekommt. Wendet man aber Standardbedingungen an, so muß man die Einstellung des Gleichgewichtes nicht abwarten und kann so, in Verbindung mit einer Kurvenanalytik, diese Zeit beträchtlich verkürzen.

Diese Beispiele verdeutlichen ein wichtiges Kriterium bei der Konzeption eines Biosensors: Biosensoren müssen für eine bestimmte Anwendung spezifisch sein. Beide Sensoren sind inzwischen in Japan auf dem Markt; aber sie sind wie die meisten Sensoren mit ganzen Zellen weniger spezifisch als isolierte Enzyme. Sie sind allerdings ausreichend spezifisch für den gewünschten Analyten unter den Arbeitsbedingungen, für die sie entwickelt wurden. Die Einführung der zusätzlichen Variablen „Arbeitsbedingungen" ist notwendig, um die Leistungsfähigkeit eines Biosensors abschätzen zu können.

Gesamtzucker. Die überwiegende Mehrzahl der Kulturmedien enthält Zucker als wichtigste Kohlenstoffquelle. Die Optimierung der Zuckerkonzentration ist notwendig, um eine Unterdrückung des Zellwachstums durch zu hohe osmotische Werte zu verhindern. Eine Sonde zur Bestimmung des Gesamtzuckergehaltes ist in der bereits beschriebenen Weise mit *Brevibacterium lactofermentum* in Verbindung mit einer Sauerstoffelektrode ausgearbeitet worden. Dieser Sensor spricht gleichermaßen auf Glucose, Saccharose und Fructose an, und zwar mit einer relativen Empfindlichkeit von 1,0 : 0,92 : 0,80. Durch die Verwendung von *Pseudomonas fluorescens* kann eine höhere Spezifität für Glucose erreicht werden, so daß mit anderen Zuckern als Glucose nur geringe Reaktionen zu verzeichnen sind.

Vitamin B$_1$ und B$_{12}$. In einem erfolgreichen mikrobiellen Biosensor wird der Organismus an den zu bestimmenden Analyten angepaßt. Ein Screening unter leicht verfügbaren Mikroorganismen ergab, daß Bäckerhefe ausgezeichnet für die Bestimmung von Thiamin (Vitamin B$_1$) geeignet ist [6]. Dieser Test beruht darauf, daß ein getrocknetes Hefepräparat in einem Glucose-haltigen Medium ohne Thiamin zwar wächst, daß das Wachstum in Gegenwart von

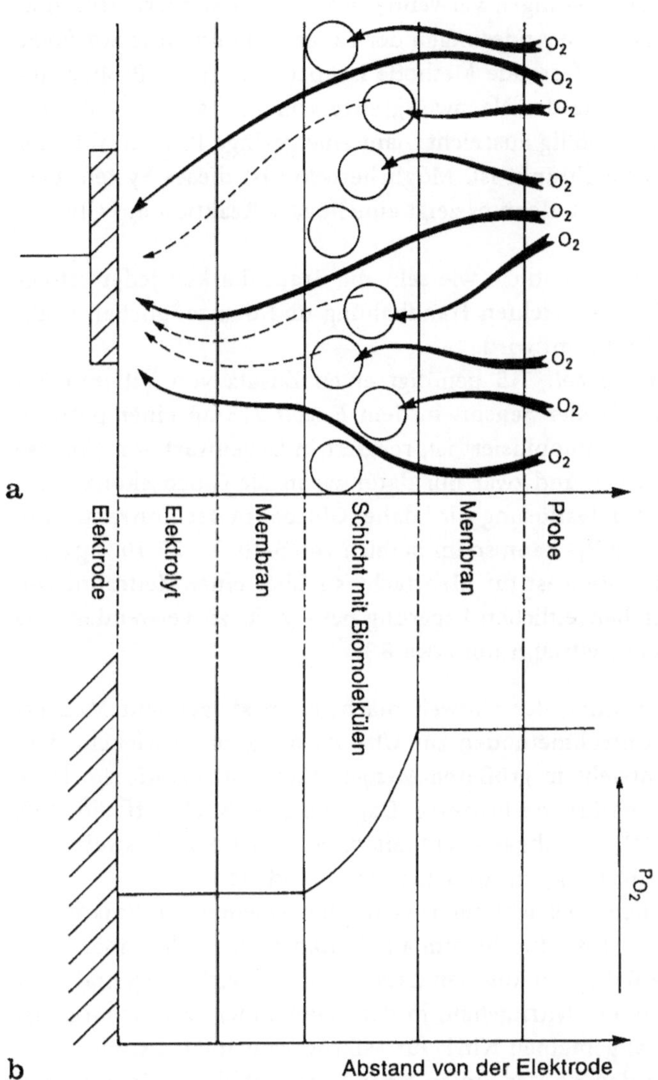

Abb. 7.3. a Wirkungsweise eines mikrobiellen Sensors mit einer O_2-Elektrode, **b** typisches Konzentrationsprofil durch die Schichten eines mikrobiellen Sensors.

Thiamin aber beträchtlich verbessert und damit auch die Sauerstoffaufnahme entsprechend erhöht wird. Die Mikroorganismen wurden auf einem Nylonnetz immobilisiert und durch unlösliches Calciumalginat stabilisiert. Die Atmungsaktivität der Mikroorganismen in einem Glucose-Standardmedium wird vor und nach Thiaminzusatz verfolgt. Bei diesem Verfahren kann allerdings die Membran nur für Einmalmessungen verwendet werden, da wiederholte Thiaminzusätze nur noch geringere Änderungen der Sauerstoffaufnahme zur Folge haben. Diese zwei Stufen umfassende Methode ist nicht für große Probenzahlen geeignet, so daß sie trotz der Nachweisgrenze von $10^{-8}\,\mathrm{g\,ml^{-1}}$ – die für die meisten Anwendungen völlig ausreicht – auf eine geringe Probenzahl oder sogar nur Einzelproben beschränkt ist. Möglicherweise ist dieses System besser als Glucosesensor geeignet, denn es zeigt eine lineare Reaktion auf Glucose noch unter $15\,\mathrm{mmol\,L^{-1}}$.

An diesem Beispiel wird deutlich, wie sehr die Brauchbarkeit jeder erfolgreichen Entwicklung von der leichten Handhabung und den möglichen praktischen Anwendungen bestimmt wird.

Der Stamm *Escherichia coli* 215 benötigt einen Zusatz von Vitamin B_{12} zum Wachsen. Ein mikrobieller Sensor, in dem *E. coli* 215 an einer porösen Acetylcellulose-Membran immobilisiert ist, reagiert in Gegenwart von Glucose verstärkt auf Cobalamin [7], und zwar nur dann, wenn die Glucosekonzentrationen über 1 % liegen. Zur Testlösung wird daher Glucose in der Konzentration von 1 % zugesetzt. Vitamin B_{12} kann so im Bereich von $5 \cdot 10^{-9}$ – $25 \cdot 10^{-9}\,\mathrm{g\,ml^{-1}}$ bestimmt werden. Das System ist für Mehrfachtests über einen Zeitraum von 25 Tagen bei einer zwischenzeitlichen Lagerung bei $-25\,°C$ zu verwenden. Die Reaktion sinkt in diesem Zeitraum um etwa 8 %.

Stickstoffoxide. Die Belastung der Umwelt macht es in steigendem Maß erforderlich, geeignete Kontrollmethoden zur Überwachung zu entwickeln. Von den Stickstoffoxiden entsteht in größeren Mengen nur Distickstoffoxid, N_2O, im wesentlichen durch natürliche Prozesse. Dagegen sind Stickstoffoxid, NO, und Stickstoffdioxid, NO_2, in Abgasen enthalten. NO wird beispielsweise mit den Auspuffgasen emittiert und zu toxischem NO_2 oxidiert.

Eine der wirtschaftlich vielleicht interessantesten Quellen für Biokomponenten von Biosensoren ist Belebtschlamm aus Kläranlagen. Nicht näher identifizierte nitrifizierende Bakterien konnten daraus isoliert werden [8], und zwar aus einer Kultur mit hohem Nitritgehalt, in der keine anderen Mikroorganismen vorkamen, da im allgemeinen Nitrit für Mikroorganismen toxisch ist.

Diese Bakterien wurden an der Spitze einer Sauerstoffelektrode auf einer porösen Membran aus Acetylcellulose immobilisiert, die zwischen zwei gasdurchlässigen Teflonmembranen eingeschlossen ist. Der NO_2-Test mit Hilfe dieser Bakterien beruht auf der Entstehung von Nitritionen in wäßrigen Medien:

$$2\,NO_2 \;\rightleftharpoons\; N_2O_4$$

$$N_2O_4 + H_2O \;\rightleftharpoons\; HNO_2 + HNO_3$$

$$2\,NO_2^- + O_2 \;\xrightarrow{\text{Nitrit–oxidierende Bakterien}}\; 2\,NO_3^-$$

Die NO_2-Konzentration kann zur Sauerstoffkonzentration in Beziehung gesetzt werden, die von der Sauerstoffelektrode gemessen wird – natürlich nur, solange eine ausreichende Menge von Bakterien in der „biologischen Schicht" immobilisiert vorhanden ist. Um höchste Empfindlichkeit des Sensors zu erreichen, müssen der pH-Wert und die Temperatur optimiert werden. Wie zu erwarten, hängt die Empfindlichkeit dieses Systems von der Permeation des NO_2 durch die gasdurchlässige Membran hindurch bis zur „biologischen Schicht" ab (Abb. 7.4) sowie vom pH-Wert und der Temperatur, die für eine maximale Aktivität der Mikroorganismen jeweils optimiert werden müssen. Der Sensor zeigt bis 30 °C steigende, bei weiterer Temperaturerhöhung jedoch abfallende Reaktionen, verursacht durch die entsprechende Aktivitätskurve der Bakterien. Der gleiche Effekt zeigte sich bei pH-Werten unter pH 8,5, so daß die interne Pufferlösung bei hohem pH gehalten werden muß. Allerdings ist die Permeation des NO_2 durch die gasdurchlässige Membran, die die Biokomponente fixiert, am größten bei niedrigem pH. Diese beiden gegenläufigen Anforderungen werden erfüllt, indem eine äußere Pufferlösung mit einem pH-Wert von 2 verwendet wird, was die Entstehung von Nitritionen verhindert (Abb. 7.4).

Ammoniak. Das Testsystem für NO_2 kann durch die Verbindung mit einem zweiten Mikroorganismus zu einem Testsystem für Ammoniak erweitert werden [9]:

$$2\,NH_3 + 3\,O_2 \xrightarrow{\textit{Nitrosomonas europaea}} 2\,NO_2^- + 2\,H_2O + 2\,H^+$$

$$2\,NO_2^- + O_2 \xrightarrow{\textit{Nitrobacter sp.}} 2\,NO_3^-$$

In einem Vergleich von mikrobiellen Biosensoren, die mit Kulturen von *Nitrosomonas europaea* einerseits bzw. mit nitrifizierenden Bakterien aus Belebtschlamm andererseits arbeiten, zeigte sich, daß die nicht-identifizierten Stämme stabiler sind und über einen längeren Zeitraum verwendet werden können. Allerdings besteht bei längerer Nutzung die Gefahr, daß unerwünschte Mikroorganismen des Belebtschlammes aufwachsen; dadurch verringert sich die Selektivität, und der Sensor spricht auch auf Glucose an. Dieses Problem läßt sich aber durch Zusatz des Antibiotikums Chloramphenicol lösen, das selektiv nicht-nitrifizierende Bakterien unterdrückt.

Dieser Sensor, ursprünglich entwickelt aus Abwasser, findet wiederum Anwendung beim Nachweis von Ammoniak in Abwässern. Nur eine geringfügige Justierung war während einer zweiwöchigen Meßperiode notwendig, und die Ergebnisse stimmten recht gut mit den herkömmlichen Testmethoden überein. Eine entsprechende Übereinstimmung der Testmethoden wurde bei der Bestimmung von NH_3 in Urin gefunden, wobei der mikrobielle Sensor keine der an sich vorhandenen Störeffekte durch Metallionen und flüchtige Amine aufweist.

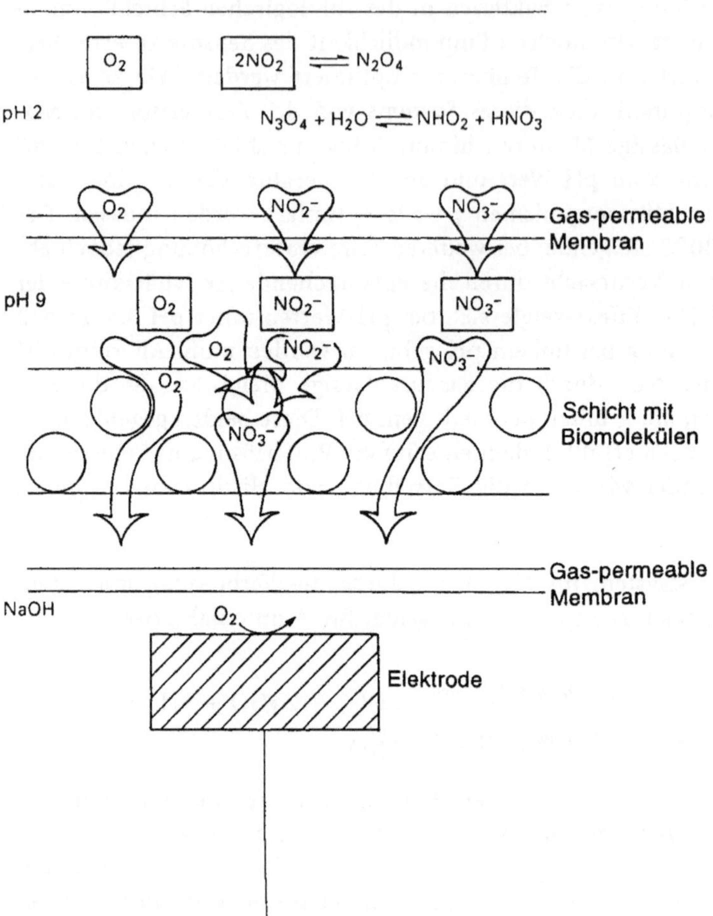

Abb. 7.4. Wirkungsweise eines optimierten mikrobiellen Nitritsensors mit einer O_2-Elektrode als Basiselektrode.

Offensichtlich führt ein spezifisch wirkender Mikroorganismus trotz sorgfältiger Kultivierung und Anpassung an einen Biosensor nicht immer zu einem so robusten Sensor wie eine „rohe" Mischkultur aus einer natürlichen Quelle.

Methan. Der Brennstoff Methan fällt bei der Abfallaufbereitung an. Er ist eine wertvolle Energiequelle; die Überwachung der Methanproduktion während der Abfallbehandlung ist daher für eine maximale Ausbeute sinnvoll. Eine schnelle Methanbestimmung ist auch bei anderen Anwendungen, z. B. im Kohlebergbau von Bedeutung, wo Schlagwetterexplosionen durch entweichende Methangase und ihre Vermischung mit Luft drohen. Zwar wird eine Veröffentlichung von 1975 als erster Bericht über einen Biosensor mit ganzen Organismen angesehen – vielleicht ist es aber doch eher der Kanarienvogel der Bergleute, dem diese Ehre gebührt!

Der Test auf Methan ist ein besonders gutes Beispiel für die Anwendung von ganzen Zellen. Obwohl nämlich der Reaktionsweg für die Oxidation von Methan eindeutig ist,

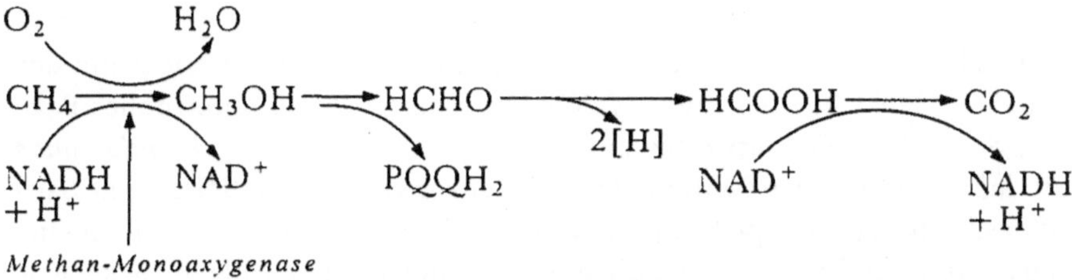

ist der enzymatische Mechanismus dieser Reaktion unklar. Bei Wachstum auf Methan wird zunächst ein Sauerstoffatom eingeführt; es entsteht Methanol. Aus *Methylococcus capsulatus* ist eine Methan-Monooxygenase isoliert und bei der Reinigung in drei Proteine aufgespalten worden. Alle drei sind für die Methanoxidation notwendig:

Die Rolle des Protein B ist unklar, aber es ist für den Gesamtprozeß essentiell. Eine Funktion von Protein B wäre an der mit * markierten Stelle möglich. Die Entwicklung eines Biosensors für Methan auf Enzymbasis würde die Isolierung, Reinigung und Immobilisierung aller drei Enzyme notwendig machen. Dazu käme noch eine Regenerierung des ebenfalls benötigten NADH, das in stöchiometrischen Mengen zur Verfügung stehen muß.

Andererseits gibt es drei Typen von Organismen, die auf Methan als C$_1$-Kohlenstoffquelle wachsen können; sie werden als Methanotrophe bezeichnet:
1. Obligat Methan-oxidierende Bakterien wachsen ausschließlich auf Methan oder Methanol. Zu dieser Gruppe gehören z.B. *Methylococcus* sp., *Methylosinus* sp., *Methylomonas* sp. und *Methylocystis* sp.

2. Fakultativ Methan-oxidierende Bakterien können auch auf organischen Kohlenstoffquellen, z.B. Glucose, wachsen. Ein Beispiel für diese Gruppe ist *Methylobacterium organophilium*.
3. Methan-oxidierende Hefen.

Organismen der ersten Gruppe sind selektiv für Methan, und es liegt auf der Hand, daß sie für die Entwicklung eines Sensors am besten geeignet sind. Ein Methansensor ist auf der Basis eines immobilisierten Bakterienstammes, *Methylomonas flagellata*, entwickelt worden [10]. Um in diesem System Schwankungen der Sauerstoffkonzentration zu eliminieren, werden die Messungen in Relation zu einem Hintergrundwert vorgenommen, der von einer zweiten Sauerstoffelektrode erfaßt wird. Die Ansprechzeit liegt unter 60 s und die untere Nachweisgrenze bei 5 μmol L^{-1}, wobei der lineare Bereich 0-6,6 mmol L^{-1} umfaßt.

Kohlendioxid. Der CO_2-Partialdruck wird gewöhnlich potentiometrisch mit der Severinghaus-Elektrode bestimmt (s. Kap. 3). Aber auch ein autotrophes Bakterium, S-17, das CO_2 verwertet und vermutlich zur Gattung *Pseudomonas* gehört, läßt sich für einen bakteriellen CO_2-Sensor verwenden, der an eine Sauerstoffbestimmung gekoppelt ist [11]. Dabei sind die Bakterienzellen durch eine Cellulosenitratmembran an der Spitze einer Sauerstoffelektrode zurückgehalten. Die Reaktion ist bis 8 mmol L^{-1} Carbonat linear, was bei dem herrschenden pH-Wert von 5,5 der Menge von 5 mmol L^{-1} CO_2 (200 mg L^{-1}) entspricht, d.h. der Sättigungskonzentration von CO_2 in der Pufferlösung. Schätzungsweise kann der Sensor eine Schwankung von 5 mg L^{-1} CO_2 noch nachweisen. Das System ist unempfindlich gegen organische Säuren außer Essigsäure, die möglicherweise eine alternative Kohlenstoffquelle bietet. Der Sensor zeigt mit der Zeit einen gewissen Rückgang des Signals, der sich im Laufe der ersten Betriebswoche aber einpendelt; anschließend arbeitet der Sensor für mindestens drei Wochen stabil.

Mutagene und Carcinogene. Eine andere Anwendung mikrobieller Sensoren ist für den Nachweis unterschiedlicher chemischer Mutagene entwickelt worden. Eine Mutante von *Salmonella typhimurium* TA100, die Histidin im Medium benötigt, kann mit chemischen Mutagenen in den Histidin-unabhängigen Wildstamm revertieren. In einem Histidin-freien Kulturmedium ist das Wachstum der Organismen bzw. die Sauerstoffaufnahme dann vom Ausmaß der erfolgten Mutagenese abhängig.

Der Aufbau eines Screenings für mutagene Agenzien benötigt die gleichen Komponenten wie jeder andere mikrobielle Sensor. So lassen sich z.B. die mutierten Zellen von *S. typhimurium* an der Oberfläche einer Sauerstoffelektrode mit einem Membranfilter zurückhalten [12]. Die Elektrode wird in einem Histidin-freien Phosphat-Glucose-Puffer äquilibriert und anschließend in die Testlösung mit dem Mutagen gebracht. Nach einer zehnstündigen Anpassungszeit ist die höchste Empfindlichkeit erreicht: Nach dieser Zeit zeigen die Messungen einen Anstieg der Elektrodenreaktion bei steigender Konzentration des Mutagens.

Zum Nachweis von Benzen in Grundwasser und Industrieabwässern wurde ein amperometrischer Biosensor mit *Pseudomonas putida*-Zellen entwickelt, dessen Spezifität, Ansprechzeit und einfache Handhabung auch eine kommerzielle Anwendung ermöglichen sollte [13]. Mit Zellen von *Rhodotorula* spec. konnte ein Sensor konstruiert werden, der für Phenol spezifisch ist und Ansprechzeiten von nur 5-10 s (bei kinetischer Messung) bzw. 30 s (bei Messung im Gleichgewicht) benötigt [14]. Ethoxyphenol läßt sich mit ganzen Zellen von *Rhodococcus rhodocrous* als Enzymquelle für Monooxygenase in einem amperometrischen Biosensor bestimmen [15].

Sensoren wie diese werden nicht die Langzeitversuche mit Tieren auf karzinogene Substanzen ersetzen können, aber sie bieten die Möglichkeit eines schnellen vorläufigen Tests mit hoher Aussagekraft. Insbesondere wurden bereits 2-(2-Furyl)-3-(5-nitro-2-furyl)acrylamid, N-Methyl-N'-nitro-N-nitrosoguanidin, Nitrofurazon, Methylmethansulfonat und Ethylmethansulfonat auf diese Weise getestet. Für andere Mutagene wurden andere Organismen verwendet. Für ein Breitband-Screening auf Mutagene wäre natürlich eine Vielzahl von Organismen notwendig.

Diese Beispiele zeigen die Anwendung mikrobieller Sensoren für den Nachweis von Mutationen, die in einem Mikroorganismus einen sekundären, substratinduzierten Effekt hervorbringen.

Biologischer Sauerstoffbedarf (BSB). Eine der häufigsten Anwendungen einer Sauerstoffelektrode in Verbindung mit einem Mikroorganismus ist die Messung des Biologischen Sauerstoffbedarfs (BSB). Dieser Wert dient routinemäßig zur Beurteilung der Abwasserbelastung mit organischen Stoffen. Die Bestimmung des BSB mit der herkömmlichen Methode erfordert einen fünftägigen Inkubationstest.

Für die mikrobielle Elektrode in einem BSB-Sensor, der bei 25–30 °C arbeitet, wurden *Clostridium butyricum* und *Trichosporum cutaneum* eingesetzt [16]. Die Mikroorganismen werden wie üblich an der Spitze einer Sauerstoffelektrode fixiert und so lange mit einer O_2-gesättigten Pufferlösung gespült, bis sich ein Fließgleichgewicht mit konstantem Elektrodenstrom eingestellt hat. Nach Injektion einer Probe gibt anschließend der neue Strom den BSB der Probe an. Zwischen der Änderung des Elektrodenstroms einerseits und dem herkömmlichen BSB-Test andererseits konnte ein linearer Zusammenhang nachgewiesen werden. *Trichosporum cutaneum* wurde in Japan für eine kontinuierliche BSB-Überwachungsanlage in den Handel gebracht.

Die Temperatur von Abwasser liegt allerdings oft über dem Temperaturoptimum dieser Mikroorganismen. Aus diesem Grund wurde 1987 ein BSB-Sensor entwickelt, in dem ein aus heißen Quellen isoliertes thermophiles Bakterium verwendet wird, das seine Temperaturstabilität auch nach längerer Behandlung bei über 60 °C beibehält [17].

Als besonders günstig erwies sich eine Mischkultur aus *Bacillus*-Stämmen, deren Zusammensetzung und Zelldichte optimiert wurde [18, 19]. Die in den Sensoren oft problematische Störung durch Schwermetallionen konnte mit einer zusätzlichen Membran aus Polyvinylpyridin eliminiert werden, die die Schwermetallionen adsorbiert [20, 39].

Ein besonderer Vorteil der mikrobiellen Biosensoren liegt darin, daß das biologische Erkennungssystem selbst in seiner natürlichen Umgebung, d.h. in der Zelle, verbleibt. So wird die Aktivität des Systems stabilisiert. Auch Gewebeschnitte aus Tieren und Pflanzen erfüllen diese Bedingung.

7.2.2 Sensoren auf Gewebebasis

Gewebesensoren gehören zu den neueren Entwicklungen der Biosensorik, sie sind noch jünger als mikrobielle Sensoren. In vielen Fällen haben sie sich aber schon als besonders nützlich erwiesen. Beispielsweise enthält das Gewebe der Rinderleber hohe Konzentrationen des Enzyms Katalase, welches folgende Reaktion katalysiert:

$$2 H_2O_2 \rightleftharpoons O_2 + 2 H_2O$$

Anders als bei den mikrobiellen Sensoren, wo der Analyt durch das Absinken des O_2-Partialdruckes bestimmt wird, ist bei diesem Testansatz der Anstieg des Elektrodenstroms durch O_2 mit der Peroxidkonzentration korreliert [41]. Bei der Verwendung dieses differenzierten Gewebes wird eine ausgezeichnete Selektivität erzielt; sogar bei hohen Konzentrationen von Zuckern, Alkoholen und Säuren zeigt sich die Spezifität für Wasserstoffperoxid.

Die Anzahl differenzierter Gewebetypen mag weniger hoch sein als die Anzahl zur Verfügung stehender Mikroorganismen. Dennoch scheinen die Quellen und die Anwendungsmöglichkeiten von Geweben nur durch den Einfallsreichtum beschränkt. An einer Sauerstoffelektrode immobilisiertes Fruchtmark aus Bananen kann als Enzymquelle für Polyphenol-Oxidase (PPO) dienen. Dieses Enzym katalysiert die Oxidation von Dopamin (Abb. 7.5) und ermöglicht so die Bestimmung von Dopamin über den O_2-Verbrauch [23]. In neueren Arbeiten wird pulverisiertes Apfelgewebe als Enzymquelle verwendet [24, 25]; Spinatgewebe ist ebenfalls geeignet und kann auch für in-vivo-Bestimmungen von Dopamin eingesetzt werden [26]. Entsprechend kann Tyrosinase aus Zuckerrüben verwendet werden, um Tyrosin zu bestimmen [110], aber dieses System ist weniger spezifisch und zeigt auch eine Reaktion mit Phenolen und aromatischen

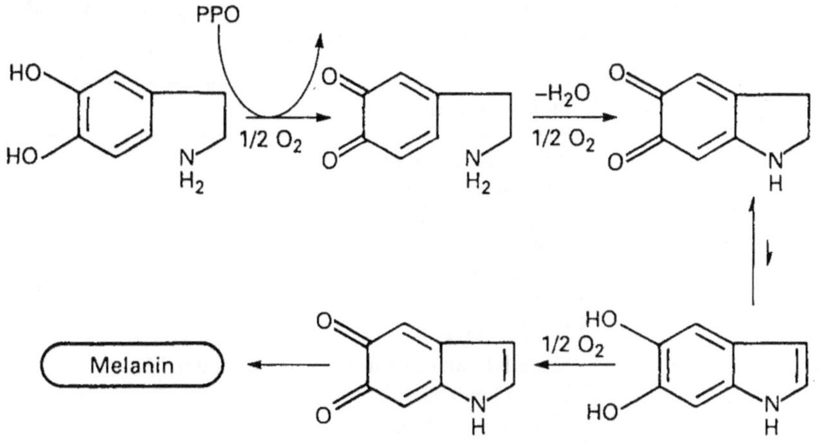

Abb. 7.5. Bestimmung von Dopamin über die enzymatische Reaktion mit Polyphenol-Oxidase (PPO).

Aminen. Mit weiteren Gewebescreenings würden sich vermutlich Gewebe mit höherer Spezifität finden lassen.

Ein Gewebesensor auf der Basis von Hülsenfrüchten wurde entwickelt, um biogene Diamine (Putrescin und Cadaverin) über die enzymatische Umsetzung mit Diamin-Oxidase nachzuweisen; das System wurde zudem mit gereinigter Lysin-Decarboxylase zu einer Hybridelektrode zur Lysinbestimmung weiterentwickelt [28]. Ebenfalls als Hybridelektrode ist ein Sensor zum Nachweis von Pestiziden konzipiert; pflanzliches Gewebe mit Acetylcholinesterase-Aktivität und gereinigte Cholin-Oxidase sind hier gekoppelt [29].

7.3 Potentiometrische Sensoren

7.3.1 Ammoniak-sensitive Sensoren

Arginin. Weitaus die Mehrzahl der zellulären Biosensoren sind mit potentiometrischen Elektroden gekoppelt. Anders als bei der Verbindung mit Sauerstoffelektroden messen diese Systeme nicht ganz allgemein die Atmungsaktivität, sondern können auf eine bestimmte enzymatische Reaktion innerhalb der Zelle eingestellt werden.

Der erste mikrobielle Biosensor mit potentiometrischer Elektrode (Tab. 7.2) wurde 1977 für L-Arginin entwickelt [30]. Für diesen Test wird das Bakterium *Streptococcus faecium* eingesetzt und mit einer Ammoniakelektrode gekoppelt. Der Argininstoffwechsel dieses Organimus führt zu Ammoniak, der als

Tabelle 7.2. Potentiometrische Sensoren mit ganzen Zellen als Biokomponente. Grundsensor ist eine NH_3-Elektrode, wenn nicht anders angegeben.

Analyt	Biokomponente
Aspartat	*Bacterium cadaveris*
L-Arginin	*Streptococcus daecium* *Streptococcus lactis* *Streptococcus faecium*
Arginin	Rinderleberzellen
Glutamin	Zellen aus Schweineniere *Sarcina flava*
Adenosin	Schleimhautzellen des Intestinums der Maus
Guanin	Kaninchenleberzellen
Harnstoff	*Proteus mirabilis* Schwertbohnenmehl
Nitrat	*Azotobacter vinelandii*
NAD^+	*Escherichia coli* + NADase
Glutaminsäure	*Escherichia coli* Kürbis (Squash)
Pyruvat[a]	Maiskörner *Streptococcus faecium*
Antikörper[b]	*Citrobacter freundii*
Histidin	*Pseudomonas* sp.
Tyrosin	*Aeromonas phenologenes*

[a] Meßgröße: CO_2 [b] Meßgröße: H^+

Meßgröße dienen kann:

$$L\text{-Arginin} + H_2O \xrightarrow{\text{Arginin–Desiminase}} \text{Citrullin} + NH_3$$

$$\text{Citrullin} + H_3PO_4 \xrightarrow{\text{Ornithin–Transcarbamylase}} \text{Ornithin} + \text{Carbamoyl-P}$$

$$\text{Carbamoyl-P} + ADP \xrightarrow{\text{Carbamat–Kinase}} \text{Carbaminsäure} + ATP$$

$$\text{Carbaminsäure} \longrightarrow CO_2 + NH_3$$

Im Bereich von 10^{-4}–$6,5 \cdot 10^{-3}\,\text{mol L}^{-1}$ ergibt sich eine lineare Reaktion auf Arginin von 40-45 mV/Dekade. Der Organismus ist für Arginin spezifisch und entwickelt keine signifikanten Mengen NH_3 mit Glutamin oder Asparagin. Eine 20 Tage alte Elektrode, deren Aktivität nachzulassen begann, konnte regeneriert werden, indem sie 48 h in ein Wachstumsmedium überführt wurde. Vermutlich waren also die Bakterien noch lebensfähig. Falls sich dieser Regenerierungschritt allgemein auf zelluläre Biosensoren anwenden läßt, bedeutet dies einen gewissen Vorteil bezüglich der Lebensdauer gegenüber anderen Sensoren. Allerdings müssen die Lagerungsbedingungen sehr sorgfältig kontrolliert werden, um das Wachstum kontaminierender Organismen möglichst zu erschweren; andernfalls geht die Spezifität verloren [31].

Auch der erste Biosensor auf Gewebebasis wurde für Arginin entwickelt [32]. Zusammen mit Gewebeschnitten aus Rinderleber wurde Urease immobilisiert:

$$\text{Arginin} \xrightarrow{\text{Rinderleber}} \text{Harnstoff} + \text{Ornithin}$$
$$\downarrow \text{Urease}$$
$$2\,NH_3 + CO_2$$

Gewebeschnitte aus anderen Quellen wurden an die Messung von Asparagin, Glutamin u.a. angepaßt.

Glutamin. Nierenrindengewebe von Schweinen enthält das Enzym Glutaminase. Immobilisiert an einer Ammoniakelektrode bildet dieses System eine für Glutamin spezifische Sonde. Sie scheint hoch selektiv zu sein und zeigt weder eine Reaktion auf Harnstoff noch auf andere L-Aminosäuren. Obwohl in den Gewebeschnitten auch eine hohe Konzentration an D-Aminosäure-Oxidase vorliegt, läßt sich keine Reaktion auf D-Aminosäuren feststellen. Diese Tatsache wird auf das Fehlen von Flavin-Adenin-Dinucleotid (FAD) zurückgeführt, das für dieses Enzym essentiell ist [33]. Sowohl Empfindlichkeit als auch Selektivität des Sensors lassen sich durch Zusätze zu der Pufferlösung beeinflussen.

Der beschriebene Sensor wurde mit einem mikrobiellen Sensor auf der Basis von *Sarcina flava* verglichen. Beide Systeme reagieren in der gleichen Größenordnung, wobei der mikrobielle Sensor allerdings einige Nachteile wegen seiner größeren Anfälligkeit für Kontaminationen aufweist. Tatsächlich gibt es für die meisten dieser NH_3-gekoppelten Biosensoren sowohl Ausführungen auf mikrobieller Basis als auch die entsprechenden Sonden auf Gewebebasis. Im Vergleich zu isolierten Enzymen muß bei all diesen zellulären Systemen im allgemeinen auf eine absolute Spezifität zugunsten ihrer längeren Lebensdauer verzichtet werden.

Adenosin. Das Enzym Adenosin-Desaminase wird häufig aus der Schleimhaut des Intestinaltraktes isoliert. Die naheliegende Idee, Schleimhautzellen aus dem kleinen Intestinum von Mäusen an einer NH_3-Elektrode zu immobilisieren, sollte zu einem Sensor für die Messung von Adenosin führen. Wie in vielen Gewebepräparaten ist allerdings auch hier eine Vielzahl von Enzymen enthalten; sie entfalten ihre Aktivität in ganz unterschiedlichen Stoffwechselwegen. Daher zeigt die Elektrode auch Reaktion auf bestimmte Nucleotide, die Adenosin enthalten. Diese Störungen können durch Inhibitoren und blockierende Agenzien eliminiert werden [6].

Die Schleimhautzellen werden auf der Oberfläche einer Ammoniakelektrode über Vernetzung mit Glutardialdehyd-Rinderserumalbumin immobilisiert. Das Ergebnis ist eine Elektrode, die vergleichbare Reaktionen auf Adenosin, AMP, ADP und ATP zeigt (54,5 - 50,8 - 50,2 - 46.8 mV/Dekade) und auch gleiche lineare Bereiche aufweist. Es liegt auf der Hand, daß die selektive Unterdrückung der Reaktion auf die Adenosin-Nucleotide günstig wäre. Tatsächlich liegt der optimale pH-Wert für die Reaktion auf Adenosin – pH 9 – höher als der für die Reaktion auf die Nucleotide, so daß die Reaktion durch eine Pufferung bei hohem pH für den Nachweis von Adenosin optimiert werden kann.

Die völlige Unterdrückung störender Aktivitäten ist nur bei genauer Kenntnis der beteiligten Stoffwechselwege möglich. Eine Desaminierung der Adenosin-Nucleotide ist über zwei Wege möglich:

1. Direkte Desaminierung von Nucleotiden

$$
\left.\begin{array}{l} \text{AMP} \\ \text{ADP} \\ \text{ATP} \end{array}\right\} \longrightarrow \begin{array}{l} \text{unspezifische} \\ \text{Desaminierung} \end{array} \longrightarrow \left.\begin{array}{l} \text{IMP} \\ \text{IDP} + \text{NH}_3 \\ \text{ITP} \end{array}\right.
$$

$$
\text{AMP} \longrightarrow \text{AMP-Desaminase} \longrightarrow \text{IMP} + \text{NH}_3
$$

$$
\text{ADP} \longrightarrow \text{ADP-Desaminase} \longrightarrow \text{IDP} + \text{NH}_3
$$

$$
\text{ATP} \longrightarrow \text{ATP-Desaminase} \longrightarrow \text{ITP} + \text{NH}_3
$$

2. Spaltung von Adenosin-Nucleotiden mit anschließender Desaminierung von Adenosin

$$
\left.\begin{array}{l} \text{AMP} \\ \text{ADP} \\ \text{ATP} \end{array}\right\} \xrightarrow{\text{alkalische Phosphatase}} \text{Adenosin} + \text{Phosphat}
$$

$$
\text{H}_2\text{O} \downarrow \text{Adenosin–Desaminase}
$$

$$
\text{Inosin} + \text{NH}_3
$$

Sowohl die alkalische Phosphatase als auch die AMP-Desaminase werden durch Phosphat gehemmt. Kaliumionen sind dagegen für eine aktive AMP-Desaminase notwendig. In Gegenwart von Phosphationen tritt keine Störung durch Nucleotide mehr auf, obwohl Kalium keinen Effekt zeigt. Diese Ergebnisse stimmen mit dem zweiten Weg überein; dies wird darüberhinaus durch die Tatsache bestätigt, daß eine hohe AMP-Desaminase-Aktivität gewöhnlich in Muskelgewebe gefunden wird und eine maximale Aktivität der alkalischen Phosphatase in Schleimhautzellen des Intestinums.

Wenn auch dieser Sensor auf Gewebebasis keine eigentliche Selektivität für Adenosin aufweist, kann doch – mit Kenntnis der störenden Stoffwechselwege – die Spezifität durch geeignete Inhibitoren zumindest verbessert werden.

Guanin. An einem Biosensor auf der Basis von Kaninchenlebergewebe wird deutlich, wie wichtig die Optimierung von sowohl Arbeits- als auch Lagerungsbedingungen ist. An dem früher in diesem Kapitel beschriebenen mikrobiellen Sensor für NO_2 wurde gezeigt, daß für internen wie externen Puffer der pH-Wert optimiert werden muß, um maximale biokatalytische Aktivität, Gasdiffusion, Löslichkeit usw. zu erreichen. Im Fall des Guaninsensors wird auf eine maximale Ammoniakproduktion (d.h. eine maximale biokatalytische Aktivität bei pH 9,5) zugunsten der Stabilität des Biokatalysators und einer erhöhten Lebensdauer der Elektrode verzichtet. Beides ist bei pH 8 zu erreichen, wobei allerdings nur 50 % der Enzymaktivität zu verzeichnen sind.

Nitrat. Um Nitrat zu bestimmen, sind wegen der Bedeutung dieses Nachweises viele unterschiedliche Methoden entwickelt worden. Über den zweistufigen Reaktionsweg

$$NO_3^- + NADH \xrightarrow{\text{Nitrat-Reduktase}} NO_2^- + NAD^+ + H_2O$$

$$NO_2^- + 3\,NADH \xrightarrow{\text{Nitrit-Reduktase}} NH_3 + 3\,NAD^+ + 2\,H_2O$$

wird die Nitratkonzentration mit der Entstehung von Ammoniak verknüpft und legt die Kopplung mit einer Ammoniakelektrode nahe. In einem Screening unter Mikroorganismen nach einer entsprechenden Enzymaktivität erwies sich ein Stamm von *Acetobacter vinelandii* als geeignet. Allerdings zeigt die Elektrode eine extrem hohe Ansprechempfindlichkeit (85 mV/Dekade) und einen sehr schmalen linearen Bereich ($7 \cdot 10^{-5}$–$30 \cdot 10^{-5}$ mol L^{-1}). Diese Eigenschaften sind eigentlich für Schwankungen der Enzymaktivität charakteristisch, die durch pH-Änderungen in der biologischen Schicht hervorgerufen werden. Obwohl dies bei einer Reaktion, die NH_3 freisetzt, erklärlich ist, waren die pH-Abweichungen vom pH-Wert der Pufferlösung (pH 7,4) nur minimal. Die Ursachen der Schwankungen liegen vielmehr in der Versorgung mit Nährstoffen und in der Aktivierung von anderen Stoffwechselwegen als denen, die zu Nitrit und Nitrat führen. Als C-Quelle wird eine 1 %ige Saccharoselösung verwendet, aber als einzige verfügbare Stickstoffquelle steht die wechselnde Menge Ammoniak aus dem Nitrat der Probe zur Verfügung. Eine Korrektur ist mit einem Inhibitor der Ammoniak-Assimilierung wie z.B. Isonicotinsäure möglich.

Um eine lineare Reaktion bezüglich der Nitrat-Konzentration zu erhalten, müssen darum Substrate und Produkte der gewünschten enzymatischen Reaktionskette auf eben diese Reaktionsfolge ausgerichtet sein und dürfen nicht an anderen Stoffwechselwegen oder künstlichen Umsetzungen beteiligt sein, die das Signal der Elektrode verändern können.

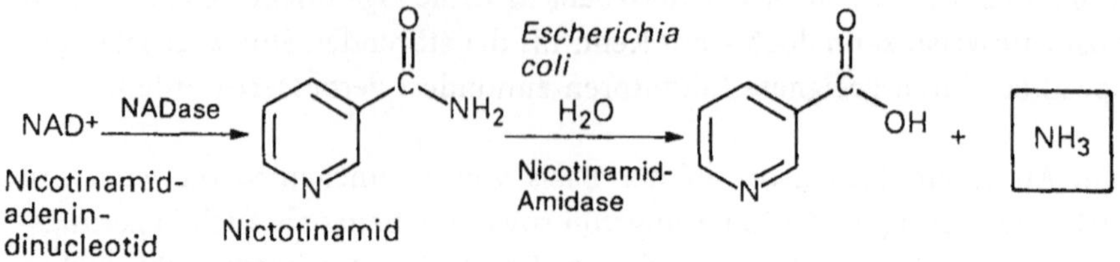

NAD$^+$ $\xrightarrow{\text{NADase}}$ Nicotinamid $\xrightarrow[\text{Nicotinamid-Amidase}]{\text{Escherichia coli, } H_2O}$ Nicotinsäure $+$ NH$_3$

Nicotinamid-adenin-dinucleotid

Abb. 7.6. Bestimmung von NAD$^+$. Nur eines der beteiligten Enzyme stammt aus *E. coli*.

NAD$^+$. Ein Screening unter Mikroorganismen oder Geweben auf eine bestimmte Aktivität führt nicht immer zu einem zufriedenstellenden Zellsystem für die geplante Analyse. So kann die Bestimmung des Coenzyms NAD$^+$ über die enzymatische Reaktionskette in Abb. 7.6 an eine Ammoniakelektrode gekoppelt werden [35]. Aber obwohl der Pilz *Neurospora crassa* NADase enthält und das Bakterium *Escherichia coli* reich an Nicotinamid-Desaminase ist, kann keiner der beiden Organismen allein die vollständige Desaminierung von NAD$^+$ katalysieren. Mit weiteren Screenings kann möglicherweise ein einziger Organismus als Quelle für beide Enzyme gefunden werden. Eine andere Lösung wurde aber mit einer hybriden Ammoniakelektrode erreicht, in der *Escherichia coli* zusammen mit isolierter NADase aus *Neurospora crassa* immobilisiert vorliegt. In dieser Kombination sind allerdings nicht alle die Vorteile verwirklicht, die mit immobilisierten ganzen Zellen in Biosensoren eigentlich zu erwarten sind. So wird die lange Lebensdauer – mehr als eine Woche – zwar für die Bakterienzellen tatsächlich erreicht, aber die Aktivität des isolierten Enzyms geht im Laufe dieser Zeit kontinuierlich verloren und beeinträchtigt damit die Nachweisgrenze.

7.3.2 Schwefelwasserstoff-sensitive Sensoren

Cystein wird durch das Bakterium *Proteus morganii* gemäß der folgenden Gleichung umgesetzt:

$$\text{Cystein} \xrightarrow{\text{Cystathionin}-\gamma-\text{Lyase}} \text{Pyruvat} + \text{NH}_3 + \text{H}_2\text{S}$$

Es liegt nahe, für den Cysteinnachweis einen Biosensor mit Ammoniak als Meßgröße zu konstruieren. Eine solche bakterielle Membranelektrode kann allerdings auch mit einer Schwefelwasserstoffelektrode gekoppelt werden [36]. Für den Bereich von $5 \cdot 10^{-5} - 9 \cdot 10^{-4}$ M Cystein wird eine Reaktion von 25 mV/Dekade gefunden, aber die Anwendungsmöglichkeiten dieses Sensors sind durch das Meßprinzip selbst beschränkt: Der Sensor vermag nicht zwischen

Kohlendioxid und Schwefelwasserstoff zu unterscheiden. Um den Test dennoch durchführen zu können, muß CO_2 aus der Probelösung entfernt werden.

Die Effizienz eines Sensors kann also sowohl vom zugrundeliegenden Transducer als auch von der Biokomponente begrenzt werden.

7.3.3 Kohlendioxid-sensitive Sensoren

Glutamat und Pyruvat sind zwei Analyten, die über die Entwicklung von Kohlendioxid in einer Decarboxylase-Reaktion gemessen werden können:

$$\text{Glutamat} \xrightarrow{\text{Glutamat-Decarboxylase}} \text{4-Aminobutyrat} + CO_2$$

$$\text{Pyruvat} + H_2O \xrightarrow{\text{Pyruvat-Decarboxylase}} \text{Acetaldehyd} + CO_2$$

Als Quelle für Glutamat-Decarboxylase wurde zum ersten Mal ein pflanzliches Material in einem Gewebesensor eingesetzt. Der Glutamatsensor mit einem dünnen Gewebeschnitt aus Kürbis, immobilisiert über Vernetzung mit Glutardialdehyd-Rinderserumalbumin an der Oberfläche einer CO_2-Elektrode, zeigt eine ausgezeichnete Selektivität [37].

Für den entsprechenden Pyruvatsensor wurde das Enzym Pyruvat-Decarboxylase aus Maiskörnern isoliert [38]. Verglichen mit einer Elektrode, die das isolierte Enzym verwendet, zeigt der Gewebesensor zwar längere Ansprechzeiten, arbeitet aber zuverlässig über den Zeitraum von einer Woche. Die Enzymelektrode dagegen ist nur für einen Tag stabil; im Verlauf von drei Tagen sinkt die Reaktion von etwa 35 mV/Dekade auf 12 mV/Dekade, während der Gewebesensor völlig unverändert reagiert.

7.4 Antibiotika als Inhibitoren zellulärer Systeme

Der Zusammenhang zwischen O_2-Aufnahme und biologischer Aktivität ist bereits diskutiert worden. Ein alternativer Hinweis auf die Atmungsaktivität ist die Produktion von CO_2. Selektive Antibiotika hemmen die Atmungsaktivität; diese Möglichkeit ist als Mittel zur Kontrolle von Kontaminationen in mikrobiellen Sensoren angeführt worden. Die Hemmwirkung kann allerdings auch als Methode eingesetzt werden, um Antibiotika selbst zu bestimmen.

Über die inhibierende Wirkung auf die CO_2-Produktion in *Escherichia coli* sind Tetracyclin [39] und die Aminoglycosid-Antibiotika Gentamycin, Streptomycin und Neomycin [40] getestet worden. Die Inhibierung des Mikroorganismus ist irreversibel; darum ist die Methode für einen allgemeinen Test auf pharmazeutische Präparate und Plasmaproben wenig erfolgversprechend. Eine entsprechende Sonde wäre ja nicht regenerierbar und müßte als nicht zu eichender „Einweg-Biosensor" konzipiert sein.

Für Cephalosporin ist ein Biosensor-Test mit einer pH-Elektrode konstruiert worden. Aus *Citrobacter freundii* isolierte Cephalosporinase katalysiert die Ringöffnung in Cephalosporin; dabei entstehen H^+-Ionen [41]:

Ganze *Citrobacter freundii*-Zellen werden in einer Collagen-Membran an der Spitze einer pH-Elektrode immobilisiert. Beim Test in einem Kulturmedium von *Cephalosporium acremonium* zeigt der mikrobielle Sensor einen relativen Fehler von 8 %, verglichen mit HPLC-Werten. Da dieser Test nicht auf einer irreversiblen Hemmung beruht, kann er kontinuierlich über mehrere Tage verwendet werden.

7.5 FET auf der Basis ganzer Zellen

Kapitel 4 zeigt, auf welche Weise Feldeffekttransistoren in Sensoren eingesetzt werden können. Vor allem H_2- und NH_3-Fühler in ChemFET könnten in Kombination mit einer Biokomponente in der schon beschriebenen Weise genutzt werden. Allerdings ist die Immobilisierung des Enzyms und die Anwendung in wäßrigen Lösungen eines der größten Probleme beim Aufbau von FET-Anlagen. Zwar liegen Beispiele vor, in denen FET-Sensoren eingesetzt werden, um biologische Prozesse zu verfolgen, aber gewöhnlich liegt der FET hinter einer gasdurchlässigen Membran getrennt von der Probenlösung. Beispielsweise wird Wasserstoff von vielen Mikroorganismen, vor allem unter anaeroben Bedingungen, produziert. Enterobakterien, die oft für Harnwegsinfektionen verantwortlich sind, geben Wasserstoff als Endprodukt der Säuregärung ab. Die Empfindlichkeit solcher Bakterien gegenüber Antibiotika kann über die Inhibierung der Wasserstoffproduktion getestet werden. Die Analyse der Gasphase einer versiegelten Kultur durch die Injektion einer 2 ml-Probe in eine PdMOSFET-Zelle ermöglicht eine schnelle Schätzung der Antibiotika-Empfindlichkeit [42].

Die Bestimmung von Halogeniden ist mit einem ISFET und immobilisiertem Halorhodopsin aus der Cytoplasmamembran von *Halobacterium halobium* als Biokomponente möglich [43].

7.6 Mediatormodifizierte Sensoren auf der Basis ganzer Zellen

7.6.1 Energieübertragung

Die bisher beschriebenen Sensoren mit ganzen Zellen arbeiten alle indirekt, d.h. in Kombination mit einer amperometrischen oder potentiometrischen Testelektrode, die auf einen sekundären Analyten reagiert. Ein alternativer Weg ist die unmittelbare Transduktion der spezifischen zellulären Reaktion. Um eine solche Messung möglich zu machen, muß der Energietransfer während eines biologischen Prozesses direkt abgegriffen werden, und zwar so, daß er als elektrisches Signal übertragen werden kann. Biologische Systeme zur Energieübertragung treten in zwei unterschiedlichen energetischen Zuständen auf. Die energetische Kopplung zwischen einem System und dem nachfolgenden in der Übertragungskette beruht offensichtlich auf einem gemeinsamen Zwischenzustand. Dieser tritt dann ein, wenn der cyclische Wechsel zwischen den energetischen Zuständen – d.h. der cyclische Wechsel zwischen zwei möglichen Redoxpotentialen E^0 und E^{0*} – sich mit dem cyclischen Wechsel zwischen zwei pK_a-Werten pK_a und pK_a^* oder zwischen zwei Phosphat-Potentialen PTP und PTP* überschneidet. Besonders deutlich wird dies in der Photosynthese. Lichtenergie, die auf Wasser einwirkt, wird an den Reaktionszentren des Chlorophylls in Redoxenergie überführt (Abb. 7.7). In der Folge wird sie im Verlauf der Photosynthese in ein Protonenpotential umgewandelt und schließlich in Phosphatbindungsenergie, die wiederum zur Erhöhung des Redoxpotentials genutzt werden kann.

7.6.2 Künstliche Mediatoren

Künstliche Eingriffe in diese Elektronentransportketten werden gewöhnlich mit Redoxmediatoren vorgenommen. Vor allem in amperometrischen Biosensoren ist die Verwendung von Redoxmediatoren wichtig geworden (s. Kap. 8), aber die Elektronenübertragung von ganzen Zellen wirft ganz andere Probleme auf als die Elektronenübertragung von isolierten Enzymen, weil die Zellwand und die Membran den Transport einschränken. Ein erheblicher Teil der Entwicklungsarbeit an diesem Problem ist im Verlauf der Entwicklung biologischer Brennstoffzellen geleistet worden (Abb. 7.8).

Ein Elektronentransfer über Zwischenstufen kann äußerst effizient sein. Das die Elektrode erreichende Redoxpotential – das der letzten Stufe in der Elektronentransportkette – reduziert gewöhnlich die Potentialdifferenz zwischen den beiden Halbzellen. Die ersten direkt arbeitenden biologischen Brennstoffzellen gehen auf Cohen zurück (1931) [44], der in Reihe geschaltete bioelektrochemische Zellen verwendete. Aber erst ein halbes Jahrhundert später tauchen die ersten Berichte über Mediator-gekoppelte Elektronentransfer-Prozesse auf [45]. Diese Brennstoffzellen geben über die Effizienz verschiedener Redoxmediato-

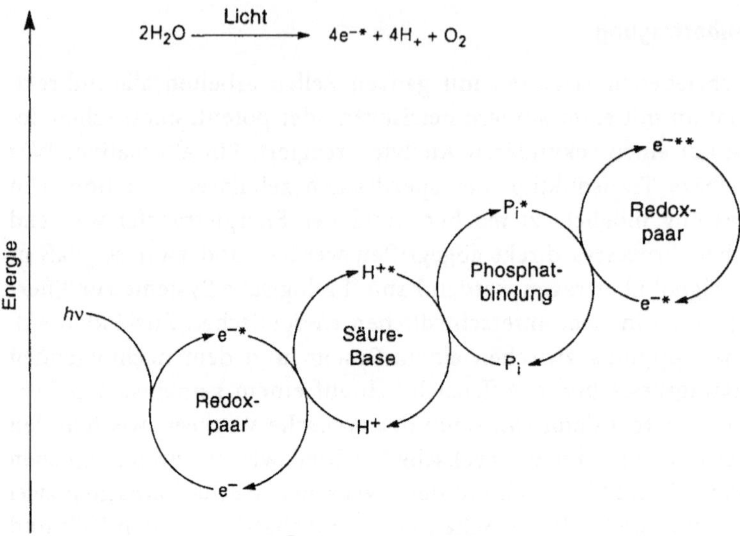

Abb. 7.7. Energieübertragung in Elektronentransportketten.

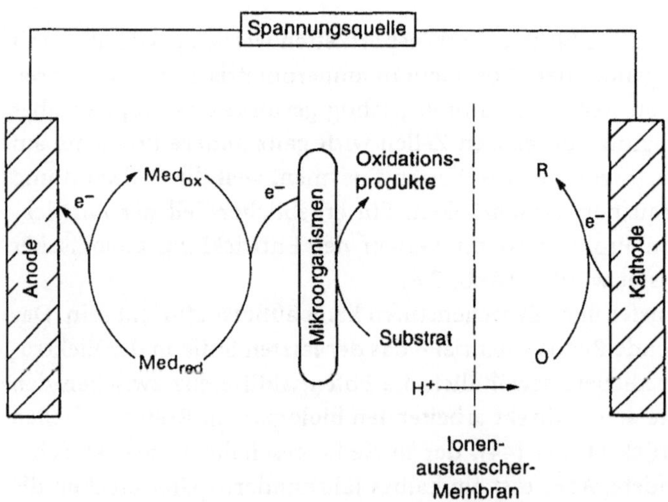

Abb. 7.8. Schema einer biologischen Brennstoffzelle.

ren Aufschluß. Der gleiche Organismus kann nämlich auf ähnliche Mediatoren ganz unterschiedliche Reduktionswirkung zeigen. In einer biologischen Brennstoffzelle auf der Basis von *Escherichia coli*, die für die Nutzung von Lactathaltigen Abfallstoffen eingesetzt werden sollte [46], ist ein Elektronentransfer an der Kathode über Thionin als Mediator beteiligt. Die Folgearbeiten [47] zeigten aber, daß Methylenblau ein besserer Mediator für *E. coli* B/r ist, während für *Proteus vulgaris* die hervorragende Mediatorwirkung von Thionin bestätigt wurde.

Die Verknüpfung zwischen der Effizienz des Mediators und der Reaktionskinetik von Elektrode und Organismus wurde mit *Escherichia coli*-Zellen untersucht [48], die auf Glucose mit Eisen-Chelat-Verbindungen als Mediator wachsen. Ein schneller Elektronenübergang an der Elektrode läßt sich auf die Effizienz des Mediators zurückführen. Zum Beispiel zeigt Thionin eine 100fach höhere Geschwindigkeitskonstante für die Reaktion mit *E. coli* als die Eisenchelate. Die Reduktionsraten sind – bei vergleichbaren Ausbeuten in Coulomb – geringer mit Eisenchelat als mit Thionin. Bei diesen Ergebnissen liegt es nahe, einen kombinierten Mediator zu verwenden (Abb. 7.9); z.B. sollte eine Kombination von Thionin (für die Wechselwirkung mit dem Organismus) mit EDTA (für die Wechselwirkung mit der Elektrode) besonders erfolgreich sein. Tatsächlich hat sich dieser kombinierte Mediator als wirksamer herausgestellt als die einzelnen Komponenten [49].

In einem „Biocheck"-Analysator zur Zählung von Mikroorganismen [50] werden Ferri- oder Ferrocyanid in Kombination mit Benzochinon verwendet, um die Zellreaktion mit der Elektrode zu verknüpfen. Sie erzeugt daraufhin

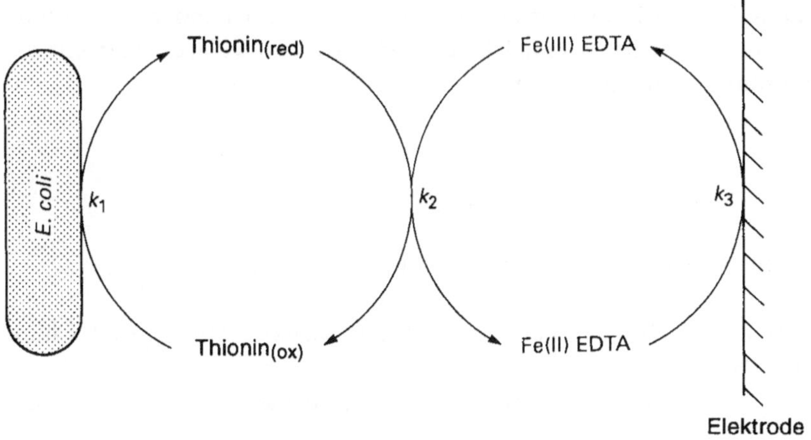

Abb. 7.9. Kombinierter Mediator für *E. coli*-Zellen.

einen Zählimpuls, der die Organismenzahl in einer Probe mit einer Nachweisgrenze von 106 Organismen pro ml angibt.

Zur amperometrischen Bestimmung von H_2O_2 ist ein Gewebesensor entwickelt worden, in dem Kohlrabigewebe und Ferrocen als Mediator in einer Kohlepaste-Elektrode immobilisiert vorliegen [51]. Der Biosensor zeigt mit 2,6 s sehr kurze Ansprechzeiten.

Gewebeschnitte von Pilzen und Bananen als Enzymquelle für Polyphenol-Oxidase sind mit Mediatoren wie Ferrocen und Methylenblau in einem Biosensor zur Bestimmung von o-Diphenol eingesetzt worden [52].

Die Frage, wie ein Mediator für einen bestimmten Organismus beschaffen sein muß, ist schwierig zu beantworten. Es ist nicht einfach nur eine Frage des Redoxpotentials; auch Lipophilität und Oberflächenwirkungen spielen eine wichtige Rolle beim Durchdringen der Zellmembran. Auch die Rückhaltung des Mediators an der Sensoroberfläche ist problematisch. In den letzten Jahren sind viele Immobilisierungsmethoden untersucht worden, die auf Redox-Mediator-Systeme zugeschnitten sind. Eine Immobilisierung des Mediators kann dadurch erschwert werden, daß er danach nicht mehr für den Elektronenaustausch zwischen Elektrode und der immobilisierten Biokomponente zur Verfügung steht. Dieses Problem sollte mit verschiedenen Konzepten zu bewältigen sein. Zum Beispiel sind Mediatoren, die über eine Kette mit 12 C-Atomen an einem polymeren Träger verankert sind, theoretisch in der Lage, Elektronen über einen 10 nm breiten Spalt zu transferieren, indem sie in ihrer Verankerung rotieren. Eine andere Möglichkeit ist eine direkte Verbindung von Mediator und Organismus bei der Immobilisierung; dabei entsteht ein molekularer Leiter, durch den der Elektronenfluß zwischen Organismus und Elektrode gelenkt wird. Obwohl u.U. hierdurch unnatürliche Verbindungen in die Zelle eingebracht werden, was die Lebensdauer des Organismus herabsetzen kann, sind doch einige solcher Modifikationen der Zelle durchgeführt worden. Wenn es gelänge, diese Modifikationen erfolgreich mit elektronenleitenden Verbindungen zu verknüpfen, sollte es möglich sein, zelluläre molekulare Leiter mit direkter Transduktion zu entwickeln.

Literatur

[1]   Martens N, Hall EAH (1994) Anal. Chim. Acta 292:49

[2]   Divies C (1975) Ann. Microbiol. 126A:175

[3]   Hikuma M, Kubo T, Yasuda T, Karube I, Suzuki S (1979) Anal. Chim. Acta 109:33

[4]   Hikuma M, Kubo T, Yasuda T, Karube I, Suzuki S (1979) Biotechnol. Bioeng. 21:1845

[5]   Karube I, Suzuki S, Okada T, HikumaM (1980) Biochimie 62:567

[6] Mattiasson B, Larsson PO, Lindahl L, Sahlin P (1982) Enzyme Microb. Technol. 4:153

[7] Karube I, Wang Y, Tamiya E, Kawarai M (1987) Anal. Chim. Acta 199:93

[8] Okada T, Karube I, Suzuki S (1983) Biotechnol. and Bioeng. XXV:1641

[9] Hikuma M, Kubo T, Yasuda T, Karube I, Suzuki S (1980) Anal. Chem. 52:1020

[10] Karube I, Okada T, Suzuki S (1982) Anal. Chim. Acta 135:61

[11] Suzuki M, Tamiya E, Karube I (1987) Anal. Chim. Acta 199:85

[12] Karube I, Nakahara T, Matsunaga T, Suzuki S (1982) Anal. Chem. 54:1725

[13] Tan HM, Cheong SP, Tan TC (1994) Biosens. Bioelectr. 9:1

[14] Ciucu A, Magearu V, Fleschin S, Lucaciu I, David F (1991) Anal. Letters 24:567

[15] Beyersdorf–Radeck B, Schmid RD, Karlson U (1994) Anal. Letters 27:285

[16] Karube I, Mitsuda S, Matsunaga T, Suzuki S (1977) J. Fermentation Technol. 55:243

[17] Karube I, Yokoyama K, Tamiya E (1987) Appl. Env. Microbiol. XXX:179

[18] Tan TC, Li F, Neoh KG (1993) Sensors and Actuators B 10:137

[19] Li F, Tan TC, Lee YK (1994) Biosens. Bioelectr. 9:197

[20] Li F, Tan TC (1994) Biosens. Bioelectr. 9:315

[21] Li F, Tan TC (1994) Biosens. Bioelectr. 9:445

[22] Mascini M, Jannelle M, Palleschi G (1982) Anal. Chim. Acta 138:65

[23] Sidwell JS, Rechnitz GA (1985) Biotech. Lett. 7:419

[24] Tan TC, Chen Y (1994) Sensors and Actuators B 17:101

[25] Chen Y, Tan TC (1994) Biosens. Bioelectr. 9:401

[26] Zhihong L, Wenjian Q, Meng W (1992) Anal. Letters 25:1171

[27] Schubert F, Wollenberger U, Scheller F (1983) Biotech. Lett. 5:239

[28] Botrè F, Botrè C, Lorenti G, Mazzei F, Porcelli F, Scibona G (1993) Sensors and Actuators B 15-16:135

[29] Botrè F, Lorenti G, Mazzei F, Simonetti G, Porcelli F, Botrè C, Scibona G (1994) Sensors and Actuators B 18-19:689

[30] Rechnitz GA, Kobos RK, Riechel SJ, Gebauer CR (1977) Anal. Chim. Acta 94:357

[31] Corcoran CA, Kobos RK (1983) Anal. Lett. 16:1291

[32] Rechnitz GA (1978) Chem. Eng. News 56:16

[33] Guilbault GG, Hrabankova E (1971) Anal. Chim. Acta 56:285

[34] Arnold MA, Rechnitz GA (1981) Anal. Chem. 53:515

[35] Kobos RK, Rice DJ, Flournoy DS (1979) Anal. Chem. 51:1122

[36] Jensen MA, Rechnitz GA (1978) Anal. Chem. 46:246

[37] Kuriyama S, Rechnitz GA (1981) Anal. Chim. Acta 131:91

[38] Kuriyama S, Arnold MA, Rechnitz GA (1983) J. Membr. Sci. 12:269

[39] Simpson DL, Kobos RK (1982) Anal. Lett. 15:1345

[40] Simpson DL, Kobos RK (1983) Anal. Chem. 55:1974
[41] Matsumoto K, Seijo H, Waranabe T, Karube I, Suzuki S (1979) Anal. Chim. Acta 105:426
[42] Hörnsten G, Elwing H, Kihlström E, Lundström I (1985) J. Antimicrob. Chemother. 15:695
[43] Kubo I, Seki A, Tomioka H, Sasabe H (1993) Sensors and Actuators B 13-14:659
[44] Cohen B (1931) J. Bacteriol. 21:18
[45] Bennetto HP, Stirling JL, Tanaka K, Vega CA (1980) Soc. Gen. Microbiol. 8:37
[46] Roller SD, Bennetto HP, Delaney GM, Mason JR, Stirling JL, Thurston CF, White Jr. DR (1983) World Biotec Report 1983:655, Online Publications, London
[47] Roller SD, Bennetto HP, Delaney GM, Mason JR, Stirling JL, Thurston CF (1984) J. Chem. Tech. Biotechnol. 34B:3
[48] Tanaka K, Vega CA, Tamamushi R (1983) Bioelectrochem. Bioenergetics 11:135
[49] Tanaka K, Vega CA, Tamamushi R (1983) Bioelectrochem. Bioenergetics 11:289
[50] Turner APF, Cardosi MF, Ramsay G, Schneider BH, Swain A (1986) Biotechnology in the Food Industry p.97, Online Publications, Pinner
[51] Chen L, Lin MS, Hara M, Rechnitz GA (1991) Anal. Letters 24:1
[52] Yifeng T (1993) Anal. Letters 26:1557

8. Amperometrische Biosensoren

8.1 Die Enzymelektrode

Bei der Verwendung von Sensoren mit ganzen Zellen hat man es vor allem mit
einem Nachteil zu tun: der mangelnden Spezifität. Sehr oft können die verwendeten Zellen die gleichen Elektrodensignale mit Substraten hervorrufen,
die dem Analyten sehr ähnlich sind – oder aber auch mit völlig unähnlichen.
In dem vorhergehenden Kapitel wurden bereits Methoden diskutiert, mit denen
man solche Störungen eliminieren kann. Aber es gibt auch einen völlig anderen
Ansatz, dieses Problem zu lösen: Vielfach lassen sich nämlich die Enzyme isolieren und außerhalb ihrer natürlichen Umgebung verwenden. Auf diese Weise
können immobilisierte Enzyme in Verbindung mit einem elektrochemischen
Test eingesetzt werden [1, 2].

In der Funktion einer amperometrischen Elektrode gibt es im wesentlichen
zwei Teilschritte, die das System kontrollieren können: die Kinetik des Enzyms
oder – falls das Enzym ausreichend schnell arbeitet – Diffusionsprozesse [3].

Die Geschwindigkeit einer enzymkatalysierten Reaktion ist durch den Ausdruck

$$\frac{-\mathrm{d}[S]}{\mathrm{d}t} = \frac{k_2[E_0][S]}{K_\mathrm{m} + [S]}$$

beschrieben (s. Kap. 2). Der Strom in einer amperometrischen Elektrode, die
sich im Fließgleichgewicht befindet und diffusionskontrolliert ist, beträgt

$$i_\mathrm{d} = \frac{nFAD[S]}{d}$$

wobei d die Dicke der Diffusionsschicht und D den Diffusionskoeffizienten in
dieser Schicht angeben. Nimmt man als Grenzbedingung an, daß die Hälfte des
enzymatisch entstandenen Produktes in die Lösung und nicht zur Elektrode
diffundiert, so ergibt sich für eine kinetisch gesteuerte Enzymelektrode als
Elektrodenstrom:

$$i_\mathrm{k} = \frac{nFAdk_2[E_0][S]}{2(K_\mathrm{m} + [S])}$$

Daraus läßt sich das maximale Stromsignal i_{max} angeben, wenn $[S] \gg K_m$ wird:

$$i_{max} = \frac{nFAdk_2[E_0]}{2}$$

Dies ist gleichzeitig auch der maximal zu erwartende Strom, selbst für eine diffusionskontrollierte Elektrode. Daher können i_d und i_k im Fall $K_m > [S]$ folgendermaßen angegeben werden:

$$i_d = \frac{2i_{max}D[S]}{k_2[E_0]d^2}$$

$$i_k = \frac{i_{max}[S]}{K_m}$$

i_d hängt also sowohl von der Dicke d als auch vom Diffusionskoeffizienten D ab und nimmt mit zunehmender Schichtdicke d ab. Dagegen ist i_k unabhängig von D und steigt mit der Schichtdicke d.

In Kap. 9 ist die Kinetik von Enzymen unter Berücksichtigung der Diffusion durch die Enzymschicht behandelt. Dabei wird der dimensionslose Parameter V definiert, das Diffusionsmodul

$$V = \frac{k_2[E_0]d^2}{DK_m}$$

Bei der Betrachtung dieses Parameters wird im wesentlichen die Geschwindigkeit der Enzymreaktion mit der Diffusion durch die Schicht verglichen. Wenn $[E_0] \leq K_m$ oder $d^2 < D$, so wird $V < 1$; unter solchen Bedingungen überwiegt der Einfluß der Enzymkinetik.

Aus der Ableitung von i_k und i_d ist ersichtlich, daß Abweichungen von der kinetischen Kontrolle dann auftreten, wenn d^2 und D vergleichbare Größe besitzen oder wenn hohe Substratkonzentrationen vorliegen. Wenn $V > 1$ wird, arbeitet die Elektrode diffusionskontrolliert. Dann kann der lineare Bereich des Elektrodensignals bis auf $[S] \gg K_m$ ausgedehnt sein, da der Strom nicht mehr durch die Enzymkatalyse kontrolliert wird.

Empirische Ergebnisse zeigen, daß Elektroden mit geringer Enzymaktivität wahrscheinlich enzymatisch kontrolliert sind, ungeachtet der Substratkonzentration [4]. Entsprechend sind Elektroden, die Enzyme mit hoher Aktivität enthalten, eher diffusionsgesteuert, sogar bei Konzentrationen im Bereich des K_m-Wertes [5, 6]. Bei mittlerer Aktivität ist die Arbeit der Elektrode – je nach Versuchsbedingungen – sowohl von der Diffusion als auch von der Enzymkinetik bestimmt.

8.2 Eingeschränkte Diffusion durch eine Membran

Ist eine Elektrode von einer Membran bedeckt, wirkt sie in der Regel als Diffusionsbarriere, wie sie in Kap. 5 beschrieben ist. Dort wird auch behandelt, welche Auswirkungen die Stärke der Membran auf die Ansprechzeit hat [7] und wie sich die Verarmung des elektroaktiven Materials in der Probe auswirkt. In einem Enzym-gekoppelten System kann der Elektrodenstrom im wesentlichen durch drei Prozesse begrenzt werden:

- Diffusion des Sustrates aus der Meßlösung

$$i = nFAV_{max}d[S]$$

wobei $[E_0]$ hoch und $[S] \ll K_m$ ist.
- Diffusion des Substrates innerhalb der Enzymschicht

$$i = \frac{nFAD_s[S]}{d}$$

wobei $[S] \ll K_m$ ist und D_s den Diffusionskoeffizienten in der Enzymschicht angibt.
- Die Enzymreaktion selbst

$$i = \frac{nFAV_{max}d[S]}{2K_m}$$

Abweichungen vom Idealverhalten in Testmessungen lassen sich oft durch die Betrachtung dieser Grenzfälle erklären. Die Permeabilität und die Dicke des Films sind einstellbare Parameter, die der Elektrodenreaktion angepaßt werden können und so den linearen Konzentrationsbereich ändern. Der scheinbare K_m-Wert für ein Enzym hängt z.B. von den Bedingungen bei der Immobilisierung ab und unterscheidet sich oft von dem Wert für das Enzym in Lösung.

8.2.1 Sauerstoff-sensitiver Test

In Analogie zu den Biosensoren mit ganzen Zellen gibt es auch eine große Zahl von Systemen mit isolierten Enzymen, die an eine amperometrische Sauerstoffelektrode gekoppelt sind (Kap. 5). Eine der ersten analytischen Anwendungen, für die die Bezeichnung „Enzymelektrode" eingeführt wurde [8], verknüpfte Änderungen des Sauerstoffpartialdruckes – verursacht durch die enzymkatalysierte Umsetzung – mit der Substratkonzentration:

$$\text{Glucose} + O_2 \xrightarrow{\text{Glucose–Oxidase}} \text{Gluconsäure} + H_2O_2$$

Die Glucose-Oxidase wird in eine Acrylamid-Gelschicht auf einer gasdurchlässigen Membran an einer Sauerstoffelektrode eingeschlossen (Abb. 8.1). In Gegenwart von Glucose wird die Diffusion von Sauerstoff durch die gasdurchlässige Membran zur Elektrode geringer. Wenn die Glucosekonzentration

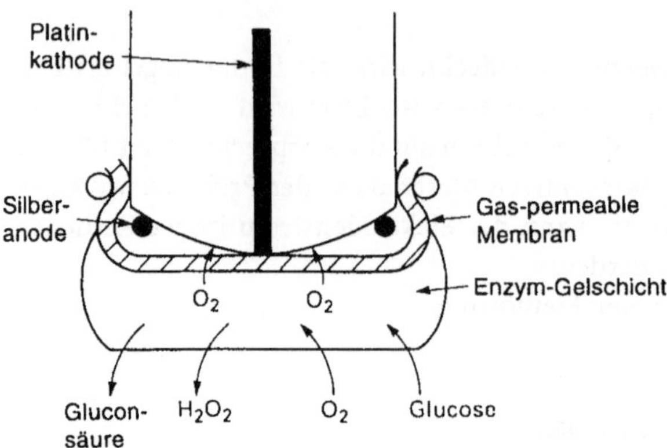

Abb. 8.1. Enzymelektrode mit amperometrischer O_2-Elektrode als Grundsensor.

unter dem scheinbaren K_m-Wert der immobilisierten Glucose-Oxidase liegt und wenn Sauerstoff im Überschuß vorliegt, ist eine lineare Beziehung zwischen der Abnahme des O_2-induzierten Elektrodenstroms einerseits und der Glucosekonzentration andererseits zu verzeichnen.

Ein entsprechender Aufbau zur enzymatischen Bestimmung von Oxalsäure in Urin mit Hilfe von Oxalat-Oxidase ist klinisch interessant zur Diagnose unterschiedlicher Formen von Hyperoxalurie. Prinzipiell stehen für die Oxalsäure-analytik zwei Enzyme zur Verfügung, die Oxalat-Decarboxylase und die Oxalat-Oxidase. Beide Enzyme sind in reiner Form isoliert und charakterisiert worden.

$$(COOH)_2 \xrightarrow{\text{Oxalat–Decarboxylase}} CO_2 + HCOOH$$

$$(COOH)_2 + O_2 \xrightarrow{\text{Oxalat–Oxidase}} 2\,CO_2 + H_2O_2$$

Die Reaktion der Oxalat-Oxidase konnte mit einer Sauerstoffelektrode verfolgt werden, die hinter einer Membran mit dem immobilisierten Enzym liegt [9]. Das Enzym wird über eine Vernetzung mit BSA-Glutardialdehyd an einer Dialysemembran fixiert. Das Elektrodensignal kann optimiert werden, indem dem Puffer EDTA und 8-Hydroxychinolin zugesetzt werden. Dadurch werden Metallionen, insbesondere Ca^{2+}, gebunden, und Oxalat liegt weitgehend in freier Form vor. Hohe Konzentrationen dieser Komplexbildner allerdings inhibieren das Enzym, so daß die Verwendung solcher Verbindungen zur Signalverstärkung optimiert werden muß.

Vergleichsmessungen in Urinproben ergaben zwischen dieser Methode und spektrophotometrischen Bestimmungen einen Korrelationskoeffizienten von 0,95; anders als bei der photometrischen Methode aber ist der Test mit der

Enzymelektrode eine Einschritt-Messung. Diese Elektrode ist über zwei Monate stabil und für mehr als 200 Tests einzusetzen.

Auch andere Substrate lassen sich mit Oxidasen umsetzen und mit entsprechenden Enzymelektroden bestimmen. Zur Frischhaltung von Obst und Gemüse und auch während der Herstellung anderer Lebensmittel und Getränke werden Sulfit-freisetzende Reagenzien eingesetzt; seit einiger Zeit ist allerdings bekannt, das diese in den fertigen Produkten keineswegs so unbedenklich sind wie ursprünglich angenommen. Es besteht daher Interesse an einer Analytik, um niedrige Konzentrationen von Sulfit in Lebensmittelproben nachweisen zu können.

Sulfit reagiert mit Sauerstoff enzymkatalysiert gemäß folgender Gleichung:

$$\text{Sulfit} + O_2 \xrightarrow{\text{Sulfit–Oxidase}} \text{Sulfat} + H_2O_2$$

Sulfit-Oxidase wird in einer Gelmatrix an einer Dialysemembran immobilisiert, die auf der Oberfläche einer Sauerstoffelektrode aufgebracht ist; in diesem Fall wird das Sulfit in der Probe über die Sauerstoffaufnahme bestimmt [48]. Die untere Nachweisgrenze in diesem System beträgt 10 ppm in Lebensmittelproben. Mit Verstärkungstechniken, wie sie später in diesem Kapitel vorgestellt werden, kann eine noch niedrigere Nachweisgrenze erreicht werden.

8.2.2 Betriebsarten der Enzymelektroden

Grundsätzlich kann dieses Modell einer Enzymelektrode für jede beliebige enzymkatalysierte Reaktion eingesetzt werden, die Sauerstoff verbraucht (Tab. 8.1). Oft gibt es jedoch auch alternative Methoden, wobei die Wahl eines Sensors letztlich eher von der Fertigung, der Anwendung und vielen weiteren Faktoren abhängt als vom Analyseprinzip. Ein Beispiel ist die Oxidation von

Tabelle 8.1. Beispiele aus der Literatur für enzymgekoppelte Tests mit Sauerstoff als Meßgröße.

Analyt	Enzym	Charakteristische Ansprechzeit (min)	Stabilität (d)
Glucose	Glucose-Oxidase	2	> 30
Cholesterol	Cholesterol-Oxidase	3	7
Monoamine	Monoamin-Oxidase	4	14
Oxalat	Oxalat-Oxidase	4	60
Saccharose	Invertase	6	> 14
Wasserstoffperoxid	Katalase	2	30
Harnsäure	Uricase	2	> 14
Phosphat	Pyruvat-Oxidase	7	—

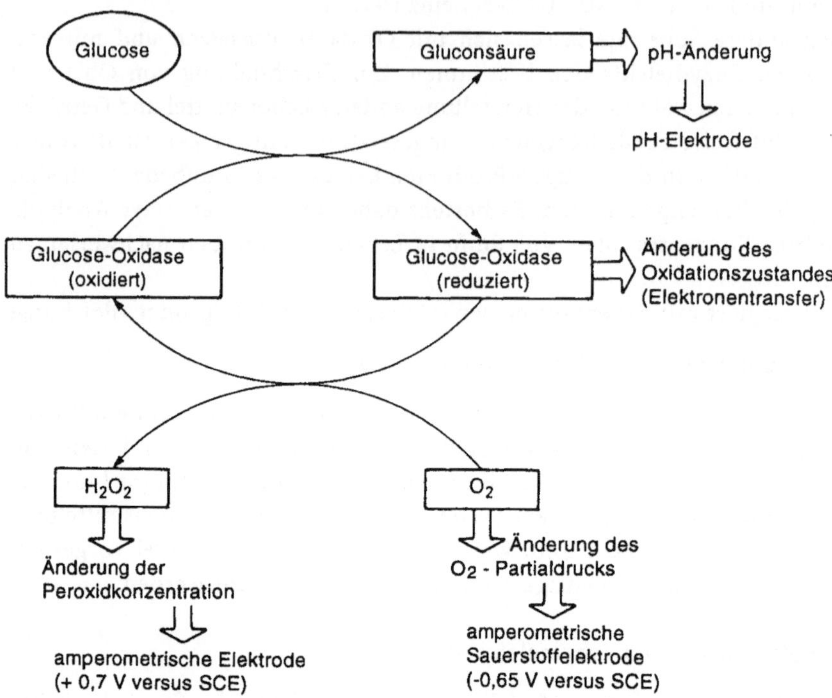

Abb. 8.2. Oxidation von Glucose mit Glucose-Oxidase als Katalysator: Meßgrößen für einen Glucosetest.

Glucose, die von Glucose-Oxidase katalysiert wird (Abb. 8.2). Die Reaktion führt zu sekundären Änderungen mehrerer Parameter, die auch meßbar sind. Der Elektronentransport von Glucose zum Enzym bewirkt u.a.:

- Umwandlung von Glucose zu Gluconsäure, d.h. lokale pH-Änderungen, die von einer pH-Elektrode aufgezeichnet werden können.
- Reduktion von Sauerstoff zu Wasserstoffperoxid, d.h. Minderung des Sauerstoffpartialdrucks und Anstieg der Wasserstoffperoxid-Konzentration. Wasserstoffperoxid kann über eine Farbstoffreaktion [11] oder elektrochemisch an einer Platinanode bestimmt werden, die auf 0,7 V gegen SCE polarisiert ist.

Die Wasserstoffperoxid nachweisende Enzymelektrode kann also mit den gleichen Bauteilen konstruiert werden wie eine Sauerstoff-gekoppelte Enzymelektrode. Der einzige Unterschied besteht darin, daß die Platinelektrode zur Messung von H_2O_2 auf +0,7 V gegen SCE polarisiert ist (d.h. das Redoxpotential von H_2O_2) statt auf -0,65 V (d.h. das Redoxpotential von Sauerstoff). So läßt sich z.B. die oben beschriebene Sulfitbestimmung mit Sulfit-Oxidase auch über das Produkt H_2O_2 amperometrisch erfassen. Wegen der guten Korrelation dieser Methode mit der herkömmlichen Titration läßt sich ein solcher Biosensor in der Lebensmittelanalytik einsetzen [9].

Außer für Glucose-Oxidase ist Sauerstoff auch Elektronenakzeptor für eine ganze Reihe anderer Oxidasen. In Tab. 8.2 sind einige Analyten zusammengestellt, die über die Reoxidation ihrer jeweiligen Oxidasen durch molekularen Sauerstoff und das so entstehende Peroxid gemessen werden können.

Tabelle 8.2. Bestimmung von Oxidase-Substraten mit polarographischen Enzymelektroden via Wasserstoffperoxid.

Analyt	Enzym	Enzymquelle
Glykolsäure L-Lactat D-Lactat (+)-Mandelat	Glykolat-Oxidase	Spinat, Rattenleber
L-Lactat	Lactat-Oxidase	*Mycobacterium smegmatis*
D-Glucose	Glucose-Oxidase	*Aspergillus niger*
2-Dioxy-D-glucose 6-Dioxy-6-fluoro-D-glucose 6-Methyl-D-glucose	Glucose-Oxidase	*Penicillium amagasakienses*
D-Glucose D-Galactose D-Mannose	Hexose-Oxidase	Bienenhonig *Penicillium notatum*
L-Gulono-λ-lacton L-Galactonolacton D-Mannonolacton D-Altronolacton	L-Gulonolacton-Oxidase	Rattenleber
D-Galactose Stachyose Lactose	Galactose-Oxidase	*Dactylium dendroides* *Polyporus circinatus*
L-2-Hydroxysäure	L-2-Hydroxysäure-Oxidase	Nierenrinde (Schwein)
Formaldehyd Acetaldehyd	Aldehyd-Oxidase	Leber (Schwein, Kaninchen)
Purin Hypoxanthin Benzaldehyd Xanthin	Xanthin-Oxidase	Kuhmilch, Leber (Schwein)
Pyruvat	Pyruvat-Oxidase	
Oxalat	Oxalat-Oxidase	

Tabelle 8.2 (Fortsetzung)

Analyt	Enzym	Enzymquelle
L-4,5-Dihydroorotat	Dihydroorotat-Dehydrogenase	*Zymobacterium orioticum*
D-Aspartat D-Glutamat	D-Aspartat-Oxidase	Kaninchenniere
L-Methionin L-Phenylalanin 2-Hydroxysäuren L-Lactat	L-Aminosäure-Oxidase	Diamantklapper-schlange Mokassinschlange Rattenniere
D-Alanin D-Valin D-Prolin	D-Aminosäure-Oxidase	Niere (Schwein)
Monoamin Benzylamin Octylamin	Monoamin-Oxidase	Plasma, Placenta Rind
Pyridoxaminphosphat	Pyridoxaminphosphat-Oxidase	Kaninchenleber
Diamine Spermidin Tyramin	Diamin-Oxidase	Plasma (Rind, Schwein) Erbsenkeimlinge
Sarcosin	Sarcosin-Oxidase	*Macaca mulatta,* Mitochondrien aus Rattenleber
N-Methyl-L-Aminosäuren	*N*-Methyl-L-Aminosäure-Oxidase	
Spermin Spermidin	Spermin-Oxidase	*Neisseria perflava,* *Serratia marcescens*

Nitroethan, aliphatische
  Nitroharnsäure
	Nitroethan-Oxidase,
	  Urat-Oxidase
		Schweineleber,
		  Rinderniere

Sulfit	Sulfit-Oxidase	Rinderleber
Ethanol und Methanol	Alkohol-Oxidase	Basidiomyceten
D-Glucose	Kohlenhydrat-Oxidase	Basidiomyceten
D-Glucose D-Glucopyranose D-Xylopyranose 1-Sorbose-D-gluconolacton		*Polyporus obtusus*
NADH	NADH-Oxidase	Mitochondrien aus Rinderherz

8.2.3 Elektrode mit membrangebundenem Enzym

In einem schon seit längerem bekannten Prinzip zur Messung von Peroxid ist L-Aminosäure-Oxidase in einer Cellophan-Doppelschicht („Sandwich") vor einer Platinanode eingeschlossen [12]. Diese Elektrode ist für Leucin, Phenylalanin, Methionin, Tryptophan und Norleucin spezifisch; sie gibt kein Signal mit Alanin oder Glycin oder mit Molekülen, die keine Aminosäuren sind, wie Saccharose oder Glucose. Wie zu erwarten ist, hängt die Ansprechzeit von der Stärke der Membran ab. Eine Elektrode mit einer 0,8 mm dicken Dialysemembran zeigt eine Ansprechzeit von 8 min; Verwendung von 0,1 mm starkem Cuprophan reduziert die Ansprechzeit auf 3 min. Gute Erfolge erzielt man mit einer bakteriellen Cellulosemembran, mit der sich die Langzeitstabilität im Vergleich zur Cuprophanmembran beträchtlich erhöht [13]. Wird das Enzym in einer Celite-Paste eingebettet direkt auf die Elektrode aufgetragen, geht die Ansprechzeit sogar auf 30 s zurück. Allerdings ist dieser Aufbau so instabil, daß die Enzymelektrode für einen Biosensor ungeeignet ist.

8.3 Glucose-Test

Viele Arbeiten zur Entwicklung eines Biosensors haben die Bestimmung von Glucose zum Ziel, wobei sich die Erkenntnisse aber auch auf viele Systeme mit Oxidoreduktasen anwenden lassen. Der Schwerpunkt liegt nicht ohne Grund auf diesem Gebiet; einerseits bietet sich hier im klinischen Bereich ein wirtschaftlich nutzbares Forschungsmodell, andererseits ist Glucose eines der am häufigsten eingesetzten Substrate für industrielle Bioreaktoren. Daher ist ein breiter Markt für die Glucose-Überwachung vorhanden. Die größte Bedeutung hat wohl die Suche nach besseren Methoden zur Überwachung der Glucosewerte bei Diabetes-Patienten. Diabetes mellitus stellt ein weltweites Gesundheitsproblem dar; die Erkrankung geht mit einem Mangel an Insulin einher, so daß der Blutzuckerspiegel nicht reguliert werden kann. Etwa 2 % der Bevölkerung leiden an Insulinmangel, wobei die über Vierzigjährigen stärker betroffen sind. In chronischen Fällen kann mit einer Insulintherapie behandelt werden, bei der üblicherweise mehrmals am Tag Insulin injiziert, also diskontinuierlich appliziert wird. Eine Erleichterung für den Patienten wäre ein implantierbares Depot zur Versorgung mit Insulin in Verbindung mit einem Glucose-Sensor. Aber welche Technik der Insulintherapie auch angewendet wird, immer stellt die Bestimmung des Blutzuckergehaltes eine wesentliche Voraussetzung dar (s. Kap. 1).

8.3.1 Sauerstoff-Limitierungen bei Oxidasen

In vielen früheren Arbeiten ging es im wesentlichen darum, Glucose in Gewebe und im Gehirn zu bestimmen, so z.B. Schwankungen des Glucosespiegels an der Gehirnoberfläche nach intravenöser Insulin-Injektion [14, 15]. Eine Weiterentwicklung sind Platin-Nadelelektroden (Abb. 8.3) mit immobilisierter Glucose-Oxidase, bei denen das Enzym durch Eintauchen in eine 1 %ige Lösung und anschließende Trocknung fixiert wird [16]. Die Elektrode wird auf +0,6 V gegen Ag/AgCl polarisiert und reagiert auf Peroxid. Ein Reservoir im Inneren der Nadel gewährleistet eine gleichbleibende Sauerstoffversorgung. Mit dieser Verbesserung kann die Enzymelektrode auch in sauerstoffarmen Geweben verwendet werden, ohne daß Fehler durch zu niedrige Ablesung auftreten. Tatsächlich wurde in einer Untersuchung über die Heilung von Bindegeweben eine frühere Annahme revidiert, nämlich daß die Glucosekonzentration bei abnehmender Durchblutung des Gewebes ebenfalls sinkt. Vielmehr wurde deutlich, daß Schwankungen der Sauerstoffspannung dazu führen können, daß die Produktion von Wasserstoffperoxid in der enzymatischen Reaktion nicht die Glucosekonzentration widergibt, weil sie durch die Sauerstoffversorgung begrenzt ist.

Die Unabhängigkeit von Sauerstoff und die Störung des Signals durch andere elektroaktive Substanzen, vor allem Ascorbat, sind die beiden wesentlichen Faktoren, denen bei der Entwicklung eines stabilen Glucosesensors Aufmerksamkeit gewidmet werden muß.

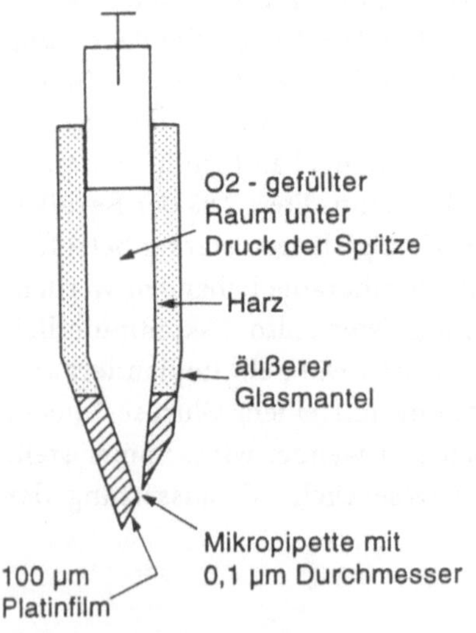

Abb. 8.3. Enzym-Nadelelektrode mit Sauerstoffreservoir.

Ist einmal ein Parameter definiert, dessen Erfassung die Korrelation mit der Konzentration des Analyten erlaubt, muß seine Abhängigkeit von den Testbedingungen detailliert geprüft werden. Beide bereits vorgestellte Techniken für Oxidase-gekoppelte Elektroden – O_2-Verbrauch und H_2O_2-Produktion – sind auf einen ständigen Sauerstoffüberschuß angewiesen. In den folgenden Abschnitten werden Möglichkeiten aufgezeigt, diese Sauerstoffversorgung zu sichern.

8.3.2 Sauerstoff-stabilisierte Glucosebestimmung

Die Sauerstoffkonzentration in manchen Kulturmedien entspricht dem Sättigungswert der Luft. In vielen Medien findet man jedoch viel geringere Konzentrationen vor.

Das Enzym Katalase bewirkt folgende Umsetzung:

$$H_2O_2 \xrightarrow{\text{Katalase}} H_2O + 1/2\, O_2$$

In dem Versuch, die Sauerstoffversorgung einer Enzymelektrode zu stabilisieren, wurde Katalase zusammen mit Glucose-Oxidase in der Enzymschicht einer Sauerstoff-Elektrode fixiert. Auf diese Weise wurden bis zu 50 % des Sauerstoffs ersetzt, der bei der enzymatischen Umsetzung von Glucose verbraucht wurde (Abb. 8.4a). Trotzdem liegt der lineare Bereich für Glucose in einer belüfteten Kultur von *Candida utilis* noch unter $0,3\,\text{g}\,\text{L}^{-1}$, die obere Nachweisgrenze liegt bei $0,75\,\text{g}\,\text{L}^{-1}$, also weit entfernt von den tatsächlich vorhandenen $2\text{-}3\,\text{g}\,\text{L}^{-1}$ [17].

Ein geschickter Ansatz zur optimalen Sauerstoffversorgung der enzymatischen Reaktion ist in Abb. 8.4b gezeigt: Sauerstoff wird hier durch eine Feedback-Kontrolle dem Verbrauch entsprechend kontinuierlich nachgeliefert [17].

Die Enzyme sind an einem Platinnetz an der Spitze einer Sauerstoffelektrode immobilisiert. In diesem Fall wird eine galvanische Sauerstoffelektrode verwendet; die Technik sollte allerdings allgemein anwendbar sein. Das Platinnetz ist Bestandteil einer Elektrolysezelle (Abb. 8.4c), wobei der an der Sauerstoffelektrode gemessene Sauerstoffverbrauch in Form einer Feedback-Kontrolle den Elektrolysestrom regelt. Dadurch wird eine dem Verbrauch äquivalente Menge Sauerstoff durch Elektrolyse von Wasser nachgeliefert.

$$H_2O_2 \xrightarrow{\text{Katalase}} H_2O + 1/2\, O_2$$
$$\downarrow \text{(Anode)}$$
$$1/2\, O_2 + 2\,H^+ + 2\,e^-$$
$$\downarrow +2e^-$$
$$H_2$$

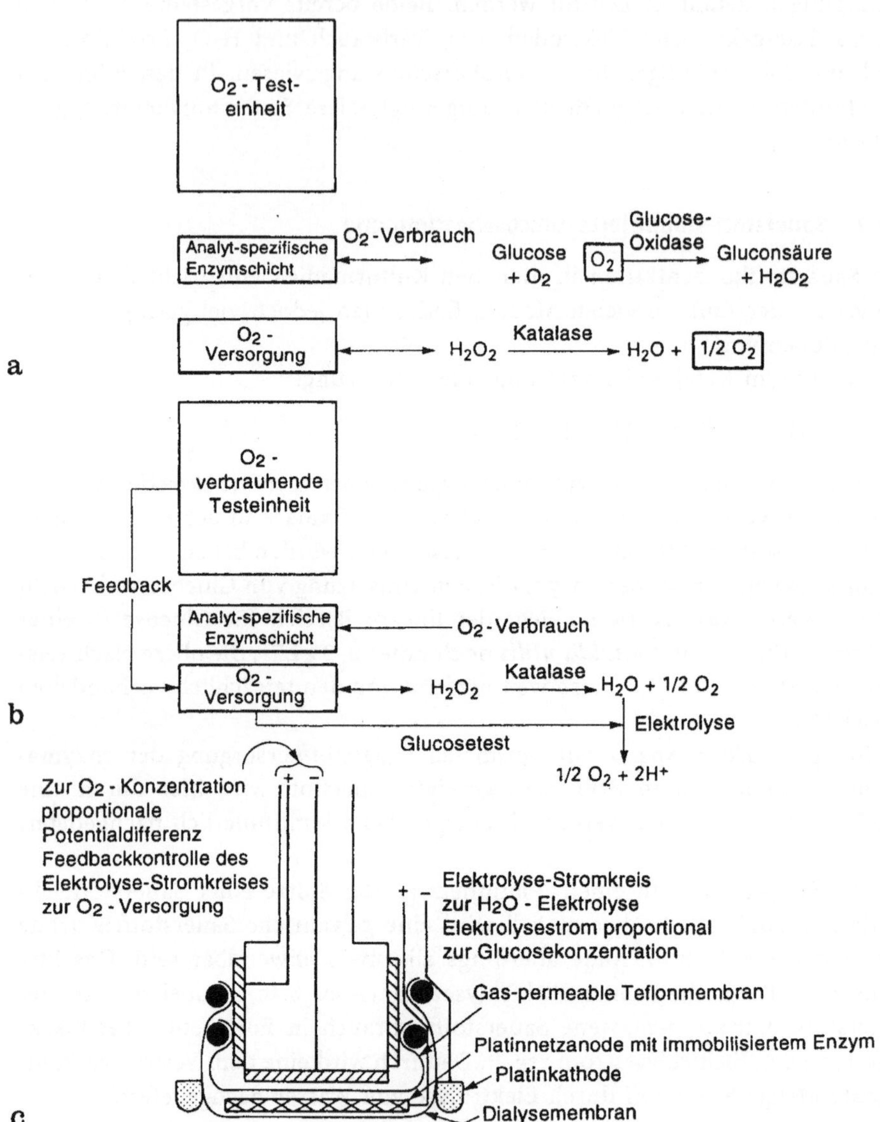

Abb. 8.4. a Funktionsprinzip einer O_2-stabilisierten Elektrode mit Katalase; **b** Funktionsprinzip einer O_2-stabilisierten Elektrode mit H_2O-Elektrolyse; **c** Aufbau einer O_2-stabilisierten Enzymelektrode.

Inwiefern eine solche Regenerierungsmethode angewendet werden kann, hängt weitgehend davon ab, ob unerwünschte elektrolytische Reaktionen vermieden werden können – z.B. die Zerstörung des Enzyms selbst. Unter Idealbedingungen entspricht der Transfer von zwei Elektronen im Elektrolysestrom einem Mol enzymatisch oxidierter Glucose.

Von Nebenreaktionen einmal abgesehen, muß unter Idealbedingungen in diesem Fall auch gewährleistet sein, daß kein Sauerstoffaustausch zwischen der Elektrode und der Probe stattfindet. Die Sauerstoffproduktion durch Elektrolyse erfordert tatsächlich allerdings ein Redoxpotential, bei dem wahrscheinlich viele störende Reaktionen ablaufen.

$$2\,H_2O \longrightarrow O_2 + 4\,H^+ + 4\,e^- \qquad (E^0 + 1,23\,V)$$

Selbst wenn diese verhindert werden können, wird doch die Entstehung von gasförmigem H_2 oder O_2 allein wegen der Bildung von Gasblasen an der Elektrode beträchtliche Störungen verursachen. Zwar läßt sich mit dieser Technik der Meßbereich des Sensors auf $2\,g\,L^{-1}$ Glucose im Kulturmedium erweitern, doch ist der Aufbau insgesamt wohl zu komplex und die elektrolytische Spaltung von Wasser für viele Anwendungen nicht realisierbar.

Andere Konzepte versuchen, Verbesserungen von Sauerstoff-verbrauchenden Systemen dadurch zu erreichen, daß sie weniger abhängig von der Sauerstoffkonzentration werden:

- Sauerstoff entsteht auch bei der elektrochemischen Oxidation von Wasserstoffperoxid, z.B. im Verlauf der Testverfahren. Eine wirkungsvollere Rückführung von Sauerstoff könnte man durch die Optimierung der Sammelleistung des Detektors an der Platinanode erreichen, so daß der elektrochemisch verursachte Sauerstofffluß dem Peroxidfluß äquivalent ist. Bei der bisher vorgestellten geometrischen Gestaltung der Elektrode gehen allerdings mindestens 50 % des H_2O_2 an die Probelösung verloren und stehen daher nicht für das Recycling zur Verfügung.
- Eine leitfähige Matrix, die das immobilisierte Enzym enthält und auf $+0,6\,V$ polarisiert ist (ähnlich wie in Abb. 8.5), kann als Modell gelten, in dem der Diffusionsweg für das enzymatisch gebildete Peroxid unendlich klein ist. Sauerstoff könnte also unmittelbar und ohne Probenverluste an der Leitermatrix, die als Elektrode fungiert, regeneriert werden.

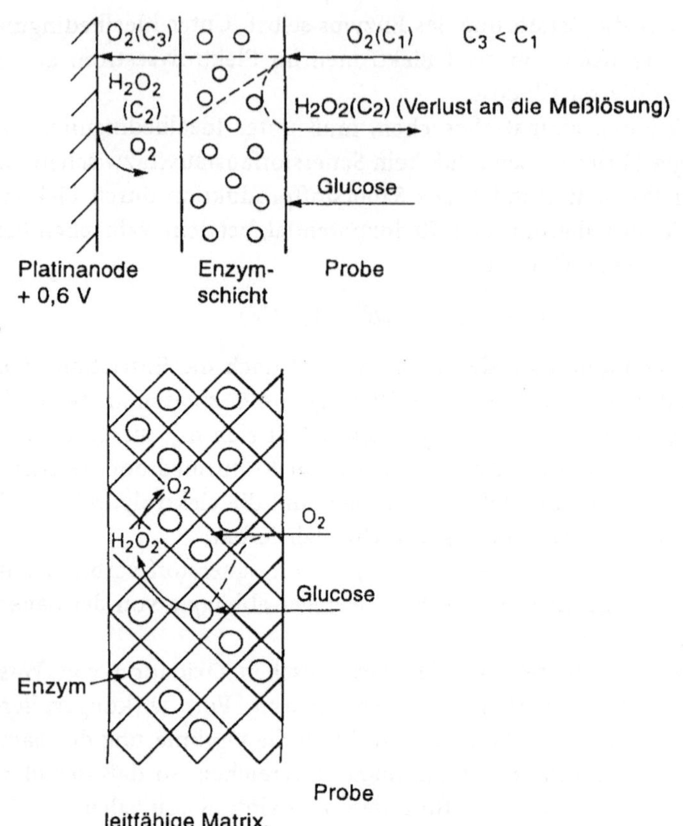

Abb. 8.5. Vergleich von Substrat- und Produktübergängen in einer Elektrode mit Enzymmembran **a** und einer „ideal" leitenden Enzymmatrix **b**.

8.4 Elektrochemische Verfahren zur Präparation der Immobilisierungsmatrix

In einem ganz anderen Ansatz wurde untersucht, wie elektrochemisch abgelagerte, leitfähige Polymere genutzt werden können. Dabei erwiesen sich Polypyrrol und Polyanilin als geeignete Membranmaterialien für die Immobilisierung von Enzymen. Solche polymeren Filme sind vor allem deswegen interessant, weil sie je nach Oxidationszustand in isolierender oder leitender Form vorliegen. Die Filme entwickeln sich durch Elektrooxidation eines Monomeren oder seines Derivates. Struktur und Redoxeigenschaften des polymeren Films können beeinflußt werden, und zwar durch die Wahl des Derivates, des Elektrolyten und des Lösungsmittels für die Elektropolymerisation.

Polypyrrolfilme [18, 19] sind permeabel und anscheinend ideal für die Immobilisierung von Enzymen geeignet. Die Elektropolymerisation von Pyrrol aus einer wäßrigen Lösung, die Glucose-Oxidase enthält, führt zu einem Polypyrrolfilm, der ebenfalls das Enzym enthält. Man nimmt an, daß die Elektrooxidation über ein reaktives π-Radikal abläuft, das als Kation mit dem benachbarten Pyrrol zu einer überwiegend α, α'-verknüpften Kette reagiert (Abb. 8.6). Das so entstandene Polymer lagert Anionen aus dem umgebenden Elektrolyten an, weist aber insgesamt eine positive Nettoladung auf.

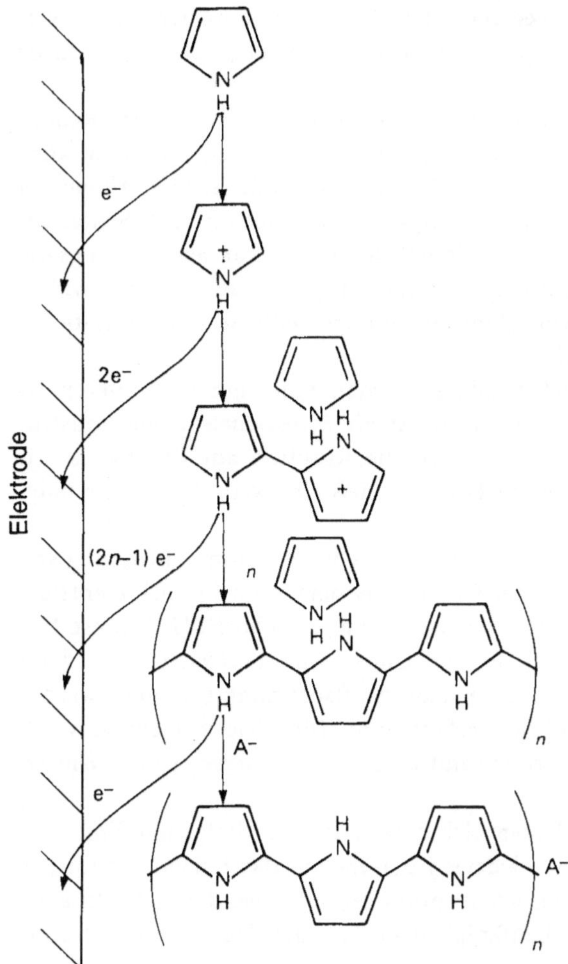

Abb. 8.6. Mechanismus der Beschichtung mit einem Polypyrrolfilm durch elektrolytische Oxidation von Pyrrol.

Die Elektrode reagiert auf Glucosekonzentrationen, die durch Peroxid-Oxidation bei 0,8 V bestimmt werden. Allerdings werden Polypyrrolfilme bei diesem Redoxpotential und in Gegenwart von Peroxid abgebaut [20], so daß eine indirekte Methode angewendet werden muß, die auf der Bestimmung von H_2O_2 über eine I_2-Reduktion beruht:

$$H_2O_2 + 2\,H^+ 2\,I^- \xrightarrow{\text{Molybdat}} I_2 + 2\,H_2O$$
$$I_2 + 2\,e^- \xrightarrow{0,2\,V} 2\,I^-$$

Bei einem Redoxpotential von über 0,2 V gegen SCE, das für die Bestimmung von I_2 erforderlich ist, bleibt Polypyrrol stabil, aber die Einführung dieses zusätzlichen Schrittes erfordert wegen der Peroxidbestimmung den Zusatz weiterer Reagenzien zur Probelösung. Damit ist dies kein reagenzloser Biosensor mehr.

Günstiger wäre es, ein Pyrrolderivat zu verwenden, das bei dem Redoxpotential der Peroxid-Oxidation nicht abgebaut wird [21–23]. In einem ähnlichen Ansatz auf der Basis einer Platin-Farbstoffelektrode ist kein Abbau bei einem Testpotential von 0,7 V gegen Ag/AgCl zu beobachten [24]. Schon geringfügige Änderungen der Polymerisationsbedingungen können allerdings die Eigenschaften des resultierenden Polymers verändern, so daß scheinbar widersprüchliche Ergebnisse wohl vor allem auf unterschiedliche Polymerisationsverfahren zurückzuführen sind.

In einer ähnlichen Enzymelektrode geht man von dem Monomeren N-Methylpyrrol aus [25, 26]. Die Elektrode ist als Scheibenelektrode konstruiert und auf 0,95 V gegen SCE polarisiert; die Reaktion auf Glucose ist bis 22 mmol L^{-1} linear, und bei diesem Potential ließ sich kein Abbau des polymeren Films feststellen.

Auch Polyanilin konnte erfolgreich als Matrix für die Immobilisierung von Glucose-Oxidase verwendet werden. Durch Polymerisation bei pH 7 entsteht ein nicht-leitender Polyanilin-Film, der das Enzym einschließt [27]. Diese Matrix ist für Sauerstoff permeabel, so daß Glucose im Bereich von 10^{-4} bis $5 \cdot 10^{-3}$ mol L^{-1} über die Abnahme der Sauerstoffspannung bestimmt werden kann, die bei -0,5 V gegen Ag/AgCl erfaßt wird. Die gleiche Technik wurde auch mit Platinfaser-Mikroelektroden mit einem Durchmesser von 50 μm erfolgreich getestet.

Bei niedrigerem pH-Wert lassen sich zwar leitfähige Polyanilinfilme herstellen; allerdings wird bei sehr niedrigen pH-Werten das Enzym zerstört, so daß bezüglich des pH-Wertes ein Kompromiß gefunden werden muß. In einer Polyanilinmatrix mit besserer Leitfähigkeit konnte die Glucosekonzentration mit einem Peroxid-Test erfaßt werden [28].

Tryptophan polymerisiert elektrochemisch aus einer sauren Lösung in Gegenwart eines Vernetzers zu einem Polytryptophanfilm, der zur Immobilisierung von Peroxidase an einer Glaskohleelektrode verwendet wurde [29]. Dieser Film ist ebenfalls elektrisch leitend.

In jüngster Zeit werden zur Entwicklung miniaturisierter Biosensoren neuartige Immobilisierungsmethoden erprobt und eingesetzt, die mit Hilfe rechnergestützter Positionierung des Trägers kleinste Mengen einer Membranmischung aufdrucken (Printing-Techniken). Auch hierbei werden leitfähige Polymere wie Polypyrrol verwendet [30]. Ebenfalls in einem Verfahren zur Fertigung miniaturisierter Sensoren wird das Enzym auf elektrochemischem Weg auf die Leiteroberfläche aufgelagert, ohne daß ein Polymer als Matrix benötigt wird [31]. Als Träger wird platiniertes Platin („Platinschwarz") verwendet; die Enzymmoleküle werden in die Poren der porösen Oberfläche eingelagert.

In Hinblick auf die vorangegangenen Diskussionen über Membranen als Diffusionsbarriere (s. Kap. 5) ist es auch von Interesse, daß der beschriebene Sensor mit Polypyrrol [24] einen K_m-Wert von 31 mmol L^{-1} für Glucose/Glucose-Oxidase aufweist. Dieser Wert ist vergleichbar mit dem für das gelöste Enzym. Der Film muß also ausreichend porös sein, so daß er keine Diffusionsbarriere darstellt. Es wäre auch möglich, durch Veränderung der Bedingungen für die Elektropolymerisation einen Film herzustellen, mit dem der lineare Bereich für den Glucosenachweis erweitert und die Abhängigkeit von Sauerstoff reduziert wird.

8.5 Glucose-Überwachung in situ

Für eine geregelte Insulin-Therapie wurden auch implantierbare Glucosesensoren in Betracht gezogen [32]. In Tierversuchen konnte allerdings keine ausreichende Überwachung erreicht werden, z.T. wohl wegen ungenauer Bestimmungen der Glucosewerte, die bis zu 50 % Abweichungen zeigten. Diese Beobachtung ist nicht ungewöhnlich, wenn die Messungen in physiologischer Umgebung gemacht werden, wo die Sauerstoffkonzentrationen niedriger sind als bei in vitro-Tests, wo dem K_m-Wert des Enzyms entsprechend für den erforderlichen O_2-Bedarf gesorgt werden kann.

8.5.1 Nadelelektroden

Für die Entwicklung eines Sensors, der sowohl in vitro als auch in vivo arbeiten soll, muß die Möglichkeit einer lokalen Reaktion an dem Sensor selbst berücksichtigt werden. Miniaturisierte nadelförmige Sensoren sind, anders als die flachen, für Implantationen am besten geeignet. Zwei Arbeitsgruppen entwickelten unabhängig voneinander praktisch das gleiche Design: Nadelelektroden werden aus einer Platindraht-Anode hergestellt, in das Zentrum einer

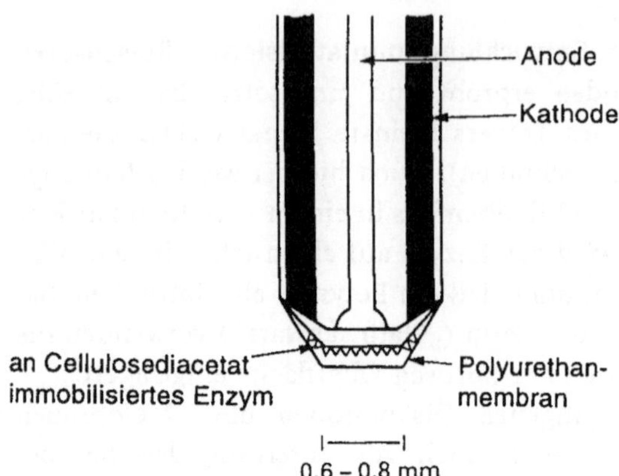

Abb. 8.7. Nadelsensor für in-vitro-Bestimmungen.

zylindrischen Kathode eingesetzt und an der Spitze im Sandwich-Verfahren mit einer Enzymmatrix überzogen (Abb. 8.7).

In dem einen Fall ist ein Platindraht von 50 μm in eine Röhre aus rostfreiem Stahl mit einem Durchmesser von 0,25 mm montiert, die als Referenz dient [33]. Die Elektrode wird mit einer 0,5-0,6 μm starken Polysulfonmembran überzogen, die durch einen Tauchüberzug aus einer Dimethylsulfoxid-Lösung präpariert wird. An dieser Membran ist das Enzym durch Vernetzung mit Glutardialdehyd immobilisiert. Die so entstandene Enzymelektrode reagiert auf Glucose über den Nachweis von Peroxid an der auf +0,6 V polarisierten Platinelektrode. Sie zeigt eine Ansprechzeit von nur 0,4 s, allerdings abhängig von der Membranstärke und der Enzymbeladung. Bei einem Sauerstoffpartialdruck von 100 mm Hg wird bei Konzentrationen über 2 mmol L^{-1} Glucose eine Abhängigkeit von Sauerstoff meßbar.

Der lineare Bereich kann allerdings um das 10 fache vergrößert werden, indem eine Diffusionsbarriere in Form einer äußeren Membran aus Polyurethan eingesetzt wird. Sie läßt sich durch einen Tauchüberzug aus einer Tetrahydrofuran-Lösung aufbringen. Dieser Vorteil geht zwar zu Lasten der Ansprechzeit, aber die resultierende Ansprechzeit von 10-60 s ist immer noch ausreichend für eine Anwendung in unverdünntem Blut, auch in venösem Blut; die Unabhängigkeit von Sauerstoff konnte allerdings nicht so weit ausgedehnt werden, daß das System auch in sauerstoffarmen Geweben angewendet werden kann.

Die Abhängigkeit von Sauerstoff kann also durch eine Diffusionsbarriere reduziert werden. Je dicker die Membran ist, desto günstiger ist die Sauerstoff-Unabhängigkeit, desto größer wird aber die Ansprechzeit.

Tabelle 8.3. Vergleich von zwei Glucose-Nadelelektroden für in-vivo-Bestimmungen.

Parameter	Scichiri et al. (1984)	Churchouse et al. (1986)
Größe		
Durchmesser	0,4-0,8 mm	0,25 mm
Länge	20 mm	
Semipermeable Außenmembran	Polyurethan	Polyurethan
Enzymimmobilisierung	Vernetzung mit Glutardialdehyd	Vernetzung mit Glutardialdehyd
Gaspermeable		
Innenmembran mit immobilisiertem Enzym	Cellulosediacetat	Polyethersulfon (0,5-6 μm)
Anode	Pt (0,2 mm)	Pt (50 μm)
Kathode	Ag	rostfreier Stahl
Polarisationsspannung	+ 0,6 V	+ 0,65 V vs. Ag/AgCl
Elektrolyt	Körperflüssigkeiten	Körperflüssigkeiten, Phosphatpuffer
Elektrodenmaterial	Glas	Teflon
Ansprechzeit	15-25 s	10-60 s
Konzentrationsbereich	0-27,5 mmol L^{-1}	15-70 mmol L^{-1}
Drift	0, 8±1,3 % in 24 h	20 % in 6 Wochen
O_2-Abhängigkeit	0,1 % pro mm Hg pO_2	

Bei einer Nadelelektrode mit vergleichbarer Leistung [34, 35] ist die Bauweise im wesentlichen die gleiche wie in dem oben beschriebenen System, nur wird die innere, gasdurchlässige Membran als Tauchüberzug von Celluloseacetat aus Aceton-Ethanol hergestellt. Eine Alternative zur Immobilisierung mit Glutardialdehyd ist die Vernetzung der Glucose-Oxidase in einem Poly(vinylpyridin)-Komplex aus [Os(*bis*-bipyridin)$_2$Cl]$^{+1/+2}$, der einen Elektronentransfer mit dem Redoxzentrum des Enzyms erlaubt (vergl. Abschn. 5.13) [36] (Tab. 8.3).

Verwendet man eine diffusionslimitierende Membran, die für Sauerstoff eine größere Durchlässigkeit zeigt als für Glucose, so läßt sich die Abhängigkeit der Glucosemessung vom Sauerstoffpartialdruck herabsetzen. Dadurch vergrößert sich der lineare Bereich des Sensors. Bei implantierbaren Sensoren muß diese Membran biokompatibel sein, eine erfolgreiche Anwendung über einen längeren Zeitraum ist sonst nicht möglich.

Der Sensoraufbau erwies sich im Test in subkutanen Geweben von zuckerkranken und gesunden Hunden und Menschen sowie in der Drosselvene von Hunden als Sauerstoff-unabhängig. Allerdings sinkt das Elektrodensignal innerhalb von drei Tagen um ungefähr 25 %; gleichzeitig steigt die Ansprechzeit. Elektronenmikroskopische Scanneraufnahmen weisen darauf hin, daß sich Proteine auf der Sensoroberfläche abgelagert haben. Eine solche Ablagerung macht die Langzeitanwendung implantierbarer Sensoren unmöglich. Dieses Problem muß gelöst werden, bevor an eine Anwendung der Implantate zu denken ist; eine lange Lebensdauer ist in jedem Fall Voraussetzung für ihre therapeutische Nutzung.

Eine Membran mit verbesserter Kompatibilität aus 2-Methacryloyl-oxyethyl-phosphorylcholin wurde für in situ-Messungen erprobt; mit dem Sensor konnten über 7 Tage kontinuierliche Messungen ohne Nachjustieren vorgenommen werden, daran anschließend weitere 14 Tage unter Kalibrierung in situ [37].

Ein Glucose-Nadelsensor auf der Basis einer neuartigen O_2-Elektrode ist zunächst als Prototyp entwickelt worden [38]. Die Elektrode besteht aus anodisch oxidiertem Titan und kann sowohl zur O_2-Bestimmung als auch zur Glucosebestimmung eingesetzt werden. Bei einer Weiterentwicklung dieses Typs sollte eine Kopplung mit einem artifiziellen Pankreassystem möglich werden.

Nach einer Abwandlung des Systems durch Kombination mit einem Fernmeßgerät [35] wurden über kurze Zeiträume Versuche mit einem Glucosesensor durchgeführt, der an einen VHF-Transmitter angeschlossen und in das subkutane Gewebe im Unterarm eines zuckerkranken Patienten implantiert wurde. Diese kontinuierliche Überwachung des Glucosespiegels ergab beträchtliche Schwankungen des Blutzuckergehaltes im Verlauf eines Tages; ein offensichtlicher Widerspruch zu der üblicherweise durchgeführten Insulintherapie. Über die vom Sensor empfangene Rückkopplung ist es möglich, in Verbindung mit einer künstlichen Bauchspeicheldrüse Insulin und Glucose nach Bedarf zu dosieren. Dieses Verfahren ermöglicht eine bessere Therapie bei Diabetes-Patienten als die übliche Behandlung mit einzelnen Insulindosen in mehreren, über den Tag verteilten Einzeldosen.

Ein weiterer Schritt in dieser Entwicklung sind Glucosesensoren, deren Enzymkomponente ausgetauscht werden kann [39, 40]. Dieser Austausch ist auch bei einem Implantat, also in situ ohne chirurgische Entfernung möglich und verlängert dadurch die Arbeitsstabilität des Sensors auf mindestens zwei Monate bei dreimaligem Austausch des Enzyms [40].

Allerdings verursacht jede Infusion von Insulin, auch unter der Kontrolle eines Regelkreises, Konzentrationsänderungen von Intermediärprodukten des Stoffwechsels wie Lactat, Pyruvat, Alanin usw. Möglicherweise sind es sogar andere Metabolite als der Blutzucker, die für eine Normalisierung des Stoffwechsels bei Diabetes-Patienten benötigt werden. In einem Fall führte beispielsweise die Infusion von Insulin zu einer raschen Rückkehr der Glucosekonzentration zu normalen Werten, aber zu einem Ansteigen des L-Lactat-Spiegels [41]. Eine wirklich zufriedenstellende Insulintherapie könnte die Entwicklung von Algorithmen bedeuten, die auf multiple analytische Signale zurückgehen.

8.6 Signalverstärkung

Sieht man einmal von dem methodischen Fehler ab, der bei der Glucosemessung in Geweben mit niedriger Sauerstoffspannung zu verzeichnen ist, so kann durch den Betrieb des Sensors selbst ein Sauerstoffmangel und infolgedessen ein Sauerstoffgradient in diesem Gewebe verursacht werden. Darum wirkt es sich günstig aus, den Sensor so klein wie möglich zu halten und so den Sauerstoffverbrauch des Sensors auf ein Minimum zu beschränken. Aus der Beziehung für die Stromdichte I einer amperometrischen Elektrode,

$$I = i/A = nFkC$$

wobei
$A =$ Elektrodenfläche
$i =$ Strom
$n =$ Anzahl der übertragenen Elektronen
$k =$ Geschwindigkeitskonstante
$C =$ Konzentration der elektroaktiven Substanz

ist allerdings ersichtlich, daß eine Verkleinerung der Elektrode sich direkt auf den Elektrodenstrom auswirkt und so das Signal schwächt. Aus diesem Grund sind elektrochemische Methoden zur Signalverstärkung besonders wichtig, wenn kleine Sensortypen eingesetzt werden sollen. In Kap. 5 ist beschrieben, wie Kontroll- und Meßsysteme gehandhabt werden können, um Messungen mit amperometrischen Sauerstoffelektroden durchzuführen, ohne die Gleichgewichtseinstellung abwarten zu müssen. Diese Art des Betriebs führt zu einem beträchtlichen Anstieg des Stromsignals zu Beginn des angelegten Potentialimpulses (s. Abb. 5.12). Die Enzymelektrode stellt insofern eine Abänderung des Sauerstoffmodells dar, als in diesem Fall die elektrochemisch wirksame Substanz, die gemessen werden soll (z.B. H_2O_2), durch die Enzymreaktion selbst produziert wird. Das heißt, in einem statischen Zustand, wenn also die Elektrode nicht unter Strom steht und dieses elektroaktive Produkt nicht abgeleitet wird, steigt dessen Konzentration mit der Zeit an. Beginnend zum Zeitpunkt $t = 0$, wenn das Substrat bzw. der Analyt mit der Enzymschicht in Kontakt kommt, steigt die Konzentration des enzymatischen Produktes in der Enzymschicht bis zu einem Sättigungswert an. Unter der Annahme, daß die Gesamtreaktion nur von der Konzentration des Analyten abhängt, hängt dann die Höhe des Initialsignals der Elektrode von der Zeit ab, die nach Auslösung der enzymatischen Reaktion bis zum „Einschalten" der Elektrode verstrichen ist. Wenn die Elektrode diffusionskontrolliert arbeitet – was erwünscht ist –, wird sich zum Zeitpunkt t_s nach dem „Einschalten" der Elektrode ein Fließgleichgewicht einstellen, sowie das Reservoir an elektroaktiven Komponenten verbraucht ist.

Abschalten der Elektrode macht es dann möglich, daß dieses Reservoir wieder aufgefüllt wird und der Prozeß von vorne beginnen kann.

Um diesen Verlauf näher bestimmen zu können, ist es notwendig, die klassische Behandlung der Enzymkinetik zu erweitern und die Diffusionseigenschaften der Membran zu berücksichtigen, die das Enzym in immobilisierter Form enthält. Zwei Grenzfälle lassen sich sowohl für die Diffusion des Substrates bzw. des Analyten aus der Probelösung in die Membran als auch für die Diffusion des Produktes zur Elektrodenoberfläche beschreiben.

Im ersten Fall kann der dimensionslose Parameter V verwendet werden, um die Beziehung zwischen der maximalen Geschwindigkeit der Enzymreaktion und der Diffusion durch die Membran zu beschreiben [42]:

$$V = \frac{(k_2 [E_0] d^2)}{D K_m}$$

wobei k_2 die Geschwindigkeitskonstante der enzymkatalysierten Reaktion ist, $[E_0]$ die Konzentration des Enzyms in der Membran, d die Dicke der Membran und D der Diffusionskoeffizient des Substrates in der Membranschicht. Bei großen Werten für V ist die Diffusionsrate niedrig im Vergleich zur Enzymreaktion. Bei niedrigen Werten für V ist die Enzymkinetik der geschwindigkeitsbestimmende Prozeß.

Entsprechende Überlegungen sind zur Untersuchung des Produktüberganges durch die Membran notwendig. Einerseits wird die Diffusion durch Einflüsse der Immobilisierung begrenzt; darüberhinaus muß aber auch bei der hier vorgeschlagenen Betriebsart ohne Gleichgewichtseinstellung berücksichtigt werden, daß während der inaktiven Phase der Elektrode das Produkt nach und nach angereichert wird. Während der aktiven Arbeitsphase dagegen spielen auch die Wechselwirkungen zwischen der Kinetik der Elektrode und der Enzym-Membran-Kinetik eine Rolle. Das am wenigsten komplizierte elektrochemische Modell ist offensichtlich in dem Fall erreicht, wenn die Diffusion innerhalb der Membran langsam verläuft im Vergleich zur Enzymreaktion und die Diffusion zur Elektrode langsam verläuft im Vergleich zum Transfer an der Elektrode, so daß die Arbeitsphase der Elektrode vollständig diffusionskontrolliert abläuft. Allerdings lassen sich für alle Grenzfälle und ihre Zwischenformen Modelle formulieren; die Elektrodenreaktion läßt sich jeweils an unterschiedliche Konzentrationsbereiche anpassen, indem man die Eigenschaften der Membran und die Meßtechnik wählt.

Diese Meßtechnik ohne Gleichgewichtseinstellung läßt sich für einen amperometrischen Glucosesensor einsetzen, mit dem Peroxid über die Titration

$$H_2O_2 + 2\,H^+ + 2\,I^- \xrightarrow{\text{Molybdat}} I_2 + 2\,H_2O$$

bestimmt wird [42]. Dieser indirekte Test benötigt einen zusätzlichen Schritt, aber die von dieser Gruppe beschriebene Arbeitsweise ist trotzdem für die

Technik der amperometrischen Enzymelektroden insgesamt von Bedeutung. Die Arbeiten zeigen, daß der Anstieg des Verhältnisses von „inaktiver Zeit" (τ) zu „aktiver Zeit" (t) in der Folge zu verstärkten Strommeßwerten führt, bis ein Punkt erreicht ist, wo die „inaktive Zeit" ausreichend lang ist (in diesem Fall über 900 s), so daß eine Sättigung der Membran mit dem Produkt eintritt (entsprechend einem τ/t-Wert von 100). Unter Arbeitsbedingungen ohne Gleichgewichtseinstellung ist dieses Modell einer Enzymelektrode kompliziert. Solange t ausreichend lang ist, um die Elektrodenreaktion diffusionskontrolliert zu halten, und τ ausreichend kurz, damit die Geschwindigkeit, mit der das Produkt in die Meßlösung übergeht, geringer bleibt als die Geschwindigkeit seiner Entstehung – so lange ist das τ/t-Verhältnis der kritische Wert. Die Größen τ und t hängen mit den Konzentrationsgradienten zusammen, die vom Enzym bzw. von der Elektrode aufgebaut werden. Sie beeinflussen daher nicht nur die gegenwärtige Messung selbst, sondern bilden auch die Randbedingungen für die nachfolgende Messung. Abbildung 8.8 zeigt die Konzentrationsprofile des Produktes, die sich bei extremen Werten für t und τ entwickeln, wenn t ausreichend lang ist, daß die Reaktion der Elektrode diffusionskontrolliert verläuft. Die von der Elektrode erfaßte, aktuelle Konzentration – und damit die gemessene Stromstärke – ist eine Funktion dieser Parameter, insbesondere des Quotienten τ/t. Allerdings nähert sich das System mit dem sukzessiven Ansteigen von t dem normalen Fließgleichgewicht, in dem keiner der Vorteile des verstärkten Stromes auftritt (Abb. 8.8). Bei einem gegebenen Quotienten τ/t wird daher der maximale Wert für die Signalverstärkung bei niedrigen absoluten Werten für t erreicht. Die Optimierung von t hängt mit der Diffusion durch die Membranschicht zusammen und wird daher vom Diffusionskoeffizienten D und der Membranstärke d mitbestimmt.

Für die Optimierung jedes amperometrischen Systems sind eine günstige geometrische Gestaltung der Elektroden und die Optimierung der Membranen von entscheidender Bedeutung. Entsprechend können mathematische Verfahren bei der Kontrolle und Prozeßsteuerung das Signal signifikant erhöhen und sowohl den Meßbereich als auch die Empfindlichkeit des Sensors erweitern. Obwohl hier Möglichkeiten aufgezeigt sind, die Sauerstoffabhängigkeit des Glucose-abhängigen Signals in einem Sensor beträchtlich zu ändern, erreichen die Verbesserungen oft noch nicht den idealen Zustand. Um weitere Vorteile zu erreichen, muß man sich erneut die in Abb. 8.2 aufgezeigte Enzymreaktion und den Einfluß von Sauerstoff vor Augen führen.

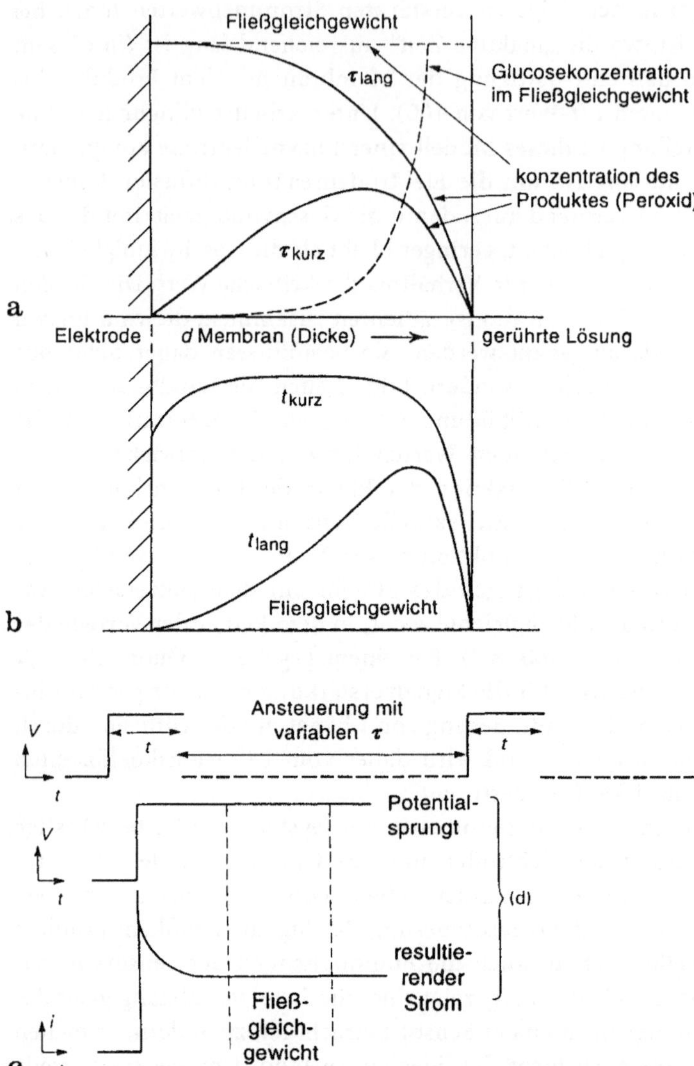

Abb. 8.8. Idealisierte Konzentrationsprofile, in denen nur eine Phase ausgehend von einem Nullpunkt an der Elektrodenoberfläche betrachtet wird (unter der Grenzbedingung, daß die Konzentration in der Grenzfläche zwischen Membran und Lösung Null ist). **a** Konzentrationsprofile für eine gegebene Zeit t (aktiv) und veränderliche Zeit τ (inaktiv); **b** Konzentrationsprofile für eine gegebene Zeit τ (inaktiv) und variable Zeit t (aktiv); **c** Ansteuerung; **d** Zusammenhang zwischen angelegtem Potential und resultierendem Strom.

8.7 Oxidase-Sensoren mit Sauerstoff-Bypass

Glucose-Oxidase ist ein Redoxenzym, das die Elektronen aus der Oxidation von Glucose aufnimmt. Dabei wirkt das Enzym nur als vorübergehender Speicher für diese Elektronen; normalerweise wird die aktive, oxidierte Form des Enzyms regeneriert und die Elektronentransportkette wird durch Sauerstoff als natürlichem Mediator weitergeführt (Abb. 8.2). Wollte man diesen Prozeß völlig unabhängig von Sauerstoff ablaufen lassen, wäre eine Unterbrechung dieser Elektronentransportkette notwendig, bevor die Reaktion mit Sauerstoff abläuft. Der Elektronenübergang vom reduzierten Enzym muß dann mit künstlichen Akzeptoren weitergeführt werden (Abb. 8.9).

Eine naheliegende Möglichkeit wäre die Kopplung des Enzyms an eine Elektrode und damit der direkte Elektronenübergang zwischen Elektrode und Enzym. Diese Vorgehensweise ist vor allem deshalb attraktiv, weil die Reoxidation des Enzyms bereits ein Stromsignal verursacht, das dem Analyten proportional ist. Damit könnte auf jegliche Sekundärreaktion verzichtet werden.

Der Elektronenübergang auf Oxidoreduktasen ist in Kap. 5 beschrieben. Die meisten Oxidasen enthalten Flavin als Cofaktor (Abb. 8.10), das flavinfreie Protein stellt das sogenannte Apoenzym dar. Die Gesamtreaktion der Flavoproteine umfaßt die Bindung von zwei Wasserstoffatomen an das Redoxzentrum:

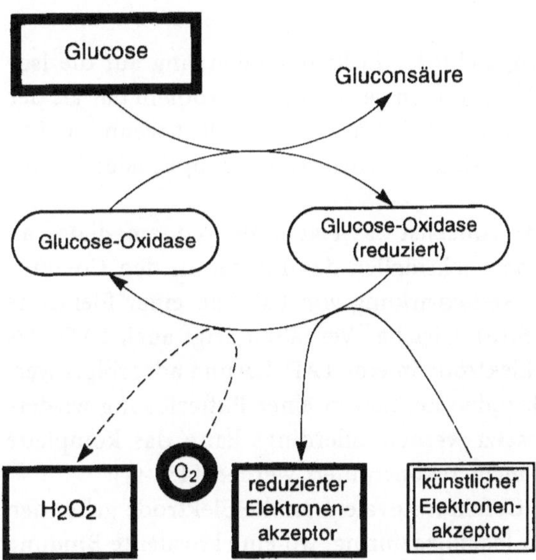

Abb. 8.9. Oxidation von Glucose mit Glucose-Oxidase als Katalysator. Der künstliche Elektronenakzeptor wirkt als Mediator.

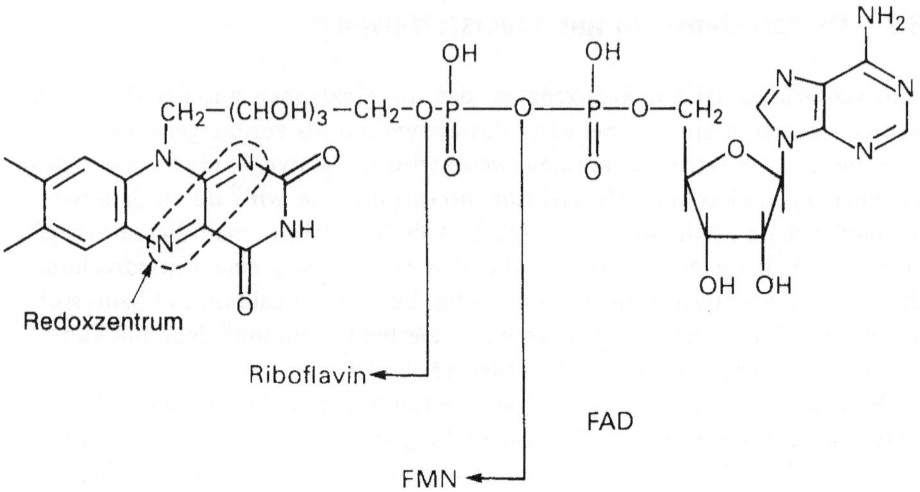

Abb. 8.10. Flavin als Cofaktor von Oxidasen.

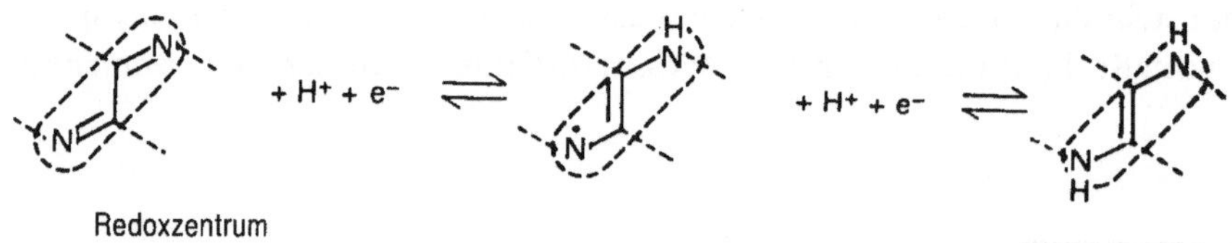

Wie bereits in Kap. 5 beschrieben, stellt der Elektronenübergang auf die isolierten prosthetischen Gruppen allerdings ein ganz anderes Problem dar als der Elektronenübergang zwischen Enzym und Elektrode, und selbst wenn das Enzym kovalent an die Elektrode gebunden ist, wird kaum ein optimaler Stromfluß erreicht.

Eine mögliche Lösung wäre es, zunächst das Flavin als Redoxmediator an die Elektrode zu binden und dann nachträglich das Enzym an den Cofaktor anzukoppeln. Die leistungsfähige Redoxwirkung von FMN an einer Elektrode ist bereits gezeigt worden (Abb. 5.18). Gleiches Verhalten zeigt auch FAD, das durch Eintauchen einer Graphit-Elektrode in eine FAD-Lösung adsorbiert werden kann (Abb. 8.11). Diese Elektroden können in einer Pufferlösung wiederholt und ohne Desorption eingesetzt werden, allerdings kann das komplette Flavoenzym mit dieser Methode nicht rekonstituiert werden [43, 44].

Wenn man annimmt, daß der Cofaktor kovalent an die Elektrode gebunden ist, gibt es mehrere Positionen im Isoalloxazinring, wo eine kovalente Bindung stattfinden kann. Da der intra- und intermolekulare Elektronentransport durch überlappende π-Orbitale erleichtert wird, ist es günstig, eine Position für die Immobilisierung auszuwählen, wo das π-System der Stickstoffatome im Re-

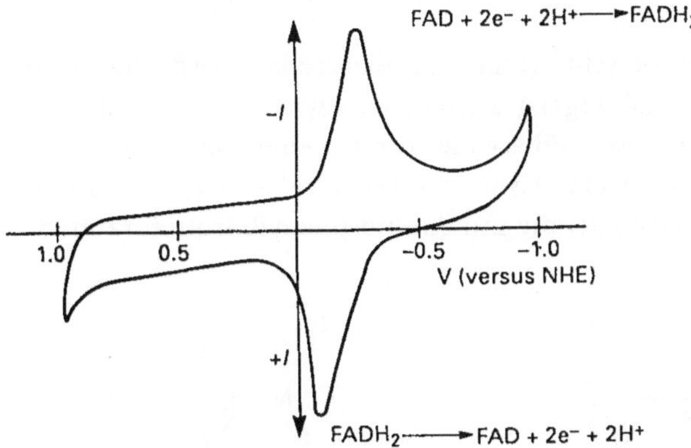

Abb. 8.11. Cyclisches Voltammogramm von FAD nach Adsorption an einer Graphitelektrode.

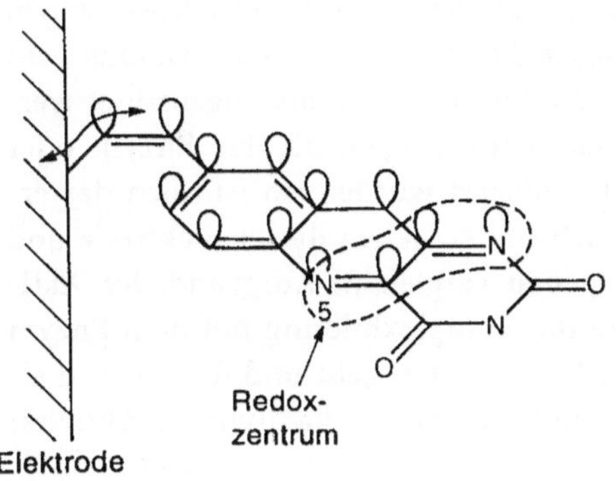

Abb. 8.12. Verknüpfung des Flavin-Cofaktors mit der Elektrode mit zugänglichem Redoxzentrum. Nur die p-π-Orbitale oberhalb der Molekülebene sind dargestellt.

doxzentrum (N-1 und N-5) des Flavins in der gleichen Ebene liegt wie die Liganden der Elektrode (Abb. 8.12).

Um die erwünschte Kopplung zu erreichen, wurde eine Wittig-Reaktion zwischen Glaskohle, die mit Aldehydgruppen derivatisiert ist, und einem in 8-Methyl-Stellung modifizierten Riboflavin, dem Triphenylphosphonium-Riboflavin vorgeschlagen [45]. Das Riboflavin, das als Redoxmediator fungieren soll, wird anschließend enzymatisch zu FMN und weiter zu FAD umgesetzt, so daß schließlich FAD und Glucose-Oxidase gemeinsam an die Elektrode gekoppelt vorliegen [31]. Diese Technik kann natürlich auch für weitere Biosensoren von

Interesse sein, für die das Enzym aus Cofaktor und Apoenzym in ähnlicher Weise rekonstituiert wird.

Eine andere Möglichkeit besteht darin, die Elektrodenoberfläche so zu verändern, daß der Elektronenübergang zwischen Enzym und Elektrode erleichtert wird. Ein direkter Elektronenübergang wird bei einer Glucose-Oxidase angenommen, die entweder über eine Cyanursäurechlorid-Brücke an Graphit gebunden ist [29] oder an Glaskohle, die mit Amino-phenylboronsäure modifiziert ist [48]:

Aminophenylboronsäure-Brücke   Cyanursäurechlorid-Brücke

Allerdings ist nicht sicher abzusehen, ob ein derart immobilisiertes Enzym noch aktiv ist. In Gegenwart von Glucose konnte mit Glucose-Oxidase ein Stromanstieg nicht zweifelsfrei der Reoxidation des Enyzms zugeordnet werden. Auch wenn diese Befunde nicht eindeutig zeigen, ob das Enzym oder der Cofaktor FAD an der Elektrode immobilisiert wurden, so ist doch das erstere zu vermuten, wenn man die Unterschiede zwischen dieser Elektrode und einer mit FAD hergestellten Elektrode genau vergleicht. Aufgrund der Aktivitätseinbußen wurde angenommen, daß die Komplexbildung mit dem Enzym über Diolgruppen des Kohlenhydratanteils vonstatten geht und daß dies zu einer Konformationsänderung im Apoenzym führt, die die katalytische Aktivität herabsetzt.

Die Immobilisierung des Enzyms darf daher nicht das aktive Zentrum betreffen oder irgendwelche Konformationsänderungen hervorrufen, die die katalytische Aktivität beeinträchtigen.

Diese Probleme begrenzen in gewissem Maß die Möglichkeit, einen Elektronenübergang zwischen Elektrode und Enzym zu erreichen. Hier gibt es eine Vielzahl von Lösungen, mit denen versucht wird, gleichzeitig eine wirksame Regenerierung des oxidierten Enzyms, eine Bestimmung des Enzymsubstrats und die Unabhängigkeit von Sauerstoff zu ermöglichen.

Das zentrale Problem liegt darin, Wege für den Elektronentransfer zu finden. Prinzipiell gibt es zwei solcher Wege: den schon diskutierten, direkten Weg und einen indirekten, bei dem niedermolekulare *Redox-Mediatoren* eingesetzt werden, die die Elektronen zwischen Elektrode und Enzym weitergeben. Das Redoxpotential für das Redoxpaar $FMN/FMNH_2$ oder $FAD/FADH_2$ beträgt $-0{,}22\,V$ gegen NHE (s. Abb. 5.17 in Kap. 5). Allerdings erfordert jeder

Versuch eines direkten Elektronentransfers zwischen der Elektrode und dem Flavoenzym, wie bereits erwähnt, beträchtliche Überspannungen. Ein Elektronentransport über einen Mediator umgeht diese Schwierigkeit, und wenn hier ein Mediator verwendet wird, dessen Redoxpotential dicht bei dem des Flavins liegt, kann die Elektrode bei beträchtlich niedrigeren Potentialen betrieben werden als sie für den direkten Test über Wasserstoffperoxid benötigt werden. Dadurch wird eventuellen Störungen des Signals durch andere elektroaktive Substanzen vorgebeugt.

Dieses Konzept entspricht der Redoxkatalyse, wie sie in Kap. 5 beschrieben wurde. Das Modell muß nur insofern erweitert werden, als es auch die Reaktion zwischen Enzym und Substrat umfassen muß:

$$Enz_{ox} + S \; \rightleftharpoons \; P + Enz_{red}$$

$$O + Enz_{red} \; \rightarrow \; R + Enz_{ox} \quad \text{(Mediator-gekoppelter Elektronentransfer)}$$

$$R \; \rightleftharpoons \; O + ne^{-} \quad \text{(Mediator)}$$

Für den Fall, daß das Enzym mit Substrat gesättigt ist (d.h. $[S] \gg K_m$), sind alle Enzymmoleküle an der Komplexbildung mit dem Substrat beteiligt, und das Modell nähert sich dem bereits beschriebenen. So kann aus der Auftragung von i_k/i_d gegen $(k/a)^{\frac{1}{2}}$ eine Geschwindigkeitskonstante scheinbar erster Ordnung abgeleitet werden.

Es sind viele solche Elektronenakzeptoren für Glucose vorgeschlagen worden. Am erfolgreichsten läßt sich wohl eine Gruppe von Mediatoren einsetzen, die auf dem Ferrocen (η^5-bis-Cyclopentadienyl-eisen)-Molekül basieren, einem Übergangskomplex mit π-Aren-Struktur, bestehend aus zwei Cyclopentadienyl-Ringen (Cp) mit dazwischenliegendem Eisen (Sandwich-Struktur):

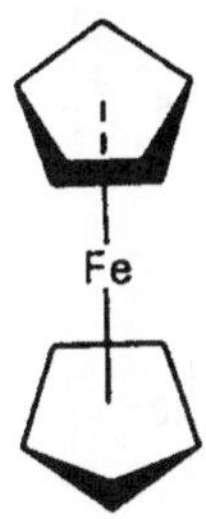

Das Ferrocen ist aufgrund seiner gut bekannten Redox-Elektrochemie ein elektrochemisches Standardmodell. Sein Redoxpotential von 165 mV gegen SCE kann durch Derivatisierung verändert werden, so daß sich sowohl Redoxsubstanzen mit höherem als auch mit niedrigerem Potential herstellen lassen, die zudem einen weiten Löslichkeitsbereich aufweisen. Die Wahl des zu verwendenden Mediators hängt darum davon ab,

- ob die verwendete Substanz stabil ist;
- ob die Immobilisierung zufriedenstellend gelingt;
- ob die kinetischen Eigenschaften der Reaktion mit dem Enzym geeignet sind;
- wie hoch das Redoxpotential liegt (möglichst niedrig, um Störungen zu reduzieren).

Aus Abb. 8.13 wird deutlich, daß die Lage des Redoxpotentials nicht unbedingt die Kinetik der Reaktion mit dem Enzym widerspiegelt. Bei der Wahl des Mediators muß letztlich ein Kompromiß zwischen diesen beiden konkurrierenden Faktoren eingegangen werden. Welches Derivat aber auch immer gewählt wird,

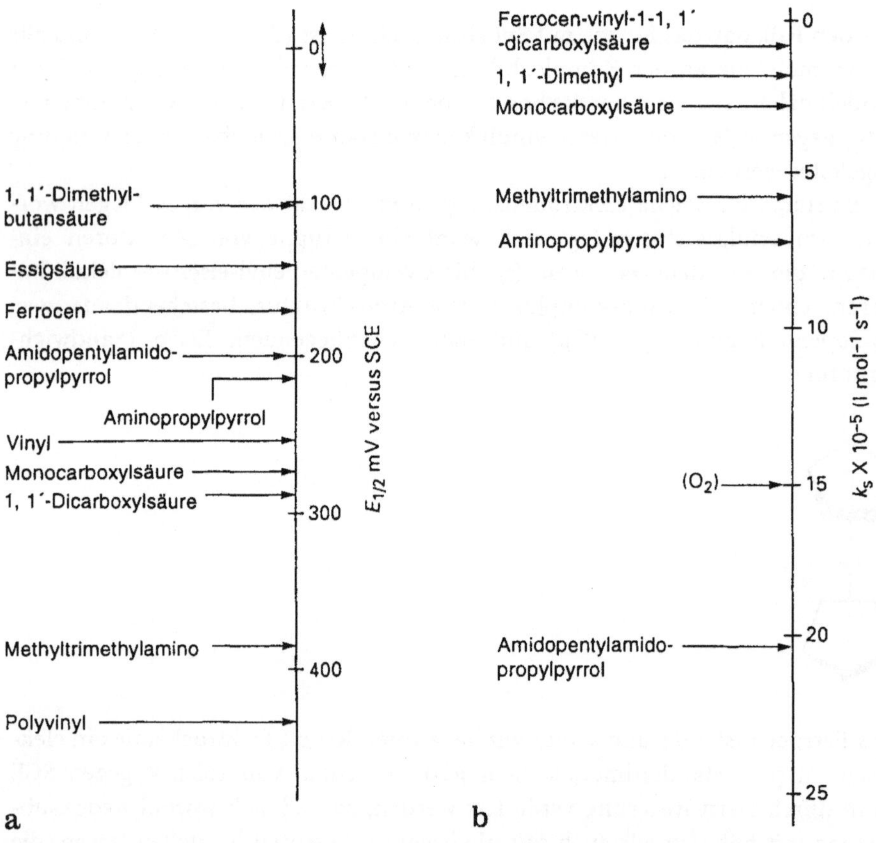

Abb. 8.13. **a** Redoxpotentiale von Ferrocenderivaten; **b** Kinetik der Oxidation mit Glucose-Oxidase in Gegenwart von Derivaten des Ferricinium-Ions.

das allgemeine Reaktionsschema des Systems bleibt das gleiche:

$$\text{Glucose} + \text{GOD}_{ox} \longrightarrow \text{Gluconolacton} + \text{GOD}_{red}$$
$$\text{GOD}_{red} + 2\,\text{FeCp}_2\text{R}^+ \longrightarrow \text{GOD}_{ox} + 2\,\text{FeCp}_2\text{R} + 2\,\text{H}^+$$
$$2\,\text{FeCp}_2\text{R} \longrightarrow 2\,\text{FeCp}_2\text{R}^+ + 2\,e^- \longrightarrow \text{Elektrodenstrom}$$

Aus dem Reaktionsschema geht hervor, daß der gesamte Test cyclisch und reversibel abläuft, und zwar ohne Nettoverlust der elektroaktiven Substanz. Hier liegen mehrere Vorteile gegenüber dem irreversiblen elektrochemischen Verhalten von Sauerstoff. Wenn allerdings das Problem der Sauerstoffabhängigkeit mit einem künstlichen Mediator gelöst wird, erfordert ein Biosensor die Immobilisierung einer weiteren Komponente, nämlich die Kopplung des Mediators zusammen mit dem Enzym an die Elektrodenoberfläche.

8.8 Ferrocengekoppelte Elektroden

Wenn Ferrocen durch Adsorption an der Elektrodenoberfläche immobilisiert werden soll, wird die Lebensdauer dieser Elektrode nicht nur von der Löslichkeit des Ferrocenderivates, sondern auch von der des Ferricinium-Ions entscheidend bestimmt. Die Geschwindigkeitskonstante (k) der Reaktion von Glucose-Oxidase mit dem natürlichen Akzeptor Sauerstoff beträgt $1,5 \cdot 10^6 \,\text{L}\,\text{Mol}^{-1}\,\text{s}^{-1}$ (25°C; pH 7) [49]; das ist höher als die meisten Geschwindigkeitskonstanten, die man mit Derivaten des Ferricinium-Ions beobachtet hat. In Lösung kann allerdings mit Ferrocen-Monocarbonsäure eine Geschwindigkeitskonstante von $k = 2,01 \cdot 10^5 \,\text{L}\,\text{Mol}^{-1}\,\text{s}^{-1}$ erreicht werden; die Reaktion läuft damit in Konkurrenz zu Sauerstoff als Mediator ab. Dieses Derivat in den Aufbau eines Biosensors zu übernehmen ist auch wegen seines niedrigen Redoxpotentials von 275 mV gegen SCE günstig, leider spricht aber die relativ hohe Löslichkeit des Ferricinium-Ions gegen eine Anwendung, da diese zum Auswaschen des Mediators führt [50].

Eine bessere Alternative bietet 1,1'-Dimethyl-Ferrocen. Verschiedene solcher Elektrodensysteme sind vorgeschlagen worden. Auf der Grundlage von Graphitelektroden z.B. die folgenden:

- *Kohlepaste-Elektroden* enthalten normalerweise eine Masse aus Graphitpulver in flüssigem Paraffin. Der Einschluß eines Mediators in diese Masse führt zu einer gekoppelten Elektrode, wobei das Enzym mit einer geeigneten Membran an der Oberfläche zurückgehalten wird. Die Konzentration des Dimethylferrocens kann entscheidenden Einfluß darauf haben, ob die Elektrode kinetisch oder diffusionskontrolliert arbeitet [51].
- *Elektrode mit Graphitfolie als Mediator und kovalent gebundenem Enzym* [49, 52]. Graphitfolie wird mit 1,1'-Dimethylferrocen präpariert, indem eine

Lösung des Ferrocen-Derivates auf die Oberfläche aufgedampft wird. Vorteile dieses Systems gegenüber dem zuerst beschriebenen, bei dem der Mediator in die Graphitmasse eingeschlossen wird, hängen mit der Möglichkeit zur kovalenten Anbindung des Enzyms zusammen, die z.B. über Carbodiimid mit Carboxylgruppen an der Oberfläche erreicht wird (Abb. 1.12f). Die Enzymreaktion läuft vornehmlich in der Randzone ab. Dieser Bereich sollte darum im Aufbau der Elektrode offenliegen.

Diese Elektroden werden bei 160 mV gegen SCE betrieben, wobei das Normalpotential E_0 von Dimethyl-Ferrocen bei 100 mV gegen SCE liegt, mit ihnen erreicht man eine lineare Reaktion im Bereich von 1-30 mmol L^{-1} Glucose. In Plasmaproben von Diabetes-Patienten liegen die Werte bei Hyper- und Hypoglykämie normalerweise innerhalb dieses Bereiches; die Bedeutung eines solchen Sensors für die klinische Analytik wird damit deutlich. Mit einer Membran über der Elektrode läßt sich eine Diffusionsbarriere errichten, womit der lineare Bereich auf 80-100 mmol L^{-1} ausgedehnt werden kann.

Allerdings läßt sich zur Zeit noch nicht sicher entscheiden, ob bei der Verwendung eines Mediators als Ersatz für Sauerstoff die Sauerstoffabhängigkeit wirklich ausgeschaltet worden ist. Dies ist immer dann besonders wichtig, wenn die Kinetik des künstlichen Mediators einen langsameren Verlauf zeigt als die von Sauerstoff. Das hier beschriebene System zeigt einen Stromrückgang von ungefähr 5 % zwischen anaeroben und luftgesättigten Bedingungen. Da venöses Blut und Plasma niedrigere Sauerstoffkonzentrationen aufweisen, ist allerdings anzunehmen, daß der zu erwartende Fehler beträchtlich kleiner sein wird; diese Methode braucht daher den Vergleich mit der Wasserstoffperoxid-Messung bei +0,7 V, die durch Ascorbat gestört wird, nicht zu scheuen.

Versuche zur Anwendung dieser Elektrode in vitro bei der Überwachung von wachsenden Kulturen in Bioreaktoren zeigen, daß selbst bei der Immobilisierung mit Carbodiimid ein beträchtlicher Teil des Enzyms nur durch Adsorption immobilisiert wurde und darum während des Betriebs wieder verloren ging [53]. Es wurde daraufhin eine verbesserte Methode zur Immobilisierung entwickelt, bei der das Enzym zunächst mit Natriumperjodat modifiziert wird, um Carbonylgruppen an der Moleküloberfläche zu erzeugen. Anschließend wird das modifizierte Enzym über eine Schiffsche Base kovalent an eine mit Aminogruppen aktivierte Elektrode gebunden. Überschüssiges modifiziertes Enzym wird mit Hilfe des bifunktionellen Reagenz Adipinsäuredihydrazid gebunden. Mit diesem Verfahren wird ein 6facher Anstieg der Reaktion und eine auf 14 Tage verlängerte Lebensdauer erreicht.

Eine Verbesserung bei der Konkurrenz mit Sauerstoff durch leistungsfähigeren Elektronentransfer zwischen Enzym und Mediator könnte erreicht werden, wenn der Mediator mit dem Enzym eine Einheit bildete, d.h. kovalent an die Enzymoberfläche gebunden wäre. Mit Ferrocen modifizierte Glucose-

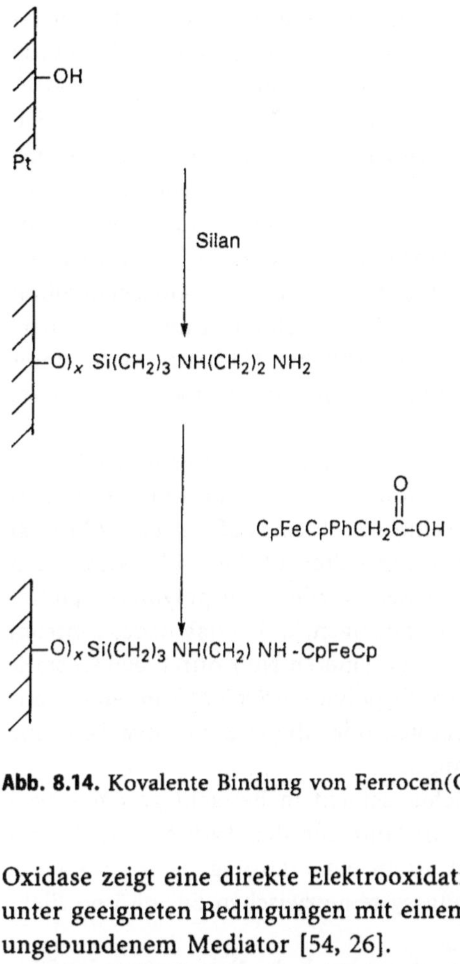

Abb. 8.14. Kovalente Bindung von Ferrocen(CpFeCp-)derivaten an eine Platinelektrode.

Oxidase zeigt eine direkte Elektrooxidation an der unmodifizierten Elektrode, unter geeigneten Bedingungen mit einem besseren katalytischen Strom als mit ungebundenem Mediator [54, 26].

Die Immobilisierung von Ferrocen-Derivaten an einer modifizierten Platinelektrode (Abb. 8.14) führt zu einer weiteren Variante einer Redoxelektrode [55]. In Acetonitril weist dieses System eine sehr langsame Zerfallskinetik auf, die bezogen auf das Ferricinium-Ion einer Kinetik zweiter Ordnung folgt. Das läßt auf eine gewisse Beweglichkeit des Ferriciniums schließen, die im Prinzip die Lebensdauer des Systems reduzieren könnte.

In dem oben beschriebenen Konjugat aus Mediator und Enzym, in dem der Mediator fest an das Enzym gebunden ist, wäre das Ferricinium-Ion vermutlich nicht mehr beweglich und die Zerfallsprozesse könnten reduziert werden. Auch wenn zur Präparation dieser Konjugate eine Enzymmodifizierung erforderlich ist, braucht man zum Aufbau eines Biosensors mit diesen modifizierten Enzymen nur diesen einen Bestandteil zu immobilisieren anstelle der sonst notwendigen Immobilisierung von Enzym und separatem Mediator in mehreren Schritten.

Wenn eine technische Produktion in Betracht gezogen wird, sind mehrfache chemische Modifizierungen und Immobilisierungen ungünstig. Es wurde jedoch bereits gezeigt, daß beim Betrieb des Sensors beträchtliche Verbesserungen an dem Adsorptionsmodell vorgenommen werden können. Letztlich ist es eine spezielle Verbesserung in der Umgebung des Testansatzes, die sich entscheidend auswirkt. Sensoren für Einmaltests brauchen weder eine lange Arbeitsstabilität aufzuweisen noch spielt das Auswaschen des Mediators aufgrund der Löslichkeit seiner oxidierten Form eine Rolle. Erforderlich ist allerdings wie für alle Biosensoren eine gute Lagerstabilität. Eine Langzeitstabilität während des Betriebs ist dagegen bei on-line-Überwachungen und kontinuierlichen Messungen von Bedeutung. Die wirtschaftlichen Gesichtspunkte, unter denen Sensoren für die verschiedenen Anwendungsbereiche entwickelt werden, unterscheiden sich daher beträchtlich.

Abgesehen von der Immobilisierung des Enzyms zur molekularen Erkennung des Analyten wirft auch die Lokalisierung des Redoxpaares in unmittelbarer Umgebung der Elektrodenoberfläche einige Probleme auf, da seine Aktivität des reversiblen Elektronentransfers aufrechterhalten bleiben soll. Außer den erwähnten sind mehrere Strategien entwickelt worden, um polymere Schutzschichten auf der Elektrodenoberfläche zu erzeugen, wobei das Redoxzentrum als Teil des Polymers enthalten ist oder im polymeren Netz durch elektrostatische Bindung zurückgehalten wird. Durch die polymere Schicht können Ladungen transportiert werden, indem Gegenionen oder die elektroaktive Substanz durch diese Schicht diffundieren (s. Kap. 5).

Auch Redoxpolymere wurden als Schutzschicht in Betracht gezogen; weil aber die heterogene Geschwindigkeitskonstante für den Ladungstransfer im typischen Fall um etwa 10^3 kleiner ist als in einer Lösung der monomeren Verbindung, scheinen sie als Übertragungssysteme zwischen Enzym und Elektrode weniger geeignet zu sein.

Falls die Elektroaktivität der Redoxzentren durch die Verwendung leitfähiger Matrizes erhöht werden kann, bieten sich modifizierte leitfähige Polymere wie Polyacetylen, Polypyrrol, Polyanilin, Polythiopen usw. an. Die Verwendung einer Polypyrrol- oder Polyanilinmatrix zur Immobilisierung von Glucose-Oxidase ist bereits diskutiert worden. Diese Polymere sind deshalb besonders gut geeignet, weil sie aus wäßriger Lösung durch Elektrooxidation dargestellt werden können. Dadurch ist es möglich, der Polymerisationslösung biochemische Substanzen in gelöster Form zuzusetzen, die während der Polymerisation in die polymere Matrix eingelagert werden.

Ein Problem besteht allerdings darin, daß durch die Polarisation der Polypyrrol-Elektrode in Gegenwart von Peroxid bei $+0.8\,V$ ein Abbau der Schicht möglich ist [20]. Durch ein Mediatorsystem mit niedrigerem Redo-

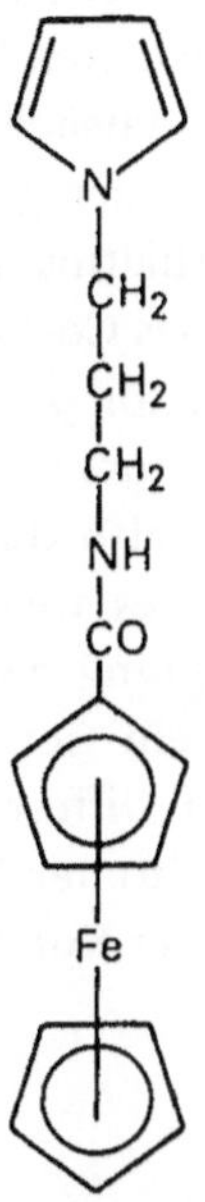

Ferrocen-amidopropylpyrrol
(FAPP)

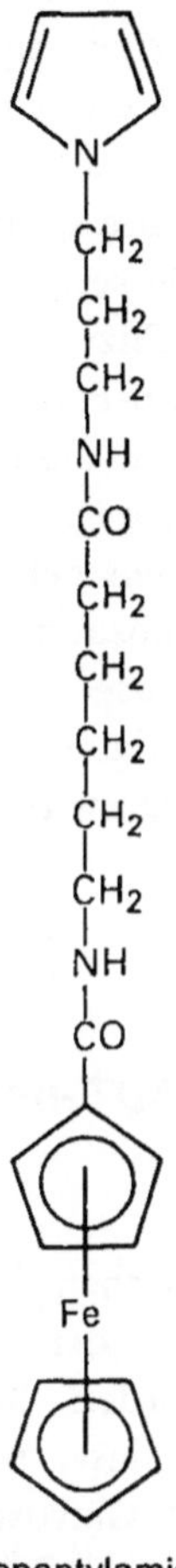

Ferrocen-amidopentylamidopropylpyrrol
(FAPAPP)

Abb. 8.15. Mit Ferrocen modifizierte Pyrrolderivate als Mediatoren.

xpotential kann dies zwar verhindert werden, aber eine solche Mediatorgekoppelte Elektrode erfordert wiederum die Coimmobilisierung des Mediators [56]. Als Redox-Mediatoren wurden Polypyrrol-Derivate aus Ferrocen-Pyrrol-Konjugaten präpariert, so daß Ferrocen-Amidopropylpyrrol (FAPP) und Ferrocen-Amidopentylamidopropylpyrrol (FAPAPP) entstanden (Abb. 8.13 und 8.15). Diese Mediator-Konjugate zeigen in Lösung homogene Werte für die Geschwindigkeitskonstante zweiter Ordnung, die vergleichsweise günstiger liegen als bei Ferrocen-Monocarbonsäure. FAPAPP zeigt sogar eine Geschwindigkeitskonstante von $2,1 \cdot 10^6\ \mathrm{L\,Mol^{-1}\,s^{-1}}$, was einen schnelleren Transfer als den mit Sauerstoff gekoppelten bedeutet. Wie auch bei dem beschriebenen Polyvinyl-Ferrocen liegen die heterogenen Geschwindigkeitskonstanten für den Ladungstransfer im polymeren Film allerdings etwas niedriger. Tatsächlich ist die Elektropolymerisation dieser Derivate, vermutlich aufgrund der geringen Leitfähigkeit des N-substituierten Pyrrols limitiert; ein im Verhältnis 1:1 mit Pyrrol präpariertes Co-Polymer ergibt einen besseren Film. Dieses Co-Polymer kann in wäßriger Lösung in Gegenwart von Enzym und Mediator präpariert werden; die katalytische Wirksamkeit des Pyrrol-Ferrocen-Mediators ist jedoch geringer als die der gelösten Substanz. Obwohl dieses System also durchaus alle Erfordernisse eines reagenzlosen Biosensors erfüllt, bietet es wegen des heterogenen Ladungstransfers in diesen Filmen bei der Kopplung zwischen Enzym und Elektrode noch keine optimale Lösung. So zeigt ein Copolymer von FAPP-Pyrrol mit darin enthaltener Glucose-Oxidase eine Differenz des Elektrodenstroms von 38 % zwischen N_2-gesättigter und luftgesättigter Lösung für 30 mM Glucose, während FAPP in Lösung ein wirkungsvollerer Konkurrent für Sauerstoff ist.

8.9   Enzymatischer Glucosetest mit NAD^+-unabhängiger Glucose-Dehydrogenase

Um die Sauerstoffabhängigkeit des enzymatischen Oxidase-abhängigen Glucosetests zu umgehen, sind Modifikationen der meisten Konstruktions- und Meßparameter in Betracht gezogen worden. Bei allen Veränderungen aber wurde das Enzym selbst, Glucose-Oxidase, beibehalten, obwohl ein ideales Enzym für einen amperometrischen Glucose-Sensor vielleicht besser nicht Sauerstoff-abhängig sein sollte. Die NAD^+-unabhängige Glucose-Dehydrogenase enthält als prosthetische Gruppe Pyrrolochinolin-chinon (PQQ) und gehört darum zur Enzymklasse der *Chinoproteine*. Dieses Enzym katalysiert die Reduktion unterschiedlicher Redoxsysteme außer Flavinen und molekularem Sauerstoff in Abhängigkeit von Glucose [57]. In Lösung ist die Geschwindigkeitskonstante zweiter Ordnung für die Reaktion der Glucose-Dehydrogenase mit Ferrocen-Monocarbonsäure als Mediator um eine Größenordnung höher als die von Glucose-Oxidase [58]. Mit diesem Enzym wurden Biosensoren konstruiert, in denen 1,1'-Dimethylferrocen an einer porösen Graphitfolie adsorbiert und mit einer Enzymschicht überzogen ist; das Enzym selbst ist über Carbodiimid kovalent gebunden (Abb. 8.16a). Diese Anordnung ist mit dem bereits beschriebenen System mit Glucose-Oxidase [49] vergleichbar. Durch eine zusätzliche Schicht, die durch Vernetzung des En-

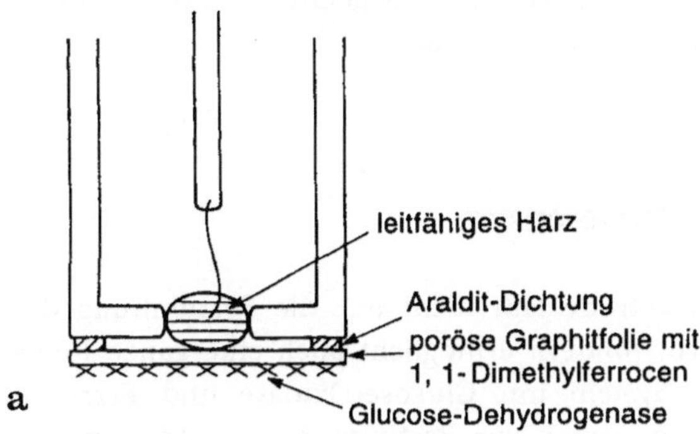

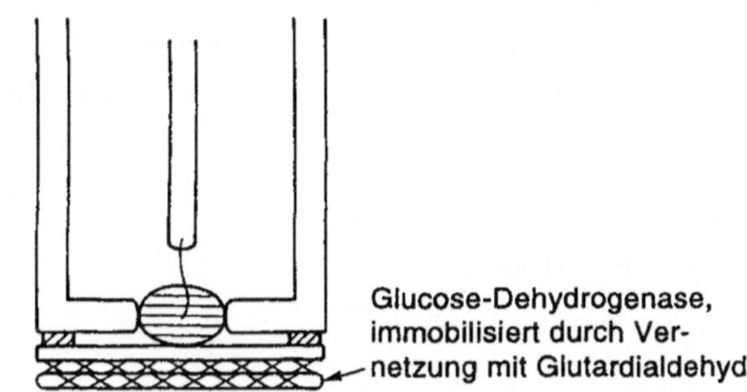

Abb. 8.16. Glucosetest mit Glucose-Dehydrogenase [58]. a Grundelektrode mit adsorbiertem Enzym; b Elektrode mit zusätzlicher Enzymschicht, in der das Enzym durch Vernetzung mit Glutardialdehyd immobilisiert ist.

zyms mit Glutardialdehyd erzeugt wurde, konnte die Enzymbeladung noch verbessert werden (Abb. 8.16b). Diese Elektrode zeigt innerhalb von 25 s bereits 95 % ihrer Ansprechzeit und ist damit signifikant schneller als die entsprechende Glucose-Oxidase-Elektrode. Der K_m-Wert beträgt 1,5 mmol L^{-1} für die „schwach beladene" und 8 mmol L^{-1} für die „hoch beladene" Elektrode.

Bereits früher in diesem Kapitel wurden Versuche diskutiert, Enzyme aus dem Apoenzym und ihrer prosthetischen Gruppe zu rekonstituieren, wenn die prosthetische Gruppe an die Elektrode gebunden ist. Hierfür bietet das Chinoprotein Glucose-Dehydrogenase ein weiteres geeignetes Beispiel [59], vor allem im Hinblick auf den erwähnten raschen Elektronentransfer.

Insgesamt weisen die Ergebnisse mit Chinoproteinen auf eine prinzipielle Eignung im enzymatischen Glucosetest hin. Für kommerzielle Geräte müssen allerdings noch weitere Gesichtspunkte berücksichtigt werden, so z.B. die Verfügbarkeit und die Kosten der einzelnen Komponenten, nicht zuletzt auch die Enzymkosten. Wo immer Glucose-Oxidase den Erfordernissen genügt, ist es nicht wahrscheinlich, daß sie durch die beträchtlich teurere NAD^+-unabhängige Glucose-Dehydrogenase ersetzt wird.

8.10 Glucose-Oxidase als Markerenzym

Die Entwicklung einer Enzymelektrode läßt nicht nur die Bestimmung des eigentlichen Enzymsubstrates zu, sondern ermöglicht auch eine ganze Reihe Enzym-gekoppelter Tests. Das System mit Glucose-Oxidase und Ferrocen wurde z.B. auch in einem Immunoassay zur Bestimmung des Antigens Lidocain eingesetzt [60]. Wie bereits früher gezeigt, wirken nicht nur Ferrocen selbst, sondern auch viele seiner Derivate als Elektronenakzeptor der Glucose-Oxidase. Für diese Anwendung wurde das hybride Lidocain-((α-Diethylamino)-2,6-dimethylacetanilid)-Derivat der 1',3-Dimethylferrocen-carboxylsäure eingesetzt:

Ferrocen-Lidocain-Konjugat

Das Prinzip des Tests ist in Abb. 8.17 zusammengestellt. In Gegenwart des Antiserums, Anti-Lidocain, bildet sich ein Komplex (Fc:Ag-Ak) mit dem Ferrocen-Lidocain-Konjugat (Fc:Ag). Anders als das freie Konjugat wirkt dieser Komplex nicht als Mediator der Reaktion der Glucose-Oxidase. Wird allerdings eine Probe zugesetzt, die Lidocain enthält, entwickelt sich eine Konkurrenz zwischen Ferrocen-Lidocain (Fc:Ag) und dem Lidocain der Probe (Ag) um das Antiserum. Dadurch wird ein Teil des Fc:Ag aus dem Fc:Ag-Ak-Komplex freigesetzt, der dann für die Enzymreaktion als Mediator zur Verfügung steht. Ein solcher Test ist in einem löslichen Testansatz durchgeführt worden, wobei Glucose-Oxidase, Glucose, Ferrocen-Lidocain als Mediator und Anti-Lidocain in definierten Konzentrationen zum Testansatz zugesetzt werden müssen und der Anstieg des Stromsignals aufgrund der katalytischen Aktivität des freigesetzten Ferrocen-Lidocain-Mediators an einer nicht-modifizierten Elektrode gemessen wird. Grundsätzlich sollte es möglich sein, solche Testmethoden auch mit Biosensoren zu entwickeln.

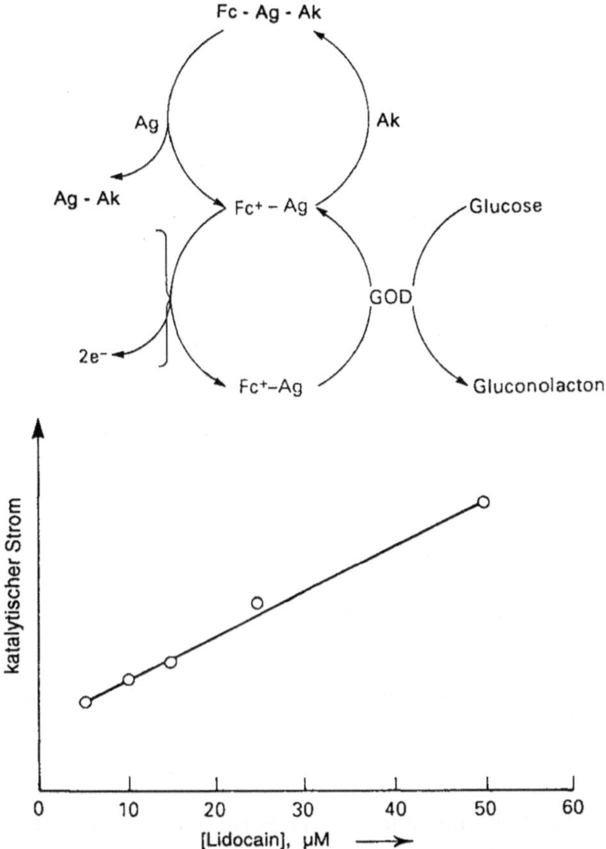

Abb. 8.17. Amperometrischer Immuntest zum Nachweis von Lidocain [60].

Mit einem amperometrischen, enzymmarkierten Immunsensor kann Apo-
lipoprotein E bestimmt werden, ein Serum-Lipoprotein, das als diagnostischer
Parameter für Störungen des Lipidstoffwechsels gilt. Der Nachweis beruht auf
immobilisierten monoklonalen Antikörpern, die das in der Probe vorhandene
Antigen binden. Die Menge des komplexierten Antigens wird über polyklonale,
mit Glucose-Oxidase (oder alkalischer Phosphatase) markierte Antikörper detektiert (Sandwich-Typ) [61].

Eine andere Anwendung für eine Konkurrenzelektrode mit Ferrocen und
Glucose-Oxidase ist die Verbindung mit anderen Enzymsystemen, die ebenfalls Glucose als Substrat brauchen. Damit entsteht eine Konkurrenz um die
verfügbare Glucose. ATP kann z.B. über Enzyme der Stoffwechselwege in
Abb. 8.18a bestimmt werden. In Gegenwart der ebenfalls Glucose umsetzenden
Hexokinase und ATP wird Glucose vom Glucoseoxidase-Weg abgezweigt und
zu Glucose-6-Phosphat umgesetzt. Diese Konkurrenz kann einmal zur Bestim-

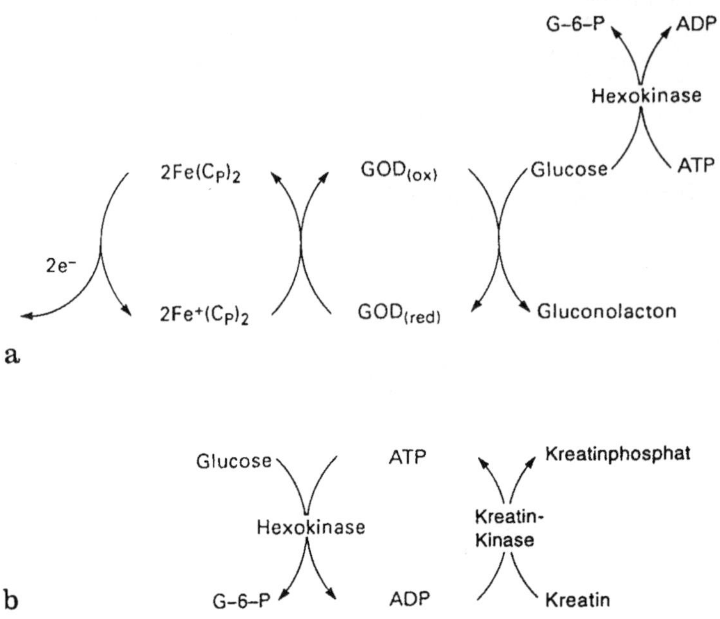

Abb. 8.18. a Kompetitiver Test zum Nachweis von ATP; **b** Erweiterung des Tests zum Nachweis von Kreatin-Kinase-Aktivität.

mung von ATP genutzt werden [62], aber auch in der Form erweitert werden, daß eine Aktivitätsbestimmung von Kreatin-Kinase möglich wird (Abb. 8.18b).

Ferrocen und seine Derivate erfüllen am besten die Anforderungen an einen Mediator, aber auch andere Redoxpaare sind vorgeschlagen und getestet worden [63]. Eine Elektrode mit Glucose-Oxidase und Nickelocen als Mediator zeigt ein sehr ähnliches Verhalten wie die entsprechende ferrocenmodifizierte Elektrode [64].

In einem enzymmarkierten Immunoassay mit Anti-IgG/IgG von Kaninchen [65] wird die Aktivität des Enzymmarkers, Glucose-Oxidase, über den katalytischen Strom gemäß folgendem Reaktionsschema gemessen:

$$\text{Glucose} + \text{Benzochinon} \xrightarrow{\text{Glucose-Oxidase}} \text{Gluconsäure} + \text{Hydrochinon}$$

$$\text{Hydrochinon} \longrightarrow \text{Benzochinon} + 2\,H^+ + 2\,e^-$$

Antikörper werden an einer elektrochemisch vorbehandelten Kohlenstoffelektrode adsorbiert. So entsteht eine Sensoroberfläche mit selektiver Immunoreaktivität. An dieser Oberfläche wird ein Test vom Sandwich-Typ durchgeführt, bei dem die entstandene Elektrode zunächst mit dem Antigen der

Probe und anschließend mit Glucose-Oxidase-markiertem Antikörper inkubiert wird. Die gebundene Glucose-Oxidase kann bei 350 mV gegen SCE in einer Lösung bestimmt werden, die Benzochinon enthält und mit Glucose gesättigt ist ($[S] \gg K_m$). Vorausgesetzt, daß nur minimale unspezifische Bindung auftritt, liegt die geschätzte Nachweisgrenze in diesem Modell bei 10^{-12} mol L^{-1}. Wie bei allen diesen Methoden für Immuntests ist ein wirksamer Schutz der Sensoroberfläche gegen die unspezifische Bindung von einem der beteiligten Reagenzien ausschlaggebend für die Genauigkeit der Bestimmung.

Das weite Spektrum der Redoxmediatoren für andere Enzyme als Glucose-Oxidase wird im folgenden noch in diesem Kapitel vorgestellt. Aber auch das Glucosesystem selbst ist auf weitere brauchbare Alternativen zum Ferrocen untersucht worden [66].

Vor allem Tetrathiafulvalen (TTF) wird als vergleichbar mit Ferrocen beschrieben [67]. Allerdings wird diese Substanz eher zu den Leitsalzen gezählt, die durch den partiellen Übergang eines Elektrons von einem Donor auf einen Akzeptor stabile Komplexe (CT) bilden und in der Lage sind, Ladungen zu transferieren. Typische Donoren und Akzeptoren sind in Abb. 8.19 aufgeführt. Die Donor-Akzeptor-Komplexe haben bei Raumtemperatur Metallcharakter; daher ist ein direkter Elektronentransfer von der Flavingruppe der Glucose-Oxidase auf den CT-Komplex möglich [68–70].

Unter der Voraussetzung, daß Donoren und Akzeptoren alternierend in abgegrenzten Aggregaten vorliegen, liegt die Leitfähigkeit dieser CT-Komplexe bei 300 K (27 °C) in der Regel unter $10^{-6}\Omega^{-1}$ cm^{-1}. Diese Elektroden sind nicht nur interessant, weil sie einen direkten Elektronentransfer ermöglichen, sondern auch deshalb, weil sie relativ leicht zu präparieren sind: Der feinverteilte CT-Komplex wird mit gepulvertem Enzympräparat gemischt und zu einer scheibenförmigen Elektrode gepreßt [71].

Elektroden auf der Basis von Glucose-Oxidase, die an NMP$^+$TCNQ$^-$ oder NMA$^+$TCNQ$^-$ adsorbiert wurde, behalten ihre Aktivität für mehr als 100 Tage und zeigen einen guten linearen Bereich für die Messung von Glucose [68]. Fast alle Salze zeigen mit Glucose-Oxidase eine elektrochemische Aktivität [72, 73], wobei die TCNQ$^-$-Salze von NMP$^+$, TTF$^+$ und Q$^+$ aber die besten elektrochemischen Eigenschaften in Bezug auf die angelegte Spannung und die Blindwerte für den Strom aufweisen. Die Kinetik der Elektrode erwies sich als langsamer als die des Enzyms, und in einer Membran-ummantelten Elektrode verläuft die Reaktion diffusionskontrolliert und unabhängig von der Kinetik des Enzyms oder der Elektrode.

Nach welchem Mechanismus diese Leitsalze wirken ist stark umstritten; sowohl gekoppelter als auch direkter Elektronentransfer werden diskutiert. TCNQ ist in Lösung ein leistungsfähiges Oxidans für Glucose-Oxidase [74]; TTF$^+$ ist bereits als Mediator diskutiert worden. Da der Elektronenübergang mit Flavin-Oxidasen ausschließlich beim Redoxpotential stattfindet, kann die

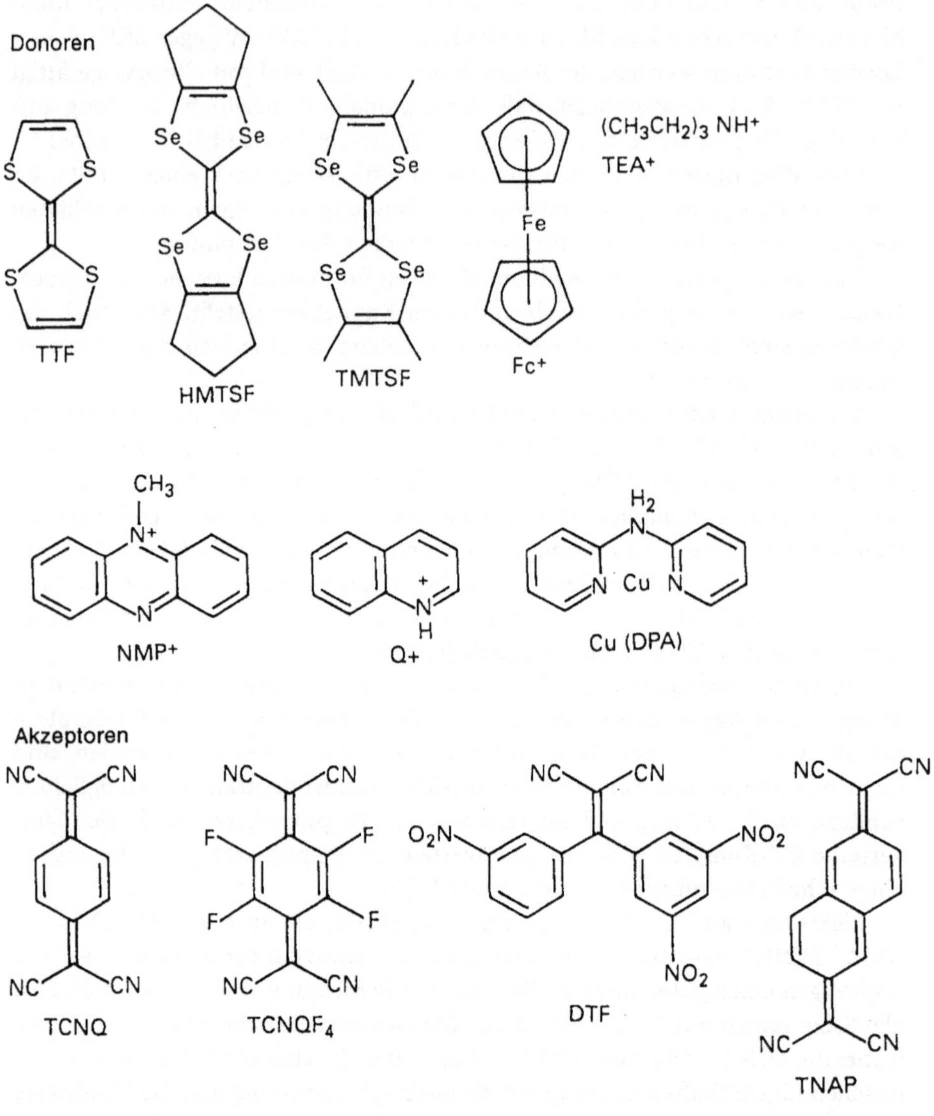

Abb. 8.19. Häufig eingesetzte Donoren und Akzeptoren für Ladungstransferkomplexe.

Reaktion als Mediator-gekoppelt angesehen werden [75–77], verursacht durch eine leichte Zersetzung des Organometalls an der Elektrodenoberfläche. Von anderen Arbeitsgruppen und mit anderen Enzymsystemen wurden experimentelle Hinweise auf einen direkten Elektronenaustausch zwischen Redoxzentrum und Elektrode gefunden. Bei Versuchen mit rotierenden Scheibenelektroden fanden sich keinerlei Hinweise auf Verluste von Leitsalzen an der Elektrode [72]. Diese fehlenden Hinweise sprechen eher für einen direkten Mechanismus beim Elektronentransfer als für einen Mechanismus, bei dem ein löslicher Mediator mit einer endlichen Lebensdauer eine Rolle spielt.

8.11 NAD$^+$/NADH-Systeme

Im Vergleich zu Flavoenzymen lassen sich Systeme mit Nicotinamid als Cofaktor – in der Regel Dehydrogenasen – elektrochemisch besser handhaben. Die Oxidation von NADH zu NAD$^+$ kann an einer Graphitelektrode durchgeführt werden. Die Oxidation findet bereits bei wesentlich positiverem Potential statt als dem Standardelektrodenpotential.

In einer amperometrischen Lactatelektrode [78] ist Lactat-Dehydrogenase (LDH) durch Vernetzung mit Glutardialdehyd mit NAD$^+$ an einer Dialysemembran co-immobilisiert (Abb. 8.20). In der Lactat-abhängigen Reaktion

$$CH_3CHOHCOO^- + NAD^+ \xrightarrow{LDH} CH_3COCOO^- + NADH + H^+$$

wird das NAD$^+$ durch elektrochemische Oxidation bei 0,75 V gegen Ag/AgCl an Glaskohle recyclisiert, wobei der Stromfluß im Bereich von 0-5 mmol L^{-1} der Lactatkonzentration proportional ist. Allerdings ist der Betrieb einer Elektrode bei so hohen Überspannungen ungünstig und verkürzt die Lebensdauer des Systems. Tatsächlich läßt sich die Elektrode auch bei 0,45 V gegen Ag/AgCl entsprechend betreiben, aber die Reaktion ist beträchtlich geringer und wiegt nicht den Vorteil der längeren Lebensdauer auf.

Um diesen Schwierigkeiten zu begegnen, sind in geeigneter Weise modifizierte Oberflächen untersucht worden. Wie die schon vorgestellten Elektrodensysteme sind auch die Leitsalze für viele andere mit Redoxenzymen gekoppelte Tests geeignet. In Tab. 8.4 sind einige der bereits untersuchten Möglichkeiten

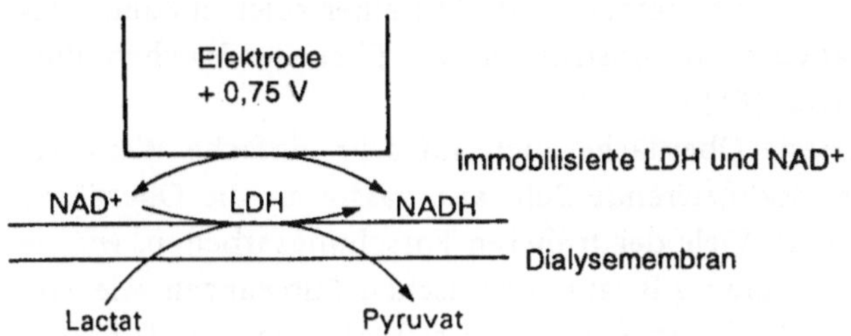

Abb. 8.20. Lactatelektrode mit dem NAD$^+$-abhängigen Lactat-Dehydrogenase-(LDH-)System.

Tabelle 8.4. Enzymelektroden mit Leitsalzen.

Salz	Enzym	Substrat
$TTF^+ TCNQ^-$	Xanthin-Oxidase	Xanthin
	Glucose-Oxidase	Glucose
	D-Aminosäure-Oxidase	D-Alanin
	L-Aminosäure-Oxidase	L-Phenylalanin
	Cholin-Oxidase	Cholinbetainaldehyd
$NMP^+ TCMQ^-$	Xanthin-Peroxidase	H_2O_2
	Glucose-Oxidase	Glucose
	NAD^+-abhängige Dehydrogenasen (über 250 bekannte Beispiele)	Dehydrogenase-Substrate

zusammengestellt. Die NAD^+-abhängigen Dehydrogenasen bilden dabei eine besonders große Gruppe. NMP^+TCNQ^- kann NADH zu NAD^+ reoxidieren (Abb. 8.21), so daß es praktisch für jede der 250 oder mehr NAD^+-abhängigen Dehydrogenasen verwendet werden kann. Die Anwendung dieses Salzes für eine Elektrode zur Analyse von Gallensäuren mit 3-*o*-Hydroxysteroid-Dehydrogenase bietet erhebliche Vorteile gegenüber der herkömmlichen spektrophotometrischen Methode [73]. In Verbindung mit Alkohol-Dehydrogenase [75] kann mit diesem System Ethanol nachgewiesen werden, mit Ethanol-Dehydrogenase aus Hefe [79] lassen sich eine Reihe von Alkoholen bestimmen, darunter Ethanol, Butan-1-ol und Propan-2-ol.

Ein besonderer Vorteil wird erreicht, wenn der Cofaktor NAD^+ an hochmolekulares Polyethylenglycol gekoppelt wird (NAD-PEG). Das trägergebundene NAD^+ kann zusammen mit der Dehydrogenase immobilisiert werden, so daß ein reagenzloser Biosensor entsteht. Das System ist mit Formiat-Dehydrogenase und Alkohol-Dehydrogenase getestet worden [80]. Eine weitere Möglichkeit, die Zugabe von NAD^+ bei jeder Messung zu vermeiden, ist die Coimmobilisierung von Enzym und Cofaktor an eine PVC-Membran und die zusätzliche Abdeckung mit einer Cellulosetriacetatmembran. Mit einer solchen Sandwichstruktur läßt sich ein Ethanolsensor konstruieren, der über vier Wochen ohne Zusatz des Coenzyms arbeitet [81].

Oft kann eine modifizierte Oberfläche auch auf sehr einfache Weise erreicht werden, indem die modifizierende Substanz passiv an die Oberfläche der Elektrode adsorbiert wird. Viele der früheren Forschungsarbeiten, wie sie in Kap. 5 erwähnt sind, basieren z.B. auf organischen Substanzen wie Hydrochinon, Catechin und Redoxfarbstoffen, wobei sich Medolablau als besonders wirksam erwies [82–85]. Die kovalente Bindung von Medolablau an ein Polymer aus Siloxan ist für Biosensoren auf der Basis von Dehydrogenasen

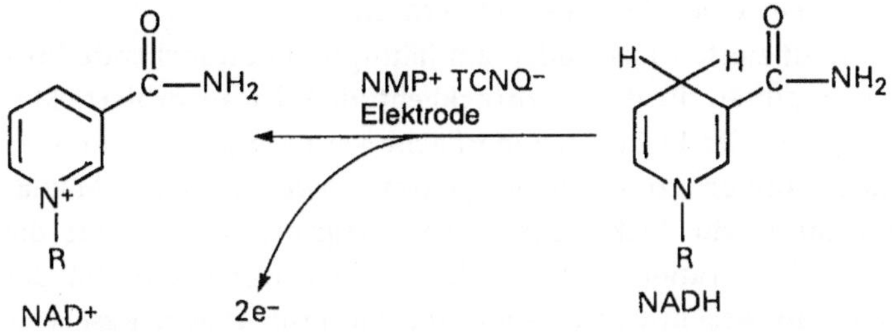

NMP$^+$ TCNQ$^-$
Elektrode

NAD$^+$

2e$^-$

NADH

a

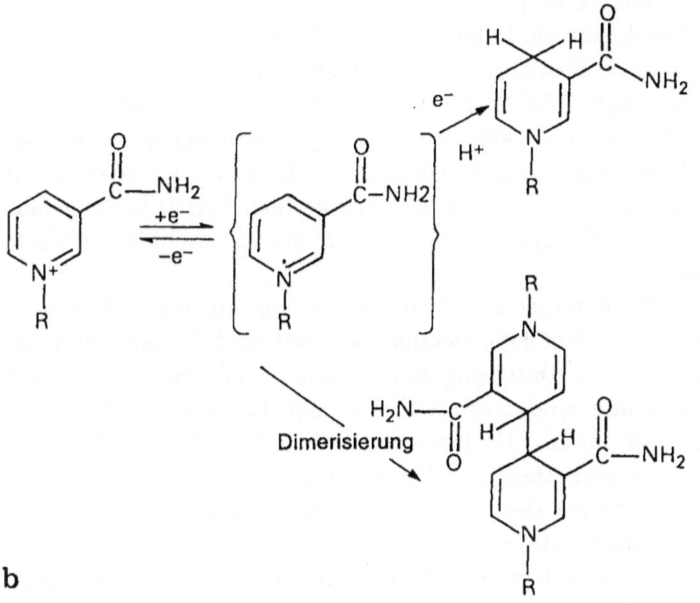

e$^-$

H$^+$

+e$^-$
−e$^-$

Dimerisierung

b

Abb. 8.21. a Oxidation von NADH an einer Elektrode mit NMP$^+$ TCNQ$^-$; **b** elektrochemische Reduktion von NAD$^+$, wobei überwiegend das Dimer und nicht NADH als Hauptprodukt entsteht.

besonders vorteilhaft, da es den Elektronentransfer bei der Reoxidation des Cofaktors begünstigt [86].

Bei diesen modifizierten Elektroden wird die Oxidation des NADH vom immobilisierten Redoxpaar katalysiert. Geht der Elektronenübergang ausreichend schnell vor sich, geschieht die Umwandlung von NADH zu NAD$^+$ nahe dem Redoxpotential der modifizierenden Substanz und benötigt deutlich geringere Überspannungen. Ein weiterer Vorteil dieses indirekten Mechanismus liegt darin, daß NADH mit größerem Wirkungsgrad oxidiert wird, was wiederum die effektive Lebensdauer der Elektrode erhöht.

Das bei solchen modifizierten Elektroden am häufigsten auftauchende Problem ist ihre geringe Stabilität, die darauf zurückgeht, daß der adsorbierte Mediator durch Ablösung von der Elektrodenoberfläche verloren geht. Um dieses Problem zu umgehen, können große Mengen eines schwer löslichen Mediators in einem Reservoir in die Elektrodenmatrix integriert werden, das die notwendige Mediatorkonzentration aufrechterhält. Die Langzeitstabilität der Elektrode hängt dann im wesentlichen davon ab, wie groß dieses Reservoir angelegt werden kann [66]. Eine zweite Möglichkeit besteht in einer kovalenten Kopplung des Mediators an eine entsprechend vorbehandelte Oberfläche mit Hilfe leitender Polymere [87].

Hexacyanoferrat wirkt sowohl in Lösung als auch an einer Elektrode adsorbiert als Redoxpartner von NADH [88], läßt sich aber nicht für eine Elektrode verwenden, die über längere Zeit stabil bleiben soll. Anorganische Polymere können allerdings als Film auf Nickelelektroden aufgebracht werden, indem sie auf elektrochemischem Wege aus einer Lösung von Hexacyanoferrat(II)-ionen aufgelagert werden (s. auch Kap. 5). Solche Filme können NADH bei ungefähr um 150 mV niedrigerer Überspannung oxidieren als die nicht-modifizierte Nickelelektrode [89].

Bei der Redoxreaktion findet eine Wanderung von Alkalimetallionen in den Film hinein und aus dem Film heraus statt, während in dem Film Ladungsneutralität durch eine Dotierung mit Kationen aufrechterhalten wird (Abb. 8.22a). Diese Filme sind stabil während der Lagerung und im Betrieb. Es ist möglich, sie für den Nachweis von Ethanol mit NAD-abhängiger Alkohol-Dehydrogenase herzustellen, wobei das Enzym über eine Vernetzung mit Glutardialdehyd an Nickel-Hexacyanoferrat immobilisiert ist (Abb. 8.22b). Die Elektrode zeigt zufriedenstellende Ergebnisse sowohl in wäßrigen gepufferten Ethanollösungen als auch in Urin-Proben, die mit Ethanol versetzt sind. Sie zeigt über mehrere Tage keinen Verlust an katalytischer Aktivität. Für dieses System ist allerdings ein Zusatz von NAD^+ zu der Probelösung notwendig; eine Weiterentwicklung dieses Aufbaus zu einem Biosensor erfordert also auch hier die Coimmobilisierung des Nicotinamid-Coenzyms.

Auch ein Testansatz für L-Carnitin mit Carnitin-Dehydrogenase gemäß der Reaktionsfolge

$$(CH_3)_3N^+CH_2CH(OH)CH_2COO^- + NAD^+ \rightleftharpoons$$
$$(CH_3)_3N^+CH_2COCH_2COO^- + NADH + H^+$$

$$NADH + 2\,[Fe(CN)_6]^{3-} \xrightarrow{\text{Diaphorase}} NAD^+ + 2\,[Fe(CN)_6]^{4-} + H^+$$

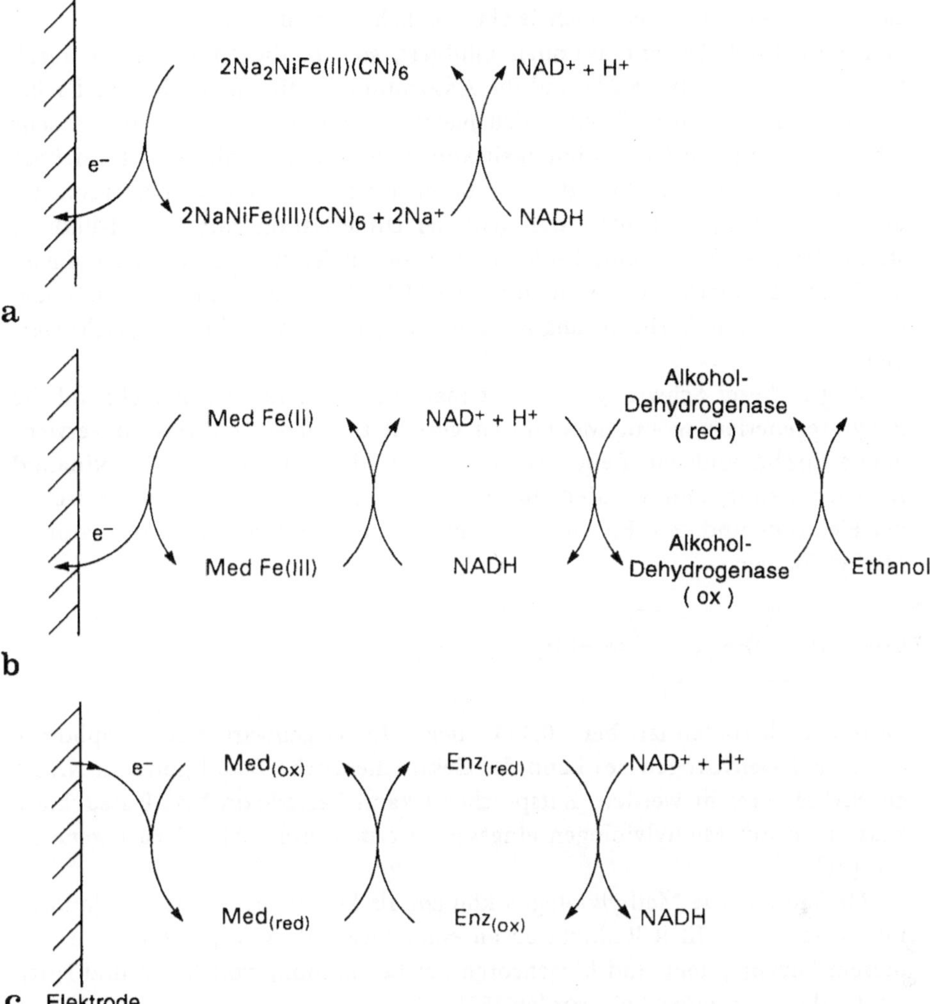

Abb. 8.22. a Oxidation von NADH mit Hexacyanoferrat als Mediator; **b** Ethanoltest mit einer NAD$^+$-abhängigen Alkohol-Dehydrogenase und Hexacyanoferrat als Mediator; **c** enzymatische NADH-Regenerierung mit einem Mediator.

ist vorgeschlagen worden [90]. Hierbei wird NADH anperometrisch über den Oxidationsstrom des Hexacyanoferrat(II) bestimmt. L-Carnitin transportiert langkettige Fettsäuren durch die Mitochondrienmembran. Ein Mangel führt beim Menschen zu einer intrazellulären Anhäufung von Fetten und zu Herz- und Muskelmyopathien.

Die umgekehrte Reaktion, also die Reduktion von NAD$^+$ zu NADH, kann ebenfalls elektrochemisch durchgeführt werden. Ein direkter Elektronenübergang auf NAD^+ ist zwar auch leicht möglich, aber die Reaktion mit Protonen wird durch Nebenreaktionen inhibiert, so z.B. die Dimerisation durch freie Radikale (s. Abb. 8.21) und die Adsorption an die Elektrodenoberfläche. Der Dimerisationsprozeß wirkt sich nachteilig aus, weil diese Reaktion sehr schnell abläuft: Die Geschwindigkeitskonstante zweiter Ordnung ist auf über $10^{-7}\,Mol^{-1}\,s^{-1}$ geschätzt worden. Mit beträchtlichem Aufwand wurde versucht, diesen Prozeß so zu lenken, daß statt der Dimerisation eine NADH-Bildung stattfindet. Allerdings kann mit keiner der modifizierenden Substanzen, die an der Elektrode die Überspannung für die NADH-Oxidation herabsetzen können, eine ausreichende Verbesserung auch der umgekehrten Reaktion erreicht werden.

Wegen dieser Schwierigkeiten hat man die Aufmerksamkeit mehr auf die Enzymregenerierung mit Mediatoren gerichtet (Abb.8.22c). Das zu verwendende Enzym muß ein Redoxzentrum haben, das den Cofaktor Nicotinamid reduzieren kann, und der Mediator muß in der Lage sein, Elektronen zwischen der Elektrode und dem Enzym übertragen zu können. Ein solcher Mediator ist Methylviologen,

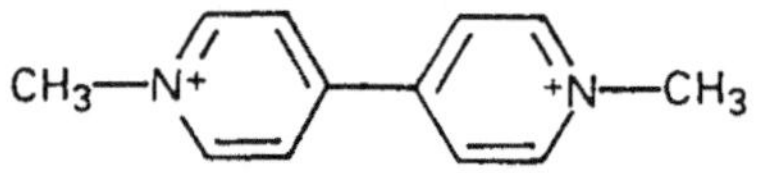

$$CH_3-N^+\!\!=\!\!\diamond\!\!-\!\!\diamond\!\!=\!\!^+N-CH_3$$

dessen Redoxpotential bei -0,45 V liegt. In Gegenwart von Diaphorase (Lipoamid-Dehydrogenase) kann die elektrochemische Reduktion von NAD^+ zu NADH erreicht werden. Entsprechend kann Ferredoxin-NADP-Reduktase zusammen mit Methylviologen eingesetzt werden, um NADPH zu regenerieren [91].

Mediatoren wie Methylviologen können als künstliche Elektronendonoren mit Nitrat- und Nitrit-Reduktasen an einer Elektrode gekoppelt werden. Mit diesem Enzymsystem sind Biosensoren zur Bestimmung von Nitrat und Nitrit im Trinkwasser entwickelt worden [92].

8.12 Redoxproteine

8.12.1 Cytochrom C

So wie Nicotinamid-Coenzyme als Cofaktor für bestimmte Redoxenzyme fungieren, ist Cytochrom C (Abb. 2.10) ein Protein-Mediator für eine Reihe anderer Oxidoreduktasen. Das aktive Zentrum von Cytochrom C wird von Fe(II/III) gebildet und kann an unmodifizierten Elektroden reduziert bzw. oxidiert werden. Die Kinetik dieser Elektroden ist allerdings so langsam, daß sie für einen Biosensor nicht eingesetzt werden können. In einer der ersten modifizierten

Elektroden wurde Gold verwendet und mit einer monomolekularen Schicht von 4,4'-Bipyridyl modifiziert [44]. Dadurch wird der Elektronentransfer zwischen Elektrode und Cytochrom C erleichtert.

(4,4´- Bipyridyl)

Anders als bei einem Transfer mit einem Mediator ist 4,4'-Bipyridyl bei dem Potential, das für den Elektronentransfer auf Cytochrom C angelegt wird, nicht elektrochemisch aktiv. Der Mechanismus, über den der Elektronentransfer an dieser modifizierten Elektrode vonstatten geht, ist nicht vollständig geklärt; aber es gibt Hinweise darauf, daß das Protein an der Elektrodenoberfläche adsorbiert und wieder freigesetzt wird [94], und daß die räumliche Anordnung des Bipyridyl-Moleküls dabei von Bedeutung ist. Man nimmt an, daß die Moleküle senkrecht zur Elektrode angeordnet sind, und daß ein übermäßig hohes Potential eine Umorientierung in eine waagerechte Anordnung verursacht, wobei die katalytische Aktivität der modifizierten Elektrode verloren geht [95].

Eine weitere Gruppe von Redoxproteinen sind die Azurin-haltigen Proteine, die Kupfer als Redoxzentrum enthalten und einen sehr langsamen Elektronentransfer an Gold- und Graphitelektroden aufweisen. Eine Masse aus Kohlenstoff und 4,4'-Bipyridyl, die gemeinsam vermahlen und zu einer Elektrode gepreßt werden, ergibt dennoch eine Elektrode, die einen Elektronentransfer auf Azurin zu leisten vermag, und zwar in der Nähe des Redoxpotentials von +312 mV [96].

Wie auch im Fall des Redoxproteins Cytochrom C hängen die Vorgänge bei der Adsorption und Desorption an der modifizierten Elektrode wahrscheinlich mit Wasserstoffbindungen zwischen spezifischen Lysinresten an der Proteinoberfläche und Stickstoffatomen des Promoters zusammen. So hemmt eine Modifizierung der Lysin-Seitenketten an der Oberfläche des Cytochrom C den elektrochemischen Ladungstransfer an der modifizierten Elektrode [97].

Enzymatische Biosensoren mit dem Gold-Bipyridyl-Cytochrom C-System sind zur Bestimmung unterschiedlicher Analyten eingesetzt worden. Ein Beispiel ist eine Kombination mit Kohlenmonoxid-Oxidoreduktase; die Reaktion mit Kohlenmonoxid führt zu einem meßbaren Elektrodenstrom [98] (Abb. 8.23).

Darüberhinaus sind eine Vielzahl weiterer Promotersubstanzen für den Elektronentransfer untersucht worden. Zwei wesentliche Anforderungen werden an einen erfolgreich arbeitenden Promoter gestellt [99]:
- eine aktive Gruppe an der Oberfläche, die Akzeptoreigenschaften aufweist, z.B. über N, S oder P;
- schwach basische oder anionische funktionelle Gruppen in geeigneter räumlicher Anordnung.

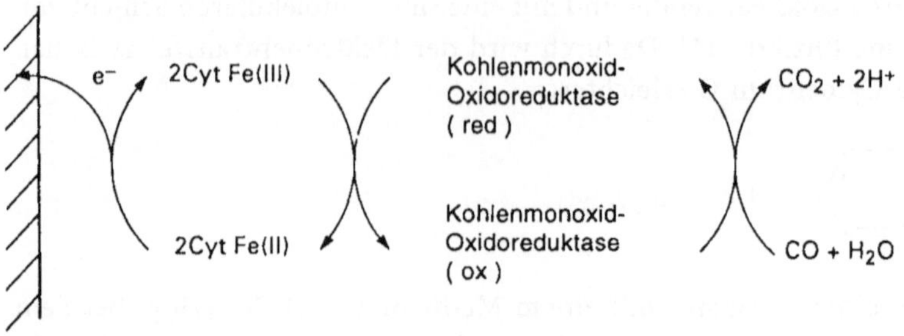

Abb. 8.23. Bestimmung von Kohlenmonoxid mit dem Redoxprotein Cytochrom C und dem Enzym Kohlenmonoxid-Oxidoreduktase an einer Gold-Bipyridyl-Elektrode.

Der Elektronentransfer auf Redoxproteine wie Cytochrom C wird auch mit elektrochemisch aktiven, modifizierenden Substanzen erleichtert. Eine interessante Möglichkeit sind organische Komponenten auf der Basis von Phenylendiamin, die funktionelle -Si(OMe)$_3$-Gruppen in der Seitenkette enthalten. Sie sind in der Lage, den Mediator kovalent an der Elektrode zu verankern, indem sie mit den -OH-Gruppen an der Oberfläche reagieren. N,N,N',N-Tetrakis--(trimethoxysilyl-3-propyl)-1,4-benzendiamin (I) und N,N-Dimethyl-N'-ethyl--(trimethoxysilyl-4-butyl)-1,4-benzendiamin (II)

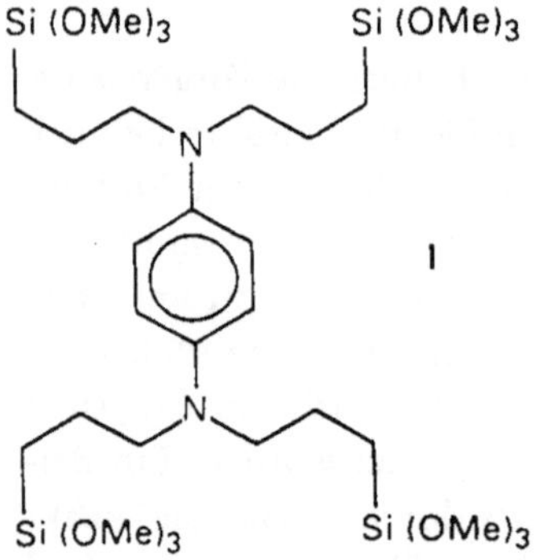

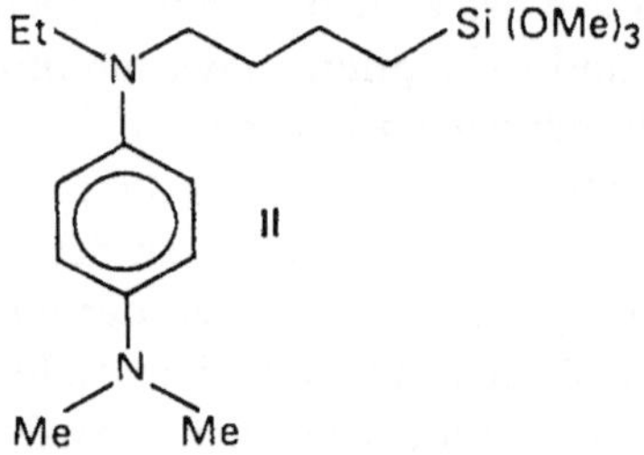

sind in der Lage, die Fe (III/II)-Umsetzung im Cytochrom C in der Nähe des Standardredoxpotentials (+0,04 V; E^0 + 0,02 V gegen SCE) mit einer anfänglichen Wirksamkeit des Mediators von 100 % zu beeinflussen. Allerdings schließt die rasche Inaktivierung der Elektrokatalyse die Anwendung dieser modifizierenden Substanzen aus.

Ein wesentlich stabileres System mit dem gleichen Redoxpotential stellt ein Redoxmediator auf der Basis von Ferrocen mit Silan als Verankerung dar.

Entweder dieses Monomer oder sein Polymer, verknüpft mit Platin [100], können die elektrochemische Reaktion des Cytochroms C über einen längeren Zeitraum verbessern.

8.13 Amperometrische Bestimmung Enzym-gekoppelter pH-Änderungen

Mit Hilfe pH-abhängiger elektrochemischer Redoxprozesse können Hydrolase-katalysierte Reaktionen amperometrisch nachgewiesen werden [101]. Hydrazin ist ein besonders geeigneter pH-Indikator, da $\log I$ der elektrochemischen Hydrazinoxidation dem sensitiven pH-Bereich direkt und nicht logarithmisch proportional ist, wie es bei einer idealen, Wasserstoffionen-sensitiven Elektrode mit einer Reaktion von 59,14 mV pro Dekade der Fall ist.

Der Mechanismus, nach dem die Elektrooxidation von Hydrazin abläuft, ist sowohl abhängig vom pH als auch vom Material der Elektrode und läßt sich mit zwei Reaktionsgleichungen einfach beschreiben:

$$N_2H_5^+ \longrightarrow N_2 + 5\,H^+ + 4\,e^- \qquad (pH < 7)$$
$$N_2H_4 + 4\,OH^- \longrightarrow N_2 + 4\,H_2O + 4\,e^- \qquad (pH > 7)$$

wobei die elektroaktive Startsubstanz je nach dem pH entweder als $N_2H_5^+$ oder als N_2H_4 vorliegt.

Aufgrund der linearen pH-Abhängigkeit dieses Systems (Abb. 8.24) ist Hydrazin besonders gut für Enzymreaktionen geeignet, die eine pH-Änderung mit sich bringen. Beispielsweise katalysiert Urease die Hydrolyse von Harnstoff, wobei der pH-Wert ansteigt:

$$3\,H_2O + (NH_2)_2CO \xrightarrow{\text{Urease}} 2\,NH_4^+ + HCO_3^- + OH^-$$

Durch Ausfällung des Enzyms in Polyvinylalkohol kann eine Ureasemembran präpariert werden, die an der Spitze einer Platinelektrode aufgebracht wird. Die Elektrode arbeitet in einer Pufferlösung, die Hydrazin und EDTA als Komplexbildner enthält, damit die Urease nicht durch Silberionen aus der Referenz-

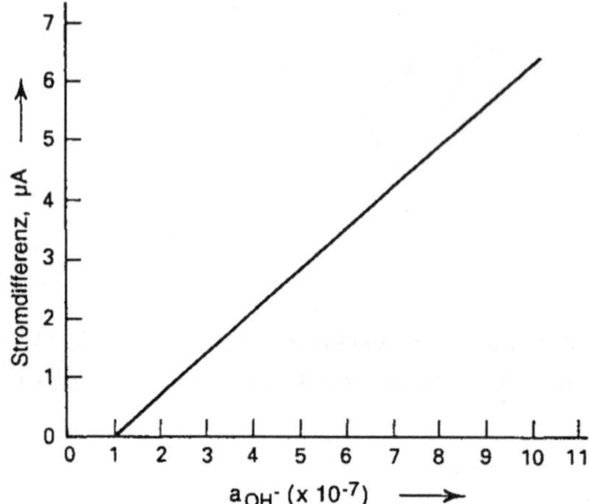

Abb. 8.24. Amperometrisches Signal auf den pH-Wert an einer Hydrazinelektrode [101].

elektrode gehemmt wird [102]. Die Elektrode zeigt eine Ansprechzeit von 20 s und eine lineare Reaktion auf Harnstoff im Bereich von 0,8-35 mmol L^{-1} beim pH-Optimum des Enzyms (pH 7,0-7,4). Der Sensor konnte erfolgreich bei der Harnstoffüberwachung von Dialysepatienten eingesetzt werden [103]. Die Bestimmung von Harnstoff im Dialysat und im Serum erlaubt eine genauere Einstellung der Dialysedauer und damit eine verbesserte Patientenbehandlung.

8.14 Amperometrische Bestimmung von Bioaffinitätsreaktionen

Wechselwirkungen zwischen Proteinen und ihren Bindungspartnern, denen eine Bioaffinität zugrundeliegt, beruhen auf nicht-kovalenten Kräften und können als Gleichgewichtsreaktion mit einer charakteristischen Assoziationskonstante beschrieben werden, die die Spezifität des entstehenden Komplexes beschreibt. Beispielsweise zeigen Biotin und Dethiobiotin eine ähnliche Affinität zu Avidin:

$$\text{Biotin} + \text{Avidin} \rightleftharpoons \text{Biotin-Avidin} \qquad (K_a = 10^{15}\,\text{M})$$
$$\text{Dethiobiotin} + \text{Avidin} \rightleftharpoons \text{Dethiobiotin-Avidin} \qquad (K_a = 2 \cdot 10^{12}\,\text{M})$$

Dagegen haben die Biotin-Analogen Liponsäure und 2-(4'-Hydroxyphenylazo)-benzoesäure (HABA) eine viel geringere Affinität zu Avidin:

$$\text{Liponsäure} + \text{Avidin} \rightleftharpoons \text{Liponsäure-Avidin} \qquad (K_a = 1,4 \cdot 10^{6}\,\text{M})$$
$$\text{HABA} + \text{Avidin} \rightleftharpoons \text{HABA-Avidin} \qquad (K_a = 1,7 \cdot 10^{5}\,\text{M})$$

Biotin oder Dethiobiotin würden also HABA oder Liponsäure aus einem Avidin-Komplex verdrängen.

Dieser Typ eines kompetitiven Austausches kann verwendet werden, um einen Bioaffinitätssensor zu entwickeln. So wurde Avidin an einer Elektrode immobilisiert und mit einem enzymmarkierten Analogen des Biotins komplexiert. Biotin in einer Probe kann dann das markierte Analoge proportional zu seiner Konzentration ersetzen. Die Menge des verbleibenden komplexgebundenen, enzymmarkierten Analogen kann bestimmt werden, indem man das Enzymsubstrat zufügt. Dieses Prinzip wurde für einen Biotinsensor verwendet [104]. Ein Copolymer aus 4-(Aminomethyl)-1,8-octandiamin und Glutardialdehyd wurde mit Cellulosetriacetat als Träger präpariert und ergab eine reaktive Oberfläche für die Verknüpfung mit dem Protein Ovalbumin (Abb. 8.25). HABA wurde über eine Carbodiimid-Reaktion mit der Aminogruppe des Proteins verknüpft und so immobilisiert; diese Membran wurde mit katalasemarkiertem Avidin komplexiert und auf eine Clarksche Sauerstoffelektrode aufgezogen. Die Affinitätselektrode kann nun mit der Biotin-haltigen Probe inkubiert werden, wobei ein Teil des markierten Avidins von der Membran entfernt wird. Schließlich läßt sich nach der Entfernung der Elektrode aus der Probelösung das verbliebene komplexgebundene, Katalasemarkierte Avidin durch Zufügen von Peroxid bestimmen (Abb. 8.25):

$$2\,H_2O_2 \xrightarrow{\text{Katalase}} O_2 + 2\,H_2O$$

Der Anstieg der Sauerstoffspannung ist proportional zur Konzentration des Enzyms, der lineare Bereich liegt zwischen 10^{-9} und $10^{-7}\,\text{g Mol}^{-1}$ Biotin. Während der Inkubation der Elektrode mit Biotin ist die Reaktion des Membrankomplexes nach 10 min abgeschlossen; die anschließende Reaktion des verbliebenen, Avidin-gebundenen Enzyms mit dem zugesetzten Avidin benötigt nur 1 min bis zur vollständigen Umsetzung. Nach jeder Bestimmung kann der Biosensor regeneriert werden, indem er in eine Lösung des Avidin-Katalase-Konjugates eingetaucht wird, so daß der Komplex aus Protein und dem Biotin-Analogen wieder aufgebaut wird.

Eine Analyse nach diesem Prinzip konkurrierender Reaktionen erfordert, daß sowohl der Analyt als auch das gewählte Analoge eine Bioaffinität zu dem bindenden Protein zeigen; sie müssen sich aber um mehrere Größenordnungen unterscheiden; günstig ist ein Affinitätsverhältnis beider Gleichgewichte von mindestens 10^5.

Das Avidin-Biotin-System kann auch als Hilfsmittel verwendet werden, um Enzymsensoren herzustellen; in diesem Fall wird es lediglich als besonders schonende und gleichzeitig effiziente Immobilisierungsmethode eingesetzt: Avidin wird elektrochemisch an der Oberfläche einer Platinelektrode fixiert, das für den Sensor vorgesehene Enzym dagegen mit Biotin als Marker gekoppelt. Beides ist ohne spürbaren Verlust der Bindungsaktivität möglich. Das „bioti-

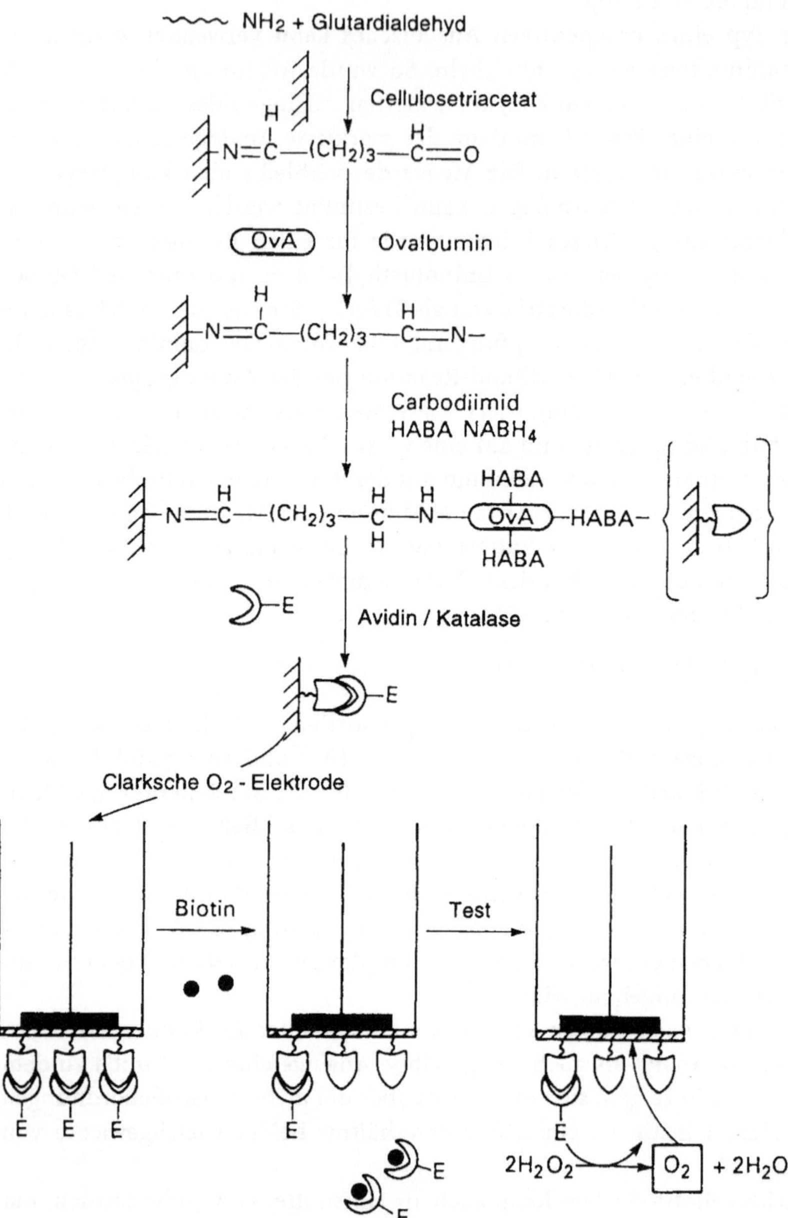

Abb. 8.25. Aufbau einer Bioaffinitätselektrode. Das Biotin-Analoge HABA wird auf die Elektrode aufgebracht und reagiert mit enzymmarkiertem Avidin. Biotin in der Probe konkurriert um das markierte Avidin; das verbleibende an der Elektrode komplexierte markierte Avidin wird durch Zusatz des Enzymsubstrats bestimmt.

nierte" Enzym läßt sich dann ausreichend stabil (über drei Monate bei Glucose-Oxidase) und schonend an der Elektrodenoberfläche über die Kopplung an Avidin immobilisieren [105]. Die Immobilisierung von Enzymen über solche spezifischen Bindungsreaktionen hat in den letzten Jahren zunehmend auch für andere Sensortypen an Bedeutung gewonnen, in Verbindung mit Bilayer-Lipid-Membranen auch zur Fertigung miniaturisierter Systeme [106].

8.15 Signalverstärkung über Analyt-Recycling

Zur Signalverstärkung und zur Verlängerung der Lebensdauer eines Sensors sind einerseits der Elektrodenprozeß und andererseits die Meßwerterfassung diskutiert worden. Eine sehr wirkungsvolle Verstärkung kann aber auch durch den Analyten selbst erreicht werden, wenn er über einen cyclischen Prozeß regeneriert wird, so daß eine stöchiometrische Menge des Produkts entsteht und mit jedem Umlauf des Analyten im Reaktionscyclus angehäuft wird. Abbildung 8.26a zeigt ein Beispiel mit zwei NAD^+-abhängigen Enzymen, einer Alkohol-Dehydrogenase (ADH) und der Lipoamid-Dehydrogenase (LDH). Der

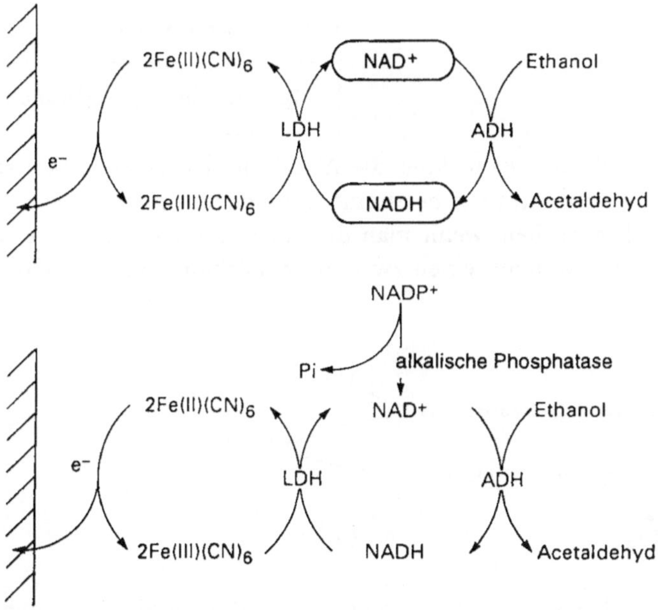

Abb. 8.26. a Verstärkungssystem für NAD^+; b Kopplung eines $NADP^+$-Tests an das Verstärkungssystem.

Cyclus wird durch Zusatz des fehlenden NAD^+ zum System angetrieben, so daß bei Überschuß von Ethanol ein katalytisch betriebener, cyclischer Wechsel von reduziertem und oxidiertem Nicotinamid stattfindet. Dabei entsteht Ferrocyanid, das elektrochemisch bei $+0{,}45\,V$ gegen SCE oxidiert werden kann. Der Reaktionscyclus wird also direkt als NAD^+-Test in Betrieb gesetzt (oder auch als indirekter Test, wenn NAD^+ das Produkt aus einer anderen Reaktion ist). Beispielsweise ist NAD^+ das Produkt der Dephosphorylierung von $NADP^+$, die durch eine alkalische Phosphatase katalysiert wird (Abb. 8.26b) [107]. Die alkalische Phosphatase wirkt auch als Verstärkungssystem, wenn anorganisches Phosphat als Analyt bestimmt werden soll. Diese Methode spielt vor allem in der Umweltanalytik eine Rolle, um die Eutrophierung von Gewässern und die Phosphatbelastung des Trinkwassers zu detektieren. Ein Biosensor mit Nucleosid-Phosphorylase und Xanthin-Oxidase bietet eine Alternative zu spektroskopischen Methoden. Über das Analyt-Recycling mit alkalischer Phosphatase ist eine 20fache Verstärkung zu erreichen [108].

Entsprechend kann die früher beschriebene Reaktionsfolge der Kreatin-Kinase (Abb. 8.18b) als Verstärkung für eine ADP/ATP-Bestimmung eingesetzt werden. In einer ähnlichen Kombination [109] wird die Kreatinkinase durch Pyruvatkinase ersetzt und anschließend die Pyruvatproduktion mit einem dritten System aus zwei gekoppelten Enzymen verfolgt:

$$\text{Pyruvat} + \text{NADH} \xrightarrow{\text{Lactat–Dehydrogenase}} \text{Lactat} + NAD^+$$

$$O_2 \downarrow \text{Lactat–Monooxygenase}$$

$$\boxed{\textbf{Messung des } O_2\textbf{-Verbrauchs}}$$

Mit einer Sauerstoffelektrode kann über die Abnahme der Sauerstoffkonzentration die ADP/ATP-Konzentration bestimmt werden. Eine noch wirksamere Verstärkung läßt sich erreichen, wenn man die Lactat-Monooxygenase durch Lactat-Oxidase ersetzt und damit einen zweiten Verstärkungscyclus in das System einführt:

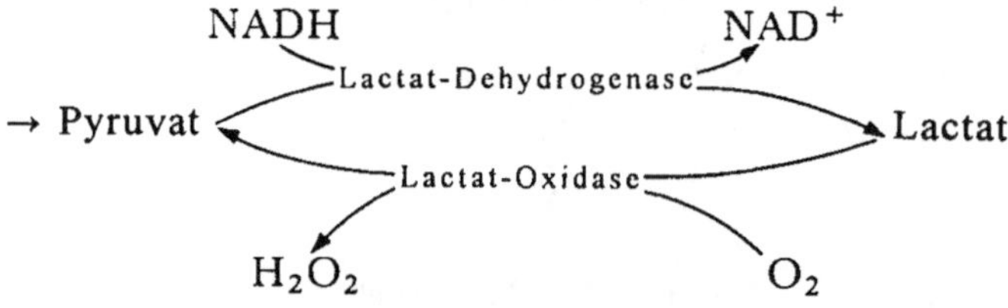

Auf diese Weise wurden viele andere cyclische Kombinationen von mehreren Enzymen untersucht, wobei mitunter eine bis zu 4000fache Steigerung der Empfindlichkeit erreicht werden konnte [110]. Das Ausmaß der Signal-

Tabelle 8.5. Enzymatische Verstärkungssysteme.

Enzyme	Analyt	Verstärkung
Cytochrom B_2 Lactat-Dehydrogenase	Lactat/Pyruvat	10
Glucose-Oxidase Glucose-Dehydrogenase	Glucose	10
Glutamat-Dehydrogenase Alanin-Aminotransferase	Glutamat	60
Pyruvatkinase Hexokinase	ADP/ATP	200
Lactat-Oxidase Lactat-Dehydrogenase	Lactat/Pyruvat	4000

verstärkung variiert in den einzelnen Systemen, aber das Prinzip ist immer das gleiche: Das für das erste Enzym spezifische Substrat (oder der Cofaktor) führt zu einem Produkt, das selbst spezifisches Substrat (oder Cofaktor) für ein weiteres Enzym ist. Die Reaktion mit dem zweiten Enzym ergibt ein Produkt, das wiederum Substrat für das erste Enzym ist. Einige solche Systeme sind in Tab. 8.5 zusammengestellt.

Auch in cyclischen Reaktionsfolgen können Mediatoren eingesetzt werden. Ein amperometrischer Immuntest für Morphium [111] basiert auf der kompetitiven Bindung von ferrocenmarkiertem Morphium und dem Analyten (Morphium oder Codein) in einer Probe an einen Morphium-Antikörper (Abb. 8.27). Das ungebunden verbleibende Morphium-Ferrocen-Konjugat läßt sich durch Oxidation an einer Platinelektrode bestimmen. Zudem ist Ferrocen, wie bereits beschrieben, ein Mediator für den Elektronentransfer zwischen der Elektrode und dem Redoxzentrum verschiedener Enzyme. Daher kann das Signal verstärkt werden, indem man Ferrocen mit Glucose-Oxidase in Gegenwart von überschüssiger Glucose recyclisiert (Abb. 8.27b).

8.16 Multienzymsensoren

Die meisten amperometrischen Sensoren arbeiten mit einem integrierten Mediator. Es gibt allerdings Oxidasen, die mit den üblichen Mediatoren nicht oder nur unzulänglich reagieren. Ein weiterer Nachteil von Mediatoren sind unspezifische Elektronentransferreaktionen.

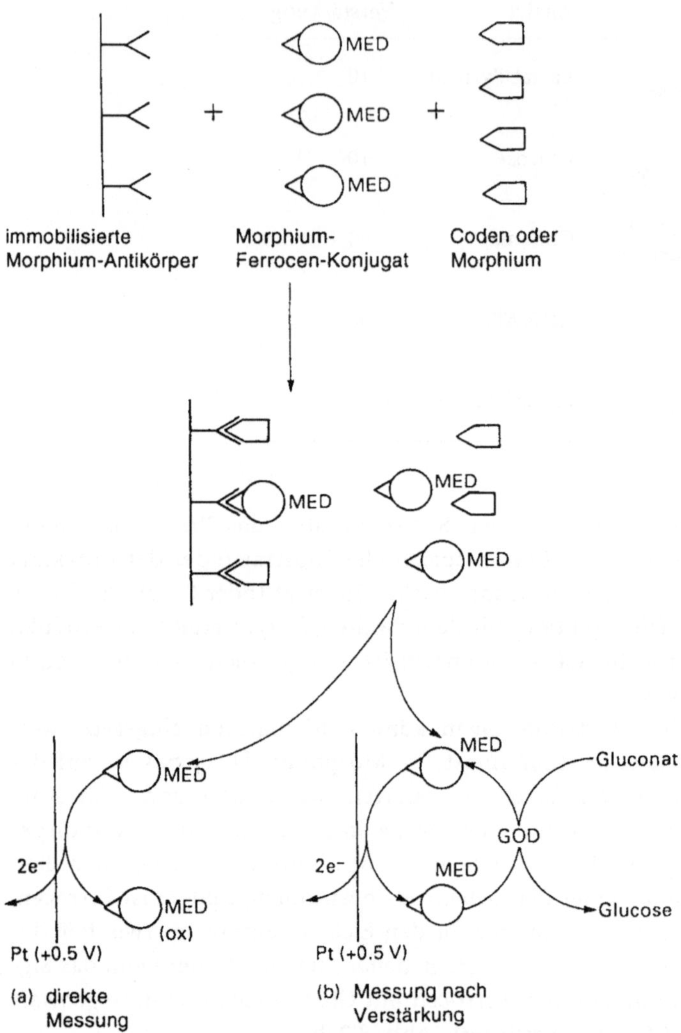

Abb. 8.27. Amperometrischer Immuntest zum Nachweis von Morphium mit ferrocen-markiertem Morphium, das mit dem Morphium der Probe um Antikörper konkurriert; **a** direkte Messung; **b** Messung nach Verstärkung.

Auf einen chemischen Mediator kann oft verzichtet werden, wenn eine Oxidase mit Peroxidase coimmobilisiert wird. Solche Bienzymsensoren sind für unterschiedliche Anwendungen entwickelt worden [112, 113]. Ein ähnlicher Effekt wird in einem ATP-Sensor mit Glycerol-3-phosphat-Oxidase und Glycerol-Kinase erreicht; das Oxidationspotential der Elektrode für H_2O_2 wird so weit herabgesetzt, daß bei vergleichsweise niedrigen Potentialen gemessen werden kann [114].

Die Coimmobilisierung von zwei oder mehreren Enzymen kann auch zu Sensoren mit erweitertem Analytspektrum führen. Ein Beispiel sind Sensoren mit Cholinesterasen, Schlüsselenzymen für den Nachweis von organischen Phosphorverbindungen und Carbamat-Pestiziden, die auf diese Enzyme als Inhibitoren wirken. In Gegenwart von Acetylcholin bildet Acetylcholin-Esterase Cholin, das in einer Folgereaktion mit Cholin-Oxidase detektiert werden kann. Die gemeinsame Wirkung von beiden Enzymen wird in Biosensoren genutzt, die in der Umweltanalytik als Pestiziddetektoren eine große Rolle spielen [13, 116]. Dabei kann die Messung mit einem Sensor mit immobilisierter Cholin-Oxidase und Zusatz von Acetylcholin-Esterase zur Probelösung durchgeführt werden [117]; eine Coimmobilisierung beider Enzyme hat aber den Vorteil, ohne Reagenzienzusatz auszukommen, und läßt möglicherweise auch Einweg-Sensoren zu [1, 119]. Diese Enzyme sind auch als Biokomponenten in einem Nicotinsensor eingesetzt worden [120].

Organische Phosphorverbindungen und Carbamat-Insektizide sind allerdings in wäßriger Umgebung schlechter löslich als in organischen Lösemitteln. Man hat daher versucht, Biosensoren zu entwickeln, die auch in organischen Lösemitteln oder in wassermischbaren Phasen arbeiten. Ein Biosensor mit Acetylcholin-Esterase zum Nachweis von Pestiziden ist mit verschiedenen organischen Lösemitteln erprobt worden; es hat sich dabei gezeigt, daß das Enzym in immobilisierter Form in den Lösemitteln stabiler ist als das freie Enzym [121].

Auch für andere Analyte wurden in der Folge Biosensoren entwickelt, die mit organischen Lösemitteln oder Mischphasen arbeiten, z.B. zum Nachweis von Phenolen mit Tyrosinase [122]. Ein Problem bei der Konstruktion dieser Sensoren ist die Wahl der äußeren Membran, die lösemittelbeständig sein muß, darüberhinaus aber auch alle anderen Anforderungen für einen Biosensor erfüllen muß. Als Einschlußmembran ist z.B. ein Polymer geeignet, das in Form dünner Filme aufgebracht werden kann (Eastman-AQ-Filme) [123, 124].

Schließlich werden Multienzymsensoren auch verwendet, um die störende Wirkung von fremden Substanzen in der Probe zu eliminieren. Dazu werden zwei oder mehr Enzyme räumlich getrennt in übereinanderliegenden Membranen angeordnet. Ein Beispiel ist die Bestimmung von Gluconolacton in glucosehaltigen Proben; hier wird die störende Glucose in einer äußeren Membran mit Hexokinase eliminiert, während nur der gewünschte Analyt die innere Membran erreicht, wo das Gluconolacton zunächst mit Glucose-Dehydrogenase als Katalysator zu Glucose, und diese anschließend mit Glucose-Oxidase umgesetzt wird [125].

8.17 Miniaturisierung

In Kap. 5 sind bereits einige Techniken zur Miniaturisierung von amperometrischen Sensoren und ihre Vorteile erwähnt worden. Vor allem auf medizinischem Gebiet ist die Fertigung von Mikrosensoren eine Voraussetzung dafür, sie in vivo oder als Implantate einsetzen zu können. Zur Fertigung solcher Konstruktionen sind mehrere Wege eingeschlagen worden. Eine Möglichkeit ist die Verwendung integrierter Schaltkreise in Verbindung mit der Technologie zur Herstellung von dünnen Schichten. Daneben ermöglicht die Entwicklung neuer Printing-Technologien, mit oder ohne Rechnerunterstützung, die Miniaturisierung in Form von planaren Dickschichtelektroden, die ebenfalls reproduzierbar, in großen Stückzahlen und daher kostengünstig gefertigt werden können.

Nicht immer steht bei den unterschiedlichen Strategien zur Miniaturisierung die Langzeitstabilität im Vordergrund, auch wenn dies vor allem für die Glucosesensoren im klinischen Bereich ein wichtiges Ziel ist. Aber auch ein erweiterter dynamischer Bereich [126] oder die Möglichkeit zum perioperativen Einsatz [127] eines Glucosesensors sowie eine verringerte Störanfälligkeit [128] sind wichtige Faktoren.

Oft erfordert ein analytisches Problem die multiple Bestimmung von Parametern. Das erfordert dicht angeordnete Mikrosensoren, wobei verbesserte Messungen erreicht werden, wenn die Sensoroberfläche in kompakter Form mit den integrierten elektronischen Schaltkreisen verbunden ist; im Idealfall liegt sie direkt auf dem Schaltkreis. Moderne Technologien erlauben die äußerst genaue Fertigung präzise definierter Mikrostrukturen.

Auf diesem Gebiet ist noch viel Forschungsarbeit zu leisten, dennoch beeinflußt es bereits stark die Herstellung und Verwendung elektrochemischer Sensoren. So sind viele in vivo einsetzbare Enzymsysteme durch die verbesserten Möglichkeiten zur Fertigung von Dünnschichtelektroden zu erwarten, wie sie in Kap. 5 beschrieben wurden.

Ausschließlich mit photolithografischen Techniken hergestellt wurde ein Glucosesensor, der auf einer Differenzmessung von Wasserstoffperoxid beruht [7]. Das Enzym wird in einer Polyvinylalkohol(PVA)-Matrix immobilisiert, die mit einer Stilbazolium-Gruppe lichtempfindlich gemacht worden ist. Unter UV-Bestrahlung wird das Enzym in dieses vernetzte Polymer eingelagert. Der Sensor wird mit zwei Anoden und einer herkömmlichen Kathode ausgestattet, so daß eine Differenzmessung des Wasserstoffperoxids vorgenommen werden kann, und zwar zwischen einer Anode, die aktives Enzym in einer PVA-Schicht enthält, und einer Anode, die inaktiviertes Enzym in PVA enthält. Die Verwendung eines solchen Blindwertes anstelle einer freien Elektrode bedeutet, daß Störungen durch reduzierende Substanzen wie Ascorbat oder Harnsäure eliminiert werden können; ihre Wirkung geht auf weniger als 3 % zurück. Dadurch steht eine geeignete Lösung des „Ascorbat-Problems" zur Verfügung, jedenfalls solange das Signal von Glucose plus Ascorbat nicht die elektrische Sättigung erreicht und damit den Betrieb des Sensors bei niedrigerer Verstärkung (und damit bei niedrigerer Empfindlichkeit) notwendig macht.

Auch für H_2O_2 und O_2 sind Mikroelektroden mit integrierter Schalttechnik hergestellt worden (Kap.5). Durch Vakuumbedampfung mit Silan entsteht auf der Elektrodenoberfläche ein reaktiver Film für die kovalente Bindung von Biomolekülen mit Erkennungsfunktion. Aufgrund der Fähigkeit dieser Elektrode, Peroxid zu erfassen, ist dieser Film zur Bestimmung von Glucose geeignet, wenn er mit Glucose-Oxidase (GOD) beschichtet wird, die über eine Schiffsche Base angekoppelt werden kann. Für die GOD-Mikroelektrode wird ein linearer Bereich für Glucose von $0,01\text{-}1\,mg\,ml^{-1}$ angegeben und eine Selektivität, die der des Enzyms entspricht [130].

Neben der Entwicklung der Filmelektroden werden auch Kohlenpasteelektroden so weit miniaturisiert, daß die benötigte Enzymmenge bis zu zwei Größenordnungen geringer wird; durch die räumlich dichte Anordnung wird zudem die Ansprechzeit verringert [131].

So wie auch Makroelektroden zur Bestimmung von Glucose mit Glucose-Oxidase an das Potential angepaßt werden können, das für den Peroxid- oder Sauerstofftest notwendig ist, so ist dies auch für den entsprechenden Mikroaufbau möglich. Ein Beispiel dafür ist die Mikroelektrode in Abb. 5.25, die mit einer auf -1,1 V polarisierten Teflonmembran überzogen ist und einen Elektrodenstrom liefert, der direkt proportional dem Sauerstoff ist und sich in einem enzymgekoppelten Test verwenden läßt [130].

Glutamat wird in großen Mengen als Geschmacksverstärker für die Lebensmittelindustrie produziert und kann mit diesem Sauerstoffsensor indirekt bestimmt werden. Glutamat-Oxidase wird an einer Cellulosetriacetat-Membran immobilisiert und auf die Teflonmembran der Sauerstoffelektrode aufgebracht. Der Sauerstoffverbrauch durch die Enzymreaktion ist der Glutamatkonzentration proportional und verursacht einen Abfall des O_2-verursachten Elektrodenstroms. Eine lineare Beziehung wird für diese Elektrode im Bereich von 5-50 mM Glutamat angegeben.

Ein weiteres System zur Glucosebestimmung basiert auf drei Elektroden [132], die auf eine acrylbeschichtete Unterlage aufgebracht werden. Mit Glucose-Oxidase und 1,4-Benzochinon als Mediator wird dieser Aufbau in einem enzymgekoppelten Immuntest eingesetzt, der - obwohl ausschließlich in Lösung durchgeführt - eine in situ-Immobilisierung vorsieht. Hier wird die Notwendigkeit vermieden, gebundene und ungebundene Marker in der Immunreaktion zu trennen.

Antigen IgG aus der Probe und enzymmarkierte Antikörper (Anti-IgG-Enz) werden inkubiert und in einer anschließenden Reaktion mit einem zweiten Antikörper verbunden, der kovalent an magnetische Partikel gebunden ist. Der magnetische Komplex mit der Enzymmarkierung wird an der Elektrodenoberfläche angereichert, indem das Elektrodensystem über einem Dauermagneten angeordnet wird. Der Anteil an gebundenem Enzym kann dann nach Zusatz von Glucose und dem Mediator bestimmt werden.

In diesem Kapitel sind vielfältige Materialien und Prinzipien aufgezeigt, die für Entwicklungsarbeiten auf dem Gebiet der Biosensorik zur Verfügung stehen. Es ist insbesondere zu erwarten, daß zukünftige Entwicklungen das steigende Potential der Fertigungstechnologie von Mikrosensoren berücksichtigen und neben den bekannten noch unerschlossene Materialien und Methoden aufgreifen werden.

Literatur

[1]   Miki K, Matsushita F, Kobayashi D, Ikeda T (1993) Sensors and Actuators B 13-14:661

[2]   Schmidt HL, Gutberlet F, Schuhmann W (1993) Sensors and Actuators B 13-14:366

[3]   Mell LD, Maloy JT (1975) Anal. Chem. 47:299

[4]   Varfolomeev SD, Berezin IV (1978) J. Mol. Catalysis 4:387

[5]   Iliev I, Atanasov P, Gamburzev S, Kaisheva A (1992) Sensors and Actuators B 8:65

[6]   Atanasov P, Wilkins E (1993) Anal. Letters 26:1587

[7]   Tse PHS, Gough DA (1987) Anal. Chem. 59:2339

[8]   Updike SJ, Hicks GP (1967) Nature 214:986

[9]   Nabi Rahni MA, Guilbault GG, deOlivera NG (1986) Anal. Chem. 58:523

[10]   Smith VJ (1987) Anal. Chem. 59:2256

[11]   Trinder P (1969) J. Clin. Pathol. 22:246

[12]   Clark LC (1973) in: Kessler et al (eds) Oxygen Supply p. 120, Urban and Schwarzenberg

[13]   Eisele S, Ammon HPT, Kindervater R, Gröbe A, Göpel W (1994) Biosens. Bioelectr. 9:119

[14]   Clark Jr. LC, Clark EW (1973) Adv. Exp. Biol. Med. 37A:127

[15]   Zilkha E, Koshi A, Obrenovitch TP, Symon L, Bennetto HP (1994) Anal. Letters 27:453

[16]   Silver IA (1976) in: Kessler M et al. (eds) Ion and Enzyme Electrodes in Biology and Medicine. p.189, Urban and Schwarzenberg

[17]   Enfors SO (1981) Enzyme Microb. Technol. 3:29

[18]   Diaz AF, Castillo JI, Logan JA, Lee WY (1981) J. Electroanal. Chem. 129:115

[19]   Schuhmann W, Lammert R, Uhe B, Schmidt HL (1990) Sensors and Actuators B 1:537

[20]   Umana M, Waller J (1986) Anal. Chem. 58: 2979

[21]   Yasuzawa M, Matsushita N, Satake H, Kunugi A (1993) Sensors and Actuators B 13-14:665

[22]   Coche-Guérente L, Deronzier A, Mailley P, Moutet JC (1994) Anal. Chim. Acta 289:143

[23]   Wang J, Naser N, Renschler CL (1993) Anal. Letters 26:1333

[24]   Foulds NC, Lowe CR (1986) J. Chem. Soc. Faraday Trans. I 82:1259

[25]   Bartlett PN, Whitaker RG (1987) J. Electroanal. Chem. 224:37

[26]   Bartlett PN, Whitaker RG (1987) J. C. S. Chem. Comm. 1603

[27]   Shinohara H, Chiba T, Aizawa M (1988) Sensors and Actuators 13:79

[28]   Cooper JC, Hall EAH, in Vorbereitung

[29]   Narasaiah D (1994) Biosens. Bioelectr. 9:415

[30]   Koopal CGJ, Bos AACM, Nolte RJM (1994) Sensors and Actuators B 18-19:166

[31]   Johnson KW (1991) Sensors and Actuators B 5:85

[32]   Bessman SP, Thomas LJ, Kojima H, Sayler DF, Layne EC (1981) Trans. Am. Soc. Artif. Intern. Organs 27:7

[33]   Churchouse SJ, Battersby CM, Mullen WH, Vadgama PM (1986) Biosensors 2:325

[34]   Shichiri M, Yamasaki Y, Hakui N, Abe H (1982) Lancet 2:1129

[35]   Shichiri M, Hakui N, Yamasaki Y, Abe H (1984) Diabetes 33:1200

[36]   Linke B, Kerner W, Kiwit M, Pishko M, Heller A (1994) Biosens. Bioelectr. 9:151

[37]   Sakakida M, Nishida K, Shichiri M, Ishihara K, Nakabayashi N (1993) Sensors and Actuators B 13-14:319

[38]   Ikeda S, Hara M, Hishida Y, Kimura M, Ito K (1993) Sensors and Actuators B 13-14:315

[39]   Atanasov P, Wilkins E (1993) Anal. Letters 26:2079

[40]   Xie TSL, Wilkins E, Atanasov P (1994) Sensors and Actuators B 17:133

[41]   Mascini M (1988) Analytical Uses of BiologicalCompounds for Detection, Medical and Industrial Uses. NATO ASI Series p. 153, D. Reidel Publishing Company

[42]   Mell LD, Maloy JT (1976) Anal. Chem. 48:1597

[43]   Gorton LG, Johansson G (1980) J. Electroanal. Chem. 113:151

[44]   Narasimhan K, Wingard Jr. LB (1985) Appl. Biochem. Biotech. 11:221

[45]   Wingard Jr. LB (1982) Bioelectrochem. Bioenerg. 9:307

[46]   Wingard Jr. LB (1983) Biotech '83 p. 613, Online Publications, Pinner

[47]   Ianniello RM, Lindsay TJ, Yacynych AM (1982) Anal. Chem. 54:1098

[48]   Narasimhan K, Wingard Jr. LB (1986) Anal. Chem. 58:2984

[49]   Cass AEG, Davis G, Francis GD, Hill HAO, Aston WJ, Higgins IJ, Plotkin EV, Scott LDL, Turner APF (1984) Anal. Chem. 56:667

[50]   Amine A, Kauffmann JM, Patriarche GJ, Kaifer AE (1991) Anal. Letters 24:1293

[51]   Amine A, Kauffmann JM, Guilbault GG, Bacha S (1993) Anal. Letters 26:1281

[52]   Xianzheng S, Jiwen H, Xiuzhang W (1993) Sensors and Actuators B 12:33

[53]   Brooks SL, Ashby RE, Turner APF, Calder MR, Clarke DJ (1987/1988) Biosensors 3:45

[54]   Delgani Y, Heller A (1987) J. Phys. Chem. 91:1285

[55]   Lenhard JR, Murray RW (1978) J. Am. Chem. Soc. 100:7871

[56]   Foulds NC, Lowe CR (1988) Anal. Chem. 60:2473

[57]   D'Costa EJ, Turner APF, Higgins IJ, Duine JA, Dokter P (1984) Gen. Microbiol. Quart. 11:M11

[58]   D'Costa EJ, Higgins IJ, Turner APF (1986) Biosensors 2:71

[59]   Duine JA, Frank J (1981) Trends Biochem. Sci. 6:278

[60]   diGleria K, Hill HAO, McNeil CJ, Green MJ (1986) Anal. Chem. 58:1203

[61]   Meusel M, Renneberg R, Spener F, Schmitz G (1994) Biosens. Bioelectr. (im Druck)

[62]   Davies P, Green MJ, Hill HAO (1986) Enzyme Microb.Technol. 8:349

[63]   Kulys J, Schuhmann W, Schmidt HL (1992) Anal. Letters 25:1011

[64]   Atanasov P, Kaisheva A, Gamburzev S, Iliev I (1992) Sensors and Actuators B 8:59

[65]   Gyss C, Bourdillon C (1987) Anal. Chem. 59:2350

[66]   Gründig B, Strehlitz B, Krabisch C, Thielemann H, Kotte H, Gomoll M, Kopinke H, Pitzler R (1992) in: Schmid RD, Scheller F (eds), GBF–Monograph Vol. 17, VCH, Weinheim, p.275

[67]   Turner APF, Hendry SP, Cardosi MF (1987) Biotech '87 1:125, Online Publications, Pinner

[68]   Kulys JJ, Samalius AS, Svirmickas GJS (1980) FEBS Lett. 114:7

[69]   Cenas NK, Kulys JJ (1980) Bioelectrochem. Bioenerg. 8:103

[70]   Bifulco L, Cammaroto C, Newman JD, Turner APF (1994) Anal. Letters 27:1443

[71]   Gründig B, Strehlitz B, Kotte H, Ethner K (1993) J. Biotechnol. 31:277

[72]   Albery WJ, Bartlett PN, Craston DH (1985) J. Electroanal. Chem. 194:223

[73]   Albery WJ, Bartlett PN, Cass AEG (1987) Phil. Trans. R. Soc. Lond. B. 316:107

[74]   Kulys JJ, Cenas NK (1983) Biochim. Biophys. Acta 744:57

[75]   Kulys JJ, Razumas VJ (1983) Biocatalysis in Electrochemistry of Organic Compounds. Mokslas, Vilnius

[76]   Kulys JJ, Samalius AS (1983) Bioelectr. B 10:385

[77]   Razumas KJ, Jasaitis JJ, Kulys JJ (1984) Bioelectr. B 12:297

[78] Blaedel WJ, Jenkins RA (1976) Anal. Chem. 48:1240

[79] Albery WJ, Bartlett PN (1984) J. Chem. Soc. Chem. Comm. 234

[80] Kulys JJ, Bilitewski U, Schmid RD (1991) Anal. Letters 24:181

[81] Gotoh M, Karube I (1994) Anal. Letters 27:273

[82] Jaegfeldt HA, Torstensson ABC, Gorton LGO, Johansson G (1981) Anal. Chem. 53:1979

[83] Huck H, Schelter-Graf A, Danzer J, Kirch P, Schmidt H (1984) Analyst 109:147

[84] Gorton LG, Jaegfeldt HA, Torstensson ABC, Johansson GR (1984) US Patent 4,490,464

[85] Kulys J, Hansen HE, Buch-Rasmussen T, Wang J, Ozsoz M (1994) Anal. Chim. Acta 288:193

[86] Hale PD, Lee HS, Okamoto Y (1993) Anal. Letters 26:1073

[87] Schuhmann W, Huber J, Wohlschläger H, Strehlitz B, Gründig B (1993) J. Bacteriol. 27:129

[88] Powell MF, Wu JC, Bruice TC (1984) J. Am. Chem. Soc. 106:3850

[89] YonHin BFY, Lowe CR (1987) Anal. Chem. 59:2111

[90] Comtat M, Galy M, Goulas P, Souppe J (1988) Anal. Chim. Acta 208:295

[91] DiCosmo R, Wong CH, Daniels L, Whitesides GM (1981) J. Org. Chem. 46:4622

[92] Strehlitz B, Gründig B, Vorlop KD, Bartholmes P, Kotte H, Stottmeister U (1994) Fresenius J. Anal. Chem. 349:676

[93] Eddowes MJ, Hill HAO (1977) J. Chem. Soc. Chem. Comm. 71

[94] Albery WJ, Eddowes MJ, Hill HAO, Hillman AR (1981) J. Amer. Chem. Soc. 103:3904

[95] Uosaki K, Hill HAO (1981) J. Electroanal. Chem. 122:321

[96] Dhesi R, Cotton TM, Timkovich R (1983) J. Electroanal. Chem. 154:129

[97] Higgins IJ, Hill HAO (1985) Essays Biochem. 21:119

[98] Turner APF, Aston WJ, Davis WJ, Higgins IJ, Hill HAO, Colby J (1984) in: Poole RK, Dow DS (eds) Microbial Gas Metabolism. p. 161, Academic Press, New York

[99] Allen PM, Hill HAO, Hillman AR (1981) J. Amer. Chem. Soc. 103:3904

[100] Chao S, Robbins JL, Wrighton MS (1983) J. Amer. Chem. Soc. 105:181

[101] Kirstein L, Kirstein D, Kühn M, Scheller F, Chojnacki A, Dekowski B, Sens H (1983) DDR Patent Application WPC 12Q/254 523 3

[102] Kirstein L, Kirstein D, Scheller F (1985) Biosensors 1:117

[103] Scheller F, Kirstein D, Kirstein L, Schubert F, Wollenberger U, Olsson B, Gordon L, Johansson G (1987) Phil. Trans. R. Soc. Lond. B316:85

[104] Ikariyama Y, Furuki M, Aizawa M (1985) Anal. Chem. 57:496

[105] Hoshi T, Anzai J, Osa T (1994) Anal. Chim. Acta 289:321

[106] Rehák M, Snejdárková M, Otto M (1994) Biosens. Bioelectr. 9:337

[107] Cardosi MF, Stanley CJ, Turner APF (1986) Proceedings 2nd International Meeting on Chemical Sensors, Bordeaux, France
[108] Wollenberger U, Schubert F, Scheller FW (1992) Sensors and Actuators B 7:412
[109] Wollenberger U, Schubert F, Scheller F, Danielsson B, Mosbach K (1987) Anal. Lett. 20:657
[110] Schubert F, Kirstein D, Schroder KL, Scheller FW (1985) Anal. Chim. Acta 169:391
[111] Weber SG, Purdy WC (1979) Analyt. Lett. 12:1
[112] Kulys J, Bilitewski U, Schmid RD (1991) Sensors and Actuators 3:227
[113] Tatsuma T, Watanabe Ts, Watanabe Ta (1993) Sensors and Actuators B 13-14:752
[114] Katsu T, Yang X, Rechnitz GA (1994) Anal. Letters 27:1215
[115] Martorell D, Céspedes F, Martinez-Fàbregas E, Alegret S (1994) Anal. Chim. Acta 290:343
[116] Skládal P, Pavlik M, Fiala M (1994) Anal. Letters 27:29
[117] Palleschi G, Bernabei M, Cremisini C, Mascini M (1992) Sensors and Actuators B 7:513
[118] Wollenberger U, Setz K, Scheller FW, Löffler U, Göpel W, Gruss R (1991) Sensors and Actuators B 4:257
[119] Bernabei M, Palleschi G, Cremisini C, Mascini M (1991) Anal. Letters 24:1317
[120] Nwosu TN, Palleschi G, Mascini M (1992) Anal. Letters 25:821
[121] Mionetto N, Marty JL, Karube I (1994) Biosens. Bioelectr. 9:463
[122] Campanella L, Sammartino MP, Tomassetti M (1992) Sensors and Actuators B 7:383
[123] Wang J, Lin Y, Eremenko AV, Ghindilis AL, Kurochkin IN (1993) Anal. Letters 26:197
[124] Wang J, Naser N, Lopez D (1994) Biosens. Bioelectr. 9:225
[125] Warsinke A, Renneberg R, Scheller F (1991) Anal. Letters 24:1363
[126] Kanapieniene JJ, Dedinaite AA, Laurinavivius VSA (1992) Sensors and Actuators B 10:37
[127] Greenough KR, Skillen AW, McNeil CJ (1994) Biosens. Bioelectr. 9:506
[128] Reynolds ER, Yacynych AM (1994) Biosens. Bioelectr. 9:283
[129] Takatsu I, Moriizumi T (1987) Sensors and Actuators 309
[130] Karube I (1988) in: Hollenberg CP, Sahm H (eds) Biotech 2. p. 37, Gustav Fischer, Stuttgart, N.Y.
[131] Gasparini R, Scarpa M, Vianello F, Mondovi B, Rigo A (1994) Anal. Chim. Acta 294:299
[132] Weetall HH, Hotaling T (1987/1988) Biosensors 3:57

9. Potentiometrische Biosensoren

9.1 Potentiometrische Enzymelektroden

Während amperometrische Biosensoren unter Verwendung eines elektroaktiv wirksamen Produkts aus einer enzymkatalysierten Reakton (z.B. O_2 oder H_2O_2 im Glucose/Glucose-Oxidase-System, s. Kap. 8) aufgebaut werden, lassen sich in gleicher Weise potentiometrische Biosensoren nach dem Prinzip einer ionenselektiven Elektrode aufbauen, die direkt oder indirekt eine Veränderung der Ionenkonzentration aufzeichnet, die ebenfalls auf eine enzymatische Reaktion zurückgeht:

$$E + S \rightleftharpoons ES \longrightarrow E + P$$

Wie bei den amperometrischen Enzymelektroden können sowohl Gleichgewichtsmessungen als auch kinetische Methoden verwendet werden. Allerdings werden kinetische Messungen dadurch kompliziert, daß das gemessene Potential mit der Konzentration des Analyten logarithmisch verknüpft ist. Sie können durch folgende Überlegungen vereinfacht werden [1]: Das gemessene Potential wird durch die Nernstsche Gleichung angegeben (Kap. 3):

$$E = k + RT/nF \ln a$$

und führt zu

$$\frac{dE}{dt} = \frac{RT}{nF} \left(\frac{1}{a} \right) \frac{da}{dt}$$

Unter der Annahme, daß in der ersten Phase der Reaktion der Ausdruck $(1/a)$ konstant ist, ist die Änderung des Elektrodenpotentials über die Zeit direkt da/dt bzw. der Reaktionsrate proportional. Im allgemeinen ist das Verhalten allerdings nicht linear. Potentiometrische Elektroden zeigen nur bis zu etwa einem Zehntel der Michaelis-Konstante (K_m) eine lineare Reaktion bezüglich der Substratkonzentration in der Meßlösung [2]. Dieser lineare Bereich ist unabhängig von der Menge des immobilisierten Enzyms. Das Fließgleichgewicht in diesem Modell läßt sich bestätigen, indem zusätzlich zur Michaelis-Menten-Kinetik (s. Kap.2) die Diffusionsvorgänge berücksichtigt werden, die in der immobilisierten Enzymschicht ablaufen (2. Ficksches Gesetz):

$$\frac{d[S]}{dt} = \frac{k_2[E_0][S]}{(K_m + [S])}$$

Daraus ergibt sich

$$\frac{d[S]}{dt} = \frac{D_s d^2[S]}{dx^2} - \frac{k_2[E_0][S]}{(K_m + [S])}$$

wobei x die Distanz durch die Membran hindurch ist. Beim Betrieb im stationären Zustand gilt $d[S]/dt \longrightarrow 0$, und der Vergleich der dimensionslosen Werte für die abhängige ($[S]$) und die unabhängige (x) Variable ergibt:

$$[\bar{S}] = \frac{[S]}{[S_0]}$$

wobei $[S_0]$ die Konzentration in der Meßlösung ist, und d die Gesamtstärke der Membran:

$$\bar{x} = \frac{x}{d}$$

$$^-K_m = \frac{K_m}{[S_0]}$$

$$\frac{D_S([S_0])^2}{d^2} \frac{d^2[\bar{S}]}{dx^{-2}} = \frac{k_2[E_0][\bar{S}][S_0]}{K_m[S_0] + [S][S_0]}$$

$$\frac{d^2[\bar{S}]}{dx^{-2}} = \frac{d^2 k_2[E_0][\bar{S}]}{D_S[S_0](K_m + [S])}$$

$$= \frac{k_2[E_0]d^2}{D_S K_m} \cdot \frac{K_m[S]}{(K_m + [S])}$$

wobei der Ausdruck

$$\frac{k_2[E_0]d^2}{D_S K_m} = \alpha d^2$$

wird und als das dimensionslose Diffusionsmodul bezeichnet wird („Enzymbeladungsfaktor" α).

Die Reaktion des Systems hängt also vom Faktor K_m ab. Da die Enzymkinetik die Thermodynamik des Nernstschen Potentials beeinflußt, hat die Neigung der Reaktionskurve nicht die gleiche Bedeutung. Diese Modell berücksichtigt nur einfache Enzymkinetiken. Erweiterungen des Modells, die auch die Pufferkapazität sowie die Aktivierung oder Hemmung der Enzymreaktion berücksichtigen, werden später abgeleitet.

Abbildung 9.1 zeigt die allgemeine Form einer typischen Signalkurve, deren linearer Abschnitt im allgemeinen im Bereich 10^{-4}–10^{-2} mol L^{-1} liegt. Dabei weisen Abweichungen bei niedriger Konzentration ($< 10^{-4}$ mol L^{-1}) auf die Nachweisgrenze der potentiometrischen Elektrode hin, bei hoher Konzentration (je nach K_m-Wert) auf die Sättigung des Enzyms.

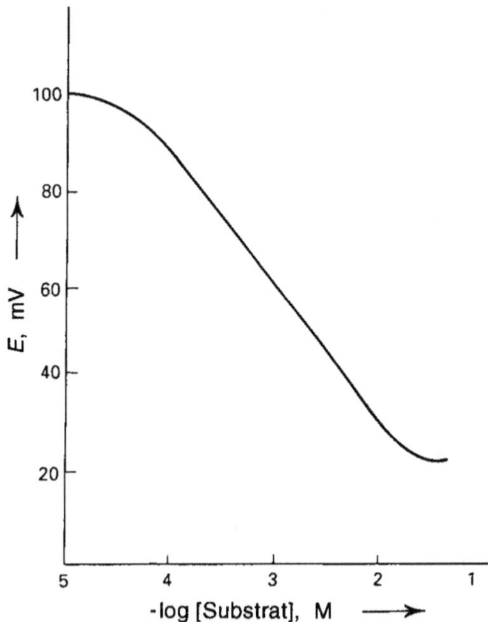

Abb. 9.1. Reaktionsverlauf eines potentiometrischen Enzymsensors.

Auch andere Parameter beeinflussen die absoluten Meßwerte, wenn sie auch im allgemeinen nicht den linearen Bereich selbst ändern. So kann sich die Neigung der Reaktionskurve mit der Enzymbeladung ändern, und zwar erhöht sich die Neigung mit steigender Enzymbeladung bis zu einem Level, welcher nicht mehr limitierend wirkt (Abb. 9.2). Ein weiterer wichtiger Faktor ist der pH-Wert, da die meisten Enzyme ihre maximale Aktivität in einem bestimmten pH-Bereich entwickeln und die Aktivität zu beiden Seiten dieses Bereiches rasch abfällt. Das pH-Optimum eines immobilisierten Enzyms muß nicht mit dem des gelösten Enzyms identisch sein. Das pH-Profil ändert sich sogar in Abhängigkeit von dem verwendeten Carrier: Das pH-Optimum verschiebt sich z.B. in den alkalischen Bereich, wenn das Enzym an eine negativ geladene Matrix gebunden ist. Bindung an einen positiv geladenen Träger führt zum umgekehrten Effekt. Es kann vorkommen, daß der für die Basiselektrode erforderliche pH nicht mit dem optimalen pH für eine maximale Enzymaktivität übereinstimmt; in diesem Fall muß ein Kompromiß für die pH-Bedingungen gefunden werden.

Die Enzymaktivität beeinflußt die Ansprechzeit der Elektrode, ebenso die Dicke und die Permeabilität der Enzymschicht. Optimale Ansprechzeiten erreicht man mit dünnen, hoch permeablen Schichten und mit möglichst hoher Enzymaktivität. In der Praxis werden im allgemeinen allerdings wider-

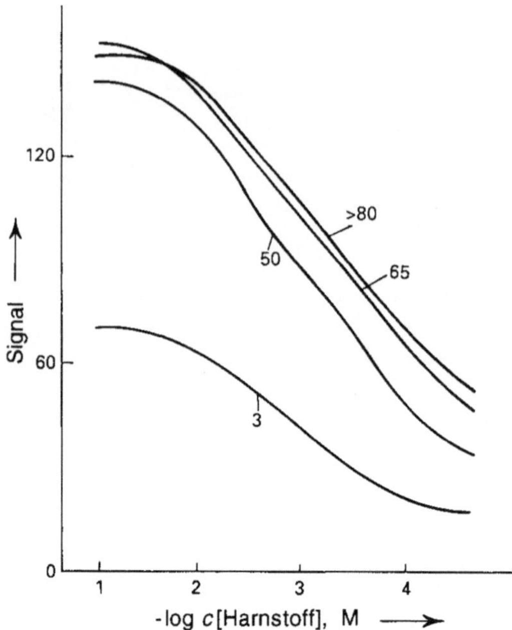

Abb. 9.2. Einfluß der Enzymbeladung auf den Reaktionsverlauf. Die Zahlenangaben sind Näherungswerte und beziehen sich auf die Enzymbeladung, angegeben als Units Urease pro cm^3 Gel (nach [3]).

standsfähigere, dickere Membranen mit langsamerer Ansprechzeit verwendet, um die Lebensdauer des Sensors zu erhöhen.

Enzyme können in ganz verschiedenartigen potentiometrischen Elektroden für analytische Zwecke verwendet werden. Das Basismeßgerät ist dabei allgemein eine ionenselektive Elektrode, wie sie in Kap. 3 vorgestellt sind.

Manchmal kann von den vielen möglichen Basisgeräten jede beliebige Elektrode verwendet werden. So kann ein bestimmter Analyt indirekt mit einer Anzahl verschiedener Systeme erfaßt werden. Die Stabilität des eigentlichen Biosensors hängt vor allem von einem geeigneten Immobilisierungsverfahren für das Enzym ab. Schon eine geringfügige Beeinträchtigung wird eine signifikante Drift des Signals verursachen, ebenso jede nicht-spezifische Oberflächenreaktion, bei der eine Anhäufung von Ladungen an der Elektrodenoberfläche die Messung beeinflußt.

Verschiedene Immobilisierungsverfahren sind mit unterschiedlichem Erfolg angewendet worden:
- Enzym-Puffer-Lösung hinter einer Dialysemembran;
- physikalischer Einschluß des Enzyms in einer synthetischen Matrix;
- Vernetzung des Enzyms mit einem inerten Protein über Glutardialdehyd;

– chemische Bindung des Enzyms an einen organischen oder anorganischen Träger.

Für jeden Grundsensor werden im folgenden Beispiele dieser Immobilisierungstechniken behandelt.

9.2 pH-Sensitive Enzymelektroden

9.2.1 Geeignete Enzymsysteme

Die erste ionenselektive Elektrode für enzymgekoppelte Analysen war die pH-Glaselektrode. Eine Änderung der Wasserstoffionenkonzentration als Folge von Enzym-Substrat-Wechselwirkungen ist bei vielen Enzymen zu beobachten.

Ein Beispiel ist die Hydrolyse des β-Lactamrings im Penicillin, die von dem Enzym Penicillinase katalysiert wird

und die mit einem Anstieg der Gesamtkonzentration an Wasserstoffionen verbunden ist.

Zur Bestimmung von Penicillin kann ein Sensor auf der Grundlage einer pH-Elektrode verwendet werden, die mit immobilisierter Penicillinase ummantelt ist. Der Sensor zeigt mit einer Reaktion von 52 mV/Dekade über den Bereich $5 \cdot 10^{-2}$ bis 10^{-4} mol L^{-1} nahezu Idealverhalten [4].

Eine weitere Verbesserung dieser Konstruktion ist zu erreichen, wenn Penicillinase an einer gesinterten Glasscheibe an der pH-Elektrode adsorbiert wird [76]. Die Reaktion dieses Sensors verläuft mit 56-58 mV/Dekade über 10^{-5} bis $3 \cdot 10^{-3}$ mol L^{-1} linear.

In ähnlicher Weise kann ein Glucosetest auf der Grundlage einer pH-Änderung bei der Entstehung von Gluconsäure durchgeführt werden:

$$\text{Glucose} + O_2 \xrightarrow{\text{Glucose–Oxidase}} \text{Gluconsäure} + H_2O_2$$

Die Glucose-Oxidase kann in gelöster Form hinter einer Cellophan-Membran zurückgehalten oder in ein Polyacrylamidgel eingeschlossen werden. In Verbindung mit der pH-Glaselektrode kann für Glucose bei logarithmischer Auftragung im Bereich von 10^{-3} bis 10^{-4} mol L^{-1} ein nahezu linearer Verlauf erreicht werden [4].

Die gleiche Konstruktion läßt sich auch am anderen Ende der pH-Skala in Verbindung mit Urease zur Bestimmung von Harnstoff verwenden:

$$\text{Harnstoff} \xrightarrow{\text{Urease}} 2\,NH_4^+ + HCO_3^-$$

Wie bei dem entsprechenden Glucosesensor hängt auch hier die Reaktion stark von der Pufferkapazität der Probelösung ab, aber die Reaktion ist vergleichsweise langsam, und man erreicht einen linearen Bereich zwischen $5 \cdot 10^{-5}$ und $5 \cdot 10^{-3}$ mol L^{-1}.

9.2.2 Optimierung der Immobilisierungstechnik

Es wurde schon darauf hingewiesen: Das Verfahren der Enzymimmobilisierung hat einen deutlichen Einfluß auf den Betrieb des Sensors. Im Idealfall steht das Enzym unmittelbar mit der Sensoroberfläche in Kontakt, ohne daß eine Membran zur Rückhaltung notwendig ist, und ist in eine Matrix eingebettet, die keine Diffusionsbarriere darstellt.

Ein einfaches Verfahren zur Immobilisierung, das dennoch zu einem robusten und kostengünstigen Biosensor führt, besteht im Einschluß von Urease in eine Gelatinemembran über einer Oberflächen-behandelten Stahlelektrode. Der auf diese Weise entstandene Harnstoffsensor ist über mindestens drei Monate stabil [6].

Eine häufiger verwendete Methode zur Immobilisierung von Enzymen geht auf eine Technik zur Immobilisierung ganzer Zellen zurück; das Enzym wird hier physikalisch in eine Gelmatrix eingeschlossen. In aller Regel erhöht sich dabei die Stabilität des Enzyms beträchtlich [7].

Bei dieser Methode werden in Gegenwart des Enzyms lineare Ketten von Polyacrylamid-Hydrazin mit Dialdehyden wie z.B. Glyoxal vernetzt. Polyacrylamid zeigt an Glasoberflächen starke Adhäsion; eine pH-Glaselektrode ist daher eine geeignete Matrix für die Enzymimmobilisierung. Darüberhinaus sind die Gele, die durch dieses Vernetzungsverfahren produziert werden, porös und stellen somit keine oder nur eine schwache Diffusionsbarriere dar.

Nachteilig ist, daß die Polyacrylamid-Hydrazid-Matrix relativ dick ist und während der Vernetzung aufreißt. Eine robustere Matrix entsteht bei der Vernetzung von Copolymeren aus Acrylamid und Methacrylamid [7], am besten gelingt die Matrix als Copolymer aus Acrylamid und Methacrylamid-Hydrazid im Verhältnis von 0,7:0,3. Damit läßt sich eine dünne, aber stabile, transparente Membran herstellen.

Wird Penicillinase mit dieser Methode immobilisiert, so ist der lineare Reaktionsbereich im Vergleich zu früher beschriebenen Methoden deutlich erweitert und reicht von $4 \cdot 10^{-5}$ bis zu 10^{-3} mol L^{-1}. Während die Lagerstabilität im Verlauf von 70 Tagen einen Verlust von 25 % zeigt (Abb.9.3), bleibt die Kalibrierung der Elektrode über den gesamten Zeitraum linear.

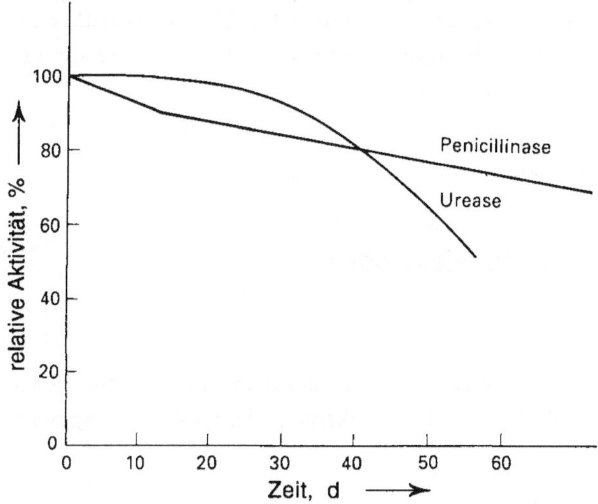

Abb. 9.3. Lagerstabilität der Harnstoff- und Penicillin-Elektrode (nach [7]).

Mit der gleichen Methode kann auch Urease immobilisiert werden. Damit erhält man einen Harnstoffsensor, der in diesem Fall allerdings einen vergleichbaren Konzentrationsbereich abdeckt, wie er auch mit anderen Methoden erzielt wird ($3 \cdot 10^{-4}$ bis $2 \cdot 10^{-5}$ mol L^{-1}). Diese Elektrode zeigt einen etwas stärkeren Aktivitätsverlust – etwa 50 % in zwei Monaten – aber auch hier bleiben die Eichkurven linear.

Interessant ist die offensichtlich unveränderte Aktivität dieser Elektrode über die ersten zwanzig Tage; erst anschließend folgt ein deutlicher Aktivitätsverlust (siehe Abb. 9.3). Dagegen zeigt die Penicillinelektrode einen gleichmäßigen Aktivitätsverlust vom ersten Tag an. Hier wird deutlich, wie unterschiedlich Enzyme auf die gleiche Immobilisierungsmethode reagieren und wie wichtig der genaue Zuschnitt der Bauweise des Sensors ist, damit die einzelnen Komponenten unter den benötigten Betriebsbedingungen optimale Aktivität entfalten können.

Eine besonders erfolgreiche Enzymelektrode, für die diese Immobilisierungsmethode mit Polyacrylamidgel ebenfalls verwendet wurde, arbeitet mit dem Enzym Acetylcholin-Esterase. Acetylcholin kann im Bereich von $2 \cdot 10^{-5}$ bis 10^{-3} mol L^{-1} bestimmt werden, wobei die Ansprechzeit unter 3 min liegt. Ungewöhnlich ist, daß Untersuchungen zur Lagerstabilität keinen Aktivitätsverlust über den gesamten linearen Bereich im Zeitraum von 6 Monaten ergeben. Hier ist eine bedeutende Verbesserung erreicht gegenüber der Immobilisierung mit Gelatine und Glutardialdehyd, mit der das Enzym nur über 3–4 Wochen stabil bleibt [8].

Für einen Harnstoffsensor mit kovalent gebundener Urease wurde eine PVC-Matrix mit Tridodecylamin als Ionophor verwendet [9]. Der Sensor erreicht eine Stabilität von etwa zwei Monaten.

9.3 Ammoniak-sensitive Enzymelektroden

9.3.1 Harnstoff

Harnstoff ist bereits in Verbindung mit einer pH-Elektrode beschrieben worden, kann aber auch mit verschiedenen ionenselektiven Elektroden nachgewiesen werden:

$$\text{Harnstoff} \xrightarrow{\text{Urease}} 2\,NH_4^+ + HCO_3^-$$

$$NH_4^+ + OH^- \; \rightleftharpoons \; \boxed{NH_3} + H_2O$$

$$HCO_3^- + H^+ \; \rightleftharpoons \; \boxed{CO_2} + H_2O$$

Vor allem die Kopplung mit einer Ammoniakelektrode ist wegen der hohen Spezifität günstig.

Integraler Bestandteil der Ammoniakelektrode ist eine gasdurchlässige Polypropylen- oder Teflonmembran. Urease läßt sich chemisch direkt an diese Membran binden [10]; der so entstandene Harnstoffsensor hat einen Meßbereich von $5 \cdot 10^{-5}$ bis 10^{-2} mol L^{-1} und kann mehr als 1000 Proben mit einem Durchsatz von 3 min pro Probe bestimmen.

Dieses System ist hochspezifisch, so daß selbst hohe Konzentrationen von Alkalimetallionen den Harnstofftest nicht beeinflussen, wenn als Elektrode ein handelsüblicher Ammoniaksensor eingesetzt und Urease über Vernetzung mit Glutardialdehyd direkt an der Elektrodenoberfläche immobilisiert wird [11].

Ein Biosensor zur Bestimmung von Harnstoff in Blut ist mit einer Membran aus Nonactin-modifiziertem PVC entwickelt worden [12]. Eine PVC-Membran ist auch Grundlage eines Harnstoffsensors, in dem eine neuartige Immobilisierung angewendet wurde; Urease wird direkt an der Oberfläche einer Graphit-Epoxy-Elektrode durch ein Sprühverfahren mit Glutardialdehyd aufgebracht [13]. Dieses Verfahren, ursprünglich für die Beschichtung von Glaselektroden entwickelt, ergibt besonders dünne und adhärente Schichten des vernetzten Enzyms. Die Stabilität des Biosensors ist wesentlich erhöht, wenn das Immobilisierungsverfahren in Verbindung mit einer PVC-Membran eingesetzt wird.

Der künstliche Süßstoff Aspartam als Zuckerersatz kann an mehreren enzymkatalysierten Umsetzungen beteiligt sein. So kann das selektiv wirkende Enzym L-Aspartase für die direkte Bestimmung von Aspartam mit einer Ammoniak-sensitiven Elektrode verwendet werden [14]:

$$\text{Aspartam} \xrightarrow{\text{L-Aspartase}} \boxed{NH_3} \; + \; \underset{\underset{\|}{\underset{\text{CHCOOH}}{\underset{\|}{\text{CHCONHCHCOOCH}_3}}}}{\overset{\text{CH}_2}{\bigcirc}}$$

Das Enzym wird durch Vernetzung mit Glutardialdehyd an die Elektrode immobilisiert; die so entstandene Enzymsonde reagiert im Bereich von 1-10 mmol L^{-1} mit -30 mV/Dekade. Sie bleibt über einen Zeitraum von etwa 8 Tagen stabil.

Eine Alternative zur Bestimmung von Ammoniak ist eine Mikro-pH-Elektrode aus Antimon [15], die über einen kapillaren Luftspalt von 10 μm Durchmesser direkt mit der Probe in Kontakt steht. In der Sonde ist Urease über Glutardialdehyd-Vernetzung an der kapillaren Spitze in einem Gel immobilisiert, so daß sie spezifisch auf Harnstoff reagiert. Im typischen Fall liegen die Ansprechzeiten bei etwa 30-45 s bei einer Erholungszeit von 60 s. Wie in allen Meßfühlern auf der Grundlage saurer oder basischer Gase hängt auch hierbei die Größenordnung der Reaktion von der Pufferkapazität der Probe ab. In diesem Fall gibt das Gleichgewicht

$$NH_3 + H_2O \rightleftharpoons NH_4^+ + OH^-$$

den Anteil von Ammoniumionen an, der in Ammoniak umgesetzt wird. In diesem speziellen Beispiel, in dem sowohl CO_2 als auch NH_3 beteiligt sein können, verschieben niedrige pH-Werte in der Probe das Gleichgewicht HCO_3^-/CO_2 zugunsten von CO_2 und verursachen dadurch Störungen.

9.3.2 Kreatinin

In einem ersten Versuch zur Entwicklung eines Kreatininsensors auf der Grundlage einer Ammoniakelektrode [16, 17] ist Kreatinase zwischen der Ammoniak-durchlässigen Membran einer Ammoniakelektrode und einer äußeren Membran aus Cellophan eingeschlossen worden. Die Nachweisgrenze des so entstandenen Sensors (5 · 10^{-4} mol L^{-1}) ist aber für klinische Anwendungen in Serumproben noch zu hoch.

Immobilisiert man die Kreatinase über eine Vernetzung mit Glutardialdehyd jedoch direkt an die Polypropylenmembran einer Ammoniakelektrode, läßt sich auf diese Weise eine Kreatininelektrode herstellen, deren Nachweisgrenze bei $8 \cdot 10^{-6}$ mol L^{-1} liegt; sie ist über acht Monate und mehr als 200 Tests stabil [18]. .

9.3.3 L-Phenylalanin

Das Enzym Phenylalanin:Ammoniak-Lyase setzt L-Phenylalanin mit sehr hoher Spezifität um:

$$\text{L-Phenylalanin} \xrightarrow{\text{Phenylalanin:Ammoniak-Lyase}} \textit{trans}\text{-Zimtsäure} + NH_3$$

Mit einem Sensor auf der Grundlage einer Ammoniakelektrode ist L-Phenylalanin also gut zu bestimmen. Die Elektrodenreaktion in diesem System ist langsam [19] und hat einen sehr begrenzten linearen Bereich von 10^{-4} bis $6 \cdot 10^{-4}$ mol L^{-1}. Der wichtigste Vorzug dieses Sensors ist daher eher seine hohe Spezifität, die ausschließlich auf die Eigenschaften des verwendeten Enzyms zurückgeht.

9.3.4 Adenosin

Auch ein Adenosinnachweis läßt sich mit einer Ammoniakelektrode durchführen. Das beteiligte Enzym ist die Adenosin-Desaminase:

$$\text{Adenosin} + H_2O \xrightarrow{\text{Adenosin-Desaminase}} \text{Inosin} + NH_3$$

Zur Konstruktion einer Adenosinelektrode kann die Adenosin-Desaminase über Vernetzung mit Glutardialdehyd an eine Ammoniakelektrode immobilisiert werden [20]. Für diese Elektrode sind niedrige Enzymaktivitäten notwendig, damit die Kinetik der Enzymreaktion geschwindigkeitsbestimmend wird. Bei hoher Enzymbeladung wird die Reaktion durch die Diffusion von Ammoniak durch die Glutardialdehydschicht hindurch kontrolliert. Ähnliche Abhängigkeiten existieren im Hinblick auf die Membranstärke. Rasche Reaktion und Kontrolle durch das Enzym sind dann gegeben, wenn dünne permeable Membranen mit niedriger Aktivität verwendet werden. Die dynamischen Eigenschaften von weniger empfindlichen Elektroden, die im Hinblick auf eine Langzeitstabilität produziert werden, sind gewöhnlich nicht kinetisch kontrolliert, sondern von ihrer geometrischen Gestaltung bestimmt.

9.3.5 Störungen Ammoniak-sensitiver Elektroden

Einer der wichtigsten Vorzüge bei der Verwendung der Ammoniakelektrode als Basissensor liegt in ihrer Unempfindlichkeit gegenüber anderen gelösten Substanzen. In allen beschriebenen Beispielen, in denen Ammoniak erst durch die enzymkatalysierte Reaktion entsteht, können allerdings Störungen durch bereits in der Meßlösung vorhandenes Ammoniak auftreten. Im Blutserum liegt die Ammoniakkonzentration normalerweise bei 40-80 μg/dl, sie kann aber auf

400 μg/dl ansteigen. Eine zuverlässige und genaue Bestimmung mit einem Test auf der Grundlage eines Ammoniaksensors ist in Serumproben daher nur dann zu erreichen, wenn das in der Probe vorhandene Ammoniak entfernt wird.

Es gibt verschiedene Methoden, diesen Ammoniakfehler zu eliminieren. Ein Beispiel ist die enzymatische Entfernung der Ammoniumionen mit Glutamat-Dehydrogenase:

$$\alpha\text{-Oxoglutarat} + \text{NADH} + \text{NH}_4^+ \xrightarrow{\text{Glutamat–DH}} \text{Glutamat} + \text{NAD}^+$$

Die Umsetzung verläuft aber sehr langsam, wenn das Enzym – um die Probe nicht zu kontaminieren – immobilisiert wird. Außerdem muß die Viskosität der Probe durch Verdünnen herabgesetzt werden, um das Mischen zu erleichtern und die Reaktion zu beschleunigen.

In den Fällen, wo das Signal durch Ammoniak in der Probe ausreichend weit unter der Sättigungsgrenze des Sensors liegt, ist die beste Methode zur Korrektur eine Differenzmessung zwischen der Enzymmembranelektrode und einer enzymfreien Ammoniakelektrode.

9.4 CO$_2$-sensitive Enzymelektroden

9.4.1 Oxalat

Auch eine CO$_2$-Elektrode kann als Grundsensor für die Bestimmung von Harnstoff eingesetzt werden. Weitaus häufiger wird aber eine CO$_2$-Messung für die Oxalatbestimmung verwendet. Die Bestimmung von Oxalat in Urin ist für Patienten mit verschiedenen Formen der Hyperoxalurie von besonderer Bedeutung.

Für die Oxalatbestimmung sind verschiedene Enzym-gekoppelte Reaktionen in Betracht gezogen worden. Oxalat-Decarboxylase katalysiert die Reaktion

$$\text{Oxalat} \xrightarrow{\text{Oxalat–Decarboxylase}} \text{CO}_2 + \text{Formiat}$$

aber die im Urin normalerweise vorhandenen Mengen an Sulfaten und Phosphaten inhibieren das Enzym.

Oxalat-Oxidase katalysiert die Reaktion

$$\text{Oxalat} + \text{O}_2 \xrightarrow{\text{Oxalat–Oxidase}} 2\,\text{CO}_2 + \text{H}_2\text{O}_2$$

wird aber durch verschiedene Anionen und Kationen gehemmt. Das Enzym aus Gerstenkeimlingen ist mit einer spezifischen Aktivität von 5 U/mg kommerziell verfügbar.

In einem CO$_2$-Sensor mit Oxalat-Decarboxylase ist das Enzym an der Elektrodenoberfläche immobilisiert worden [21], entweder durch Einschluß in eine Dialysemembran oder durch Vernetzung mit Glutardialdehyd. Die Elektrode mit vernetztem Enzym zeigt einen bedeutend breiteren optimalen pH-Bereich (2,5-4,5 gegenüber 2,5-3,2 für die erste Elektrode). In beiden Systemen liegt die Nachweisgrenze für Oxalat im Bereich von $4 \cdot 10^{-5}$ mol L^{-1}.

Wird das Enzym hinter einer Dialysemembran eingeschlossen, zeigt die Elektrode auch beträchtlich höhere Instabilität als die mit dem vernetzten Enzym. Während die erste Elektrode nach vier Tagen bereits eine geringere Reaktion aufweist, zeigt das zweite System bei Lagerung mit Hydrochinon keinen Rückgang nach einem Monat bei täglichem Gebrauch. Hydrochinon soll die Enzymaktivität der Oxalat-Decarboxylase bis zu 100 % erhöhen; allerdings darf die Konzentration einen kritischen Wert nicht überschreiten, sonst wird das Enzym inhibiert.

Bei Messungen in Urinproben ist die zu erwartende Störung durch Phosphat oder Sulfat von besonderer Bedeutung, solche Störungen sind allerdings nur in der Enzymelektrode mit der Dialysemembran beobachtet worden. Bei der vernetzten Membran wurde kein Einfluß dieser Inhibitoren beobachtet, und die Eichkurven sind in Gegenwart und Abwesenheit der Inhibitoren identisch.

9.4.2   Immuntests mit CO_2-Elektroden

CO_2-Elektroden sind auch für Immuntests verwendet worden, in denen die Reaktion eines Enzymmarkers mit einer CO_2-Produktion gekoppelt ist. Nach diesem Prinzip ist z.B. ein Test auf Digoxin aufgebaut [22]: An Polystyrenkugeln immobilisiertes Digoxin konkurriert mit Digoxin in der Probe um einen mit Peroxidase markierten Antikörper (Abb. 9.4). Nach der Inkubation werden die Kugeln aus der Probelösung entfernt; der komplexierte Enzymmarker wird bestimmt, indem die Substrate des Enzyms zugesetzt werden (Peroxid und Pyrogallol) und CO_2 gemessen wird:

$$H_2O_2 + \text{Pyrogallol} \xrightarrow{\text{Peroxidase}} CO_2$$

Die Produktionsrate für CO_2 in einem kompetitiven Immuntest wie diesem ist umgekehrt proportional zur Digoxinkonzentration in der Probe: höhere Digoxinmengen in der Probe ergeben größere Mengen des enzymmarkierten Digoxin-Antidigoxin-Komplexes in der Probe und entsprechend weniger an die Kugeln gebundene Enzymaktivität. Die Empfindlichkeit dieses Tests reicht bis in den picomolaren Bereich. Obwohl der Test noch nicht als reagenzloser Test in einem Biosensor vorliegt, sind die einzelnen Komponenten doch für die Entwicklung eines Biosensors geeignet.

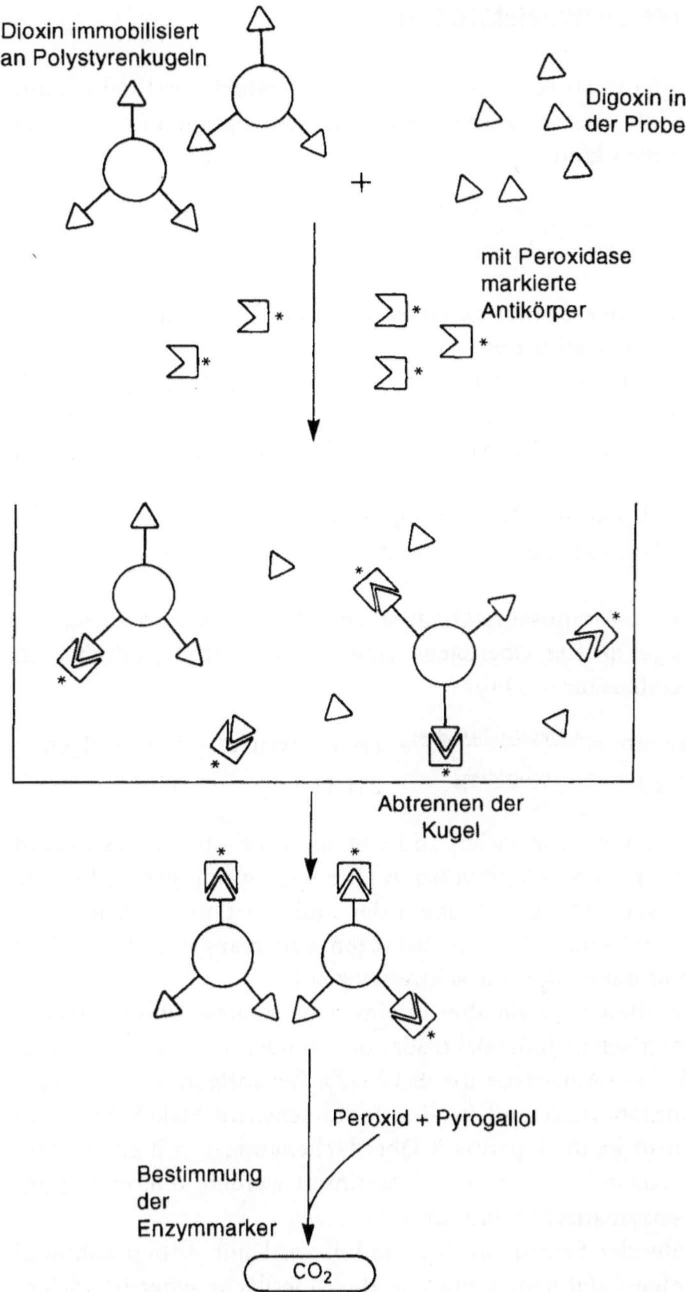

Abb. 9.4. Enzym-gekoppelter Immuntest von Digoxin mit einer CO$_2$-Elektrode.

9.5 Iodid-sensitive Enzymelektroden

In Kap. 8 ist eine amperometrische Methode zur Iodtitration beschrieben, mit der Peroxid als Produkt der enzymatischen Glucoseoxidation mit Glucose-Oxidase bestimmt werden kann:

$$\text{Glucose} + O_2 \xrightarrow{\text{Glucose-Oxidase}} \text{Gluconsäure} + H_2O_2$$

$$H_2O_2 + 2\,I^- + 2\,H^+ \xrightarrow{\text{Peroxidase}} 2\,H_2O + I_2$$

Der Test kann auch auf der Grundlage eines potentiometrischen Sensors mit einer Iodidmembran durchgeführt werden.

Dieser Sensor ist zwar sehr empfindlich, aber es treten Störungen durch Reagenzien wie Ascorbinsäure, Tyrosin oder andere reduzierende Agenzien auf; bei Blutproben beispielsweise wird dadurch eine Vorbehandlung erforderlich [23].

Im Prinzip läßt sich das Iodidsystem immer dann anwenden, wenn eine Änderung der Peroxidkonzentration mit der Konzentration des Analyten korreliert werden kann.

Immobilisiert man L-Aminosäure-Oxidase und Peroxidase gemeinsam in einem Polyacrylamidgel an der Oberfläche einer Iodidelektrode, erhält man einen Sensor für L-Aminosäuren [24]:

$$\text{L-Phenylalanin} \xrightarrow{\text{L-Aminosäure-Oxidase}} \text{Phenylpyruvat} + NH_3 + H_2O_2$$

$$H_2O_2 + 2\,H^+ + 2\,I^- \xrightarrow{\text{Peroxidase}} 2\,H_2O + I_2$$

Wie bei der Verwendung von vielen anderen Iodid-gekoppelten Sensoren ist auch die Bestimmung von L-Aminosäuren allerdings wenig genau; bessere Werte erhält man in Verbindung mit einem der anderen potentiometrischen Grundsensoren. Die Probleme mit Störsubstanzen und mangelnder Spezifität bei Iodidsensoren sind damit weniger schwerwiegend.

Anwendung findet dieses System aber in einem Immuntest auf der Grundlage einer potentiometrischen Iodidelektrode, der mit Peroxidase als Enzymmarker arbeitet [25, 26]. Anti-Hepatitis B-Oberflächenantigen wird an eine Gelatinemembran immobilisiert und in eine Iodid-sensitive Elektrode eingebaut. Mit diesem Sensor kann Hepatitis B-Oberflächenantigen mit einer unteren Nachweisgrenze von nahezu $0{,}5\,\mu\text{g}\,\text{L}^{-1}$ bestimmt werden, d.h. empfindlicher als in anderen enzymatischen Immuntests.

Ein ähnlich arbeitender Sensor für β-Estradiol wird mit Anti-β-Estradiol konstruiert, das an eine Gelatinemembran an der Oberfläche einer Iodidelektrode immobilisiert ist. Der Nachweis wird als kompetitiver Test zwischen enzymmarkiertem Antigen und Probenantigen durchgeführt (Abb. 9.5) und ergibt einen Nachweisbereich für β-Estradiol von $50\,\text{pmol}\,\text{L}^{-1}$ bis $10\,\text{nmol}\,\text{L}^{-1}$, mit dem der physiologische Bereich abgedeckt ist.

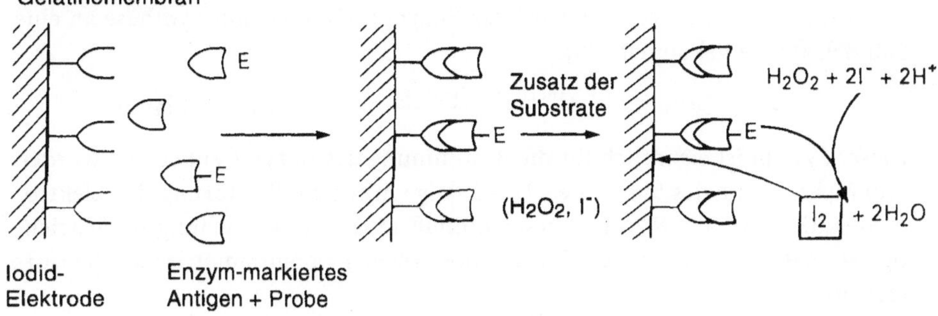

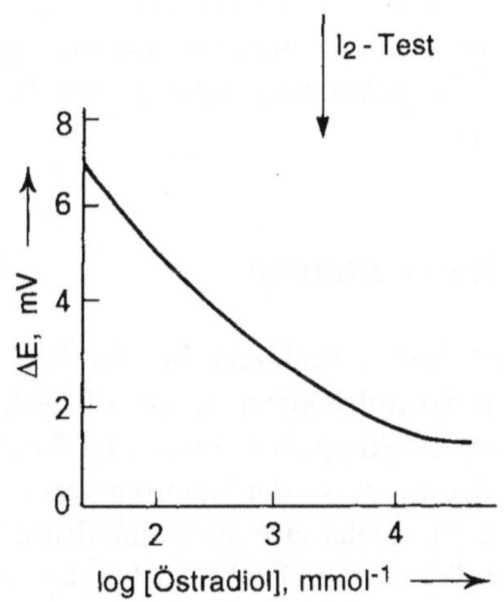

Abb. 9.5. Bestimmung von β-Estradiol mit einer Antikörper-modifizierten Iodid-Elektrode [26].

9.6 Ag$^+$/S^{2-}-Elektroden

Mit diesen Elektroden ist ein direkter potentiometrischer Nachweis von Cystein möglich. In Gegenwart einer Thiolverbindung (z.B. Cystein) läuft folgende Reaktion ab:

$$\mathrm{Ag}^+ + x\mathrm{R} - \mathrm{S}^{y-} \longrightarrow \mathrm{Ag}(\mathrm{R} - \mathrm{S})_x^{(1-xy)}$$

Unter der Annahme eines Silber:Cystein-Komplexes im Verhältnis 1:2 kann maximal eine Reaktion von -118 mV/Dekade erwartet werden [27], tatsächlich erhält man jedoch einen Wert von -108 mV/Dekade. Die Nachweisgrenze der Elektrode liegt bei $2 \cdot 10^{-4}$ mol L^{-1}, aber diese nicht-enzymatische Bestimmung ist nicht nur für Cystein selektiv, sondern erfaßt ebenso auch jede andere vorhandene Thiolverbindung.

In einem anderen Versuch wird das Enzym ß-Cyanoalanin-Synthase an eine Sulfidelektrode gekoppelt [28]:

$$CN^- + \text{Cystein} \xrightarrow{\beta-\text{Cyanoalanin}-\text{Synthase}} HS^- + \beta\text{-Cyanoalanin}$$

Dieses System ist eigentlich für die Bestimmung des Enzyms entwickelt worden und nicht für die des Substrates. Ungünstig wirkt sich die Störung der Elektrodenreaktion durch CN^- aus; dieser Einfluß muß bei der Eichung berücksichtigt werden, was die Handhabung eines solchen potentiometrischen Sensors erschwert.

In der Literatur wird über zahlreiche Beispiele für potentiometrische Tests berichtet. Daraus folgt aber nicht unbedingt ihre Nutzung für die Entwicklung von Biosensoren, da für eine erfolgreiche Anwendung neben vielen anderen Faktoren auch die Leistungsfähigkeit unter realen Probenahmebedingungen berücksichtigt werden muß.

9.7 Analyt-selektive Elektroden

Viele der bereits besprochenen Probleme bei der Verwendung von Biosensoren mit ionenselektiven Grundelektroden, wie z.B. Fehler durch vorhandenes Ammoniak in Ammoniak-gekoppelten Tests oder Fehler durch reduzierende Agenzien in der Iodidelektrode, werden dadurch verursacht, daß der Test indirekt durchgeführt wird, beispielsweise über eine dritte beteiligte Substanz, die auch unabhängig vom Test in der Probe vorhanden sein kann. Diese Fehler können eliminiert werden, wenn eine direkte Bestimmung des potentiometrischen Signals vorgenommen wird, das von der enzymkatalysierten Reaktion des Analyten erzeugt wird.

Im Gegensatz zu den ionenselektiven Elektroden, in denen ein Ionenaustausch an der Grenzfläche zwischen Membran und Lösung verfolgt wird, sind diese Elektroden gewöhnlich mit einer Edelmetallsonde ausgerüstet. Sie reagieren entsprechend dem Nernstschen Gesetz auf eine Änderung des Quotienten von oxidierten und reduzierten Verbindungen an der Elektrodenoberfläche. Sie werden wegen dieser Eigenschaft häufig als potentiometrische Redoxelektroden bezeichnet. Bei einer Anwendung dieses Prinzips für Biosensoren allerdings ist die Natur dieser Redoxreaktion nicht immer eindeutig geklärt.

9.7.1 Potentiometrische L-Aminosäure-Elektrode

Bei der Reaktion eines potentiometrischen Sensors auf L-Aminosäuren wird die Reaktion

von dem Enzym L-Aminosäure-Oxidase (LAAO) katalysiert [29]. Es wird kovalent an eine Graphitelektrode gebunden, die mit Cyanursäurechlorid modifiziert ist. Die potentiometrische Reaktion dieser Elektrode auf verschiedene Aminosäuren stimmt mit der Substratspezifität der LAAO überein, d.h. L-Aminosäuren werden in folgender Reihenfolge umgesetzt: L-Phenylalanin > L-Leucin > L-Methionin, keine Reaktion findet statt mit L-Cystein oder D-Aminosäuren wie D-Phenylalanin. Die Elektrodenreaktion beruht auf dem irreversiblen Redoxsystem aus Enzym, O_2 und H_2O_2:

$$O_2 \longrightarrow H_2O_2$$
$$Enzym_{(red)} \qquad Enzym_{(ox)}$$

Da die O_2/H_2O_2-Reaktion irreversibel ist, kann keine Nernstsche Abhängigkeit erwartet werden. Dies läßt sich mit verschiedenen Peroxidkonzentrationen an einer inerten Platinelektrode bestätigen: Die potentiometrische Reaktion liegt nur im Bereich von -5 mV/Dekade der Konzentrationsänderung. Dieser Befund deutet darauf hin, daß das Redoxpaar O_2/H_2O_2 nicht ein Signal des Elektrodenpotentials aufgrund einer einfachen Oxidation oder Reduktion auslöst.

Ein Vergleich mit einer unbehandelten Graphitelektrode ergibt eine Reaktion auf H_2O_2 von -64 mV/Dekade, während eine mit Cyanursäurechlorid modifizierte Oberfläche der Elektrode eine entsprechende Reaktion (+79 mV/Dekade) mit umgekehrter Neigung zeigt. Vermutlich schließt die Wechselwirkung zwischen Wasserstoffperoxid und der Elektrodenoberfläche sowohl eine Oxidation als auch die Reduktion des Wasserstoffperoxids ein.

Sicherlich kann die Reaktion auf L-Phenylalanin von 40 mV/Dekade nicht auf ein einziges Redoxpaar zurückgeführt werden, sondern eher auf eine Wechselwirkung zwischen Enzym, Lösung und Oberflächensubstanzen an einer Elektrode, deren Oberflächenvorbehandlung die Ergebnisse entscheidend verändern kann.

9.7.2 Potentiometrische Glucoseelektrode

In gleicher Weise zeigt eine Platinelektrode mit Glucose-Oxidase und Katalase eine potentiometrische Reaktion auf Glucose [30–34]. Glucose-Oxidase wird mit oder ohne Katalase mit verschiedenen Techniken an Platin, Gold oder poröses Graphit immobilisiert. Das Enzym bzw. die Enzyme sind dabei entweder in Polyacrylamidgel eingeschlossen, durch Vernetzung mit Glutardialdehyd oder kovalent über ein Aminosilan und eine Glutardialdehydbrücke an eine oxidierte Oberfläche gebunden. Die Elektroden zeigen mit Glucose eine lineare Reaktion im Bereich von 50-400 mg/dl; da der Glucosespiegel im Blut im Bereich von 90-120 mg/dl liegt, eignen sich diese Elektroden für klinische Messungen. Grundelektroden aus Graphit und aus Platin ergeben gleiche Linearität, aber die Auftragung des Potentials gegen den Logarithmus der Konzentration ergibt eine positive Steigung bei der Graphitelektrode, eine negative bei der Platinelektrode (Abb. 9.6). Hier wird einmal mehr deutlich, daß bei den beiden Elektrodenmaterialien verschiedene Oberflächenreaktionen ablaufen: Zwar

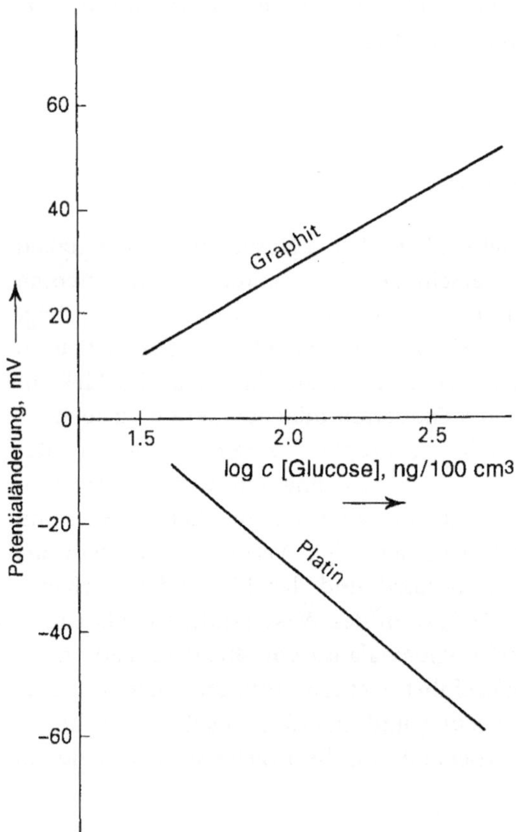

Abb. 9.6. Reaktionsverlauf potentiometrischer Redoxelektroden (Platin bzw. Graphit) mit einer Beschichtung aus vernetzter Glucose-Oxidase auf Glucose in Gegenwart von Sauerstoff bei pH 7,4 (nach [32]).

ist das Redoxpotential unabhängig vom Elektrodenmaterial, aber das gemessene Potential wird von den Oberflächenreaktionen beeinflußt. Es kann darum nicht überraschen, daß Messungen mit Redoxelektroden genaue Informationen über die Art und Konditionierung der Elektrodenoberfläche erfordern. In dem oben erwähnten Beispiel wird die potentiometrische Reaktion durch die enzymkatalysierte Glucoseoxidation mit Glucose-Oxidase hervorgerufen.

An Platin ergibt die Potentialänderung an der Elektrode in bezug auf die Glucosekonzentration eine negative Steigung von $-40\,mV/Dekade$. Nach der enzymkatalysierten Gesamtreaktion

$$Glucose + O_2 \xrightarrow{\text{Glucose-Oxidase}} Gluconsäure + H_2O_2$$

kann man erwarten, daß auch hier – wie bei der L-Aminosäureelektrode – ein wesentlicher Anteil an den Elektrodenprozessen auf die Oxidation oder Reduktion des Peroxids zurückzuführen ist. Die Neigung von $-40\,mV/Dekade$, wie sie für steigende Glucosekonzentrationen zu beobachten ist, weist auf einen Transfer von etwas weniger als zwei Elektronen hin und geht wahrscheinlich auf mehrere gleichzeitig ablaufende Reaktionen zurück (Oxidationen und Reduktionen). Gut bekannt ist die Bildung von Platinoxid in wäßrigen Lösungen. Der vorgeschlagene Reaktionsmechanismus geht von der reversiblen Bindung von Hydroxylgruppen an die Oberfläche aus:

$$Pt + 2\,H_2O \longrightarrow Pt(OH)_2 + 2\,H^+ + 2\,e^-$$

Anschließend folgt eine irreversible Umorientierung, wodurch die OH-Gruppen in das Platingitter eindringen können. Daraus ergibt sich, daß die Bildung von $Pt(OH)_2$ an der Elektrodenoberfläche von den vorhandenen H^+-Ionen beeinflußt wird, so daß die folgenden Wechselwirkungen vorstellbar sind:

$$H_2O_2 \longrightarrow O_2 + 2\,H^+ + 2\,e^-$$
$$Pt(OH)_2 + 2\,H^+ + 2\,e^- \longrightarrow Pt + 2\,H_2O$$

Zu der gesamten Potentialdifferenz tragen jedoch sicherlich auch noch andere Reaktionen bei. So beginnt beispielsweise die Bildung von Platinoxid vermutlich mit einer Oxidation der OH-Gruppen an der Elektrodenoberfläche.

Die positive Steigung von $30\,mV/Dekade$ an einer porösen Graphitelektrode könnte auf eine Oxidation von Peroxid in Verbindung mit Hydrochinon und funktionellen Aldehydgruppen an der Elektrode hinweisen, die mit 2-Elektronen-Übergängen zu Chinon bzw. Carboxylsäuren oxidiert werden.

Die Umsetzung von H_2O_2 aus der Oxidation von Glucose kann auch katalytisch erreicht werden, indem Peroxidase mit der Glucose-Oxidase coimmobilisiert wird [35]. Die Verschiebung des Elektrodenpotentials wird direkt, ohne Mediatorwirkung, erreicht und erhöht die Empfindlichkeit der Messung beträchtlich. Die Elektrode bleibt mindestens 90 Tage stabil und zeigt keinen Aktivitätsverlust nach 100 Messungen.

9.7.3 Potentiometrische Lactatelektrode

Eine andere Art von Redoxreaktion wird in der Lactatelektrode verwendet [36]; hier wird ein Redoxpaar an eine potentiometrisch inerte Elektrodenoberfläche gebunden, so daß eine redox-sensitive Elektrode entsteht.

Lactattests basieren häufig auf der enzymkatalysierten Oxidation von Lactat in Gegenwart eines Elektronenakzeptors wie z.B. Hexacyanoferrat(III):

$$\text{Lactat} + 2\,\text{Fe(CN)}_6^{3-} \xrightarrow{\text{Lactat-Dehydrogenase}} \text{Pyruvat} + 2\,\text{Fe(CN)}_6^{4-} + 2\,\text{H}^+$$

Die Lactatkonzentration steht in Beziehung zum Konzentrationsverhältnis von HexacyanoferratIII/II und wird mit einer Redoxelektrode bestimmt.

Die Sensormembran für diese Redoxelektrode wird aus PVC präpariert, das Dibutylferrocen (PVC-Fc) enthält; für den Aufbau der kompletten Enzymelektrode wird das Enzym in einer Gelatineschicht an der Oberfläche der Redoxelektrode immobilisiert. Die Potentialdifferenz durch die PVC-Fc-Membran hindurch wird von dem Quotienten Ferrocyanid:Ferricyanid hervorgerufen. Dieser Sensor ergibt eine s-förmige Reaktionskurve mit Lactat und zeigt einen schmalen linearen Bereich von 10^{-4} bis 10^{-3} mol L^{-1}, der auf den niedrigen K_m-Wert des Enzyms von $1{,}2 \cdot 10^{-3}$ mol L^{-1} zurückzuführen ist.

9.8 Antikörper-Antigen-Elektroden

9.8.1 Selektive Membranpotentiale

Ionenselektive Elektroden messen ein Potential, das sich durch eine Membran hindurch aufbaut, die für ein bestimmtes Ion selektiv ist. Im Prinzip könnten auch Membranen präpariert werden, die selektiv auf viele andere Analyten ansprechen; obwohl vielfach der Transport der Verbindung durch die Membran zumindest bei höhermolekularen Substanzen zu langsam wird.

Seit langem kann man bereits biologische Aktivitäten messen, indem eine Biokomponente an eine Membran gekoppelt und das Potential bestimmt wird, das sich durch diese Membran hindurch aufbaut. Sowohl mit Enzym-Substrat-Systemen als auch mit Antikörper-Antigen-Reaktionen wurden solche Messungen vorgenommen. Im ersten Fall gibt die Änderung der Membraneigenschaften die Verwertung des Substrats in der Probe durch das Membran-gebundene Enzym wieder. Anwendungsbeispiele hierfür sind die Wirkung von Benzoylarginin auf eine Trypsinmembran und die Wirkung von Pyruvat und NAD$^+$ auf eine mit Lactat-Dehydrogenase behandelte Membran [37]. Wie schon in anderen Abschnitten beschrieben, sind eine ganze Reihe verschiedener Versuche mit Enzym-gekoppelten Sensoren unternommen worden. Wohl noch größeres Interesse findet diese Technik in Bioaffinitätsreaktionen, bei denen der zu bestimmende physikochemische Parameter weniger einfach zu identifizieren ist. Häufig ist es tatsächlich schwierig, dem Gleichgewicht der Komplexbildung zwischen einem Bioaffinitätsmolekül (BAM) und seinem komplementären Reaktionspartner (Komp) überhaupt einen zugänglichen Parameter zuzuordnen,

$$BAM + Komp \rightleftharpoons BAMKomp$$

da in diesem Fall die Änderungen des Parameters eher mit der Ladungsverteilung oder der Molekülgröße zusammenhängen als mit dem Oxidationszustand oder der H^+-Konzentration wie in enzymkatalysierten Reaktionen.

9.8.2 Anti-Digoxin-Digoxin

Bereits eingeführte ionenselektive Elektroden können umgerüstet werden, um eine solche Analyse durchzuführen. So beruht ein potentiometrischer Immuntest für Antikörper (PIMIA, von engl. potentiometric ionophore modulation immunoassay) auf einer Modifikation eines Kalium-Ionophors mit einem Antigen [22]. Für eine Bestimmung von Digoxin-Antikörpern wird das Antigen Digoxin an ein Kalium-Ionophor gekoppelt, *cis*-Dibenzo-18-Krone-6 oder Benzo-15-Krone-5. Das entstandene Konjugat wird an die PVC-Membran einer konventionellen ionenselektiven Elektrode immobilisiert und bildet in dieser Form eine Erkennungsoberfläche für den Digoxin-Antikörper. Werden mit der Probe Antikörper zugesetzt, so werden sie an der Grenzfläche zwischen Membran und Lösung an das immobilisierte Antigen gebunden, und das Membranpotential ändert sich. Ein wesentlicher Nachteil eines solchen Systems ist die doppelte Erkennungsfunktion der Ionophor-Antigen-Membran. Der Test muß mit einer konstanten K^+-Konzentration als Hintergrund durchgeführt werden, was eine umfangreiche Vorbehandlung der Probe zur Entfernung störender Ionen erforderlich macht.

9.8.3 Anti-HCG—HCG

Eine genauer zugeschnittene Oberfläche für einen Immuntest mit einer potentiometrischen Elektrode ist für den Nachweis des humanen Choriongonadotropin (HCG) mit Anti-HCG vorgeschlagen worden. Anti-HCG kann an eine mit Cyanogenbromid behandelte Titanoxidelektrode gekoppelt werden. Diese Antikörper-Elektrode reagiert auf HCG in Lösung mit einer positiven Potentialverschiebung [38]. Die Reaktion zwischen Antikörper und Antigen hängt von der Affinitätskonstante der Reaktion ab,

$$Anti\text{-}HCG + HCG \overset{k_a}{\rightleftharpoons} Anti\text{-}HCG\text{—}HCG$$

d.h. die Reaktionsgeschwindigkeit ist der HCG-Konzentration in der Probe proportional. Bei der Datenauswertung ist es günstiger, die Meßwerte als Reak-

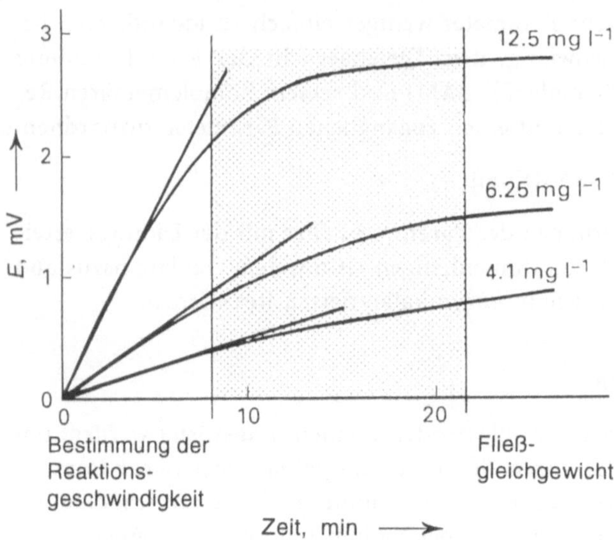

Abb. 9.7. Reaktion einer Anti-HCG-Elektrode auf HCG (nach [38]).

tionsgeschwindigkeiten und nicht als stationäre Werte zu bestimmen; die Qualität des Signals und die Testdauer lassen sich so verbessern. Wie aus Abb. 9.7 hervorgeht, kann eine Bestimmung der HCG-Konzentration im stationären Zustand erst durchgeführt werden, wenn die Reaktion vollständig abgelaufen ist (nach ca. 20 min), während die Reaktionsgeschwindigkeit aus dem linearen Abschnitt der Reaktionskurve (< 6 min) entnommen werden kann. Auch eine Bestimmung der Steigung über einen Zeitraum von einigen Minuten ergibt ein besseres Signal/Rausch-Verhältnis als eine Einzelpunktbestimmung über einem Rauschplateau.

Die Nachweisgrenze für dieses System wird auf etwa 0,1 μg ml^{-1} geschätzt; dabei wird angenommen, daß die Ursache der Potentialverschiebung mit Änderungen der Ladungsverteilung oder der Aktivität an der Grenzfläche zwischen Elektrode und Lösung während der Komplexbildung zwischen Antikörper und Antigen verbunden ist und weniger mit einem Ionenaustausch wie in dem vorangegangenen Beispiel.

9.8.4 Hepatitis B-Oberflächenantigen

Eine neuartige potentiometrische Immunelektrode wurde zur Bestimmung von Hepatitis-B-Oberflächenantigen (HBs) entwickelt [39]. Die Membran zur Erkennung des Antigens besteht aus Seidenprotein, das mit Cyanogenbromid modifiziert und mit Anti-HBs gekoppelt ist. Die Komplexierung mit HBs-Antigen im Serum führt zu einer Änderung des Membranpotentials. Der lineare Bereich liegt bei 20-320 nm ml^{-1}. Mit dieser Methode sollen die Vorteile der potentiometrischen Messung – einfache Handhabung, sichere und rasche Meßwerterfassung, Spezifität und Empfindlichkeit – für eine Alternative zu Immuntests (ELISA) und zu der amperometrischen Bestimmung des HBs-Antigens genutzt werden.

9.8.5 Wassermann-Antikörper

Eine für den Wassermann-Antikörper spezifische Membran zur Verwendung in serologischen Tests auf Syphilis läßt sich mit einem Lipid-Antigen aus Cardiolipin, Phosphatidylcholin/Lecithin und Cholesterol an Cellulosetriacetat als Träger präparieren [14]. Cardiolipin hat aufgrund der Phosphatgruppen eine negative Nettoladung; daher ändert sich das Membranpotential mit der Antigenkonzentration. Nach einer Immunreaktion mit Antikörper-Serum ändert sich das Membranpotential, bis nach 20 min ein stationärer Zustand erreicht wird. Die Potentialverschiebung stimmt mit der Abnahme negativ geladener Gruppen überein, die ursprünglich auf die Antigen-Antikörper-Wechselwirkung an der Grenzfläche zwischen Membran und Lösung zurückgeführt wurde, wodurch eine Änderung der Ladungsdichte hervorgerufen wird. Allerdings reagiert eine Membran, die für den Wassermann-Antikörper sensitiv ist, auch auf Konzentrationsänderungen verschiedener anorganischer Ionen [41], und die beschriebene Immunreaktion wird möglicherweise nur sekundär durch die Ionenaustauscher-Eigenschaften der Membran verursacht.

Oft ist darum eine gewisse Vorsicht bei der Interpretation von Natur und Ursprung potentiometrischer Reaktionen angeraten, die an solchen Membranen mit biologischen Erkennungsmolekülen beobachtet werden können.

9.8.6 Bioaffinitätsmembran im Riboflavintest

Das Prinzip dieser Riboflavin-Messung ist dem der oben beschriebenen Tests sehr ähnlich, nur daß es sich hier um eine indirekte Reaktion handelt: die kompetitive Bindung einer Substanz aufgrund ihrer Affinität zu ihrer membrangebundenen komplementären Verbindung und einer Analog-Verbindung in der Lösung.

Riboflavin-bindendes Protein (RBP) ist selektiv für Riboflavin und geht eine reversible Bindung mit einer Affinitätskonstante von etwa $1,3 \cdot 10^{-9}$ mol L^{-1} ein. Dies liegt um einige Größenordnungen über der Konstante für Flavin-analoge Verbindungen wie Acriflavin ($1,8 \cdot 10^{-7}$ mol L^{-1}) oder Flavinadenindinucleotid, FAD ($1,4 \cdot 10^{-5}$ mol L^{-1}); an eine dieser Analog-Verbindungen gebundenes RBP wird also von Riboflavin ersetzt und bildet damit einen stabileren Komplex.

Auf der Grundlage dieser kompetitiven Bindung ist eine Affinitätsmembran entwickelt worden [42]. Acriflavin ist über Glutardialdehyd an beide Seiten einer Membran aus Celluloseacetat und Octadecylamin gekoppelt:

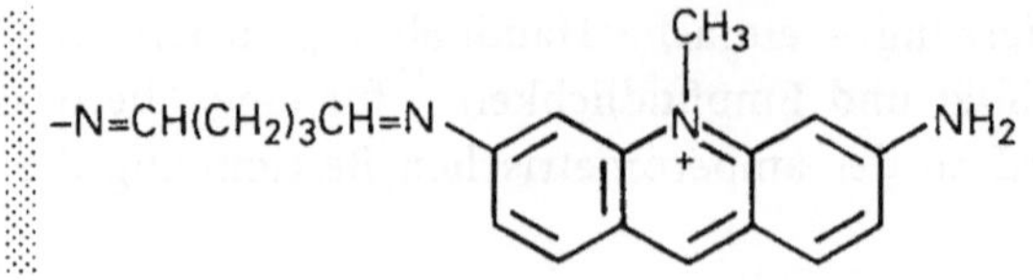

$$-N=CH(CH_2)_3CH=N \quad \text{(Struktur: Acriflavin-Derivat mit } CH_3, \ NH_2)$$

Eine FAD-Membran wird durch Kopplung über den Ribitylanteil nach Aktivierung mit Cyanogenbromid präpariert:

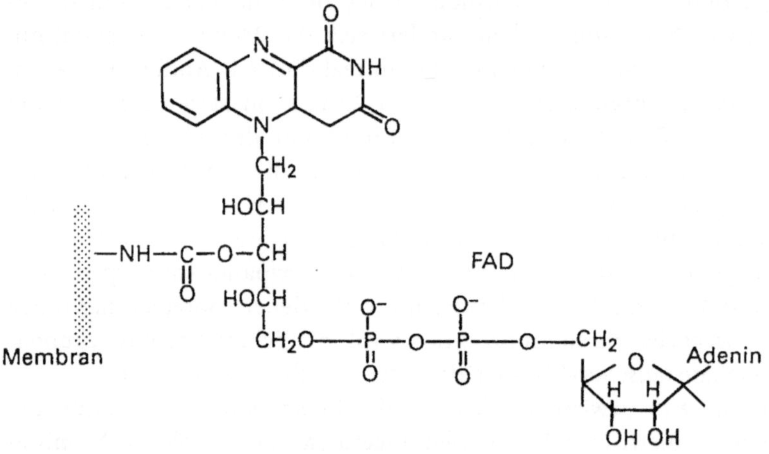

Diese Membranen werden bei pH 7 aktiviert, indem sie an beiden Membranoberflächen mit RBP zu einem Komplex aus RBP und dem jeweiligen Flavin-Analogen reagieren (Abb. 9.8). Da der isoelektrische Punkt von RBP bei 4,6 liegt, ist er bei dem Betriebs-pH negativ geladen. Die Verdrängung von RBP aus dem Komplex an der Membranoberfläche durch Flavin ruft daher eine Änderung der Oberflächenladung hervor, begleitet von einer Änderung des Membranpotentials. Die Richtung dieser Änderung hängt von den Ladungseigenschaften der zugrundeliegenden Flavin-analogen Verbindung ab. Da FAD beispielsweise eine negative Ladung aufweist, führt die Ablösung von RBP zu einer negativen Verschiebung des Membranpotentials, während die Dekomplexierung des RBP-Acriflavin-Komplexes eine positive Änderung hervorruft.

Beide Membranen verursachen ein Elektrodensignal aufgrund der kompetitiven Bindung der membrangebundenen Flavin-analogen Verbindung einerseits und Riboflavin andererseits an RBP. Die Bioaffinitätskonstante für diese Verdrängung des membrangebundenen Komplexes durch Riboflavin kann mit Hilfe folgender Affinitätskonstanten abgeleitet werden:

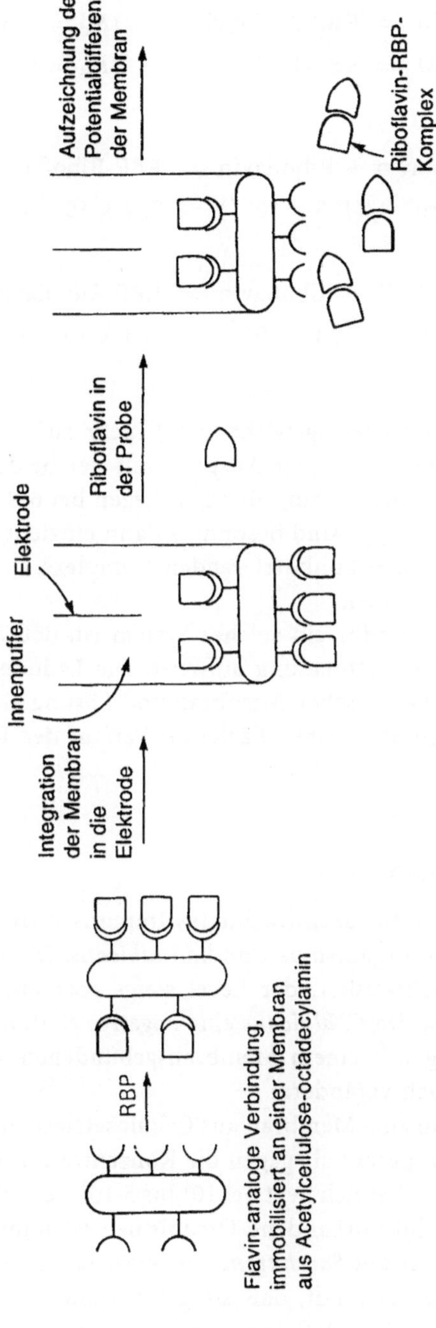

Abb. 9.8. Aufbau einer Bioaffinitätsmembran für einen Riboflavin-Test mit Riboflavinbindendem Protein (RBP).

$$RBP + Riboflavin \rightleftharpoons RBP\text{-}Riboflavin \qquad (K_d = 1,3 \times 10^{-9}M)$$
$$RBP + Acriflavin \rightleftharpoons RBP\text{-}Acriflavin \qquad (K_d = 1,8 \times 10^{-7}M)$$
$$RBP + FAD \rightleftharpoons RBP\text{-}FAD \qquad (K_d = 1,4 \times 10^{-5}M)$$

$$(1) \qquad RBP\text{-}Acriflavin + Riboflavin \rightleftharpoons RBP\text{-}Riboflavin + Acriflavin$$
$$K_d = (1,3 \times 10^{-9})/(1,8 \times 10^{-7}) = 7,2 \times 10^{-3}M$$

$$(2) \qquad RBP\text{-}FAD + Riboflavin \rightleftharpoons RBP\text{-}Riboflavin + FAD$$
$$K_d = (1,3 \times 10^{-9})/(1,4 \times 10^{-5}) = 9,3 \times 10^{-5}M$$

Diese Werte zeigen, daß das Gleichgewicht in (2) mehr auf der rechten Seite liegt als in (1). Dies macht sich in der Ansprechzeit der beiden Membranen bemerkbar, sie liegt für (1) bei 12 min, für (2) dagegen bei 6-8 min.

Kompetitive Tests dieses Typs sind besonders dann effizient, wenn die Bioaffinitätskonstanten der beiden konkurrierenden Komplexe sich um mehrere Größenordnungen unterscheiden.

Wesentliche Voraussetzung für ein solches System ist, daß eines der komplexierenden Agenzien eine Nettoladung aufweist. Die Ladungsdichte an der einen (äußeren) Grenzfläche zwischen Membran und Lösung ändert sich dann in bezug auf die andere (innere) Grenzfläche im Verlauf der Reaktion (siehe Abb. 9.8).

9.8.7 Status des Immunsystems

Ein wichtiger Indikator für ein beeinträchtigtes Immunsystem ist beim Menschen der pathogene Mikroorganismus *Candida albicans*. Diese Hefe ist auch im gesunden Zustand nachweisbar, der Level steigt aber an, wenn die Immunabwehr geschwächt ist. Da *C. albicans* eine negative Nettoladung aufweist, kann die Wechselwirkung mit einem Membran-gebundenen Antikörper das Membranpotential erheblich verändern.

Anti-*C. albicans* wird an eine Membran aus Cellulosetriacetat gebunden und die Differenz des Membranpotentials gegen die Konzentration von *C. albicans* aufgezeichnet. Der Nachweisbereich liegt bei 10^4 bis $5 \cdot 10^5$ Zellen cm^{-3} [43]. Die Reaktion auf andere im Blut vorhandene Organismen ist minimal, außer bei der Anwendung des Systems auf *Saccharomyces cerevisiae*. Dieser Organismus ist mit *C. albicans* so eng verwandt, daß sie gemeinsame Antigenstrukturen aufweisen. Es ist darum denkbar, daß Antiserum mit geringer Reinheit bei der Verwendung zur Präparation der Membran eine gewisse Kreuzreaktivität zeigt.

Wie bereits bei der Reaktion des Wassermann-Antikörpers erwähnt, könnte der Ursprung dieser Änderung des Membranpotentials als Folge der Antikörper-Antigen-Reaktion allerdings auch auf indirekte Sekundäreffekte zurückzuführen sein.

9.9 Anwendung in Feldeffekttransistoren

Die Vorteile ionensensitiver Feldeffekttransistoren gegenüber ionensensitiven Elektroden (s. Kap. 4) gelten entsprechend für Enzym-FETs (ENFETs) und Immun-FETs (IMFETs). Die Anwendung solcher Geräte auf biologische Systeme ist zur Zeit Gegenstand intensiver Forschung.

9.9.1 Feldeffekttransistoren mit Biokomponenten

In einem ENFET wird das Enzym in einem Gel über der ionenselektiven Membran des Grundsensors im FET immobilisiert (Abb. 9.9); das Prinzip dieser Kopplung entspricht den in ISE-Enzymsensoren bereits beschriebenen Verfahren. In der Praxis wird normalerweise ein Doppelgate-ISFET verwendet

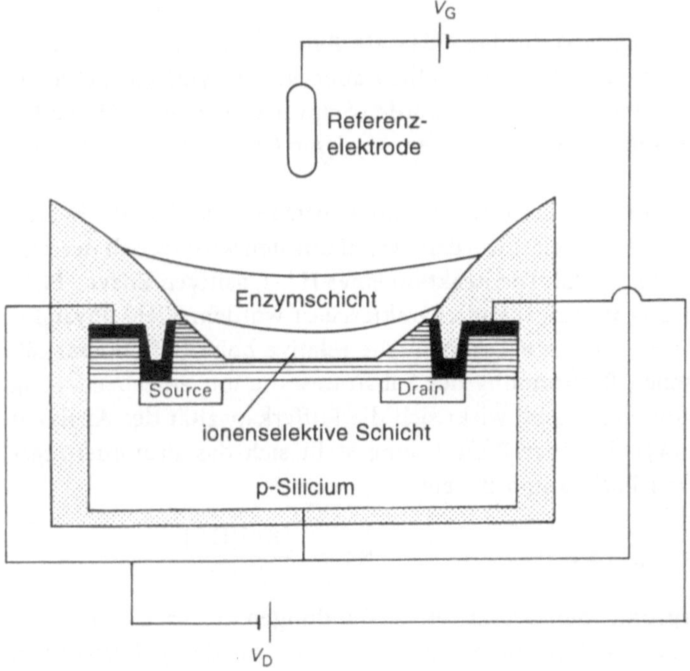

Abb. 9.9. Aufbau eines ENFET.

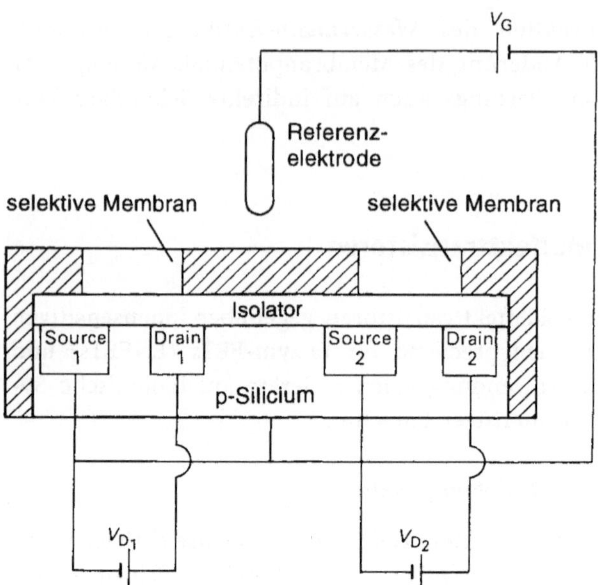

Abb. 9.10. Aufbau eines ENFET mit doppeltem Gate.

(Abb. 9.10), in dem einer der beiden FETs als Referenzsystem wirkt. Er ist genauso angeordnet wie der Meß-FET, enthält aber eine enzymfreie Gelmembran als Leerwert. Bei dieser Anordnung werden Schwankungen des pH-Wertes in der Lösung, Temperatur usw. bis zu einem gewissen Grad automatisch kompensiert.

ENFETs können mit jedem der FET-Systeme konstruiert werden, die bereits für ISE in diesem Kapitel diskutiert wurden. Am häufigsten wird jedoch der pH-FET als Grundsensor eingesetzt. Die Reaktion eines H^+-sensitiven Enzym-FETs in ungepufferter Lösung ist eingehend charakterisiert worden. Viele physiologische Proben, wie z.B. Blut, haben jedoch eine relative hohe Pufferkapazität. Bei einer enzymatischen Bestimmung des Substrates, die mit einer Änderung der H^+-Konzentration einhergeht, wirkt sich die Pufferkapazität des Analyten auf das Signal aus [44]. In einer Pufferlösung stellt sich das Protonierungsgleichgewicht mit dem Pufferanion B^- ein:

$$H^+ + B^- \rightleftharpoons HB \qquad\qquad K_b = \frac{[B^-][H^+]}{[BH]}$$

Die Konzentrationsprofile der beteiligten Verbindungen durch die Enzymschicht hindurch, insbesondere die H^+-Konzentration an der pH-sensitiven Oberfläche, können aus der Betrachtung der jeweiligen Differentialgleichungen abgeleitet werden, die den diffusiven Massentransport bei gekoppelten

Reaktionen beschreiben:

$$D_\text{s}\, \frac{\mathrm{d}^2[\text{S}]}{\mathrm{d}x^2} + \frac{k_2[\text{E}][\text{S}]}{K_\text{m} + [\text{S}]} = 0$$

$$D_{\text{H}^+}\, \frac{\mathrm{d}^2[\text{H}^+]}{\mathrm{d}x^2} + \frac{k_2[\text{E}][\text{S}]}{K_\text{m} + [\text{S}]} - k_\text{b}[\text{B}^-][\text{H}^+] + k_{-\text{b}}[\text{BH}] = 0$$

$$D_{\text{BH}}\, \frac{\mathrm{d}^2[\text{BH}]}{\mathrm{d}x^2} + k_\text{b}[\text{B}^-][\text{H}^+] + k_{-\text{b}}[\text{BH}] = 0$$

$$D_{\text{B}^-}\, \frac{\mathrm{d}^2[\text{B}^-]}{\mathrm{d}x^2} + k_\text{b}[\text{B}^-][\text{H}^+] + k_{-\text{b}}[\text{BH}] = 0$$

Die Auflösung dieser Gleichungen unter Berücksichtigung geeigneter Grenzbedingungen liefert ein Modell für die Reaktion eines Enzym-modifizierten pH-sensitiven Sensors in einer Pufferlösung. Nach Eddowes' Modell wird eine optimale Reaktion dann erreicht, wenn die Kinetik des Enzyms ausreichend schnell ist, so daß die Reaktion diffusionskontrolliert ist. Der Nachweisbereich des Gerätes ergibt sich aus $[\text{B}^-] > [\text{S}]$ für die untere und aus $[\text{S}] > K_\text{m}$ für die obere Nachweisgrenze. Unter Berücksichtigung dieses Modells können pH-Änderungen in der Meßlösung nicht durch direkte Differenzmessung kompensiert werden.

In einem theoretischen Modell für ein immobilisiertes Enzym [45] wird die frühere Berechnung der Funktion $\mathrm{d}[\text{S}]/\mathrm{d}t$ erweitert, indem man die Feedback-Wirkung des Produktes auf die Enzymreaktion (im Fall des pH-FET also H^+) und damit auf die Enzymkinetik einbezieht. Wenn Produkte oder sekundäre Substrate der Enzymreaktion die Enzymkinetik beeinflussen, werden sie ganz allgemein auch das Signal der Enzymelektrode ändern; sie sollten darum im Modell berücksichtigt werden (Abb. 9.11). Unter den in der Abbildung angegebenen Bedingungen ergibt sich nach diesem Modell für das Diffusionsmodul (s. Kap. 8):

$$\varPhi^2 = d^2 \left[\frac{k_2[\text{E}_0]}{K_\text{S} D_\text{S} \left[1 + \frac{[\text{H}^+]}{K_\text{b}} + \frac{K_\text{a}}{[\text{H}^+]} \right]} \right]$$

9.9.2 pH-FET mit Penicillinase

In einem Penicillin-sensitiven Feldeffekttransistor mit Penicillinase [46] ist das Enzym kovalent an eine Polyacrylamid-Gelmatrix gebunden. Die Matrix wird auf ein unbeschichtetes Si_3N_4-Gate aufgelagert, das mit BSA-Glutardialdehyd vorbehandelt ist, um eine gute Adhäsion des Enzympolymers zu gewährleisten. Unter Berücksichtigung der Enzymkinetik in Gegenwart von H^+ kann der Einfluß von H^+ auf das Signal sehr effektiv modelliert werden. Ist allerdings eine

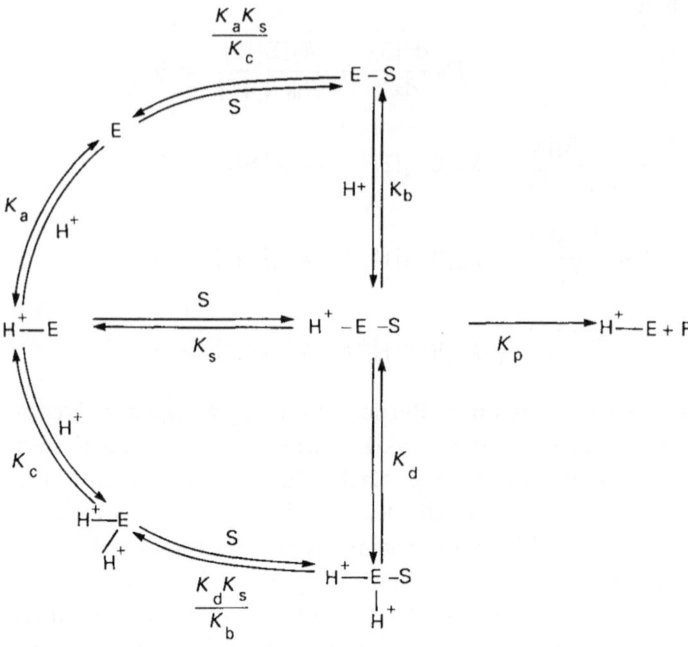

Abb. 9.11. Schema der enzymatischen Katalyse in Abhängigkeit vom pH-Wert (nach [45]).

Abb. 9.12. pH-abhängige Reaktion der Penicillinase mit Penicillin.

Gruppe mit einem pK_a-Wert um 5,2 vorhanden (Abb. 9.12), so wird sie bei pH-Werten unter 5,2 protoniert; dadurch werden freie H^+-Ionen abgefangen. Das hat einen engeren dynamischen Bereich zur Folge, denn unter Bedingungen hoher Protonen-Produktion (d.h. bei hoher Substratkonzentration) wird die R'R"NH-Gruppe protoniert; H^+-Ionen sind dadurch nicht mehr für die vorgeschlagenen Umsetzungen verfügbar, und der Verlauf der Reaktion weicht von dem Modell ab.

9.9.3 pH-FET zur Glucosebestimmung

In ähnlicher Weise läßt sich ein Glucose-sensitiver Feldeffekttransistor konstruieren, indem das Enzym Glucose-Oxidase wie oben beschrieben kovalent an ein Polyacrylamidgel gebunden wird [45]. Dieser ENFET reagiert entsprechend dem theoretischen Modell auf Glucose, wenn in der oben beschriebenen Ableitung auch der Einfluß von O_2 und H^+ berücksichtigt wird; H_2O_2 wird praktisch unmittelbar durch Katalase entfernt.

$$\text{Glucose} + O_2 \xrightarrow{\text{Glucose–Oxidase}} H^+ + \text{Gluconat} + H_2O_2$$

Eine andere Möglichkeit zur Immobilisierung ist die Vernetzung der Glucose-Oxidase mit Glutardialdehyd, das aus einer gesättigten Dampfphase auf den Gatebereich aufgebracht wird [24]. Eine zusätzliche Nafion-Membran, mit einem Spin-Coating-Verfahren präpariert, reduziert den Effekt der Pufferkapazität und erweitert den dynamischen Bereich des Sensors bis auf Konzentrationen über $10\,\text{mmol}\,L^{-1}$ [48].

Die Verkapselung mit Nafion erweist sich außerdem als Fortschritt bei den Bemühungen, biokompatible Elektroden und Sensoren zu entwickeln, die letztendlich zu implantierbaren Systemen zur Glucosebestimmung in vivo führen sollen. Eine kontinuierliche Messung in Vollblut mit einer biokompatiblen Oberfläche ist hierfür Voraussetzung [49].

Ein Glucose-FET läßt sich auch ausschließlich mit photolithographischen Techniken aufbauen [50]. Eine Membran mit Glucose-Oxidase und einem Photopolymer wird auf die silanisierte Gateregion eines FET aufgebracht, wobei das wasserlösliche Photopolymer Polyvinylpyrrolidon (PVP) mit 2,5-Bis(4'-azido-2'- sulphobenzal)cyclopentanon (BASC) sensibilisiert wird. Die photopolymerisierte Membran löst sich allerdings leicht von der Oberfläche ab; zusätzliche chemische Schritte sind also notwendig, um eine ausreichende Adhäsion zu erreichen. Die Vernetzung von Glucose-Oxidase und BSA im Polymer mit Glutardialdehyd führt zu einer gut haftenden Polymerschicht.

Der entstandene Enzymmembran-FET wird in einer Differenzmessung gegen einen FET mit einem unbeschichteten Gate eingesetzt und reagiert auf Glucose bis zu einer Konzentration von $3\,\text{mmol}\,L^{-1}$. Der lineare Bereich kann erheblich größer sein, wenn Sauerstoffsättigung vorliegt. Das Elektrodensignal schwächt sich innerhalb von 15 Tagen auf etwa $50\,\%$ des ursprünglichen Signals ab. Insgesamt erhöht sich das Signal eines Enzym-FET mit steigender Aktivität der Glucose-Oxidase; bei hoher Enzymbeladung läßt sich jedoch kein gleichmäßiger Film präparieren.

Ein grundsätzlich anderer Ansatz liegt in der Nutzung der Chiptechnologie in Verbindung mit Concanavalin A (ConA) als Biokomponente. Anstelle der enzymatischen Umsetzung soll hier die Bindungsreaktion mit Glucose detektiert werden. Auch mit diesem System wäre eine in-vivo-Messung denkbar. Voraussetzung ist allerdings die zuverlässige Immobilisierung des ConA ohne Aktivitätsverlust. Im Hinblick darauf sind sowohl die physikalische Adsorption als auch eine chemische Immobilisierung an Halbleiteroberflächen untersucht worden [51].

9.9.4 pH-FET zur Lactosebestimmung

Ein ENFET mit zwei coimmobilisierten Enzymen – β-Galactosidase und Glucose-Dehydrogenase – ist zur Bestimmung von Lactose entwickelt und getestet worden [52]. Die Messung wird gegen einen pH-FET als Referenz durchgeführt und ergibt schnelle und reproduzierbare Werte, wird allerdings von Umgebungsfaktoren wie pH, Pufferkapazität u.a. beeinflußt.

Eine Alternative bieten ISFETs, die als Biokomponente Lactose-spezifische Transportproteine aus der Cytoplasmamembran von *Escherichia coli* enthalten [53, 54]. Die Proteine werden in eine Phospholipid-Doppelmembran (SPB; von supported phospholipid bilayer) eingebettet und transportieren Lactose und H^+ im streng stöchiometrischen Verhältnis von 1:1. Die steigende Protonenkonzentration über der Gateregion bei steigender Lactosekonzentration in der Meßlösung ist für das Sensorsignal verantwortlich.

9.9.5 pH-FET mit Urease

Ein von der Pufferkapazität unabhängiges System [55, 56] beruht auf einem ENFET mit einem integrierten pH-Aktuator, der den pH-Wert innerhalb der Immobilisierungsschicht steuert (vergl. das Sauerstoff-stabilisierte System in Kap. 8). Da der Sensor bei konstantem pH arbeitet, wurde der Begriff „chemostatischer Enzymsensor" vorgeschlagen. Der Grundsensor ist von einer Edelmetallelektrode umgeben, die entweder als Anode oder als Kathode fungieren kann, die also durch Elektrolyse des Wassers entweder OH^- oder H^+ freisetzt und so den pH-Wert in der Umgebung des Gates steuert. pH-Änderungen des ENFET werden in bezug auf einen Referenz-FET gemessen, und die pH-Änderung durch den Urease-katalysierten Harnstoffabbau wird zu dem Strom in Beziehung gesetzt, der zur Aufrechterhaltung des pH an dem pH-Aktuator erforderlich ist.

In einem Harnstoffsensor für klinische Anwendungen ist Urease mit Glutardialdehyd an einer Polysiloxanmembran vernetzt, die unmittelbar über der Gateoberfläche angeordnet ist und eine Zwischenschicht zwischen Enzym und Halbleiter bildet. Damit wird neben einer guten Reproduzierbarkeit auch eine hohe Stabilität des Sensors erreicht. Nach dem gleichen Prinzip kann auch

Acetylcholin-Esterase immobilisiert werden, so daß der resultierende Sensor zur Detektion von Pestiziden geeignet ist [57].

9.9.6 Bifunktionaler pH-FET mit Glucose-Oxidase und Urease

Bei der Herstellung eines ENFETs mit doppelter Funktion in einem einzigen Chip lassen sich ebenfalls photolithographische Techniken einsetzen [50]. Dabei werden die Gateregionen von zwei pH-ISFETs auf einem einzigen Chip photolithographisch selektiv freigelegt. Über diesen beiden Gates kann nun zunächst Glucose-Oxidase und anschließend Urease über eine Vernetzung mit Glutardialdehyd immobilisiert werden (Abb. 9.13). An den beiden Gates werden Differenzmessungen von Harnstoff und Glucose gegen einen gemeinsamen pH-ISFET vorgenommen. Die Reaktion auf Glucose ist bis zu $90\,\mathrm{mg}\,\mathrm{dl}^{-1}$ linear, die auf Harnstoff über einen ähnlichen Bereich, allerdings bei viel geringerer Spannungsdifferenz des Ausgangssignals. Zwischen den beiden ENFETs ist keine Kreuzreaktivität zu beobachten; die photolithographische Beschichtungstechnik ist also sehr präzise.

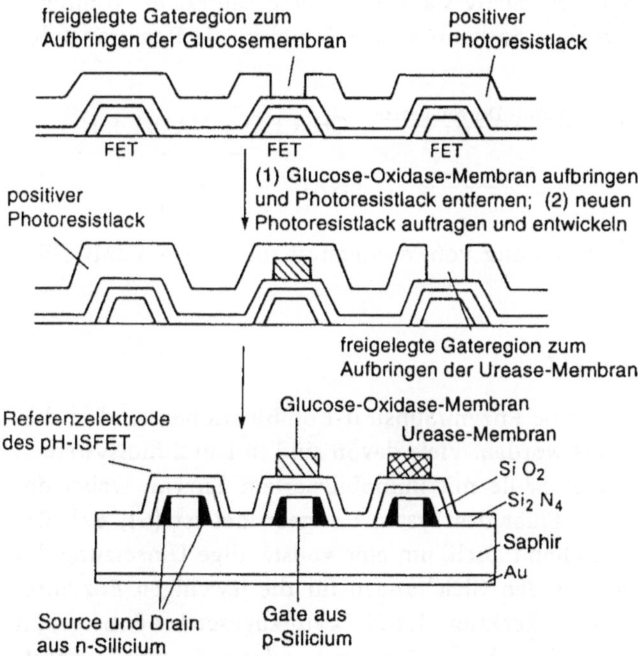

Abb. 9.13. Konstruktion eines Multi-Gate-ENFETs mit Hilfe photolithographischer Methoden.

9.9.7 Palladium-MOSFET

Auch Gas-sensitive Feldeffekttransistoren (s. Kap. 4) sind in Verbindung mit Biokomponenten untersucht worden. Bei Wasserstoff-sensitiven FET konzentrieren sich die Untersuchungen auf das Hydrogenase-Dehydrogenase-System (HDH):

$$H^+ + NADH \xrightarrow{\text{HDH}} \boxed{H_2} + NAD^+$$

so daß Umsetzungen mit NAD^+-abhängigen Enzymen in gekoppelter Reaktion eingesetzt werden können. Das System ist z.B. für eine NADH-Regenerierung verwendet worden, bei der Alanin-Dehydrogenase [59, 60] zusammen mit Hydrogenase coimmobilisiert wird:

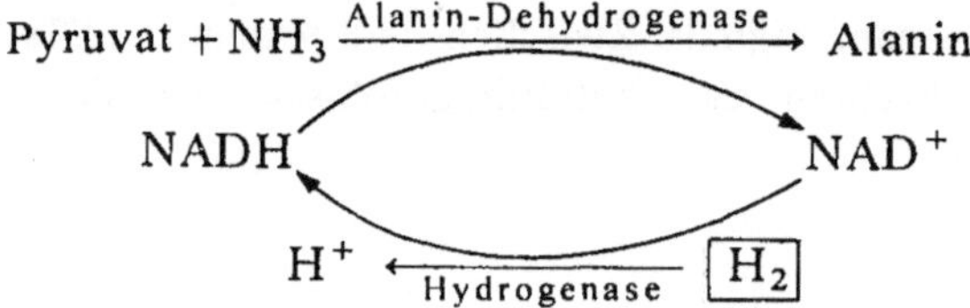

Da immobilisierte Hydrogenase relativ stabil ist, sollten zahlreiche Kombinationen dieses Typs möglich sein. So kann auch Ethanol in die Reaktionsfolge integriert werden:

$$C_2H_5OH + NAD^+ \xrightarrow{\text{Alkohol--Dehydrogenase}} CH_3CHO + NADH + H^+$$

$$\xrightarrow{\text{Hydrogenase}} NAD^+ + \boxed{H_2}$$

so daß Ethanol über die Entstehung von Wasserstoff mit einem PdMOSFET bestimmt werden kann.

9.9.8 Ammoniak-sensitiver FET

Mehrere Ammoniak-freisetzende Enzym/Substrat-Kombinationen sind in diesem Kapitel bereits diskutiert worden. Viele davon sind in Durchflußsystemen getestet worden, z.B. in einer Säule mit immobilisiertem Enzym, wobei der Ammoniak-sensitive FET im Eluat des Systems angeordnet ist [61, 62]. Die Aktivität der Säule ist ausreichend hoch, um eine vollständige Umsetzung des Substrates sicherzustellen. Aus den Gleichungen für die jeweiligen Enzymreaktionen wird deutlich, daß die Reaktion des FETs auf zugesetztes Substrat im Fall von Harnstoff etwa doppelt so hoch ist wie bei anderen Enzym-Substrat-Kombinationen, da in diesem System 2 Mol Ammoniak pro Mol Substrat freigesetzt werden (Tab. 9.1).

Tabelle 9.1. Substratbestimmungen mit Ammoniak-sensitiven FET [61, 63].

Enzymkatalysierte Reaktion			Nachweis- bereich (μmol L^{-1})	Signal bei 10 μmol L^{-1} (mV)
Harnstoff	$\xrightarrow{1}$	$CO_2 + 2\,NH_3$	0,2-40	16
L-Asparagin	$\xrightarrow{2}$	Aspartat $+ NH_3$	0,2-40	8
L-Aspartat	$\xrightarrow{3}$	Fumarat $+ NH_3$		8
L-Glutamat $+$ NAD$^+$	$\xrightarrow{4}$	α-Oxoglutarat $+$ $NH_3 + $ NADH		8
Kreatinin	$\xrightarrow{5}$	N-Methylhydantoin $+$ NH_3	0,2-30	8
Adenosin	$\xrightarrow{6}$	Inosin $+ NH_3$		8

1 = Urease   4 = Glutamat-Dehydrogenase
2 = Asparaginase   5 = Kreatinin-Iminohydrolase
3 = Aspartase   6 = Adenosin-Desaminase

Wird ein FET-Gerät in der Weise modifiziert, daß die Enzymsäule in direktem Kontakt mit dem Ammoniak-sensitiven Element steht, bedeutet dies eine Umwandlung in einen ENFET. Diese Möglichkeit ist für Harnstoff getestet worden [63]. Dazu wird der IrMOS mit einer gaspermeablen Teflonmembran ausgerüstet und mit Urease modifiziert, die unmittelbar an der Membran durch Vernetzung mit Glutardialdehyd immobilisiert ist. In einem dualen Gatesystem kann Harnstoff dann gegen einen Referenzsensor mit inaktiviertem Enzym bestimmt werden.

9.10 Immunsensitive FET

Ein Immuntest ohne Markierung läßt sich am besten mit einem Sensor des FET-Typs entwickeln. Eine Immunsonde mit direkter Ablesung muß auf der Grundlage einer Oberflächenreaktion konzipiert werden (Abb. 9.14), da mit den großen Molekülen, die an einer Immunreaktion beteiligt sind, kaum eine selektive Permeation erreicht werden kann, so wie sie bei ionenselektiven Membranen möglich ist. Für eine solche Sonde ist die direkte Bestimmung (und Ablesung) der Ladungsdichte an den Grenzflächen erforderlich. Die Immunreaktion selbst kann man mit dem folgenden Gleichgewicht beschreiben:

$$Ak + Ag \rightleftharpoons AkAg$$

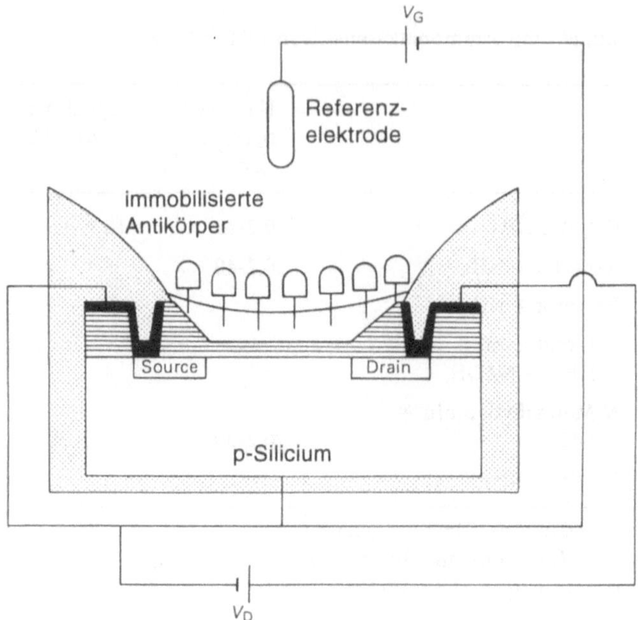

Abb. 9.14. Aufbau eines Immun-FETs.

dessen Gleichgewichtskonstante mit

$$K = \frac{[AkAg]}{[Ak][Ag]}$$

angegeben ist. Sind die Antikörper kovalent an die Oberfläche eines nicht-ionischen Trägers gebunden, so werden sie Teil der Doppelschicht an der Grenzfläche zwischen Träger und Lösung und bilden die spezifischen Bindungsorte für das Antigen innerhalb dieser Doppelschicht. Diese Antikörper sind Polyelektrolyte, deren Nettoladung in ihrer Polarität wie in ihrer Größe von der Umgebung abhängt, vor allem vom pH-Wert. Bei der Bindung des Antigens, das selbst neutral oder geladen sein kann, verursacht die resultierende Ladung des Komplexes eine Änderung der Ladungsverteilung in der Doppelschicht.

Ein FET kann als Konstruktion aufgefaßt werden, die auf Änderung der Ladungsverteilung an einer Grenzfläche reagiert (s.Kap. 4); das Signal beruht auf der Serienschaltung von C_D (kapazitiver Widerstand der Doppelschicht) und C_0 (kapazitiver Widerstand des Isolators, der die Ladung Q_i in der Inversionsschicht des Halbleiters verursacht). Wenn Moleküle an der Isolator-Grenzfläche adsorbiert werden, wird die Ladung Q_{ads} durch die Doppelschicht hindurch auf die Grenzfläche übertragen. Die Auswirkung auf Q_i läßt sich folgendermaßen angeben:

$$Q_i = \frac{Q_{ads}}{C_D} \times \frac{C_0 C_D}{(C_0 + C_D)}$$

so daß

$$\frac{Q_i}{Q_{ads}} = \frac{C_0}{(C_0 + C_D)}$$

Die Ladungsmenge, die von der Inversionsschicht des FETs als Folge der Adsorption einer geladenen Verbindung an die Grenzfläche zwischen Isolator und Lösung angezeigt wird, ist also nur ein Teil (Q_i/Q_{ads}) der gesamten adsorbierten Ladung (Q_{ads}).

Die Empfindlichkeit eines Immun-FETs (IMFET) kann unter Berücksichtigung dieser Überlegungen theoretisch berechnet werden ([64–66]). Unter der Annahme, daß eine Langmuirsche Adsorptionsisotherme angewendet und das Gleichgewicht der Bindung zwischen Antikörper und Antigen mit der Gleichgewichtskonstante K angegeben werden kann, wird das Potential an der Grenzfläche

$$\Phi_{Lsg-Memb} = \frac{Q_i}{C_0} = \frac{Q_{ads} C_0}{C_0 (C_0 + C_D)} = \frac{zF}{(C_0 + C_D)} \times \frac{K[Ag][B]}{1 + [Ag]}$$

wobei z die Ionenladung des Antigens ist und [B] die Gesamtkonzentration der Bindungsorte an der Oberfläche. Vorausgesetzt, daß jeder Antikörper eine Fläche von $10\,nm^2$ besetzt und daß die Gleichgewichtskonstante K zwischen 10^5 und 10^9 liegt (s. Kap. 2), ergibt sich aus dieser Gleichung eine Nachweisgrenze von über $10^{-12}\,mol\,L^{-1}$ bei einer Empfindlichkeit von $10\,mV$, was für die in Kap. 1 erläuterten Anforderungen an eine Immunsonde völlig ausreicht.

Um diese Berechnungen auch auf einen IMFET anwenden zu können, muß allerdings die Grenzfläche zwischen Membran und Lösung ideal polarisiert sein, d.h. als idealer Kondensator wirken, so daß keine Ladungen durch die Grenzfläche hindurchgelangen. In der Praxis gibt es an dieser Grenzfläche immer einen Leckstrom, der im Modell durch einen parallel zur Kapazität C_D geschalteten Widerstand R berücksichtigt wird. Der Leckstrom zerfällt dann exponentiell, was durch die Zeitkonstante RC_D gekennzeichnet ist. Um eine geeignete Zeitkonstante von $> 100\,s$ zu erreichen, wird ein Ladungstransfer-Widerstand von $> 10^7\,\Omega$ benötigt [65].

9.11 Reaktionen von Immun-FETs

Die für den Wassermann-Antikörper spezifische Antigen-bindende Membran [14] ist eine nahezu ideale Anwendungsmöglichkeit in einem IMFET. Wird sie auf die Gateregion eines CHEMFET aufgebracht, reagiert das System auf den

Zusatz des Antikörpers. Zwei Mechanismen für die Reaktion des CHEMFET kommen in Betracht:
- Ionen wandern in eine ionenselektive Membran ein und verursachen eine Änderung der Ladungsverteilung durch die Membran hindurch;
- Geladene Verbindungen werden an der Grenzfläche adsorbiert.

Die Abmessungen der am Immuntest beteiligten Proteinmoleküle erschweren einen Ionenaustausch in der Membran; die Immunreaktion wird daher vermutlich dem zweiten Mechanismus folgen. Die Reaktion der Membran auf vorhandene kleine anorganische Ionen und eine deutliche Stromdichte durch Ionenaustausch (10^{-5} bis 10^{-6} A cm^{-2}) führte zu der Annahme, daß das Signal auf den Einfluß von adsorbiertem Protein zurückgeht [41]. Die Primärreaktion beruht daher auf der Anwesenheit kleiner anorganischer Ionen und wird durch die Gegenwart des an der Membranoberfläche adsorbierten Proteins beeinflußt.

In Anbetracht dieser Ergebnisse muß das Signal eines „IMFET" – also eine direkte Reaktion auf adsorbierte Proteine in der Gateregion eines CHEMFETs – wahrscheinlich als indirektes, sekundäres Phänomen interpretiert werden, das auf die Kopplung von Adsorption und Ionenaustausch zurückzuführen ist. Diese Annahme stimmt mit den Ergebnissen überein, nach denen in verschiedenen FET-Konstruktionen zur Messung von Grenzflächenladungen vor allem der Ladungstransfer-Widerstand beträchtlich unter dem gewünschten Wert von $10^7\,\Omega$ liegt [64]. Ohne eine ideal polarisierte Oberfläche läßt sich tatsächlich kein direkt messender potentiometrischer Immunsensor konstruieren, und nur hochspezifische Sekundäreffekte könnten an Immunreaktionen gekoppelt werden.

Literatur

[1]   Guilbault GG, Smith RK, Montalvo JG (1969) Anal. Chem. 41:600
[2]   Brady JE, Carr PW (1980) Anal. Chem. 52:977
[3]   Guilbault GG, Montalvo JG (1970) J. Am. Chem. Soc. 92:2533
[4]   Nilsson H, Akerlund A, Mosbach K (1973) Biochim. Biophys. Acta 320:529
[5]   Cullen LF, Rusling JF, Schleifer A, Papariello GJ (1974) Anal. Chem. 46:1955
[6]   Greenway RM, Gardiner SJ, Hart AL, Dunlop J (1994) Biosens. Bioelectr. 9:457
[7]   Tor R, Freeman A (1986) Anal. Chem. 58:1042
[8]   Durand P, David A, Thomas D (1978) Biochim. Biophys. Acta 527:277
[9]   Koncki R, Kopczewska E, Glab S (1994) Anal. Letters 27:475
[10] Guilbault GG, Mascini M (1977) Anal. Chem. 49:795

[11] Anfalt T, Granelli A, Jagner D (1973) Anal. Lett. 6:969
[12] Butt SB, Cammann K (1992) Anal. Letters 25:1597
[13] Martorell D, Martinez-Fàbregas E, Bartroli J, Alegret S, Tran-Minh C (1993) Sensors and Actuators B 15-16:448
[14] Guilbault GG, Lubrano GJ, Kauffmann JM, Patriarche GJ (1988) Anal. Chim. Acta 206:369
[15] Joseph JP (1985) Anal. Chim. Acta 169:249
[16] Thompson H, Rechnitz GA (1974) Anal. Chem. 46:246
[17] Meyerhoff M, Rechnitz GA (1976) Anal. Chem. 85:277
[18] Guilbault GG, Chen SP, Kuan SS (1980) Anal. Lett. 13:1607
[19] Hsiung CP, Kuan SS, Guilbault GG (1977) Anal. Chim. Acta 90:45
[20] Bradley CR, Rechnitz GA (1985) Anal. Chem. 57:1401
[21] Kobos RK, Ramsey TA (1980) Anal. Chim. Acta 121:111
[22] Keating MY, Rechnitz GA (1984) Anal. Chem. 56:801
[23] Nagy G, von Storp H, Guilbault G (1973) Anal. Chim. Acta 66:443
[24] Guilbault GG, Nagy G (1973) Anal. Lett. 6:301
[25] Boitieux JL, Desmet G, Thomas D (1979) Clin. Chem. 25:318
[26] Boitieux JL, Lemay C, Desmet G, Thomas D (1981) Clin. Chem. Acta 113:175
[27] Morf WE, Kahr G, Simon W (1974) Anal. Chem. 46:1538
[28] Guilbault GG, Gutknecht WF, Kuan SS, Cochran R (1972) Anal. Biochem. 46:200
[29] Ianniello RM, Yacynych AM (1981) Anal. Chim. Acta 131:123
[30] Wingard LB, Wolfson SK, Lui CC, Yao SJ, Schiller JG, Drash AL (1980) Enzyme Eng. 5:197
[31] Wingard LB, Cantin LA, Castner JF (1983) Biochim. Biophys. Acta 748:21
[32] Wingard LB, Castner JF, Yao SJ, Wolfson SK, Drash AL, Lui CC (1984) Appl. Biochem. Biotechnol. 9:95
[33] Castner JF, Wingard LB (1984) Anal. Chem. 56:2891
[34] Procter A, Castner JF, Wingard LB, Hercules DM (1985) Anal. Chem. 57:1644
[35] Ghindilis AL, Kurochkin IN (1994) Biosens. Bioelectr. 9:353
[36] Shinbo T, Sugiura M, Kamo N (1979) Anal. Chem. 51:100
[37] del Castillo J, Rodriguez A, Romero CA, Sanchez V (1966) Science 153:185
[38] Yamamoto NY, Nagasawa Y, Shuto S, Tsubomura H, Sawai M, Okumura H (1980) Clin. Chem. 26:1569
[39] Li Y, Chen K, Wei S, He J, Mu J (1993) Sensors and Actuators B 12:49
[40] Aizawa M, Kato S, Suzuki S (1977) J. Membrane Sci. 2:125
[41] Collins S, Janata J (1982) Anal. Chim. Acta 136:93
[42] Yao T, Rechnitz GA (1987) Anal. Chem. 59: 2115
[43] Matsuoka H, Tamiya E, Karube I (1985) Anal. Chem. 57:1998

350   9 Potentiometrische Biosensoren

[44]   Eddowes MJ (1987) Sensors and Actuators 11:265

[45]   Caras SC, Petelenz D, Janata J (1985) Anal. Chem. 57:1920

[46]   Caras SD, Janata J (1985) Anal. Chem. 57:1924

[47]   Shul'ga AA, Sandrovsky AC, Strikha VI, Soldatkin AP, Starodub NF, El'skaya AV (1992) Sensors and Actuators B 10:41

[48]   Soldatkin AP, El'skaya AV, Shul'ga AA, Netchiporouk LI, Hendji AMN, Jaffrezic-Renault N, Martelet C (1993) Anal. Chim. Acta 283:695

[49]   Turner RFB, Harrison DJ, Rajotte RV, Baltes HP (1990) Sensors and Actuators B 1:561

[50]   Hanazato Y, Nakako M, Maeda M, Shiono S (1987) Anal. Chim. Acta 199:87

[51]   Kremer FJB, Engbersen JFJ, Kruise J, Bergveld P, Starmans DAJ, Feijen J, Reinhoudt DN (1993) Sensors and Actuators B 13-14:176

[52]   Sevilla III F, Kullick T, Scheper T (1994) Biosens. Bioelectr. 9:275

[53]   Ottenbacher D, Kindervater R, Gimmel P, Klee B, Jähnig F, Göpel W (1992) Sensors and Actuators B 6:192

[54]   Ottenbacher D, Jähnig F, Göpel W (1993) Sensors and Actuators B 13-14:173

[55]   van der Schoot BH, Bergveld P (1987) Anal. Chim. Acta 199:157

[56]   van der Schoot BH, Bergveld P (1988) Analytical Uses of Immobilised Biological Compounds for Detection, Medical and Industrial Uses, NATO ASI Series p. 195. D. Reidel Publishing Company

[57]   Colapicchioni C, Barbaro A, Porcelli F (1992) Sensors and Actuators B 6:202

[58]   Nakamoto S, Ito N, Kuriyama T, Kimura J (1988) Sensors and Actuators 13:165

[59]   Danielsson B, Winquist F, Malpote JY, Mosbach K (1982) Biotechnol. Lett. 4:673

[60]   Danielsson B, Mosbach K, Winquist F, Lundström I (1988) Sensors and Actuators 13:139

[61]   Winquist F, Spetz A, Lundström I, Danielsson B (1984) Anal. Chim. Acta 163:143

[62]   Winquist F, Lundström I, Danielsson B (1986) Anal. Chem. 58:145

[63]   Winquist F, Lundström I, Danielsson B (1985) Sensors and Actuators 8:91

[64]   Janata J, Huber RJ (1980) in: Freiser H (ed) Ion SelectiveElectrodes in Analytical Chemistry Vol. 2. Plenum Press, New York, p.107

[65]   Janata J, Blackburn GF (1984) Ann. N. Y. Acad. Sci. 428:286

[66]   Blackburn GF (1987) in: Turner APF, Karube I, Wilson GS (eds) Biosensors. Oxford University Press, p.481

10. Die Entwicklung optischer Biosensoren

10.1 Indikator-markierte biologische Tests

Die Mehrzahl der herkömmlichen biologischen Tests beruht auf optischen Techniken. Viele dieser Bestimmungen sind nach entsprechender Anpassung auch für eine Verwendung in Festkörpersensoren geeignet, indem ein optischer Wellenleiter als intrinsischer oder extrinsischer Transducer verwendet wird (s. Kap. 6).

Man kann die Entwicklung optischer biologischer Tests nachzeichnen, ausgehend von einer Reaktion in Lösung mit zugesetzten Reagenzien über einen reagenzlosen extrinsischen Versuchsaufbau bis zur Nutzung der intrinsischen Eigenschaften von Wellenleitern (s. Kap. 6). Auf allen Stufen ist eine Entwicklung entsprechender Sensoren möglich [1].

10.2 Festkörpersensoren mit adsorbiertem Marker

Um einen spektrophotometrischen Test in Lösung auf einen optischen Sensor mit einem Wellenleiter zu übertragen, muß als erstes der Indikator an einen optischen Modulator immobilisiert werden (vergl. Kap. 6). Wenn es sich um einen biologischen Test handelt, ist es darüberhinaus erforderlich, die Biokomponente zu immobilisieren. Im Prinzip kann zwar jeder gut untersuchte, lösliche Test auch in einen Festkörpersensor übernommen werden, in der Praxis erweist sich aber nur eine begrenzte Zahl als geeignet. In erster Linie sind folgende Kriterien zu berücksichtigen:
- Auswahl des Trägermaterials für die Immobilisierung;
- Immobilisierung des Indikators unter Erhalt der Aktivität im gewünschten Bereich;
- Immobilisierung der Biokomponente unter Erhalt der Aktivität;
- geometrische Gestaltung der Meßzelle;
- Auswahl der Lichtquelle und der Detektoren.

Ein Ziel bei der Planung von Biosensoren ist es, einen transportablen Sensor zu entwickeln. Das erfordert miniaturisierte Niedrigspannungbauteile wie LED-Lichtquellen und Photodioden als Detektoren. Die Verwendung solcher Bauteile in pH-Sonden ist bereits in Kap. 6 beschrieben worden. Die Anwendung von

Tabelle 10.1. Lichtquellen und Detektoren.

LED als Lichtquelle	λ (nm)
blau	455-465
gelb	580-590
grün	560-570
rot	635-695
naher Infrarot-Bereich	820
Infrarot-Bereich	930-950

Detektoren	λ (nm)
Photodiode	560 (460-750)
	750
	800
	850
	900 (350-1150)
Phototransistor	940

LEDs bedeutet allerdings – obwohl immer größere Spektralbereiche abgedeckt werden können – eine gewisse Einschränkung bei den Wellenlängen, die für die Anregung des Indikators zur Verfügung stehen (Tab. 10.1). Dafür kann die Elektronik bei der Verwendung dieser Komponenten äußerst einfach sein; lediglich die Kalibrierung des Basissignals ist erforderlich (Abb. 10.1). Diese Vorteile werden beispielsweise bei der Bestimmung von Pestiziden und Toxinen in einem faseroptischen Sensor mit Acetylcholin-Esterase als Biokomponente genutzt [2].

Die optischen Eigenschaften der Immobilisierungsmatrix hängen von den Abmessungen der Meßzelle ab. In optischen Sensoren für pH, O_2 u.a. (Kap. 6) ist der Indikator kovalent an Polyacrylamid-beschichtete Mikrokugeln immobilisiert; Meßgröße ist das Streulicht. In einem Ammoniaksensor wird das von einer Indikator-beschichteten Membran reflektierte Licht detektiert. In diesen Beispielen dient das Trägermaterial als optisch inerte, reflektierende Phase.

10.2.1 Albumin

Eine optisch klare Immobilisierungsmatrix kann im Lichtweg zwischen Lichtquelle und Detektor angeordnet werden [3]. Der Albumintest nach Doumas [4] beruht auf einer Komplexbildung des Albumins mit dem Triphenylmethanfarbstoff Bromkresolgrün in einer Pufferlösung von etwa pH 3,8. Bei der Komplexierung von Albumin schlägt der Farbstoff von gelb nach blau um, so daß diese spektralen Eigenschaften für einen Albumintest genutzt werden können.

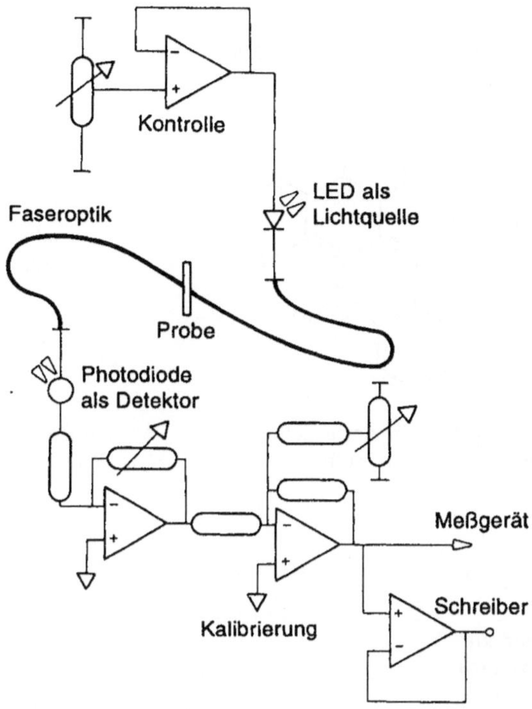

Abb. 10.1. Basiskontrollschaltung für einen optischen Test mit einer LED als Lichtquelle und einer Photodiode als Detektor.

Das Glutathion-Konjugat mit Bromkresolgrün (Abb. 10.2) wird kovalent an eine optisch klare, mit CNBr aktivierte Cellulosemembran gebunden. Die gefärbte Indikatormembran wird in eine Durchflußzelle integriert und in den Lichtweg zwischen eine rote LED als Lichtquelle (λ_{max} 630-633 nm) und eine Silicium-Photodiode als Detektor eingebaut. Der Indikator ist für diese Art der Verwendung besonders geeignet, weil sich die Wellenlänge des Albumin-komplexes und die des freien Farbstoffes deutlich voneinander unterscheiden. Zudem entspricht die Wellenlänge λ_{max} der LED der Wellenlänge λ_{max} für den Albuminkomplex (Abb. 10.3). Mit diesem System steht ein kostengünstiger, reagenzloser Test für Albumin zur Verfügung, der im Bereich von 5-35 mg ml^{-1} linear ist. Da der freie Farbstoff aus dem Albumin-Farbstoff-Komplex wieder regeneriert werden kann, ist die Meßzelle im Prinzip auch wiederverwendbar.

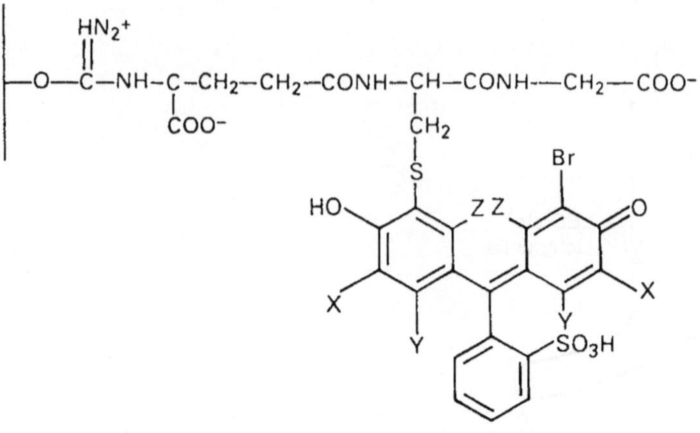

Abb. 10.2. Mit Glutathion-Farbstoff-Konjugat modifizierte Cellulosemembran. Für Bromkresolgrün: X = Br, Y = CH_3, Z = H; für Bromthymolblau: X = $CH(CH_3)_2$, Y = H, Z = CH_3.

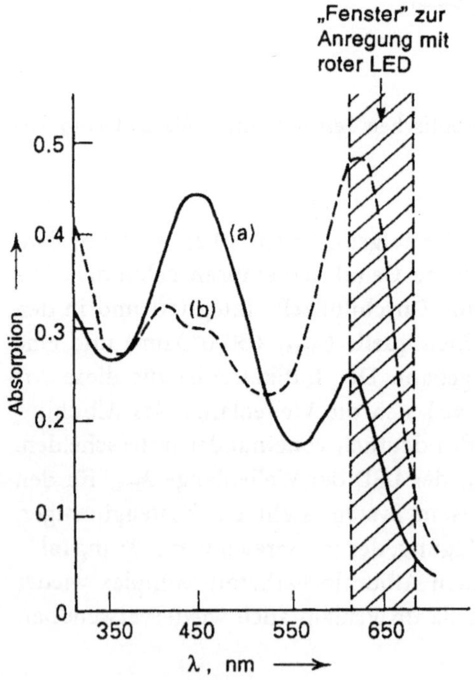

Abb. 10.3. Absorptionsspektrum des Bromkresolgrün-Glutathion-Konjugates.

10.2.2 Penicillin

Die erwähnten Triphenylmethanfarbstoffe sind in erster Linie pH-Indikatoren und können daher als Grundlage für einen pH-Test dienen. Sie können aber auch zum Nachweis vieler anderer Analyten eingesetzt werden, wenn sie mit sekundären Reaktionen verknüpft werden, die ihrerseits mit einer pH-Änderung verbunden sind. Eine solche Kopplung ist auch schon in anderen Biosensor-Typen vorgenommen worden, insbesondere in der pH-Elektrode. Beispielsweise reagiert das Enzym Penicillinase mit Penicillin als Substrat zu Penicilloinsäure und führt mit dieser Reaktion zu einem Anstieg der H^+-Ionen:

$$\text{Penicillin} \xrightarrow{\text{Penicillinase}} H^+ + \text{Penicillinsäure}$$

Wird das Enzym kovalent über Carbodiimid an eine Cellulosemembran gekoppelt, die mit einem Konjugat aus Glutathion und Bromkresolgrün gefärbt ist, erhält man eine Enzym-Indikator-Membran [5], mit der Penicillin oder Penicillin-Analoge im Bereich von $0\text{-}10\,\text{mmol}\,L^{-1}$ bestimmt werden können. Die Halbwertzeit dieses Sensors liegt bei mehr als einem Jahr.

10.2.3 Harnstoff

Auf der anderen Seite der pH-Skala liegt das pH-Optimum für das Enzym Urease, dessen Reaktion mit dem Substrat Harnstoff zu einem Nettoanstieg des pH-Wertes führt. Für den Nachweis von Harnstoff ist eine mit Bromthymolblau modifizierte Membran geeignet, an die Urease über Vernetzung mit Glutardialdehyd immobilisiert ist.

Die pK_a-Werte der beiden immobilisierten Indikatorfarbstoffe unterscheiden sich um zwei pH-Einheiten (Abb. 10.4). Der Umschlagbereich von Bromkresolgrün (pK_a 5,1) liegt zwischen 3,3 und 6,8, während Bromthymolblau (pK_a 7,5) im Bereich zwischen pH 6 und 10 von gelb nach blau umschlägt. Bei der Optimierung eines Enzym-Indikator-Systems kann nur dann eine maximale Aktivität erreicht werden, wenn der geeignete pH-Indikator gewählt wird.

10.2.4 Intrinsischer optischer Enzymsensor

Um mit diesen Indikatoren und den biochemischen Komponenten einen intrinsischen optischen Modulator zu entwickeln, muß die Immobilisierungsmatrix gleichzeitig auch die Eigenschaften eines optischen Wellenleiters aufweisen. Bromkresolgrün wurde zusammen mit adsorbierter Penicillinase an eine

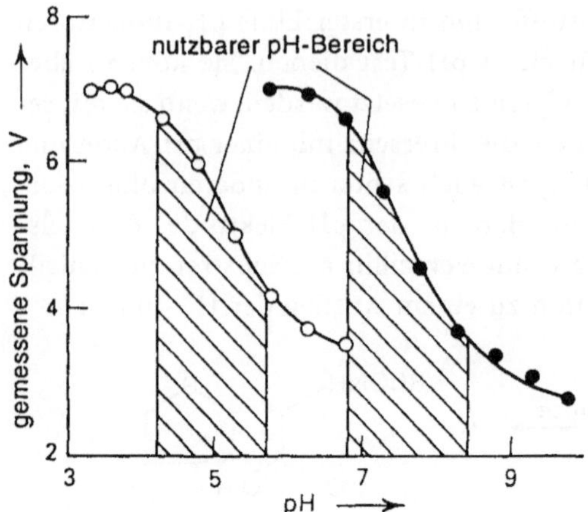

Abb. 10.4. Reaktion von membrangebundenem Bromkresolgrün (o) und Bromthymolblau (•) auf Änderungen des pH-Werts [5].

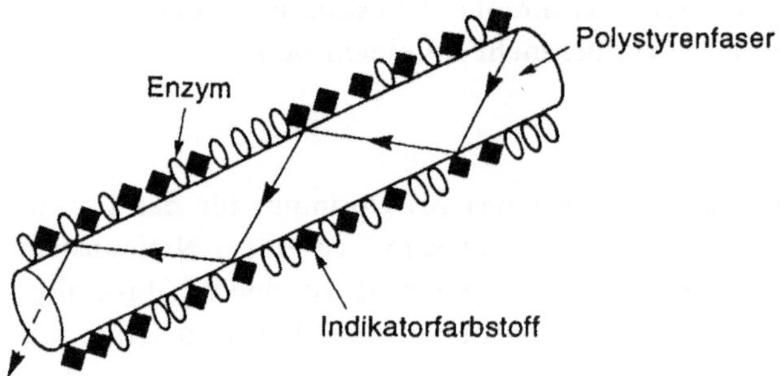

Abb. 10.5. Modell eines intrinsischen optischen Enzymsensors mit einer Polystyrenfaser als Lichtleiter.

Polystyren-Faser immobilisiert (Hall, unveröffentlicht). Hier sind die Testreagenzien unmittelbar auf den optischen Transducer aufgebracht, und die Faser reagiert auf die Absorption von Licht, das sich längs des Wellenleiters ausbreitet, durch die innerhalb des evaneszierenden Feldes immobilisierten Farbstoffmoleküle (Abb. 10.5).

10.2.5   *p*-Nitrophenylphosphat

In einem anderen Ansatz wird für einen faseroptischen Enzymsensor eine Immobilisierungsmatrix mit lichtstreuenden Eigenschaften verwendet [6]. Bei die-

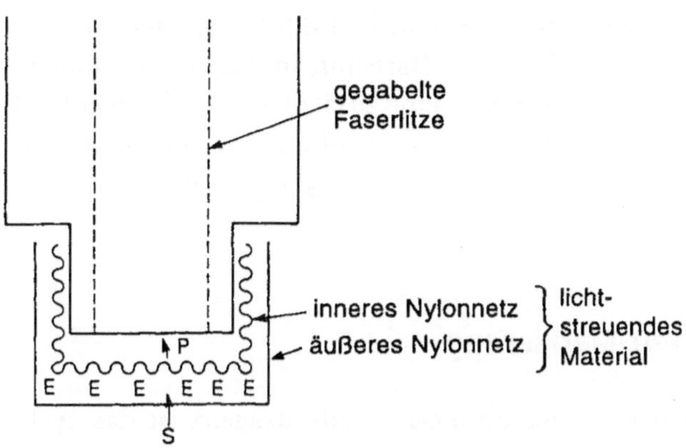

Abb. 10.6. Arnold-Aufbau eines Enzymsensors mit alkalischer Phosphatase.

sem Meßprinzip werden natürlich andere Modulatoren benötigt als bei Sensoren, die eine optisch klare Enzymmatrix verwenden. Hier wird das Enzym kovalent an die innere Schicht einer doppelten Nylonmembran gebunden, die das gemeinsame Ende eines gegabelten Faserbündels umschließt (Abb. 10.6). In diesem Modellsystem wird als Enzym alkalische Phosphatase eingesetzt, die p-Nitrophenylphosphat als Analyt umsetzt:

Das Produkt dieser enzymkatalysierten Reaktion wirkt als sein eigener Indikator, da es einen hohen molaren Extinktionskoeffizienten bei 404 nm besitzt, so daß kein zusätzlicher optischer Indikator notwendig ist. Dieses Modell ist darum nur auf Systeme anwendbar, die mit alkalischer Phosphatase gekoppelt werden können (vergl. auch das Verstärkungssystem mit alkalischer Phosphatase in Kap. 8).

Ein ähnlicher Sensor auf der Basis von optischen Faserbündeln kann jedoch auch mit anderen Enzymen konstruiert werden, wenn pH-Indikatoren coimmobilisiert werden. Auf diese Weise ist ein Glucose-Sensor mit Glucose-Oxidase und Bromthymolblau entwickelt worden, mit dem Glucose in Körperflüssigkeiten bestimmt werden kann [7]. Eine Indikatormembran kann auch mit verschiedenen Enzymmembranen gekoppelt werden und so den Nachweis mehrerer Analyte möglich machen; so ist Brillantgelb ein geeigneter Indikator für die Bestimmung von Ammoniak, Harnstoff, Urease-Aktivität oder IgG, je nachdem, welche Enzymmembran im System verwendet wird [8]. Mit einem ähnlich aufgebauten optischen Fasersensor läßt sich Harnstoff im Serum bestimmen; als Fluoreszenzfarbstoff dient Acridinorange, eine zusätzliche Membran enthält Urease. Die Abmessungen dieser optischen Faser sind mit 140 μm Durchmesser klein genug, um auch in vivo-Messungen zu ermöglichen [9].

10.3 Chemolumineszenz-Markierung

Das am häufigsten verwendete chemolumineszierende Reagenz ist das cyclische Hydrazid Luminol; als oxidierendes System dient Wasserstoffperoxid aus einer Peroxidase-katalysierten Reaktion [10] (vergl. Kap. 6). Da viele Oxidasen Wasserstoffperoxid produzieren, kann diese Technik für den Nachweis einer ganzen Reihe verschiedener Analyte angewendet werden, darunter z.B. Xanthin und Hypoxanthin, die mit Xanthin-Oxidase und der angekoppelten Peroxidase-Reaktion bestimmt werden können [11], sowie Cholin und Acetylcholin, für deren Nachweis die Enzyme Cholin-Oxidase bzw. Acetylcholin-Oxidase als Biokomponente eingesetzt werden [12].

Nach dem gleichen Prinzip arbeitet ein optischer Fasersensor für Wasserstoffperoxid [13], in dem Peroxidase in einem Luminol-haltigen Polyacrylamidgel an der Spitze der Faseroptik immobilisiert ist. An diesem Biosensortyp wird eine der wichtigsten Eigenschaften eines optischen Sensors deutlich: Die Lumineszenz wird in situ detektiert, d.h. ohne daß vor der Messung eine Diffusion der lumineszierenden Substanz zur Sondenoberfläche stattfinden muß. Die Messung ist darum unabhängig von der Dicke der Membran, sofern [S] $\ll K_m$ ist. Allerdings ist in diesem Fall der Massentransfer des Substrates zur Sondenoberfläche (Reaktion erster Ordnung) der geschwindigkeitsbestimmende Schritt, da die Reaktion der Enzymsonde im Hinblick auf Wasserstoffperoxid einer Reaktion zweiter Ordnung folgt. Da Peroxid von der Sonde verbraucht wird, liegt hier keine passive Messung vor, sondern das Substrat verarmt in unmittelbarer Nähe der Enzymschicht (Abb. 10.7). Bei hohen Peroxidkonzentrationen können dadurch beträchtliche Unterschiede zwischen gerührten und unbewegten Proben entstehen. Weil dieser Transducer keine eigene Lichtquelle erfordert, kann das an Acrylamidgel gebundene Enzym direkt an eine Photodiode als Detektor immobilisiert werden [14]. Die so entstandene Biophotodiode reagiert auf Wasserstoffperoxid in Konzentrationen von 1-10 mmol L^{-1}, wenn der Probelösung Luminol zugesetzt wird. Der lichtinduzierte Strom erreicht innerhalb von zwei Minuten sein Maximum.

Koppelt man eine solche Chemolumineszenz-Sonde mit Reaktionen, bei denen Wasserstoffperoxid entsteht, wie z.B.

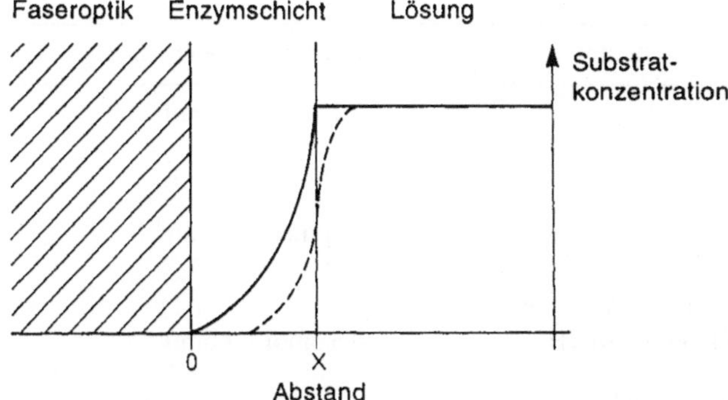

Abb. 10.7. Konzentrationsprofile des Substrates in unmittelbarer Nähe der Faseroptik in einem Chemolumineszenzsensor. (———) – Das Substrat wird verbraucht, ohne daß eine Verarmung an der Oberfläche des Sensors eintritt; (- - - - -) – die Reaktion läuft ausreichend schnell ab, so daß das Substrat an der Oberfläche verarmt.

$$\text{Glucose} + O_2 \xrightarrow{\text{Glucose–Oxidase}} \text{Gluconsäure} + H_2O_2$$

entscheidet die Kinetik des signalgebenden Schrittes im Hinblick auf die anderen beteiligten Reaktionen im Testsystem über den linearen Konzentrationsbereich. Die Biophotodiode weist eine nahezu lineare Reaktion im Bereich von $0{,}1\text{–}1{,}5\,\text{mol}\,L^{-1}$ Glucose auf.

Das in Kap. 6 beschriebene Phänomen der Lumineszenzlöschung wird beispielsweise in Biosensoren zur Bestimmung von Glucose [15] und Polyphenolen [16] genutzt. Als Lumineszenzmarker sind auch Porphyrin-Farbstoffe geeignet [17].

10.4 Biolumineszenz

In einer für Testosteron und Androsteron entwickelten Testmethode beruht das Signal auf der Entstehung von NADH in einer Reaktion mit bakterieller Luciferase (Kap. 6) [18]. Die Enzyme sind dabei kovalent an Sepharose 4B gebunden.

$$\text{Androsteron} + \text{NAD}^+ \xrightarrow{\text{Hydroxysteroid–DH}} \text{5-Androstan-3,17-dion} + \text{NADH}$$

$$\text{Testosteron} + \text{NAD}^+ \xrightarrow{\text{Hydroxysteroid–DH}} \text{4-Androsten-3,17-dion} + \text{NADH}$$

Testosteron ist im Bereich von $0{,}8\,\text{pmol}\,L^{-1}$ bis $1\,\text{nmol}\,L^{-1}$ und Androsteron im Bereich von $0{,}3\,\text{pmol}\,L^{-1}$ bis $2\,\text{nmol}\,L^{-1}$ mit einer Reproduzierbarkeit von $\pm\,1\text{-}3\,\%$ nachweisbar. Im engeren Sinn ist dies kein Sensor, da der Detek-

Tabelle 10.2. Reaktionen mit bakterieller Luciferase.

Analyt	Reaktionssysteme	Nachweisbereich (L^{-1})
ATP	–	$0{,}12 - 2 \cdot 10^3$ pmol
NADH	–	1 pmol - 50 nmol
NADPH	–	10 pmol - 200 nmol
Androsteron (A) Testosteron (T)	$A(T)-OH + NAD^+ \overset{HDH}{\rightleftharpoons}$ $A(T){=}O + NADH$	0,5 pmol - 1 nmol
Ethanol (E)	$E + NAD^+ \overset{ADH}{\longrightarrow}$ Acetaldehyd + NADH	0,01 - 10 pmol
D-Glucose (G)	$G + ATP \overset{HK}{\rightleftharpoons} \text{G-6-P} + ADP$	2 - 100 pmol
G-6-Phosphat (G-6-P)	$\text{G-6-P} + NADP^+ \rightleftharpoons$ 6-P-Gluconolacton + NADPH	1 pmol - 20 nmol
L-Lactat (L)	$L + NAD^+ \overset{LDH}{\rightleftharpoons}$ Pyruvat + NADH	2 fmol - 1 pmol
L-Malat (M)	$M + NAD^+ \overset{MDH}{\rightleftharpoons}$ Oxalacetat + NADH	

HDH = Hydroxysteroid-Dehydrogenase   LDH = Lactat-Dehydrogenase
ADH = Alkohol-Dehydrogenase   MDH = Malat-Dehydrogenase
HK = Hexokinase

tor (bzw. Transducer) nicht fester Bestandteil des Aufbaus ist. In der Praxis wird Sepharose 4B in der Probelösung verrührt. Eher werden die Eigenschaften eines Biosensors erreicht, wenn Luciferase und Oxidoreduktase gemeinsam an Acrylamid-beschichtete Glaskugeln coimmobilisiert werden, die mit einem Glasstab verklebt sind. Diese Methode ergibt allerdings weniger präzise Messungen als Sepharose 4B-Kugeln. Aktivität und Stabilität der Luciferase sind nach Immobilisierung auf verschiedene Trägermaterialien untersucht worden [19] [20]. Im Prinzip sind alle diese Matrizes für die Anwendung in einer optischen Zelle geeignet, die ähnlich wie die in Kap. 6 beschriebene pH-Elektrode aufgebaut ist [21]. Die Technik wurde bereits für viele Analyten erprobt, die alle mit NAD-abhängigen Oxidoreduktasen umgesetzt werden und mit dem bakteriellen Luciferase-System gekoppelt sind (Tab. 10.2).

Durch Coimmobilisierung des bakteriellen Luciferase-Systems aus *Vibrio fischeri* mit Luciferase des Leuchtkäfers *Photinus pyralis* konnte eine bioaktive Matrix präpariert werden, die die Bestimmung von ATP und NADH in einem einzigen Sensor erlaubt [22]. Photobiosensoren auf der Basis von Biolumineszenz weisen gegenüber den üblichen spektroskopischen Methoden Vorteile auf: so entfällt in vielen Fällen eine aufwendige Probenvorbehandlung, außerdem werden nur wenige μl der Probe benötigt [10].

10.5 Fluoreszenz-Markierung

Fluoreszierende Substanzen sind bei der Entwicklung von Festkörpersensoren häufiger verwendet worden als die entsprechenden kolorimetrischen. Fluoreszenzfarbstoffe sind schon für eine Vielzahl von löslichen Biotests untersucht worden, in denen entweder ein reaktiver Indikator (z.B. ein pH-Indikator) oder eine nicht-reaktive Markierung (z.B. ein Antikörper) erforderlich ist [23, 24].

10.5.1 Esterasen

Eine Sonde zur kinetischen Erfassung von Enzymaktivitäten [25] hat einen ähnlichen Aufbau wie der bereits beschriebene optische Enzymsensor (vergl. Abb. 10.6), aber in diesem Fall sind die Substrate für Cholinesterase und verwandte Carboxylesterasen immobilisiert, und das Enzym selbst ist der Analyt. Der Fluoreszenzindikator, 1-Hydroxypyren-3,6,8-trisulfonat (HPTS) wird an eine Ionenaustauschermembran immobilisiert und anschließend zu dem gewünschten Ester acyliert. Da eingestrahltes und detektiertes Licht sich in ihrer Wellenlänge unterscheiden, kann die Membran am Ende einer einzelnen, 100 μm starken Faser aufgebracht werden, die zur Trennung von eingestrahltem und detektiertem Licht gespalten wird.

Die Enzymaktivität wird nach Anregung des Phenolat-Ions bei 460 nm durch Fluoreszenzmessung bei 520 nm bestimmt, wobei diese Bestimmung von den

Geschwindigkeiten der enzymatischen und der nicht-enzymatischen Hydrolyse begrenzt wird, die bei den verschiedenen Enzym-Ester-Kombinationen differieren.

10.5.2 Penicillin

Die Enzym-katalysierte Umsetzung von Penicillin zu Penicilloinsäure ist von einer $[H^+]$-Änderung begleitet, die an den Fluoreszenzindikator Fluorescein-isothiocyanat (FITC) gekoppelt werden kann [26]. Der Sensoraufbau entspricht dem der pH-Sonde nach Peterson, wobei das Enzym Penicillinase mit Glutardialdehyd vernetzt und in einem dünnen Film an Glaskugeln immobilisiert vorliegt, die ihrerseits mit dem Indikator modifiziert sind. Arbeitet der Sensor innerhalb des linearen pH-Bereichs des Indikators und bei einem für das Enzym optimalen pH-Wert (pH 6,8), so reagiert er auf Penicillin bis zu einer Konzentration von $10\,\mathrm{mmol\,L^{-1}}$ mit einer Nachweisgrenze von $0{,}1\,\mathrm{mmol\,L^{-1}}$. Im Verlauf von fünf Tagen zeigt der Sensor einen schwachen Aktivitätsverlust bis zu 5 %, der aber bei Glutardialdehyd-vernetzten Enzymen normalerweise immer auftritt.

10.5.3 Concanavalin A

Für Glucose ist ein kompetitiver Sensor entwickelt worden, der auf Fluoreszenzerscheinungen beruht und mehr einem Immuntest ähnelt. Er hängt von der numerischen Apertur der Faseroptik ab und beruht darauf, daß die Lichtquelle bis zu einem gewissen Grad fokussiert werden kann, so daß die Komponenten außerhalb des „Sichtfelds" der Faser immobilisiert werden können.

Concanavalin A (Con A) ist ein Bindungsprotein für Glucose und andere Zucker des gleichen Molekulargewichtes. Es wird mit Glutardialdehyd vernetzt an der inneren Oberfläche einer Dialyse-Hohlfaser immobilisiert, und zwar außerhalb des „Sichtfelds", wie Abb. 10.8 zeigt [38]. Fluorescein-markiertes Dextran wird als konkurrierender Ligand in die optische Modulatorzelle eingebracht. Bei ansteigender Glucosekonzentration ersetzt Glucose das markierte Dextran aus seiner Bindung an das immobilisierte Concanavalin A, so daß es frei in den Innenraum der Hohlfaser diffundiert. Dies führt zu einem Anstieg der Fluoreszenz, der mit der Glucosekonzentration korreliert ist. In einer weiterentwickelten Form dieses Sensors kann die Reproduzierbarkeit erhöht werden, indem die Con A-Immobilisierung verbessert und die Con A-Konzentration im Hinblick auf eine maximale Sensorreaktion optimiert wird [28] [29]. Die besten Ergebnisse werden erreicht, wenn Con A kovalent über Glutardialdehyd als Spacer an die Innenseite der oxidierten Cellulosefaser gebunden wird. Wird Con A in Gegenwart niedriger Glutardialdehyd-Konzentrationen auch auf der anderen Seite der Dialysefaser immobilisiert,

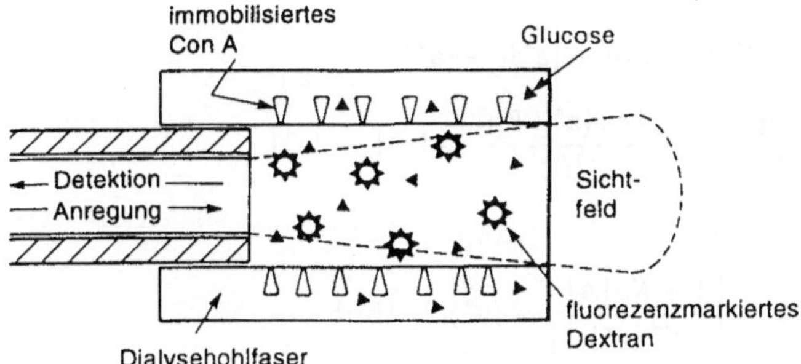

Abb. 10.8. Kompetitive optische Immunsonde zum Nachweis von Glucose mit Concanavalin A und fluoreszenzmarkiertem Dextran.

läßt sich der Anteil an gebundenem Con A optimieren. Der so entstandene Sensor reagiert auf Glucose im Plasma im Bereich von 0,5-4 mg ml^{-1} mit einer Drift von 15 % in 15 Tagen. In vitro Messungen in Blut ergeben für den Sensor eine Genauigkeit von $\pm 0,13$ mg ml^{-1}.

In einem anderen Sensor-Design wird der Transfer der Fluoreszenzenergie von Langmuir-Blodgett-Schichten zur Detektion der Bindung von Mannosiden an ConA genutzt [30].

Die Reaktion dieses Sensors auf einen bestimmten Zucker hängt von den jeweiligen Affinitätskonstanten für die beiden beteiligten Gleichgewichte ab (vergl. den Bioaffinitätssensor für Biotin, Kap. 9):

$$A + Bp \rightleftharpoons A : Bp; \qquad K_a = \frac{[A : Bp]}{[A]\,[Bp]}$$

$$a^* + Bp \rightleftharpoons a^* : Bp; \qquad K_{a^*} = \frac{[a^* : Bp]}{[a^*]\,[Bp]}$$

wobei a* die markierte Analogverbindung des Analyten ist, A der Analyt und Bp das gemeinsame Bindungsprotein. Der Gesamtanteil der Analogverbindung kann demnach angegeben werden durch

$$[a^*]_t = [a^*] + [a^* : Bp]$$

der Gesamtanteil des Analyten durch

$$[A]_t = [A] + [A : Bp]$$

und der Gesamtanteil des Bindungsproteins durch

$$[Bp]_t = [Bp] + [A : Bp] + [a^* : Bp]$$

$$= [Bp] + K_a [A] [Bp] + [a^*]_t - [a^*]$$

$$= \frac{[a^* : Bp]}{[a^*] K_a^*} + \frac{K_a [A] [a^* : Bp]}{[a^*] K_a^*} + [a^*]_t - [a^*]$$

so daß gilt

$$[a^*] = [a^* : Bp] \left[\frac{1 + K_a [A]}{K_a^* [a^*]} \right] + [a^*]_t - [Bp]_t$$

$$\frac{[a^*]}{[a^*]_t} = \left[\frac{[a^*]_t - [a^*]}{[a^*]_t} \right] \left[\frac{1 + K_a [A]}{K_a^* [a^*]} \right] + 1 - \frac{[Bp]_t}{[a^*]_t}$$

$$\frac{[a^*]}{[a^*]_t} = \left[1 - \frac{[a^*]}{[a^*]_t} \right] \left[\frac{1 + K_a [A]}{K_a^* [a^*]} \right] + 1 - \frac{[Bp]_t}{[a^*]_t}$$

Daraus ist ersichtlich, daß die genormte Reaktion auf $[a^*]/[a^*]_t$ von zwei Parametergruppen abhängt: von $[Bp]_t$ und von $(1 + K_a[A])/(K_a^* [a^*])$. Entsprechende Ergebnisse erhält man auch für den Quotienten $[A]/[A]_t$. Eine genauere Betrachtung dieser gegenseitigen Abhängigkeiten zeigt, daß für einen leistungsfähigen Betrieb $[Bp]_t > [a^*]_t$ erforderlich ist, so daß es keinen Überschuß von ungebundenem a^* gibt. Wenn aber $[Bp]_t/[a^*]_t$ zu groß ist, wird das Signal aufgrund der Freisetzung von markierter Analogverbindung (a^*) durch den Analyten klein. Die günstigsten Konzentrationen von $[Bp]_t$ und $[a^*]$ hängen von den jeweiligen Werten für K_a und K_a^* ab.

Spezifität für bestimmte Zucker kann in Fluoreszenzsensoren auch durch Membranproteine erreicht werden, so z.B. durch Lactose-Permease [31]. Auch andere spezifische Bindungsproteine sind als Biokomponenten eingesetzt worden [32].

Anstelle dieses extrinsischen Aufbaus kann ein intrinsischer optischer Transducer entworfen werden, bei dem der Fluoreszenzmarker direkt am Lichtleiter immobilisiert und mit dem sich im evaneszierenden Feld ausbreitenden Licht gekoppelt ist. In einem solchen intrinsischen optischen Sensor wird die Fluoreszenzmessung zur Analyse von DNA-Hybridisierungen genutzt [33].

10.5.4 Steigerung der Empfindlichkeit durch Analyt-Recycling

Eine Möglichkeit, die Empfindlichkeit von Sensoren zu erhöhen, liegt in dem internen Recycling des Analyten.

Für die faseroptische ADP-Bestimmung ist beispielsweise ein Multienzymsystem entwickelt worden, in dem die Fluoreszenz von NADH detektiert wird. Mehrere enzymatische Reaktionen sind gekoppelt:

$$ADP + Phosphoenolpyruvat \xrightarrow{Pyruvat-Kinase} ATP + Pyruvat$$

$$ATP + Glucose \xrightarrow{Hexokinase} ADP + Glucose\text{-}6\text{-}P$$

$$Glucose\text{-}6\text{-}P + NAD^+ \xrightarrow{G-6-P-DH} 6\text{-}P\text{-}Gluconat + NADH + H^+$$

Die cyclische Phosphorylierung/Dephosphorylierung des ADP führt zu einer 90fachen Verstärkung des Meßsignals und damit zu einer unteren Nachweisgrenze von 0,1 $\mu mol\,L^{-1}$ [34].

10.6 Immunosensoren

Es gibt umfangreiche Literatur über die Verwendung der inneren Totalreflexionsspektroskopie mit Fluoreszenzmarkern zur Untersuchung der unspezifischen Wechselwirkungen zwischen Proteinen und Oberflächen mit verschiedenartiger Zusammensetzung. So können beispielsweise an der entfernten Sensorspitze eines optischen Lichtleiters adsorbierte und mit Rhodamin markierte IgG nachgewiesen werden, wenn die auftretende Fluoreszenz über die evaneszierende Welle in die Faser eingekoppelt wird [35].

Die Verwendung dieser Technik für spezifische Wechselwirkungen an Oberflächen mit einer Biokomponente ist auch für die Anwendung in Immuntests interessant. Ursprünglich wurden die Haptene Morphium und Phenylarsonsäure an einen Quarz-Lichtleiter immobilisiert und als Hapten-Albumin-Konjugat eingesetzt [36] [37]. Fluorescein-markierte Antikörper werden mit dem immobilisierten Hapten verknüpft, so daß sich der Fluoreszenzmarker innerhalb des evaneszierenden Feldes befindet. Nach Zusatz der Probelösung werden fluoreszenzmarkierte Antikörper von dem an der Oberfläche immobilisierten Hapten abgelöst, so daß aus dem evaneszierenden Feld Fluoreszenzmarker in einer Menge freigesetzt werden, die der Konzentration des Haptens in der Probe entspricht. Die Nachweisgrenze für Morphium liegt bei 0,2 $\mu mol\,L^{-1}$.

Immunsensoren, die über das evaneszierende Feld des Lichtleiters eingekoppelte Fluorszenzänderungen als Meßgröße nutzen, sind in verschiedenen Designs für eine Vielzahl von Analyten entwickelt worden, darunter Pestizide [38, 39] und andere Toxine [40, 41] sowie Anti-HIV in einem direkten Nachweis [42].

Für Anwendungen im klinischen Bereich hat die Entwicklung von kostengünstigen Einweg-Immunsensoren Vorrang [43]; für kontinuierliche Messungen ist es aber notwendig, daß die Bindung zwischen Analyt und immobilisiertem Immunreaktand reversibel ist [44].

Zwei Sandwich-Immuntests [45] beruhen auf der Immobilisierung von Anti-IgG durch Glutardialdehyd-Kopplung an eine aktivierte Oberfläche von Quarzplättchen (Abb. 10.9a) oder Fasern als Lichtleiter. Der immobilisierte Antikörper wird mit der Antigen-Probe und anschließend mit einem zwei-

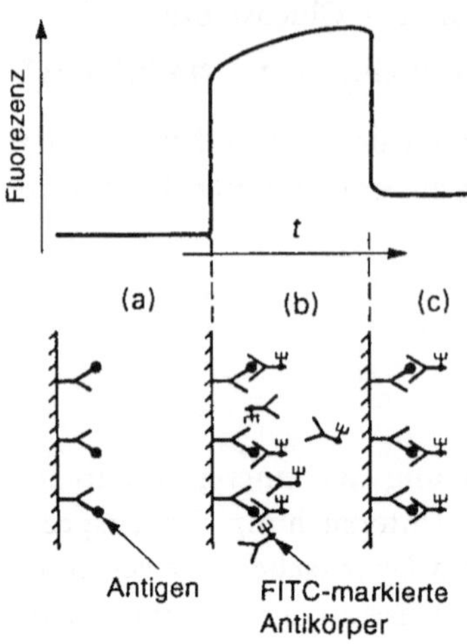

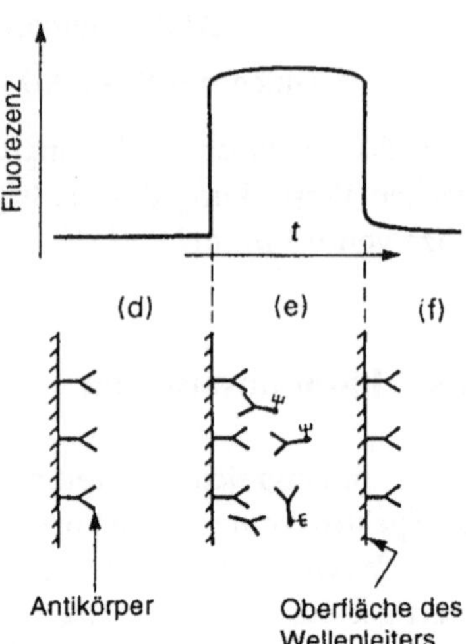

Abb. 10.9. Sandwich-Immuntest mit fluoreszenzmarkierten Antikörpern. **a-a** – Signal durch spezifische und unspezifische Wechselwirkung der markierten Antikörper mit der Sonde; **d-f** – unspezifisches Signal des markierten Antikörpers.

ten, Fluorescein-markierten Antikörper inkubiert (Abb. 10.9b). Die Bindung des markierten Antikörpers innerhalb des evaneszierenden Feldes wird zur Antigenkonzentration in der Probe in Beziehung gesetzt. Bei vielen dieser Gleichgewichte zwischen den Immunreaktanden tritt das Problem unspezifischer Wechselwirkungen mit der Oberfläche auf [46]. In diesem Fall wird das Basissignal – d.h. das unspezifische Signal des Markers – durch die Signalwirkung des markierten Antikörpers bei fehlendem Antigen hervorgerufen. Die schematische Darstellung der Sensorreaktion in Abb. 10.9d zeigt, daß dieses optische Signal tatsächlich augenblicklich angezeigt wird und nicht von der Kinetik der Gleichgewichtseinstellung bei der Bindung zwischen Antikörper und Antigen abhängt. Die Grundlinie als „Nullwert" kann auf der Zeitachse daher durch eine Kurvenbetrachtung bestimmt werden; damit erübrigt sich ein Probenleerwert.

In einem Einweg-Immunosensor mit kapillarem Aufbau ist ein reproduzierbares Probenvolumen durch das Kapillarvolumen vorgegeben [47]. Wenn ein intrinsischer optischer Transducer integriert wird, kann dieses Konzept auch für einen kapillaren Immunosensor übernommen werden [48] [49], der aus zwei Glasträgern besteht, getrennt durch einen kapillaren Spalt ($< 100\,\mu$m) (Abb. 10.10). Der untere Glasträger fungiert als Lichtleiter und trägt an seiner Oberseite den immobilisierten Antikörper. An der Unterseite des oberen Glasträgers wird Fluorescein-markiertes Antigen in einer fließenden Matrix

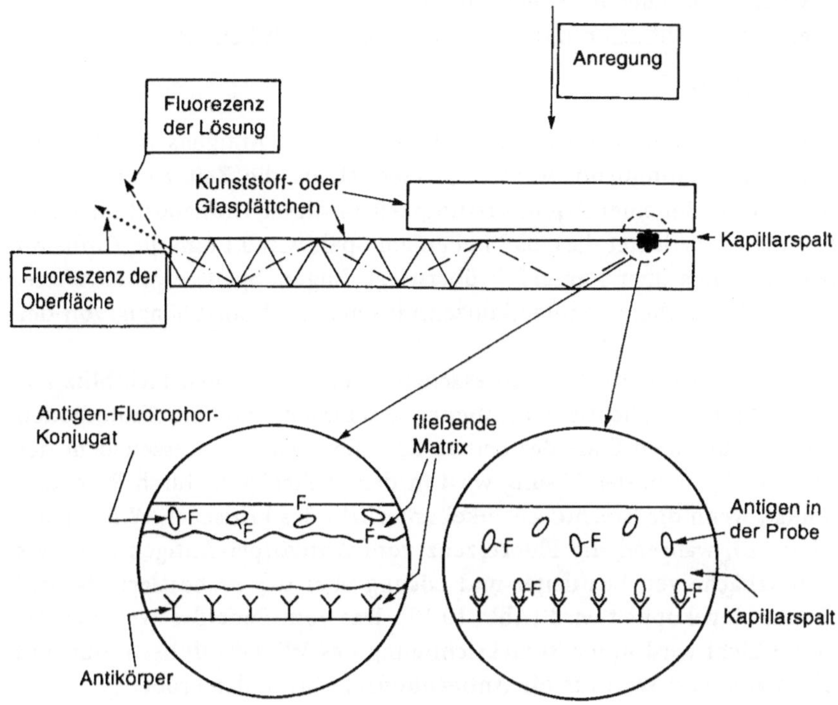

Abb. 10.10. Sandwich-Immuntest an den Oberflächen eines kapillaren Spaltes [49].

eingeschlossen. Nach Zusatz einer Probelösung mit dem Antigen wird das fluoreszenzmarkierte Antigen in die Probelösung freigesetzt und diffundiert durch den kapillaren Spalt. An der gegenüberliegenden Oberfläche konkurriert es mit dem Probenantigen um die Bindungsstellen des immobilisierten Antikörpers auf dem Lichtleiter (Abb., 10.10b):

$$Ak + Ag + Ag^* \rightleftharpoons Ak : Ag + Ak : Ag^*$$

Im Gleichgewicht läßt sich der Anteil des Antikörper-gebundenen markierten Antigens (Ak:Ag*) oder die des freien markierten Antigens (Ag*) zu der Antigenkonzentration in der Probe in Beziehung setzen. Eine andere Möglichkeit ist die Berechnung des Quotienten Ak : Ag*/Ag*, der ein normiertes Signal ergibt, das Schwankungen bei der Probennahme ausgleicht.

Wenn die Reaktionszeiten größer sind als die Zeit, die zur Einstellung des immunologischen Gleichgewichtes benötigt wird, überwiegt der Einfluß der Diffusion. Bei einer Proteinkonzentration von $10\,\mathrm{nmol\,L^{-1}}$ und Geschwindigkeitskonstanten von $k_1 \sim 10^5\,\mathrm{mol^{-1}s^{-1}}$ für die Hinreaktion und $k_2 \sim$

$10^{-4}\,\mathrm{mol^{-1}s^{-1}}$ für die Rückreaktion beträgt die Zeit für die Einstellung des Gleichgewichtes normalerweise mehr als 900 s.

Die Zeit für die Diffusion durch den kapillaren Spalt beträgt

$$t = d^2/D$$

wobei d der Spalt und D die Diffusionskonstante des Antigens ist. Die Diffusion ist dann bestimmend, wenn t größer ist als die Zeit zur Gleichgewichtseinstellung. Bei einer Äquilibrierungszeit in dieser Größenordnung und $D \sim 10^{-11}\,\mathrm{m^2\,s^{-1}}$ bedeutet dies, daß bei einem Spalt von 0,1 mm die Diffusion bei Konzentrationen über 9 nmol $\mathrm{L^{-1}}$ überwiegt. Engere Spalte ergeben Werte, die bei wesentlich höheren Proteinkonzentrationen noch unabhängig von der Diffusion sind.

In diesem Aufbau wird der Fluoreszenzmarker durch einen Lichtblitz angeregt, das Fluoreszenzlicht im Lichtleiter gesammelt und mit Photodioden am flachen, senkrechten Ende des Leiters detektiert. Das Fluoreszenzlicht des markierten Antigens in der Lösung wird in den Wellenleiter durch Brechung eingekoppelt, wenn die Brechungswinkel unterhalb des kritischen Winkels liegen (s. Kap. 6), während die Fluoreszenz vom Antikörper-Antigen-Komplex an der Grenzfläche von Lichtleiter und Lösung über das evaneszierende Feld in den Leiter eingekoppelt wird (Abb. 10.10). Das vom Ende des Wellenleiters abgestrahlte Licht wird unter Berücksichtigung des Winkels Φ bestimmt und ist ein normalisierter Wert für die Antigenkonzentration der Probe.

Das Fluoreszenzlicht durch den gelösten Marker, das durch Brechung in den Wellenleiter eingekoppelt wird, breitet sich entlang des Leiters aus und tritt unter den Winkeln

$$\cos\Phi \; < \; n_1 \cos\Theta_c$$

aus, wobei Θ_c der kritische Winkel ist, d.h.

$$\cos\Phi \; < \; \sqrt{(n_1^2 - n_2^2)}$$

Der Sensor ist ursprünglich als Modell mit einem Human-IgG-Antikörper-System entwickelt worden; weitere Untersuchungen haben aber reproduzierbare Ergebnisse für eine Reihe von Analyten ergeben, die ausreichende Genauigkeit und geeignete Meßbereiche für klinische Anwendungen aufweisen [49, 50]. Ebenfalls auf dem Konzept eines Sandwich-Immunsensors beruhen der Nachweis von Human-Choriongonadotropin an einem planaren Wellenleiter [51, 52] und ein faseroptisches System zur Bestimmung von Parathion [53].

Ein Vorteil dieser Sandwichtechnik liegt darin, daß die Lichtleiter mit Hilfe der Technologie zur Massenproduktion von Flüssigkristallanzeigen hergestellt werden können. Der kapillare Aufbau ermöglicht die automatische Probennahme und Füllung mit reproduzierbarem Probevolumen. Die geometrische Gestaltung der Zelle ist auch für andere Biosensortypen von Bedeutung. Ein ähnlicher Sandwich-Aufbau ist für elektrochemische Biosensoren beschrieben worden, in denen Dünnschichtelektroden auf die eine Sandwichfläche im Kapillarraum aufgebracht sind [54].

10.7 Externe Reflexionsspektroskopie

10.7.1 Bestimmung des Polarisationswinkels

Die Reflexion R_p für planares polarisiertes Licht (TM), das auf eine Grenzfläche zwischen zwei Phasen mit verschiedenen Brechzahlen auftrifft, wird dann gleich Null, wenn es im Polarisationswinkel auftrifft, d.h. wenn $\tan^{-1}\Theta = n_1/n_2$ ist, wobei n_1 und n_2 die Brechzahlen der Medien sind, auf die das Licht auftrifft bzw. gebrochen wird, und Θ der Einfallswinkel ist. Bei Lichteinfall durch eine lichtdurchlässige Phase und ein lichtabsorbierendes Substrat ist die Brechzahl n_2 eine komplexe Zahl, N_2:

$$N_2 = n_2 + ik_2 \quad \text{(wobei } k_2 \neq 0\text{)}$$

R_p hat ein Minimum im sogenannten Pseudo-Polarisationswinkel. Für hoch polarisierbares Material mit geringer Absorption, d.h. ein Material mit einem größeren realen und einem kleineren scheinbaren Anteil der Brechzahl (Abb. 10.11) ist dieses Minimum schmal. Poliertes Silicium ist ein solches Substrat mit geeigneter Brechzahl. Der Winkel Θ, unter dem das Minimum von R_p zu beobachten ist, ändert sich bei Auflagerungen auf die Substratoberfläche mit großer Empfindlichkeit. Da Silicium als Matrix für die Immobili-

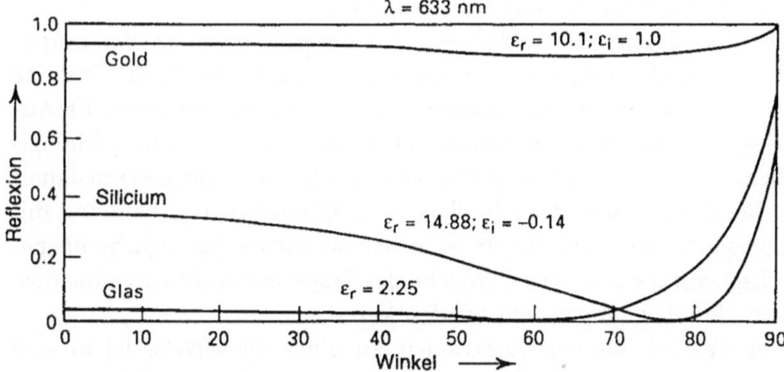

Abb. 10.11. Einfluß der relativen Größe von realem und imaginärem Anteil der Brechzahl auf die Reflexion von p-polarisiertem Licht.

sierung von Biomolekülen gut geeignet ist, können mit dieser Technik biomolekulare Reaktionen analysiert werden. Die Änderung der Reflexion R_p bei einem bestimmten Einfallswinkel ($\approx$ Polarisationswinkel) kann zu der absoluten Dicke der Oberflächenschicht in Beziehung gesetzt werden, und zwar mit einer Auflösung, die von der instrumentellen Auflösung und der maximalen Reflektanzänderung (ΔR) für eine Schicht mit der Dicke d abhängt:

$$\Delta d_{\min} = \left(\frac{\Delta R}{\Delta d}\right)^{-1} \Delta R_{\min}$$

Unter der Annahme, daß Reflexionsmessungen mit einer Genauigkeit von $\Delta R_{\min} = 0,025\,\%$ durchgeführt werden können, ergeben die Berechnungen für ein typisches Sensormodell, daß eine minimale Änderung der Schichtdicke ($\Delta d_{\min}$) von 0,05 nm noch erfaßt werden kann.

Die Technik kann auf Immunreaktionen zwischen Antikörpern und Antigenen angewendet werden [55] [56], im Modell ergibt sich eine obere Nachweisgrenze von 0,8 μg cm^{-2} und eine untere Grenze von 0,02-0,05 μg cm^{-2}, was einer Änderung der Schichtdicke von 0,2-0,4 nm entspricht. Mit diesem Verfahren sind noch 1 μg cm^{-3} Protein in der Lösung nachweisbar [56]. Eine Siliciumoberfläche wird mit einem Antigen wie z.B. Human-IgG, Humanserumalbumin (HSA), Rinderserumalbumin (BSA) oder Gammaglobulin beschichtet und die Reaktion mit den spezifischen Antikörpern als Änderung der Reflektanz erfaßt. Kreuzreaktionen mit immobilisiertem Gammaglobulin sind nicht signifikant (Abb. 10.12). Während der Messung kann allerdings nicht zwischen spezifischer und unspezifischer Adsorption unterschieden werden; ein Nachteil der Methode liegt daher in einer möglichen Störung durch unspezifische Bindungen.

Ähnliche Ergebnisse ergeben Siliciumwafer, die mit HSA beschichtet sind und auf Antikörper in der Meßlösung reagieren [57]. In diesem Fall liegt die minimale Antikörperkonzentration bei 10 μg cm^{-3}.

In diesen Modellsystemen ist Silicium mit Serumantigen als Biokomponente beschichtet, und die Reaktion auf spezifische und unspezifische Proteine ist auch mit Serumlösungen untersucht worden. Störende unspezifische Adsorptionen können hier zwar vernachlässigt werden, aber in rohem biologischem Probenmaterial können sie einen wesentlichen Teil des Gesamtsignals ausmachen. Bei der Planung der Oberfläche zur biologischen Erkennung mit einer immobilisierten Biokomponente ist es darum notwendig, jegliche unspezifische Wechselwirkung mit der Oberfläche des Trägermaterials zu vermeiden, die nicht vom Hauptsignal getrennt werden kann.

Mit dieser Technik können Reaktionen an einer Oberfläche leicht und schnell erfaßt werden. Dabei ist der apparative Aufwand wesentlich weniger komplex als der für die Ellipsometrie. Andererseits erreicht die Methode nicht die gleiche Genauigkeit wie die Ellipsometrie und gibt nur eine grobe Eigen-

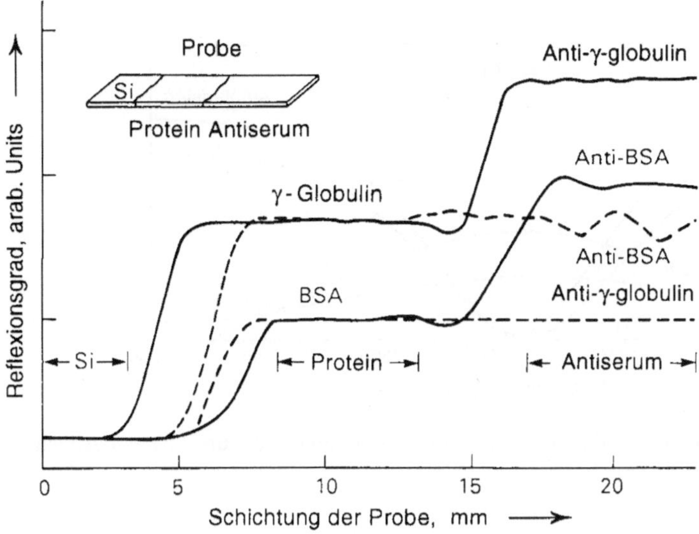

Abb. 10.12. Schichtdicken auf einem Antigen-beschichteten Siliciumträger nach Inkubation mit Antiseren. (——) Inkubation mit spezifischen Antiseren; (- - - - -) Inkubation mit unspezifischen Seren (nach [55]).

schaft an, die optische Schichtdicke $n_{\mathrm{Film}}d$. Mit besonderer Vorsicht müssen darum Reflektanzänderungen interpretiert werden, die auch durch eine inhomogene Oberfläche verursacht sein können.

10.7.2 Interferenzverstärkte Reflektanz

Die starke Dämpfung der Reflexion durch dielektrische Mehrfachschichten wird genutzt, um die Adsorption und Desorption ultradünner organischer Schichten zu untersuchen [58].

Die Technik erfordert ein nicht-absorbierendes Dielektrikum (z.B. SiO_2) mit der Dielektrizitätskonstante $\varepsilon_1 = \varepsilon_{1,r}$, das mit einer Schichtdicke von etwa 1/4 der Wellenlänge auf ein Dielektrikum mit hoch-reflektierender Oberfläche, z.B. Silicium, mit der Dielektrizitätskonstante $\varepsilon_0 = \varepsilon_{0,r} - i\varepsilon_{0,i}$ aufgelagert ist.

Eine an der Grenzschicht von SiO_2 und Probe (Dielektrizitätskonstante $\varepsilon_2 = \varepsilon_{2,r} - i\varepsilon_{2,i}$) aufgelagerte Schicht kann untersucht werden, da die Reflexion ihrer Oberfläche die Reflexion der darunterliegenden Oberflächen moduliert.

Der Effekt einer aufgelagerten Schicht mit charakteristischen Eigenschaften auf die Dämpfung der Meßwerte läßt sich vorherbestimmen. Aus Abb. 10.13 wird deutlich, daß die stärksten Reflektanzänderungen, berechnet als Funktion der Schichtdicke des SiO_2, in s-polarisiertem Licht auftreten, und zwar im Bereich einer Schichtdicke für SiO_2 von 90-120 nm und 160-190 nm, wobei das Reflektanzminimum bei etwa 140 nm auftritt.

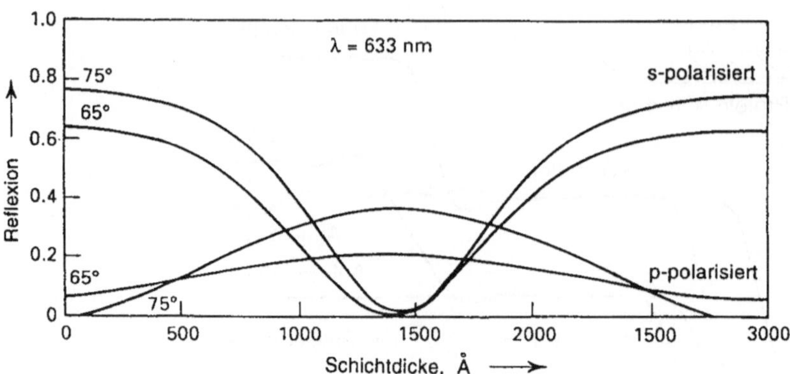

Abb. 10.13. Reflexion von s- und p-polarisiertem Licht an einer Silicium-SiO$_2$-Oberfläche. Effekt der SiO$_2$-Schichtdicke.

Mit diesem Verfahren kann die Streuung aufgrund von Unregelmäßigkeiten der Oberfläche berücksichtigt werden, die immer zu einer Abnahme der Reflektanz führt. Eine Vergleichsmessung kann in dem Bereich vorgenommen werden, in dem die Reflektanz mit der Schichtdicke abnimmt (90-120 nm SiO$_2$) und dann wieder zunimmt (160-190 nm SiO$_2$). Der Meßfehler durch Streulicht ist für beide Messungen der gleiche und kann darum eliminiert werden.

Auch weitere Sandwich-Strukturen mit multiplen dielektrischen Schichten können so konstruiert werden, daß sie eine geeignete Grenzfläche zur molekularen Erkennung des Analyten bilden [59]. Die Methode reagiert besonders empfindlich auf Änderungen des imaginären Anteils der Dielektrizitätskonstante in der Beschichtung. So ist es möglich, eine Vielzahl von Analyt-sensitiven Beschichtungen zu konstruieren, die durch Reaktion mit dem Analyten vom gefärbten in den transparenten Zustand (oder umgekehrt) übergehen.

Auch Analyt-sensitive Membranen können für diese Methode eingesetzt werden. Ionenselektive Membranen und viele bioselektive Membranen erfahren eine Änderung der optischen Schichtdicke bei ihrer Reaktion mit dem Analyten. Die Bestimmung der absoluten Schichtdicke mit dieser Methode ist mindestens doppelt so empfindlich wie die Bestimmung des Polarisationswinkels und darum in mancher Hinsicht vorteilhaft. Zwar wird die Interferenz-verstärkte Reflektanz (IER, von engl.: interference enhanced reflectivity) erst seit kurzer Zeit für die Entwicklung von Sensoren genutzt, aber die Methode ist äußerst vielversprechend.

10.8 Oberflächenplasmonresonanz

Die Wellenbetrachtung in Kap. 6 kann weitergeführt werden und den Fall einbeziehen, in welchem die Elektronendichte an der Grenzfläche zwischen zwei Materialien mit verschiedenen Dielektrizitätskonstanten oszilliert. Einerseits können durch Anregung mit Elektronen oder Licht Schwingungen der Elektronendichte von Valenzelektronen im Inneren eines Festkörpers induziert werden; zum anderen verursacht die Wirkung eines äußeren elektrischen Feldes auf eine Plasmongrenzfläche eine Diskontinuität im normalen Anteil (TM) des elektrischen Feldes durch die Grenzfläche hindurch. Die so hervorgerufenen schwingenden Oberflächenladungen bewegen sich als Oberflächenwelle entlang der Grenzfläche:

$$\sigma_{(x,t)} = \sigma \exp i(\mathbf{k}_x\, x - \omega t)$$

Die Schwingungen koppeln mit elektromagnetischen Feldern hoher Frequenz, die sich in den Raum ausbreiten (z-Richtung); die Abhängigkeit E_z von z ergibt sich als

$$E_z = \text{const} \exp i(\mathbf{k}_x\, x - \omega t)\, \exp i\, \mathbf{k}_z\, z$$

wobei in einem Medium mit der Dielektrizitätskonstante ε der Wellenvektor $\mathbf{k}_z$ gemäß

$$\mathbf{k}_x^2 + \mathbf{k}_z^2 = \varepsilon(\omega/c)^2$$

mit $\mathbf{k}_x$ gekoppelt ist. Wenn also $\mathbf{k}_x > \sqrt{\varepsilon}(\omega/c)$ beträgt, ist $\mathbf{k}_z$ ein imaginärer Wert und das Feld schwächt sich exponentiell ohne Energietransport (strahlenlos) ab. Somit kann die Welle an der Grenzfläche mit dem Wellenvektor $\mathbf{k}_x$ in der Ausbreitungsrichtung und den Wellenvektoren $\mathbf{K}_1$ und $\mathbf{K}_2$ in der $+z$- und $-z$-Richtung folgendermaßen beschrieben werden:

$$\mathbf{K}_1 = [\mathbf{k}_x^2 - \varepsilon_1(\omega/c)^2]^{1/2}$$
$$\mathbf{K}_2 = [\mathbf{k}_x^2 - \varepsilon_2(\omega/c)^2]^{1/2}$$

Die Grenzbedingungen sind nur für p-polarisiertes Licht erfüllt (TM).

Die tangentialen Anteile der elektrischen und magnetischen Felder müssen kontinuierlich durch die Grenzfläche verlaufen,

$$H_1 = H_2; \quad \mathbf{K}_1/\varepsilon_1 = \mathbf{K}_2/\varepsilon_2$$

so daß für eine Oberflächenplasmonwelle an der Grenzfläche zwischen zwei Medien mit den Dielektrizitätskonstanten ε_1 und ε_2 die Substitution von $\mathbf{K}_1$ und $\mathbf{K}_2$ die Verteilungsbeziehung

$$\mathbf{k}_x = \left(\frac{\omega}{c}\right)\left(\frac{\varepsilon_1\varepsilon_2}{\varepsilon_1 + \varepsilon_2}\right)^{1/2}$$

und $k_x^2 > (\omega/c)^2 \varepsilon_1, (\omega/c)^2 \varepsilon_2$ ergibt. Für die Dielektrizitätskonstanten erhält man dann

$$\varepsilon_1 < 0 \quad \text{und} \quad |\varepsilon_1| > \varepsilon_2 \qquad \text{oder}$$
$$\varepsilon_2 < 0 \quad \text{und} \quad |\varepsilon_2| > \varepsilon_1$$

Am häufigsten werden Metalle als Medium für die Ausbreitung von elektromagnetischen Oberflächenwellen verwendet, da ihre Dielektrizitätskonstante bei Frequenzen unterhalb der Plasmafrequenz immer negativ ist.

Die Oberflächenplasmonanregung kann mit einfallendem Licht gleicher Frequenz und k_x-Komponente erreicht werden. Fällt Licht auf eine Grenzfläche zwischen Luft und dem Plasmonmaterial mit dem Wellenvektor $\mathbf{k}$, so hat der x-Anteil des Vektors ($\mathbf{k}_1$), wenn

$$\mathbf{k}_1 = |\mathbf{k}| \sin \Theta$$

den Wert

$$\mathbf{k}_1 = \left(\frac{\omega}{c}\right) \varepsilon_1^{1/2} \sin \Theta$$

und erreicht einen Maximalwert von

$$\mathbf{k}_1 = \left(\frac{\omega}{c}\right) \varepsilon_1^{1/2}$$

Der Wert für $\mathbf{k}_x$ bleibt daher immer größer als der für $\mathbf{k}_1$, und aus Abb. 10.14a ist ersichtlich, daß die Auftragung der Streuungen des einfallenden Lichts und der Oberflächenplasmonwellen sich in keinem Punkt schneiden und daß keine Anregung eintritt. Wenn allerdings Licht aus einem anderen dielektrischen Medium einfällt, wie aus einem Prisma oder einem Lichtleiter (Abb. 10.15a), dann unterscheiden sich die Dielektrizitätskonstanten auf den beiden Seiten des Metallfilms, d.h. $\varepsilon_3 > \varepsilon_1$. Wenn innere Totalreflexion des einfallenden Lichtes an der 2/3-Grenzfläche stattfindet, kann die $\mathbf{k}_x$-Komponente des Wellenvektors dem Wellenvektor der Oberflächenplasmonwelle an der 1/2-Grenzfläche durch Justierung des Einfallswinkels der einfallenden Welle angeglichen werden. Ist der Film ausreichend dünn, wird die evaneszierende Welle die Medien 1 und 3 koppeln. Die Streuungskurven für das Licht, das an der 2/3-Grenzfläche einfällt und die Oberflächenplasmonwelle zeigen jetzt Schnittpunkte (Abb. 10.14b). Bei diesen Frequenzen und $\mathbf{k}_x$-Werten findet eine Anregung statt. Eine Änderung des Einfallswinkels ändert die Streuungskurve der auftreffenden Welle und damit auch die Lage der Schnittpunkte, also die Resonanzfrequenzen. Dieses Modell für die Anregung wird als *Kretschmann-Konfiguration* bezeichnet [60]. Eine alternative Kombination ist die *Otto-Konfiguration* [61]; hier wird die Oberflächenplasmonwelle über einen Luftspalt angeregt (Abb. 10.15b).

Normalerweise nimmt bei innerer Totalreflexion die Feldenergie exponentiell in der x-Richtung von der 2/3-Grenzfläche ab (Abb. 10.16a). Wenn sich die

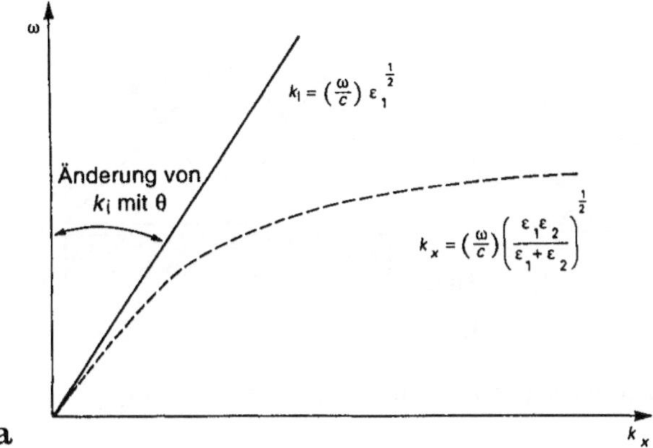

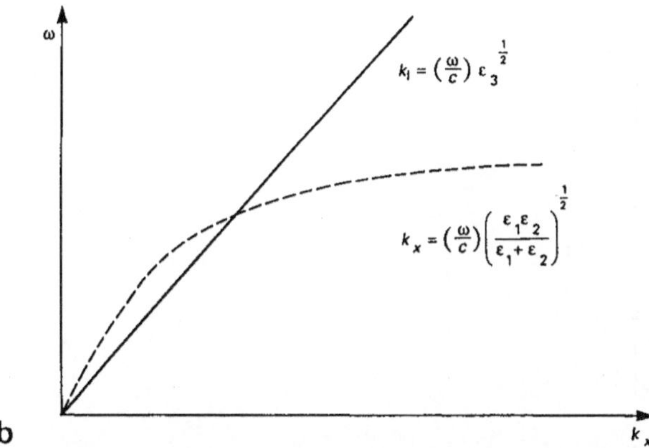

Abb. 10.14. a Streuung des Lichts in einem Medium mit der Dielektrizitätskonstante ε_1 und einer Oberflächenplasmonwelle an einem Metallfilm mit der Dielektrizitätskonstante ε_2 an der Grenzfläche zwischen ε_2 und ε_1; **b** Streuung des Lichts, das aus einem Medium mit der Dielektrizitätskonstante ε_3 einfällt und einer Oberflächenplasmonwelle an einem Metallfilm mit der Dielektrizitätskonstante ε_2 an der Grenzfläche zwischen ε_2 und ε_1. $\varepsilon_3 > \varepsilon_1$.

Streuung des einfallenden Lichtes und die der Oberflächenplasmonwelle der 1/2-Grenzfläche kreuzen und Resonanz eintritt, erreicht die räumliche Verteilung der Energiedichte an der 1/2-Grenzfläche ein Maximum (Abb. 10.16c). Die Wirksamkeit dieser Kopplung hängt von der Schichtdicke des Films ab. Der Film muß dünn genug sein, daß die Intensität des anregenden Feldes im Grenzbereich nicht zu schwach wird. Bei Einfallswinkeln dicht beim Re-

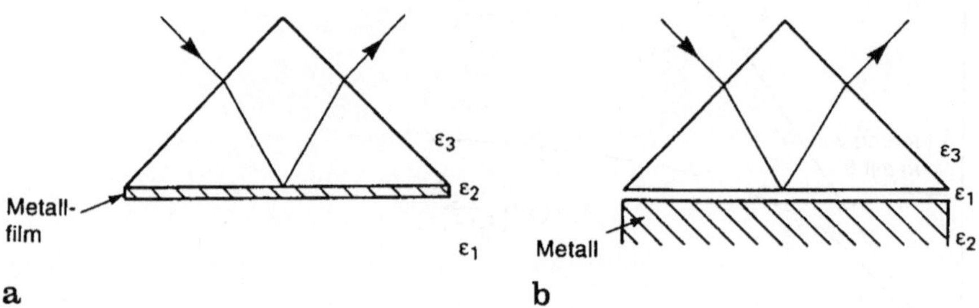

Abb. 10.15. Konfigurationen zur Anregung von Oberflächenplasmonresonanz.

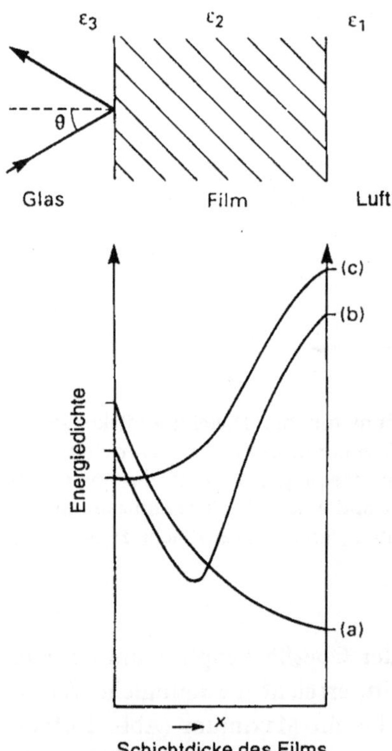

Abb. 10.16. Verteilung der Feldenergie im Schnitt durch einen dünnen Metallfilm: **a** exponentielles Abschwächen der Feldenergie außerhalb des Resonanzbereiches; **b** bei Einfallswinkeln nahe dem Resonanzwinkel, das Feld erreicht ein Maximum an der Grenzfläche, ein Minimum innerhalb des Plasmonmaterials; **c** bei induzierter Resonanz, die Feldenergie steigt durch das Plasmonmaterial bis zu einem Maximum an der Grenzfläche.

sonanzwinkel treten Zwischenzustände der Feldenergie mit Minima innerhalb des Plasmonmaterials auf (Abb. 10.16b) [62].

Bisher ist nur das auf eine glatte, ebene Oberfläche auffallende Licht betrachtet worden. Liegt die Einfallsebene des auftreffenden Lichtes senkrecht zum Metall, treten sowohl strahlende als auch strahlungslose Schwingungsarten für einen gegebenen Winkel Θ auf, wenn das Licht auf eine rauhe Oberfläche auftrifft. Eine solche rauhe Oberfläche kann mit einer Schar sinusförmiger Profile beschrieben werden:

$$\sum_i^n \frac{h_i}{2} \sin(2\pi x / a_i)$$

wobei h die Furchentiefe angibt. Sie dient als Wert für ein Pseudomoment, der zu dem Lichtvektor k_1 addiert oder von k_1 subtrahiert werden kann.

Wenn die Oberfläche durch ein einzelnes Sinusprofil mit der Periode a angegeben werden kann, ist das Furchenprofil

$$z = (h/2)\,\sin(2\pi x/a)$$

wobei h die Tiefe der Gitterfurche ist. Werden zwei Oberflächenplasmonschwingungsarten durch ein Vielfaches des Gittervektors, $2\pi/a$, verknüpft, kann eine Kopplung zwischen sich entgegengesetzt ausbreitenden Schwingungsarten auftreten; k_x wird dann

$$k_x = \frac{\omega}{c}\,\varepsilon_1^{1/2}\,\sin\Theta + \frac{m2\pi}{a}$$

wobei $m = \pm 0, 1, 2, \ldots$ ist und das einfallende Licht mit der Oberflächenplasmonschwingungsart koppeln kann (Abb. 10.17) [63]. Wird h richtig gewählt, ist es möglich, im Resonanzwinkel den Wert für R_p auf Null zu senken. Um die Wirksamkeit der Lichtabsorption durch ein Diffraktionsgitter anzugeben [64], drückt man die Energie der diffraktionierten Welle als Funktion von h und Θ aus,

$$\left| r\,\frac{\sin\Theta - \alpha^z}{\sin\Theta - \alpha^p} \right|^2$$

wobei α^z und α^p numerisch berechnete komplexe Zahlen für verschiedene Werte von h sind. Eine totale Absorption des einfallenden Lichtes ergibt sich, wenn $\sin\Theta = \alpha^z$ ist. Umgekehrt ist $\alpha^z = \alpha^p$, wenn $h = 0$ ist, d.h. die Absorption ist im Minimum (Abb. 10.18). Im Experiment beobachtet man Resonanz, wenn also eine Kopplung zwischen einfallendem Licht und der elektromagnetischen Oberflächenwelle auftritt, als Intensitätsminimum des reflektierten Lichtes. Bei einer gegebenen Frequenz egibt die Auftragung der Reflexion gegen den Einfallswinkel eine Kurve wie in Abb. 10.19. Da die Streuungsbeziehung der Oberflächenplasmonresonanz durch die Dielektrizitätskonstanten ε_1 und

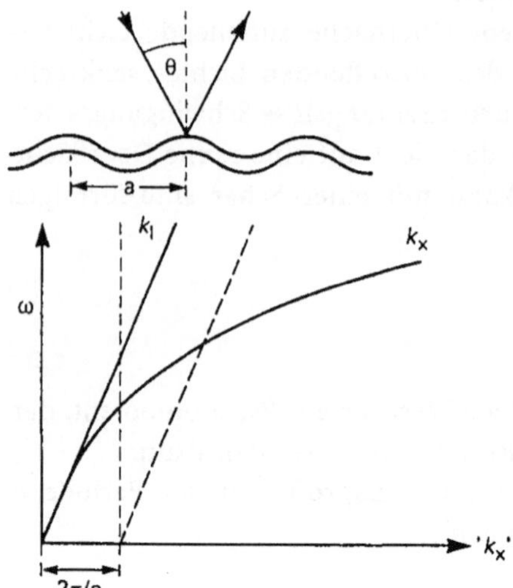

Abb. 10.17. Kopplung zwischen einfallendem Licht und Oberflächenplasmonschwingung an einer sinusförmigen Furchung der Metalloberfläche mit der Periode a. Streuung des Lichts, das aus einem Medium mit der Dielektrizitätskonstante ε_1 einfällt, unter Berücksichtigung der Rauhheit $2\pi/\alpha$, und einer Oberflächenplasmonwelle an einem Metallfilm mit der Dielektrizitätskonstante ε_2 an der Grenzfläche zwischen ε_2 und ε_1.

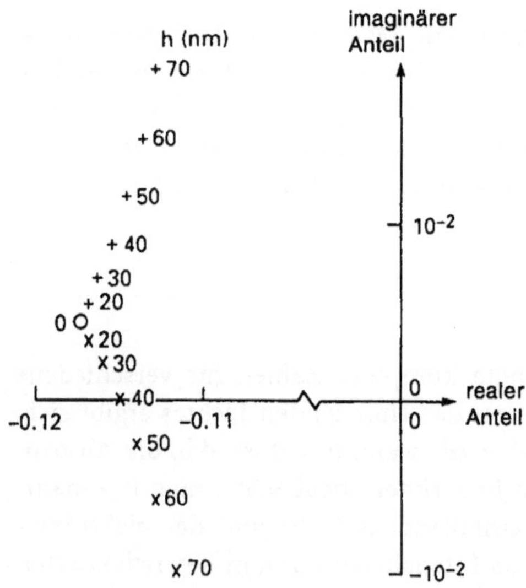

Abb. 10.18. Werte für α^z und α^p bei verschiedenen Werten für h (Furchentiefe); $(+) = \alpha^p$, $(x) = \alpha^z$ (nach [64]).

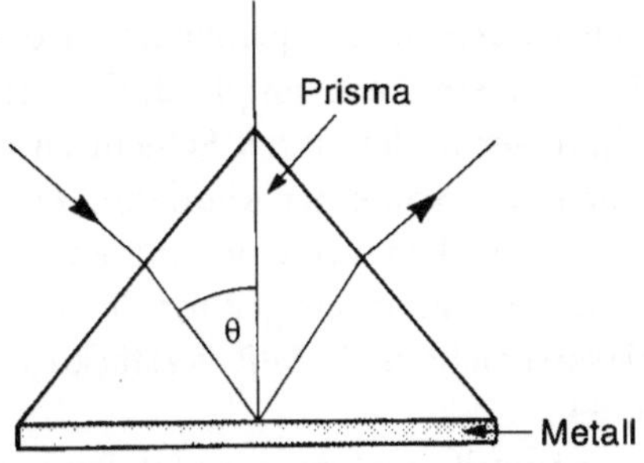

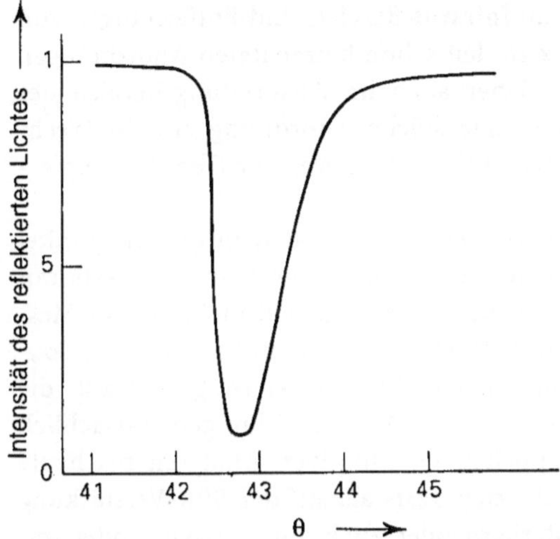

Abb. 10.19. Experimentelle Beobachtung der Oberflächenplasmonresonanz.

ε_2 definiert ist, ist die Bedingung, unter der Resonanz eintritt, sehr empfindlich gegen Änderungen der Brechzahl in unmittelbarer Nähe des Plasmonfilms an der 1/2-Grenzfläche. Adsorption oder Bindung von Molekülen an dieser Oberfläche läßt sich als Verschiebung des Reflexionsminimums beobachten.

10.8.1 Anwendungen

Die Oberflächenplasmonresonanz (SPR; von surface plasmon resonance) zur Untersuchung von Oberflächenschichten ist sowohl für optisch inerte als auch für optisch angeregte Schichten an einer Metallgrenzfläche angewendet worden. Im ersten Fall kann diese Technik über die Struktur und die Stärke der Schicht Aufschluß geben, ohne daß eine komplexe instrumentelle Ausrüstung gebraucht wird, wie sie für die Ellipsometrie erforderlich ist [65]. Im zweiten Fall ist die optische Anregung der immobilisierten Schicht über eine Oberflächenplasmonwelle mit beträchtlicher Verstärkung möglich.

Mit Farbstoffen, deren Absorptionsbanden im Frequenzbereich des sichtbaren Lichtes liegen, bietet diese Technik ein hoch empfindliches Hilfsmittel, um Informationen über die Struktur der molekularen Schicht zu erhalten [66]. Das SPR-verstärkte Fluoreszenzlicht, das von einer Rhodamin 6G-Schicht auf Silber abgestrahlt wird, kann der Stokesschen Verschiebung entsprechend mit einer weiteren Oberflächenplasmonschwingungsart gekoppelt werden [67]. Ebenso kann von organischen Monolayerschichten ein SPR-verstärktes Raman-Spektrum aufgezeichnet werden [68, 69].

Wie weit sich eine Oberflächenplasmonwelle entlang der Metallgrenzschicht ausbreitet, hängt von der Frequenz ab. Im sichtbaren Bereich liegt sie nur in der Größenordnung von 10^{-4}, aber im Infrarot-Bereich sind Entfernungen von 3 cm zu erwarten [70]. Im Gegensatz zu den schon betrachteten Anordnungen für Einzelpunktmessungen können daher auch im Ausbreitungsbereich der Welle Meßzellen konstruiert werden. Eine solche Anordnung erlaubt Wechselwirkung mit Oberflächensubstanzen entlang dem Weg der Oberflächenplasmonwelle (Abb. 10.20).

Die vorhergehende Diskussion optischer Testmethoden in diesem Kapitel und in Kap. 6 macht deutlich, daß sich für einige photometrische Tests mit SPR beträchtliche Verbesserungen erreichen lassen. Das gilt nicht nur für Messungen, die mit Hilfe eines optischen Markers vorgenommen werden, sondern insbesondere auch für Bestimmungen ohne Markierung, wie z.B. die direkte Aufzeichnung von Antikörper-Antigen-Wechselwirkungen. Tatsächlich liegt das Augenmerk bei SPR-gekoppelten quantitativen Analysen bis heute mehr auf der Entwicklung solcher direkten Tests als auf der SPR-Verstärkung der optischen Eigenschaften von Markern oder auch von Analyten oder immobilisierten Erkennungsmolekülen selbst. Hier liegt ein vielversprechendes und interessantes Forschungsgebiet, wo SPR-gekoppelte Tests in vielen methodischen Varianten zu erwarten sind.

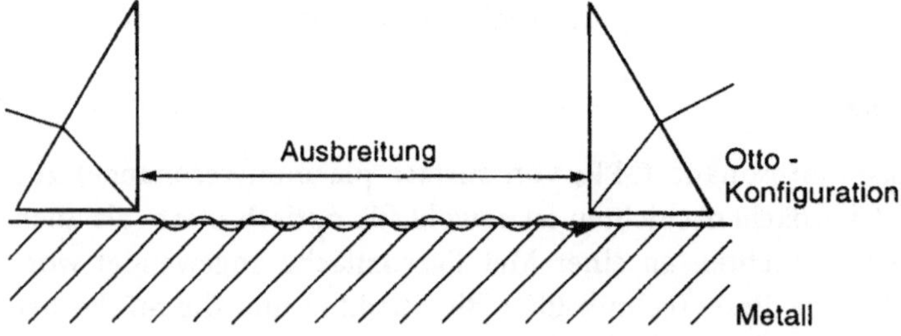

Abb. 10.20. Aufbau zur Erzeugung von Oberflächenplasmonwellen, die sich entlang der Metalloberfläche ausbreiten. Das Auskoppeln und Detektieren im Verlauf der Welle wird ermöglicht.

Die mit der SPR-Methode möglichen Realzeit-Analysen von Bindungsprozessen geben Aufschluß über Zusammenhänge zwischen Molekülstruktur und der biologischen Funktion, über die Spezifität sowie die kinetischen Parameter solcher Bindungen [71, 72].

Für die Konstruktion eines Detektorsystems für das Anästhesiegas Halothan wird eine Erscheinung ausgenutzt, die normalerweise ein inhärentes Problem des Halothans ist [73]: Die Silikon-Glycol-Copolymere absorbieren halogenierte Kohlenwasserstoffe; dadurch wird eine Änderung der Brechzahl in dem polymeren Öl verursacht. Ein Glasträger wird mit einem dünnen Silberfilm bedampft, auf den anschließend Silikonöl aus einer 2 %igen Lösung in Trichlorethan durch Spin-Coating aufgetragen wird. Der auf diese Weise beschichtete Träger wird in einer Kretschmann-Anordnung für SPR im Gasstrom einer Anästhesie-Anlage montiert (Abb. 10.21). Absorption und Desorption des Halothans in das polymere Öl findet im Bereich von Millisekunden statt, und die Verschiebung des Plasmonresonanzwinkels ist der Halothankonzentration bis zu 2 % proportional. Damit kann eine Nachweisgrenze besser als 10 ppm erzielt werden.

Auch für unmarkierte Immuntests ist SPR eingesetzt worden [74]. Human-IgG als Antigen wird an einen Silberfilm adsorbiert, der auf einem Glasträger fixiert ist. Die Bindung von Antikörpermolekülen in der Probe (Anti-IgG) an das immobilisierte Antigen kann zu der Verschiebung des Resonanzwinkels in Beziehung gesetzt werden. Die Funktion $(d\Theta/dt)$ gegen $\log[\text{Anti-IgG}]$ zeigt einen nahezu linearen Abschnitt zwischen 20 und 200 $\mu\text{g ml}^{-1}$; unterhalb von 20 $\mu\text{g ml}^{-1}$ ist diese Auftragung allerdings nicht genau genug, um analytischen Wert zu haben.

Inwieweit SPR für weitere Immuntests genutzt werden kann, wurde in einem ähnlich aufgebauten Experiment untersucht, mit dem die Bindung zwischen Humanserumalbumin (HSA), adsorbiert an einem Silberplasmonfilm, und Anti-HSA untersucht wurde [75]. Die experimentell gefundenen Kurven werden mit einer angenäherten theoretischen Vorhersage für organische Schichten verschiedener Dicke verglichen. Die Korrelation von theoretischen und experimentellen Ergebnissen wird sicherlich die Optimierung dieser Technik zu einer Testmethode und ihre Weiterentwicklung zu einem Biosensor unterstützen.

Beide oben beschriebenen immunologischen Modelle wurden verwendet, um die Ausbildung von Immunkomplexen an Diffraktionsgittern aus Gold zu untersuchen [76]. Im Fall des Human-IgG wird das Antigen auf dem Goldgitter durch Adsorption immobilisiert; im anderen Fall ist der Antikörper (Anti-HSA) die immobilisierte Substanz und das Antigen (HSA) der Analyt.

Detaillierte Untersuchungen mit Diffraktionsgittern haben gezeigt, daß diese geometrische Gestaltung als empfindliches SPR-System in der Biosensorik eingesetzt werden kann. Die Ergebnisse sind mit denen der Kretschmann-

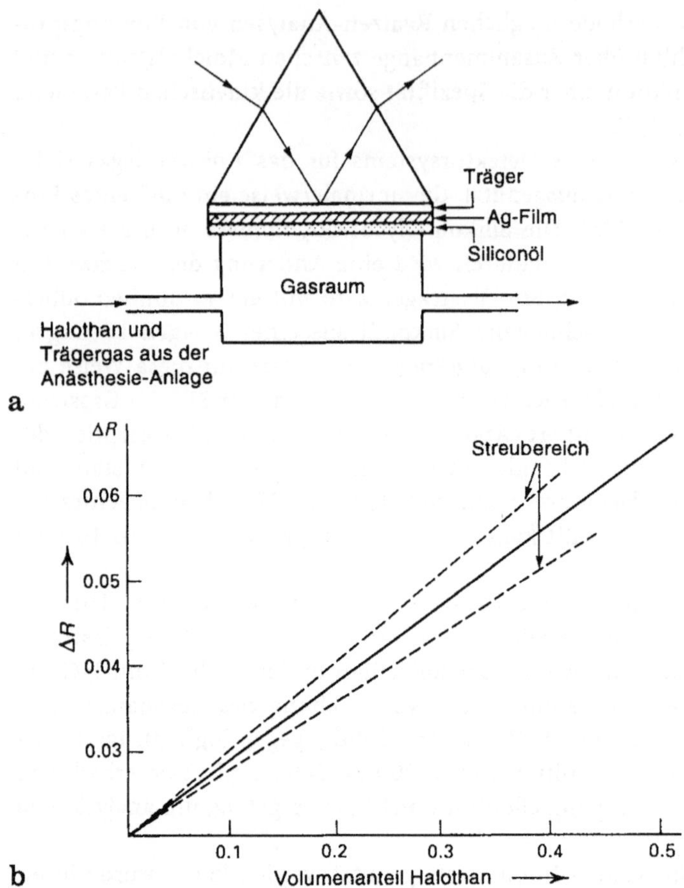

Abb. 10.21. a Nachweis von Halothan mit Oberflächenplasmonresonanz; **b** lineare Abhängigkeit von ΔR von der Halothankonzentration; die unterbrochenen Linien geben den Streuungsbereich mit einem maximalen Fehler von $< 0{,}05\,\%$ Halothan an.

Konfiguration vergleichbar, die oben ebenfalls für beide immunologischen Modelle diskutiert wurde. Die Auftragung der Winkelverschiebung gegen log[Protein] ergibt einen vergleichbaren linearen Bereich wie in der entsprechenden Auftragung von $d\Theta/dt$ gegen log[Protein] ([74]), hier wurde allerdings nicht versucht, die Linearität auf Konzentrationen unter $20\,\mu\mathrm{g\,ml^{-1}}$ zu extrapolieren (Abb. 10.22) [76].

Ein Hauptproblem der Immuntestmethoden ohne Marker liegt darin, zwischen unspezifischen Wechselwirkungen des Analyten mit der Sensoroberfläche

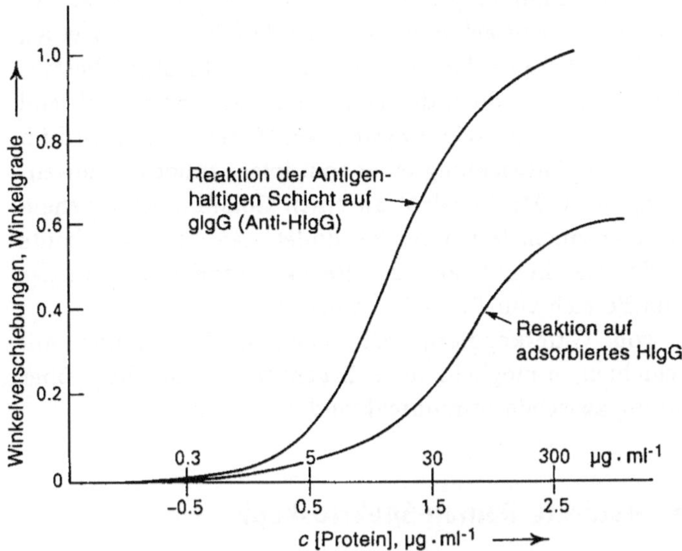

Abb. 10.22. Proteinbindungsreaktion, gemessen als Verschiebung des Anregungs-
winkels der Oberflächenplasmonresonanz bei gegebener Frequenz des einfallenden
Lichts. Bestimmt ist das an einem Goldgitter adsorbierte Human-IgG nach Ausbildung eines Immunkomplexes mit Anti-Human-IgG aus Ziegen-IgG an der Antigen-
haltigen Oberflächenschicht. gIgG = Immunglobulin G aus Ziegen; hIgG = Human-
Immunglobulin G [76] .

einerseits und spezifischen Wechselwirkungen zwischen Antikörper und Antigen andererseits unterscheiden zu können. Oberflächenplasmonresonanz reagiert auf Änderungen der Dielektrizitätskonstante an der Plasmongrenzfläche,
ohne aber Rückschlüsse auf die Ursache dieser Änderungen zuzulassen. Um
unspezifische Wechselwirkungen zu eliminieren, muß darum sichergestellt sein,
daß das Erkennungsmolekül zuverlässig an der Metallgrenzfläche immobilisiert
ist, so daß keine Wechselwirkung der Metalloberfläche mit anderen Molekülen
möglich ist.

In den oben beschriebenen Anordnungen ist die Biokomponente als Erkennungsmolekül durch Adsorption am Metall immobilisiert. Für viele Anwendungen ist dies zwar keine zufriedenstellende Methode, aber zumindest in
dem oben beschriebenen Aufbau mit Diffraktionsgittern aus Gold ([76]) ergibt
ein nicht-spezifisches Protein, Ovalbumin, keine Reaktion an einer Oberfläche,
die mit adsorbiertem Anti-HSA behandelt ist. An einer Oberfläche mit adsorbiertem Human-IgG ist eine Reaktion zu beobachten, die allerdings nur 7,4 %
des komplementären Proteins entspricht.

Um die Biokomponente kovalent zu binden, wird eine dünne Schicht von Siliciumoxid auf einen Metallfilm aufgebracht und das Biomolekül anschließend über Silanbrücken kovalent gebunden (s. Kap. 1) [77 und Liley et al., unveröffentlicht]. Obwohl in diesen Arbeiten deutlich unterschiedliche Verfahren angewandt wurden, nutzen sie doch dasselbe Bindungsprinzip. Während sich die erste Arbeit mit dem Biotin-Avidin-System als Modell befaßt, wird im zweiten Fall die Methode zur Entwicklung einer multiplen, einfach anzuwendenden DNA-Sonde eingesetzt. Mit kovalent an einen Goldfilm gebundenem Biotin und Detektion unter einem festen Winkel findet man eine signifikante Korrelation zwischen der Geschwindigkeit der Reflektanzänderung und der Avidinkonzentration im Bereich von 10^{-8}-10^{-7} mol L^{-1}.

Die Verwendung von Gitterkopplern, z.T. auch in Verbindung mit Langmuir-Blodgett-Schichten, ermöglicht neue Erkenntnisse vor allem über die Dynamik der Bindung zwischen Immunreaktanden [78, 79].

10.9   Oberflächenverstärkte Raman-Spektroskopie

Die Verwendung elektromagnetischer Oberflächenwellen zur Anregung charakteristischer optischer Eigenschaften in Oberflächen-immobilisierten Verbindungen stellt eine hochempfindliche Technik dar. Die Testanordnungen können derart konstruiert werden, daß sie entweder eine indirekte Methode zur Anregung optischer Marker nutzen oder aber in direkter Messung auf die inhärenten optischen Eigenschaften der Biokomponente zurückgreifen. Raman-Spektroskopie reagiert sehr empfindlich auf kleine Änderungen der molekularen Konformation (s. Kap. 6). Verstärkt durch die Anregung einer Oberflächenplasmonwelle, könnte sie sich zu einer wertvollen bioanalytischen Methode entwickeln.

Für eine Reihe kleiner, neutraler Moleküle sind oberflächenverstärkte Raman-Spektren (SERS; von engl. surface-enhanced Raman spectra) aufgenommen worden; die gleiche Methode wurde auch angewendet, um Wechselwirkungen biologischer Moleküle zu beobachten, so z.B. von Strukturanalogen der Catecholamin-Neurotransmitter [80], und von Häm-Chromophoren in verdünnten Lösungen von Myoglobin und Cytochrom C [81].

Bei weiterer Miniaturisierung (s. Kap. 6) und der oft gleichzeitig erreichten Verbesserung der Qualität der optischen Bauteile ist eine ständige Erweiterung optischer Tests zu erwarten. Im Prinzip kann jede Art optischer Anregung für Biosensoren genutzt werden.

Literatur

[1] Wolfbeis OS (1991) Sensors and Actuators B 5:1

[2] Trettnak W, Reininger F, Zinterl E, Wolfbeis OS (1993) Sensors and Actuators B 11:87

[3] Goldfinch MJ, Lowe CR (1980) Anal. Biochem. 109:216

[4] Doumas BT, Watson W, Biggs HG (1971) Clin. Chim. Acta 31:87

[5] Goldfinch MJ, Lowe CR (1984) Anal. Biochem. 138:430

[6] Arnold MA (1985) Anal. Chem. 57:565

[7] Takahashi C, Kaneko A, Komata Y, Yokoyama S, Fujie T (1993) Sensors and Actuators B 13-14:756

[8] Sansubrino A, Mascini M (1994) Biosens. Bioelectr. 9:207

[9] Kawabata Y, Sugamoto H, Imasaka T (1993) Anal. Chim. Acta 283:689

[10] Coulet PR (1991) Anal. Letters 24:1333

[11] Hlavay J, Haemmerli SD, Guilbault GG (1994) Biosens. Bioelectr. 9:189

[12] Zhou YK, Yuan XD, Hao QL, Ren S (1993) Sensors and Actuators B 12:37

[13] Freeman TM, Seitz WR (1978) Anal. Chem. 50:1242

[14] Aizawa M, Ikariymoto Y, Kumo H (1984) Anal. Lett. B 17:555

[15] Papkovsky DB, Olah J, Kurochkin IN (1993) Sensors and Actuators B 11:525

[16] Papkovsky DB, Ghindilis AL, Kurochkin IN (1993) Anal. Letters 26:1505

[17] Papkovsky DB (1993) Sensors and Actuators B 11:293

[18] Ford J, DeLuca M (1981) Anal. Biochem. 110:43

[19] Brovko LY, Kost NV, Ugarova NN (1980) Biochemistry SSR 45:1199

[20] Ugarova NN, Brovko LY, Kost NV (1982) Enzyme Microb. Technol. 4:224

[21] Peterson JI, Goldstein SR, Fitzgerald RV, Buckhold DK (1980) Anal. Chem. 52:864

[22] Gautier SM, Blum LJ, Coulet PR (1990) Sensors and Actuators B 1:580

[23] Scheper T, Müller C, Anders KD, Eberhardt F, Plötz F, Schelp C, Thordsen O, Schügerl K (1994) Biosens. Bioelectr. 9:73

[24] Anders KD, Wehnert G, Thordsen O, Scheper T, Rehr B, Sahm H (1993) Sensors and Actuators B 11:395

[25] Wolfbeis OS (1986) Anal. Chem. 58:2875

[26] Fuh MS, Burgess LW, Christian GO (1988) Anal. Chem. 60:433

[27] Schultz JS, Mansouri S, Goldstein IJ (1982) Diabetes Care 5:245

[28] Mansouri S, Schultz JS (1984) Biotechnol. 2:885

[29] Srinivasan KR, Mansouri S, Schultz JS (1986) Biotech. Bioeng. 28:233

[30] Siegmund HU, Becker A (1993) Sensors and Actuators B 11:103

[31] Klee B, John E, Jähnig F (1992) Sensors and Actuators B 7:376

[32] Sohanpal K, Watsuji T, Zhou LQ, Cass AEG (1993) Sensors and Actuators B 11:547

[33] Piunno PAE, Krull UJ, Hudson RHE, Damha MJ, Cohen H (1994) Anal. Chim. Acta 288:205

[34] Schubert F (1993) Sensors and Actuators B 11:531

[35] Newby K, Reichert WM, Andrade JD, Benner RE (1984) Appl. Opt. 23:1812

[36] Kronick MN, Little WA (1973) Bull. Am. Phys. Soc. 18:782

[37] Kronick MN, Little WA (1975) J. Immunol. Meth. 8:235

[38] Bier FF, Stöcklein W, Böcher M, Bilitewski U, Schmid RD (1992) Sensors and Actuators B 7:509

[39] Oroszlan P, Duveneck GL, Ehrat M, Widmer HM (1993) Sensors and Actuators B 11:301

[40] Kumar P, Colston JT, Chambers JP, Rael ED, Valdes JJ (1994) Biosens. Bioelectr. 9:57

[41] Shriver–Lake LC, Ogert RA, Ligler FS (1993) Sensors and Actuators B 11:239

[42] Carome EF, Coghlan GA, Sukenik CN, Zull JE (1993) Sensors and Actuators B 13-14:732

[43] Zhou Y, Magill JV, De La Rue RM, Laybourn PJR, Cushley W (1993) Sensors and Actuators B 11:245

[44] Astles JR, Miller WG (1993) Sensors and Actuators B 11:73

[45] Sutherland RM, Dähne C, Place JF, Ringrose AR (1984) Clin. Chem. 30:1533

[46] Lu B, Lu C, Wei Y (1992) Anal. Letters 25:1

[47] Hirschfeld T (1984) IEEE Biomed. 31:582

[48] Smith AM (1986) Biotech '86 D9. Pinner, Online Publications

[49] Badley RA, Drake RAL, Shanks IA, Smith AM, Stephenson PR (1987) Phil. Trans. R. Soc. Lond. B 316:143

[50] Nakamura N, Matsunaga T (1991) Anal. Letters 24:1075

[51] Sloper AN, Flanagan MT (1993) Sensors and Actuators B 11:537

[52] Sloper AN, Deacon JK, Flanagan MT (1990) Sensors and Actuators B 1:589

[53] Anis NA, Eldefrawi ME, Wright J, Rogers KR, Thompson RG, Valdes JJ (1992) Anal. Letters 25:627

[54] Birch BJ (1987) Practical Chemical and Biological Sensors, RSC Analytical Division Meeting, December, 1987

[55] Arwin H, Lundström I (1985) Anal. Biochem. 145:106

[56] Welin S, Elwing H, Arwin H, Lundström I, Wikström M (1984) Anal. Chim. Acta 163:263

[57] Stange U, Groome N, Tarassenko L, Hutchins MG (1988) Biomaterials 9:58

[58] Laxhuber LA, Rothenhäusler B, Schneider G, Möhwald H (1986) J. Appl. Phys. A39:173

[59] Hall EAH, Duschl C in: Worrell W, Weppner W (eds) Textbook on Chemical Sensors.

[60] Kretschmann E (1971) Z. Phys. 241:313

[61] Otto A (1968) Z. Phys. 216:398

[62] Raether H (1980) Tracts in Modern Physics Vol. 88. Springer-Verlag, Berlin

[63] Raether H (1977) Phys. Thin Films 9:145

[64] Hutley MC, Maystre D (1976) Opt. Commun. 19:3

[65] Gordon JG, Swalen JD (1977) Opt. Commun. 22:374

[66] Pockrand I, Swalen JD, Santo R, Brillante A, Philpott MR (1978) J. Chem. Phys. 69:4001

[67] Benner RE, Dornhaus R, Chang RK (1979) Opt. Commun. 30:145

[68] Girlando A, Philpott MR, Heitmann D, Swalen JD, Santo R (1980) J. Chem. Phys. 72:5187

[69] Knoll W, Philpott MR, Swalen JD, Girlando A (1982) J. Chem. Phys. 77:2254

[70] Bhasin K, Bryan D, Alexander RW, Bell RJ (1976) J. Chem. Phys. 64:5019

[71] Liedberg B, Lundström I, Stenberg E (1993) Sensors and Actuators B 11:63

[72] Minunni M, Mascini M (1993) Anal. Letters 26:1441

[73] Nylander C, Liedberg B, Lind T (1982/83) Sensors and Actuators 3:79

[74] Liedberg B, Nylander C, Lundström I (1983) Sensors and Actuators 4:299

[75] Flanagan MT, Pantell RH (1984) Electron. Lett. 20:968

[76] Cullen DC, Brown RGW, Lowe CR (1987/88) Biosensors 3:211

[77] Daniels PB, Deacon JK, Eddowes MJ, Pedley DG (1988) Sensors and Actuators 15:11

[78] Bier FF, Schmid RD (1994) Biosens. Bioelectr. 9:125

[79] Ramsden JJ (1993) Sensors and Actuators B 15-16:439

[80] Lee NS, Hsieh YZ, Paisley RF, Morris MD (1988) Anal. Chem. 60:442

[81] Cotton TM, Schultz SG, van Duyne RP (1980) J. Am. Chem. Soc. 102:7960

11. Andere Transducer

11.1 Thermometrische Biosensoren

Biochemische Reaktionen sind in der Regel deutlich exotherm. Die Bestimmung der Reaktionswärme bietet daher eine universelle Möglichkeit zur Transduktion in einem Biosensor. Die Detektion hängt bei solchen Sensoren nicht vom Verbrauch oder der Entstehung elektroaktiver oder optisch aktiver Verbindungen ab; die Methode ist daher auch unempfindlich gegen optische oder elektrochemische Störungen. Die Enthalpieänderung ist bei vielen Reaktionen groß genug, daß bereits enzymatische Ein-Schritt-Reaktionen ohne Verstärkung zur Detektion ausreichen (Tab. 11.1). Häufig kann durch Kopplung mit einem zweiten Enzym noch eine Folgereaktion genutzt werden, beispielsweise durch die Kombination von Oxidasen (H_2O_2-Bildung) mit Katalase (H_2O_2-Spaltung), wobei durch die Aufsummierung beider Reaktionsenthalpien in einfacher Weise eine Signalverstärkung erzielt werden kann.

Die calorimetrischen Transducer erfordern allerdings eine hochspezifische Biokomponente, damit sie als Biosensoren mit der notwendigen Spezifität eingesetzt werden können. Seit Beginn der 80er Jahre werden immobilisierte Enzyme als molekulare Erkennungssysteme in Kombination mit calorimetrischen Transducern getestet. Vorteile der entwickelten Geräte sind ihre mehrfache Verwendbarkeit und vor allem die Unabhängigkeit von den optischen Eigenschaften der Probe, wie sie in allen photometrischen Detektoren eine Rolle spielen [1].

Tabelle 11.1. Molare Enthalpien einiger enzymkatalysierter Reaktionen (nach [1]).

Substrat	Enzym	$-\Delta H$ (kJ mol^{-1})
Wasserstoffperoxid	Katalase	100
Cholesterol	Cholesterol-Oxidase	53
Glucose	Glucose-Oxidase	80
Glucose + ATP	Hexokinase	28
Pyruvat	Lactat-Dehydrogenase	62
NADH	NADH-Dehydrogenase	225

Nach der Entwicklung der thermometrischen Biosensoren in den letzten zwanzig Jahren, zunächst vor allem zum Einsatz in der klinischen Diagnostik als Immunsensoren, in der Prozeßkontrolle von Bioreaktoren und der Umweltanalytik, hat seit einigen Jahren, wie auch bei Biosensoren mit anderen Transducern, die Miniaturisierung besonderes Gewicht [2, 3]. Gleichzeitig werden mit der Miniaturisierung die Empfindlichkeit und der Probendurchsatz erhöht, der lineare Meßbereich erweitert und die Störanfälligkeit verringert. Die Siliconchiptechnologie ist dabei eine der Möglichkeiten zur Fertigung von miniaturisierten Biosensoren [4].

11.1.1 Technisches Design von thermometrischen Biosensoren

Mit der fortschreitenden Entwicklung der Immobilisierungstechniken wurden thermometrische Enzymsensoren möglich, in denen das Enzym direkt an der Oberfläche des Transducers – in diesem Fall ein Thermistor – immobilisiert ist, üblicherweise durch Vernetzung des Enzyms oder durch Einschluß in eine Dialysemembran. Oft sind diese Geräte allerdings zu wenig empfindlich, da ein Teil der Reaktionswärme an die Umgebung verloren geht und nicht detektiert wird.

In einer Weiterentwicklung wird darum das Enzym an einen geeigneten Träger (z.B. CPG, von controlled pore glass) immobilisiert und in eine kleine Säule gepackt, die mit dem Temperaturfühler gekoppelt ist. Die Probe passiert als flüssige mobile Phase die Säule, die Wärme wird während der Passage oder am Ausgang der Säule detektiert. Für diesen Aufbau wurde die Bezeichnung Enzymthermistor (ET) eingeführt [5].

Um die Sensoren mit der notwendigen Wärmeisolierung und den entsprechenden Thermostaten zu versehen, sind mehrere Methoden entwickelt worden. Eine einfache Säule aus Plexiglas in einem isolierenden Luftmantel enthält das immobilisierte Enzym; die Temperatur wird über Wasserbäder konstant gehalten. Das Wärmesignal wird mit einem Meßfühler erfaßt, der mit einer Wheatstoneschen Brücke zur Temperaturmessung gekoppelt ist. Dieses einfache System reagiert bereits auf Temperaturänderungen von 0,01 °C mit bis zu 100 mV. Auf diese Weise lassen sich Konzentrationen bis zu 0,01 mMol L^{-1} Harnstoff als unterer Nachweisgrenze erfassen. Diese Empfindlichkeit reicht aus, um physiologische Harnstoffkonzentrationen im Serum zu bestimmen. Ein weiterer Vorteil dieser thermometrischen Methode ist der große dynamische Nachweisbereich; für die Harnstoffbestimmung liegt der lineare Bereich etwa zwischen 0,01 und 100 mMol L^{-1}. Bis zu 30 Proben pro Stunde können durchgesetzt werden, ausreichende Stabilität des immobilisierten Enzyms vorausgesetzt.

Eine höhere Empfindlichkeit des Enzymthermistors ist zu erreichen, wenn das Wasserbad durch einen temperaturgeregelten Metallblock ersetzt wird. Der

Aufbau zeigt hohe Temperaturstabilität (maximale Schwankung $\pm 0,01\,°C$) und fängt kurzzeitige unspezifische Temperaturschwankungen in der Säule ab. Die Meßwerte liegen in der Regel im Bereich von 0,01-0,05 °C, aber die Geräte sind weit empfindlicher und können noch auf 0,001 °C mit 100 mV reagieren.

Die Messungen mit dem Enzymthermistor werden üblicherweise als Differenzmessungen vorgenommen, wobei die Probe gesplittet und in zwei Säulen geleitet wird, von denen die eine das aktive, die andere denaturiertes Enzym enthält. Unspezifische Wärmeeffekte können auf diese Weise eliminiert werden.

Um eine möglichst lange Lebensdauer der Enzymimmobilisate zu gewährleisten, werden alle eingesetzten Lösungen über bakteriendichte Filter geführt, bevor sie in das System gelangen. Die Gefahr einer mikrobiellen Kontamination des Systems kann so verringert werden.

Zur Auswertung der aufgezeichneten Meßwerte werden üblicherweise die Spitzenwerte der Wärmepeaks herangezogen [6]; aber auch die Flächen unter den Peaks und die Steigung sind mit der Substratkonzentration linear verknüpft [7].

Eine Alternative zu der beschriebenen Differenzmessung im Enzymthermistor besteht in einem thermoelektrischen Enzymsensor. Eine Dünnschicht-Thermosäule aus Antimon und Wismut wird über einem isolierenden Träger aufgebracht, auf der Gegenseite wird die Biokomponente über einem Bimetallübergang immobilisiert. Eine Temperaturänderung aufgrund einer enzymatischen Reaktion führt zu einer detektierbaren Spannungsänderung, die mit der Konzentration des Enzymsubstrats korreliert ist [8].

11.1.2   Enzymatische Verstärkung

Bei nur schwach exothermen Reaktionen kann eine Kopplung mit weiteren enzymatischen Reaktionen das Wärmesignal verstärken. Hier wirkt sich die Unspezifität des Wärmesignals vorteilhaft aus: Jede mögliche exotherme Anschlußreaktion der Produkte aus der primären Enzymreaktion ist im Prinzip geeignet, das Signal zu verstärken (vergl. Tab. 11.1).

Häufig werden hydrolytische Enzyme in nachgeschalteten Reaktionen verwendet, mit denen die Produkte der Primärreaktion umgesetzt werden. Ein gut bekanntes Beispiel ist die Lactose-Bestimmung mit β-Galactosidase und die nachgeschaltete Umsetzung der entstandenen Glucose mit Glucose-Oxidase und Katalase oder Peroxidase. Die Kopplung von Katalase oder Peroxidase mit Oxidasen als Primärenzym bewirkt neben der Signalverstärkung auch einen Schutz gegen das H_2O_2 aus der Oxidase-Reaktion.

Bei proteolytischen Enzymen, deren katalytische Reaktion mit einem Protonentransfer einhergeht, erzielt man eine beträchtliche Verstärkung, wenn die Protonierungsenthalpie des verwendeten Puffers hoch ist (z.B. bei Tris-Puffer, [7]).

Besonders wirksam ist eine Verstärkung durch Recycling des Substrates oder eines Coenzyms. Die Empfindlichkeit der thermometrischen Lactatbestimmung kann um mehr als das 1000fache erhöht werden, wenn Lactat-Dehydrogenase (LDH) und Lactat-Oxidase (LOD) co-immobilisiert werden [9]. In diesem System wird der Analyt, L-Lactat, durch Lactat-Oxidase zu Pyruvat umgesetzt, das mit Lactat-Dehydrogenase und NADH als Coenzym erneut zu L-Lactat reduziert wird. Wird zusätzlich auch noch mit Katalase (Kat) gekoppelt, ergibt sich eine weitere Verstärkung. Die Nachweisgrenze liegt unter $10\,nMol\,L^{-1}$. Die Kopplung mit Katalase hat mehrere Vorteile; man erreicht eine weitere Verstärkung durch Ankoppeln einer weiteren exothermen Reaktion, das aggressive H_2O_2 wird zerstört, und schließlich kann der bei der Spaltung entstehende Sauerstoff (1/2 Mol O_2 pro 1 Mol umgesetztes Lactat) erneut für die Reaktion der Lactat-Oxidase genutzt werden, wodurch die O_2-Limitierung der Umsetzung verzögert wird.

$$H_2O_2 \xrightarrow{\text{Kat}} \tfrac{1}{2}O_2 + H_2O$$
$$\Uparrow$$
$$O_2 + \text{Lactat} \xrightarrow{\text{LOD}} \text{Pyruvat} + H_2O_2$$
$$\Uparrow \qquad\qquad \Downarrow$$
$$NAD^+ + \text{Lactat} \xleftarrow{\text{LDH}} \text{Pyruvat} + NADH$$

Ähnlich empfindlich sind Enzymsysteme, die unter Coenzym-Recycling arbeiten [10]: Zur Bestimmung von ATP/ADP werden Pyruvat-Kinase und Hexokinase eingesetzt; das entstehende Produkt, Pyruvat, wird mit dem oben beschriebenen Pyruvat-regenerierenden System gekoppelt.

Solche enzymatischen Verstärkungscyclen gewinnen auch für andere Biosensorsysteme zunehmend an Bedeutung, insbesondere für amperometrische oder optische Meßprinzipien.

11.1.3 Anwendungen

Thermometrische Biosensoren mit immobilisierten Enzymen. Auch bei thermometrischen Biosensoren spielt die Glucosebestimmung eine zentrale Rolle. Die Möglichkeit zur Bestimmung von Glucose in Vollblut ist dabei besonders interessant, weil eine aufwendige Probenvorbereitung entfällt und ein solcher Sensor daher zur Patienten-Selbstkontrolle bei Diabetes geeignet ist [11, 12]. Wie bei anderen Sensortypen auch, muß der Einfluß der Immobilisierung auf die Stabilität und die Kinetik des verwendeten Enzyms berücksichtigt werden; dabei spielen auch Lösemitteleffekte eine Rolle [13].

Zur enzymatischen Bestimmung von hydrophoben Substraten wie z.B. Cholesterol wurden thermometrische Biosensoren mit immobilisierter Cholesterol-Oxidase und Peroxidase getestet, die mit Toluen als Lösemittel arbeiten [14].

In einer Variante läßt sich ein Enzymthermistor auch zur Bestimmung der Aktivität löslicher Enzyme einsetzen. Die dazu verwendete Säule aus Teflon enthält kein aktives Enzym. Die Probe und ein Überschuß an Substrat werden an Wärmeaustauschern auf eine definierte Temperatur gebracht und anschließend gemischt. Nach einer erneuten Regulierung der Ausgangstemperatur, um die Effekte durch Lösen und Mischen zu eliminieren, passiert die Mischung den Temperaturfühler. Eine Verweilzeit von 1 min reicht zur Messung aus; die Empfindlichkeit läßt noch eine Erfassung von $0{,}01\,U\,ml^{-1}$ zu [15]. Die Methode ist auch für Durchflußsysteme geeignet.

Im Hinblick auf das steigende Interesse an Methoden zur on-line-Prozeßkontrolle – bisher sind nur einfache Messungen wie pH und Gasdruck als Routinemethoden eingeführt – werden auch thermometrische Verfahren interessant. Zur Überwachung von wachsenden Submerskulturen sind vor allem die Bestimmung von Zuckern, Ethanol und anderen Stoffwechselprodukten wie β-Lactamverbindungen (vor allem Penicillin) erwünscht.

Thermometrische Sensoren mit höherintegrierten Biokomponenten. In manchen Fällen kann ein gereinigtes Enzym weniger gut geeignet sein, um die Spezifität für einen Analyten zu erreichen. Bei Reaktionen mit einer sequentiellen Folge mehrerer enzymkatalysierter Umsetzungen liefert möglicherweise die Immobilisierung ganzer Zellen oder Organellen bessere Ergebnisse. Auch die Stabilität eines Enzyms ist durchaus nicht immer in den hochgereinigten Präparaten, sondern oft eher in der nativen Umgebung am größten. Ein weiterer Vorteil ganzer Zellen liegt in der Nutzung zellinterner Systeme zur Coenzym-Regenerierung; damit können erhebliche Kostenvorteile verbunden sein.

Ganze Zellen sind außerdem als Indikatoren für komplexe Parameter wie die Wirkung von Wuchsstoffen oder Zellgiften geeignet. Bei der Bestimmung solcher physiologisch wirksamer Substanzen wird eigentlich die gesamte „Stoffwechselwärme" gemessen und die Zellen wirken als Bioindikatoren über ihre Stoffwechselaktivität. Hier wird die geringere Spezifität der ganzen Zellen gegenüber einem isolierten Enzym vorteilhaft genutzt.

Die intakten Zellen werden zur Messung im einfachsten Fall direkt im Durchfluß vom Bioreaktor durch die leere Säule eines Enzymthermistors geleitet, ein zweiter Durchflußstrom liefert einen Substratüberschuß. Eine Limitierung ist bei aeroben Zellen die Sauerstoffversorgung während der Passage; die Zellen müssen in entsprechend niedriger Konzentration gehalten werden.

Das gleiche Verfahren läßt sich auch zur Prozeßkontrolle in Zellkulturen einsetzen, da sich jede Änderung des Stoffwechselgeschehens als Temperaturänderung niederschlägt. Ein Beispiel ist die Bestimmung von Ampicillin mit *Escherichia coli*; noch Ampicillinkonzentrationen weit unter der MIC (minimale Hemmkonzentration; minimal inhibitory concentration) lassen sich detektieren, wenn die Zellen unter Standardbedingungen kultiviert werden und Ampicillin der einzige veränderte Parameter ist.

In der Umweltüberwachung sind vor allem die Möglichkeiten zur Bestimmung der wachstumshemmenden Wirkung von Umweltgiften auf ganze Zellen wichtig; ein thermometrischer Sensor mit ganzen Zellen als Biokomponente reagiert in vielen Fällen empfindlicher als z.B. die direkte enzymatische Erfassung des Analyten. Schwermetalle lassen sich allerdings auch über ihre Hemmwirkung auf gereinigte Enzyme bestimmen.

Thermometrische Immunsensoren. Der in Kap. 2 beschriebene ELISA zur Bestimmung von hochmolekularen Biomolekülen wie Hormonen oder Antikörpern kann, mit einem Thermistor als Transducer ausgestattet, auch als thermometrischer Test durchgeführt werden. Mit einem solchen Gerät (TELISA; von thermometric enzyme linked immunosorbent assay) ist die Produktion und Freisetzung von Proinsulin aus genetisch veränderten *Escherichia coli*-Zellen verfolgt worden [16]. Die im Enzymthermistor verwendete Säule enthält als Immunosorbens immobilisiertes Anti-Insulin. Antigen in der Probe wird mit einer definierten Menge enzymmarkiertem Antigen gemischt und auf die Säule aufgetragen. Je mehr Antigen die Probe enthält, desto weniger enzymmarkiertes Antigen wird an die Säule gebunden. Die Menge enzymmarkierten Antigens auf der Säule wird thermometrisch bestimmt, indem das Enzymsubstrat zugesetzt wird. Die Säule ist regenerierbar, indem das gesamte gebundene Antigen mit einem geeigneten Puffer ausgewaschen wird.

Dieses Verfahren erlaubt die Bestimmung von 0,1-50 μg ml^{-1} Insulin; ein Probendurchlauf dauert 13 min. Wegen der Stabilität der Säule über mehrere Tage und der guten Korrelation mit herkömmlichen Tests (Radioimmunoassay) steht hiermit eine erfolgversprechende Methode zur Verfügung, die zu einem thermometrischen Biosensor weiterentwickelt werden könnte.

11.2 Bestimmung des elektrischen Leitwerts

Viele chemische Reaktionen in Lösung laufen unter Veränderung des Ladungszustandes der beteiligten Ionen ab. Mit diesen Änderungen ist auch eine Netto-Änderung der Leitfähigkeit der Reaktionslösung verbunden. Leitwertmessungen in Lösung sind unspezifisch; ihr analytischer Nutzen ist darum begrenzt. Wo allerdings die Spezifität keine wesentliche Rolle spielt, sind Leitwertmessungen äußerst empfindlich.

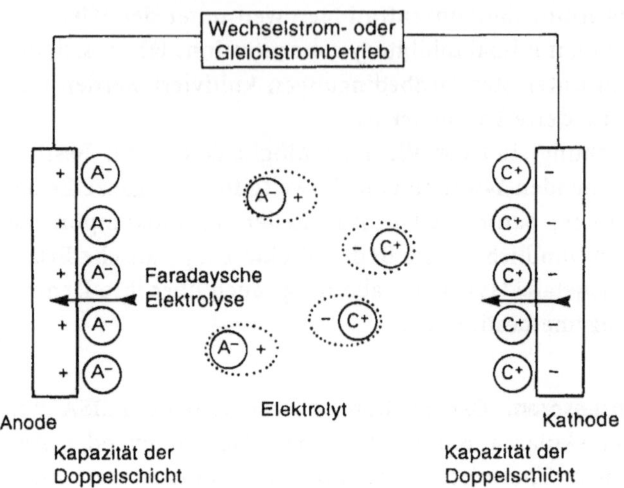

Abb. 11.1. Messung des elektrischen Leitwertes in einem Elektrolyten. Migration der Ionen im Elektrolyten und Faradaysche Reaktionen.

Der elektrische Leitwert (S) ist der reziproke Wert des Widerstands (R) und wird in reziproken Ohm bzw. Siemens angegeben. Die Einheit des elektrischen Leitwertes ist der spezifische Leitwert K, definiert als der Leitwert in 1 cm³ Lösung bei einer gegebenen Temperatur. Der in einer Lösung beobachtete Leitwert ist proportional zur Elektrodenfläche A und umgekehrt proportional zum Abstand d zwischen den Elektroden:

$$S = \frac{1}{R} = \frac{AK}{d}$$

Bei elektrolytischen Leitwertmessungen wird üblicherweise der Widerstand der Probe zwischen zwei parallelen Elektroden bestimmt (Abb. 11.1). Der Widerstand der Lösung wird durch die Migration aller vorhandenen Ionen bestimmt, unabhängig von der Art der ionisierten Substanz.

Diese Anordnung wird routinemäßig zur Zellzahlbestimmung von Mikroorganismen in bakteriellen Proben eingesetzt, obwohl die Ursache für die Änderung der Leitfähigkeit, die mit der mikrobiellen Aktivität verknüpft ist, nicht genau bekannt ist. Trotzdem kann die Untersuchung der Form von Leitwertkurven in bestimmten Kulturmedien und in Gegenwart oder Abwesenheit von Inhibitoren oft sogar Hinweise auf die Art der Mikroorganismen geben. Eine Sammlung der Wachstumsmuster der Organismen könnte ein wertvolles Hilfsmittel zur Identifizierung von Mikroorganismenkulturen werden. Muß eine große Probenmenge bearbeitet werden, z.B. bei automatisierten Screenings von klinischen Blutproben, werden handelsübliche Leitfähigkeitsmonitore eingesetzt. Eine ähnliche experimentelle Anordnung wurde zur Kontrolle der Ethanolproduktion in Bioreaktoren entwickelt [17].

In einem Biosensor wird die gewünschte Selektivität aufgrund einer biospezifisch reagierenden Oberfläche erzeugt und die selektive Reaktion mit dem Analyten an dieser Oberfläche gemessen. Da an vielen biospezifischen Reaktionen ionische Verbindungen beteiligt sind und damit im Verlauf dieser Reaktionen eine Änderung des Leitwertes auftritt, gibt es für diese Technik breite Anwendungsmöglichkeiten.

Wie bei anderen Biosensortypen auch, muß die biologische Erkennungskomponente am Transducer immobilisiert werden. Sollen Änderungen des elektrischen Leitwertes gemessen werden, so muß die Biokomponente in einer geeigneten Matrix zwischen zwei Ohmschen Leitern angeordnet sein. Diese Matrix kann ein inertes System sein, das Ionenbewegung erlaubt, oder aber die Leitwertänderungen werden direkt mit Veränderungen innerhalb der Schicht selbst gekoppelt, die als Halbleiterfilm vorliegt.

Das erste und bekannteste Beispiel für die Nutzung der Leitfähigkeit als Meßgröße zur Entwicklung enzymgekoppelter Tests ist die Harnstoffbestimmung in Lösungen, da der Zusatz des Enzyms Urease zu einer Probelösung eine beträchtliche Änderung der Leitfähigkeit verursacht [18] [19]:

$$O=C\begin{array}{c} {}^{\nearrow NH_2} \\ {}_{\searrow NH_2} \end{array} + H_2O \xrightarrow{\text{Urease}} CO_2 + 2NH_3$$

Dieses Verfahren wurde einerseits weiterentwickelt [20], andererseits bald auch auf andere Enzymsysteme übertragen, allerdings mit unterschiedlichem Erfolg (Tab. 11.2) [21, 22]; z.T. wurden auch Mehrkanalsysteme in Betracht gezogen.

In einem mikroelektronischen Leitwertmeßgerät, das die gleiche Technik anwendet, sind alle Eigenschaften eines Biosensors verwirklicht [23]. Den Tran-

Tabelle 11.2. Für Leitwert-Sensoren nutzbare Enzyme und biochemische Ursachen der Leitwertsänderungen.

Enzym	Ursache der Leitwertänderung
Amidasen	Entstehung ionischer Gruppen
Dehydrogenasen und Decarboxylasen	Protonenmigration
Esterasen	Protonenmigration
Kinasen	Änderung des Assoziationsgrades in der ionischen Verbindung (Chelatbildung)
Phosphatasen und Sulfatasen	Größenänderung der ladungstragenden Gruppen

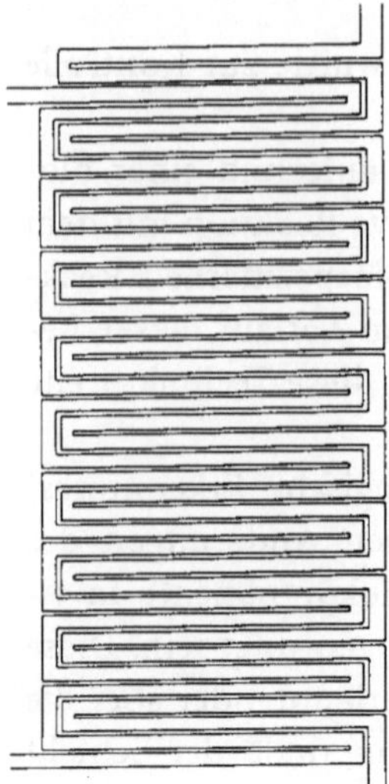

Abb. 11.2. Interdigitalelektrode mit Ohmschem Kontakt zu einer aufgelagerten Schicht, in der Leitwertänderungen gemessen werden können; mit dieser Anordnung erreicht man ein großes Verhältnis zwischen Grenzschicht und Elektrodenabstand.

sducer für den Leitwert bilden zwei ineinander verzahnte Leitungsbahnen aus Gold (Abb. 11.2), die mit Hilfe photolithographischer Methoden hergestellt werden (s. Kap. 5) und den Ohmschen Kontakt mit dem aufgelagerten Film herstellen.

Diese geometrische Gestaltung der Elektrode ist besonders vorteilhaft, da man auf diese Weise ein sehr großes Verhältnis von Elektrodenabmessung zum Elektrodenabstand erzielt. Da der elektrische Leitwert (S) von der Fläche der Grenzschicht und dem Abstand zwischen den Elektroden abhängt, wird deutlich, daß ein großer A/d-Quotient günstig für die Dynamik des Leitwertsignals ist.

Über einer solchen Interdigitalelektrode wurde Urease durch Vernetzung mit Glutardialdehyd immobilisiert (s. Kap. 1) und der Leitwert mit Hilfe einer Wechselstrom-Leitwertmeßtechnik bestimmt, indem eine Differenzmessung zwischen Probe und Referenzzelle vorgenommen wurde. Es können sowohl Gleichstrom- als auch Wechselstromverfahren angewendet werden; meistens wird jedoch Wechselstrom bevorzugt, weil so die Aufladung der Doppelschicht, Faradaysche Prozesse und andere mit Gleichstrom verbundene Phänomene leichter ausgeglichen werden können.

Die hier angewendete Differenzmessung berücksichtigt unspezifische Hintergrundschwankungen der elektrischen Leitfähigkeit in der Probe; die Elektrode reagiert auf Harnstoff in Pufferlösung und in klinischen Serumproben im Bereich von 0,1-10 mM Harnstoff. Der effektive K_m-Wert für das immobilisierte Enzym liegt über dem Wert für das freie Enzym, was auch aufgrund der erschwerten Diffusion durch die Immobilisierungsmatrix zu erwarten ist. Der Meßparameter in diesem Test ist allgemein für eine Vielzahl von enzymgekoppelten Reaktionen nutzbar, so daß der gleiche Testansatz auch für andere Analyten entwickelt werden kann, so z.B. für die Bestimmung von Glucose mit Glucose-Oxidase [24, 25].

Ein Glucosesensor kann jedoch auch auf einer Änderung der Leitfähigkeit eines dotierten Polyacetylenfilms beruhen, wobei die enzymkatalysierte Reaktion

$$\text{Glucose} + O_2 \xrightarrow{\text{Glucose--Oxidase}} \text{Gluconsäure} + H_2O_2$$

zugrunde liegt [26]. Die Leitfähigkeit von Polyacetylen kann über einen weiten Bereich variiert werden, indem es mit kleinen Mengen Jod dotiert wird. Die auf diese Weise dotierten Schichten zeigen auch durch den Einfluß von Wasserstoffperoxid eine Änderung der Leitfähigkeit. Diese Reaktion läßt sich über einen enzymgekoppelten Test mit Glucose verknüpfen; sie kann darüberhinaus beträchtlich verstärkt werden, indem man dem Testpuffer noch Lactoperoxidase (LPO) und KI zusetzt. Das Enzym katalysiert die Oxidation von I^- durch das Peroxid:

$$H_2O_2 + 2\,H^+ + 2\,I^- \xrightarrow{\text{LPO}} I_2 + 2\,H_2O$$

Ein beträchtlicher Anteil des verstärkten Signals geht wahrscheinlich auf die Entwicklung molekularen Jods zurück, das für die Dotierung des Polymers verfügbar wird.

Einen dotierten, glucosesensitiven Polyacetylenfilm erhält man, indem man Glucose-Oxidase an einen Film adsorbiert, der mit Jod auf geeignete Weise dotiert ist, um eine günstige Grundleitfähigkeit zu erzeugen. Die Änderung der Leitfähigkeit durch Glucose wird als Funktion der Zeit über ein festgelegtes Zeitintervall gemessen. Ein Potential von 500 mV wird als Rechteckwelle an den Film zwischen den beiden Elektroden angelegt und das Stromsignal am Ende eines Impulsintervalls von 100 μs gemessen. Dieser Impuls ist kurz genug, daß keine Faradayschen Ströme entstehen können (s. Kap. 5). Die Elektrodenreaktion ist aufgrund dieser Steuerung im Bereich von 10-180 mg dl^{-1} linear.

Auch andere Filme reagieren auf spezifische Analyte mit einer veränderten Leitfähigkeit. In den vorangegangenen Kapiteln wurde bereits Polypyrrol beschrieben, das als elektrochemisch abgeschiedene Schicht leitende oder isolierende Eigenschaften aufweist, die durch die Produktionsbedingungen und die Dotierung beeinflußt werden können. Dünne, auf Interdigitalelektroden aufgebrachte Polypyrrolschichten sind bezüglich ihrer Reaktion auf verschiedene Gase untersucht worden. Die Empfindlichkeit kann durch veränderte Polymerisationsbedingungen angepaßt werden, aber bisher hat sich kein deutliches Muster ergeben, wie eine solche Sensibilisierung gesteuert werden kann. Eine mit dem Leitwert korrelierte Reaktion des Polypyrrols auf NH_3 (Abnahme von S mit der NH_3-Konzentration) sowie auf NO_2 und H_2S (bei beiden Anstieg von S mit der Konzentration) ist nachgewiesen worden, ließ sich aber bei einer Reihe anderer Gase wie H_2, CO, CO_2 oder CH_4 nicht bestätigen [27].

Wie Pyrrol sind auch die Metallphthalocyanide (MPc) stabile organische p-Halbleiter, deren zentrales Metallatom nicht nur die Leitfähigkeit des Kristalls beeinflußt, sondern auch dessen Sensitivität gegenüber verschiedenen Gasen oder Dampfphasen. Mehrere Metallphthalocyanide sind NO_2-sensitiv, davon PbPc mit hoher Empfindlichkeit und hohem elektrischen Leitwert [28]. Ein NO_2-Leitwertsensor mit PbPc ist bei kontinuierlichem Betrieb sechs Monate stabil. In Verbindung mit anderen Gasfühlern ist er im Bergbau eingesetzt worden [29].

Ein weiteres Beispiel ist Poly(fluoroaluminium)phthalocyanin, das auf Interdigitalelektroden auf Silicatschichten aufgebracht ist [30]. Der Film zeigt stark erhöhte Leitfähigkeit in Gegenwart von NO_2, und zwar bereits im Bereich von 1 ppm (Abb. 11.3a), während Sauerstoff in Konzentrationen bis 10^4 ppm keine Wirkung zeigt (Abb. 11.3b).

Mit einem Sensor auf der Grundlage eines Kupferphthalocyanin-Komplexes (CuPc) läßt sich Ammoniak mit einer Nachweisgrenze von unter 0,5 ppm nachweisen [31]. Hierbei ist der Halbleiterfilm über einer Interdigitalelektrode mit Hilfe der Langmuir-Blodgett-Beschichtungstechnik fixiert. Damit das CuPc bei dieser Methode der Schichtentwicklung stabil bleibt, wurde eine an der Oberfläche substituierte Verbindung eingesetzt, das Tetracumylphenoxyphthalocyanin (Abb. 11.4).

Der so entstandene Sensor zeigt eine vollständig reversible Reaktion auf Ammoniak, wobei die Signalstärke von der Schichtdicke abhängt und über einen Zeitraum von mehreren Wochen kein Leistungsabfall beobachtet werden kann. Der Film ist für Elektronendonoren in der Dampfphase empfindlich, wobei auch NO_2 eine Reaktion auslöst. Dampfphasen aus Benzen, Kohlendioxid oder Cyanchlorid zeigen praktisch keinen Effekt, selbst in Konzentrationen über 10 000 ppm.

Bei dem hier verwendeten Meßregime wird eine Leitwertmessung mit Gleichstrom mit einer Vorspannung unter 1 V vorgenommen. In diesem Fall kann die komplexere Wechselstromtechnik die Stabilität nicht verbessern, wogegen eine Differenzmessung mit einem Referenzsensor, bei dem der Film durch einen Schutzüberzug passiviert wird, im Experiment stabil ist.

Bereits in früheren Kapiteln wurden ladungsübertragende Salze wie z.B. TCNQ erwähnt. Aus N-Docosylpyridinium-TCNQ mit leitenden Eigenschaften können Langmuir-Blodgett-Schichten hergestellt werden [32], wobei durch partielle Oxidation ($TCNQ^- \longrightarrow TCNQ^0$), erhöhte Leitwerte, durch Reduktion

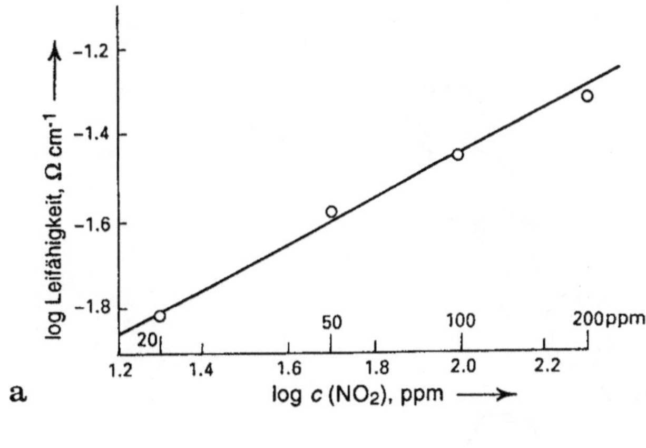

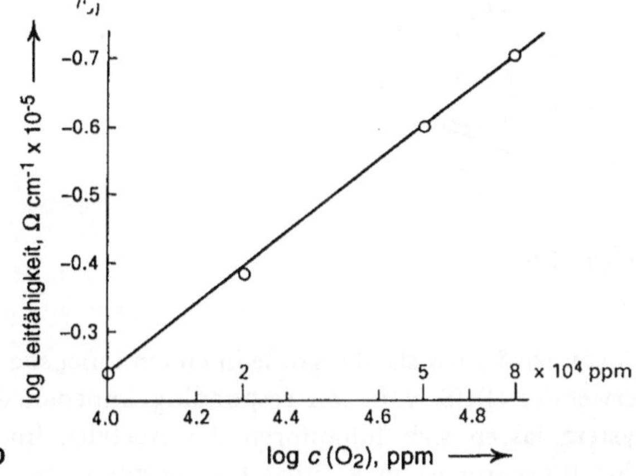

Abb. 11.3. Bestimmung der Leitfähigkeit mit einer Schicht aus Poly(fluoroaluminium)-phthalocyanin über einer Interdigitalelektrode. a Signal auf NO_2; b Signal auf O_2.

niedrigere Leitwerte erreicht werden können. Behandlung mit Jod ergibt einen für mehrere Monate stabilen, erhöhten Leitwert; einen ähnlichen Effekt zeigt NO_2. Beide auf diese Weise vorbehandelten Filme können verwendet werden, um anschließend geringe Konzentrationserhöhungen von I_2 oder NO_2 zu bestimmen. Umgekehrt verursacht NH_3 die Umwandlung $TCNQ^0 \longrightarrow TCNQ^-$ und damit einen niedrigeren Leitwert.

Aus diesem und früheren Abschnitten ist ersichtlich, daß viele leitende und halbleitende Matrizes, die ursprünglich für andere Signalwandlungsprozesse entwickelt wurden, auch für diese Meßmethode geeignet sind.

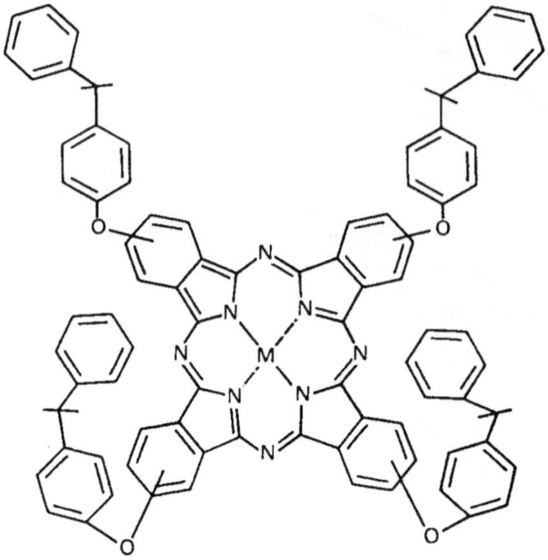

Abb. 11.4. Tetracumylphenoxyphthalocyanin.

Die Änderung der Leitfähigkeit wird auch als Meßgröße in einem ionenspezifischen Impedanzsensor verwendet (IRIS, von: ion responding impedance sensor) [33]. Mit diesem System lassen sich Inhibitoren der Acetylcholin-Esterase bestimmen; ein solcher Biosensor ist als Breitbandsensor zur raschen Detektion von Umweltbelastungen geeignet.

11.3 Piezoelektrische Sensoren

Für eine Reihe von Anwendungen bietet sich die Frequenz als besonders empfindlicher Übertragungsparameter an. So sind piezoelektrische Materialien Masse-Frequenz-Transducer, die auf Änderungen der Masse, Dichte oder Viskosität reagieren. Piezoelektrizität wurde zuerst von der Brüdern Curie (1880) beobachtet; sie zeigten, daß in anisotropen Kristallen unter mechanischem Druck ein elektrischer Dipol erzeugt werden kann. Von den in der Natur vorkommenden anisotropen piezoelektrischen Kristallen wird Quarz wohl am häufigsten verwendet, aber auch keramische Werkstoffe und in den letzten Jahren auch piezoelektrische Polymere werden eingesetzt. Da piezoelektrische Materialien immer anisotrop sind, hängt die Übertragung mechanischer oder elekrischer Impulse von der räumlichen Orientierung des Impulses in bezug auf die Kristallebene ab. Die günstigsten Temperaturkoeffizienten findet man bei Kristallen mit AT-Kristallschnitt ($+35°15'$) und BT-Kristallschnitt ($-49°00'$), von denen der erste etwa 1 ppm/°C im Bereich 10-50°C zeigt.

Für Messungen der Masseänderung lassen sich piezoelektrische Kristalle unmittelbar einsetzen [34]. Kristalle in einem elektrischen Schwingkreis zeigen eine Resonanzfrequenz, die zum großen Teil von der gesamten Masse des Kristalls und seinen Oberflächenbeschichtungen abhängt. Diese Messung ist hochempfindlich. Die Verknüpfung zwischen Massenänderungen der Oberfläche, Δm(g), und der Resonanzfrequenz f (Hz) wird durch die Sauerbreygleichung beschrieben; für Quarzkristalle [35, 36] läßt sich die Änderung der Resonanzfrequenz bei Adsorption eines Analyten an der Kristalloberfläche berechnen:

$$\Delta f = -2,3 \cdot 10^6 \, f^2 \Delta m/A$$

wobei Δf in Hz, f in MHz und die Fläche A in cm^2 angegeben werden. Für ein Kristall mit 15 kHz kann daher eine Auflösung im Bereich von 2500 Hz/μg und eine Nachweisgrenze von 10^{-12} g erwartet werden.

Die meisten piezoelektrischen Sensoren mit intrinsischer Arbeitsweise sind für Messungen in der Dampfphase bestimmt. Im allgemeinen werden Kristallpaare verwendet, so daß Differenzmessungen vorgenommen werden können, mit denen Störsignale aufgrund von elektronischen Schwankungen, Temperaturänderungen usw. eliminiert werden können. Hauptsächlich werden damit Umweltgifte in der Atmosphäre bestimmt [37]. Gasförmige Schadstoffe werden selektiv an einen oberflächenbeschichteten, für den Analyten spezifischen piezoelektrischen Kristall adsorbiert.

Allgemein erfordern solche Geräte eine konstante und niedrige relative Luftfeuchtigkeit, andernfalls geht das Signal im wesentlichen auf H$_2$O zurück. Mit einem Kristall, der mit Didodecylamin oder Dioctadecylamin modifiziert und von einer hydrophoben Teflonmembran bedeckt ist, läßt sich CO$_2$ bestimmen [38]. Eine solche Membranbarriere erlaubt die Anwendung in wäßrigen Medien, eignet sich allerdings nicht zum Nachweis größerer Moleküle, die wasserundurchlässige Membranen nicht durchdringen können.

Auch hier kann die Spezifität durch Biokomponenten erhöht werden. Viele biologische Moleküle, z.B. Proteine und DNA, sind anisotrop und können selbst als piezoelektrisches Material dienen. Bisher werden diese Substanzen aber im allgemeinen in Verbindung mit piezoelektrischen Kristallen wie Quarz mit AT-Kristallschnitt eingesetzt.

11.3.1 Modifizierung von Kristallen mit Formaldehyd-Dehydrogenase

Die NAD$^+$-abhängige Formaldehyd-Dehydrogenase katalysiert die Oxidation von Formaldehyd zu Ameisensäure. Das Enzym kann zusammen mit Glutathion als Cofaktor durch Vernetzung mit Glutardialdehyd an einen Quarz-kristall mit AT-Schnitt mit 9 MHz immobilisiert werden. Das so entstandene piezoelektrische Meßgerät zeigt eine ausgezeichnete Spezifität für Formalde-hyd [39].

11.3.2 Modifizierung von Kristallen mit Cholinesterase

Organische Phosphorverbindungen, die als Pestizide verwendet werden, lassen sich über ihre Reaktion mit dem Enzym Cholinesterase nachweisen. Acetylcholinesterase wird mit Glutardialdehyd vernetzt an einen piezoelektrischen Quarzkristall immobilisiert und reagiert in dieser Form innerhalb von 1 min auf Malathion in der Gasphase [40]. Um eine zufriedenstellende Reaktion zu erreichen, sind mindestens 5 ppm Wasser erforderlich, und das Gerät muß bei konstanter Feuchtigkeit kalibriert sein, da das piezoelektrische Signal von der relativen Feuchtigkeit abhängt.

11.3.3 Immunsensitive Kristalle

Immunologische Reaktionen an piezoelektrischen Kristallen machen es möglich, Proteinbindungsreaktionen oder die Kopplungsreaktion von Immun-reaktanden in Realzeit zu untersuchen, während mit herkömmlichen Methoden beträchtliche zeitliche Verzögerungen oft unvermeidlich sind [41]. Nach physi-kalischer und chemischer Modifikation sind piezoelektrische Schwingkristalle auch zur immunologischen Bestimmung von Human-IgM im Serum einge-setzt worden [42]. Ebenfalls im Bereich der medizinischen Diagnostik sind mehrfach verwendbare, piezoelektrische Immunsensoren entwickelt worden, mit denen Viren und Bakterien bei akuter Diarrhöe von Kleinkindern rasch erkannt werden können [43]. Die Art der AK-Immobilisierung spielt hier eine entscheidende Rolle für die Funktion des Biosensors. Mit einem ähnlichen Aufbau ließen sich auch Human-Granulocyten nachweisen [44].

Wird Anti-Parathion als Antikörper an einen piezoelektrischen Kristall im-mobilisiert, können organische Phosphorpestizide auch immunologisch nach-gewiesen werden. Das piezoelektrische Meßgerät reagiert auf Parathion und ähnlich aufgebaute Pestizide innerhalb von 2-3 min [45].

Auch hier sind, wie es bei Messungen in der Gasphase mit Biokomponenten zu erwarten ist, mindestens einige ppm Wasser erforderlich, damit die Testre-aktion in Gang gesetzt wird. Allerdings ist bei höherer Feuchtigkeit auch das Signal höher, so daß wie bei den anderen Beispielen auch hier Kalibrierung und Messung bei konstanter Luftfeuchtigkeit durchgeführt werden müssen.

11.3.4 Tests mit piezoelektrischen Kristallen in wäßriger Lösung

Die Verwendung piezoelektrischer Kristalle, die auf diese intrinsische Weise mit einer Flüssigphase arbeiten, wird erheblich durch die Reaktion des Sensors auf gelöste Komponenten beeinträchtigt, so z.B. die Konzentration der Elektrolyte und die spezifische Leitfähigkeit, oder auch durch verstärktes Auftreten nicht-spezifischer Adsorption.

Wenn diese Faktoren auch lange die Verwendung piezoelektrischer Kristalle für biologische Tests in Lösung verhinderten, wurde diese Technik doch für Messungen der Ionenkonzentration und ionenselektive Messungen weiterentwickelt. So besteht eine Verknüpfung zwischen der KCl-Konzentration und Δf bis zu $2\,\mathrm{mmol\,L^{-1}}$ [46]. Bei Konzentrationen über $20\,\mathrm{mmol\,L^{-1}}$ schließen die Kristalle kurz und führen zu extrem hohen Änderungen der Resonanzfrequenz. In einer Lösung mit bekannter Kapazität ist die Änderung der Frequenz proportional der Salzkonzentration und nicht von der Art des Salzes abhängig [47]. Auftragungen von Δf gegen die Salzkonzentration sind linear, aber die Neigung ändert sich mit steigender Kapazität von positiv nach negativ.

Dieses Verfahren kann zur Bestimmung der Gesamtsalzkonzentration in Gewässern mit bekannter Kapazität herangezogen werden. Da das Signal von der Art des Salzes unabhängig ist, ergibt eine Meßapparatur nach Eichung mit NaCl einen Wert für die Gesamtsalzkonzentration, der mit der Leitwertmessung gut übereinstimmt.

Die oben beschriebene Meßmethode über intrinsische Frequenzmessung an piezoelektrischen Kristallen macht erneut die Schwierigkeiten deutlich, solche Verfahren für die wäßrige Umgebung biologischer Systeme zu adaptieren. In den letzten Jahren sind jedoch eine Reihe von Nachweismethoden mit piezoelektrischen Kristallen in wäßrigen Systemen entwickelt worden [48, 49], so z.B. für die Detektion von Zuckern [50, 51] oder zur Zellzahlbestimmung [52]. Die Empfindlichkeit dieser Methode ist so hoch, daß nach entsprechenden Modifikationen auch kleine Moleküle wie Methamphetamin immunologisch mit einer Nachweisgrenze von 1 ppm in Urin nachgewiesen werden können [53]. Eine Methode zum Nachweis von HIV-spezifischen Antikörpern im Serum zeigt vergleichbare Spezifität und Empfindlichkeit wie der ELISA [54].

11.4 Akustische Oberflächenwellen

Eine Alternative zu der Methode, die gesamten piezoelektrischen Schwingungen für den Signalwandlungsprozeß zu verwenden, besteht in der Möglichkeit, die akustischen Oberflächenwellen (SAW; von surface acoustic waves) zu nutzen.

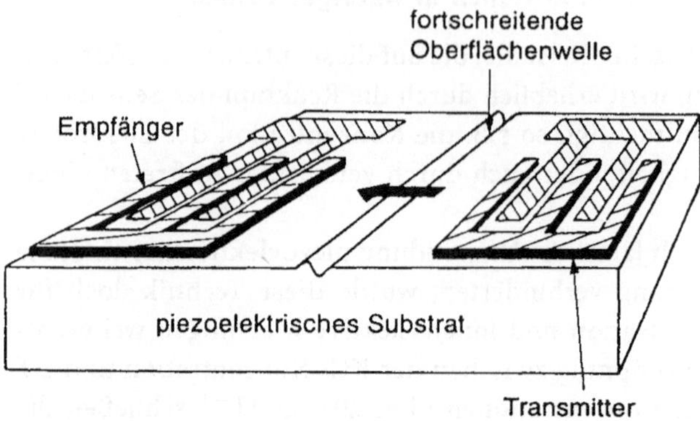

Abb. 11.5. Prinzip der Detektion von akustischen Oberflächenwellen.

Zwei Interdigitalelektrodenpaare sind auf der Oberfläche eines piezoelektrischen Kristalls angeordnet und fungieren als Transmitter bzw. als Empfänger. Werden an die Transmitter-Elektroden Radiowellen angelegt, erzeugen sie eine synchrone mechanische Belastung im Kristall, die zu einer akustischen Welle mit sowohl longitudinaler als auch vertikaler Scherbeanspruchung führt. Diese Rayleigh-Oberflächenwelle breitet sich entlang der Oberfläche des piezoelektrischen Kristalls aus und wird von dem zweiten Elektrodenpaar aufgenommen, indem die mechanischen Schwingungen in elektrische Spannung umgewandelt werden (Abb. 11.5).

Die Eindringtiefe der Oberflächenwelle liegt im Bereich einer Wellenlänge (vergl. die evaneszierende optische Welle, Kap. 6), so daß an der Kristalloberfläche immobilisierte Verbindungen die Wellenübertragung beeinflussen. Ist der Kristall ausreichend dick, bleibt die Übertragung der Welle unabhängig von einer auf der abgewandten Seite adsorbierten Substanz.

Anordnungen mit Interdigitalelektroden sind geeignet, auch andere als Rayleigh-Wellen hervorzurufen, die flächige Ausbreitungsmoden benötigen. In dünnen piezoelektrischen Kristallen (weniger als sechs Wellenlängen) ist eine Abschwächung des Signals dann zu beobachten, wenn die abgewandte Seite des Kristalls mit Wasser beladen wird [55]. Dies ist nicht mit einer reinen Rayleigh-Wellenbewegung in Einklang zu bringen. In dickeren Kristallen allerdings läßt sich Rayleighsches Verhalten beobachten, wobei eine Dämpfung durch Wasser auf der Oberfläche zu einem Verlust von 99 % des Signals führt. Dies steht im Gegensatz zu dem Befund in dünnen Kristallen, bei denen eine Beladung der vorderen Oberfläche nur geringe Auswirkungen auf die Signalintensität zeigt.

Die Ausbreitung der Welle in dünnen Kristallen folgt vermutlich nicht dem gleichen Rayleigh-Modus [55]; in dicken Kristallen kommen Energieverluste der Rayleigh-Wellen durch Wechselwirkungen mit der Oberflächenbeschich-

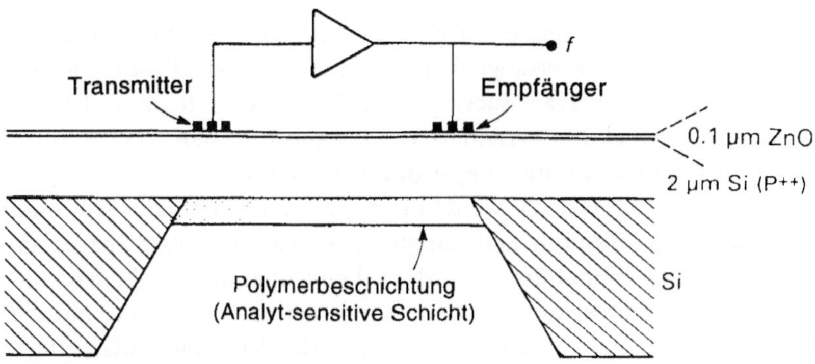

Abb. 11.6. Schnitt durch einen Oszillator im Lamb-Modus. Die Analyt-sensitive Schicht liegt auf der Gegenseite (nach [56]).

tung vor, vermutlich noch deutlicher in dicken Oberflächenschichten aufgrund der longitudinalen Anteile der Rayleigh-Wellen, die eine Druckwelle in der Schicht erzeugen. Ist die Geschwindigkeit der Welle in der Oberflächenschicht größer als in dem piezoelektrischen Substrat, wird die Welle in die Schicht gelenkt. Es bestehen also beträchtliche Einschränkungen für die Verwendung von akustischen Oberflächenwellen in wäßrigen Medien.

Die Anregung von flächigen Ausbreitungsmoden wird durch die Rayleigh-Wellen hervorgerufen, aber in Substraten, deren Schichtdicke sehr klein im Vergleich zur Wellenlänge ist (Abb. 11.6), ist die Anregungsfrequenz viel niedriger (Lamb-Modus). In Polymer-beschichteten ZnO/Si-SAW-Oszillatoren bzw. ZnO/Si-Oszillatoren im Lamb-Modus konnte eine höhere Empfindlichkeit und eine bessere Flexibilität im Design des Sensors mit dem Lamb-Modus erreicht werden [56].

Dennoch gibt es bereits viele Beispiele für SAW-Anordnungen in der Gasphase; und sowohl in der Gasphase als auch in wäßrigem Milieu mit einer modifizierten, chemisch oder biochemisch sensitiven Grenzfläche ist die Wellengeschwindigkeit in der sensitiven Oberflächenschicht eher mit der in piezoelektrischem Material vergleichbar.

Tatsächlich geht der Trend der Entwicklung bei SAW-Sensoren in Richtung Oberflächen-modifizierter Geräte. So sind z.B. Phthalocyanine bereits in ihrer Wirkung als *p*-Halbleiter erkannt worden, die intensiv mit Elektronendonoren wechselwirken, und Kupferphthalocyanin (CuPc) wurde für einen konduktometrischen Ammoniaksensor verwendet. Mit Metallphthalocyaninen (MPc), die durch Bedampfen aufgelagert werden, sind SAW-Geräte entwickelt worden, die für elektronegative Verbindungen sensitiv sind [57, 58]. Mit diesen Geräten bestätigen sich die Beobachtungen bezüglich Selektivität und Empfindlichkeit im Vergleich zu den entsprechenden konduktometrischen MPc-

Geräten. Wie bei vielen anderen Wechselwirkungen, die die Erkennung von Analyten an einer Oberfläche ermöglichen, kann auch dieser Prozeß mit einer Reihe unterschiedlicher Transducer gekoppelt werden, oft ohne daß die eigentliche Erkennungsreaktion verändert werden muß. In den SAW-Geräten werden die Phthalocyanine in aller Regel durch Bedampfen aufgebracht, obwohl eine bessere Stabilität erreicht werden kann, wenn das Phthalocyanin mit funktionellen Gruppen verknüpft und anschließend kovalent über Spacer am piezoelektrischen Träger immobilisiert wird. In dem früher beschriebenen konduktometrischen Meßgerät wird das Phthalocyanin derivatisiert, um es mit der Langmuir-Blodgett-Methode auftragen zu können. Alle drei Immobilisierungsmethoden sind für die Verwendung beider Transducertechniken austauschbar und zeigen viele Gemeinsamkeiten der Nutzung in SAW- oder in konduktometrischen Meßapparaturen.

Allerdings ist keine direkte Korrelation zwischen SAW-Signal und Leitfähigkeitsdaten möglich, obwohl sich die Leitfähigkeit bei der Wechselwirkung zwischen verschiedenen Phthalocyaninen und den Analyten in der Dampfphase ändert [58]. Offensichtlich verleiht die Wahl des Transducers selbst der durchgeführten Messung eine gewisse Selektivität. Obwohl mit der Wechselwirkung zwischen Analyt und der Pc-modifizierten Oberfläche des SAW-Sensors Leitfähigkeitsänderungen verbunden sind, erklärt dieser Parameter nicht vollständig den Mechanismus der Frequenzänderung. Δf ist ein komplexer Parameter, in den auch der Einfluß von Faktoren wie Massenänderung sowie dielektrische, elastische und piezoelektrische Eigenschaften der Grenzschicht eingehen.

Messungen auf der Grundlage kleiner Massenänderungen sind besonders für Immuntests geeignet, in denen die Bindung zwischen Antikörper und Antigen das Primärereignis ist. In diesem Fall wird die biochemisch spezifische Oberfläche durch ein Immunreagenz gebildet, z.B. zur Bestimmung eines Antigens durch die entsprechenden Antikörper.

Das humane Immunglobulin G (IgG) als Antigen kann mit einem silanisierten Quarz-SAW-Aufbau nachgewiesen werden, der mit Anti-IgG modifiziert ist [59]. Die Messung wird gegen ein getrennt arbeitendes Referenzsystem durchgeführt, in dem die unspezifische Reaktion von Borat-gepufferter Salzlösung an einer nicht-modifizierten Oberfläche bestimmt wird. Hier werden einige Limitierungen der Methode deutlich. Im Idealfall ist eine echte Referenzangabe erforderlich, die eine genaue Grundlinie für die Probelösung vorgibt. Die Qualität der Biokomponente in der Beschichtung muß gewährleisten, daß weder der Analyt noch eine andere Komponente der Probelösung eine nichtspezifische Adsorption eingehen können, die zu einer Frequenzänderung führen würde. Möglicherweise können sich derartige Probleme verringern, wenn eine niedrigere Nachweisgrenze erreicht wird; dann könnte sich die Methode als tragfähige Alternative unter den Immuntestmethoden entwickeln.

Die Dämpfung der Kristallresonanz in flüssiger Umgebung durch Zurückleiten der Welle in die Flüssigkeit ist eine besonders gravierende Einschränkung der Empfindlichkeit. In einer ganz anderen geometrischen Anordnung der piezoelektrischen Meßapparatur ist allerdings eine solche Welle als Grundlage für ein Sensorprinzip verwendet worden [60]; dabei sind zwei piezoelektrische Membranen parallel zueinander im Abstand von 2,5 mm angeordnet. An das System wird eine Frequenz von 40 kHz angelegt, so daß das Signal an der einen Membran erzeugt und von der anderen aufgenommen wird. Eine solche Methode wurde entwickelt, um das Wachstum von Zellpopulationen in einem Bioreaktor zu verfolgen, ein wichtiger Parameter bei der Regulation von Bioreaktorprozessen. Zwischen der Ausgangsspannung und der Zellpopulation im Bereich von 10^6-10^8 Zellen ml^{-1} ergibt sich eine lineare Korrelation.

Mögliche Störungen wie pH, Ionenstärke und Änderungen der Dichte des Lösemittels spielen nur eine untergeordnete Rolle für das Signal, aber das System wird stark durch die adiabatische Komprimierbarkeit der Lösung zwischen den piezoelektrischen Membranen beeinflußt. Daraus läßt sich schließen, daß das detektierte Signal zumindest teilweise von der Abnahme der Komprimierbarkeit bei Zunahme der Zellkonzentration verursacht wird.

Ohne eine immobilisierte Biokomponente kann dieser Sensor leichter hitzesterilisiert werden und ist deshalb für eine in situ-Verwendung im Bioreaktor eher geeignet als ein Sensor mit einer temperaturempfindlichen Oberflächenbeschichtung (Bereich 1, s. Kap. 1). Mit der Entwicklung solcher unspezifischer Geräte zur Zellzahlbestimmung kann das Wachstum in Bioreaktoren über die Bestimmung der Biomasse, d.h. der gesamten mikrobiellen Population reguliert werden. Der gleiche geometrische Aufbau mit einer Biokomponente für eine biospezifische Reaktion an einer modifizierten Membran erfordert allerdings noch weitere Entwicklungsarbeit und neue Ideen, damit das Signal nicht von anderen Bestandteilen in der Reaktionslösung beeinflußt wird.

Literatur

[1] Danielsson B, Winquist F (1990) in: Cass AEG (eds) Biosensors. A practical approach, Oxford University Press, Oxford

[2] Xie B, Danielsson B, Winquist F (1993) Sensors and Actuators B 15-16:443

[3] Danielsson B, Hedberg U, Rank M, Xie B (1992) Sensors and Actuators B 6:138

[4] Xie B, Danielsson B, Norberg P, Winquist F, Lundström I (1992) Sensors and Actuators B 6:127

[5] Danielsson B, Mosbach K (1988) in: Mosbach K (ed) Methods in Enzymology, Academic Press Inc, London and New York, 137:181

[6]   Decristoforo G, Danielsson B (1984) Anal. Chem. 56:263

[7]   Danielsson B, Mattiasson B, Mosbach K (1981) Appl. Biochem. Bioeng. 3:97

[8]   Muehlbauer MJ, Guilbeau EJ, Towe BC (1990) Sensors and Actuators B 2:223

[9]   Scheller F, Siegbahn N, Danielsson B, Mosbach K (1985) Anal. Chem. 57:1740

[10]   Kirstein D, Danielsson B, Scheller F, Mosbach K (1989) Biosensors 4:231

[11]   Danielsson B, Xie B, Hedberg U (1993) Sensors and Actuators B 13-14:758

[12]   Xie B, Hedberg U, Mecklenburg M, Danielsson B (1993) Sensors and Actuators B 15-16:141

[13]   Maske M, Strauß A (1993) Anal. Letters 26:1613

[14]   Danielsson B, Flygare L (1990) Sensors and Actuators B 1:523

[15]   Danielsson B, Bülow L, Lowe CR, Satoh I, Mosbach K (1981) Anal. Biochem. 117:84

[16]   Birnbaum S, Bülow L, Hardy K, Danielsson B, Mosbach K (1986) Anal. Biochem. 158:12

[17]   Miike H, Asashiba Y, Hashimoto H, Ebina Y (1984) Jap. J. Appl. Phys. 23:386

[18]   Chin WT, Kroontje W (1961) Anal. Chem. 33:1757

[19]   Hanss M, Rey A (1971) Biochim. Biophys. Acta 227:630

[20]   Bilitewski U, Drewes W, Schmid RD (1992) Sensors and Actuators B 7:321

[21]   Lawrence AJ (1971) Eur. J. Biochem. 18:221

[22]   Lawrence AJ, Moore GR (1972) Eur. J. Biochem. 24:538

[23]   Watson LD, Maynard P, Cullen DC, Sethi RS, Brettle J, Lowe CR (1987/88) Biosensors 3:101

[24]   Shul'ga AA, Soldatkin AP, El'skaya AV, Dzyadevich SV, Patskovsky SV, Strikha VI (1994) Biosens. Bioelectr. 9:217

[25]   Soldatkin AP, El'skaya AV, Shul'ga AA, Jdanova AS, Dzyadevich SV, Jaffrezic-Renault N, Martelet C, Clechet P (1994) Anal. Chim. Acta 288:197

[26]   Malmros MK, Guilbinski J, Gibbs WB (1987/88) Biosensors 3:71

[27]   Miasik JJ, Hooper A, Tofield BC (1986) J. Chem. Soc. Faraday Trans I 82:1117

[28]   Bott B, Jones TA (1984) Sensors and Actuators 5:43

[29]   Bott B, Jones TA (1985) Transducers 85:414

[30]   Blanc JP, Blasquez G, Germain JP, Larbi A, Maleysson C, Robert H (1988) Sensors and Actuators 14:143

[31]   Wohltjen H, Barger WR, Snow AW, Jarvis NL (1985) IEEE Trans. Electron. Devices ED32:1170

[32] Henrion L, Derost G, Ruaudel-Teixier A, Barraud A (1988) Sensors and Actuators 14:251
[33] Schasfoort RBM, Niedziela T (1994) Sensors and Actuators B 18-19:175
[34] Näbauer A, Berg P, Ruge I, Müller E, Woias P, Kösslinger C, Drobe H (1990) Sensors and Actuators B 1:508
[35] Guilbault GG, Ho M, Rietz B (1980) Anal. Chem. 52:1489
[36] Alder JF, McCallum JF (1983) The Analyst 108:1169
[37] Guilbault GG, Jordan J (1987) A Review of Piezoelectric Crystals in Analytical Chemistry. Cleveland, CRC Press
[38] Schuman MS, Fogelman WW (1976) J. Water Pollut. Control Fed. 49:901
[39] Guilbault GG (1983) Anal. Chem. 55:1682
[40] Guilbault GG, Ngeh-Ngwainbi J, Foley P, Jordan J (1986) Proc. Int. Conf. Electroanalysis na h'Eireann. Smith MR, Vos JG (eds), Dublin, Elsevier
[41] Minunni M, Skládal P, Mascini M (1994) Anal. Letters 27:1475
[42] Suri CR, Raje M, Mishra GC (1994) Biosens. Bioelectr. 9:325
[43] König B, Grätzel M (1993) Anal. Letters 26:1567
[44] König B, Grätzel M (1993) Anal. Letters 26:2313
[45] Ngeh-Ngwainbi J, Foley PH, Kuan SS, Guilbault GG (1986) J. Am. Chem. Soc. 108:5444
[46] Nomura T, Nagamune T (1983) Anal. Chim. Acta 155:231
[47] Shou-Zhuo Y, Zhi-Hong M (1987) Anal. Chim. Acta 93:97
[48] Suleiman AA, Guilbault GG (1991) Anal. Letters 24:1283
[49] Geddes NJ, Paschinger EM, Furlong DN, Ebara Y, Okahata Y, Than KA, Edgar JA (1994) Sensors and Actuators B 17:125
[50] Barnes C, D'Silva C, Jones JP, Lewis TJ (1991) Sensors and Actuators B 3:295
[51] Barnes C, D'Silva C, Jones JP, Lewis TJ (1992) Sensors and Actuators B 7:347
[52] He F, Geng Q, Zhu W, Nie L, Yao S, Meifeng C (1994) Anal. Chim. Acta 289:313
[53] Miura N, Higobashi H, Sakai G, Takeyasu A, Uda T, Yamazoe N (1993) Sensors and Actuators B 13-14:188
[54] Aberl F, Wolf H, Kößlinger C, Drost S, Woias P, Koch S (1994) Sensors and Actuators B 18-19:271
[55] Calabrese GS, Wohltjen H, Roy MK (1987) Anal. Chem. 59:833
[56] Zellers ET, White RM, Wenzel SW (1988) Sensors and Actuators 14:35
[57] Nieuwenhuizen MS, Nederlof AJ (1988) Anal. Chem. 60:236
[58] Nieuwenhuizen MS, Nederlof AJ, Barendsz AW (1988) Anal. Chem. 60:230
[59] Roederer JE, Bastiaans GJ (1983) Anal. Chem. 55:2333
[60] Ishimori Y, Karube I, Suzuki S (1981) Appl. Environ. Microbiol. 42:632

Stichwortverzeichnis

modifizierte Elektrode 141
molekularer Transistor 153
Molybdat 259, 265
monoklonale Antikörper 44, 281
Morphium 300f, 364
Mukoviszidose 71
Multienzymmembran 28
Multienzymsensor 300f, 302, 363
Mutagene 227

NAD, s. Nicotinamidadenindinucleotid
NAD–PEG 287
Nafion 144, 340
Natrium 99, 136
Nernstsche Gleichung 59, 111, 310
Neurospora crassa 235
Neutralcarrier 71f
nicht–kompetitive Hemmung 40
Nickelocen 283
Nicolsky–Gleichung 64
Nicotin 302
Nicotinamidadenindinucleotid 54f,
   141, 171f, 174f, 235, 286, 358, 360
Nitrat 234, 291
–Reduktase 234
Nitrit 234, 291
–Reduktase 234
Nitrobacter 224
Nitrophenol 203
Nitrophenylphosphat 355
Nitrosomonas europaea 224
Nucleinsäuren 47f
Nucleotid–Coenzyme 54f
Nylonmembran 356

Oberflächenplasmonresonanz 372f
optische Fasern 190, 356
–, gekrümmte 191
Otto–Konfiguration 373f
Ovalbumin 296
Oxalat 247, 320
–Decarboxylase 247, 320
–Oxidase 247, 320
Oxalsäure 247
Oxazinperchlorat 204
Oxidase 250f, 301
Oxidoreduktase 138, 250f
Oxyluciferin 172f

Parathion 367, 401

Penicillin 314, 338, 354, 361
Penicillinase 314, 338, 354, 361
Peroxid 14, 151, 249, 254f, 304, 323,
   326, 357
Peroxidase 301, 323, 357, 389, 391
Perylendibutyrat 205
Pestizide 302, 342, 364, 401
pH 58, 99, 196f, 294, 314f, 338f, 341,
   354
Phenol 302
Phenolrot 196f
Phenylalanin 319, 323
Phenylarsonsäure 364
Phenylendiamin 293
Phospholipid–Doppelmembran 29,
   309, 341
Phosphoreszenz 161
Photodiode 350
Phthalocyanin 397, 404
piezoelektrische Kristalle 399f
Piezoelektrizität 399
Polarisationswinkel 186, 368
Polyacetylen 277, 396
Polyacrylamid 140, 196, 246, 315, 323,
   357
–Hydrazid 315
Polyanilin 147, 259, 277
Polyelektrolyt 202
polyklonale Antikörper 44
polymere Matrix 28
Polyphenol 358
–Oxidase 241
Polyphenoxid 147
Polypyrrol 95, 147, 154, 257f, 260, 277,
   396
Polytryptophan 259
Polyurethan 261
Polyvinylalkohol 303
Polyvinylpyrrolidon 340
Potentialsprung 117f
potentiometrische
– Biosensoren 310f
– ionenselektive Elektrode 58f
– Redoxelektrode 325
– Elektrodenreaktion 312f
PQQ, s. Pyrrolchinolin–chinon
Printing–Technik 260, 303
prosthetische Gruppe 37, 47
Proteine 34f
Proteus morganii 235

Springer-Verlag und Umwelt

Als internationaler wissenschaftlicher Verlag sind wir uns unserer besonderen Verpflichtung der Umwelt gegenüber bewußt und beziehen umweltorientierte Grundsätze in Unternehmensentscheidungen mit ein.

Von unseren Geschäftspartnern (Druckereien, Papierfabriken, Verpackungsherstellern usw.) verlangen wir, daß sie sowohl beim Herstellungsprozeß selbst als auch beim Einsatz der zur Verwendung kommenden Materialien ökologische Gesichtspunkte berücksichtigen.

Das für dieses Buch verwendete Papier ist aus chlorfrei bzw. chlorarm hergestelltem Zellstoff gefertigt und im pH-Wert neutral.